明明白白
学通C语言

（二维码版）

唐峻 高旭光 李淳 唐小莉 编著

清华大学出版社

北 京

内 容 简 介

本书是一本与众不同的 C 语言图书，全书以全新的模式来分析和讲解 C 语言，以期带给读者不同的编程学习体验。本书创造性地将智能手机巧妙地应用到了 C 语言的学习中，而且还以二维码的方式提供了书中的示例代码和习题答案，便于读者可以随时随地地拿出手机进行 C 语言的学习和编程训练。另外，本书遵循记忆曲线，每节都安排了练习题，读者可以随学随练，从而以最少的时间快速掌握所学的内容。

全书共 15 章，分为 3 篇。第 1 篇为程序的基石——数据，介绍了 C 语言的概况及其处理的数据的种类，包括整型、实型和字符型等；第 2 篇为程序的本质——处理数据，介绍了 C 语言提供的处理数据的各种方法，包括运算符、表达式、语句及其结构等；第 3 篇为处理大量数据，介绍了 C 语言提供的对于大量数据的高级处理方法，包括数组、指针、结构和文件操作等。

本书非常适合年轻的群体阅读，书中每个知识点的讲解都是非常简单明了，读者只要认真阅读，定能明白编程的种种奥秘。本书也适合忘性大的读者阅读，因为每节都安排了练习题，当读者动手操作完这些练习题后，也肯定就记住了该节的知识点。另外，本书也是一本不需要死记硬背的 C 语言图书，书中将每个知识点为什么出现，解决什么问题，如何解决，都清晰地展现了出来。综上所述，本书的确可以让读者明明白白学通 C 语言。

图书在版编目（CIP）数据

明明白白学通 C 语言：二维码版/唐峻等编著. —北京：清华大学出版社，2015
ISBN 978-7-302-39574-4

Ⅰ. ①明…　Ⅱ. ①唐…　Ⅲ. ①C 语言-程序设计　Ⅳ. ①TP312

中国版本图书馆 CIP 数据核字（2015）第 046519 号

责任编辑：杨如林
封面设计：欧振旭
责任校对：胡伟民
责任印制：宋　林

出版发行：清华大学出版社
　　　网　　　址：http://www.tup.com.cn，http://www.wqbook.com
　　　地　　　址：北京清华大学学研大厦 A 座　　　邮　　编：100084
　　　社　总　机：010-62770175　　　邮　　购：010-62786544
　　　投稿与读者服务：010-62776969，c-service@tup.tsinghua.edu.cn
　　　质　量　反　馈：010-62772015，zhiliang@tup.tsinghua.edu.cn
印　刷　者：清华大学印刷厂
装　订　者：三河市少明印务有限公司
经　　　销：全国新华书店
开　　　本：185mm×260mm　　　印　张：33.25　　　字　数：835 千字
版　　　次：2015 年 6 月第 1 版　　　印　次：2015 年 6 月第 1 次印刷
印　　　数：1～3000
定　　　价：69.80 元

产品编号：063007-01

前　　言

互联网的普及和深入应用，使得所有人都认识到了 IT 技术的实用性和重要性。越来越多的人开始学习 IT 技术。编程技术由于其独特的创造性，至今仍然保持着很大的吸引力。其中，C 语言作为编程领域的基础语言，成为了大部分人的首选入门语言。

如今，学习 C 语言的人不仅仅是大中专院校的学生，而且还有初中生和高中学生，甚至还有不少小学生。有很多人学习的时候不一定有电脑，但他们大多都有智能手机，这给读者的学习提供了便利，因为如今在手机上也可以学习编程了。基于这些实际情况，笔者重新研究了 C 语言的特点和读者的学习方式，并从中找到了两者的契合点而编写了本书。

本书不同于已经出版的 C 语言图书。本书在教学方式上有一个重大变化是将智能手机巧妙地应用到了 C 语言的学习中，而且也将书中的示例代码和习题答案以二维码的方式提供。这样读者不但可以在电脑上学习 C 语言编程，还可以随时随地拿出手机进行 C 语言的学习和编程训练。这在已经出版的 C 语言图书中是首创，是绝无仅有的。本书在内容编排上遵循简单明了、循序渐进的原则，而且遵循记忆曲线，每节都安排了练习题，便于读者随学随练，从而以最少的时间快速掌握所学的内容。这些特点使得本书非常适合年轻的读者群体，尤其是九零后和零零后的青少年。

通过阅读本书，读者将不再被抽象的理论和繁复的逻辑所困扰，可以愉快而轻松地掌握 C 语言编程。同时，读者也不用非要守在电脑跟前学习，也可以利用智能手机随时随地地学习。这无疑将大大提升读者的阅读体验。

本书特色

1. 支持手机上学编程

如今，读者不一定随身携带电脑，但是绝对会带手机。本书详细地讲解了在手机上如何进行 C 语言编程。同时，本书采用扫二维码的模式，支持读者直接从网上下载源代码，然后在手机上调试和运行。

2. 及时训练和测试

以往图书的习题和练习都集中在全书最后或者每章最后。读者阅读每章内容需要较长的时间，由于记忆曲线的问题，当读者看到习题部分，已经忘记了前面的知识部分。而本书适当地将习题穿插在每节内容的后面。因此读者可以在忘记知识之前，就动手操作和练习来巩固所学的知识。

3．知识讲解更直接

本书以因果关系的方式，对知识点进行引出，让读者能知其所以然。这样，读者避免了直接面对生硬抽象的理论知识，从而更轻松地掌握 C 语言。

4．纠正传统编程思维的误区

传统编程图书中，往往混淆编程逻辑、语法逻辑和程序底层逻辑，造成各种知识混杂在一起。而本书将这些知识重新划分，让读者能够清晰分辨和理解各个层面的内容，避免误入歧途。

5．采用全新的C语言标准C11

以往图书在讲解的时候往往采用 C86 等老的标准，造成读者在现在的编译器上产生各种错误。本书以最新的 C11 标准进行讲解，让读者不会为标准问题感到困惑。

6．采用Visual Studio 2010和C4droid两种开发环境

本书不但适合用计算机学习 C 语言编程的读者，还适合用智能手机学习 C 语言的读者。其中，计算机上的 C 语言编程环境采用当前最流行的 Visual Studio 2010，智能手机上的编程环境是运行在安卓手机平台上的 C4droid。

本书内容及体系结构

第1篇　程序的基石——数据（第1～3章）

本篇主要内容包括：C 语言概述、数据的表示和数据的指代。通过本篇的学习，读者可以了解 C 语言的概括，以及 C 语言可以处理的数据的种类。

第2篇　程序的本质——处理数据（第4～8章）

本篇主要内容包括：运算符和表达式、语句、选择结构、循环结构和函数。通过本篇的学习，读者可以详细地了解和掌握到 C 语言处理数据的各种方法。

第3篇　处理大量数据（第9～15章）

本篇主要内容包括：数组、指针、结构、联合与枚举、字符串、文件和预编译。通过本篇的学习，读者可以详细地了解和掌握到 C 语言提供的对于大量数据的高级处理方法。

本书读者对象

- ❑ C 语言编程初学者；
- ❑ 有一定编程基础而想全面理解 C 语言本质的读者；
- ❑ 初中、高中及大中专院校的学生；

- ❑ C 语言爱好者；
- ❑ 社会培训班的学员。

学习建议

- ❑ 坚持编程。编程需要大量的练习。就像学习英语一样，只有不停地练习才能掌握英语的使用，所以只有不停地练习编写程序才能掌握好编程。
- ❑ 随时实践。学习时你可能脑子里随时会冒出很多想法，大胆使用程序去实现这些想法，从中获取成就感，这会成为你持续学习的动力。
- ❑ 相互交流和沟通。一个人学到的和想到的东西总是有限的，只有相互交流和沟通才能对一个知识点有更加全面和深入的理解。

本书约定

为了便于读者学习本书内容，尤其是方便通过手机学习 C 语言编程的读者，本书中的源代码、练习题和习题旁边配有对应的二维码。每个二维码都与相应示例或者习题所对应，以方便读者对应扫描，如下面两个图所示。

【示例 2-8】　在程序中书写十进制的 20、0、−1000，并输出。

```
01  #include<stdio.h>
02
03  int main(int argc,char*argv[ ])
04  {
05      printr("%d  %d  %d\n\n", 20,0, −1000);
06       return 0;
07  }
```

示例2-8 源码

1. 完成下列转换。

$(101011100)_2=(\underline{\hspace{2cm}})_8=(\underline{\hspace{2cm}})_{16}$

$(475)_8=(\underline{\hspace{2cm}})_2=(\underline{\hspace{2cm}})_{10}$

$(98)_{10}=(\underline{\hspace{2cm}})_8=(\underline{\hspace{2cm}})_{16}$

$(A12)_{16}=(\underline{\hspace{2cm}})_2=(\underline{\hspace{2cm}})_{10}$

练习1 答案

在手机处于联网（WiFi/2G/3G/4G）的状态下，读者只要使用手机扫描二维码，就可以打开对应的源文件或答案。本书源文件都是 UTF-8 的编码模式。如果查看的时候出现乱码，请修改软件的编码模式。

本书配套资源获取方式

本书提供以下的配套资源：

- ❑ 本书开发环境；
- ❑ 本书实例源代码；
- ❑ 本书习题答案；

❑ 本书教学 PPT。

为了节省读者的购书开支，本书放弃以配书光盘的方式提供这些资源，而是改为提供下载的方式。读者可以在本书的服务网站（www.wanjuanchina.net）的相关版块上下载这些配套资源。实例源代码和习题答案也可以直接通过手机扫描二维码获取。另外，清华大学出版社的网站上也提供了本书的源程序、习题答案和教学 PPT，以方便读者下载。

本书售后服务方式

编程学习的最佳方式是共同学习。但是由于环境所限，大部分读者都是独自前行。为了便于读者更好地学习 C 语言，我们构建了多样的学习环境，力图打造立体化的学习方式，除了对内容精雕细琢之外，还提供了完善的学习交流和沟通方式。主要有以下几种方式：

❑ 提供技术论坛 http://www.wanjuanchina.net，读者可以将学习过程中遇到的问题发布到论坛上以获得帮助。

❑ 提供 QQ 交流群 336212690，读者申请加入该群后便可以和作者及广大读者交流学习心得，解决学习中遇到的各种问题。

❑ 提供 mmbbc@wanjuanchina.net 和 bookservice2008@163.com 服务邮箱，读者可以将自己的疑问发电子邮件以获取帮助。

本书作者

本书主要由唐峻、高旭光、李淳和唐小莉共同编写。其他参与编写的人员有杜礼、高宏、郭立新、胡鑫鑫、黄进、黄胜忠、黄照鹤、赖俊文、李冠峰、李静、李为民、邱罡、邱伟、隋丽娜、王红艺、王健、王玉磊、魏汪洋、吴庆涛、肖俊宇。

中国思想家老子说"千里之行，始于足下"，学习 C 编程也如此，从一开始就要打好基础，才能在以后的编程之路上走得更远。希望在本书的带领下，能让你少走弯路，打好 C 语言编程的基本功，顺利跨入 C 语言编程殿堂的大门，笔者将欣慰之极！

本书作者

目　　录

第 1 篇　程序的基石——数据

第 2 篇　程序的本质——处理数据

第 3 篇 处理大量数据

第 1 篇　程序的基石——数据

第1章 C语言概述

C语言是一种计算机编程语言。作为一种语言，它和我们人类使用的语言有共通的地方。同时，它也是最基础的编程语言，一直都是从事程序开发人员的必学语言。本章将带领读者了解C语言，熟悉使用C语言编程的方法和用C语言编程的开发环境。

1.0 写在最前面的——如何使用本书

读者能开始阅读本书，对于编者来说，这是最大的荣幸。作为编者，我做出的多种努力和尝试，希望能给读者一个最好的阅读体验——明明白白学会C语言。鉴于本书同其他书的不同，希望读者可以按照以下方式学习。

1. 加入QQ群336212690

一个人学习总是枯燥和无趣的，但很多人一起学习是快乐的。为了方便大家学习，我们为本书提供专门的QQ学习群。在这里，大家可以针对本书的内容进行讨论，了解其他人的学习心得，解决学习中遇到的问题。

2. 发邮件到mmbbc@wanjuanchina.net

如果你看到这里，还没有给 mmbbc@wanjuanchina.net 邮箱发邮件，请立刻发一封邮件。在这里，你可以获得本书最新的资料。如果平时遇到什么问题，不好意思或者不方便在QQ群提出，可以将问题发到这个邮箱中。

3. 准备好你的手机和C4droid软件

学习最好的方式，就是动手操作一下。虽然书中已经试图把每个程序以最详细的方式讲解，但这一切都比不上自己亲手操作一下。虽然没有人能保证看书的时候都在电脑跟前，但手机一定是在身边的。我们为大家已经打包好了源代码，大家只要下载到手机上，就可以使用C4droid运行代码，第一时间看到运行效果。C4droid的使用方法请参考1.3.2和1.4.2小节的内容。

4. 练习多多，多多练习

知易行难，这是大家最常遇到的。只有做过一遍，才可能真正掌握。但做什么，是初学者最发愁的事情。为了帮助大家解决这些问题，我们在每节都安排了大量习题。每个习题都针对本节的对应知识点。这样，大家就可以在第一时间，对自己掌握的知识进行练习。

5．扫二维码，看答案

习题做出来了，如何判断自己做的是否正确呢？不用翻书，不用上网，不用看光盘。大家只要拿手机扫一下习题旁边的二维码，就可以看到该题的答案。毕竟，现在是手机时代，我们也需要与时俱进。

好了，下面开始我们的正式学习。

1.1　语　　言

生活中，我们接触过汉语、英语，甚至是地方方言；熟悉计算机，或者有过编程经历的人，可能还接触过 C、C++，甚至是 Java 等语言。为了了解 C 语言，先探究一下语言的概念是很有必要的，为此本节将对语言做一个简单的剖析。

1.1.1　"语言"的定义

"语言"可以看作是一种工具，主要用于沟通和交流。"语言"也可以看作是一个载体，而承载的东西是信息。

1．人类语言

人类使用的"语言"就是人类语言。地球上的人类语言，据统计有 6000 种左右。其中最广泛使用的是英语，而使用人数最多的是汉语。不管使用何种语言，我们人类使用它们主要是为了沟通和交流，进而达到传递信息的目的。此时信息的传递是双向的，如图 1-1 所示。

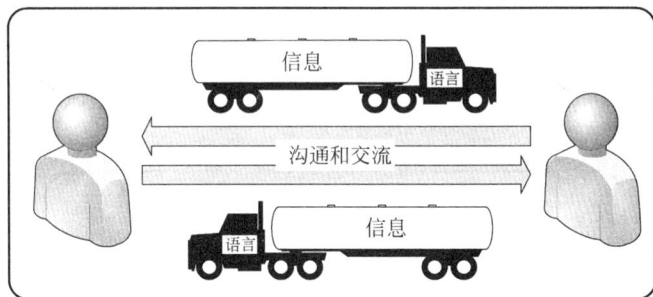

图 1-1　作为沟通和交流的工具——人类语言

2．计算机语言

与计算机交流所使用的语言，就是计算机语言。计算机可以高效地完成数据的处理，以及其他的一些操作。因此，为了能让计算机按照我们的要求完成特定的数据处理和操作，就需要借助于"计算机语言"将我们的需求告知计算机。此时信息的传递是单向的，我们总是在要求计算机做这、做那，如图 1-2 所示。

图 1-2　为了指示计算机完成特定的数据处理和操作——计算机语言

　　计算机语言通常先被编辑到文档中，然后计算机"读取"了这个文档以后，才会了解自己应该做什么。写这个文档的人，被称为"程序员"，所使用的计算机语言也被称为"程序语言"，编写文档的过程被称为"编程"。

1.1.2　计算机语言发展历程

　　计算机语言从产生到发展，经历了 4 个阶段，如表 1.1 所示。不断发展的过程中，计算机语言不再像过去那样晦涩了，反而与我们的人类语言越来越接近，学习起来也越来越简单了。

表 1.1　计算机语言发展历程

发展阶段	语言类型演变	语 言 载 体
第一阶段	机器语言	指令
第二阶段	汇编语言	助记符
第三阶段	面向过程语言	C 语言
第四阶段	面向对象语言	Java、C#语言

1.1.3　C 语言

　　本书要介绍的 C 语言，是发展到第三阶段的计算机语言。使用这种类型的语言要求计算机处理数据时，不光要告诉计算机该做什么，还要告诉计算机该怎么做。C 语言于 1972 年推出，后来经过一系列的修改和改进，一直沿用至今，有超过 40 年的历史。C 语言的应用领域如图 1-3 所示。

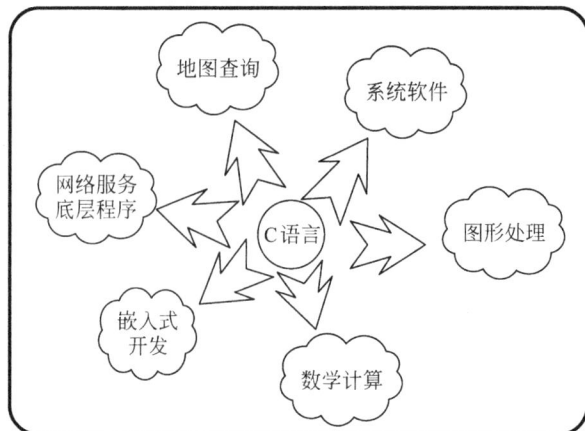

图 1-3　C 语言的应用领域

1.2　编　程　方　法

编程方法，即使用 C 语言编写程序的方法。我们要求计算机处理数据时，首先要告诉计算机处理的数据是什么，然后再告诉它应该如何操作数据，最后这些内容的载体将以 C 语言编写的程序代码呈现给计算机。本节将使用一个实际的实例，讲解编程方法。

1.2.1　数据处理示例

假如，想让计算机输出一个如图 1-4 所示的图形。

对于这个图形，输出时有下面几点要求：

❑　由多个"+"组成。

❑　一共要输出 4 行，"+"的个数依次为 1、3、5 和 7。

❑　输出的图形是个自上而下的等腰三角形。

```
   +
  +++
 +++++
+++++++
```

图 1-4　要求计算机输出的图形

1.2.2　第一步：分析问题

对于一个想要让计算机处理的问题，身为程序员，在此之前，首先要分析这个问题是什么？此问题有什么特点，例如，本节的示例要求计算机在屏幕上输出一个特定的图形。而此图形经过分析可知有如下特点：

❑　有基本的组成部分——"+"。

❑　有固定的形状——等腰三角形。

❑　有输出规律——自上而下输出的"+"的个数依次是 1、3、5 和 7。

1.2.3　第二步：设想实现方法

分析清楚问题以后，才能更清晰地得知这个问题的特点和要求。接下来就该考虑：我如果站在计算机的角度上，该如何解决这个问题。

1. 站在计算机的角度

为什么要站在计算机的角度考虑问题呢？因为只有这样才能知道：对于计算机而言，什么是可以做到的，什么是不能做到的。例如，计算机输出图形时，只能自上而下、自左向右地输出，其他方式都做不到。如图 1-5 所示。

还有，计算机输出的字符的位置是连续的，不能跳过一些位置而在其他位置上输出字符。所以说，要输出第一行的"+"，就得先在前面的位置输出空格" "，然后才能输出"+"。所以站在计算机的角度考虑问题是很有必要的。

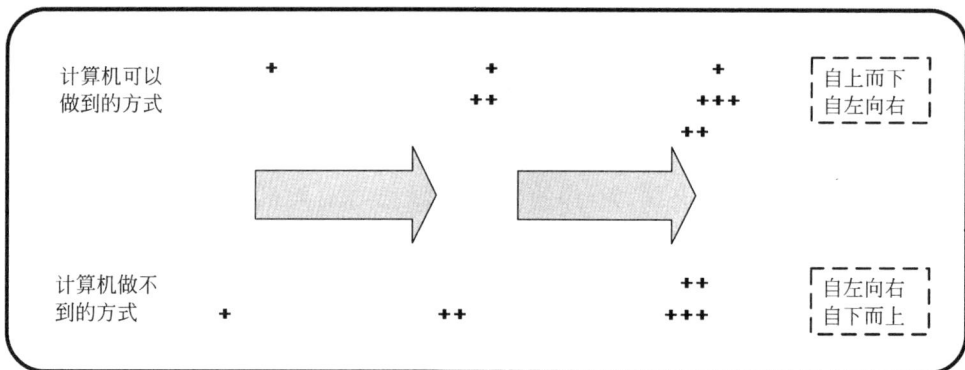

图 1-5　输出特定形状时的两种顺序

2．设想的解决方法一

因为计算机可以一次输出一行字符，所以我们可以让计算机先后输出 4 行字符，直到图形被完全输出，如图 1-6 所示。

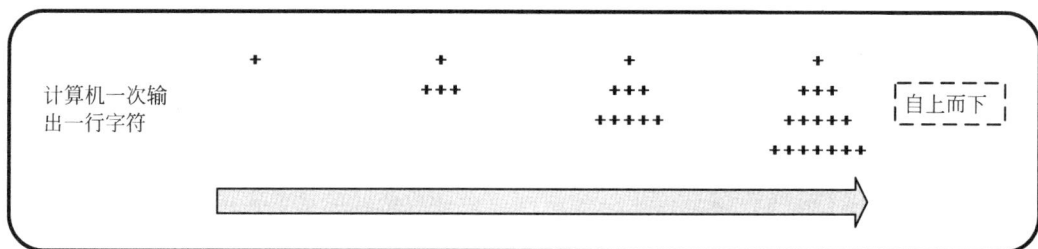

图 1-6　设想的解决方法一

3．设想的解决方法二

计算机也可以一次输出一个字符，所以我们可以让计算机有规律地一个个地输出字符，直到图形被完全输出，如图 1-7 所示。

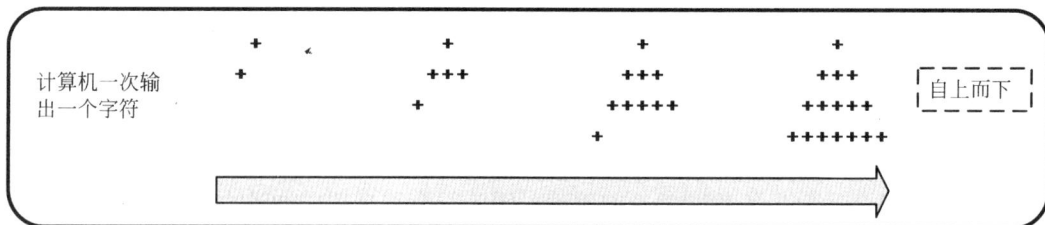

图 1-7　设想的解决方法二

1.2.4　第三步：编写程序代码

设想好了让计算机输出这个图形的方法后，接下来就该使用 C 语言的语法，将设想的方法写下来，即编写具体的程序。两种方法的 C 语言程序代码和运行效果如图 1-8 所示。

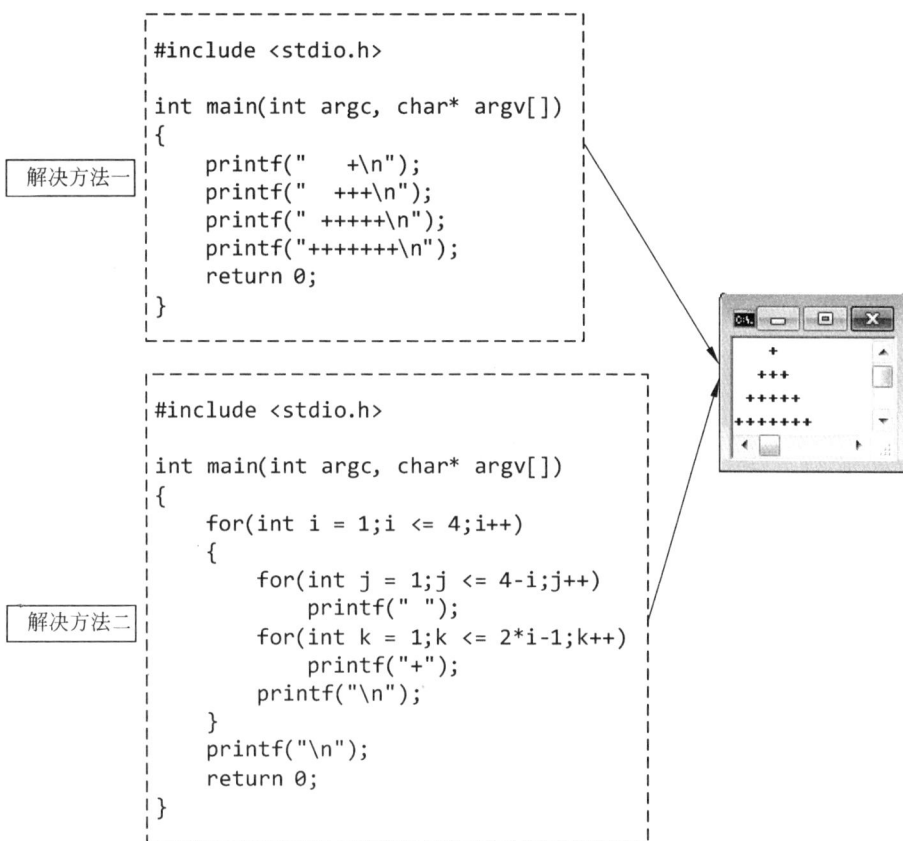

解决方法一

```
#include <stdio.h>

int main(int argc, char* argv[])
{
    printf("   +\n");
    printf("  +++\n");
    printf(" +++++\n");
    printf("+++++++\n");
    return 0;
}
```

解决方法二

```
#include <stdio.h>

int main(int argc, char* argv[])
{
    for(int i = 1;i <= 4;i++)
    {
        for(int j = 1;j <= 4-i;j++)
            printf(" ");
        for(int k = 1;k <= 2*i-1;k++)
            printf("+");
        printf("\n");
    }
    printf("\n");
    return 0;
}
```

图 1-8　实现设想的程序代码，以及程序的运行效果

1.3　开　发　环　境

通常情况下，程序员都是在一个特定的环境下编写程序的，这个环境就是开发环境。编写 C 语言代码的开发环境不止一个。下面会着重介绍两个开发环境，一个是电脑上的，一个是手机上的。

1.3.1　电脑上的开发环境

在运行着 Window 操作系统的电脑上，微软先后推出过两款大受欢迎的 C 语言开发环境，分别是：Visual C++ 6.0 和 Visual Studio 2010。

1. Visual C++ 6.0

Visual C++ 6.0 是微软在 2000 年左右推出的。从名字上也可以看出，除了 C 语言的程序代码，它甚至可以编写 C++的程序代码。它的界面开发环境如图 1-9 所示。

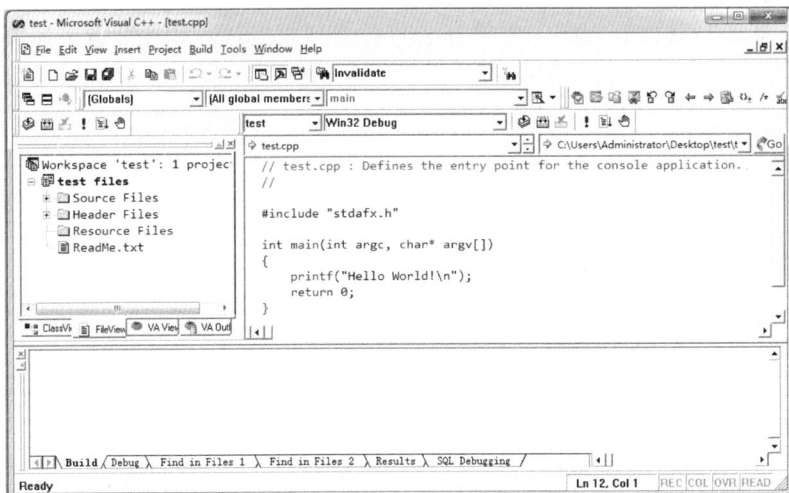

图 1-9　Visual C++ 6.0 程序开发环境界面

　　Visual C++ 6.0 现在仍然在被广泛使用，使用者中学生占大多数，使用这个开发环境的目的主要是学习 C 或者 C++。而且在我国的计算机等级考试中，也使用此开发环境。此开发环境一共有 6 个补丁，读者若打算使用此种开发环境，一定要下载 Visual C++ 6.0 SP6，即打好了补丁的版本。

注意：微软已不再为 Visual C++ 6.0 提供技术支持，所以这个开发环境上无法使用 C 语言的最新的技术，此外这个开发环境对 C 语言的规范支持得不是很好，读者如果对这两点比较介意，可以考虑安装 Visual Studio 2010。

2．Visual Studio 2010

　　在本书中，主要使用的开发环境是 Visual Studio 2010。微软于 2010 年 4 月推出此种开发环境，因为软件的界面被重新设计和组织，使用起来也更加简单，而成为目前最流行的 Windows 平台下的开发环境。使用者中真正做软件开发的人占大多数。读者可以从网上下载这个程序的安装包，本书使用的是这个软件的旗舰版。双击打开这个安装包，这个程序的安装界面如图 1-10 所示，安装过程如图 1-11 所示。

图 1-10　安装程序的界面

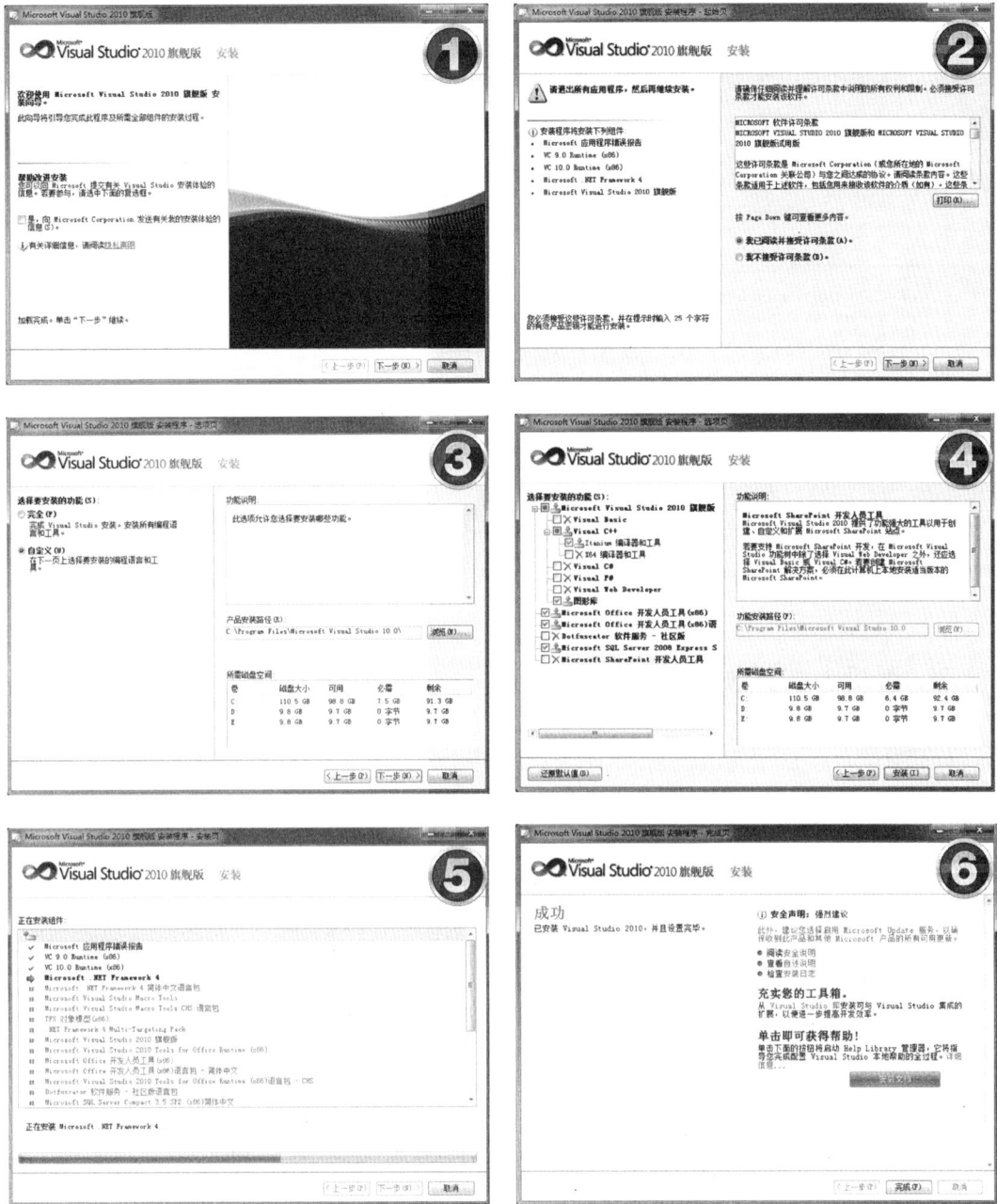

图 1-11　Visual Studio 2010 的安装过程

Visual Studio 2010 这个软件的安装包很大，因为这个开发环境可以编译很多种语言写成的程序，而本书使用这个开发环境编辑 C 语言的程序代码，所以我们只需要有选择地安装部分功能即可，这样可以减少这个开发环境的大小。需要在图 1-11 的③中选择"自定义"选项，然后在图 1-11 的④中选择部分功能，如图 1-12 所示。

从图 1-11 的⑤中可以看出：安装 Visual Studio 2010 时，要安装的组件很多。所以整个安装过程会持续 30 分钟左右，读者需要耐心等待。安装完成后的 Visual Studio 2010 的开发环境界面如图 1-13 所示。

图 1-12　选择安装 Visual Studio 2010
的部分功能

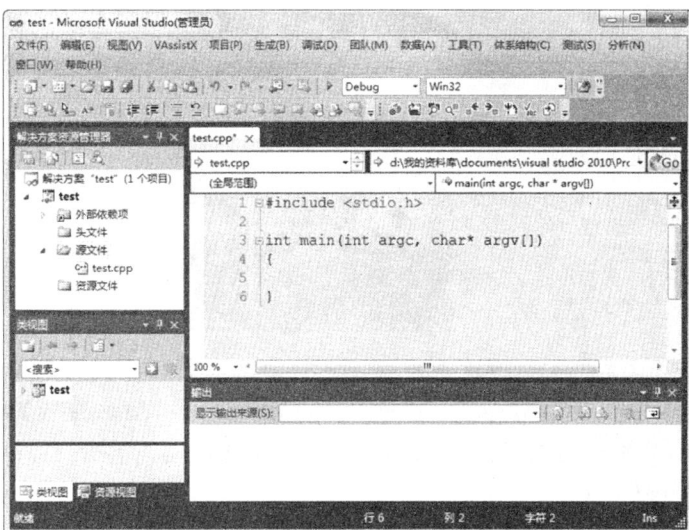

图 1-13　Visual Studio 2010 开发环境界面

1.3.2　手机上的开发环境

现代社会，手机尤其是智能机的使用已经是十分普遍，本小节要介绍的手机开发环境是运行在安卓手机平台下的，它的名字是 C4droid。截至 2014 年 4 月 29 日，它的最新版本是 4.11。C4droid 这个开发环境的界面如图 1-14 所示。

图 1-14　C4droid 开发环境的界面

如果纯粹为了学习 C 语言的语法，以及做一些非常小的程序，可以使用这个开发环境，会十分便利。

1.4　编写第一个 C 语言的程序

介绍了这么多，读者应该已经很着急地想看看：如何使用之前介绍的开发环境编写 C 语言程序，以及 C 语言的程序是什么样子的，为此本节打算对此作一个详细的说明。

1.4.1　在电脑上编写第一个程序

本小节会带领读者写出第一个 C 语言的程序，为此需要依次了解：开发环境的界面组成、创建第一个程序示例和运行这个程序的方法。

1．Visual Studio 2010界面介绍

在使用 Visual Studio 2010 之前，最好先熟悉一下它的界面组成，如图 1-15 所示。

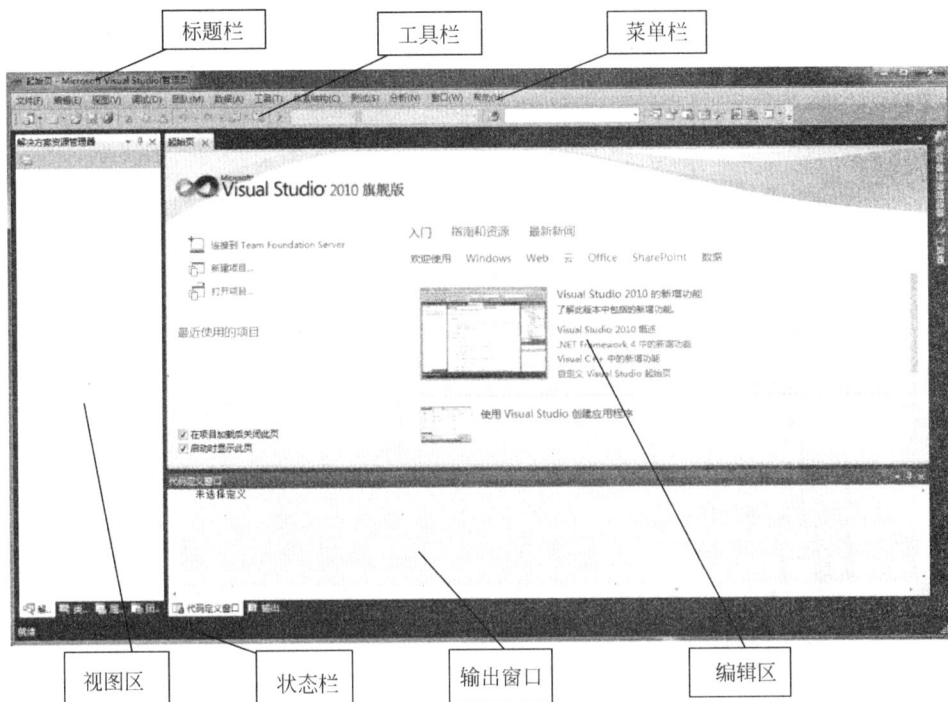

图 1-15　Visual Studio 2010 界面的各组成部分

- ❑ "编辑区"就是我们实际编写程序代码的地方。
- ❑ "输出窗口"会输出对程序的一些判断信息，例如，有没有什么语法错误。
- ❑ "视图区"会列出我们编写程序的文件，以及其他种类的文件。

2．第一个"项目"

要开发一个功能全面的程序，不是仅仅编写代码就可以完成的，有时还会需要图片、音乐等等资源的配合，因此写程序的第一步就是：创建一个"项目"，此项目用于容纳各种文件（包括代码、图片和音乐文件等）。依次单击菜单"文件"、"新建"、"项目"命令，如图 1-16 所示。

在弹出的"新建项目"对话框中，先选择"Win32"选项，然后选择"Win32 控制台应用程序"选项，给这个项目命名，以及确定这个项目的存放位置以后，单击"确定"按钮，如图 1-17 所示。

图 1-16　创建一个项目

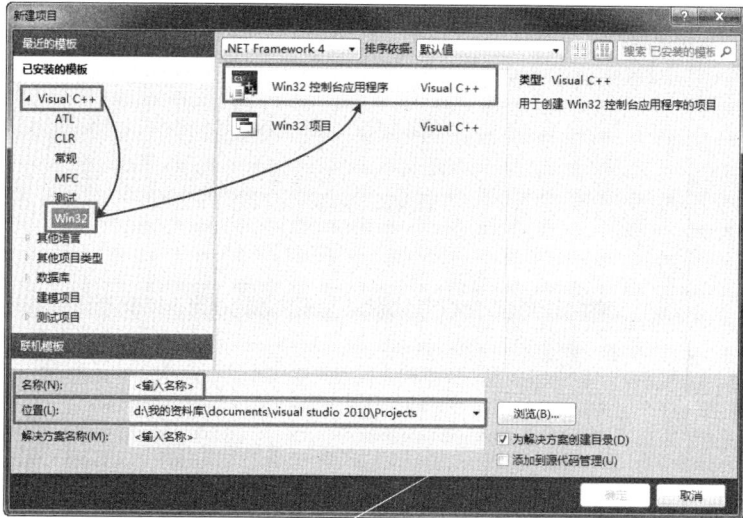

图 1-17　"新建项目"窗口

接下来会弹出"Win32 应用程序向导"对话框，第一次出现时直接单击"下一步"按钮，第二次要选中"附加选项"中的"空项目"复选框，最后单击"完成"按钮，项目就创建好了，如图 1-18 所示。

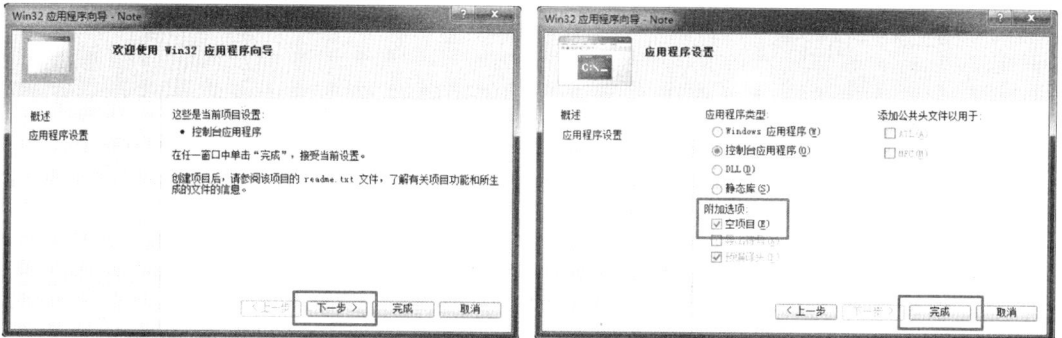

图 1-18　"Win32 应用程序向导"窗口

从视图区的"解决方案资源管理器"面板中，可以发现，这个项目里什么都没有，如图 1-19 所示。

为了给这个项目编写程序，需要在这个项目中添加代码文件。鼠标右击"解决方案资源管理器"面板，在弹出的快捷菜单中依次选择"添加"、"新建项"命令，如图 1-20 所示。在弹出的"添加新项"对话框中选择"C++文件（.cpp）"选项，给这个文件命名后，单击"添加"按钮，即可在此项目中添加代码文件，如图 1-21 所示。

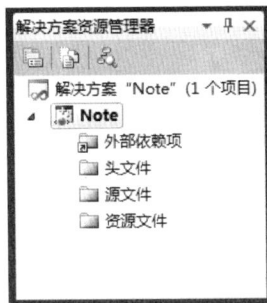

图 1-19　"解决方案资源管理器"窗口

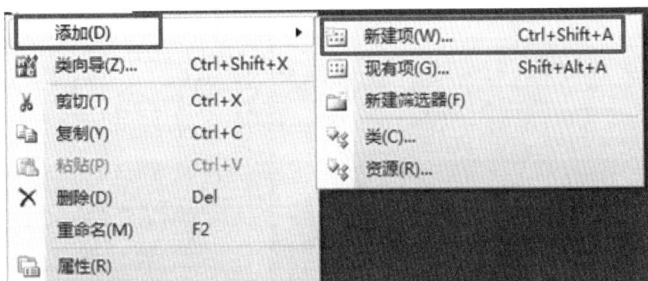

图 1-20　添加代码文件

此时，项目里"源文件"文件夹下就会增加一个后缀为 cpp 的文件，如图 1-22 所示。

图 1-21　"添加新项"窗口

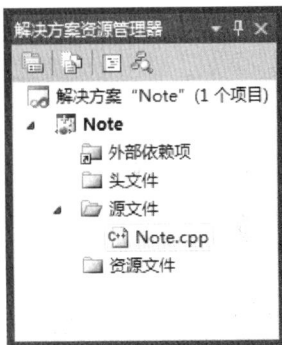

图 1-22　"项目"里添加了一个文件

鼠标双击这个刚添加的文件，然后界面的"编辑区"会打开这个文件，在这个文件中输入图 1-23 所示的 C 程序代码。

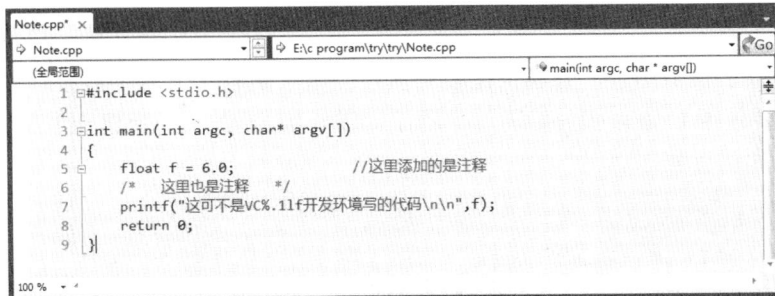

第一个源码

图 1-23　在代码文件中输入代码

然后单击"生成"、"生成解决方案"命令，在界面的"输出"窗口中会输出一些信息，如图 1-24 所示。

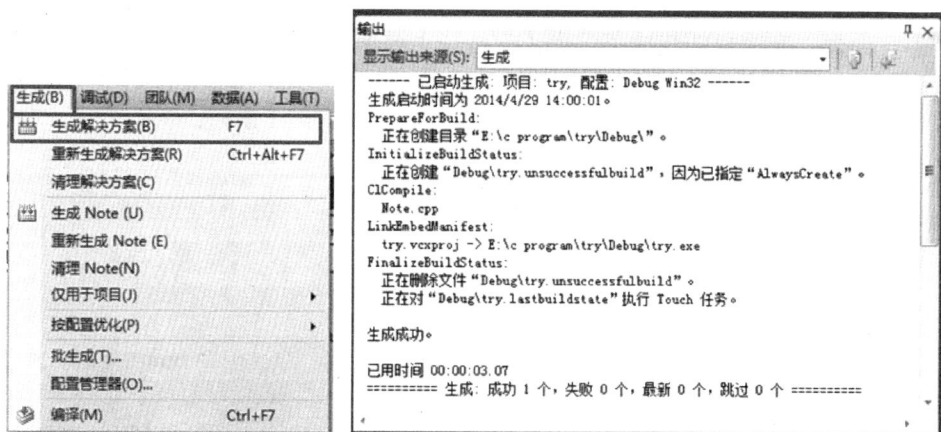

图 1-24　"生成解决方案"后"输出"窗口的输出信息

最后单击"调试"、"启动调试"命令，即可运行程序代码编写的程序，如图 1-25 所示。这个时候，大家就会知道这个程序的作用是：输出了一行文字"这可不是 VC6.0 开发环境写的代码"。

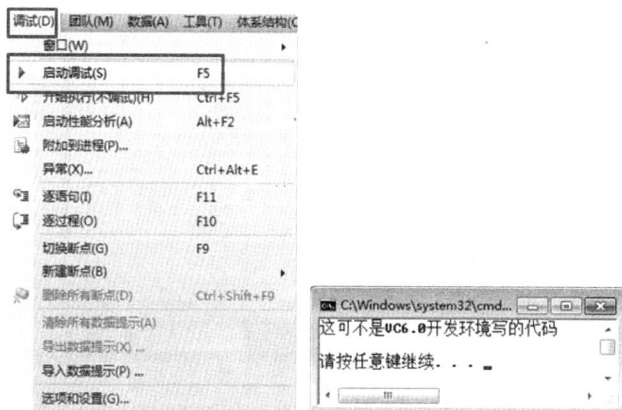

图 1-25　运行这个程序

🔔**注意**：最后一行的文字"请按任意键继续…"表明程序运行完毕，此文字是程序运行结束以后，都会出现的，但它不是程序输出的。

为了演示，所以截取了很多图片，看起来比较繁琐，但这只是看起来，实际上把步骤总结起来是很简单的。要使用 C 语言代码编写一个程序只需 4 步，分别是：新建一个项目、添加源文件、编写代码和运行程序。

3．项目里的文件

找到此项目在电脑中的存放位置，打开看看 Visual Studio 2010 在生成整个程序的过程中创建了多少文件，以及那些我们应该认识的文件。如图 1-26 所示。

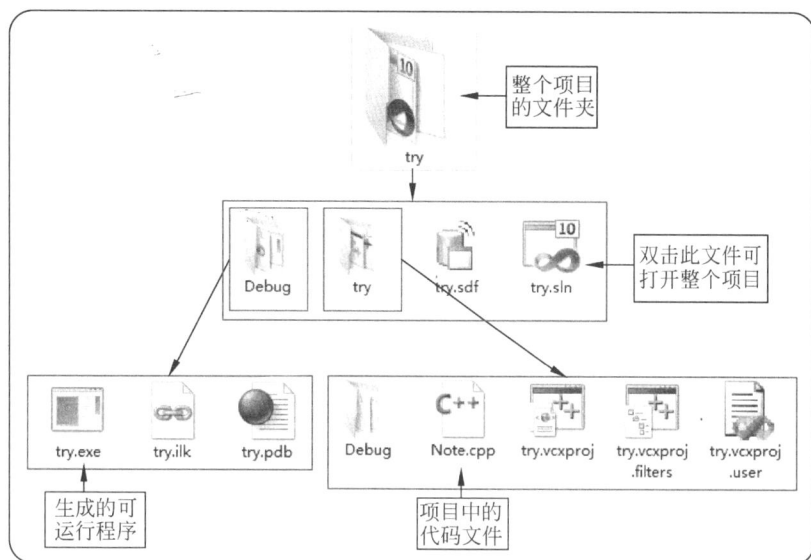

图 1-26　项目里的文件和文件夹

　　在图 1-26 里面，程序创建的项目名为 try，添加到项目中的代码文件名为 Note.cpp，生成的可以运行的程序名为 try.exe。如果要打开这个已经存在的项目，需要双击后缀为.sln 的文件。

1.4.2　在手机上编写第一个程序

　　在手机上的 C4droid 下编写同样的程序，相对来说要简单得多，因为 C4droid 的功能没有 Visual Studio 2010 那么多、那么强大，所以要简单很多。在手机上下载好这个程序以后，直接打开，然后直接写上同样的代码，单击"运行"按钮，即可得到输出结果，如图 1-27 所示。

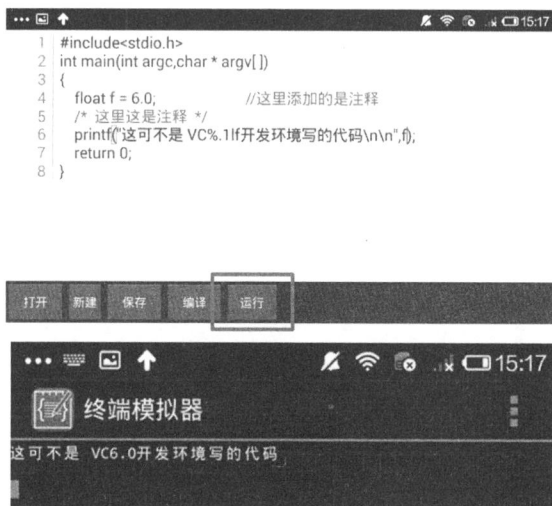

图 1-27　在手机的开发环境里编写和运行程序

1.5　EGE——简易图形库

EGE（Easy Graphics Engine 简易图形库）是 Windows 下的一个简易图形库。学习过 C 语言的人，都清楚一点，那就是：用 C 语言编写的简单程序，几乎只能输出字符，如果要输出一个图形的话，就不得不引入更多的代码。现在，就要普及一个观点：如果在 C 程序中使用 EGE，一样可以写很少的代码，然后在窗口中绘制图形，甚至是动画。

从网上下载 EGE 这个库，然后引入到 Visual Studio 2010 中，再用同样的方式创建项目，并在代码文件中写下代码，如图 1-28 所示。

```
#include <graphics.h>          // 就是需要引用这个图形库

int main()
{
    initgraph(640, 480);       // 初始化，显示一个窗口，这里和 TC 略有区别
    circle(200, 200, 100);     // 画圆，圆心(200, 200)，半径 100
    getch();                   // 暂停一下等待用户按键
    closegraph();              // 关闭图形界面
    return 0;
}
```

图 1-28　文件中写下的代码

然后运行这个程序，得到如图 1-29 所示的运行效果。只使用了短短的 10 行代码，就可以绘制一个圆。这个库不仅可以绘制图形，还可以处理和生成图像，甚至是动画和游戏，而且库的使用也是如此简单。

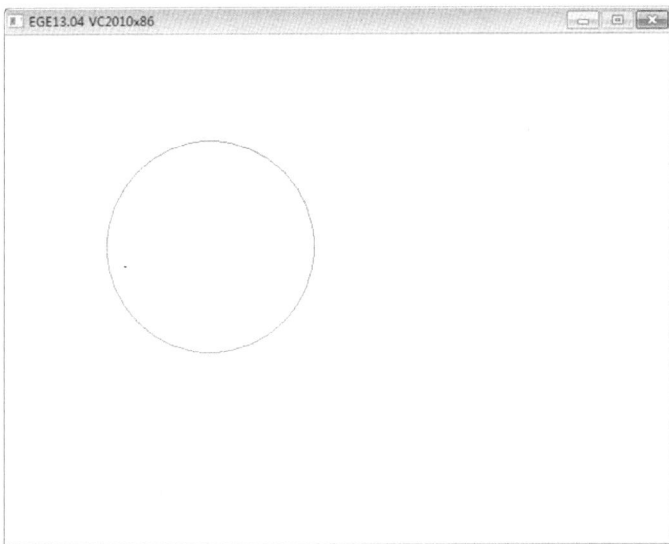

图 1-29　使用 EGE 库后绘制的圆

在学习完 C 语言的基础知识以后，有兴趣的读者可以继续学习这部分的内容，它有助于你从中学到计算机绘图的算法，为以后使用其他更高级的图形库打好坚实的基础。

1.6　如何学习 C 语言

C 语言如此流行,你身边学习过 C 语言的人也一定不少。如果和他们交流过的话,会发现他们对 C 语言的掌握程度并非是时间越长就掌握得越好,有些聪明的人也许很快就能掌握到别人用了很久才掌握的知识,而他们之所以聪明,站在学习的角度来看,是因为他们更懂得如何去学习 C 语言。所以这一节的内容就显得尤为重要。

1.6.1　技巧一:多看、多想、多练习

没错,同样是"三多":

❏ 多看就是要经常看一些有代表性的程序,看很多次,看很多个这样的程序。

❏ 多想当然就是提醒你,切忌囫囵吞枣,总得消化消化吧,不然看的再多也是白费。

❏ 多练习实际上是个运用所学习到的知识解决问题的过程,也是对自己知识掌握程度的一个检验。

以本章的示例程序为例:

```
01  #include <stdio.h>
02
03  int main(int argc,char* argv[])
04  {
05      float f = 6.0;       //这里添加的是注释
06      /*  这里也是注释  */
07      printf("这可不是 VC%。1lf 开发环境写的代码\n\n",f);
08      return 0;
09  }
```

既然这个程序可以作为入门者学习 C 语言前见到的第一个程序,那就说明了这个程序具有一定的代表性。可以归纳为:这就是个 C 语言程序,它可以运行,也有运行效果;它简短、简单,所以不至于吓跑初学者;C 语言的大部分语法,在这个程序中都有体现。

1. 多看

先说多看,这个程序你看得多了,就会在潜意识里认同这就是 C 语言,以及它并没有想象中的那么难。

再看多个其他的入门示例,你一方面可以巩固这种认同感,同时会发现代码也有不同的风格。如下:

```
01  #include <stdio.h>
02
03  int main(){
04      //输出一行文本
05      printf("Hello World!");
06      return 0;
07  }
```

比较两个入门的 C 语言程序代码,因为有很多相同的地方,所以你会认同这是 C 语言的程序,同时你也会察觉虽然都是 C 语言,但它们有不同的风格,如注释的位置、大括号

"{ }"的位置等等。

2．多想

看的多了，有时就会记住一些东西。然后随着本书更深入的学习 C 语言以后，你很可能经常会产生恍然大悟的感觉，然后说一些类似"原来那就是⋯"、"怪不得那个程序⋯做了"、"看来⋯修改以后也能达到同样的效果"之类的话。例如，学习了"指令"以后，你会恍然大悟，怪不得本节开头的那个程序中，01 行句子末尾没有加分号。

总之，多想可以让你在接受新知识的过程中，感到身上压着的知识越来越轻，而掌握的知识却越来越多。反之，学习就会成为负担，就成了所谓的"学的多、记的多、忘的多"。

3．多练

知识到底有没有掌握，学没学会，要怎么检验，答案就是练习。因为能灵活使用的东西，我们通常才称之为"掌握"。例如，今天学习了"输出语句"，知道了程序可以按照自己的意愿，输出数字、字母，甚至是特殊符号。光知道还不行，那么自己到底掌握了吗？可以写一些代码练：

```
printf("I'm XiaoYongLi");
printf("10+34 = %d",10+34);
printf("%c",1);
…
```

1.6.2　技巧二：多沟通、多扩展视野

把自己关在一个小黑屋子里，闭关修炼的时代已经一去不复返了。特定场景、特定时间自己再怎么想也不会有更多的收获。只有与同样学习 C 语言的人沟通分享，自己获得的才会更多，正所谓"我有两个苹果，你有两个梨，我们彼此交换自己的一个水果后，两人才会同时拥有苹果和梨"。

了解了沟通的重要性，于是你会找身边同样在学，或者学过 C 语言的人交流 C 语言的学习使用心得。这样也不错，但是作为一个生活在信息化时代的人，你可以使用更多的方法：

❑ 关注 C 语言的论坛，如 C 语言在 CSDN 上的论坛 http://bbs.csdn.net/forums/C，如图 1-30 所示。

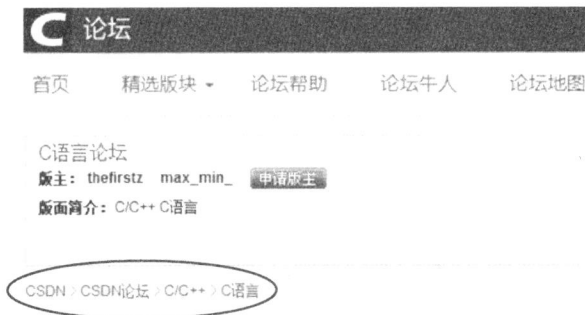

图 1-30　CSDN 上的 C 语言论坛

❑ 加入一些讨论 C 语言的 QQ 群，本书为了方便读者交流本书中的示例，也建了 QQ 群。

❑ 关注 C 语言的贴吧也不错，如百度上的 C 语言贴吧：http://tieba.baidu.com/f?ie=utf-8&kw=c%E8%AF%AD%E8%A8%80。如图 1-31 所示。

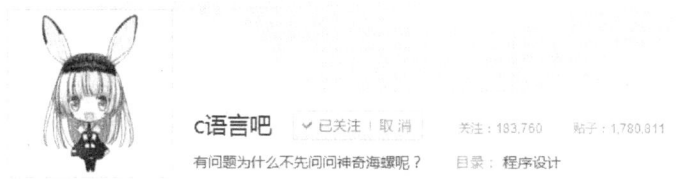

图 1-31　百度贴吧上的 C 语言吧

1.7　小　　结

本章主要带领读者认识和了解 C 语言，包括它的编程方法和开发环境。并且，本章以一个详尽的操作步骤，叙述了在 Visual Studio 2010 下如何用 C 语言编程。另外，本章还简要地介绍了手机上的开发环境 C4droid，以及支持 C 语言绘图的库 EGE。

第 2 章　数据的表示

计算机主要是用来处理数据的，而数据（并不单单局限于数字表示的数据）在生活中的表现形式各式各样。例如，你的名字、年龄，还有你每个月花出多少钱，这些都是用一些可见的数据表示的。如何将这些不同的数据在计算机中表示，是编程必须首先解决的问题。否则，计算机就成了"巧妇难为无米之炊"了。本章将详细讲解数据在计算机和程序中的表示，以及数据在程序中的分类。

2.1　计算机中的数据表示

计算机可以存储的数据多种多样，如整数、小数和文本。但是由于计算机的构造的特殊性，它们在计算机中并不以本来面目出现，而是以二进制的形式出现。而且，不同的数据按照不同的二进制形式进行表示。本节将详细讲解整数、小数和文本在计算机中的表示。

2.1.1　二进制

二进制是计算机中广泛采用的一种数制。它有如下特点：
- ❑ 使用 0 和 1 来表示数据。
- ❑ 基数为 2。
- ❑ 进位规则是"逢二进一"，借位规则是"借一当二"。

"基数"表示的是，此种数制表示数据时，可使用的元素的个数。以二进制为例，在二进制这种数制中，表示数据时，可使用的元素有 2 个，分别是 0 和 1。所以，二进制这种数制的基数为 2。

"进位"表示的是，在加法运算中，每一个位上的数等于基数时，向高一位数进一的过程。以二进制为例，两个二进制的 1 相加，和为 2，等于二进制的基数，所以要向高一位进 1，得到 10（二进制）。

"借位"表示的是，在减法运算中，被减数中一位数不够减时（也即，被减数中的该位数小于减数中同一位中的数），向前一位借一的过程。以二进制为例，两个二进制数：10 和 1，在减法运算中，前者中的 0 不够后者减，所以向前者中的 1 借位，得到减法运算的结果是二进制的 1。表 2.1 是对本小节所讲内容的小结。

表 2.1　二进制

使用 0 和 1 表示数据	基数为 2	
	进位	借位
101、110、1001	$1 + 1 = 10$ $10 + 10 = 100$	$10 - 1 = 1$ $100 - 10 = 10$

2.1.2 整数

−2，−1，0，1，2 这样的数就是整数。在计算机内部，整数是以二进制的形式来保存的。那么，本小节就来讲解整数的二进制形式，以及二进制整数和十进制整数的相互转换。

1．二进制整数

二进制整数就是使用二进制来表示的整数，所以这种整数也符合二进制这种数制的规则，为了使读者对二进制整数有个更加直观的了解，表 2.2 列出了二进制整数对应的十进制整数。

表 2.2 二进制整数与十进制整数

二进制数	十进制数	二进制数	十进制数
0	0	101	5
1	1	110	6
10	2	111	7
11	3	1000	8
100	4	1001	9

从表 2.2 可以很容易查出，4 的二进制表示形式是 100，7 的二进制表示形式是 111。对于简单的二进制整数和十进制整数的对应关系，读者应该熟记（如看到二进制的 101，要能想到是十进制的 5），这是以后顺利做数制转换的基本功。

如果遇到位数更多的二进制时（如 01101110），一下看不出它的十进制数是多少，就需要手动计算了。计算的方法是：从右到左，用二进制的每一个位上的数字乘以 2 的相应位置次方，然后求和，次方的值从右到左，依次递增，且从 0 开始。

【示例 2-1】 下面将如下二进制整数转换为十进制整数，体会这种转换的方法。

$(0110\ 1110)_2 = 0 \times 2^7 + 1 \times 2^6 + 1 \times 2^5 + 0 \times 2^4 + 1 \times 2^3 + 1 \times 2^2 + 1 \times 2^1 + 0 \times 2^0 = (110)_{10}$

如图 2-1 是对这一计算过程的图解。

说明：例如，数据 110 既可以认为是二进制数据，也可以认为是十进制数据，为了区分，本书会使用括号和下标的方式来说明。例如，$(110)_2$ 和 $(110)_{10}$ 分别表示是二进制的 110 和十进制的 110。在本章后面讲到八进制和十六进制的时候使用了同样的方式进行区分和说明，如 $(110)_8$ 和 $(110)_{16}$。

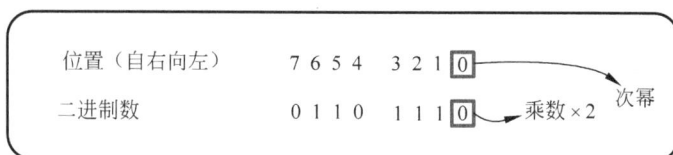

图 2-1 01101110 计算过程图解

计算可得，二进制整数 01101110 转换成十进制整数是 110。

2．十进制转化为二进制

同样，对于简单的十进制整数，可以通过表 2.2 直接得到它的二进制形式，如十进制的 9 转换成二进制就是 1001。对于更大的十进制整数，直接看出它的二进制形式就很困难了。

这里介绍一个"除 2 取余，逆序排序"法。具体的做法是：先将十进制整数除以 2，可以得到一个商和一个余数；用这个商继续除以 2，又会得到一个商和一个余数，反复如此，直到商为 0，最后把先得到的余数作为二进制数的低位，后得到的余数作为二进制数的高位，将它们依次排列起来就得到了十进制整数对应的二进制整数。

【示例 2-2】　下面将十进制数 789，转换成二进制形式，体会二进制转换十进制的方法。

$(789)_{10} = (\ 0011\ 0001\ 0101)_2$

图 2-2 是对这一转换过程的图解。

2.1.3　小数

小数由整数部分、小数部分和小数点组成。在计算机内部，小数同样是以二进制的形式来保存的。下面讲解如何进行保存。

1．二进制小数

二进制小数的书写方式如下：

`0.011、0.101、11.01`

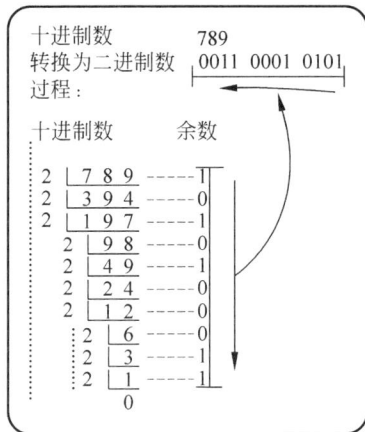

图 2-2　789 转换为 001100010101 图解

这 3 个二进制小数分别代表我们数学中所学小数的 0.375、0.625 和 3.25，表 2.3 列出了常见的二进制小数对应的十进制小数。

表 2.3　常见二进制小数对应的十进制小数

二进制小数	十进制小数	二进制小数	十进制小数
0.001	0.125	0.101	0.625
0.01	0.25	0.110	0.75
0.011	0.375	0.111	0.875
0.1	0.5		

由表 2.3 可以很容易地查出二进制小数 0.011 对应的十进制小数是 0.375。为了以后转换的方便，读者也需要记住表中它们的对应值。细心的读者会发现，二进制小数不能表示所有的十进制小数。是的，无法表示的十进制小数如果非要转换成二进制小数的形式的话，会是无限不循环的，这点可以从即将要学习的内容中体会到。

对于一些长的二进制小数（如 0.01011）在表中没有，要如何转换成十进制小数？转换方法是：从小数点后的第一位开始，依次用相应的二进制位乘以 2 的相应位的负幂次方，求和。位的计数从 1 开始，从小数点后的第一位开始。

【示例 2-3】　请将二进制小数 0.01011 转换为十进制小数，体会二进制小数转换为十进制小数的方法。

$(0.01011)_2 = 0 \times 2^{-1} + 1 \times 2^{-2} + 0 \times 2^{-3} + 1 \times 2^{-4} + 1 \times 2^{-5} = (0.34375)_{10}$

图 2-3 是对这一转换过程的图解。

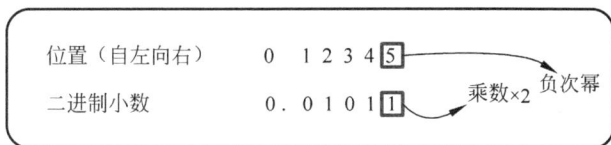

图 2-3　转换过程图解

由此可得，二进制小数 0.01011 的十进制小数形式是 0.34375。扩展一下，如何处理实数呢。

【示例 2-4】　下面将二进制实数 11.01011 转换成十进制实数。

实数 11.01011 无非是由整数部分 11 和小数部分 0.01011 组成，只要分别处理就可以了。

$(11)_2 = (3)_{10}$

$(0.01011)_2 = (0.34375)_{10}$

组合起来整数部分和小数部分，就是 3.34375，即二进制实数 11.01011 对应的十进制实数形式。

2．十进制小数转化为二进制小数

同样，对于简单的十进制小数可以通过记忆得到二进制的小数，对于复杂的十进制小数，要转换时就得计算一下了，需要使用的方法称为"乘 2 取整，顺序排列"。具体做法是：用 2 乘以十进制小数，将得到的积的整数部分取出，继续用 2 乘以剩下的小数部分，又得到一个积，再将整数部分取出，如此反复，直到出现以下两种情况的任意一种后停止：

（1）积中的小数部分为零，此时 0 或 1 为二进制的最后一位。

（2）达到所要求的精度。

最后将取出的整数部分按顺序组合起来就可以了。

【示例 2-5】　请将十进制小数 0.125 转换为二进制小数。

$(0.125)_{10} = (0.001)_2$

图 2-4 是对此转换过程的图解。

很容易地得到了其二进制的小数形式 0.001。此种情况是：积中的小数部分为零，此时的 1 为二进制的最后一位。

【示例 2-6】　请将十进制小数 0.326 转换为二进制小数，保留 6 位小数即可。

$(0.326)_{10} = (0.010100)_2$

图 2-5 是对此转换过程的图解。

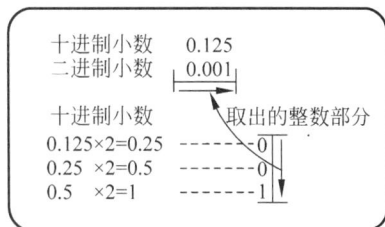

图 2-4　十进制小数 0.125 转换过程图解

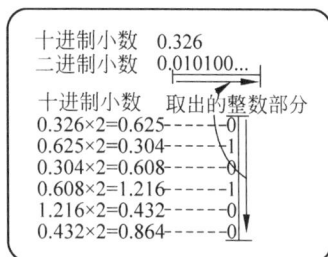

图 2-5　十进制小数 0.326 的转换过程图解

可以看到，积的小数部分始终不为零，此时保留了 6 位小数，即十进制小数 0.326 的二进制小数形式为 0.010100。此种情况是达到所要求的精度。

3．科学计数法

很多时候，数据的位数太多，如：0.00043。书写的时候很不方便，读起来也不容易，所以这样的数据应该使用科学计数法来表示。科学计数法，即使用数字、小数点和字母（E 和 e 均可）表示实数的方法，它的形式如下：

十进制小数 E（或 e）指数

它的组成有 3 个部分：十进制小数、E（或 e）和指数。这种表示方法需要满足以下条件：

- ❑ 无论如何，E（或 e）不能省略。
- ❑ E（或 e）前面必须有数字。
- ❑ E（或 e）后面必须有数字且为整数。

表 2.4 是对科学计数法的使用举例。

表 2.4　科学计数法使用举例

科学计数法举例	解　释
2.7E3	等价于 2.7×10^3
3.65E-3	等价于 3.65×10^{-3}
345	不合法，并非科学计数法
E2	不合法，E 前必须有数字
2E1.2	不合法，E 后必须为整数
3-E5	不合法，负号的位置不对
1.2E	不合法，E 后必须有数字

2.1.4　文本

文本是我们可以直接阅读的文字以及各种符号的集合。在计算机内部，文本同样是以二进制的形式来保存的。类似于十进制整数和二进制整数的对应关系，$(3)_{10}$ 对应 $(11)_2$，如表 2.5 所示。每个文本元素都应该有对应的二进制数才行。

表 2.5　十进制数对应的二进制数

十进制数	二进制数	十进制数	二进制数
0	0	3	11
1	1	4	100
2	10		

1．ASCII编码由来

由于文本字符到二进制的编码没有规则可循，所以早期的文本编码，在世界各国、各地区都不相同。这也导致了各个国家和地区的相互通信变得混乱不堪。比如，你用 $(110)_2$ 表示"狗"，他用 $(110)_2$ 表示"猫"，当你我之间使用 $(110)_2$ 来通信时，就会混乱。

为了消除混乱，大家就必须使用相同的编码规则，于是美国有关的标准化组织就出台了所谓的 ASCII 编码，统一规定了常用符号用哪些二进制数来表示。

2．ASCII编码

ASCII 码使用指定的 7 位二进制数组合来表示 128 种字符，它包括了所有的大写和小写字母、数字 0～9、标点符号，以及在美式英语中使用的特殊控制字符。表 2.6 列出了标准的 ASCII 编码。

表 2.6　标准ASCII码

十　进　制	字　　符	十　进　制	字　　符	十　进　制	字　　符
0	nul	43	+	86	V
1	soh	44	,	87	W
2	stx	45	-	88	X
3	etx	46	.	89	Y
4	eot	47	/	90	Z
5	enq	48	0	91	[
6	ack	49	1	92	\
7	bel	50	2	93	]
8	bs	51	3	94	^
9	ht	52	4	95	_
10	nl	53	5	96	'
11	vt	54	6	97	a
12	ff	55	7	98	b
13	er	56	8	99	c
14	so	57	9	100	d
15	si	58	:	101	e
16	dle	59	;	102	f
17	dc1	60	<	103	g
18	dc2	61	=	104	h
19	dc3	62	>	105	i
20	dc4	63	?	106	j
21	nak	64	@	107	k
22	syn	65	A	108	l
23	etb	66	B	109	m
24	can	67	C	110	n
25	em	68	D	111	o
26	sub	69	E	112	p
27	esc	70	F	113	q
28	fs	71	G	114	r
29	gs	72	H	115	s
30	re	73	I	116	t
31	us	74	J	117	u
32	sp	75	K	118	v
33	!	76	L	119	w
34	"	77	M	120	x
35	#	78	N	121	y
36	$	79	O	122	z
37	%	80	P	123	{
38	&	81	Q	124	|
39	`	82	R	125	}
40	(	83	S	126	~
41	)	84	T	127	del
42	*	85	U		

表格列出的是每种字符对应的十进制整数，可以运用所学到的知识将其转换为二进制整数，即是文本在计算机中的二进制形式。

【示例 2-7】 字符 "&" 在计算机中的表示形式。

通过查 ASCII 码表，找到 "&" 对应的十进制数是 38，38 的二进制形式为 100110，即 100110 是字符 "&" 在计算机中的表示形式。

2.1.5　练习

练习 1 答案

1．使用如下二进制数据做加、减法运算。

$(101)_2 + (1)_2 = (\underline{\quad})_2$

$(1000)_2 - (100)_2 = (\underline{\quad})_2$

练习 2 答案

2．完成下列二进制整数和十进制整数的转化。

$(1001)_2 = (\underline{\quad})_{10}$

$(10101100)_2 = (\underline{\qquad})_{10}$

$(10)_{10} = (\underline{\quad})_2$

$(120)_{10} = (\underline{\quad})_2$

练习 3 答案

3．完成下列二进制小数和十进制小数的转化。

$(0.101)_2 = (\underline{\quad})_{10}$

$(0.1101)_2 = (\underline{\qquad})_{10}$

$(0.875)_{10} = (\underline{\qquad})_2$

$(0.54)_{10} = (\underline{\qquad})_2$

练习 4 答案

4．将下列实数使用科学计数法表示。

$123.54 = \underline{\qquad\qquad}$ (科学计数法)

$0.00012 = \underline{\qquad\qquad}$ (科学计数法)

练习 5 答案

5．查找下列字符在计算机中的表示形式。

$\$ = (\underline{\qquad})_2$

$M = (\underline{\qquad})_2$

2.2　程序中的数据表示

程序是由人编写，计算机来执行的。所以，程序要兼顾人和计算机。因此程序中的数据表示不完全等同于人们日常生活中的写法，也不完全等同于计算机中的数据表示方法。本节将详细讲解整数、小数和文本在程序中的表示。

2.2.1　整数

整数在程序中有 3 种存在方式，即十进制、八进制和十六进制。下面分别来讲解这 3

种数制。

1．十进制

十进制是我们日常使用最多，在全世界使用最广的计数方法。它以 10 为基数，进位规则是"逢十进一"。在编写 C 语言的程序代码时，直接书写就可以了。

【示例 2-8】　在程序中书写十进制的 20、0 和–1000，并输出。

```
01  #include <stdio.h>
02
03  int main(int argc, char* argv[])
04  {
05      printf("%d  %d  %d\n\n",20,0,-1000);
06      return 0;
07  }
```

示例 2-8 源码

从程序中很容易找到 20、0 和–1000，因为它们没有做任何转换就可以直接写在程序中了。为了验证 20、0 和–1000 被程序正确地识别了，程序使用了 printf()将这 3 个数据输出，所以可以从程序的运行效果上看到数据是否被正确识别。程序的 05 行，printf()中的第一个%d 在输出时将被 20 代替，第二个%d 将被 0 代替，而第三个%d 会被–1000 代替，程序运行效果如图 2-6 所示。

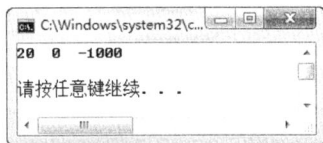

```
C:\Windows\system32\c...
20  0  -1000

请按任意键继续...
```

图 2-6　示例 2-8 程序运行效果

2．八进制

八进制是以 8 为基数的计数方式。它包含 0、1、2、3、4、5、6、7 这八个数字。八进制是从二进制衍生出来的一种进制。由于二进制表示的数据位数较长，不容易记忆和阅读，所以将三位二进制数字合并为八进制数字。在程序中书写八进制数据时，要记得加"0"（一个数字 0），因为默认情况下计算机把所有的数字都当作十进制来理解。

【示例 2-9】　下面将二进制数 101110011000 转换为八进制数。转换过程如表 2.7 所示。

表 2.7　二进制数转换为八进制数

二进制数据	1	0	1	1	1	0	0	1	1	0	0	0
转换过程	101			110			011			000		
八进制数据	5			6			3			0		

可得二进制数 101110011000 的八进制表示形式为 5630，比二进制形式简洁多了。转化后的八进制数可以很轻松再转化为二进制数。

【示例 2-10】　下面将八进制数 7526 转换为二进制数。转换过程如表 2.8 所示。

表 2.8　八进制数转换为二进制数

八进制数据	7			5			2			6		
转换过程	111			101			010			110		
二进制数据	1	1	1	1	0	1	0	1	0	1	1	0

可得八进制数 7526 的二进制表示形式为 111101010110。所以，在一些特殊领域中，经常使用八进制来表示一些数字。

八进制数值也可以通过运算，转化为十进制数值。转化方式是：从右到左，用八进制的每一个位上的数字乘以 8 的相应位置次方，然后求和。次方的值从右到左，依次递增，且从 0 开始。方法类似于二进制转换为十进制的方式。

【示例 2-11】 下面将八进制数 110 转换为十进制数。

$(110)_8 = 1 \times 8^2 + 1 \times 8^1 + 0 \times 8^0 = (72)_{10}$

可得八进制数 110 的十进制形式为 72。而十进制数转化为八进制数，通常是先转化为二进制，然后再转化为八进制。

【示例 2-12】 下面将十进制数 463 转换为八进制数。转换过程如表 2.9 所示。

表 2.9 十进制数转换为八进制数

十进制数	463								
二进制数	1	1	1	0	0	1	1	1	1
八进制数	7			1			7		

可知，十进制数 463 的八进制形式为 717。

【示例 2-13】 在程序中书写八进制数据 153 和 17，再输出。

```
01  #include <stdio.h>
02
03  int main(int argc, char* argv[])
04  {
05      printf("%o  %o\n",0153,017);
06      printf("%d %d\n\n",0153,017);
07      return 0;
08  }
```

示例 2-13 源码

为了验证程序中的数据就是八进制，程序的 05 行将数据以八进制形式输出，06 行将数据以十进制形式输出。05 行 printf()第一个%o（字母 o）对应 0153，第二个%o 对应 017。06 行 printf()第一个%d 对应 0153，第二个%d 对应 017。程序的运行效果如图 2-7 所示。

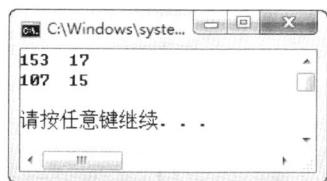

```
C:\Windows\syste...
153  17
107  15

请按任意键继续. . .
```

图 2-7 示例 2-13 程序运行效果

3．十六进制

十六进制是以 16 为基数的计数方式。它包含 0、1、2、3、4、5、6、7、8、9、A、B、C、D、E、F 这十六个数字。其中，A、B、C、D、E、F 六个字母可以使用小写 a、b、c、d、e、f 分别代替。十六进制也是从二进制衍生出来的一种进制。需要将四位二进制数字合并为十六进制数字。在程序中书写十六进制数据时，要记得加"0x"或者"0X"，即一个数字零、一个字母 x（大小写均可），因为默认情况下计算机把所有的数字都当作十进制来理解。

【示例 2-14】 下面将二进制数 101110011000 转换为十六进制数。转换过程如表 2.10 所示。

表 2.10 二进制数转换为十六进制数

二进制数据	1	0	1	1	1	0	0	1	1	0	0	0
转换过程	1011				1001				1000			
十六进制数据	B				9				8			

可得二进制数 101110011000 的十六进制表示形式为 B98，比八进制形式还要简洁。转

化后的十六进制数也可以很轻松再转化为二进制数。

【示例 2-15】　下面将十六进制数 A6E 转换为二进制数。转换过程如表 2.11 所示。

表 2.11　十六进制数转换为二进制数

十六进制数据	A				6				E			
转换过程	1010				0110				1111			
二进制数据	1	0	1	0	0	1	1	0	1	1	1	0

可得十六进制数 A6E 的二进制表示形式为 101001101110。

十六进制数值也可以通过运算，转化为十进制数值。转化方式是：从右到左，用十六进制的每一个位上的数字乘以 16 的相应位置次方，然后求和，次方的值从右到左，依次递增，且从 0 开始。方法类似于二进制转换为十进制的方式。

【示例 2-16】　下面将十六进制数 110 转换为十进制数。

$(110)_{16} = 1 \times 16^2 + 1 \times 16^1 + 0 \times 16^0 = (272)_{10}$

可得十六进制数 110 的十进制形式为 272。而十进制数转化为十六进制数，通常是先转化为二进制，然后再转化为十六进制。

【示例 2-17】　下面将十进制数 463 转换为十六进制数。转换过程如表 2.12 所示。

表 2.12　十进制数转换为十六进制数

十进制数	463											
二进制数	0	0	0	1	1	1	0	0	1	1	1	1
十六进制数	1				C				F			

可知，十进制数 463 的十六进制形式为 1CF。

十六进制在慢慢地取代八进制，原因有很多，也不乏简洁的因素，如图 2-8 所示。

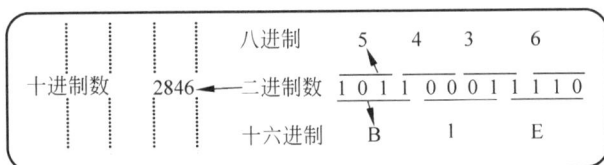

图 2-8　二进制到十、八、十六进制的转换

【示例 2-18】　在程序中书写十六进制数据 0xaf1 和 0X17A，并输出。

```
01   #include <stdio.h>
02
03   int main(int argc, char* argv[])
04   {
05       printf("%x  %x\n",0xaf1,0x17a);
06       printf("%d  %d\n",0xaf1,0x17a);
07       printf("%o  %o\n\n",0xaf1,0x17a);
08       return 0;
09   }
```

示例 2-18 源码

为了验证程序中的数据就是十六进制，程序的 05 行将数据以十六进制形式输出，06 行将数据以十进制形式输出，07 行将数据以八进制形式输出，每行分别对应 printf() 中的 %x、%d 和 %o。程序的运行效果如图 2-9 所示。

2.2.2 小数

小数在程序中有两种书写方式：小数形式和指数形式。下面来分别讲解这两种书写方式。

图 2-9 示例 2-18 程序运行效果

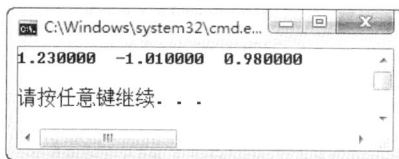

1. 小数形式

这是程序中比较常用的写法，它由符号、整数部分、小数点以及小数部分组成，如 −12.011。在程序中书写小数自由度更大一些，因为小数的组成中，只有小数点是不可或缺的。表 2.13 中列举了在程序中几种合法的小数表示形式。

表 2.13 程序中的小数书写举例

程序中的小数	等价形式	解　释
12.34	12.34	最规范的形式
.123	0.123	合法，整数部分为 0，可以省略
−123.	−123.0	合法，小数部分为 0，可以省略
0.0、0.、.0	0	合法
123	123	不合法，缺少小数点

【示例 2-19】 在程序中书写小数 1.23、−1.01 和 0.98，并输出。

```
01   #include <stdio.h>
02
03   int main(int argc, char* argv[])
04   {
05       printf("%f  %f  %f\n\n",1.23,-1.01,.98);
06       return 0;
07   }
```

示例 2-19 源码

程序的 05 行，直接书写了小数，其中 0.98 被简写成了.98，printf()中的 3 个%f，按照顺序对应 3 个数据。程序运行效果如图 2-10 所示。

2. 指数形式

指数形式，就是使用科学计术法来表示小数。关于科学计数法的内容，在 2.1 节中讲解过。它由数字、小数点和字母（E 和 e 均可）组成。书写时必须满足条件：字母 E（或 e）不可省略，E（或 e）前后必须有数字且后面的数字必须为整数。满足这写条件后，这种形式的小数也可以直接写入到程序代码中。

图 2-10 示例 2-19 程序运行效果

【示例 2-20】 在程序中书写指数形式的小数 2.1e3 和−0.3e-5，并输出。

```
01   #include <stdio.h>
02
03   int main(int argc, char* argv[])
04   {
05       printf("%e  %e\n  ",2.1e3,-0.3E-5);
06       printf("%f  %f\n\n",2.1e3,-0.3E-5);
07       return 0;
08   }
```

示例 2-20 源码

程序的 05、06 行直接书写了指数形式的小数 2.1e3 和 –0.3e-5，且分别对应各自行里 printf() 的 %e 和 %f。运行程序会将两个数据分别以指数形式和小数形式输出，程序运行效果如图 2-11 所示。

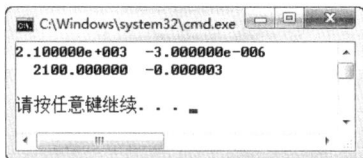

图 2-11　示例 2-20 程序运行效果

2.2.3　文本

在程序中，文本主要分为两种情况：单个字符和多个字符。针对这两种情况，C 语言提供了不同的写法。下面依次讲解。

1.　单个字符

在 C 语言的程序中，单个字符采用在字符左右加单引号的方式表示该字符。形式如下：

'a'、']'、'1'、'¥'

由于部分字符不能直接书写，所以编程语言提供了转义字符。由 "\" 和字母组成，如 '\n'，因为它不再表示字母本来在 ASCII 中的意思了，所以这种字符被称为转义字符。形式如下：

'\t'、'\f'

常见的转义字符如表 2.14 所示。

表 2.14　常见转义字符

转 义 字 符	含　　义	对应 ASCII 码
\n	另起一行，换行	10
\t	同一行，但向后移动一定距离	9
\b	退格，即移到当前位置的前一位置	8
\r	回车，移动到当前行的开头	13
\f	换页，移动到下一页的开头	12
\\	显示字符\，即反斜杠	92
\'	显示字符'，即单引号	39
\"	显示字符"，即双引号	34

退格字符无法直接书写，所以可以通过转义字符来使用，即 '\b'。

【示例 2-21】　在程序中书写字符 a、1，还有转义字符 \t，并输出。

```
01  #include <stdio.h>
02
03  int main(int argc, char* argv[])
04  {
05      printf("|%c|%c|%c|\n\n",'a','1','\t');
06      return 0;
07  }
```

示例 2-21 源码

程序 05 行 printf() 中的 3 个 %c，按照顺序对应 3 个字符 'a'、'1' 和 '\t'，程序输出代码里的字符，且字符被竖杠隔开，如图 2-12 所示。

由于转义字符有限，有大量的其他字符仍然无法表示。所以，C 语言又提供了 ASCII 值表示方式。即使用 "\" 和一

图 2-12　示例 2-21 程序运行效果

个 "数" 来调用 ASCII 中的字符。其中, "数" 是相应字符在 ASCII 中的值。可以通过 ASCII 值的八进制和十六进制形式使用 ASCII 中的字符, 如表 2.15 所示。

表 2.15   使用ASCII值调用字符

ASCII 值调用形式	功 能
\ddd	1~3 位八进制数表示的字符
\xdd	1~2 位十六进制数表示的字符

【示例 2-22】   在程序中使用 ASCII 码中值为 1 和 30 的字符, 并输出。

```
01   #include <stdio.h>
02
03   int main(int argc, char* argv[])
04   {
05       printf("|%c|%c|\n",'\1','\36');
06       printf("|%c|%c|\n\n",'\x1','\x1e');
07        return 0;
08   }
```

示例 2-22 源码

表 2.16 是特殊字符对应的八进制和十六进制值, 程序的 05 和 06 行分别使用八进制和十六进制形式表示特殊字符, 程序会输出这两个特殊字符, 如图 2-13 所示。

表 2.16   通过数值使用ASCII码举例

特殊字符 ASCII 值	八进制		十六进制	
1	值	调用方式	值	调用方式
	1	'\1'	1	'\x1'
30	值	调用方式	值	调用方式
	36	'\36'	1e	'\x1e'

图 2-14 总结了本小节所讲的内容, 即字符的分类和来源。

图 2-13   示例 2-22 程序运行效果

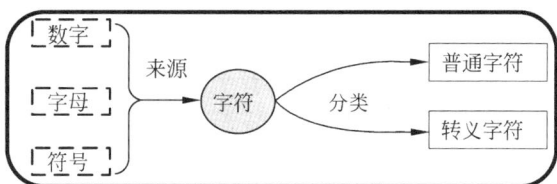

图 2-14   字符的来源和分类

2. 多个字符

在 C 语言中, 通常把多个字符称为字符串。字符串采用在左右两边加双引号的方式来表示。形式如下:

```
"Where are you?"、"c"、"123"
```

注意不要把字符串和字符混了, 如 "c" 和 'c' 分别表示字符串和字符, 因为前者使用双引号括起, 后者使用单引号括起, 如图 2-15 所示。

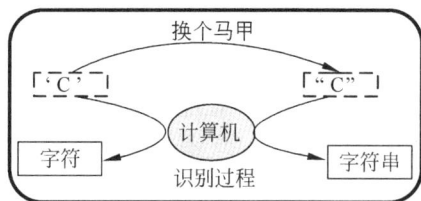

图 2-15   同样的 C, 不一样的识别结果

字符串中同样可以使用转义字符和 ASCII 值来表示特殊的字符。

【示例 2-23】　在程序中使用转义字符和 ASCII 值来表示的字符，并输出。

```
01   #include <stdio.h>
02
03   int main(int argc, char* argv[])
04   {
05       printf("What a \t bad day!\n");
06       printf("In winter\56\n");
07       printf("He said\"Goodbye!\"\n\n");
08        return 0;
09   }
```

示例 2-23 源码

程序 05 行，字符串中包含了转义字符 "\t" 和 "\n"。
06 行字符串中包含的是使用 ASCII 值来表示的字符，ASCII
值为 $(56)_8$ 的字符是'.'。第 3 个字符串中使用了转义字符'\"'。
这是因为在字符串中出现双引号时，需要使用反斜线 "\" 将
其转义，取消原有的边界符的功能，使之只作为双引号字符
起作用。程序运行效果如图 2-16 所示。

图 2-16　示例 2-23 程序运行效果

由于字符串是由多个字符构成，所以字符串中所包含的
字符个数被称为字符串的长度。例如，字符串 "hao 1-2_3 ya!" 包含的字符个数是 13 个，
所以此字符串的长度为 13。对于转义字符和 ASCII 构成的字符串，字符串的长度是按照实
际意义的字符来计算。

🔖**注意**：字符串在被保存的时候，结尾会自动添加一个转义字符'\0'（即 ASCII 码是 0，所
　　　对应的字符是空），作为字符串常量的结束标志。

2.2.4　练习

1. 完成下列转换。

$(101011100)_2 =$(＿＿＿＿＿＿)$_8 =$(＿＿＿＿＿＿)$_{16}$

$(475)_8 =$(＿＿＿＿＿＿)$_2 =$(＿＿＿＿＿＿)$_{10}$

$(98)_{10} =$(＿＿＿＿＿＿)$_8 =$(＿＿＿＿＿＿)$_{16}$

$(A12)_{16} =$(＿＿＿＿＿＿)$_2 =$(＿＿＿＿＿＿)$_{10}$

练习 1 答案

2. 编写程序，在程序中书写数据：$(100)_{10}$、$(67)_8$、$(E6)_{16}$，并将
数据输出，效果如图 2-17 所示。

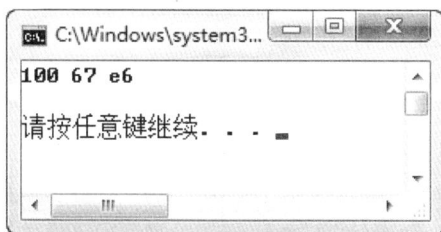

练习 2 答案

图 2-17　程序运行效果

```
#include <stdio.h>

int main(int argc, char* argv[])
{
    printf(_____);
    return 0;
}
```

3．编写具有调用字符 M 功能的代码语句，要求使用 3 种方法。

————————————

————————————

————————————

练习 3 答案

4．计算下列字符串的长度。

"In winter\041"

"She said\"No!\""

练习 4 答案

2.3　数据的分类——数据类型

为了便于计算机更好地处理数据，编程语言将整数类型、小数类型和文本类型数据进一步划分成多个类型。本节将详细讲解 C 语言数据的各种分类——数据类型。

2.3.1　整数类型

C 语言中的整型，也就是用来存放数学中常用的整数的。因为整数的范围很广，所以 C 语言中规定了多种整型的数据类型。整数有正数和负数之分，所以 C 语言通过有符号（可以为负数）和无符号（只能是正整数）整型类型来与之对应。

整型以 int 作为基本的类型说明符，然后再加上其他的修饰符来扩充 int 的范围。C 语言支持 4 种有符号（用 signed 修饰）的整数类型，每种类型的说明及其取值范围，如表 2.17 所示。

🔔说明：int 类型在不同 CPU、操作系统和编译器所组合而成的环境中的存储单元数是不同的，通常情况下在 16 位（位也是计算机中的数据单位，8 位构成一个字节）的计算机上 int 的存储单元数是 2，但现在的计算机多为 32 位的，所以读者大可以放心地认为 int 的存储单元数是 4，在后面的章节中，读者会学习到一个运算符 sizeof()，它可以在程序中确定 int 的存储单元数。

表 2.17　有符号整数类型

数据类型	其他的写法	存储单元数	说　　明	取值范围
int	signed，signed int	4	整型	$-2^{31} \sim 2^{31}-1$
short	short int，signed short，signed short int	2	短整型	$-2^{15} \sim 2^{15}-1$
long	long int，signed long，signed long int	4	长整型	$-2^{31} \sim 2^{31}-1$
long long	long long int，signed long long，signed long long int	8	长长整型	$-2^{63} \sim 2^{63}-1$

对于所有 4 种有符号的整数类型，都有与之对应的无符号整数类型。对于同一整数类

型而言所用的存储空间的大小是一样的，只是表示的数字的范围不一样，每种类型的说明
及其取值范围，如表 2.18 所示。

表 2.18　无符号整数类型

数 据 类 型	其他的写法	存储单元数	说明	取值范围
unsigned int	unsigned	4	无符号整型	$0\sim2^{32}-1$
unsigned short	unsigned short int	2	无符号短整型	$0\sim2^{16}-1$
unsigned long	unsigned long int	4	无符号长整型	$0\sim2^{32}-1$
unsigned long long	unsigned long long int	8	无符号长长整型	$0\sim2^{64}-1$

以上这些数据类型都有自己的范围，存放在其中的整数只要在它们所能容纳的范围之
内的话就行，当然，考虑到最合适的情况，即使是每种类型都能存放这种整数，也要选择
最合适的那一种类型。如果保存的整数超出了所能容纳的范围的话会怎样？就像是水倒多
了，溢出来一样，水不仅没保存好，还会流的满地都是。这里的数据也是一样，存储空间
不够的话，就只好溢出了。

【示例 2-24】 编程，将 35123 以 short 形式输出，查看溢出效果。

```
01  #include <stdio.h>
02
03  int main(int argc, char* argv[])
04  {
05      printf("%hd\n\n",35123);
06      return 0;
07  }
```

示例 2-24 源码

short 类型可以输出的最大整数是 32767，程序中 05 行
的数据 35123 明显大于 short 类型可承受的最大值，所以数
据发生"溢出"了，从而无法输出完整的数据，效果如图 2-18
所示。

综合前面所讲，这里给出一个整型类型的表 2.19，读者
可以在整体上有个全面的了解。

图 2-18　示例 2-24 程序运行效果

表 2.19　整型类型一览

整型		整型	int
	有符号	短整型	short
		长整型	long
		长长整型	long long
	无符号	整型	unsigned int
		短整型	unsigned short
		长整型	unsigned long
		长长整型	unsigned long long

2.3.2　浮点类型

浮点数就是数学中常说的实数，浮点型就是保存浮点数的类型。浮点型分 3 种类型：
float、double 和 long double。每种类型的不同之处在于，它们所能保存的实数的精度是不

同的，因为首先它们所存放实数数据的空间大小就是不一样的。每种类型的详细情况如表
2.20 所示。

表 2.20　浮点型变量类型

浮点型类型	存储单元数	可表示的实数范围	精确度（单位：位）
float	4	$10^{-37}\sim10^{38}$	6
double	8	$10^{-307}\sim10^{308}$	15
long double	10	$10^{-4931}\sim10^{4932}$	19

【示例 2-25】 为数据 3.36524 选择合适的数据类型，然后编程输出。

3.36524 是实数，选择浮点类型，小数点后有 5 位数字，所以选择 float 类型最合适。

```
01   #include <stdio.h>
02
03   int main(int argc, char* argv[])
04   {
05       float f = 3.36524;
06       printf("\t%f\n\n",f);
07        return 0;
08   }
```

示例 2-25 源码

程序 05 行，float 为类型说明符，程序输出了 float 类型数据
3.36524，运行效果如图 2-19 所示。

如果数据是 4.123456789，后面有 9 位小数，却使用了精确度只有 6 位的 float，会导
致输出数据精度不准确的问题。如下程序：

```
01   #include <stdio.h>
02
03   int main(int argc, char* argv[])
04   {
05       float f = 4.123456789;
06       printf("%11.9f\n\n",f);
07       double d = 4.123456789;
08       printf("%11.9lf\n\n",d);
09       return 0;
10   }
```

同样的数据 4.123456789，分别选择了 6 位精确度的 float 类型，和 15 位精确度的 double
类型，执行程序，从程序的输出结果来查看数据是否被准确保存，程序运行效果如图 2-20
所示。float 类型输出的是 4.123456955，前 6 位小数是精确的，后面就出现误差了；double
类型输出的是 4.123456789，和原数据一模一样。由此可见，选择合适的数据类型对数据
的精确度至关重要。

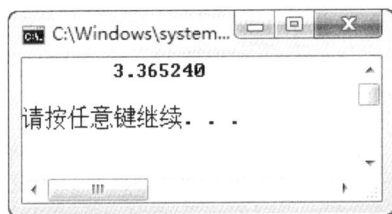

图 2-19　示例 2-25 程序运行效果　　　　图 2-20　程序运行效果

2.3.3　字符类型

在程序中由单引号和双引号引起来的都是字符类型，不管它是字符还是字符串，字符类型以 char 作为基本的类型说明符。保存时占用一个存储单元，可以存放 ASCII 码中的任何字符。

【示例 2-26】　编程，输出 char 类型的 A。

示例 2-26 源码

```
01   #include <stdio.h>
02   int main(int argc, char* argv[])
03   {
04       char c = 'A';
05       printf("\t%c\n\n",c);
06        return 0;
07   }
```

程序的 04 行，char 是字符类型的说明符，A 是 ASCII 码中的字符，程序输出了这个字符，运行效果如图 2-21 所示。

图 2-21　示例 2-26 程序运行效果

2.4　小　　结

本章主要讲解了整数、小数和文本在计算机内部的表示形式，以及在程序中的表示形式。在程序中整数、小数和文本又被分为了整数类型、浮点类型和字符类型，每种类型根据实际需要还进行了细分。通过本章的学习，读者可以站在 3 个角度来对数据有个更加深刻的认识和了解。

2.5　习　　题

1．将下面的二进制整数转换为十进制整数。

$(11010101)_2 = ($ _____ $)_{10}$

2．将十进制实数 140.132 转换为二进制实数。

$(140.132)_{10} = ($ _____ $)_2$

3．在程序中书写十进制的 300、0、121，八进制的 300、0、121，以及十六进制的 300、0、121，并输出。程序的运行效果如图 2-22 所示。

习题 1 答案

习题 2 答案

习题 3 源码

```
01   #include <stdio.h>
02
03   int main(int argc, char* argv[])
04   {
05       (_____);
```

```
06        (_____);
07        printf("%d %d %d\n",0300,0,0121);
08        (_____);
09        printf("%d %d %d\n",0x300,0,0x121);
10        return 0;
11   }
```

程序中 05、06 和 08 行用于输出十进制、八进制和十六进制的 300、0、121，07 行和 09 行则输出了八进制和十六进制数 300、0、121 所代表的十进制数作为参照。

图 2-22　习题 3 程序运行效果

4. 在程序中写入小数 0.3125、指数 4.1E5、字符 Y 和 ASCII 值为 97 的字符，并输出，程序的运行效果如图 2-23 所示。

习题 4 源码

```
01   #include <stdio.h>
02
03   int main(int argc, char* argv[])
04   {
05        (_____);
06        (_____);
07        (_____);
08        (_____);
09        return 0;
10   }
```

程序的 05～08 行分别用来写入并输出这 4 个数据。

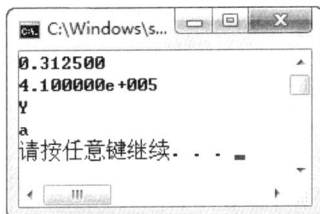

图 2-23　习题 4 程序运行效果

5. 数据 2247485123 若以 int 型输出，会溢出吗？编程并执行来验证推断。

习题 5 答案

```
01   #include <stdio.h>
02
03   int main(int argc, char* argv[])
04   {
05        (_____);
06        return 0;
07   }
```

程序的 05 行用于构造一个输出 2247485123 的 printf()，要以 int 型输出需要%d。

第 3 章 指 代 数 据

在第 2 章中讲解了程序中数据如何表达。但实际编程中，往往会使用另外一种数据的表示方法——指代数据。该方法可以更为灵活地表示数据。本章将详细讲解如何指代数据。

3.1 为什么要指代数据

在程序中，有些数据并不明确，而且还总在变化。针对如此变化多端的数据，如果不使用点什么指代一下，对编程者的记忆力和耐心是一大挑战。然而，更聪明、更高效的办法是使用一个固定不变的名称来指代这个时常发生变化、不明确的数据。

3.1.1 变化的数据

通常，程序中的数据在被处理的过程中会发生变化。因此，如果在数据发生了变化的情况下，还去依据数据本身的值来查找这个数据的话，就只有两种情况出现了：一是根本不存在这么个数据了，查找失败；二是数据被找到了，但可能不是你想找的那个数据了，尽管从数据的值来看它们是一样的。比如，一个人的年龄是 20，过了两年后就是 22，如果还按照 20 来找这个人的话，是根本不可能找到了。

在 C 语言中，我们称这样的数据为变量，就是程序运行的过程中值会发生改变的量，如图 3-1 所示。

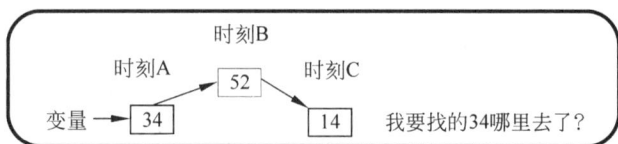

图 3-1　变量

这时我们不妨借鉴一下生活中的经验。过去的同学、同事在时隔 5 年或 10 年后不一定还是原来的样子、有着和原来一样的打扮。但是他们的名字通常不会变。而且我们在找人的时候也通常是通过这个人的名字来找的，而电话号码则是寻找的手段，毕竟接通电话的第一句，还是要确认一下对方是某某某吗？在这里，姓名只是一个文字符号，而我们要找的是有血有肉的人。虽然两者是不同类型的事物，但这里使用了文字符号指代了有血有肉的人。

如果能为变化的数据也起一个这样的名字就好了，然后就可以在不管这个数据变成什么样子的情况下，依然能准确无误地找到它。当然，这个前提是，数据的名字应该是独一无二的，如图 3-2 所示。

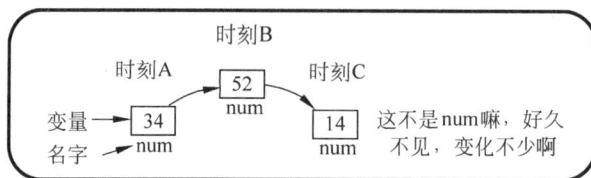

图 3-2　有名字的变量

3.1.2　未知的数据

如果程序需要获取的数据来自于用户的输入，那么怎么会提前知道用户输入的是什么数据，然后去操作这个数据呢？显然，计算机无法去操作一个未知的东西。这个时候，我们回到现实生活。我们去医院看病，都喜欢挂专家号。但医院当天坐诊的专家是谁，我们往往不清楚。我们只是拿着专家号，去专家号门诊那里等医生来看病。在这里，专家号只是一个凭证。对于我们来说，专家是一个陌生人，不知道专家名字、长相。唯一知道的是，这个人应该是一个专家。所以，专家号这个凭证实际指代了一个专家医生。

在计算机中，借鉴了这种思路。对于所有未知的量，都可以使用一个名称来指代。这样，无论值是多少，都可以使用这个名称表示。

3.2　指代的名称

为了指明某个特殊的空间或变量，看来名字是必须要指定的了，因为通过前面的了解，发现指定特定的名字后好处多多。然而，名称也不能乱起，它有自己的规范，而且有些名称被"霸道的人"占用了，又不能重复。下面来了解命名规范和被占用的名称——关键字。

3.2.1　名称的命名规范

在 C 语言的语法中，用来指代数据的这个名称的更标准的叫法是标识符。这个用作名称的标识符只能由字母、数字和下划线（_）组成，而且它的第一个字符只能是字母或者下划线。下划线被赋予如此重任是有原因的，它可以方便标识符的构造和阅读，因为它可以出现在标识符的任何地方。而且，同一个标识符中同一个字母的大写和小写会被计算机认为是不同的标识符，也就是两个标识符。表 3.1 是针对 C 语言命名规则而列举的几组合法的和不合法的名称。

表 3.1　C 语言标识符合法性的举例和说明

非法标识符	合法标识符	说　　明
a-bcd	a_bcd	出现了不应该用在标识符中的符号短杠（-）
3abcd	a3bcd	数字可以是标识符的组成部分，但不能出现在标识符的开头位置
	Abcd、abcd	因为字母的大小写有区别，所以被认为是两个不同的标识符。
	apple3dream、apple_dream	因为下划线，标识符变得更容易被理解和阅读

被用来为数据命名的标识符的长度也不是无限制的，长度被限定在了 31 个字符以内。这是在充分考虑到了程序的大小，以及对标识符的需求量以后作出的决定。

🔔**注意：** 标识符中间不能有空格。一旦出现空格，编译器就会把原有的一个标识符认作两个。

3.2.2　不能使用的名称——关键字

除了程序员自己可以按照数据的命名规范来命名标识符外，C 语言自己也严格按照这个规范为自己的东西起了不少名字。很显然，C 语言给自己数据起的名字是在我们编写程序的时候就已经命名好了的，既然名字已被占用，那这些名字就不能出现在我们自己起的名字之中了。

已经被占用的名字被统一称为 C 语言中的关键字。表 3.2 为最新的（2011 年 12 月）C 语言标准中列出的关键字。

表 3.2　C语言中的关键字

auto	extern	short	while
break	float	signed	_Alignas
case	for	sizeof	_Alignof
char	goto	static	_Atomic
const	if	struct	_Bool
continue	inline	switch	_Complex
default	int	typedef	_Generic
do	long	union	_Imaginary
double	register	unsigned	_Noreturn
else	restrict	void	_Static_assert
enum	return	volatile	_Thread_local

3.3　让名称更有效——见名知意

由于每个程序员都有个人喜好，在遵循命名规范情况下，取出的名字一样自然有好有坏，有的朗朗上口方便记忆、有的云里雾里。本节列举了两种命名方式：拼音和英文。显然两种方式都是合法的，但从使用效果来看，拼音命名更令人失望一些。

3.3.1　不使用拼音命名

如果随意翻看过网上那些开源网站上的 C 程序代码的话，会发现程序中的数据名称好像都是有意义的英文，如果将其翻译为中文的话会进一步确认，那确实是有意义的英文单词。也许你会说，开源网站的参与者欧美人居多，所以使用英文命名很正常。

于是聪明的某某人，放弃选择一些毫无意义的字符来为数据命名，然后固执地拒绝英文的命名方式，最后选择拼音来命名自己的数据，顺便展现了自己的爱国情怀，如图 3-3 所示。

展现爱国情怀本无可厚非，但是展现的不那么恰当的话，就只剩情而无怀了。毕竟拼音是在汉语出现了很久以后才以附加的方式加上去的，先不说拼音无法展现汉语的博大精深，有时一个拼音会有好几个汉字与之对应，如果把充斥着拼音的代码拿去给其他的程序员看，他们不误会也难。比如：

li

如果当作姓氏来看的话，可以认为是"李"或者"黎"。如果当作水果来看的话，可以认为是"梨"。当作工具看的话，还可以认为是"犁"，还可以继续推想下去，如图 3-4 所示。

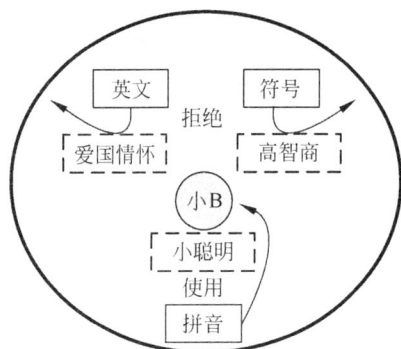

图 3-3　使用拼音命名法的小 B　　　　图 3-4　摸不着头脑的拼音

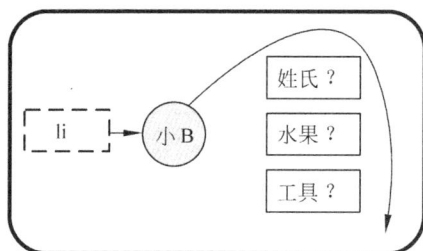

如果这些都不介意，那么尽管可以任意使用拼音，毕竟这样的名称也符合标识符的命名规则。

3.3.2　英文命名方式

既然英文可以作为国家的语言，并且直接使用字母来表示，就说明英文足以表达一个人的想法，而不至于产生太多的误会，那么何乐而不为呢。使用英文还显得我们与国际接轨，多洋气啊，废话不多说，看看以英文为基础的命名方式吧。

若记录的数据是电话号码的话，不妨将数据命名为 phoneNumber，如果是 Tom 的电话号码的话，不妨追加标记 phoneNumber_Tom。类似情况如图 3-5 所示。

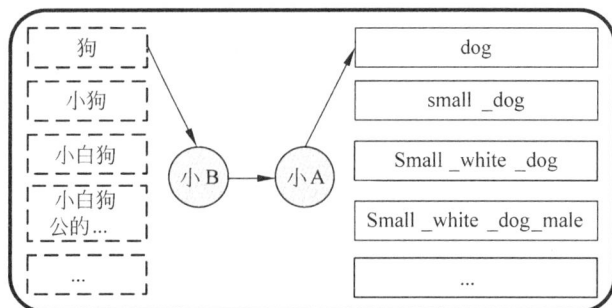

图 3-5　英文命名

边学习编程还能边学习英语，不妨养成这个以英文来为数据命名的好习惯吧。在本书后面的章节中，为了将这一精神发扬光大，作者也会以身作则的。对于多个单词组成的名称，我们通常采用两种方式清晰表示。

使用下划线间隔，形式如下：

car_speed、num_teacher

每个单词首字母大写，形式如下：

CarSpeed、Num_Teacher

3.4　指代数据需要考虑的问题

在程序中直接给出的数据，计算机可以自动识别数据的类型。但当使用标识符指代数据，尤其指代的是变化的数据时，就需要考虑该数据变化的范围和精度。下面讲解这两个问题。

3.4.1　范围

提到范围，最先想到的是整型类型，因为这一类型表示的范围超级广。例如，long long int（C99 标准后出现）可以表示到整型类型的最小数-9223372036854775808（即-2^{63}），达到了负 92 万万亿；unsigned long long int 可以标识到整型类型的最大数 18446766073709551615（即$2^{64}-1$），达到了正的 184 万万亿。这么广阔的范围，除了在一些高精尖的科技上可能觉着不够用，相信足够囊括所有程序对数据范围的需求了。

关心完最大范围，那再看看最小的范围。如，short 仅仅占用 2 个存储单元，但是可以表示到的整数范围是-32768（即-2^{15}）～32767（即$2^{15}-1$）。

在使用的时候先考虑数据在哪一范围，然后选择最合适的数据类型就好了。比如，人的身高通常用厘米衡量，范围最多不过 20~300，选择只占用 2 个存储单元的 short 再合适不过。再比如，赤道的周长是 40076 千米，计算两个地方的飞机航距，最长也不可能超过这个长度的一半，按米来计算的话，unsigned int 就绰绰有余了。

有时嫌考虑的麻烦，所有的整数一律用 long long 类型也不是不可以，只是随便存储一个数据都要使用 8 个单元这么多，比较下来，同样的程序，你的是他人体积的一倍，甚至数倍还多，相信这是很难受到欢迎的。最合适的就是最好的，贪大求省事就有点奢侈了，如图 3-6 所示。

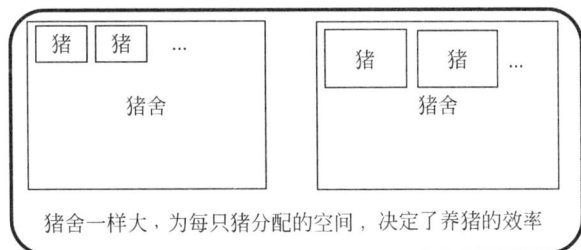

图 3-6　最合适的才是最好的

3.4.2　精度

提到精度，使用最多的就是浮点型类型，3 种浮点型有 float、double 和 long double，分别可以精确到小数点后的第 6、15 和 19 位。

通常，实数都是无限不循环的小数，只是根据实际的需要，选择最合适的精度就可以了，更多的精度保留反而是一种浪费。例如，在初、高中数学里，计算圆的周长使用的 π，计算时只要保存 2 位小数，即 3.14 就可以了，选用 float 来保存圆的周长。但是在航空航天，计算飞行器的运行轨道，针对这么高精尖的东西，使用 long double 来保存 π 都不为过。

总之，为自己程序获取的数据选择最合适的数据类型，既使程序变得精干，又能显出自己的专业水平，是百利而无一害的。

3.5　程序中的指代

现在已经确定了程序中的数据是必须要被指代的，也就是说数据必须要有变量指代才行，本节就为大家讲解如何寻找要被指代的数据，以及在程序中如何指代数据。

3.5.1　从问题中找到需要指代的数据

在 3.1 节中详细地讲解了为什么要指代数据的原因，即数据有时会发生变化，有时还是未知的。也就是说这两类数据才是需要被知道的，那么在具体的问题中如何寻找需要被指代的数据呢？我们具体问题具体分析。

1．寻找变化的数据

【示例 3-1】　一个程序用来处理用户 A 的股票价值，而这个程序也只是做一些很简单的操作：显示此时用户 A 的股票总价值。具体方法是：A 有 3000 股一个公司的股票，这个公司的股票价格每天在变化，只要将这个价格乘以股票的数据，即 3000 股，就得到了用户 A 当前的股票总价值。

【分析】

这个程序提到的数据有：3000、变化的股票价格和股票总价值。它们的关系是：

3000×股票价格=股票总价值

哪些数据需要被指代呢？3000 是恒定不变的，"股票总价值"随着"股票价格"在发生变化。"股票价格"是程序内部计算要用到的，"股票总价值"是程序要显示给用户 A 的，它们都在发生变化，所以无从得知明确的"股票价格"和"股票总价值"。如果用不变的指代名 price 和 total_value，分别指代这两个变化的数据，那么程序就可以在内部计算中使用 price，而给用户 A 显示时使用 total_value 了。

所以，要编写此程序，"股票价格"和"股票总价值"是要被指代的数据。

2．寻找未知的数据

【示例 3-2】　假如有一个通过星座来测算命运的程序，程序推算命运的前提是知道用户的星座，而用户的星座可以通过用户的出生年月来判断。综上所述，程序需要用户输入他或者她的出生年月，然后以此为依据推算出他或者她的命运。

【分析】

（1）程序是用于处理数据的，从题目的描述很容易地就发现，此程序要处理的数据是：出生年月。因为程序作出的"星座判断"和"命运判断"都是以"出生年月"为依据的。而且"出生年月"由用户输入，一般来说程序从用户处获取的都是数据。

（2）数据找到了，但是这个数据需要被指代吗？首先，这个数据在我们编写程序的时候是不知道的，也就是说这个数据对于准备编写程序的我们是未知的。我们可以很明确地说 1977 年 9 月 10 日出生的人是处女座，进而告诉他或她未来的命运，但是我们却无法处理"不存在"的数据。

（3）如果找个名字来指代这个"不存在"的数据，程序的编写就好办多了。按照前面介绍的命名方法，我们为这个数据命名为：birth_year。现在就可以假定 birth_year 是程序所需要的数据，将 birth_year 与星座的时间范围匹配得到准确的星座，最后将这个星座的命运输出。

（4）所以，此程序中，"出生年月"是要被指代的数据。

3.5.2　如何在程序中指代

在程序中，指代数据的指代名被称为"变量"。在程序中使用如下的方式为数据定义"指代名"，即为数据定义变量，如下：

类型说明符　变量名列表

"类型说明符"是上一章讲的数据类型，即整型 int，浮点型 float、double，字符型 char 等。"变量名列表"是多个变量名称使用逗号间隔的排列。如：

```
int x;
int a,b,c,d;
```

其中，"int"是整型的类型说明符，"x"是变量名，"a,b,c,d"是变量名的列表。这 5 个名字就指代了各自的数据。

【示例 3-3】　一个程序要计算成人的标准体重，公式是：对于男性是，身高（cm）-105 = 标准体重（kg）；对于女性是，身高（cm）-100 = 标准体重（kg）。站在数据指代的角度，这个程序在编写前需要思考些什么？

【分析】

（1）程序需要处理的数据是"身高"，处理的方法是使用提供的公式计算，处理的结果是得到数据"标准体重"。

（2）"身高"是未知的，而且需要用户输入，所以用变量代替，起个合适的名称吧，shengao 是没问题，但貌似 adult_height 更洋气些；公式是已知的，但是需要操作数据；"标准体重"是未知的，需要程序的计算求得，也可以用变量代替，用 tizhong 无可厚非，但为了样子就使用 adult_weight 吧。

（3）成人的"身高"范围在 140～300cm 之间，所以这个变量使用个较小的整数类型指定就可以了，就使用 short；"标准体重"的范围在 35～300kg 之间，所以使用 short 也足够了。

（4）在集成开发环境的代码编辑区，写下程序。

```
01  #include <stdio.h>
02
03  int main(int argc, char* argv[])
04  {
05      short adult_height;
06      short adult_weight;
07      …//程序的其他处理，如公式…
08      return 0;
09  }
```

变量的定义在程序的 05、06 行，类型说明符都是 short，变量名分别是 adult_height 和 adult_weight，然后程序就可以操作变量 adult_height 了，计算的结果保存在变量 adult_weight 中就可以了。由于两个变量是相同的类型，所以程序的 05、06 行也可以使用如下写法：

```
short adult_height,adult_weight;
```

3.6　特殊的指代——不变的量

变化的数据需要指代，因为方便省事儿。那固定不变而且经常用到的数据呢？是的，也有可能需要指代。本节将首先探讨这其中的因果关系，然后介绍两种固定不变的数据：常数和常量，以及 C 语言在处理这种数据的指代方面在语法上的支持：define 和 const 的应用。

3.6.1　为什么要指代不变的量

下面通过示例来说明。假如，这里有一个数据是 30000，即 3 万。这个数据在遇到以下 3 种情况时要怎么办？

1．多次使用

在编写的程序中，有多个地方需要使用到这个数据，所以每次使用时都要手动输入。如果，使用 A 来指代这个数据，在每次使用这个数据的时候就可以直接输入 A 就可以了，显然要比输入 30000 简单得多。30000 的位数还是比较少的，如果数字有 10 位数呢？0 的数目再多一些呢？使用指代的优势就会更加的显而易见，关键是省事儿啊。

2．避免写错

在程序中多次使用一个数据还可能出现的问题是：写错。30000 有 4 个 0，看起来还不觉得，如果有 10 个 0 的话就有点晕了，写错的可能性就更大，找个名字指代这个数据，名字可以叫得不这么眼晕，如 A，而非 AAAA，那么写错的可能性就会大大降低，所以使用指代的另一优势是减少错误。

3．修改方便

如果哪天程序突然要求更新，30000 这个数字必须要改为 40000 了，那就只能修改程序里的每一个 30000 为 40000，那么长的程序代码里总有那么几个 30000 会逃过追捕的法眼。如果 30000 被指代为了 A，程序里用的又全部是 A，那么程序更新的时候，直接把 40000 指代成 A 就可以了。可见，使用指代是多么的方便。图 3-7 是对本小节讨论内容的图解。

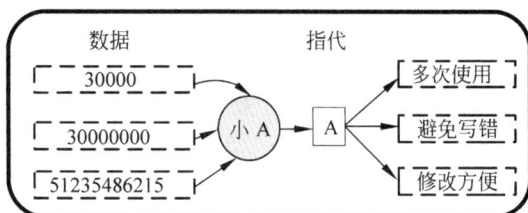

图 3-7　指代不变的量的优点

3.6.2　常数

常数，被认为是具有特定含义的名称，这个名称可以用来指代数字或者字符串，属于固定不变的数据。C 语言语法提供了一种称为宏的机制，可以达到定义和使用常数的目的。语法格式如下：

```
#define 标识符    字符串
```

其中#define 是使用宏替换的标志，这样的话，程序中所有需要使用语法格式中"字符串"的地方，都可以使用语法格式中的"标识符"来替换。如下使用了宏机制的句子：

```
#define dad Jackson
```

那么，程序中出现 dad 的地方都将 dad 替换为 Jackson，如果有一天屋子换主人了，Jackson 需要换成 Frank，那么只需要修改上面那个使用宏的句子就可以了，如下：

```
#define dad Frank
```

程序中其他的地方就不需要修改了，另外，程序中使用宏机制的时候，约定俗成的写法是将标识符的所有字母大写，所以如下的写法更加常见一些。

```
#define DAD Frank
```

3.6.3　常量

常量是在程序运行过程中值不可改变的量，是相对变量的定义而言的。想要数据在程序运行的过程中不被修改，const 是不可或缺的。

const 是 C 语言的关键字，被它定义的数据不允许程序改动，程序中所有试图改变这个数据的操作都会失败，然后发出程序错误提醒程序编写者。可以看出使用 const 在一定程序上提高了程序的安全性和可读性。const 的语法格式如下：

```
const 类型名 标识符 = 数据；
```

数据一定是有类型的，即使是常量也有类型，常量的类型就写在语法格式的"类型名"的位置上。因为常量一旦被创造就不可被修改，所以常量在被创造的时候就要有自己的数据，就写在语法格式的"数据"位置处。如下：

```
const float pi = 3.1415;
```

程序中，若出现了上面的语句，那么，pi 就会被当作常数，而这里的 pi 会被称为常浮点型数据，在程序里无法修改 pi 的值。

3.7　小　　结

本章起于数据为什么需要被指代的讨论，在确定了指代是必须的以后，介绍了 C 语言对指代名称的规范，以及 C 语言对这一规范的应用——关键字，然后通过探讨得出了英文比拼音更适合于命名。在本章的结尾，讲解了 C 语言对指代固定不变量在语法上的支持，即 define 和 const 的使用方法。

3.8　习　　题

1．把一栋建筑看作一个长方体，这个长方体的表面积计算公式是：表面积（m^2）=2×（长×宽+长×高+宽×高）。长方体体积计算公式是：体积（m^3）=长×宽×高，长、宽、高的单位都是米（m）。找出数据和变量，为程序的编写做准备。

习题 1 源码

```c
#include <stdio.h>

int main(int argc, char* argv[])
{
    (_____)
    (_____)
    ...//程序的其他操作...
    return 0;
}
```

2．知道圆的半径，就可以知道圆的周长、面积，因为周长、面积和半径有如下的关系：

周长=2×π×半径
面积=π×半径×半径

知道球体的半径，就可以知道球体的表面积、体积，因为表面积、体积和半径有如下关系：

表面积=4×π×半径×半径
体积=（4÷3）×π×半径×半径×半径

💬提示：π=3.1415926。

（1）如果要编写已知圆半径求圆周长和面积的程序，先要找出程序中的数据：

习题 2-(1)答案

_____

哪些数据需要被定义为变量：_____
哪些数据需要被定义为常量：_____

在程序中如何定义：

```
#include <stdio.h>

int main(int argc, char* argv[])
{
    (_____)
    (_____)
    …//程序的其他操作…
    return 0;
}
```

（2）如果要编写已知球体半径求表面积和体积的程序，先要找出程序中的数据：

_____

哪些数据需要被定义为变量：_____

哪些数据需要被定义为常量：_____

在程序中如何定义：

习题 2-(2)答案

```
#include <stdio.h>

int main(int argc, char* argv[])
{
    (_____)
    (_____)
    …//程序的其他操作…
    return 0;
}
```

第 2 篇　程序的本质——处理数据

第4章 运算符和表达式

在上一章中，我们讲解了如何使用变量来指代数据。在使用的时候，必须将变量与数据进行关联，才能真正发挥变量的作用。为了解决该问题，C 语言提供了运算符。关联时候构成的式子被称为表达式。本章将详细讲解运算符和表达式的使用。

4.1 关联变量和数据

数据和变量在编写程序的时候，一定得联系起来，因为程序是通过变量来操作数据的。
为了在二者之间建立联系，可以使用 "="（等号），
就这样你会发现，很多新的知识就这么涌了出来。

如图 4-1 所示，age 是变量，23 是数据，=被称为
运算符，age = 23 被称为表达式。本节将就这些新的知
识做个简要介绍。

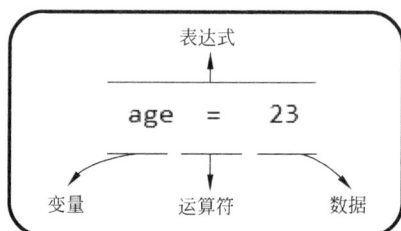

图 4-1 关联变量与数据

4.1.1 引入 "="

"=" 在 C 语言中被称为 "赋值运算符"。它的作
用是将等号右侧的数值赋值给左侧的变量。而且 "=" 左面必须是变量，然而右面的数据
可以为数值或其他可用变量，或者其他复合要求的表达式。

如图 4-2 所示，就 "=" 而言，它是一种运算符。
变量在 "=" 的左边，所以它也被称为 "=" 的左值；
数据在 "=" 的右边，所以它也被称为 "=" 的右值。
而变量和数据也被统称为 "=" 的操作数。操作数
的数量也被称为目，如单目（一个操作数）、双目
（两个操作数）和三目（三个操作数）。因为 "="
的操作数是两个，所以它也被称为 "双目运算符"。
双目运算符、操作数、左值和右值这些名词可以推
广到其他的运算符。为了使读者更加熟悉这些叫法，

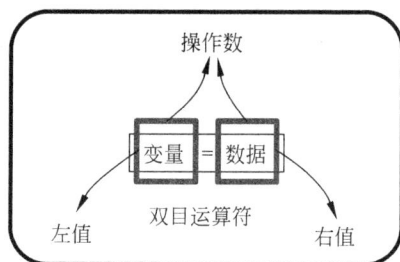

图 4-2 双目运算符、操作数、左值和右值

在本章接下来对运算符的介绍里会多次使用这些名词来描述。

赋值运算符 "=" 的结合方向是自右向左，结合方向表达的是这个运算符对操作数的
操作顺序。所以，结合方向自右向左的含义是："=" 会首先计算右面操作数的值，然后
再将这个值保存到左面的变量中，这里所说的保存也被称为 "赋值"。看下面的例子，熟
悉赋值运算符 "=" 的使用方法。

```
class_num = (boy = 13) + (girl = 20);
```

上面的式子使用了 3 次 "="，在程序中出现这样的式子很正常，因为这也属于操作数据的范畴。这个式子想表达的意思是，把数据 13 赋给变量 boy，数据 20 赋给变量 girl，再将变量 boy 和 girl 相加，计算的结果赋给变量 class_num，最后 class_num 这个变量所指代的值就是 33，即一个班，男生 13 人，女生 20 人，总共 33 人。这是很简单的一道小学加法题用程序表示了以后的样子。图4-3 是对这 3 个赋值过程的图解。

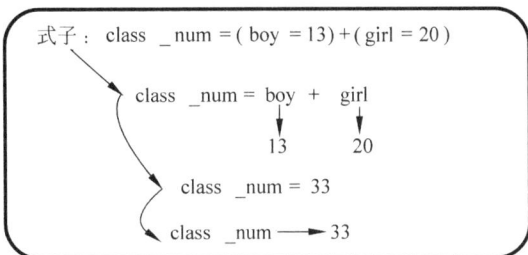

图 4-3　赋值过程图解

4.1.2　变量的初始化

在程序中，变量的初始化就是使用 "=" 为变量赋初值的过程，变量的定义在上一章中讲过，如果不为变量赋初值，那么变量的值就是未知的，不可预测的。

【示例 4-1】下面的程序定义了 int 型变量 i，试着运行程序，查看运行效果。

```
01  #include <stdio.h>
02
03  int main(int argc, char* argv[])
04  {
05      int i;
06      printf("i = %d\n\n",i);
07      return 0;
08  }
```

示例 4-1 源码

程序 05 行定义了变量 i，06 行的 printf()打算将 i 的值输出，那么 printf() 会得逞吗？运行程序得到如图 4-4 所示的运行效果。在程序在准备运行的时候，弹出了这个对话框，表明程序有错误发生了。图中圈出了错误信息 "The variable 'i' is being used without being initialized" 提示：变量 i 被使用了，但是没有初始化。这时，需要单击对话框上的 "中止(A)" 按钮，结束了程序的运行。

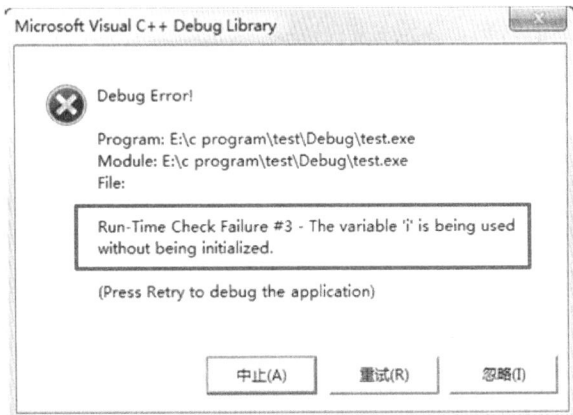

图 4-4　调试错误

变量的定义只是让一些变量名有了存储空间而已，但这些变量名并没有指代任何类型的数据。要想在变量被定义的时候使其指代数据，就是本小节提到的初始化。方法是：在变量名后跟一个 "="（等号），"=" 后面写下要指代的数据，如下：

```
int num1 = 3;
char c1 = 'a';
```

int 类型变量 num1 在被定义的时候指代了数据 3，char 类型变量 c1 在被定义的时候指代了字母 a。也可以这么描述：int 型变量 num1 被初始化为了 3，char 型变量 c1 被初始化为了 a。

【示例 4-2】 现在来解决在变量定义示例中遇到的问题，并添加代码如下，再次运行程序，查看效果。

```
01  #include <stdio.h>
02
03  int main(int argc, char* argv[])
04  {
05      int i = 4;
06      printf("i = %d\n\n",i);
07      return 0;
08  }
```

示例 4-2 源码

程序的运行效果如图 4-5 所示，看程序的 05 行，只是将"int i;"改成了"int i = 4;"，程序就可以正常运行了。可见变量初始化的重要性。除了初始化外，先定义后赋值也能达到相同的效果，修改代码如下：

```
01  #include <stdio.h>
02
03  int main(int argc, char* argv[])
04  {
05      int i;
06      i = 4;
07      printf("i = %d\n\n",i);
08      return 0;
09  }
```

程序 05 行是在定义变量 i，06 行使用"="为变量赋值，程序的运行效果是一样的。可见赋值和初始化的区别在于赋值的时刻，即定义的时候就赋值才是初始化，如图 4-5 所示。

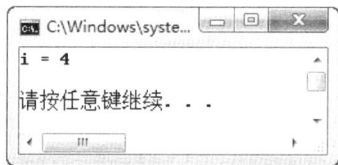

4.1.3　表达式

图 4-5　示例 4-2 程序运行效果

上面看到的式子 class_num = (boy = 13) + (girl = 20)其实就是表达式，它是由常量、变量、运算符和数字组合起来的式子。表达式中的各个数据，在运算符的作用下会得到一个运算结果，这个结果也被称为表达式的值。下面再来看一个例子，如下：

```
dog = 23;
cat = 3;
pet = dog + cat + 1;
```

上面的例子中有 3 个表达式。依据各个表达式的运算结果，可以得到表达式的值由上到下依次为：23、3 和 27。在以后的内容中，读者会见到各种各样的表达式。

4.1.4　类型匹配

再看看本节引言给出的表达式 age = 23，age 是变量，23 是一个整型数据。我们知道变量一定是有类型的，因为式子本身提供的信息并不全面，所以对于这个表达式的值可以进行如下猜想。

（1）如果 age 是整型。那很显然表达式的值就是 23，变量也很确信地指代了整数 23。

（2）如果 age 是浮点型。浮点型保存的是实数，那么，由 age 指代的是什么？23 还是 23.0，又或者是其他的什么。

（3）如果 age 是字符型呢？这个赋值表达式最终使得 age 指代的是什么，会不会有什么问题呢？表 4.1 是对这一系列猜想的整理。

表 4.1　对表达式中变量类型的猜想

表　达　式	猜　　想	结　　论
age = 23	整型的 age	23
	浮点型的 age	23
		23.0
	字符型的 age	?
	…	…

通过上面的猜想发现，除了 age 是整型的时候，表达式的值确定无疑外，其他的两个猜想还没有定论，那么 C 语言是如何来解决这一问题的呢？C 语言提供了两种方式：自动类型转换和强制类型转换。

1．自动类型转换

顾名思义，这种转换方式无须我们的干预，是由计算机自己自动完成的，而且还是按照它自己的意愿。这个"意愿"还是有规律可循的，如图 4-6 所示。

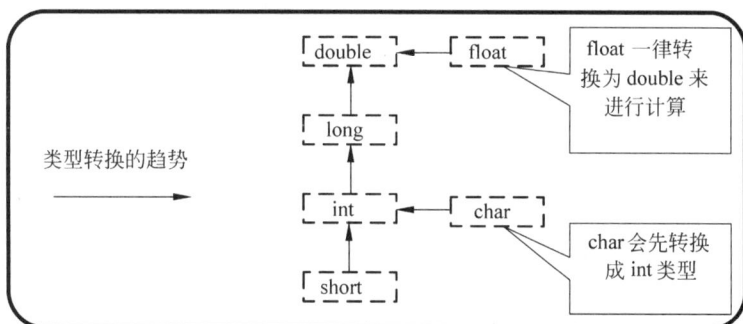

图 4-6　自动类型转换

❑ 若数据的类型不同，必须先转换为同一类型，然后再进行计算。

❑ 转换的方向是，由存储单元少的向存储单元多的转，由精度小的向精度大的方向转。例如，int 和 long 都是整型，但 long 需要 8 个单元存放数据，而 int 存放数据的单元只有 4 个，根据所讲的原则，int 会自动转换成 long。

❑ 所有的浮点运算，不论类型是否相同，都要先转换为 double，然后再进行计算。

❑ 字符型的 char 参与运算的时候，先转换成 int，然后进行计算。

❑ 在赋值运算中，赋值符号"="两边的数据类型不同时，一定是将"="右值的数据类型转换为左值的数据类型。既然这样，当右值数据的存储单元数和精度数都比左值长和大时，会丢失部分数据和精度，"丢"就是把所有的多余的位截取掉。

现在 age = 23 的疑问可以解决了，如下所示。

（1）如果 age 是整型。age 指代的值就是 23，没有疑问。

（2）如果 age 是浮点型。根据所讲的规则，age 指代 23.0。

（3）如果 age 是字符型。字符型占 1 个单元，23 的二进制表示形式是 0001 0111，只需要 1 个单元足够了，所以 age 指代的就是一个 ASCII 码值为 23 的字符，即 etb（一个特殊的字符）。

【示例 4-3】 看下面的程序代码，int_num 和 double_num 分别是整型类型和浮点型类型的变量，那么它们的值是多少？

```
01   #include <stdio.h>
02
03   int main(int argc, char* argv[])
04   {
05       int int_num;
06       double double_num;
07       int_num = 3.8 + 2;
08       double_num = -3 + 24;
09       printf("int_num = %d double_num = %lf",int_num,double_num);
10       printf("\n\n");
11       return 0;
12   }
```

示例 4-3 源码

程序 07、08 行是赋值表达式，由于"="两边的数据类型不同，所以系统会自动进行类型转换，依据规则，int_num 指代的数据是 5，double_num 指代的数据是 21.0，09 行使用 printf() 输出两个变量到屏幕上，程序的运行结果如图 4-7 所示。读者可能会对如此简单的计算嗤之以鼻，但我想说的是，现在的目的是运用刚刚所学习的规则，而非出一道很难的数学题难倒你，这仅仅是示例，用于练习。

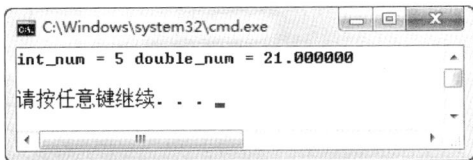

图 4-7　示例 4-3 程序运行结果

2．强制类型转换

顾名思义，"强制"就有了意愿强加的意思了，是的，没错，这种转换将拒绝按照计算机的意愿，直接听从程序员的命令，向着程序员的意愿去转换。这样的类型转换需要"类型转换运算"来实现，它的一般形式是：

(类型说明符) (表达式)

这个转换的作用是将表达式的值强制转换为类型说明符所指示的类型。为了更灵活地使用强制类型转换，需要记住以下两点。

（1）根据语法规则，类型说明符是必须要加上括号的，表达式加不加括号都可以，但是一定要表达得足够清楚，清楚到让计算机明白你的意愿才行，如：

你这样使用了强制类型转换：　(int)12.3 + 5.8
但是你想表达的意思是：　　　(int)(12.3 + 5.8)
可计算机以为你的意思是：　　(int)(12.3)+ 5.8

好吧，现在看到了吧，计算机一不小心就理解错你的意思了。如果这样的疏忽导致了

巨大的损失，那是该砸电脑呢，还是该揍自己呢？不信的话可以放在程序里运行下看看
结果。

【示例 4-4】 下面的程序，用来输出 3 种表达式的值。

```
01    #include <stdio.h>
02
03    int main(int argc, char* argv[])
04    {
05        printf("%f\n",(int)12.3 + 5.8);
06        printf("%d\n",(int)(12.3 + 5.8));
07        printf("%f\n",(int)(12.3) + 5.8);
08        printf("\n");
09        return 0;
10    }
```

示例 4-4 源码

程序 05～07 行，分别输出了表达式的值，06 行以整数形
式输出，其他两行以浮点数形式输出，程序运行结果如图 4-8
所示。因为第一行和第三行的输出结果一致，所以很明显计算
机会错意了。

（2）转换只是对数据进行了临时性的操作，但它并不能改
变变量的类型，变量的类型在变量首次出现的时候就被决
定了。

图 4-8　示例 4-4 程序运行结果

4.1.5　练习

1. 下面程序的 07、08 行，数据会进行自动类型转换，11 行完成的是强制类型转换，
试推测变量 i、f 和 j 的值。

练习 1 答案

```
01    #include <stdio.h>
02
03    int main(int argc, char* argv[])
04    {
05        int i;
06        float f;
07        i = 23.71 + 23;
08        f = i + 22.9;
09        printf("i = %d,f = %f\n",i,f);
10        int j;
11        j = (int)24.91 + 23;
12        printf("%d\n",j);
13        printf("\n");
14        return 0;
15    }
```

i = ＿＿＿＿＿＿＿＿＿、f = ＿＿＿＿＿＿＿＿＿、j = ＿＿＿＿＿＿＿＿＿。

4.2　运算符一览

上一节中用到的"="就是运算符。很明显，运算符就是标识数据进行何种运算的一
个符号。运算的种类多种多样，运算符也不可能只有一个"="。表 4.2 列出了 C 语言提供
的所有运算符。

表 4.2　C语言提供的运算符

运算符分类名	功　　能	运　算　符	种　　类	结 合 方 向
算术运算符	数值计算	＋、－、*、/、%	双目	自左至右
复合运算符	数值计算	+=、-=、*=、/=、%=、|=、&=、^=、<<= >>=	双目	自右至左
自增、自减运算符	数值计算	++、－－	单目	自右至左
关系运算符	比较运算	>、<、==、>=、<=、!=	关系运算	自左至右
逻辑运算符	逻辑运算	&&、||、!	!是单目、其他双目	!自右至左,其他自左至右
位运算符	二进制位运算	~、<<、>>、&、^、|	位运算	自左至右
条件运算符	条件求值	?:	三目	自右至左
逗号运算符	组合多个表达式为一个表达式	,	顺序运算	自左至右
指针运算符	取内容、取地址	*、&	单目	自右至左
求字节数运算符	计算数据类型所占字节数	sizeof	单目	自右至左
特殊运算符		()、[ ]、—>、.、+、－		自左至右 +（正）、－（负）自右至左

　　表 4.2 的运算符极其丰富，以至于在本章无法一一描述，只是对前 3 类运算符进行了详细的讲解，至于其他的运算符嘛，会放在本书后面的章节中详细讲解，具体的位置要看运算符本身了，为了使读者循序渐进地学习，剩下的运算符会在最适当的时刻与读者见面。

　　在本章前面提到过，单、双和三目中的单、双和三是怎么确定的？与运算符可操作的操作数有关，操作数是几个，就是几目运算符。而结合方向又决定了操作数的计算顺序。

4.3　算术运算符

　　在所有的运算符中，唯有算术运算符与我们的使用最贴近，而且在程序中也最常用，所以先从它下手。

4.3.1　概述

　　算术运算符是做基本计算的运算符，由 5 个符号组成：＋、－、*、/、%。表 4.3 对算术运算符的每一个符号进行了简要的描述。

表 4.3　算术运算符

运算符	功能	操作数个数	结合方式	优先级别	使用举例
＋	加法运算	双目运算符	自左至右	低	2+3
－	减法运算				5-6
*	乘法运算			高	45*2
/	除法运算				23/4
%	取余运算				34%6

表 4.3 中有一列是优先级，是什么意思呢？程序中的算术运算和数学中的算术运算很相似，那么可以参照数学中对算术运算的规定来理解。数学教科书里这么说过，一个式子有加法有乘法，先计算乘法再计算加法。这个先计算和后计算的先后关系在 C 语言中就被称为优先级，而且表达式里的运算符也一定是有优先级存在的。所以进行算术运算时需要注意以下几点。

- ❑ 表达式中的两个运算符处于不同优先级的时候，优先级高的运算符先运算。如：表达式 23+3*2 的计算过程一定是先计算 3*2，将得到的 6 再加上 23，得到 29。
- ❑ 表达式中的两个运算符处于同一优先级的时候，按照运算符的结合方式决定计算顺序。如：表达式 35-10+3，-和+在同一优先级上，它们的结合方式都是"自左至右"，所以先计算 35-10，得到 25，再加 3 得到 28。
- ❑ 除法运算中的除数不能为 0。

突然发现以上的这几点，与在数学中所学习的一致。那么，数学中还有个能改变优先级的符号是什么来着，对了，是"( )"，它导致了式子里数据的计算顺序发生了改变，那"( )"在 C 语言里提供了吗？在这里我想说的是，C 语言不光有这个运算符，而且在 C 语言里，它也是这么用的，它可以改变表达式中数据的计算顺序，而且还能使表达式的计算顺序一目了然。如：3*(4+67)，因为"( )"，表达式的计算顺序很明显地变为了先计算加法，后计算乘法。

【示例 4-5】 下面的程序包含两个算术运算符的表达式，表达式的值会保存在变量 i 和 f 中，推测它们的值是多少？

```
01   #include <stdio.h>
02
03   int main(int argc, char* argv[])
04   {
05       int i;
06       i = 5 - 10 * 2;
07       float f;
08       f = ( i + 21.4 ) * 3;
09       printf("i = %d,f = %f\n\n",i,f);
10       return 0;
11   }
```

示例 4-5 源码

算术运算符构成的表达式分别在程序的 06、08 行，06 行先算乘法得-20，再算减法得-15。08 行先算括号里面的加法，得到 6.4，再算括号外面的乘法，得到 19.2。程序的 09 行使用 printf() 输出了变量 i 和 f 的值，程序的运行结果如图 4-9 所示。

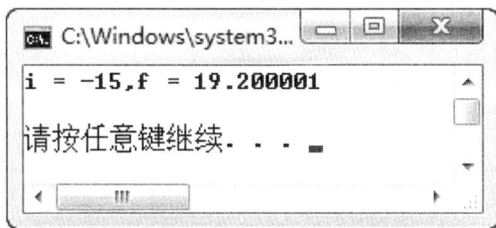

```
C:\Windows\system3...
i = -15,f = 19.200001

请按任意键继续. . .
```

图 4-9 示例 4-5 程序运行结果

既然提到了算术运算符的优先级，那可以推想其他种类的运算符也一样有优先级，表 4.4 就详细地给出了 C 语言中所有运算符的优先级排序以及结合方向。

表 4.4　运算符的优先级和结合性

优先级（由高到低）	运算符	功能	运算符类	结合方向
1	( )	圆括号、函数参数表		自左至右
	[ ]	数组元素下标		
	.	结构体成员		
	->	指向结构体成员		
2	!	逻辑非	单目运算符	自右至左
	~	按位取反		
	+、-	正号、负号		
	++	自增1		
	--	自减1		
	&	取地址运算符		
	*	间接运算符		
	（type）	强制类型转换		
	sizeof	求所占字节数		
3	*、/、%	乘、除、取余	双目运算符	自左至右
4	+、-	加、减	双目运算符	自左至右
5	>>、<<	右移、左移	移位运算符	自左至右
6	>、>=、<、<=	大于、大于或等于、小于、小于或等于	关系运算符	自左至右
7	==、!=	等于、不等于	关系运算符	自左至右
8	&	按位与	位运算符	自左至右
9	^	按位异或	位运算符	自左至右
10			按位或	位运算符	自左至右
11	&&	逻辑与	逻辑运算符	自左至右
12	||	逻辑或	逻辑运算符	自左至右
13	?:	条件运算	三目运算符	自右至左
14	= += -= *= /= %= |= ^= &= >>= <<= !=	赋值运算符、复合运算符	双目运算符	自右至左
15	,	顺序求值	顺序运算符	自左至右

计算复杂的表达式时，熟悉各个运算符的优先级才能顺利地解题，同时也能熟练地按照自己的意愿使用表达式，但表中看似杂乱无章的运算符也太难记了，是的，我也有同感。还记得小学时学到的"九九乘法表"吗？如图 4-10 所示。

```
1×1=1
1×2=2    2×2=4
1×3=3    2×3=6    3×3=9
1×4=4    2×4=8    3×4=12   4×4=16
1×5=5    2×5=10   3×5=15   4×5=20   5×5=25
1×6=6    2×6=12   3×6=18   4×6=24   5×6=30   6×6=36
1×7=7    2×7=14   3×7=21   4×7=28   5×7=35   6×7=42   7×7=49
1×8=8    2×8=16   3×8=24   4×8=32   5×8=40   6×8=48   7×8=56   8×8=64
1×9=9    2×9=18   3×9=27   4×9=36   5×9=45   6×9=54   7×9=63   8×9=72   9×9=81
```

图 4-10　九九乘法口诀

正是因为从小熟记了这张表，我们笔算很多数据都方便了很多，如乘、除数据运算。为了以后也能在程序数据运算中达到如此效果，运算符优先级的表也要争取记下，为了方便记忆，有前辈归纳出了"运算符优先级口诀"，如表 4.5 所示。

表 4.5　运算符优先级口诀

口　　诀	解　　释
括号成员第一	括号运算符：[ ]、( ) 成员运算符：.、->
全体单目第二	所有单目运算符
乘除余三，加减四	算术运算符
移位五、关系六	移位运算符：<<、>> 关系运算符：>、<、>=、<=
等于、不等排第七	运算符：==、!=
位与、异或和位或	位与：& 异或：^ 位或：|
"三分天下"八九十 逻辑与跟或 十一和十二	逻辑运算符：||、&&
条件高于赋值	条件运算符：?: 赋值运算符=
逗号运算级最低	逗号运算符：,

如果嫌麻烦，那可以记住一些大的运算符优先级的趋势，如图 4-11 所示。

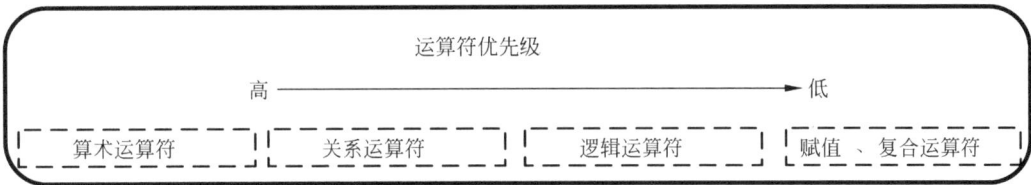

图 4-11　运算符优先级趋势

如果这样也觉着麻烦的话，那么好吧，把本页的纸撕下来，在你每次使用的时候随时查阅也不是不可以。

4.3.2　除法 "/"

C 程序中的除法与数学中的除法有较大差别，所以在这一小节单独讲解。除了符号是很明显的不同以外（数学中用 "÷"，C 程序中用 "/"），还有一个很重要的区别，是与数据类型有关的：当除法运算符 "/" 的两个操作数都为整型的时候，除法表达式的值才为整型。只要操作数有一个是实型，则表达式的值就只能是浮点型的 double 类型。请看如下的除法表达式，其中变量 f 是 float 类型。

```
f = 12 / 5;
```

显然，除法运算符的两个操作数都是整型的，所以除法表达式的值为 2（这里直接将小数部分截掉了，2.4 变成了 2，即使是 2.9 也截取成 2）。然后看得到的赋值表达式 f = 2，因为 f 的数据类型是 float，再依据赋值运算符 "=" 的运算规则（4.1 节中讲过，"=" 右值的类型需要转换为左值的类型），最后 float 类型变量 f 指代的数据就是 2.0 这个实数了。计算的图解如图 4-12 所示。

对于下面的除法表达式：

```
float f = 12.0 / 5;
```

由于除法运算符的两个操作数中有一个不是整型，所以除法表达式的值是 2.4，然后直接通过赋值运算符赋予变量 f 就可以了。

【示例 4-6】 下面的程序验证了本小节所讲的除法运算的规则。

示例 4-6 源码

```
01  #include <stdio.h>
02
03  int main(int argc, char* argv[])
04  {
05      float f;
06      f = 12/5;
07      printf("f = %f\n",f);
08      f = 12.0/5;
09      printf("f = %f\n",f);
10      f = 12/5.0;
11      printf("f = %f\n",f);
12      f = 12.0/5.0;
13      printf("f = %f\n\n",f);
14      return 0;
15  }
```

程序 06 行，除法进行整数运算，06、08、10 和 12 行的除法进行实数运算，程序的运行结果如图 4-13 所示。

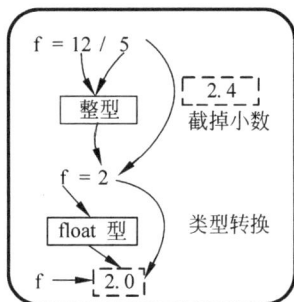

图 4-12　除法表达式运算图解

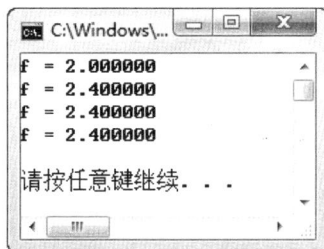

图 4-13　示例 4-6 程序运行结果

4.3.3　取余 "%"

取余 "%" 这个算术运算符在数学中没有，它的作用是取得两个操作数除法运算的余数，同时要求操作数必须为整型数据。如整型的变量 I 和 S，I%S 得到的结果是 I/S 的余数部分。

【示例 4-7】 下面的程序中包含了取余表达式，计算此表达式的值。

示例 4-7 源码

```
01  #include <stdio.h>
02
03  int main(int argc, char* argv[])
04  {
05      printf("%d\n",12 % 3);
06      printf("%d\n\n",30 % 7);
07      return 0;
08  }
```

程序的 05 行，含有取余表达式"12%3"，06 行，含有
取余表达式"30%7"，根据%的运算规则可知两个取余表达
式的值分别为 0 和 2。printf()的作用是输出这两个表达式的
值，程序的运行结果如图 4-14 所示。

那如果遇到下面的取余表达式怎么办？

图 4-14 示例 4-7 程序运行结果

```
-3 % 9;
12 % -5;
-12 % -4;
-4 % -8;
```

上面 4 个取余表达式的值似乎只有第 3 个是显而易见的，值为 0。其他的怎么处理呢？
为了消除困惑和意见分歧，C 语言将这种问题做了统一的规定：余数的符号与被除数一致。
可能到这里还有人在困惑，被除数是哪个了，以前在数学里就搞不清楚，好吧，这里再明
确点，取余"%"运算符的左值就是被除数。根据这个规则，上面取余表达式的值就清晰
多了，分别是：-3、2、0 和-4。

【示例 4-8】 编程验证上面所说的%的使用规则。

```
01   #include <stdio.h>
02
03   int main(int argc, char* argv[])
04   {
05       printf("%d\n",-3 % 9);
06       printf("%d\n",12 % -5);
07       printf("%d\n",-12 % -4);
08       printf("%d\n\n",-4 % -8);
09       return 0;
10   }
```

示例 4-8 源码

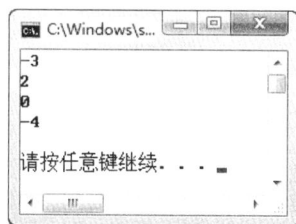

4 个取余表达式分布在 05～08 行中，值会被 printf()输出，程序的运行结果如图 4-15
所示，验证了%的使用规则。

现在，给读者介绍一个除法运算符"/"和取余运算符"%"
在编程时的一个常见用法：拆分整数的各位数字。例如，以
下四个算术表达式分别截取了整数 3461 的千、百、十和个位。

```
3461 / 1000;          //截取千位
3461 / 100 % 10;      //截取百位
3461 / 10 % 10;       //截取十位
3461 % 10;            //截取个位
```

图 4-15 示例 4-8 程序运行结果

【示例 4-9】 编写程序验证上面介绍方法的正确性。

```
01   #include <stdio.h>
02
03   int main(int argc, char* argv[])
04   {
05       int g,s,b,q;
06       g = 3461 % 10;
07       s = 3461 / 10 % 10;
08       b = 3461 /100 % 10;
```

示例 4-9 源码

```
09      q = 3461 / 1000;
10      printf("个位：%d\n 十位：%d\n 百位：%d\n 千位：
%d\n\n",g,s,b,q);
11      return 0;
12  }
```

程序第 10 行使用 printf() 分别输出了整型变量 g、s、b 和 q 的值，图 4-16 为程序的运行结果。

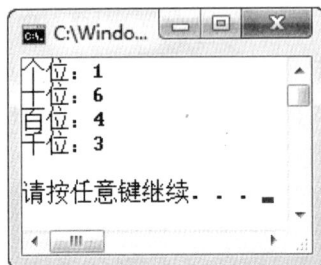

图 4-16　示例 4-9 程序运行结果

4.3.4　练习

1. 下面的程序，处理了两个算术运算表达式，推测程序的输出结果。

```
01  #include <stdio.h>
02
03  int main(int argc, char* argv[])
04  {
05      int i = 60;
06      printf("%d\n",i%3 + (i-5)%4);
07      printf("%d\n\n",i/5%3);
08      return 0;
09  }
```

练习 1 答案

4.4　复合运算符

算术运算符很常用，所以 C 语言提供了使算术运算更加简洁的运算符，就是本节要详细讲解的复合运算符。

4.4.1　概述

在赋值运算符"="的前面加上其他的运算符就构成了复合运算符。C 语言中复合运算符有以下几个：

+=、−=、*=、/=、%=、|=、&=、^=、<<=、>>=

上一节中学习了算术运算符，所以这里只介绍复合运算符的前 5 个，后 5 个会在位运算符讲解了以后再出现。表 4.6 是对前 5 个复合运算符的一个简要介绍。

表 4.6　部分复合运算符简介

运算符	功能	使用举例	等价于	操作数	结合方式
+=	复合加法	I += 6	I = I + 6		
−=	复合减法	I −= 6	I = I − 6		
*=	复合乘法	I *= 6	I = I * 6	双目	自右至左
/=	复合除法	I /= 6	I = I / 6		
%=	复合取余	I %= 6	I = I % 6		

【示例 4-10】　根据上面对复合运算符的介绍，计算下面程序中的表达式的值。

```
01  #include <stdio.h>
02
03  int main(int argc, char* argv[])
04  {
05      int x,y;
06      x = 5;
07      y = x -= x %= 2;
08      printf("x = %d,y = %d\n\n",x,y);
09      return 0;
10  }
```

示例 4-10 源码

对于上面程序 07 行的复合运算符表达式，它的计算步骤如下：

（1）先计算 x %= 2，即 x = x % 2，得到 x = 1。

（2）再计算 x -= 1，即 x = x - 1，得到 x = 0。

（3）最后得到 y = 0。

即表达式 y = x -= x %= 2 最终使得整型变量 y 和 x 都指代整数 0，程序运行结果如图 4-17 所示。

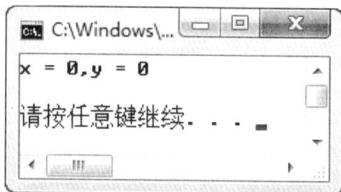

图 4-17　示例 4-10 程序运行结果

4.4.2　复合运算符出现的意义

在理解了复合运算符的使用方法后，很多人都会产生这样的疑问：看起来它并没有增加新的运算方法和功能，使用它的意义就只有"简化表达式"这一点吗，看起来用处一点也不大。

不瞒读者，作者也这么想过，于是就查资料深入探究了一下，发现复合运算符的意义果然不止"简化表达式"这很小的一点，效率问题才是复合运算符真正的用武之地，为了使读者减少理解上的负担，这里简单地做个解释，对于如下的两个表达式：

```
i = i + 2;
i += 2;
```

计算机处理第一个表达式时会使用两次 i，而处理第二个表达式的时候仅仅使用一次 i。是的，就是这个导致了后者的效率是前者的一倍。如果把这个问题放大的话，有可能出现这样的效果：一个软件的显示结果在 5 秒后给出，而另一个软件的显示结果在 10 秒后给出。这样的差别足以让用户选择前者而淘汰后者了。

4.4.3　优先级

复合运算符和赋值运算符的优先级一样，它们的优先级都很低很低。事实上它们只比逗号运算符"，"高一点而已，而逗号运算符更可怜，因为它的优先级是最低的。

【示例 4-11】　依据复合运算符的优先级，推算下面程序的输出结果。

```
01  #include <stdio.h>
02
03  int main(int argc, char* argv[])
04  {
05      int x = 2;
06      printf("%d\n\n",x *= 6 +(x = 4 - 1) );
07      return 0;
08  }
```

示例 4-11 源码

对于程序 06 行的复合运算符表达式，计算步骤如下：

（1）计算 4 − 1，很明显 "=" 的优先级低于 "-" 的优先级。

（2）计算 x = 3，简化后的复合表达式变成了 x *= 6 + x。

（3）同样，"+" 的优先级大于 "*=" 的优先级，所以表达式变成了 x = x * (6 + x)。

（4）最后得到 x = 27，即整型变量 x 指代整型数据 27，程序的运行结果如图 4-18 所示。

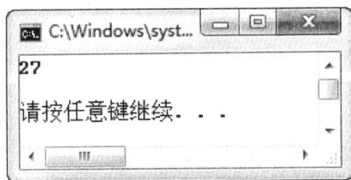

图 4-18　示例 4-11 程序运行结果

4.4.4　练习

1. 下面的程序中包含了算术运算符、复合运算符的数据计算，推测程序的输出结果。

```
01   #include <stdio.h>
02
03   int main(int argc, char* argv[])
04   {
05       int w = 3,x = 5,y = 10;
06       int z;
07       z = 20;
08       w -= x * y;
09       x = w - y;
10       y = x * 21;
11       z /= w + y;
12       printf("%d %d %d %d\n\n",w,x,y,z);
13       return 0;
14   }
```

练习 1 答案

4.5　自增自减运算符

自增自减运算符做的也是加、减运算，与算术运算符类似，但它有自己的特点。本节就来详解讲解自增自减运算符。

4.5.1　概述

自增自减运算符的作用是对变量进行加 1 或减 1 操作后再对变量赋新的值。这类运算符有两个，分别是 ++（自增）和- -（自减）。表 4.7 是对这两个运算符的简要描述。

表 4.7　自增自减运算符简介

运算符	功能	使用举例	等价于	操作数	结合方式
++	操作数自加 1	++a	a = a + 1	单目	右结合性
- -	操作数自减 1	- -b	b = b - 1		

通过表格可以看出，这类运算符只有一个操作数，因为它们是单目运算符。同时这个操作数只能是变量，而不能是常量和表达式。这个规则也很容易理解，毕竟操作数和表达式做自增自减的时候，不光怪异，还不符合逻辑，如 ++5，被转换成表达式 5 = 5 + 1，很明显这就是有问题的，而且根据自增自减运算符的概念来看的话，表达式和常量都不能进行赋值运算。如下的形式就是有问题的：

```
a = (a + 2)++;
```

表 4.8 列出了自增自减运算符的 4 种形式，及其使用含义和举例，其中 i 的初始值为 5。

表 4.8　++、--的几种形式

形　　式	含　　义	使 用 举 例
++i	i自增1后再参与其他运算	j = ++i, i = 6, j = 6
- -i	i自减1后再参与其他运算	j = - -i, i = 4, j = 4
i++	i先参与运算，然后再自增1	j = i++, i = 6, j = 5
i- -	i先参与运算，然后再自减1	j = i--, i = 4, j = 5

从表中可以看出，自增自减既可以作为操作数的前缀，也可以作为操作符的后缀。尽管达到的效果都是操作数的自增自减，但是自增自减的时间是不同的。先参与运算与否就看操作数在运算符的前面还是后面了。

【示例 4-12】　依据自增自减运算符的运算规则，推算程序的输出结果。

```
01  #include <stdio.h>
02
03  int main(int argc, char* argv[])
04  {
05      int i = 10;
06      printf("表达式值: %d i = %d\n",i++,i);
07      printf("表达式值: %d i = %d\n",i--,i);
08      printf("表达式值: %d i = %d\n",++i,i);
09      printf("表达式值: %d i = %d\n\n",--i,i);
10      return 0;
11  }
```

示例 4-12 源码

程序 05 行 i = 10，06 行 i++，操作数在前则先使用后自增，得值为 10，i = 11；07 行的 i--，操作数在前则先使用后自减，得值为 11，i = 10；08 行的++i，操作数在后则先自增后使用，得值为 11，i = 11；同理，09 行--i 值为 10，i = 10。程序运行效果如图 4-19 所示。

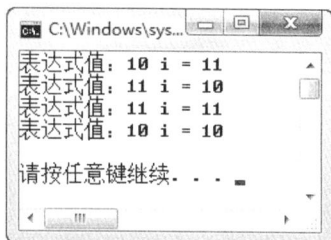

4.5.2　自增自减运算符出现的意义

图 4-19　示例 4-12 程序运行效果

在了解了自增和自减的使用方法和作用后，读者可能产生和复合运算符一样的疑问，不就是自加 1 和自减 1 嘛，程序中直接加就好了嘛，干嘛又多整出两个符号来增加程序的阅读复杂度呢？

在复合运算符那一节有过类似疑问的读者，在明白了原因以后，可能会这样推测这节冒出的疑问，然后弱弱地说：除了简洁以外，大概又与程序运行效率有关了吧。好吧，答对了，为了下面我能继续讲解原因，这里决定暂时委屈读者，因为我把读者的回答当作蒙的，没错，是蒙对了，于是又该我出场了。

```
++j;
j = j + 1;
```

虽然上面两个语句在功能上是等价的，但是效率却不同。大家知道，计算机上的所有数据计算都是要交给机箱中的 CPU（中央处理器）来完成的。如果你是计算机，你要用命令指挥它做个加 1 的运算，完成的方式有两种，一种是命令直接加 1，另一种是通过多个命令来达到间接加 1 的效果。虽然数据都加了 1，但显然前者的效率更高。前者就是自增自减，后者就是加减操作。图 4-20 是一个很形象的图解。

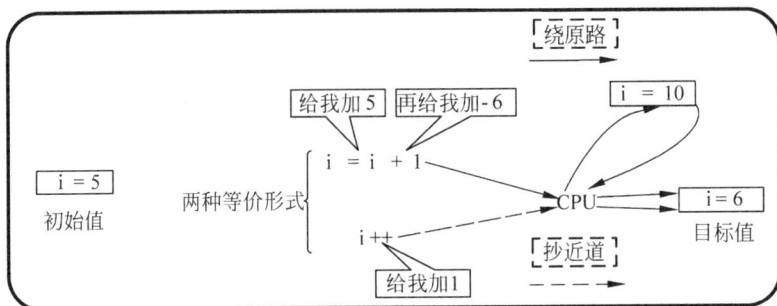

图 4-20 直接和间接的效率

上面是使用通俗的方式来说的，下面说得专业点，显得咱也有点儿水平。大多数的 CPU 指令系统中都直接提供了自增、自减指令，所以自增自减运算符的功能可以直接使用这些指令来实现。这里的指令就当作我上面说的命令来看。显然，CPU 在被设计的时候就决定了它能直接听懂自增加减这样的指令。

通过本章最后两节的深入探讨，也就理解了那句话，程序员水平的高低，刚开始可以是对某个功能能否实现的比较，若功能都实现了，那该比较的就是效率了。

4.5.3 优先级

自增自减运算符的优先级较高，比算术运算符的优先级都大。所以程序中出现下面的运算时，要清楚理解运算顺序：-i++的运算相当于-(i++)，同理，-i--也是一样。

【示例 4-13】 在如下的程序举例中体会自增自减的使用方法和优先级。

示例 4-13 源码

```
01  #include <stdio.h>
02
03  int main(int argc, char* argv[])
04  {
05      int x = 10,y = 0;
06      printf("x = %d,y = %d\n",x,y);
07      y = x++ * x++;
08      printf("x = %d,y = %d\n",x,y);
09      y = ++x * ++x;
10      printf("x = %d,y = %d\n",x,y);
11      y = ++x * x++;
12      printf("x = %d,y = %d\n\n",x,y);
13      return 0;
14  }
```

先看程序 07 行表达式，自增运算符都是作为后缀出现的。所以要先计算 y = x * x，得到 y = 100，再计算两个 x++，得到 x = 12。再看 09 行表达式，自增运算符都是作为前缀出现的。所以，要先计算两个++x，得到 x = 14，再计算 y = x * x，得到 y = 196。最后看 11 行表达式，自增运算符作为前后缀都出现了。所以先计算++x，得到 x = 15，再计算 y = x * x，得到 y = 225，最后计算 x++，得到 x = 16。程序的运行效果如图 4-21 所示。

程序书写时易读性也是一个重要的参考因素。因为自己的代码通常需要自己来维护，而维护的周期往往在一个月以上。能想象一下当你看到你半年前写的代码，而又看不懂是一种什么样的感觉吗?所以,为了不使自己的代码在可预期的未来折磨自己,就不要把代码写得过于难懂和诡异,如i+++j++,虽然在语法上这是没有问题的,但在易读性上就欠考虑了。若非要使用自加运算符的话,也要写成这样:(i++)+(j++)。

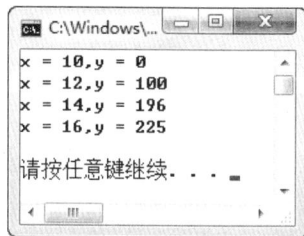

4.5.4 练习

1. 依据本节所学的知识,推测下面程序的输出结果。

练习 1 答案

```
01   #include <stdio.h>
02
03   int main(int argc, char* argv[])
04   {
05       int a,b,c;
06       a = 5;
07       b = 1 + a++;
08       c = b + --a;
09       printf("a = %d,b = %d,c = %d\n\n",a,b,c);
10       return 0;
11   }
```

4.6 小 结

本章主要讲解了 C 语言中的运算符,希望读者能对 C 语言提供的运算符有个全面的认识。在此基础上又详细地讲解了常用的 3 种运算符:算术、复合和自增自减运算符。除了部分算术运算符和数学中所学习的一致外,其他两种运算符是 C 语言提供的有特殊用途的运算符。运算符与表达式又是形影不离的,运算符建立了数据间的运算关系,而运算符和数据又共同组成了表达式。为了便于读者接受,其他的运算符会在其他章节中适当的位置讲解。

4.7 习 题

1. 下面的程序包含了本章所学的所有知识,依据所学内容推算程序的运行结果。

习题 1 答案

```
01   #include <stdio.h>
02
03   int main(int argc, char* argv[])
04   {
05       int a = 56,b = 2,c = 23,d;
06       b **= a + 7;
07       c -= a / 11;
08       d = b-- - ++c;
09       printf("a = %d,b = %d,c = %d,d = %d\n\n",a,b,c,d);
10       return 0;
11   }
```

图 4-21 示例 4-13 程序运行效果

第 5 章　语　　句

在上一章中，数据是通过赋值运算符"="赋予变量的。在本章中会介绍一种更灵活的方式来给变量赋值，即使用 I/O 语句在用户输入数据的时候为变量赋值。同时，本章还将讲解 C 语言程序的基本单元——语句。

5.1　输入输出 I/O

I 就是 Input，O 就是 Output，分别表示输入和输出。用户需要"输入"数据到程序，程序需要"输出"数据给用户。第 4 章讲解了为变量赋值的一种方法，使用赋值运算符"="。但这种方法无法为变量赋予用户在程序运行时候输入的值。使用 I/O 语句可以很好地解决这一问题。本节就来讲解获取用户输入给变量以及输出数据给用户的方法。

5.1.1　格式化输入 scanf()

scanf()用于接收用户从键盘输入的数据，实现和用户的交流。scanf()也被称为格式化输入，因为用户需要按照指定的格式从键盘输入数据，这些数据才会被正确地与 scanf()指定的变量关联起来。

1．scanf()调用格式

scanf()的调用形式如下：

```
scanf("格式化输入控制字符串",输入项1,输入项2,…)
```

其中：
- "格式化输入控制字符串"的主要作用是指定输入时的数据格式，由"%"开始，其后是格式字符。
- 输入项之间需用"，"（即逗号）隔开。输入项由变量名和前面的"&"符号组成（&是 C 语言中的取地址运算符，因为输入项必须是地址表达式，相关内容会在以后讲解到）。

【示例 5-1】　下面的程序片段，使用 scanf()获取了来自键盘的用户输入。

```
int i;
float f;
double d;
scanf("%d%f%lf",&i,&f,&d );
```

双引号（""）括起来的字符串%d%f%lf 就是格式字符串，起始是"%"，后面跟着格式字符 d、f 和 lf。&i、&f 和&d 就是输入项，不同变量之间用逗号（,）隔开。变量 i、f 和 d 前必须加 "&" 符号。

2．scanf()格式字符

格式字符就是格式说明中符号 "%" 后面跟着的字母。格式字符较多，表 5.1 显示了全部的格式字符及其功能说明。

表 5.1　输入格式字符及功能

格式字符	说　　明
c	输入字符类型数据
d	输入带符号的十进制整型数
ld	输入带符号的长整型数据
i	输入整型数。 可以是十进制数； 也可以是八进制数，但需要以0（即零）开头； 还可以是十六进制数，但需要0x（或者0X）开头
o	以八进制格式输入整型数，0开头与否都可以
x	以十六进制格式输入整型数，0x（或者0X）开头与否都可以
u	以无符号十进制形式输入整型数
f	以带小数点的实数形式或指数形式输入float型数
lf	以带小数点的实数形式或指数形式输入double型数
e	同f
le	同lf
s	输入一个字符串，直到遇到 "\0"。若字符串长度超过指定的精度则自动突破，不会截断字符串

5.1.2　scanf()的使用说明

scanf()作为一种获取用户输入的手段，它的功能十分全面，几乎涉及到输入过程的所有情况。而本小节将会列出一些常见的 scanf()应用场景。

1．格式字符与输入项

正常情况下，格式字符串中的格式字符应该是与输入项一一对应的。但如果不是一一对应的，尽管不能正确获得输入数据，但程序在编译的时候也不会报告错误。需分下列两种情况讨论：

❑ 格式字符串中的格式字符数>输入项数，则多余的数据会作废。

❑ 格式字符串中的格式字符数<输入项数，则多余的输入项无法获取到正确的值。

下面是一些示例，如表 5.2 所示。

表 5.2　格式字符与输入项数目

int i;float f;double b;		
scanf()使用举例	格式字符数与输入项数比较	数据输入结果
scanf("%d %f %lf",&i,&f,&d)	数目（d、f、lf）＝数目（i、f、d）	一一对应
scanf("%d %f %lf",&i,&f)	数目（d、f、lf）＞数目（i、f）	格式字符lf对应的数据作废
scanf("%d %f ",&i,&f,&d)	数目（d、f）＜数目（i、f、d）	变量d无法获取到正确的值

2. 输入的数据与输入项

对于用户所有的输入，计算机把它看作一串。scanf()按照格式字符串指定的格式从输入串中解析数据，然后送到输入项的变量中。假定格式字符数与输入项数是一致的，正常情况下，用户输入的数据与输入项数相等，但在特殊情况下：

❑ 当用户输入的数据小于输入项时，程序会等待用户继续输入，直到满足程序要求为止。

❑ 当用户输入的数据大于输入项时，多余的数据仍然留在输入串中，而没有作废，等待下一个输入操作时被解析。

【示例 5-2】 下面的程序两次获取用户的输入，然后输出。

```
01  #include <stdio.h>
02
03  int main(int argc, char* argv[])
04  {
05      int i,j;
06      float f;
07      double d;
08      scanf("%d %d %f",&i,&j,&f);
09      printf("%d_%d_%f",i,j,f);
10      scanf("%lf",&d);
11      printf("\n%lf",d);
12      return 0;
13  }
```

示例 5-2 源码

程序中 08 行的 scanf()有 3 个格式字符，只输入两个数据按下 Enter 键的话，程序会继续等待，如图 5-1 所示。若是输入 4 个值然后按下 Enter 键的话，程序中第 08 和 10 行的 scanf()都会获得输入数据，输入结果会一次全部输出，如图 5-2 所示。正常情况应该是：第一次输入 3 个数据，程序输出 3 个数据，再输入 1 个数据，程序输出 1 个数据，然后程序结束，如图 5-3 所示。

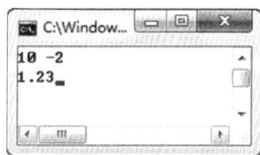

图 5-1　只为程序输入两个值　　图 5-2　为程序输入 4 个值　　图 5-3　正常情况下的输入与输出

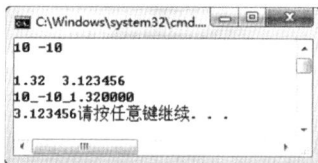

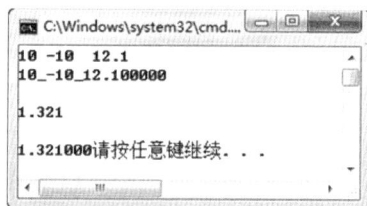

3. 指定输入数据的宽度

在 scanf()的格式字符前可以加入一个正整数来指定数据所占的宽度，但不能对实数指定小数位宽度（宽度即数据的位数，对于实数，小数点也算作一位）。

【示例 5-3】 下面的程序指定了用户输入数据的宽度。

```
01  #include <stdio.h>
02
03  int main(int argc, char* argv[])
04  {
05      int     i;
06      float   f;
07      double  d;
08      scanf("%4d %3f %5lf",&i,&f,&d);
09      printf("%d_%f_%lf\n",i,f,d);
10       return 0;
11  }
```

示例 5-3 源码

　　程序的第 08 行，指定了 i、f、d 变量数据所占的宽度为 4、3、5，在程序运行时，输入一长串数字 111122.333.333 后的运行效果如图 5-4 所示。

　　从图 5-4 可以看出，尽管输入的数字是一长串，但仍然按照格式字符中指定的宽度解析，将前 4 个 1 分配给变量 i，接下来的两个 2 和一个小数点分配给变量 f，然后将 333.3 分配给变量 d。程序运行结束，最后的两个 3 被废弃。

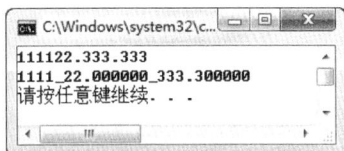

图 5-4　示例 5-3 程序运行效果

4．跳过某个输入数据

　　在%和格式字符之间加入"*"号，则程序会跳过相应的输入数据。

【示例 5-4】 下面的程序会跳过用户输入的第 3 个数据，再将剩余的数据输出。

```
01  #include <stdio.h>
02
03  int main(int argc, char* argv[])
04  {
05      int i;
06      char c;
07      double d;
08      scanf("%i %c %*f %lf",&i,&c,&d);
09      printf("%i %c %lf\n\n",i,c,d);
10      return 0;
11  }
```

示例 5-4 源码

　　程序的 08 行，使用了%*f，是解析到的第 3 个数据，被程序跳过。若用户输入 101、h、1.901 和 3.0832，程序会将 101 赋给变量 i，h 赋给变量 c，1.901 被跳过，3.0832 赋给变量 d。最后，将变量的值输出。运行效果如图 5-5 所示。

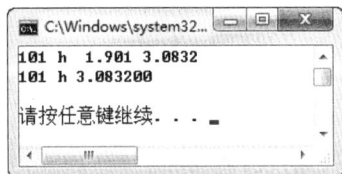

5．在格式字符串中插入其他字符

　　scanf()是用来输入数据的，所以无论什么字符，都不会输出到屏幕上，而是要求用户在输入数据的时候，在对应的位置原样输入这些字符。如：

图 5-5　示例 5-4 程序运行效果

```
float a,b;
scanf("Input a,b:%f%f",&a,&b);
```

　　屏幕什么都不会显示，包括 Input a,b:。但要求用户按照如下方式输入数据：

```
Input a,b:1.32 5.2<CR>
```

字符串"Input a,b:"中字符的大小写、字符间的间隔（即"，"）等都必须与 scanf() 中完全一样。所以为了减少不必要的麻烦，在 scanf() 的格式字符串中尽量不要插入其他字符。

【示例 5-5】 看下面的程序，分析用户的输入形式。

```
01   #include <stdio.h>
02
03   int main(int argc, char* argv[])
04   {
05       int i,j,k;
06       scanf("%d,%d,%d",&i,&j,&k);
07       printf("%d %d %d\n\n",i,j,k);
08       return 0;
09   }
```

示例 5-5 源码

程序的 06 行，scanf()格式字符串的格式字符间使用了逗号字符，所以用户在输入前两个数据的时候，后面必须紧跟一个逗号。所以下面的输入方式是合法的：

10,20,30<CR>　　<Tab>或者10, <Tab><Tab>20, <Tab><Tab>30<CR>

程序的运行结果如图 5-6 所示。

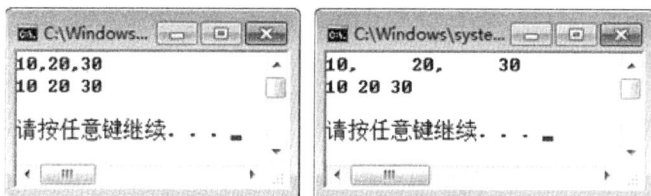

图 5-6　示例 5-5 程序运行效果

下面的输入方式是非法的：

10<Tab>,20<Tab><Tab>,30<CR>

或者

10 20 30<CR>

程序的运行结果如图 5-7 所示。

图 5-7　程序运行效果

6. 输入的各数据间使用间隔符

在不指定输入宽度的情况下，不管要求输入的是整数还是实数，在键盘输入的数据间必须有间隔符，个数不限。间隔符包括空格（键盘上的空格键）、回车（键盘上的 Enter

键）和制表符（键盘上的 Tab 键）。

💬**提示**：在使用 scanf() 从键盘获取数据前，键盘输入的数据在未按下回车键（即键盘上的 Enter 键）之前，可以任意修改。

【示例 5-6】 下面的程序会获取用户的 3 个输入，然后输出这 3 个数。

示例 5-6 源码

```
01  #include <stdio.h>
02
03  int main(int argc, char* argv[])
04  {
05      int     i;
06      float   f;
07      double  d;
08      scanf("%d %f %lf",&i,&f,&d);
09      printf("%d_%f_%lf",i,f,d);
10       return 0;
11  }
```

现在想要通过键盘给 i 赋值 11，f 赋值 3.14，d 赋值 103.141592。那么，通过键盘可以使用如下方式输入数据：

```
<Tab>11<Tab>3.14<Tab><Tab>103.141592<CR>
```

其中，<Tab>表示制表键，<CR>表示回车键。程序的执行结果如图 5-8 所示。当然也可以是下面这样的方式输入：

```
11<Tab>3.14<CR>
103.141592<CR>
```

总之，数据需要输入正确，间隔符必须有。程序的执行结果如图 5-9 所示。

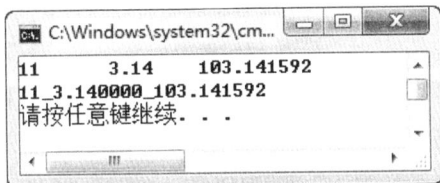

图 5-8 示例 5-6 运行效果 1

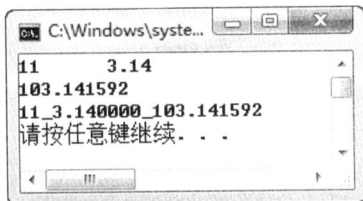

图 5-9 示例 5-6 运行效果 2

7. scanf() 的返回值

scanf() 也会返回一个值，这个值是 scanf() 成功执行时，获得输入的输入项的个数。

【示例 5-7】 下面的程序通过变量 count 保存 scanf() 返回的值。

示例 5-7 源码

```
01  #include <stdio.h>
02
03  int main(int argc, char* argv[])
04  {
05      int i,j,count = 0;
06      float f = 1.0;
07      double d;
08      count = scanf("%d %d",&i,&j,&f);
09      printf("%d_%d_%f",i,j,f);
10      printf("\n%d",count);
```

```
11      count = scanf("%lf",&d);
12      printf("\n%lf",d);
13      printf("\n%d",count);
14       return 0;
15  }
```

程序中第 08 行，格式字符只有两个，但输入项有 3 个。
通过图 5-10 的执行结果发现，scanf()返回 2，即有两个输入
项得到了值，1 个输入项 f 没有获得输入值，还是 1.0。但
第三个输入值并没有废弃，于是变量 d 获取到了这个值，
如图 5-10 所示。

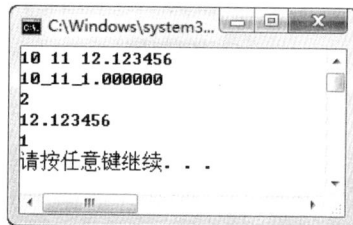

图 5-10　scanf()返回值查看

5.1.3　其他输入方式

scanf()只是获取用户输入的一种常用方式，还有很多其他的方式，本小节讲解两种：
getchar()和 gets()。

1.　获取一个输入字符getchar()

它的功能是从键盘读取一个字符，然后赋给变量。getchar()的括号内什么都不需要，
但是不能省略。例如，char c = getchar()表示程序将从键盘读取一个字符，然后赋值给字符
变量 c。

【示例 5-8】　程序比较了两种从键盘获取字符的方式，然后输出了这两个字符。

```
01  #include <stdio.h>
02
03  int main(int argc, char* argv[])
04  {
05      char c1,c2;
06      scanf("%c",&c1);
07      c2 = getchar();
08      printf("c1 = %c \nc2 = %c\n\n",c1,c2);
09      return 0;
10  }
```

示例 5-8 源码

程序的 06 行，使用 scanf()获取第一个字符并保存到
变量 c1 中。07 行使用 getchar()获取第二个字符并保存到
变量 c2 中。08 行的 printf()将变量 c1、c2 中的字符输出。
程序运行结果如图 5-11 所示。

在输入的字符间不要增加任何间隔符。因为间隔符也
是字符，会被保存到变量中，然后程序的运行结果会不符
合预期。图 5-12 是在想输入的字符 ab 中使用间隔符空格、
Tab 键和 Enter 键的运行结果。

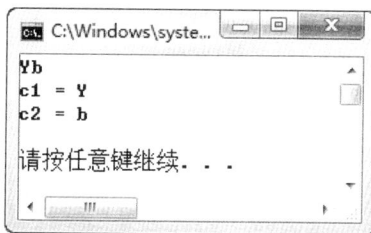

图 5-11　示例 5-8 程序运行结果

2.　获取一串字符gets()

它的功能是从键盘中获取一串字符，然后保存到括号里的变量中。例如，gets(ch)表示
获取用户输入的字符串，然后保存到字符串变量 ch 中。

图 5-12　程序运行结果

【示例 5-9】　程序比较了两种从键盘获取字符串的方式，然后输出了这两个字符串。

示例 5-9 源码

```
01    #include <stdio.h>
02
03    int main(int argc, char* argv[])
04    {
05        char c1[25],c2[25];
06        gets(c1);
07        printf("c1 = %s\n\n",c1);
08        scanf("%s",c2);
09        printf("c2 = %s\n",c2);
10        return 0;
11    }
```

程序 05 行的代码，还没有学到，这是为了演示字符串的输入而引入的，作用相当于声明了 c1 和 c2 这两个字符串变量。程序的 06 行，gets(c1)获取字符串并赋值给变量 c1；07 行输出 c1 中的字符串；08 行使用 scanf()获取字符串并赋值给变量 c2；09 行输出 c2 中的字符串，程序运行时，两次输入字符串 what a good day!，程序运行效果如图 5-13 所示。

从结果来看，两种方式有所区别。gets()以回车（即 Enter 键）作为字符串输入结束的标志，而 scanf()以空格作为字符串输入结束的标志。

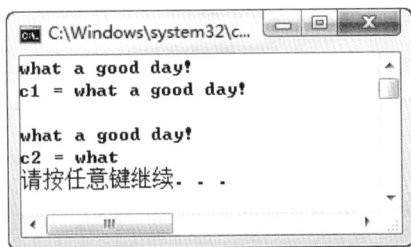

图 5-13　示例 5-9 程序运行效果

5.1.4　格式化输出 printf()

printf()用于在屏幕上按照指定格式输出数据。printf()也被称为格式输出，因为程序会按照指定的格式在屏幕上显示数据。

1．printf()调用形式

printf()的调用形式如下：

```
printf(格式字符串，输出项1，输出项2…);
```

功能：按照格式字符串中的格式依次输出输出项表中的各输出项。

🔔 **提示**：格式字符串是用来说明各输出项的输出格式，输出项间使用逗号隔开。如果格式字符串中没有格式字符，也就不会有输出项，那么 printf() 将输出格式字符串本身。

【**示例 5-10**】阅读下面的程序，推断输出结果。

```
01   #include <stdio.h>
02
03   int main(int argc, char* argv[])
04   {
05       printf("Happy new year!\n");
06       printf("month = %d,day = %d\n\n",1,1);
07       return 0;
08   }
```

示例 5-10 源码

程序 05 行，printf() 没有格式字符，也没有输出项，所以会输出字符串本身，即 Happy new year!\n。06 行，printf() 按照格式 month = 1,day = 1 输出了两个字符串，如图 5-14 所示。

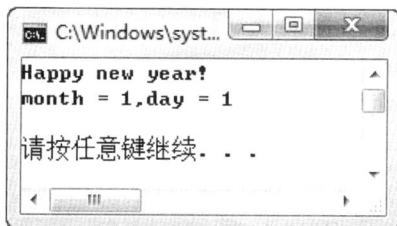

图 5-14　示例 5-10 程序运行效果

2．printf() 格式字符

格式字符形式：

%[附加格式说明符]格式符

例如，%3d 中的 3 是附加格式说明符，d 是格式符。表 5.3 列出了常见的格式符，表 5.4 列出了常见的附加格式说明符。

表 5.3　常用格式符

格式符	使 用 说 明
d, i	输出带符号的十进制整数
o	输出无符号八进制整数（无前缀0）
x, X	输出无符号十六进制整数（无前缀0x）
u	输出无符号整数
c	输出单个字符
s	输出一串字符
f	输出实数（6位小数）
e, E	以指数形式输出实数
g, G	选用f与e格式中输出宽度较小的格式，且不输出无意义的0

表 5.4　常用附加格式说明符

附加格式说明符	使 用 说 明
-	数据左对齐输出，printf()默认右对齐输出
+	输出数据符号
m.n（m、n为正整数）	m表示数据的输出宽度，数据实际宽度大于m时，自动突破。n，对于实数，表示输出n位小数；对于字符串，表示截取前n个字符
L, l	输出长整型数据

5.1.5　printf()的使用说明

相比 scanf()，printf()的使用要简单得多，这里同样列举常见的 printf()应用场景。

1. 格式字符与输入项

格式字符串中必须有与输出项一一对应的格式字符。若不一一对应，则不能正确输出，且编译时不会报错。若格式字符少于输出项个数，则多余的输出项不予输出；若格式字符数多于输出项个数，则会输出不可预期的数据。如：a = 110，b = 120，c = 119，下面的两种输出方式导致了图 5-15 所示的结果。

```
printf("%d %d\n",a,b,c);
printf("%d %d %d %d\n\n",a,b,c);
```

图 5-15　导致的程序运行效果 1

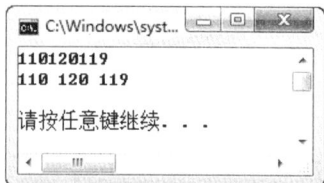

2. 指定数据的输出形式

printf()的输出形式很自由，是否在两个数之间留逗号、空格或回车，完全取决于格式控制。如果不小心就很容易造成数字连在一起，使得输出的数据令人费解。如：a=110，b=120，c=119，下面的两种输出方式导致的结果就大不相同，如图 5-16 所示。

```
printf("%d%d%d\n",a,b,c);
printf("%d %d %d\n\n",a,b,c);
```

图 5-16　导致的程序运行效果 2

3. 指定整数的宽度

在%和格式字符之间插入一个整数常数来指定输出的宽度。若指定的宽度不够，输出时将会自动突破，保证数据完整输出。若指定的宽度超过数据的实际宽度，输出时右对齐，左边填充空格。

【示例 5-11】　阅读程序，考虑程序的输出结果。

```
01   #include <stdio.h>
02
03   int main(int argc, char* argv[])
04   {
05       printf("%d-%6d-%3d-\n\n",3642,3642,3642);
06       return 0;
07   }
```

示例 5-11 源码

程序 05 行，printf()的 3 个格式字符 d 表明要输出带符号的十进制数，3 个数据都是 3642，只是要求的宽度不同。第二个%6d 指定数据宽度 6，显然大于 3642 的宽度 4，则输出时要右对齐，左边补充空格。第三个%3d 指定数据宽度 3，小于 3642 的宽度 4，数据将突破宽度输出完整数据。为了清楚地看到各自数据的宽度，格式字符串中插入了普通字符 "-"。格式字符中还有两个转义字符 "\n"，程序的运行效果如图 5-17 所示。

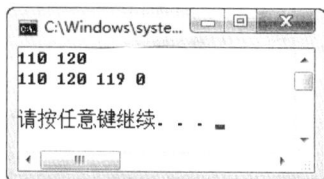

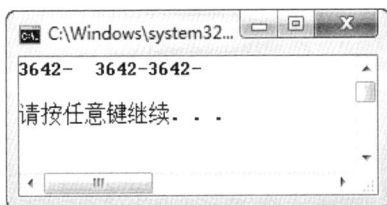

图 5-17　示例 5-11 程序运行效果 1

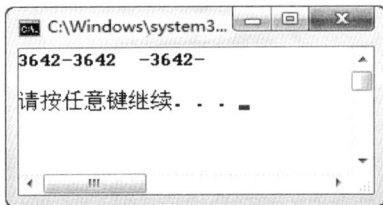

图 5-18　示例 5-11 程序运行效果 2

对齐方式默认是右对齐，可以通过附加说明符 "-" 来修改为左对齐，则修改示例程序的 05 行为：

```
…
05      printf("%d-%-6d-%3d-\n\n",3642,3642,3642);
…
```

则程序的运行效果如图 5-18 所示。

4．指定实数的宽度

对于 float 和 double 类型的实数，使用 m.n 的形式来指定输出宽度（m、n 都是整数）。m 指定实数的宽度（包括小数点），n 指定小数点后小数位的宽度，有时也称 n 为精度。例如，%10.3f 要求实数的总宽度为 10，小数宽度为 3。

- ❑ 对于 n，当实数的小数位大于 n 时，会截取右边多余的小数，并对截取部分的第一位数做四舍五入处理；当实数的小数位小于 n 时，在小数的右边补 0，使得小数部分的宽度为 n。
- ❑ 对于 m，当实数宽度大于 m 时，自动突破 m 的限制，保留原来的实数。反之，实数右对齐，左边填充空格。鉴于 m 的弱势地位，也可以用 ".n" 来仅指定小数部分的宽度。如表 5.5 所示。

表 5.5　实数数据宽度讨论

附加格式说明符	实　　数	条件	说　　　明
m.n	实数小数部分宽a	a > n	截取右边多余的小数，做四舍五入处理
		a < n	左对齐，右边补0
	实数宽b	b > m	自动突破
		b < m	右对齐，左边补空格

【示例 5-12】　阅读程序，考虑程序的输出结果。

```
01   #include <stdio.h>
02
03   int main(int argc, char* argv[])
04   {
05       float f = 142.24;
06       printf("%f-%7.1f-%3.4f -%10.4f",f,f,f,f);
07       printf("\n\n");
08       return 0;
09   }
```

示例 5-12 源码

程序 05 行的实数数据是 142.27。06 行以不同的宽度输出了这一实数，printf() 的格式字符%f，使用默认的宽度；格式字符%7.1f，指定实数宽度为 7，小数宽度为 1，小数部分

要被截取，整个实数会右对齐，左边补两个空格；格
式字符%3.4f，指定的实数宽度被自动突破，小数部
分左对齐，右边补两个 0；同理，格式字符%10.4f，
左边填充两个空格，右边填充两个 0，程序运行效果
如图 5-19 所示。

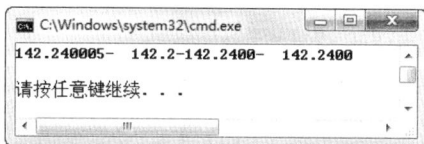

图 5-19 示例 5-12 程序运行效果

%e 表示实数以指数的形式输出，指数形式是：
*.******e±***。以*代表数字。%g 是选择%f 和%e 格式中宽度较小者且不输出其中无意
义 0 的格式。

【示例 5-13】 阅读程序，考虑程序的输出结果。

```
01  #include <stdio.h>
02
03  int main(int argc, char* argv[])
04  {
05      float f = 142.24;
06      printf("|%e | %f | %g |",f,f,f);
07      printf("\n\n");
08      return 0;
09  }
```

示例 5-13 源码

程序 06 行，实数 142.24 将以 3 种形式输出，
142.24 可以写作 1.4224×10^2，则其指数形式应该是
1.422400e+002，浮点数形式小数默认为 6 位。因为
%e 格式宽度为 13，%f 格式宽度为 10，所以%g 选择
%f 格式，再去掉无意义的 0，就是 142.24，程序运行
结果如图 5-20 所示。

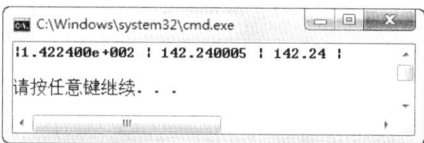

图 5-20 示例 5-13 程序运行结果

5．printf()的返回值

printf()会返回一个 int 型的值，值是本次调用 printf()时，输出的字符的个数（包括回
车等控制符）。

【示例 5-14】 阅读下面程序，考虑程序的输出结果。

```
01  #include <stdio.h>
02
03  int main(int argc, char* argv[])
04  {
05      int i = printf("My name is Tom!\n");
06      printf("%d\n\n",i);
07      return 0;
08  }
```

示例 5-14 源码

程序 05 行，int 型 i 保存 printf()返回的值，printf()用来
输出一串字符，包括最后一个字符\n，一共是 16，06 行输出
了 i 的值，可以预测是 16，程序的运行结果如图 5-21 所示。

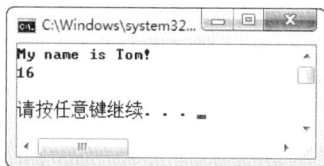

5.1.6 其他输出方式

图 5-21 示例 5-14 程序运行结果

printf()只是向屏幕输出数据的一种常用方式，还有很多其他的方式，本小节讲解两种：

putchar()和 puts()。

1．putchar()函数

putchar()用来在屏幕上输出单个字符。使用格式如下：

```
putchar(ch)
```

ch 可以是字符型或整型的常量、变量和表达式。

【示例 5-15】　使用 putchar()在屏幕输出"China"。

```
01   #include <stdio.h>
02
03   int main(int argc, char* argv[])
04   {
05       char ch = 'n';
06       putchar('C');
07       putchar('C' + 37);
08       putchar('\151');
09       putchar(ch);
10       putchar(ch-13);
11       putchar('\n');
12       return 0;
13   }
```

示例 5-15 源码

程序的 06～11 行，putchar()分别输出了字符、字符表达式、ASCII 值转义、字符变量、字符变量表达式和转义字符。程序的运行效果如图 5-22 所示。

2．puts()函数

puts()函数用于把字符串输出到显示屏上，且将字符串结束标志"\0"转换成"\n"。使用格式如下：

```
puts(ch)
```

图 5-22　示例 5-15 程序运行效果

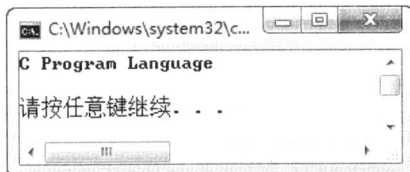

ch 代表字符串。

【示例 5-16】　使用 puts()在屏幕上输出"C Program Language"。

```
01   #include <stdio.h>
02
03   int main(int argc, char* argv[])
04   {
05       char ch[] = "C Program Language";
06       puts(ch);
07       printf("\n");
08       return 0;
09   }
```

示例 5-16 源码

程序的 06 行，puts()将 ch 所表示的字符串"C Program Language"输出到了屏幕，效果如图 5-23 所示。

【示例 5-17】　使用 printf()和 puts()分别在屏幕上两次输出"YES"，比较输出效果。

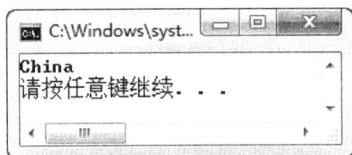

图 5-23　示例 5-16 程序运行效果

```
01  #include <stdio.h>
02
03  int main(int argc, char* argv[])
04  {
05      char ch[] = "YES";
06      printf(ch);
07      printf(ch);
08      putchar('\n');
09      puts(ch);
10      puts(ch);
11      putchar('\n');
12      return 0;
13  }
```

示例 5-17 源码

运行程序,图 5-24 为程序的运行效果,可以看出由 printf()
输出的字符串在一行显示了,由 puts() 输出的字符串在两行
显示了,原因在于 puts() 将字符串结束标志 "\0" 转换成 "\n"。

5.1.7 练习

图 5-24 示例 5-17 程序运行效果

1. 为下面的程序输入数据,使得程序会按照图 5-25 所示来运行。

```
01  #include <stdio.h>
02
03  int main(int argc, char* argv[])
04  {
05      int i;
06      char c;
07      float f;
08      scanf("%d %c %f",&i,&c,&f);
09      printf("%d-%c-%f\n\n",i,c,f);
10       return 0;
11  }
```

练习 1 答案

2. 根据如图 5-26 所示运行结果,在程序 07 行填充数据宽度。

```
01  #include <stdio.h>
02
03  int main(int argc, char* argv[])
04  {
05      int    i,j;
06      float  f;
07      scanf("%__d %__d %__5f",&i,&j,&f);
08      printf("%d_%d_%f\n\n",i,j,f);
09      return 0;
10  }
```

练习 2 答案

图 5-25 练习 1 程序运行效果   图 5-26 练习 2 程序运行效果

3. 看如下程序，猜想当用户输入 100 23.1 201 时程序的运行结果。

练习 3 答案

```
01  #include <stdio.h>
02
03  int main(int argc, char* argv[])
04  {
05      int i;
06      scanf("%*d %*f %d",&i);
07      printf("%d\n\n",i);
08      return 0;
09  }
```

4. 阅读下面的程序，如果你要为程序输入数据 100、200 和 300，该采用什么样的输入形式？

练习 4 答案

```
01  #include <stdio.h>
02
03  int main(int argc, char* argv[])
04  {
05      int i,j,k;
06      scanf("%d-%d-%d",&i,&j,&k);
07      printf("%d %d %d\n\n",i,j,k);
08      return 0;
09  }
```

5. 阅读下面的程序。判断当用户输入 "H where is my hat?" 时，程序的运行结果。

练习 5 答案

```
01  #include <stdio.h>
02
03  int main(int argc, char* argv[])
04  {
05      char c;
06      char c1[25];
07      c = getchar();
08      printf("%c\n",c);
09      scanf("%s",c1);
10      printf("c1 = %s\n\n",c1);
11      return 0;
12  }
```

6. 阅读下面的程序，判断程序的输出结果。

练习 6 答案

```
01  #include <stdio.h>
02
03  int main(int argc, char* argv[])
04  {
05      int i = 5826;
06      float f = 3.901;
07      printf("|%3d|%7d|%5.4f|%e|%g|",i,i,f,f,f);
08      printf("\n\n");
09      return 0;
10  }
```

7. 编程，将数据 110 以十进制、八进制和十六进制形式输出，如图 5-27 所示，部分代码如下：

练习 7 答案

```
01  #include <stdio.h>
02
```

```
03   int main(int argc, char* argv[])
04   {
05       int i = 110;
06       printf(_____);
07       printf("\n\n");
08       return 0;
09   }
```

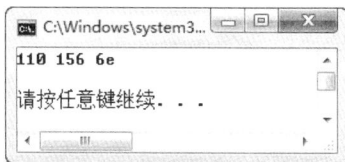

图 5-27　练习 7 程序运行结果

5.2　常见语句

C 程序中，语句能完成特定操作，它的有机组合能实现指定的复杂计算处理功能。语句的最后必须有一个分号，因为分号是语句的标志。语句的种类有很多，前面使用的 scanf() 和 printf() 就可以构成一类输入输出语句，本节将详细讲解一些常见的语句。

5.2.1　赋值语句

赋值语句由赋值表达式后跟分号组成，是程序设计中使用频率最高也是最基本的语句。例如，赋值表达式为：I=a+3–b，而赋值语句为：I=a+3–b;。赋值语句的基本形式：

变量 = 表达式;

表示的含义：首先计算 "=" 右边表达式的值，将值类型转换成 "=" 左边变量的数据类型后，赋值给该变量。

【示例 5-18】　阅读程序，体会程序中赋值语句的运算规律。

```
01   #include <stdio.h>
02
03   int main(int argc, char* argv[])
04   {
05       int i;
06       float f = 3.6;
07       i = 5;
08       i = i + f;
09       printf("i = %d,f = %f\n\n",i,f);
10       return 0;
11   }
```

示例 5-18 源码

程序的 05～10 行都是语句，因为它们的后面都跟了分号。其中 06、07、08 行是赋值语句，08 行是赋值表达式语句，程序运行效果如图 5-28 所示。

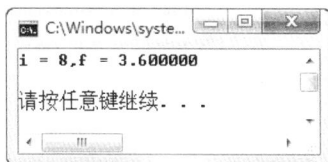

图 5-28　示例 5-18 程序运行效果

5.2.2　空语句

空语句只有一个分号，表示此处没有任何操作，如下：

;

从语法上讲，它的确是一条语句。在程序设计中，若某处从语法上讲需要一条语句，而实际上这条语句不需要做任何操作，此时用空语句正好合适。

【示例 5-19】　阅读下面的程序，体会空语句的"不作为"。

```
01   #include <stdio.h>
02
03   int main(int argc, char* argv[])
04   {
05       ;
06       return 0;
07   }
```

示例 5-19 源码

程序 05 行是一个空语句，整个程序也没有做任何事情，只是简单地运行，然后结束。程序运行效果如图 5-29 所示。

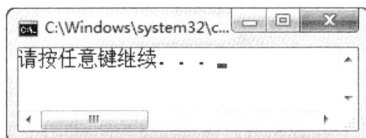

图 5-29　示例 5-19 程序运行效果

5.2.3　复合语句

复合语句是用一对大括号括起的一条或多条语句。大括号中无论有多少语句，复合语句被编译器视为一条语句。复合语句有时也被称为"语句块"，形式如下：

```
{
    语句 1;
    语句 2;
}
```

复合语句的"}"后不要加"；"，这是语法上规定的。

【示例 5-20】　指出下面程序中的复合语句。

```
01   #include <stdio.h>
02
03   int main(int argc, char* argv[])
04   {
05       {
06           printf("下面有话要说\n");
07           puts("这里有好多语句。。。");
08       }
09       puts("不知里面在捣鼓什么？好吵\n");
10       return 0;
11   }
```

示例 5-20 源码

寻找复合语句很简单，找大括号"{"和"}"就行了，所以程序中有两个复合语句。一个是从 05～08 行，另一个是 04～11 行，程序只是输出了 3 句话而已，如图 5-30 所示。

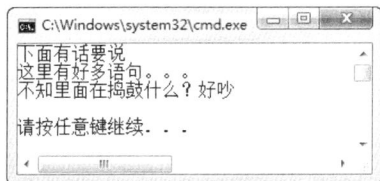

图 5-30　示例 5-20 程序运行效果

5.3　变量的作用域

变量的作用域是指变量的有效范围，也称变量的可见性。很显然变量定义以后，并不是任何地方都可以使用，如定义在语句块里的变量在语句块外就不能用，一个代码文件里的变量在其他的代码文件也不能用。按照作用域范围大小，变量可分为局部变量和全局变量。

5.3.1　局部变量

局部变量是定义在语句块内的变量，变量也只在语句块内可见、有效。程序在编译时，系统不为局部变量分配存储单元，只在程序运行的过程中，局部变量所在的语句块被调用时，才临时分配存储单元，语句块调用结束，存储单元释放。

【示例 5-21】　阅读下面程序，分析运行结果。

```
01  #include <stdio.h>
02
03  int main(int argc, char* argv[])
04  {
05      int i = 10;
06      {
07          int i = 20;
08          {
09              int i = 30;
10              printf("%d\n",i);
11          }
12          printf("%d\n",i);
13      }
14      printf("%d\n\n",i);
15      return 0;
16  }
```

示例 5-21 源码

程序 05、07、09 行都定义了 int 型的变量 i，尽管名字相同，但赋的初值并不一样。程序 10、12、14 行都使用 printf() 输出了变量 i 的值。有 3 个变量 i 的值，至于在程序运行时输出哪个值，就要看程序在输出的时刻能 "看到" 哪个 i，就输出哪个 i。

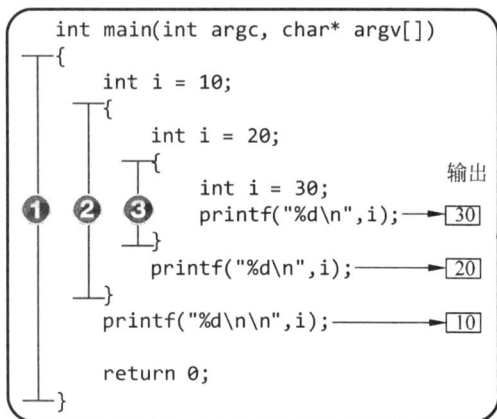

图 5-31　程序运行图解

图 5-32　示例 5-21 程序运行结果

如图 5-31 所示，第一个 i 的作用域是①，第二个 i 的作用域是②，第 3 个 i 的作用域是③。虽然①的范围很大，但是由于变量同名的缘故，它在②里是不可见的，类似于被覆盖了，同理①和②在③内也被覆盖了。第一个 printf() 只能看到③里的 i，所以输出 30。第二个 printf() 只能看到②里的 i，所以输出 20。同理第三个 printf() 输出 10。程序的运行结果如图 5-32 所示。

5.3.2　全局变量

全局变量是在所有语句块之外定义，其作用范围从定义处开始，到文件结束的变量。全局变量在程序刚开始运行时就占有了内存单元，而且在程序运行的自始至终都占用固定单元。

【**示例 5-22**】　阅读下面程序，分析运行结果。

```
01   #include <stdio.h>
02
03   int i = 1;
04   int main(int argc, char* argv[])
05   {
06       {
07           int i = 10;
08           printf("%d\n",i);
09       }
10       {
11           printf("%d\n",i);
12           i = i + 5;
13           printf("%d\n",i);
14       }
15       printf("%d\n\n",i);
16       return 0;
17   }
```

示例 5-22 源码

程序 03 行定义了全局变量 i，赋初值 1。07 行定义同名局部变量 i，赋初值 10。整个程序有 4 个 printf()用来输出变量 i 的值。

如图 5-33 所示，全局变量 i 的作用范围是①，局部变量 i 的作用范围是②，借此推断每个 printf()的输出应该是 10、1、6、6。程序的运行效果如图 5-34 所示。

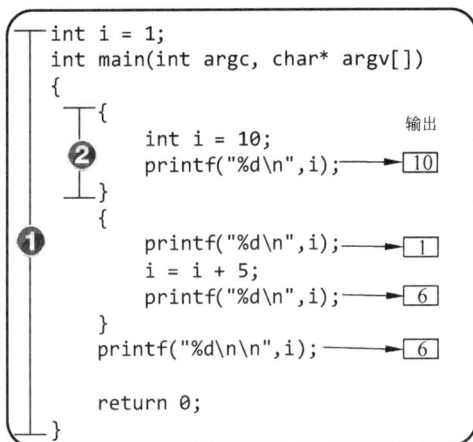

图 5-33　程序运行图解

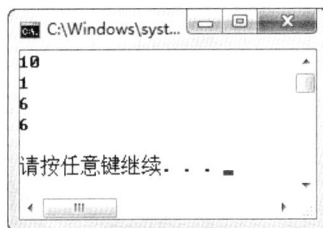

图 5-34　示例 5-22 程序运行效果

全局变量与局部变量使用时应注意：

❑　不同语句块内的局部变量可以重名，互不影响。

❑　全局变量和局部变量可以重名，在局部变量其作用的范围内，全局变量不起作用。

5.3.3 练习

1. 指出下面程序中变量 a、b、c 的作用域范围。

```
01  #include <stdio.h>
02
03  int a;
04  int main(int argc, char* argv[])
05  {
06      int b;
07      {
08          int c;
09          a = 1;
10          b = 2;
11          c = 3;
12          printf("a + b + c = %d",a + b + c);
13      }
14      printf("\n\n");
15      return 0;
16  }
```

a 的作用范围从__行到__行；b 的作用范围从__行到__行；c 的作用范围从__行到__行。

5.4 语句执行顺序

一段程序，通常是由 3 个大的部分组成：编译预处理头文件、变量的声明和定义、main()，如图 5-35 所示。每一个组成部分都包含有很多程序语句，而程序在执行的时候一定会有一个执行顺序，依此顺序执行程序里的每一条语句。程序的执行顺序就是本节主要探索和讲解的内容。

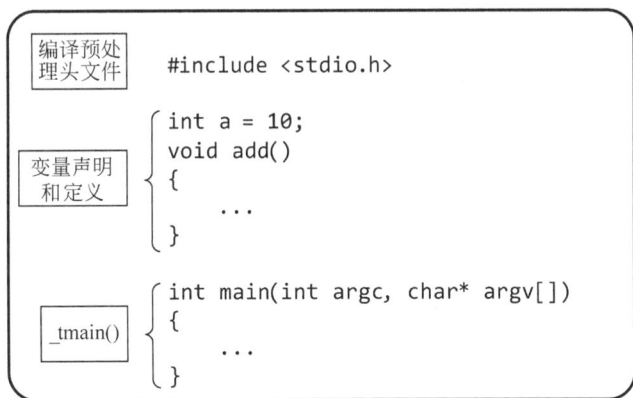

```
编译预处
理头文件     #include <stdio.h>

            ┌ int a = 10;
            │ void add()
变量声明    │ {
和定义      │     ...
            └ }

            ┌ int main(int argc, char* argv[])
            │ {
_tmain()   │     ...
            └ }
```

图 5-35 程序组成部分

5.4.1 代码手段

为了探究程序代码每一条语句的执行顺序，可以使用本章前面学到的 printf()，它可以显式地输出字符串，来告诉我们程序运行的流程和位置。

【**示例 5-23**】　这是一段普通的程序代码，通过程序的运行结果，推测程序中各语句的
执行顺序。

示例 5-23 源码

```
01    #include <stdio.h>
02
03    int a = 10;
04    void add()
05    {
06        a = a + 10;
07        printf("a = %d\n",a);
08    }
09    int main(int argc, char* argv[])
10    {
11        int b = 20;
12        add();
13        b /= 3;
14        printf("b = %d\n\n",b);
15        return 0;
16    }
```

从图 5-36 所示的结果来看，显然 07 行的执行要先于
14 行的执行。依据 07 行输出，可以断定 06 行被执行了，
同理 03 行先于 07 行。依据 14 行的输出，后于 13 行执行，
其他的语句顺序无从判断。此时得出的大概的程序执行顺
序是：03-06-07-13-14-15。还有 3 句（01、11、12）的执
行顺序无从判断，为此我们现在为程序添加一些辅助代
码，得到示例 5-24。

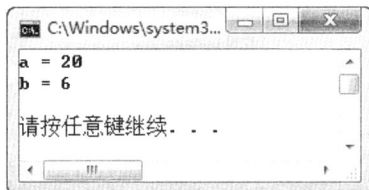

图 5-36　示例 5-23 程序运行结果

【**示例 5-24**】　下面的程序，在上一示例的基础上添加了一些辅助代码（加粗，且没有
编号），借此探索上一示例遗留的问题：01、11、12 行语句，在已排列出执行顺序的语句
03-06-07-13-14-15 中的位置。

示例 5-24 源码

```
01    #include <stdio.h>
      #include "mytest.h"
02
03    int a = 10;
04    void add()
05    {
06        a = a + 10;
07        printf("a = %d\n",a);
08    }
09    int main(int argc, char* argv[])
10    {
          printf("a + x = %d\n",a + x);
11        int b = 20;
          printf("__tmain1__\n");
12        add();
13        b /= 3;
14        printf("b = %d\n\n",b);
15        return 0;
16    }

mytest.h

int x = 100;
```

为了验证 01 行，特别新加入了一个源文件 mytest.h，里面只有一行代码。运行程序，得到图 5-37 所示的结果。依据结果 a + x = 110，可知 a 和 x 的值已经被获取了，再看#include "mytest.h" 和 03 行的位置，可知 01 行的编译预处理头文件先执行，然后是 03 行，接着是 11 行。从程序执行结果接下来的两个输出，断定 12 行优于 06 行的执行。图 5-38 显示了程序语句执行的先后顺序。

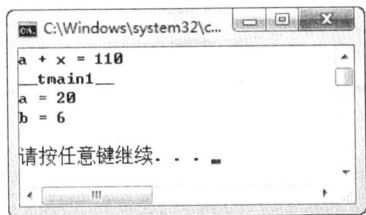

图 5-37　示例 5-24 程序运行效果

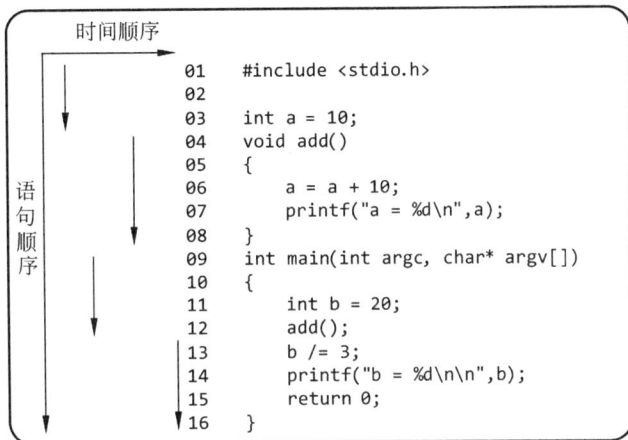

图 5-38　程序代码执行顺序图解

5.4.2　工具手段

获知程序语句的执行顺序还可以使用 Visual C++ 2010 提供的调试工具。调试程序的时候可以使程序一句一句地执行，本小节借此探索程序的执行顺序。使用的代码仍旧是上一小节使用的。

在程序编写完成且可以正常运行的时候，单击菜单上的"调试(D)"，选择菜单项"逐语句(I)"，程序便进入逐语句的运行状态。从菜单项"逐语句(I)"上还看到快捷键 F11，即可以直接按下 F11 键使得程序进入逐语句的运行状态。操作过程如图 5-39 所示。

逐语句执行后，程序第一次停止时，在程序的左边出现了一个黄色的箭头，如图 5-40 所示，用来标识程序当前运行到了哪一位置，即 main() 的 "{" 处。在调试窗口的底部寻找"监视 1"窗口，如图 5-41 所示。

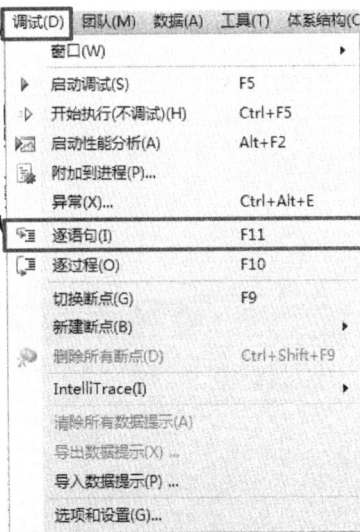

图 5-39　进入逐语句调试

单击"监视 1"窗口后，在"名称"列中输入字母 a （即程序 06 行的变量 a），再按下 Enter 键，在"值"和"类型"列的相应行上会自动出现内容，如图 5-42 所示，值是 10，类型是 int，可见此时"int a = 10;"语句已经执行了。继续按下快捷键 F11 逐语句地执行，黄箭头依次指向"int b = 20;"和"add();"，再然后进入到了 add()中，如图 5-43 所示。指向语句"printf("a = %d\n"，a)"后，继续按下 F11 键后会进入 printf.c 文件的 printf()内部，如图 5-44 所示。这里不是我们编写的代码，可以单击菜单"调试(D)"的菜单项"跳出(T)"，或者直接使用快捷键 Shift+F11，跳出 printf()，如图 5-45 所示。最后程序执行到语句"return 0；"，如图 5-46 所示。最后单击菜单"调试（D）"的菜单项"停止调试(E)"或者使用快捷键 Shift+F11，结束调试。

```
 4    #include <stdio.h>
 5
 6    int a = 10;
 7 □void add()
 8 □{
 9        a = a + 10;
10        printf("a = %d\n",a);
11    }
12
13 □int  main(int argc,  char* argv[])
14 □{
15        int b = 20;
16        add();
17        b /= 3;
18        printf("b = %d\n\n",b);
19        return 0;
20    }
```

图 5-40　调试窗口的"黄色箭头"

图 5-41　调试窗口底部

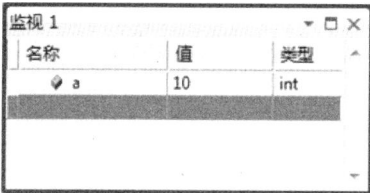

图 5-42　"监视 1"窗口

```
 7 □void add()
 8    {
 9        a = a + 10;
10        printf("a = %d\n",a);
11    }
```

图 5-43　进入 add()内部

图 5-44　进入 printf()内部

图 5-45　"跳出(T)"子菜单项

```
13 ⊟int  main(int argc,  char* argv[])
14  {
15      int b = 20;
16      add();
17      b /= 3;
18      printf("b = %d\n\n",b);
19      return 0;
20  }
```

图 5-46 逐语句执行到最后一句

通过使用逐语句调试的方式，我们看到了程序执行时，各语句的执行顺序，与上一小节得出的结论一致。从两种探索方法的结果来看，编译预处理头文件里的内容先执行，然后是全部变量的声明和定义，最后是 main()。

5.4.3 流程图

程序的执行顺序或者说是流程可以使用流程图来表示。流程图使用特定的图形、符号再加上文字说明来表示，要比单纯使用文字直观和简洁得多。部分流程图的符号和含义说明如图 5-47 所示。

使用流程图来表示本节前面探讨的代码执行流程，如图 5-48 所示。

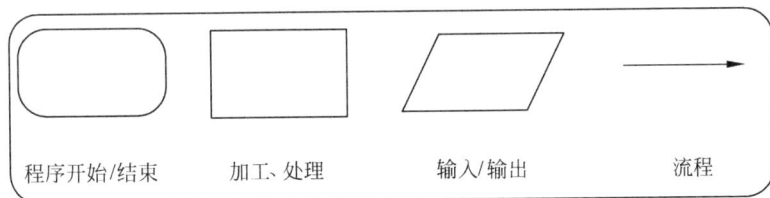

图 5-47 流程图部分符号及说明

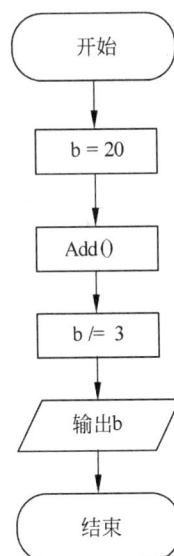

图 5-48 程序执行流程图

从图可以很直观地看出，程序是按照语句的前后顺序依次将程序中的所有语句执行完毕的，没有任何分支，所以这段代码也被称为顺序结构的代码。

5.5 小 结

本章主要讲解了语句，包括语句的分类，语句中变量的作用范围，还有语句的执行顺序。深入探讨了获取用户数据和输出数据到屏幕的 I/O 方法。通过本章的学习，读者可以对语句有更加全面和深入的了解。

5.6　习　　题

1. 编程输出一个中空的正方形，效果如图 5-49 所示。

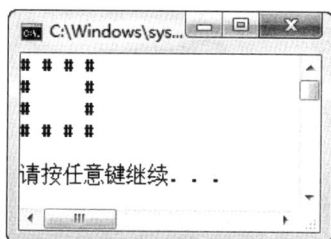

习题 1 源码

图 5-49　习题 1 程序运行效果

2. 编程，获取用户输入的两个 int 型数据，保存到两个 int 型变量 a 和 b 中，输出。然后实现两个变量值的互换，再次输出。程序的运行效果可以是图 5-50 所示的样子。

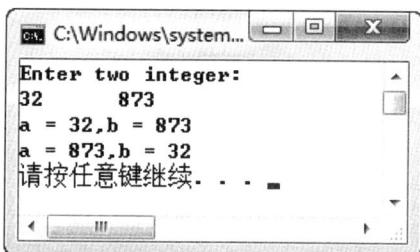

习题 2 源码

图 5-50　习题 2 程序运行效果

第6章　选　择　结　构

程序并不总是按照语句的先后顺序依次执行，因为生活中的实际问题要比想象中的复杂一些。而选择结构的程序可以依据判断条件来执行不同的程序片段。本章就来讲解判断条件和选择结构程序的构建方法。

6.1　顺序执行遇到的麻烦

前面各章节使用的示例程序都是顺序执行的，但顺序执行并不能解决所有的问题，本节将讲解顺序执行，及其遇到的麻烦。

6.1.1　顺序执行的程序

顺序执行的程序编写起来最简单。只要按照解决问题方法的顺序依次编写语句就可以了，程序会按照语句的顺序依次执行。

【示例 6-1】　这是一个最简单的顺序执行程序的示例，通过此程序体会顺序执行的含义。

```
01   #include <stdio.h>
02
03   int main(int argc, char* argv[])
04   {
05       int i;
06       float f;
07       puts("Input two numbers(int and float):");
08       scanf("%d %f",&i,&f);
09       printf("sum of two numbers is %f\n\n",i + f);
10       return 0;
11   }
```

示例 6-1 源码

在 main()的大括号内部，共有 6 条语句。05、06 行定义两个变量 i 和 f；07 行输出一行信息"Input two numbers(int and float):"；08 行获取用户输入的数据并保存在变量中；09 行对两个数据进行求和处理并输出；10 行结束程序。从图 6-1 所示的运行结果也可以看出，程序依次执行了这些语句，这就是程序的顺序执行。

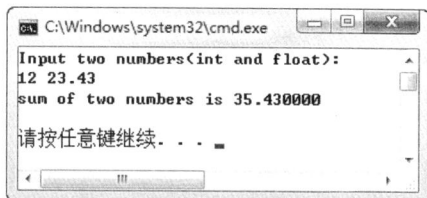

C:\Windows\system32\cmd.exe

```
Input two numbers(int and float):
12 23.43
sum of two numbers is 35.430000

请按任意键继续. . .
```

图 6-1　示例 6-1 程序运行效果

6.1.2　无法顺序执行

程序要处理的问题大多很复杂，复杂问题的解决方法往往不是顺序执行能解决的。例如，遇到了表 6.1 所示的数据处理。

表 6.1　可能遇到的数据处理问题

初始值	c 的值	计算公式	x 的值
a = 10 b = 20	c = 3	若 c > 0，x = (a + b)/c	10
	c = 0	若 c = 0，x = a + b	30
	c = -2	若 c < 0，x = (a + b)*c	-60

3 种不同的 c 对应 3 种不同的计算公式。无论如何，顺序执行的程序会把所有的语句都执行一遍。所以，它只能处理单一情况下的 c，求得 x，而不能同时处理 3 种情况。因此非要以顺序执行的方式来解决问题的话，只好写 3 个程序了。

程序 1

```
01  #include <stdio.h>
02
03  int main(int argc, char* argv[])
04  {
05      int a = 10,b = 20,c,x;
06      puts("Input c(c > 0):");
07      scanf("%d",&c);
08      x = (a + b)/c;
09      printf("x = %d\n\n",x);
10      return 0;
11  }
```

程序 2

```
01  #include <stdio.h>
02
03  int main(int argc, char* argv[])
04  {
05      int a = 10,b = 20,c = 0,x;
06      puts("c = 0");
07      x = a + b;
08      printf("x = %d\n\n",x);
09      return 0;
10  }
```

程序 3

```
01  #include <stdio.h>
02
03  int main(int argc, char* argv[])
04  {
05      int a = 10,b = 20,c,x;
06      puts("Input c(c < 0):");
07      scanf("%d",&c);
08      x = (a + b)*c;
09      printf("x = %d\n\n",x);
10      return 0;
11  }
```

同时，程序还需要人工协助。例如，当 c = 5 时，拿出程序 1 来处理；当 c = 0 时，拿出程序 2 来处理；当 c =-10 时，拿出程序 3 来处理。这一点都不智能，还给用户增加了无聊的重复劳动。结论是，这样的程序真不省心。

6.1.3　设想解决方案

如果程序能选择性地执行程序中的语句就好了。例如，程序能像图 6-2 所示的方式执行也不错。

这样的话，遇到的问题可以用一个程序来解决了。程序都真正做到"以不变应万变"了，我们就省心了。

C 语言提供了这样的机制，允许程序有条件判断，并且能依据判断结果执行不同的语句，而不用将程序中的所有语句都执行完。这种有异于顺序结构的程序结构被称为选择结构。

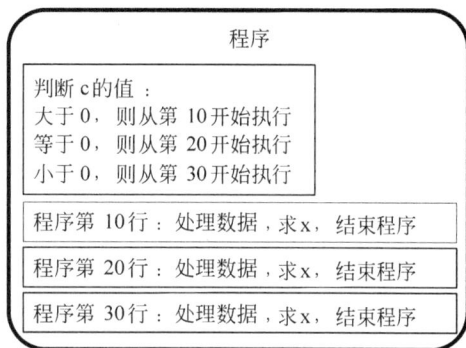

图 6-2　设想程序执行流程

6.2　条件判断依据

生活中对一个条件判断的结果通常为对和错，或者为是和否，显然计算机无法得出这样的判断结果。在程序中条件判断的结果是用"逻辑值"来表示的。逻辑值只有两个：真、假。程序擅长计算求得结果，结果为 0，就是逻辑值"假"；结果非 0，就是逻辑值"真"。

（1）如果条件计算求得的值是整数，依据规则，0 表示"假"，正数或者负数表示"真"。示例如下：

```
int i = 5,j = 6;
判断条件是：i - j
```

i–j=5–6=-1，结果非 0，条件判断的结果是逻辑值"真"。

（2）如果条件计算求得的值是浮点数，依据规则，0 表示"假"，正实数或者负实数表示"真"。示例如下：

```
float f = 1.7;
int i = 1;
判断条件是：f - i
```

f–i = 1.7 – 1 = 0.7，结果非 0，条件判断的结果是逻辑值"真"。

（3）如果条件计算求得的值是一个字符，则看字符的 ASCII 码值。依据规则，ASCII 码值为 0 表示"假"，其他 ASCII 码值表示"真"。示例如下：

```
判断条件是：'a'
```

字符 a 的 ASCII 码值是 97，条件判断的结果是逻辑值"真"。

6.3 构建单一条件

一般情况下，做判断无非就是将一个东西与一个参照进行比较，与参照相比大了、小了还是相等，参照是一个，比较的条件也是一个。这种与单一参照相比的大小关系就是本节要讲解的关系运算。

6.3.1 关系运算

关系运算简单来讲就是"比较运算"，与参照物比较，得出与参照物的关系。关系运算符一共有 6 个，表 6.2 列出了这 6 个关系运算符及其相关的使用说明。

表 6.2 关系运算符

关系运算符	含　义	操作数个数	结合方向
>	大于		
>=	大于等于		
<	小于	双目运算符	自左至右
<=	小于等于		
==	等于		
!=	不等于		

关系运算符和两个操作数组成的关系表达式只会有两种结果：描述的关系成立、描述的关系不成立。关系成立，判断结果的逻辑值就是"真"；关系不成立，判断结果的逻辑值就是"假"。示例如下：

```
int i = 3;
int j = 10;
判断条件：i > j
```

i>j，就是 3>10 很显然关系不成立，判断结果的逻辑值是"假"。整数之间的比较很简单，如果是字符间的比较呢？如下：

```
char c = 'a';
char ch = 'A';
判断条件：c > ch
```

无论是什么字符，做比较的话就要看字符相应的 ASCII 码值。在比较时，实际上是做 ASCII 码的比较。c>ch，即字符 a>字符 A，ASCII 码值的比较就是 97>65，显然关系成立，判断结果的逻辑值是"真"。那么对于浮点数之间的比较呢？如下：

```
float f = 1.34;
float fl = 5.23;
判断条件：f < fl
```

f<fl，即 1.34<5.23，显然关系成立，判断结果的逻辑值是"真"。f 和 fl 的差距很大，比较起来也容易，但是浮点数真正的意义是精度，然而对于浮点数精度的比较，通常不直接比较两个浮点数，而是通过求差的方法，将结果的绝对值（绝对值是一个数的正数形式，

常表示为| 数值 |，如|5| = 5，|-5| = 5）与一个精度值进行比较，这里的精度是指按照实际需要，需要考虑到的小数位数，如下：

```
float f = 5.00003;
float f1 = 5.00012;
判断条件：| f - f1 | < 精度
```

| f − f1 | = |5.00003 - 5.00012 | = | -0.00009 | = 0.00009，如果精度是 0.001，0.00009 < 0.001 成立，那么 f 和 f1 就是相等的。如果精度是 0.00001，0.00009 < 0.00001 不成立，那么 f 和 f1 就是不相等的。

【示例 6-2】 阅读下面的程序，判断关系运算的逻辑值。

```
01  #include <stdio.h>
02
03  int main(int argc, char* argv[])
04  {
05      int i1 = 20,i2 = 15;
06      float f1 = 12.53,f2 = 25.23;
07      char c1 = 'a',c2 = 'd';
08      double d1 = 3.4532,d2 = 3.4532;
09      printf("i1 = %d,i2 = %d\n",i1,i2);
10      printf("i1 > i2 逻辑值: %d\n",i1 > i2);
11      printf("f1 = %f,f2 = %f\n",f1,f2);
12      printf("f1 < f2 逻辑值: %d\n",f1 < f2);
13      printf("c1 = %c,c2 = %c\n",c1,c2);
14      printf("c1 < c2 逻辑值: %d\n",c1 < c2);
15      printf("d1 = %lf,d2 = %lf\n",d1,d2);
16      printf("d1 == d2 逻辑值: %d\n\n",d1 == d2);
17      return 0;
18  }
```

示例 6-2 源码

程序共比较了 4 组数据，且每组数据的数据类型都是相同的，它们的比较过程如表 6.3 所示，图 6-3 为程序的运行效果。

表 6.3　4 组关系运算比较过程

关系运算	逻辑值
i1 > i2，即 20 > 15	真，即 1
f1 < f2，即 12.53 < 25.23	真，即 1
c1 < c2，即'a' < 'd'，即 97 < 100	真，即 1
d1 == d2，即 3.4532 == 3.4532	真，即 1

6.3.2　左右操作数类型不一致

整数、浮点数、字符等不同的数据类型做关系运算的时候，系统自动进行类型转换，使得关系运算符两边的操作数的类型一致，再进行比较。自动类型转换的规则与第 4 章讲解算术运算时出现自动类型转换的规则一致。

【示例 6-3】 下面程序包含了 3 种类型数据的关系比较，推测程序的输出结果。

图 6-3　示例 6-2 程序运行效果

```
01   #include <stdio.h>
02
03   int main(int argc, char* argv[])
04   {
05       int i = 10;
06       float f = 10.5;
07       char c = 'a';
08       printf("i = %d,f = %f,c = %c\n",i,f,c);
09       printf("i < f %d\ni > c %d\nf < c %d\n\n",i < f,i > c,f < c);
10       return 0;
11   }
```

示例 6-3 源码

程序在 08 行首先使用 printf()输出 3 个变量的值，然后在程序 09 行 printf()的末尾处比较了 3 种类型数据的大小关系，并输出。它们的比较及转换过程如表 6.4 所示，图 6-4 为程序的运行效果。

表 6.4　3 种类型数据比较

关 系 运 算	转　　换	逻 辑 值
i < f，即10 < 10.5	10.0 < 10.5	真，即1
i > c，即10 > 'a'	10 > 97	假，即0
f < c，即10.5 < 'a'	10.5 < 97.0	真，即1

6.3.3　关系运算符优先级

关系运算符中，>、>=、<和<=的优先级相同，==和!=优先级相同。并且，前 4 种运算符的优先级高于后两种运算符的优先级。关系表达式含有同级关系运算符时，按照结合方向进行计算，它们的结合方向都是自左向右，所以先计算左边同级运算符的操作数。

【示例 6-4】阅读下面的程序，推测程序的运行效果。

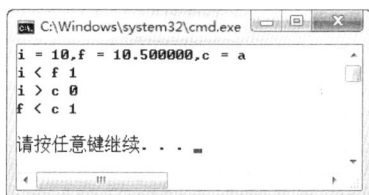

图 6-4　示例 6-3 程序运行效果

示例 6-4 源码

```
01   #include <stdio.h>
02
03   int main(int argc, char* argv[])
04   {
05       int i = 20,j = 15,k = 10;
06       printf("i = %d,j = %d,k = %d\n",i,j,k);
07       printf("k == j <= i 逻辑值: %d\n",k == j <= i);
08       printf("j != i < k 逻辑值: %d\n",j != i < k);
09       printf("i > j < k 逻辑值: %d\n\n",i > j < k);
10       return 0;
11   }
```

程序 07、08、09 行包含 3 个关系表达式。它们的运算属性以及逻辑值如表 6.5 所示，程序运行效果如图 6-5 所示。

表 6.5　关系表达式计算过程

关 系 表 达 式	转　　换	逻 辑 值
k == j <= i，即10 == 15 <= 20	10 == 1	假，即0
j != i < k，即15 != 20 < 10	15 != 0	真，即1
i > j < k，即20 > 15 < 10	1 < 10	真，即1

当一个关系运算中还包括了其他的运算符的时候，要先计算优先级高的运算符。关系运算符的优先级高于复合运算符，低于算术运算符。具体的优先级位置可在第 4 章的优先级表格中查询。

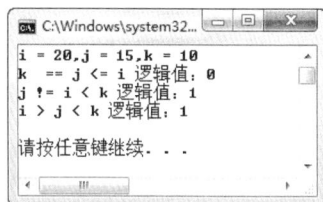

【示例 6-5】 下面程序包含了 3 个表达式，表达式除了关系运算符外还有算术运算符，推测程序的输出结果。

图 6-5　示例 6-4 程序运行效果

示例 6-5 源码

```
01  #include <stdio.h>
02
03  int main(int argc, char* argv[])
04  {
05      int i = 10;
06      float f = 10.5;
07      char c = 'a';
08      printf("i = %d,f = %f,c = %c\n",i,f,c);
09      printf("f + i * 3 > c %d\n",f + i * 3 > c);
10      printf("f - 3.5 >= i %d\n",f - 3.5 >= i);
11      printf("c == i + 87 %d\n\n",c == i + 87);
12      return 0;
13  }
```

程序的 08 行使用 printf() 输出了 3 个变量的值，然后在 09、10、11 行 printf() 的末尾写入了关系表达式，并将关系表达式的结果输出。表达式的比较及转换过程如表 6.6 所示，图 6-6 为程序的运行效果。

表 6.6　关系表达式转换过程

关系表达式	转　　换	逻　辑　值
f + i * 3 > c，即 10.5 + 10 * 3 > 'a'	40.5 > 97.0	假，即 0
f - 3.5 >= i，即 10.5 - 3.5 >= 10	7.0 >= 10.0	假，即 0
c == i + 87，即 'a' == 10 + 87	97 == 97	真，即 0

在由关系运算符构成的关系表达式中可以包含多个关系运算符，所以也可以是下面的样子：

```
01  int i,j,k;
02  i = j = k = -10;
03  -30 < i < -5;
04  i == j == k;
```

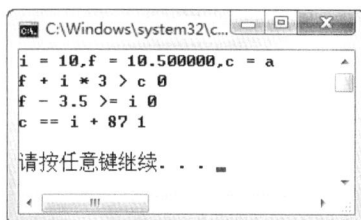

图 6-6　示例 6-5 程序运行效果

03 行包含了两个 "<"，04 行包含了两个 "=="。这是在数学运算中常见的关系表达式的方式。同时按照数学运算的理解，03 行 -30 < i < -5，应该被解释为 i（i = 10）的值大于 -30 且小于 -5，04 行 i == j == k，应该被解释为 3 个变量的值都相等。所以，无论怎么想，这两个关系表达式都应该得到逻辑值 1 才对。可在程序里，计算机不这么认为。

【示例 6-6】 下面程序输出的两个表达式的逻辑值与你猜想的一致吗？

示例 6-6 源码

```
01  #include <stdio.h>
02
03  int main(int argc, char* argv[])
04  {
05      int i,j,k;
```

```
06      i = j = k = -10;
07      printf("i = %d,j = %d,k = %d\n",i,j,k);
08      printf("-30 < i < -5 逻辑值: %d\n",-30 < i < -5);
09      printf("i == j == k 逻辑值: %d\n\n",i == j == k);
10      return 0;
11  }
```

图 6-7 为程序的运行结果，逻辑值均为 0，这是为什么
呢？回顾下关系运算符的运算规则，就可以理解了。表达式
-30<i<-5，先判断-30<i，得出逻辑值为 1，然后判断 1<-5，
表达式的逻辑值当然为 0 了。同理，表达式 i==j==k 的逻辑
值程序也是这么计算出来的。显然，这种书写方式计算机无
法理解，那我们只好换一种书写方式，来让计算机正确理解
了。这种书写方式就是下一节要讲解的逻辑运算符表达式。

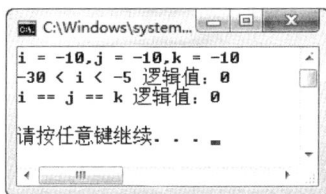

图 6-7　示例 6-6 程序运行效果

6.3.4　练习

1. 下面的程序包含 3 个关系表达式，依据本节所学知识推测程序输出结果。

```
01  #include <stdio.h>
02
03  int main(int argc, char* argv[])
04  {
05      int i = 10;
06      float f = 3.363;
07      printf("i > f 逻辑值: %d\n",i > f);
08      printf("i %% 3 < f / 2 逻辑值: %d\n",i % 3 < f / 2);
09      printf("-20 < -1 * i < -5 逻辑值: %d\n\n",-20 < -1 * i < -5);
10      return 0;
11  }
```

练习 1 答案

6.4　构建多个条件

不管是在生活中还是程序中，做出判断需要的条件经常不止一个。这种需要多个条件
同时满足的情况就是本节要讲解的逻辑运算符。

6.4.1　逻辑运算

逻辑运算，就是由逻辑值参与的运算。逻辑值在前面讲解过，只有两个值，即"真"
和"假"。对于所有的数据，0 就是假，非 0 就是真。C 语言一共有 3 种逻辑运算符。表
6.7 是对这 3 个逻辑运算符的有关说明。

表 6.7　逻辑运算符

逻辑运算符	含义	操作数个数	结合方向
&&	与	双目运算符	自左向右
‖	或		
!	非	单目运算符	自右向左

这 3 种逻辑运算符的运算规则如表 6.8 所示。

表 6.8　逻辑运算规则

操作数a	操作数b	a&&b	a‖b	!a
0	0	0	0	1
0	非0	0	1	1
非0	0	0	1	0
非0	非0	1	1	0

❏ "&&"，常被念作"与"，说明需要同时满足两个条件才行，有"同时"的含义。所以，&&的两个操作数必须同时为"真"时，表达式的结果才是"真"。

❏ "‖"，常被念作"或"，说明两个条件只要满足其中一个就可以，有"或者"的含义。所以，‖的两个操作数只要有一个为"真"时，表达式的结果就是"真"。

❏ "!"，常被念作"非"，只有一个操作数，即需要一个条件，表达式的结果是条件逻辑值的"取反"。条件为"真"，表达式结果为假；条件为"假"，表达式结果为"真"。

【示例 6-7】　下面程序中逻辑表达式的逻辑值是什么？

示例 6-7 源码

```c
01  #include <stdio.h>
02
03  int main(int argc, char* argv[])
04  {
05      int i = 0;
06      float f = 1.3;
07      printf("i = %d,f = %f\n",i,f);
08      printf("i && f 逻辑值: %d\n",i && f);
09      printf("i || f 逻辑值: %d\n",i || f);
10      printf("!i  逻辑值: %d\n",!i);
11      printf("!f 逻辑值: %d\n\n",!f);
12      return 0;
13  }
```

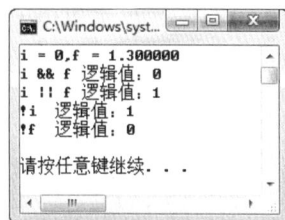

程序中变量 i 和 f 分别作为了逻辑运算符的操作数。i 的值为 0 相当于逻辑值"假"，f 的值非 0 相当于逻辑值"真"。依据逻辑运算符的使用规则，即可得到各个逻辑表达式的逻辑值，如表 6.9 所示。程序的运行效果如图 6-8 所示。

```
i = 0,f = 1.300000
i && f 逻辑值: 0
i || f 逻辑值: 1
!i 逻辑值: 1
!f 逻辑值: 0

请按任意键继续. . .
```

图 6-8　示例 6-7 程序运行效果

表 6.9　逻辑值计算

	i	f	i&&f	i‖f	!i	!f
逻辑值	0	1	0	1	1	0

在上一节，关系运算符的末尾讲解中遇到了这样的问题：

```c
01  int i,j,k;
02  i = j = k = -10;
03  -30 < i < -5;
04  i == j == k;
```

计算机无法理解 03、04 行代码，我们想表达的含义：变量 i 大于-30 同时 i 小于-5，变量 j 与变量 i 相等同时变量 j 也和变量 k 相等。这样一说就有个发现，两个表达式都包含了两个条件，所以关系运算符失灵了，而逻辑运算符正好派上用场了。因为逻辑运算符就是为了处理多个条件而准备的。

将表达式"-30＜i＜-5"写成"(-30＜i)&&(i＜-5)"就可以让计算机正确理解了，同理表达式"i==j==k"需要写成"(i==j)&&(j==k)"。实际上关系运算符的优先级要大于逻辑运算符的优先级，所以表达式写成这样也行：-30＜i&&i＜-5，i==j&&j==k。

【示例 6-8】 下面的程序包含了表达式"-30＜i＜-5"和"i==j==k"的逻辑表达式形式，而且每种逻辑表达式都使用了两种书写方法，查看程序的输出结果。

```
01   #include <stdio.h>
02
03   int main(int argc, char* argv[])
04   {
05       int i,j,k;
06       i = j = k = -10;
07       printf("i = %d,j = %d,k = %d\n",i,j,k);
08       printf("(-30 < i)&&(i < -5) 逻辑值: %d\n",(-30 < i)&&(i < -5));
09       printf("-30 < i && i < -5 逻辑值: %d\n",-30 < i && i < -5);
10       printf("(i == j)&&(j == k) 逻辑值: %d\n",(i == j)&&(j == k));
11       printf("i == j && j == k 逻辑值: %d\n\n",i == j && j == k);
12       return 0;
13   }
```

示例 6-8 源码

程序的运行结果如图 6-9 所示。

6.4.2　逻辑运算符优先级

逻辑运算符优先级主要遵循以下规则：

（1）在同一个逻辑表达式中可以包含多个不同的逻辑运算符。如果出现了一个包含多个不同逻辑运算符的表达式，多个逻辑运算符要先计算哪个呢？示例如下：

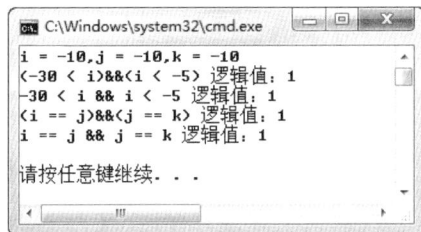

图 6-9　示例 6-8 程序运行效果

```
0 && 0 || 2
```

按顺序计算，先计算 0&&0，最后逻辑值为 1；逆序计算，先计算 0||2，最后逻辑值为 0。为了解决这类的疑惑，及其他方面的综合考虑，C 语言规定这 3 个逻辑符，"!"优先级最高，"&&"次之，"||"最末，下面将以示例来证明它们的优先级顺序。

【示例 6-9】 下面的程序是对逻辑运算符优先级的一个考量，查看程序的输出结果。

```
01   #include <stdio.h>
02
03   int main(int argc, char* argv[])
04   {
05       int i,j,k;
06       i = j = 0;
07       k = 2;
08       printf("i = %d,j = %d,k = %d\n",i,j,k);
09       printf("i && j || k 逻辑值: %d\n",i && j || k);
10       printf("j || k && i 逻辑值: %d\n",j || k && i);
11       printf("k && !i || j 逻辑值: %d\n\n",k && !i || j);
12       return 0;
13   }
```

示例 6-9 源码

程序的运行效果如图 6-10 所示。

（2）如果表达式中还有其他运算符，只要依据各个运算符的优先级次序依次计算就好了。

【示例 6-10】　下面程序中的表达式，包含了算术运算符、关系运算符和逻辑运算符。依据运算符的优先级推测程序的输出结果。

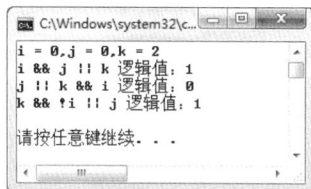

图 6-10　示例 6-9 程序运行效果

示例 6-10 源码

```
01  #include <stdio.h>
02
03  int main(int argc, char* argv[])
04  {
05      int i = 5,j = 7,k = -3;
06      printf("i = %d,j = %d,k = %d\n",i,j,k);
07      printf("i * j && k + 2 逻辑值: %d\n",i * j && k + 2);
08      printf("(i * j) && (k + 2) 逻辑值: %d\n",(i * j) && (k + 2));
09      printf("i > j || j <= k 逻辑值: %d\n",i > j || j <= k);
10      printf("(i > j) || (j <= k) 逻辑值: %d\n\n",(i > j) || (j <= k));
11      return 0;
12  }
```

程序 07 和 08 行、09 和 10 行的表达式基本一样，只是 08 行和 09 行使用了括号明显地指明了表达式的计算顺序。表 6.10 为两个表达式的计算过程，图 6-11 为程序的运行效果。

表 6.10　表达式运算过程

表达式	左操作数	右操作数	逻辑运算	逻辑值
i * j && k + 2	i * j, 即5 * 7 = 35	k + 2, 即-3+2 = -1	35 && -1	1
i > j || j <= k	i > j, 即5 > 7	j <= k, 即7<=-3	0 || 0	0

虽然上面的表达式没有实际意义，但是却很好地显示出了运算符优先级在表达式计算中的重要性。

图 6-11　示例 6-10 程序运行效果

6.4.3　短路的逻辑运算符

对于逻辑运算符"&&"和"||"，使用时还要提防它们"短路"。何谓"短路"，就是表达式运算完一部分后就不再运算的现象，示例如下：

```
12 > 3 || 5;
3 < 0 && 6;
```

先看第一个表达式，依据"||"的运算特性，只要有一个条件为真，表达式的结果就为真了。因为"||"左操作数 12>3 的逻辑值是 1，对于"||"就不用再看右操作数的逻辑值了。因为无论右操作数的逻辑值是"真"还是"假"，表达式的结果都为"真"。同样，对于"&&"，因为"&&"左操作数 3<0 的逻辑值是 0，对于"&&"就没必要再看右操作数的逻辑值了。因为无论右操作数的逻辑值是"真"还是"假"，表达式的结果都为"假"。

虽然这个现象对那两个表达式并没有任何影响，但是如果不注意的话，这个现象导致的结果会让你意想不到的，比如下面呈现的这个例子。

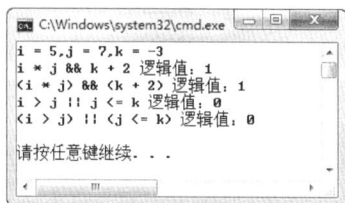

【**示例 6-11**】　下面的程序忽略了逻辑运算符"&&"和"||"的"短路"特性，导致了意料之外的结果，运行这个程序，查看它的运行效果。

示例 6-11 源码

```
01   #include <stdio.h>
02
03   int main(int argc, char* argv[])
04   {
05       int i = 5,j = 7;
06       printf("i = %d,j = %d\n",i,j);
07       printf("i++ || --j 逻辑值: %d\n",i++ || --j);
08       printf("i == j 逻辑值: %d\n",i == j);
09       printf("i = %d,j = %d\n\n",i,j);
10       int a = -1,b = 0;
11       printf("a = %d,b = %d\n",a,b);
12       printf("++a && ++ a 逻辑值: %d\n",++a && ++a);
13       printf("a > b 逻辑值: %d\n",a > b);
14       printf("a = %d,b = %d\n\n",a,b);
15       return 0;
16   }
```

表达式在程序的 07 和 12 行，06 行用 printf() 输出了 i 和 j 在运算前的值，09 行用 printf() 输出了 i 和 j 在运算后的值；同理，11 行和 14 行分别输出了 a 和 b 在运算前后的值。表 6.11 是表达式的预期和实际运算过程，图 6-12 为程序的运行效果。

表 6.11　表达式预期和实际运算过程

初值	表达式	预期运算过程	预期值	实际运算过程	实际值
i = 5 j = 7	i++ || --j	先计算 i++ 和 --j	i = 6, j = 6	先计算 i++，对于"||"，左值为"真"，所以不再理会右值，即不再计算 --j	i = 6, j = 7， i 和 j 不相等
a = -1 b = 0	++a && ++a	先计算两个 ++a	a = 1 a > b	先计算第一个 ++a，"&&"左值为"假"，所以不再理会右值，即不再计算第二个 ++a	a = 0 a = b

```
i = 5,j = 7
i++ || j-- 逻辑值: 1
i == j 逻辑值: 0
i = 6,j = 7

a = -1,b = 0
++a && a++ 逻辑值: 0
a > b 逻辑值: 0
a = 0,b = 0

请按任意键继续. . .
```

图 6-12　示例 6-11 程序运行效果

6.4.4　练习

练习 1 答案

1. 阅读下面的程序，推测程序的输出结果。

```
01   #include <stdio.h>
02
03   int main(int argc, char* argv[])
04   {
```

```
05      int a,b;
06      a = b = 5;
07      printf("a = %d,b = %d\n",a,b);
08      printf("(a = 5 < 3) && ( b *= 2) 逻辑值：%d\n",
09          (a = 5 < 3) && ( b *= 2));
10      printf("a = %d,b = %d\n\n",a,b);
11      return 0;
12  }
```

6.5 构建选择路径之 if

为了解决顺序执行程序无法解决的问题，C 语言的解决方案是：依据条件判断得到的逻辑值执行不同的语句。前面介绍了进行条件判断的两种方式，本节介绍使用条件判断构造选择结构的方法——if。

6.5.1 流程图

在上一章讲解过流程图，我们知道它是描述程序执行结构的工具。用它来表示程序简单方便，而且直观。它的基本图形只介绍了 4 个：圆角矩形表示程序开始或终止、矩形表示程序的加工处理过程、平行四边形表示程序的输入输出、线上有个箭头表示程序的执行流程。本小节再引入一个基本图形——菱形。它用来表示程序的判断，如图 6-13 所示。

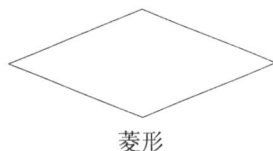

菱形

图 6-13　流程图中表示判断的基本图形

【示例 6-12】 下面是一段使用文字描述的程序，根据文字的描述画程序的流程图。

示例 6-12 源码

```
01  程序开始：main()
02  语句 1
03  条件判断：逻辑值为真执行语句 2，逻辑值为假执行语句 3
04  语句 2
05  语句 3
06  程序结束：return 0
```

将程序中各语句按照作用归类为不同的流程图基本图形：01、06 行是程序的开始和结束为圆角矩形，02、04、05 行是程序的加工处理为矩形，03 行是程序的判断为菱形，图 6-14 为程序的流程图，其中"Y"表示逻辑值"真"，"N"表示逻辑值"假"。

6.5.2 if 结构

if 结构构成的语句会依据条件判断的结果，来决定程序接下来可以执行的语句。最简单的 if 结构形式如下：

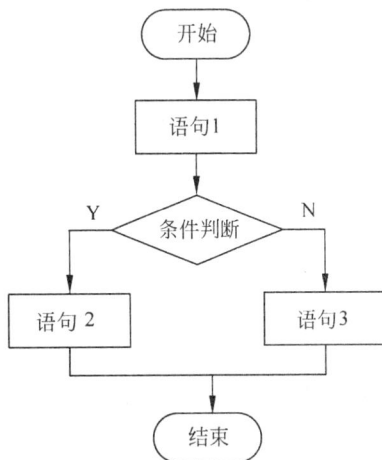

图 6-14　程序流程图

if(表达式) 语句;

- ❑ 表达式可以是任何种类的表达式，通常使用的是：关系、逻辑和算术表达式。
- ❑ 语句可以是单条语句，也可以是多条语句构成的语句块。

此 if 形式表达的含义是：表达式的逻辑值为真，就执行语句，逻辑值为假就跳过语句，即不执行语句。此种 if 语句的程序执行流程通常如图 6-15 所示。

【示例 6-13】 编程获取用户输入的整数，并输出这个整数的负数形式。在编写程序前的设想：获取用户输入的数据保存在 a 中，判断 a > 0，为"真"则输出数据的负数形式，然后再判断 a <= 0，为"真"则直接将数据输出，最后结束程序。图 6-16 是这一设想程序执行的流程图。

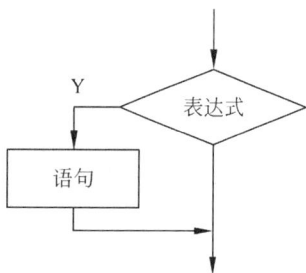

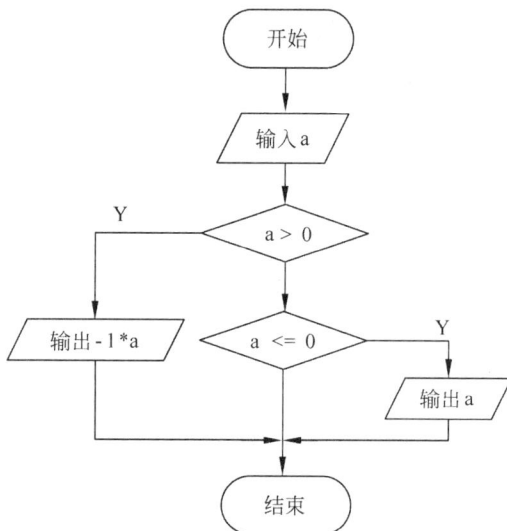

图 6-15　简单 if 结构程序执行流程　　　图 6-16　程序执行流程图

```c
01  #include <stdio.h>
02
03  int main(int argc, char* argv[])
04  {
05      int a;
06      puts("Input an integer:");
07      scanf("%d",&a);
08      if(a > 0)
09          printf("%d\n\n",-1 * a);
10      if(a <= 0)
11          printf("%d\n\n",a);
12      return 0;
13  }
```

示例 6-13 源码

程序 06 行使用 puts()输出字符串"Input an integer:"，提示用户输入一个整数。07 行使用 scanf()将用户输入的整数保存在 int 型变量 a 中。08 行的 if 语句判断 a 是否大于 0，大于则执行 09 行的 printf()，将用户输入的值乘以-1，再输出，不大于则不执行 09 行。同理 10 行的 if 语句。程序的运行效果如图 6-17 所示，当输入 12 时，输出-12；当输入-11 时，输出-11。

說明：注意判断语句是关系运算符 "==" 的情况，因为我们在数学中常用 "=" 表示等于，所以如果在程序中不小心写成 "a = 5"，却想表示 a 等于 5 然后执行语句的话，"a = 5" 会导致条件语句失去了判断的作用，if 语句会被始终执行。毕竟 "a = 5" 是赋值语句，而这个表达式的结果永远是逻辑 "真"。

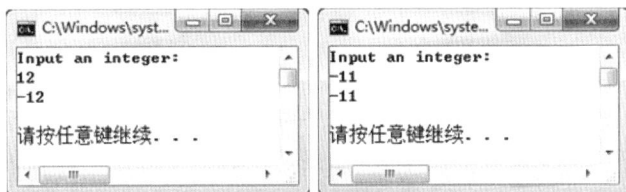

图 6-17　示例 6-13 程序运行效果

【示例 6-14】　编程获取用户输入的整数，并判断是否是正偶数。

示例 6-14 源码

```
01   #include <stdio.h>
02
03   int main(int argc, char* argv[])
04   {
05       int a;
06       puts("Input an integer:");
07       scanf("%d",&a);
08       if(a != 0 && a > 0 && a % 2 == 0)
09           printf("%d is an positive even number\n\n",a);
10       if(a <= 0 || a % 2 != 0)
11           printf("%d isn't an positive even number\n\n",a);
12       return 0;
13   }
```

程序 08 行 if 语句判断 a 不为 0、a 大于 0、a 能被 2 整除 3 个条件，当 3 个条件都满足的时候，执行 09 行的 printf()。10 行的 if 语句判断 a 小于等于 0 或者 a 不能被 2 整除，两个条件满足其中之一的时候就执行 11 行的 printf()。两个 if 语句都用到了关系运算符和逻辑运算符构成的表达式，作为条件判断。程序的执行效果如图 6-18 所示。

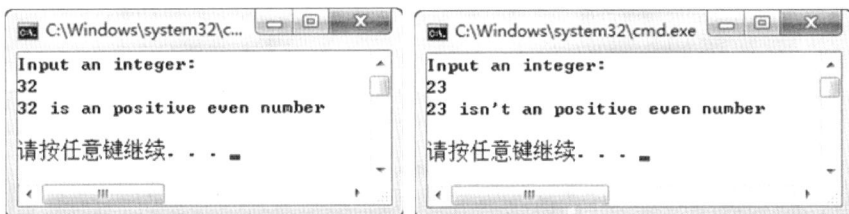

图 6-18　示例 6-14 程序运行效果

【示例 6-15】　编程获取用户的输入，如果是负数则做加 2 和加 3 的处理，否则直接输出（加 2 和加 3 并没有多少实际意义，但很适合突出本示例要强调的一个重点）。

示例 6-15 源码

```
01   #include <stdio.h>
02
03   int main(int argc, char* argv[])
04   {
05       int a;
06       puts("Input an integer:");
```

```
07      scanf("%d",&a);
08      printf("before: a = %d\n",a);
09      if(a < 0)
10          a += 2;
11          a += 3;
12      printf("after: a = \n\n",a);
13      return 0;
14  }
```

程序 09 行 if 判断 a 是否小于 0，是的话就做 10 和 11 行的加 2 和加 3 处理，然后 12 行使用 printf()输出 a 的值。输入-10 后，程序可以对数据做正确处理输出-5，但我们突然发现输入 5 时，程序输出了意外的结果 8，如果是正数就不应该做任何处理才对，如图 6-19 所示。

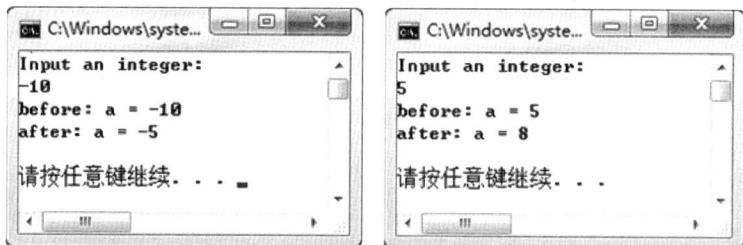

图 6-19　示例 6-15 程序运行效果 1

问题出在了 11 行的执行上，很显然输入整数的时候，11 行的语句也执行了。如果想要让 10 和 11 行都作为 09 行 if 的语句的话，必须把 10 和 11 行修改为语句块才行。如果将 09、10 和 11 行做如下修改，程序就不会发生意外了，图 6-20 为程序的运行结果。

```
09      if(a < 0)
        {
10          a += 2;
11          a += 3;
        }
```

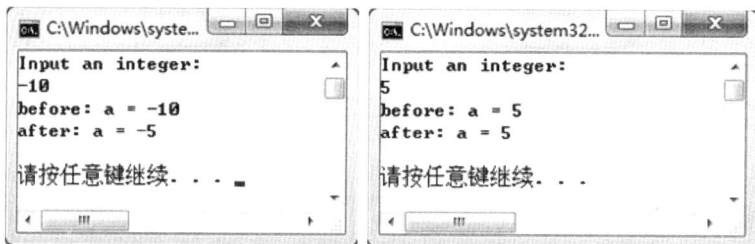

图 6-20　示例 6-15 程序运行效果 2

6.5.3　if-else 结构

实际上，很多判断语句都是这样的格式：如果满足条件就……，否则……。单纯的使用 if 相当于是前半句，如果再搭配上 else 就有了后半句，而且实际生活中，这种用法较单

纯的 if 更普遍些，因为"非此即彼"的现象很多，如
"非男即女"。if-else 结构的语句形式如下：

```
if(表达式)          语句1;
else               语句2;
```

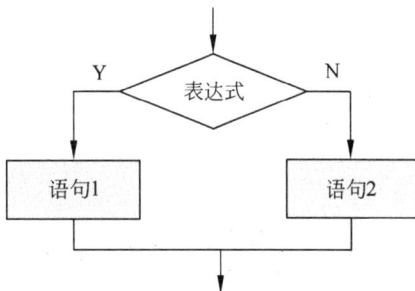

图 6-21　if-else 结构程序执行流程

这里的表达式和语句如同 if 中的表达式和语句，
为了区分语句 1 和语句 2 的不同，我们把语句 1 称为
if 子句，语句 2 称为 else 子句。包含 if-else 语句的程
序的执行流程通常如图 6-21 所示。

【示例 6-16】 获取用户输入的两个整数，然后输
出较大的数。

```
01   #include <stdio.h>
02
03   int main(int argc, char* argv[])
04   {
05       int a,b;
06       puts("Input two integers:");
07       scanf("%d %d",&a,&b);
08       if(a > b)
09           printf("%d\n\n",a);
10       if(b >= a)
11           printf("%d\n\n",b);
12       return 0;
13   }
```

示例 6-16 源码

程序 08、10 行使用了两个 if 语句，条件分别是 a>b 和 a<=b，细心想想这两个条件就
是"非此即彼"的关系，a 只有两种情况，要么大于 b，要么就小于等于 b，也没有第 3 种
情况了。这种类似的情况使用 if-else 结构更复合人类的理解习惯，修改 08～11 行为：

```
08       if(a > b)
09           printf("%d\n\n",a);
10       else
11           printf("%d\n\n",b);
```

else 在 if-else 语句中就有"否则"的含义。程序的
运行结果如图 6-22 所示。

【示例 6-17】 编程，获取用户输入的一个整数，判
断此整数是否为 12 和 4 的公约数（公约数是能被两个数
都整除的数，这里是指既能被 12 整除，又能被 4 整除）。
在编写程序前的设想：获取用户输入的数据保存在 a 中，
判断 12 能否整除 a，并且 4 能否整除 a，即
12%a==0&&4%a==0，为"真"则输出 a 是 12 和 4 的公
约数，否则是"假"，则输出 a 不是 12 和 4 的公约数，最后结束程序。
图 6-23 是这一设想程序执行的流程图。

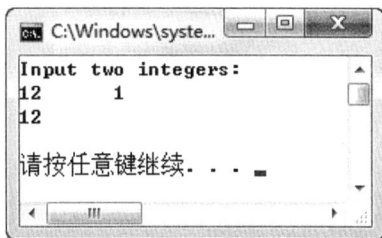

图 6-22　示例 6-16 程序运行结果

示例 6-17 源码

```
01   #include <stdio.h>
02
03   int main(int argc, char* argv[])
04   {
05       int a;
```

```
06        puts("Input an integers:");
07        scanf("%d",&a);
08        if(12 % a == 0 && 4 % a == 0)
09            printf("%d 是 12 和 4 的公约数\n\n",a);
10        else
11            printf("%d 不是 12 和 4 的公约数\n\n",a);
12        return 0;
13    }
```

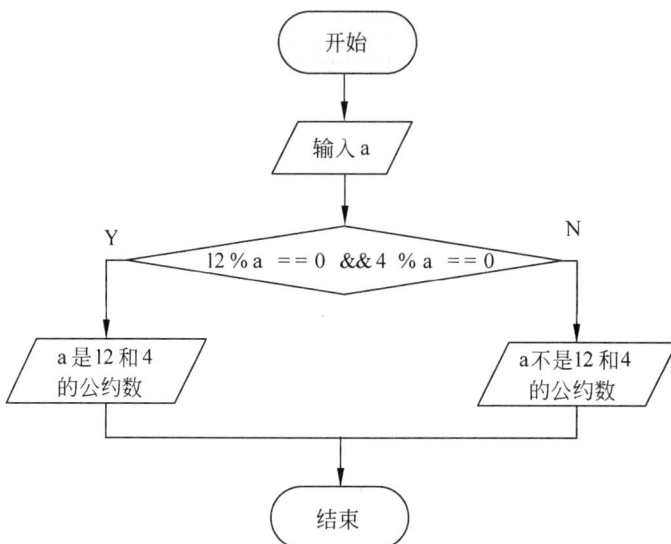

图 6-23　程序执行流程图

程序 08 行是判断输入的数是否为 12 和 4 的公约数的依据，10 行是在不满足条件时，使用 else 表示"否则"的情况，if 子句和 else 的子句分别输出了表明判断结果的字符串，程序的运行结果如图 6-24 所示。

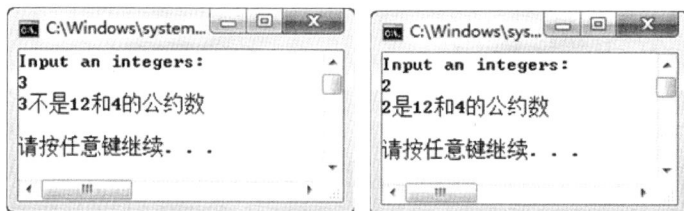

图 6-24　示例 6-17 程序运行结果

6.5.4　if 嵌套结构

if 嵌套表示 if 的子句是一个 if 语句。因为 if 的子句只要是语句就行，所以当然可以仍然是 if 语句，if 的嵌套基本分为 3 类。程序的这种形式也是生活中的现象导致。就像是每晚下班回家，在进家之前我得满足 3 个条件：大门钥匙，用来开小区的大门；楼门钥匙，用来开楼道的大门；家门钥匙，用来开自己家的门。这 3 个条件不仅有序，而且缺一不可。下面讲解最常见的几种形式的应用。

1. if-else的子句是if语句

语句形式如下：

```
01  if(表达式 1)
02  {
03      if(表达式 2) 语句 1
04  }
05  else
06  {
07      if(表达式 3) 语句 2
08  }
```

其中大括号"{ }"是必不可少的。默认情况下 else 会与离它最近的没有配对的 if 配对，所以如果没有大括号的话 05 行的 else 会与 03 行的 if 配对。此结构的程序的 if 语句嵌套的执行流程如图 6-25 所示。

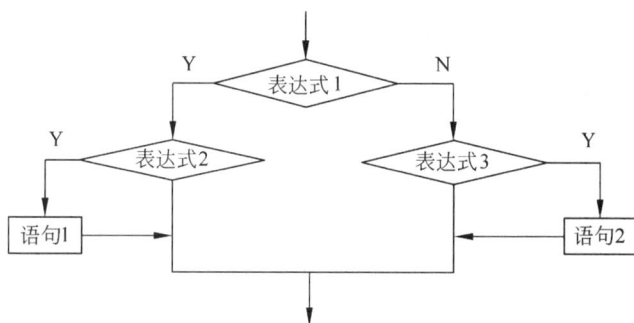

图 6-25　第一种 if 嵌套程序的执行流程

【示例 6-18】　编程获取用户输入的整数 x，然后计算 y。

$$y \begin{cases} x+1 & x=30 \\ x+2 & x>30 \\ x*3 & x=29 \\ x/4 & x<29 \end{cases}$$

不同的 x，计算 y 的方式不同，可以先看作 x >= 30 和 x <= 29 两种情况，然后针对每种情况再分别讨论 x>30 和 x==30、x<29 和 x==29 这 4 种情况，程序的流程图如图 6-26 所示。

```
01  #include <stdio.h>
02
03  int main(int argc, char* argv[])
04  {
05      int x,y;
06      puts("Input an integer:");
07      scanf("%d",&x);
08      if(x >= 30)
09      {
10          y = x + 2;
11          if(x == 30)
12              y = x + 1;
13      }
14      else
```

示例 6-18 源码

```
15      {
16          y = x / 4;
17          if(x == 29)
18              y = x * 3;
19      }
20      printf("y = %d\n\n",y);
21      return 0;
22  }
```

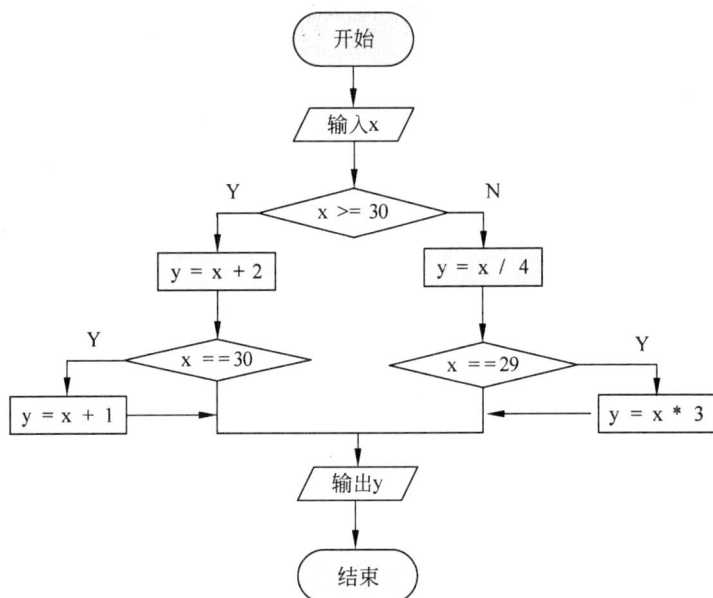

图 6-26 程序流程图

程序 08～19 行为 if-else 结构，它们的子句又包括了两个 if 语句，分别在 11 行和 17 行。程序的运行效果如图 6-27 所示。

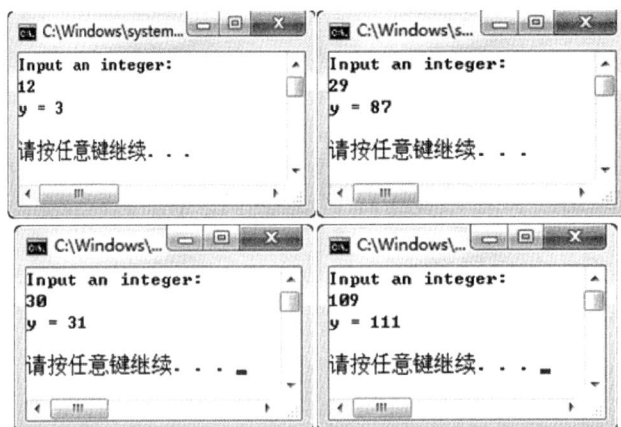

图 6-27 示例 6-18 程序运行效果

2. if-else的子句是if-else结构

语句形式如下：

```
01    if(表达式 1)
02    {
03        if(表达式 2)
04            语句 1
05        else
06            语句 2
07    }
08    else
09    {
10        if(表达式 3)
11            语句 3
12        else
13            语句 4
14    }
```

此结构的程序的 if 语句嵌套的执行流程如图 6-28 所示。

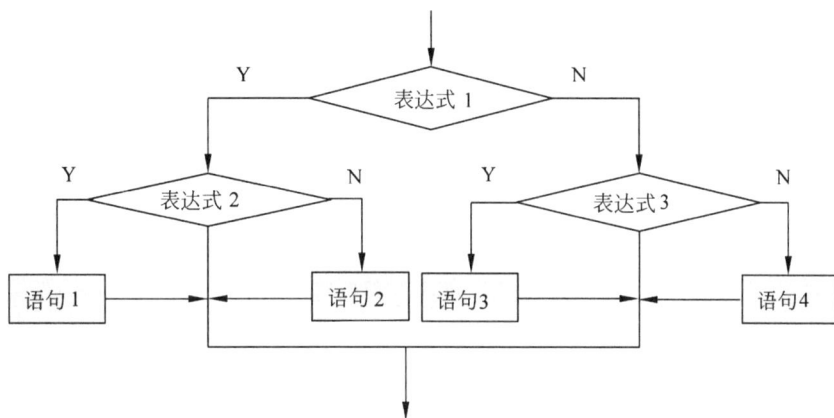

图 6-28　第二种 if 嵌套程序的执行流程

【示例 6-19】　编程获取用户输入的整数 x，然后计算 y。

$$y \begin{cases} x+1 & 50 < x \\ x+2 & 40 < x <= 50 \\ x*3 & 29 < x <= 40 \\ x/4 & x <= 29 \end{cases}$$

不同的 x，计算 y 的方式不同，可以先看作 x>40 和 x<=40 两种情况，然后针对每种情况再分别讨论 x<=50 和 x>50、x>29 和 x<=29 这 4 种情况，程序的流程图如图 6-29 所示。

示例 6-19 源码

```
01    #include <stdio.h>
02
03    int main(int argc, char* argv[])
04    {
05        int x,y;
06        puts("Input an integer:");
07        scanf("%d",&x);
08        if(x > 40)
09        {
10            if(x > 50)
11                y = x + 1;
12            else
13                y = x + 2;
```

```
14        }
15    else
16    {
17        if(x > 29)
18            y = x * 3;
19        else
20            y = x / 4;
21    }
22    printf("y = %d\n\n",y);
23    return 0;
24  }
```

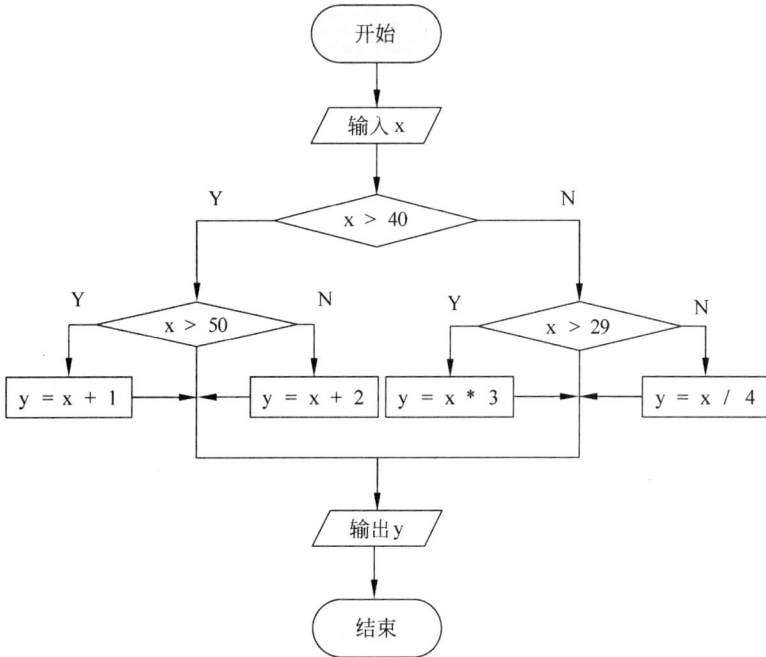

图 6-29　程序流程图

　　程序 08～21 行为 if-else 结构。它们的子句又包括了两个 if-else 语句，分别在 10 行和 17 行。程序的运行效果如图 6-30 所示。

图 6-30　示例 6-19 程序运行效果

3．if-else if-else结构

语句形式如下：

```
01   if(表达式 1)
02        语句 1
03   else if(表达式 2)
04        语句 2
05   else
06        语句 3
```

"else if" 是两个关键字，即 else 和 if，它们之间有空格。此结构的程序的 if 语句嵌套的执行流程如图 6-31 所示。

【示例6-20】 在小学，各学科的成绩都是百分制，不同的成绩范围有不同的评判名称，从那时起我们就知道 90~100 分是"优秀"，80~89 分是"良好"，60~79 分是"及格"，0~59 分是"不及格"。现在一边回忆那段不堪回首的岁月一边编写这样一个程序：获取用户输入的成绩（严格限定在 0~100 分），然后输出对这个成绩的评判及祝福。

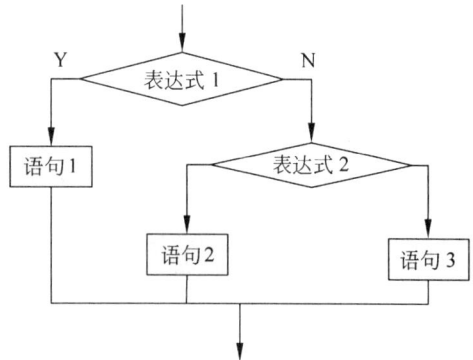

图 6-31　第三种 if 嵌套程序的执行流程

当用户输入数据时，先判断是否是正确的分数，即在 0~100 范围之内，然后依次判断是否大于 90、80、60，然后依据分数所在的不同范围做出评判，程序的流程如图 6-32 所示。

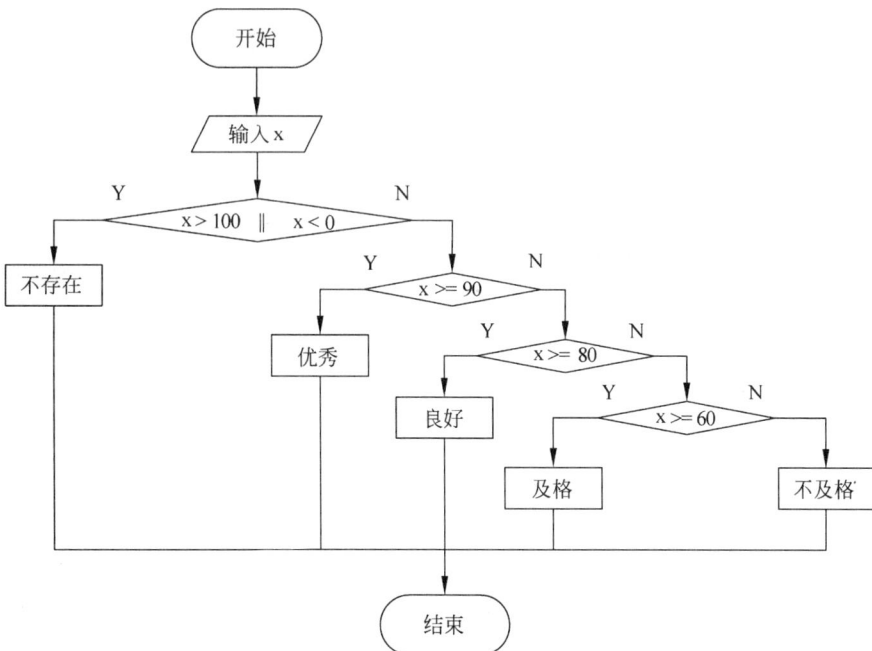

图 6-32　程序运行流程图

```
01  #include <stdio.h>
02
03  int main(int argc, char* argv[])
04  {
05      int x;
06      puts("Please Input your score:");
07      scanf("%d",&x);
08      if( x > 100 || x < 0)
09          printf("%d?! are you kiding?别闹了。。。\n\n",x);
10      else if( x >= 90 )
11          printf("%d are 优秀,congratulation~\n\n",x);
12      else if( x >= 80 )
13          printf("%d are 良好,great!\n\n",x);
14      else if( x >= 69 )
15          printf("%d are 及格,never mind,you can do better next!\n\n",x);
16      else
17          printf("%d are 不及格,maybe I can help you,call me~\n\n",x);
18      return 0;
19  }
```

示例 6-20 源码

程序 08～17 行为 if-else if-else 结构。程序的运行效果如图 6-33 所示。

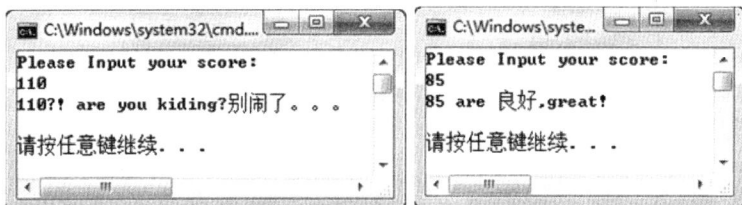

图 6-33　示例 6-20 程序运行效果

【示例 6-21】　编程获取用户输入的整数 x，然后计算 y（分别使用 3 种不同的 if 嵌套方式实现）。

$$y\begin{cases} x*3 & 150<=x \\ 2*(x+1) & 100<=x<150 \\ x\%15 & x<100 \end{cases}$$

使用第一种 if 嵌套结构：先确定判断 x>=100，为真，则先为 y 赋值 2*(x+1)，然后判断 x>=150，为真，则修改 y 为 x*3，否则不变。对于不满足 x>=100 的 x，y 赋值 x%15，图 6-34 为此结构的程序流程图。

```
01  #include <stdio.h>
02
03  int main(int argc, char* argv[])
04  {
05      int x,y;
06      puts("Please Input an integer:");
07      scanf("%d",&x);
08      if( x >= 100 )
09      {
10          y = 2 * ( x + 1);
11          if( x >= 150 )
12              y = x * 3;
13      }
14      else
```

示例 6-21 源码

```
15          y = x % 15;
16      printf("y = %d\n\n",y);
17      return 0;
18  }
```

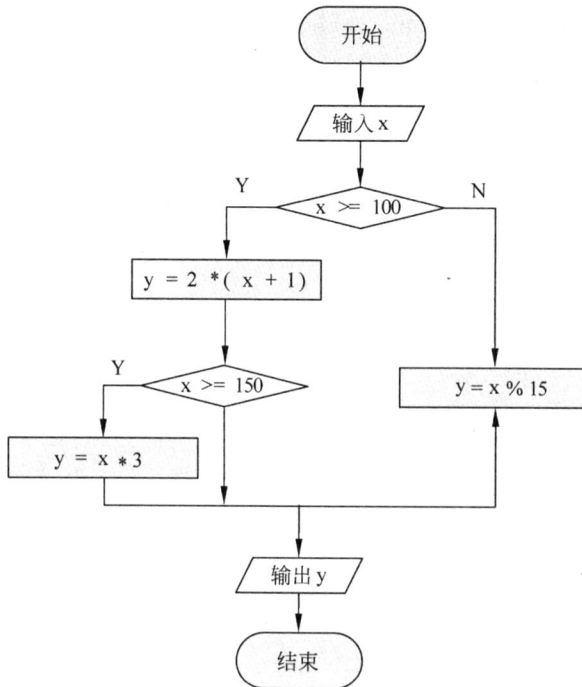

图 6-34　程序流程图 1

使用第二种 if 嵌套结构：同样先判断 x>=100，为假则为 y 赋值 x%15，为真则进一步判断 x<150，为真则为 y 赋值 2*(x+1)，为假则为 y 赋值 x*3，图 6-35 为此结构的程序流程图。

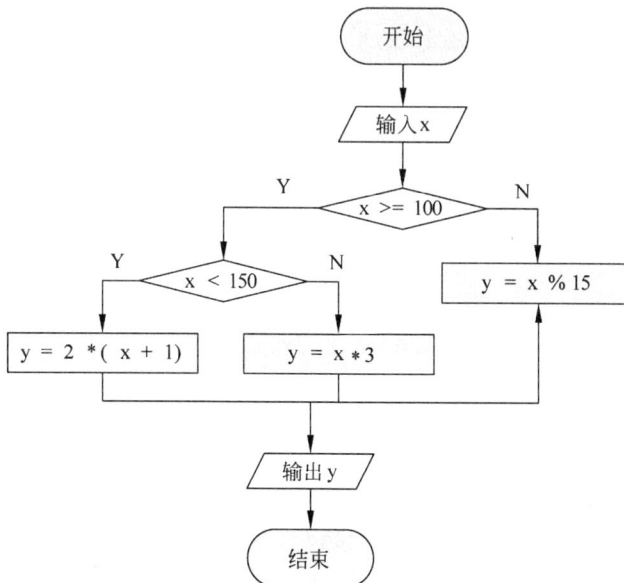

图 6-35　程序流程图 2

```
01  #include <stdio.h>
02
03  int main(int argc, char* argv[])
04  {
05      int x,y;
06      puts("Please Input an integer:");
07      scanf("%d",&x);
08      if( x >= 100 )
09      {
10          if( x < 150 )
11              y = 2 * ( x + 1);
12          else
13              y = x * 3;
14      }
15      else
16          y = x % 15;
17      printf("y = %d\n\n",y);
18      return 0;
19  }
```

使用第三种 if 嵌套结构：本结构由大到小判断 x，首先判断 x >= 150，为真则 y=x*3，否则接着判断 x>=100，为真则 y=2*(x+1)，否则 y=x%15，图 6-36 为此结构的程序流程图。

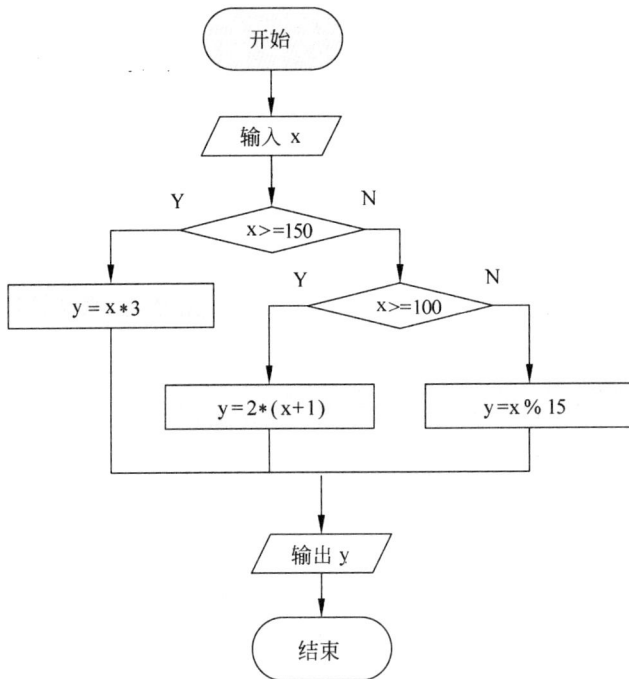

图 6-36　程序流程图 3

```
01  #include <stdio.h>
02
03  int main(int argc, char* argv[])
04  {
05      int x,y;
06      puts("Please Input an integer:");
07      scanf("%d",&x);
08      if(x >= 150)
09          y = x * 3;
```

```
10      else if(x >= 100)
11          y = 2 * ( x + 1);
12      else
13          y = x % 15;
14      printf("y = %d\n\n",y);
15      return 0;
16  }
```

无论何种方式，程序都可以实现预期的目标和结果，图 6-37 是这个程序的运行结果。

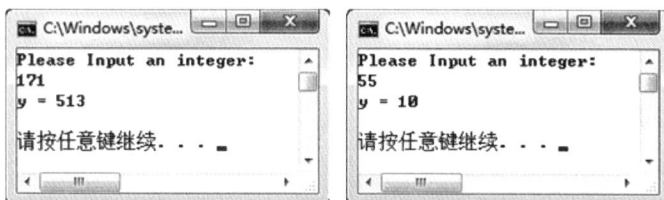

图 6-37　示例 6-21 程序运行效果

由此可见，if 的嵌套更像是一个逐渐缩小范围，逐渐细化的过程。数据在被层层筛选后，最终被归类到最适合自己的地方。

6.5.5　练习

1. 编程，获取用户输入的两个整数，然后输出整数中较小的值，程序的运行结果如图 6-38 所示。

程序实现方式一：

练习 1 答案

```
01  #include <stdio.h>
02
03  int main(int argc, char* argv[])
04  {
05      int a,b;
06      puts("Input two integer:");
07      scanf("%d %d",&a,&b);
08      if(_____)
09          printf("%d\n\n",a);
10      if(_____)
11          printf("%d\n\n",b);
12      return 0;
13  }
```

程序实现方式二：

```
01  #include <stdio.h>
02
03  int main(int argc, char* argv[])
04  {
05      int a,b;
06      puts("Input two integer:");
07      scanf("%d %d",&a,&b);
08      if(_____)
09          printf("%d\n\n",a);
10      else
11          printf("%d\n\n",b);
12      return 0;
13  }
```

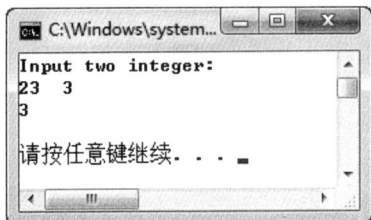

图 6-38　练习 1 程序运行效果　　　　图 6-39　练习 2 程序运行效果

2．编程，获取用户输入的 3 个整数，然后将整数按照从大到小的顺序输出，程序的运行结果如图 6-39 所示。

```
01   #include <stdio.h>
02
03   int main(int argc, char* argv[])
04   {
05       int a,b,c,temp;
06       puts("Input three integers:");
07       scanf("%d %d %d",&a,&b,&c);
08       (_____)
09       printf("%d %d %d\n\n",a,b,c);
10       return 0;
11   }
```

练习 2 源码

6.6　构建选择路径之 switch

前面讲解了使用 if 嵌套结构实现的多分支结构程序。实际上，C 语言提供了 switch，专用于实现多分支结构程序，而且它比 if 嵌套更加的直观，理解起来也更舒服。本节就来详细讲解专用于构造多分支结构的方法——switch。

6.6.1　switch 结构

程序中的 switch 结构会构造多个分支，然后根据 switch 的判断结果来决定程序执行哪一个分支，switch 的调用形式：

```
switch(表达式)
{
    case 常量表达式 1：
        语句 1
        [break;]
    case 常量表达式 2：
        语句 2
        [break;]
    …
    default：
        语句 n
}
```

其中：

❑ switch 表达式的值必须为整数，即整型或者字符型（ASCII 值为整数），表达式两边的括号不可省略。

❑ case 和后面的常量表达式间有空格，且常量表达式中不能有变量，且值必须为整型、字符型。各个常量表达式互不相同，且常量表达式后面的冒号 ":" 不可省略。

❑ case 后的语句一旦被执行，就会依次向下执行下去，不再匹配其他 case 后的常量表达式，如果遇到 break 则跳出整个 switch 语句。

❑ default 一般出现在所有 case 语句之后，不过它的位置不是固定的，case 之前和 case 之间都是被允许的。当然 default 也可以省略，因为程序自己会加上一个不带子句的 default。

switch 首先计算表达式的结果，然后使用这个结果一一匹配 case 后面的常量表达式，若相等则执行此 case 后面跟着的语句，直到遇到 break 后终止此 switch；若没有常量表达式与表达式的结果匹配，则执行 default 后面的语句，然后终止此 switch。

【示例 6-22】 编写程序，要求用户输入 1~7 的任意一个整数，然后程序输出对应的星期的英文表示。例如，1 代表 Monday，7 代表 Sunday。为了比较 if 和 switch，本示例分别使用了这两种结构构造了程序。

图 6-40 是使用 if 嵌套来实现的程序的执行流程，首先获取用户输入的整数，然后通过每个 if 的表达式来判断输入的整数是 1~7 中的哪一个整数。这个判断过程是从 1 开始的。条件判断结果的逻辑值为真，则输出相应 if 的子句，否则继续下一个条件判断。这个依次判断的过程类似于一个阶梯，是有先后关系的，只能先判断前面的条件，然后才能判断后面的条件，每一个条件成立以后，都会输出英文，然后结束程序。

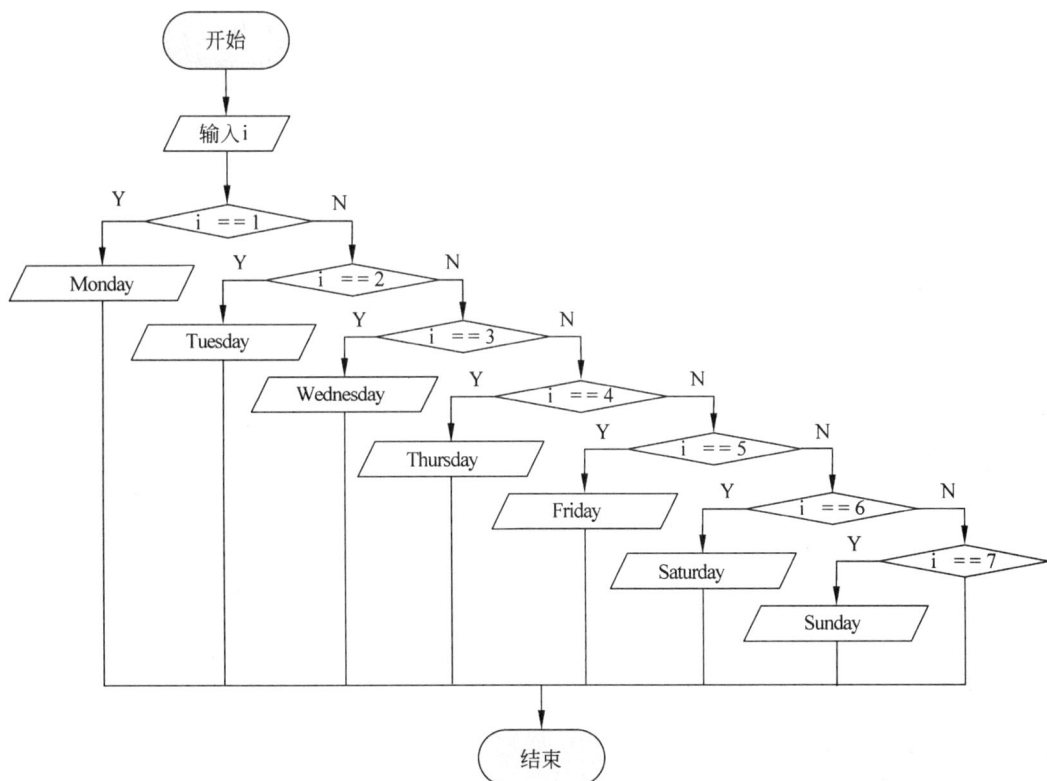

图 6-40 if 嵌套结构程序执行流程

依据流程图编写的程序代码如下，主要使用的是 if 嵌套中的 if-else if-else 结构。

示例 6-22 源码

```
01  #include <stdio.h>
02
03  int main(int argc, char* argv[])
04  {
05      int i;
06      puts("Input a number from 1 to 7:");
07      scanf("%d",&i);
08      if(i == 1)
09          printf("Monday~\n\n");
10      else if(i == 2)
11          printf("Tuesday~\n\n");
12      else if(i == 3)
13          printf("Wednesday~\n\n");
14      else if(i == 4)
15          printf("Thursday~\n\n");
16      else if(i == 5)
17          printf("Friday~\n\n");
18      else if(i == 6)
19          printf("Saturday~\n\n");
20      else
21          printf("Sunday~\n\n");
22      return 0;
23  }
```

整个 if 嵌套的语句从 08 行开始到 21 行结束，每个 if 的表达式都是关系运算符 "=="
构成的关系表达。图 6-41 是使用 switch 结构来实现的程序的执行流程，程序的开始同样
是从用户处获取输入的整数 i，然后进入到 switch 构造的分支结构中。switch 的表达式是
输入的这个整数 i，通过 i 匹配每一个分支 case，case 的常量表达式分别是 1~7 这 7 个数字，
匹配成功后输出对应星期的英文，然后结束程序。可以看到 switch 的每个分支处于一种平
行状态，每个分支的匹配没有先后关系。

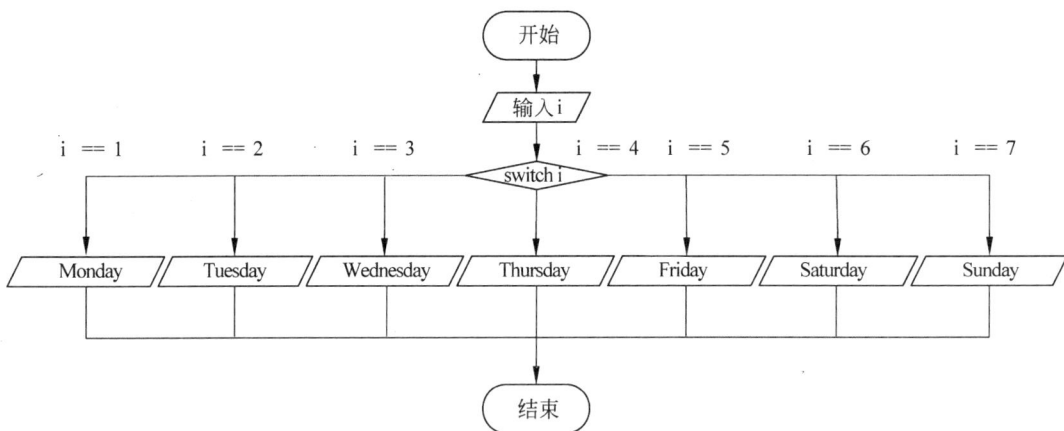

图 6-41　switch 结构程序执行流程

依据流程图编写的程序代码如下，主要使用的是 switch 构成的分支结构。

```
01  #include <stdio.h>
02
03  int main(int argc, char* argv[])
04  {
```

```
05        int i;
06        puts("Input a number from 1 to 7:");
07        scanf("%d",&i);
08        switch(i)
09        {
10        case 1:
11            printf("Monday~\n\n");
12            break;
13        case 2:
14            printf("Tuesday~\n\n");
15            break;
16        case 3:
17            printf("Wednesday~\n\n");
18            break;
19        case 4:
20            printf("Thursday~\n\n");
21            break;
22        case 5:
23            printf("Friday~\n\n");
24            break;
25        case 6:
26            printf("Saturday~\n\n");
27            break;
28        case 7:
29            printf("Sunday~\n\n");
30        }
31        return 0;
32    }
```

程序中 switch 结构起始于 08 行，终止于 30 行。switch 的表达式就是输入的整数 i，case 后的常量表达式是 7 个常数，一定不要忘了 case 常量表达式后面的冒号 ":"，以及 case 语句末尾处的 break。两个程序都实现了预期的功能，即输入 1~7 中的整数，然后输出对应的星期的英文，程序运行效果如图 6-42 所示。

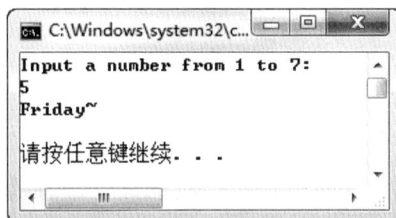

图 6-42　示例 6-22 程序运行效果 1

但是如果忘记了 case 语句末尾处的 break 的话，会有什么影响呢？可以最先肯定的是，程序编译时并不会被提示语法错误，编译可以通过，程序也可以执行，但是运行的效果肯定就有点令人惊讶了。例如，将程序 08~30 行修改成下面这个样子，即去掉所有 case 语句末尾处的 break。

```
08  switch(i)
09  {
10  case 1:
11      printf("Monday~\n\n");
12  case 2:
13      printf("Tuesday~\n\n");
14  case 3:
15      printf("Wednesday~\n\n");
16  case 4:
17      printf("Thursday~\n\n");
18  case 5:
19      printf("Friday~\n\n");
20  case 6:
```

```
21       printf("Saturday~\n\n");
22   case 7:
23       printf("Sunday~\n\n");
24   }
```

程序的运行效果如图 6-43 所示。输入的数字还是 5，可结果不单单是 Friday，居然还有 Saturday 和 Sunday，这本应该是输入 6 和 7 才该有的结果吧。如果调试程序，一步一步执行的话，就会发现，不光 case 5 的语句执行了，case 6 和 case 7 的语句也依次被执行了。通过这个例子就可以发现，原来 break 的作用就是：结束此 switch 语句，或者说是跳出 switch 语句。

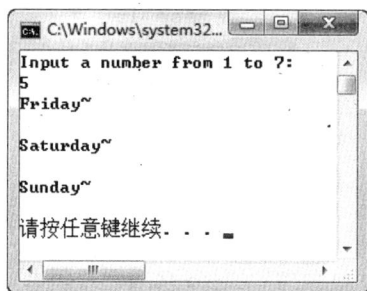

图 6-43　示例 6-22 程序运行效果 2

【示例 6-23】 在前面有一个使用 if 嵌套实现"获取用户输入的成绩，然后输出对这个成绩的评判及祝福"功能的示例，本次使用 switch 实现同样的功能，同样 90～100 分是"优秀"，80～89 分是"良好"，60～79 分是"及格"，0～59 分是"不及格"。

示例 6-23 源码

```
01   #include <stdio.h>
02
03   int main(int argc, char* argv[])
04   {
05       int x;
06       puts("Input you score:");
07       scanf("%d",&x);
08       switch(x / 10)
09       {
10       case 10:
11           printf("%d are 优秀,congratulation~\n\n",x);
12           break;
13       case 9:
14           printf("%d are 优秀,congratulation~\n\n",x);
15           break;
16       case 8:
17           printf("%d are 良好,great!\n\n",x);
18           break;
19       case 7:
20           printf("%d are 及格,never mind,you can do better next!\n\n",x);
21           break;
22       case 6:
23           printf("%d are 及格,never mind,you can do better next!\n\n",x);
24           break;
25       default:
26           printf("%d are 不及格,maybe I can help you,call me~\n\n",x);
27       }
28       return 0;
29   }
```

程序 08 行 switch 的表达式是一个算术表达式，成绩为 100 时，值为 10；90~99 分时，值为 9；同理表达式的值为 8~0 的情况。当 switch 后表达式的值匹配了 case 后常量表达式的值后，此 case 的子句被执行。由于每个 case 子句末尾都有 break，所以 case 子句执行完

后会结束当前 switch。default 会匹配所有没被 case 后常量表达式匹配的 switch 表达式的值，程序的运行结果如图 6-44 所示。

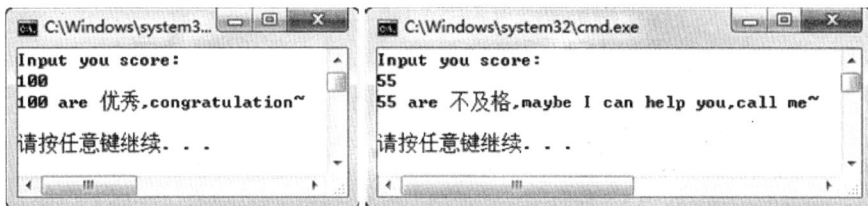

图 6-44　示例 6-23 程序运行效果

程序中 10、13 行 case 的子句一样，19、22 行的 case 的子句一样，根据 break 的特性，可以将程序 08～27 行使用如下简写：

```
08  switch(x / 10)
09  {
10  case 10:
11  case 9:
12    printf("%d are 优秀,congratulation~\n\n",x);
13    break;
14  case 8:
15    printf("%d are 良好,great!\n\n",x);
16    break;
17  case 7:
18  case 6:
19    printf("%d are 及格,never mind,you can do better next!\n\n",x);
20    break;
21  default:
22    printf("%d are 不及格,maybe I can help you,call me~\n\n",x);
23  }
```

就是将原来程序中 case 10 的子句删除，包括子句末尾的 break，对 case 7 的子句做同样的处理。如此，当 case 10 被匹配时，case 9 也会被执行，在输出字符串后遇到 break，结束 switch，程序的运行效果不变。

6.6.2　比较 if 结构和 switch 结构

同样是依据条件判断来构造多条分支结构的 if 结构和 switch 结构有不同的优势。

- ❑ switch 先计算表达式的值，然后与 case 的常量表达式一一匹配，再执行分支，这个"一一匹配"就决定了 switch 参与的大部分为相等与否的判断。而 if 结构的表达式如果使用了关系运算符和逻辑运算符后，还可以对数据进行诸如大于、小于等范围上的判断。
- ❑ 从 switch 的使用规则上发现，它无法处理对浮点数的判断，因为无论是 switch 后表达式的值，还是 case 后常量表达式的值，都必须是整数。所以这些分支的处理需要交由 if 结构来完成。
- ❑ switch 结构和 if 结构实现的相同功能的程序上，switch 结构的程序要更加直观，可读性要好很多。

综合上面的比较，发现 if 能实现 switch 可以实现的所有功能，但 if 可以实现的功能 switch 就不一定能实现，如对浮点数的判断处理。但 switch 实现的程序要比 if 实现的程序的可读性要好。其实书写程序的时候，if 和 switch 之间并不是"非此即彼"的关系，适当地混合使用这两种方式，做到优势互补岂不更好。

【示例 6-24】 编写一个简易的做四则运算的计算器，这个计算器比较简陋，首先要求用户输入要计算的两个整数，然后再输入要执行的运算，最后输出运算式和结果。

```
01  #include <stdio.h>
02
03  int main(int argc, char* argv[])
04  {
05      puts("请输入参与运算的 2 个数字：");
06      int a,b;
07      scanf("%d %d",&a,&b);
08      puts("请输入希望参与的运算号码");
09      puts("加法 输入 1");
10      puts("减法 输入 2");
11      puts("乘法 输入 3");
12      puts("除法 输入 4");
13      int choose_num;
14      scanf("%d",&choose_num);
15      if(choose_num > 4 || choose_num < 1)
16          puts("看清楚再输入哟，现在只好再重新输入了。。。");
17      else
18      {
19          switch(choose_num)
20          {
21          case 1:
22              printf("%d + %d = %d\n\n",a,b,a + b);
23              break;
24          case 2:
25              printf("%d - %d = %d\n\n",a,b,a - b);
26              break;
27          case 3:
28              printf("%d * %d = %d\n\n",a,b,a * b);
29              break;
30          case 4:
31              printf("%d / %d = %f\n\n",a,b,(float)a / b);
32          }
33      }
34      return 0;
35  }
```

示例 6-24 源码

这个简易计算器的实现代码还是比较长的。07 行用 scanf() 获取用户输入的两个整数；程序 08～12 行输出字符串提示用户各个运算的号码，如"加法"代号 1，"除法"代号 4；14 行获取了用户输入的代号，然后程序进入起始于 15 行的 if 结构。首先判别用户是否按照要求输入了，没有的话会输出一段表示遗憾的字符串；否则，进入到 else 子句中的 switch 结构中。switch 把用户输入的运算代码作为表达式，一一匹配 case 后面的常量表达式，然后进行不同的运算并输出。做 31 行的除法运算时使用了强制类型转换，不然就只是整数间的整除运算而没有小数了。程序的运行结果如图 6-45 所示，分别让 55 和 34 做减法运算，让 532 和 23 做除法运算。

6.6.3　练习

1. 一天有 24 小时，即 0~23。编程，获取用户输入的 0~23 之间的整数，据此判别当前处于什么时候，如"早上"、"晚上"（规定：0~5 属于"午夜"、6~9 属于"早上"、10~13 属于"中午"、14~18 属于"下午"、19~23 属于"晚上"）。部分程序代码已给出如下：

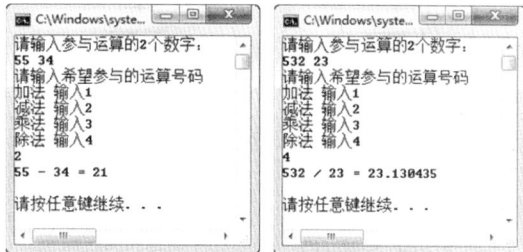

图 6-45　示例 6-24 程序运行效果

```
01  #include <stdio.h>
02
03  int main(int argc, char* argv[])
04  {
05      int x;
06      puts("Input you moment:");
07      scanf("%d",&x);
08      switch(_____)
09      {
10          (_____)
11          printf("午夜\n\n");
12          break;
13          (_____)
14          printf("早上\n\n");
15          break;
16          (_____)
17          printf("中午\n\n");
18          break;
19          (_____)
20          printf("下午\n\n");
21          break;
22          (_____)
23          printf("晚上\n\n");
24      }
25      return 0;
26  }
```

练习 1 源码

2. 编程获取用户输入的正整数，然后使用 switch 判别此正整数是奇数还是偶数，部分程序代码如下：

练习 2 答案

```
01  #include <stdio.h>
02
03  int main(int argc, char* argv[])
04  {
05      int i;
06      puts("Please input an positive interger:");
07      scanf("%d",&i);
08      switch(_____)
09      {
10      case (_____):
11          printf("%d is an odd number\n\n");
12          break;
13      case (_____):
```

```
14          printf("%d is an even number\n\n");
15      }
16      return 0;
17  }
```

6.7　小　　结

顺序执行的程序本来很符合人类的阅读和行为习惯，但只使用顺序执行的语句无法解决很多问题。因此，选择执行的程序必须被设计实现。选择的依据是判断条件，结果是使得程序执行了不同的分支语句。判断条件可以通过关系运算符和逻辑运算符及其他运算符来实现，分支结构则由 if 和 switch 来构造。对判断条件——逻辑运算符和关系运算符、分支结构——if 和 switch 的详细讲解就构成了本章的内容。

6.8　习　　题

1. 阅读下面的程序，依据关系运算符的运算规则，推测程序的输出。

```
01  #include <stdio.h>
02
03  int main(int argc, char* argv[])
04  {
05      int i = 10,j = 10;
06      float f = 6.73;
07      printf("i > f 逻辑值: %d\n",i > f);
08      printf("i %% 4 < f / 3 逻辑值: %d\n",i % 4 < f / 3);
09      printf("i == j == 1 逻辑值: %d\n\n",i == j == 1);
10      return 0;
11  }
```

习题 1 答案

2. 编程，判断用户输入的变量 a 是否满足条件 10<a<100，部分程序的源代码如下，程序的输出结果如图 6-46 所示。

```
01  #include <stdio.h>
02
03  int main(int argc, char* argv[])
04  {
05      int a,b;
06      a = b = 0;
07      puts("Input a integer:");
08      scanf("%d",&a);
09      b = _____;
10      puts("10 < a < 100 ?");
11      printf("逻辑值: %d\n\n",b);
12      return 0;
13  }
```

习题 2 答案

变量 b 用来保存逻辑值，09 行的代码该如何写？

3. 编程根据用户输入的年和月，输出

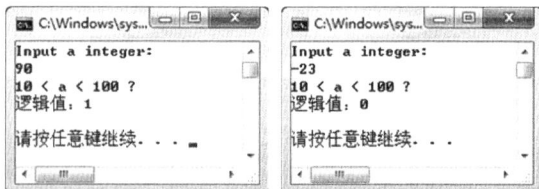

图 6-46　习题 2 程序运行效果

当月的天数。年用 y、月用 m 表示的话，一年里 1、3、5、7、8、10、12 月都有 31 天，4、6、9、11 月都有 30 天，2 月在平年是 28 天，在闰年是 29 天。对一年是否是闰年的判断依据是：y % 4 == 0 && y % 100 != 0 || y % 400 == 0。部分程序代码如下：

习题 3 源码

```
01  #include <stdio.h>
02
03  int main(int argc, char* argv[])
04  {
05      puts("Please input year and month");
06      int year,month;
07      scanf("%d %d",&year,&month);
08      switch(month)
09      {
10        (_____)
11          printf("%d has 31\n",month);
12          break;
13      case 4:case 6:case 9:
14      case 11:
15          (_____);
16      case 2:
17          if(_____)
18              printf("%d has 29",month);
19          else
20              printf("%d has 28",month);
21      }
22      return 0;
23  }
```

4. 编写程序实现下面的分段函数：

$$y \begin{cases} x+13 & 0<x<5 \\ 2*x/5 & x=0 \\ x\%4 & x<0 \end{cases}$$

其中 x 的值获取自用户，y 是程序要输出的结果，请分别使用下面 3 种方式实现此分段函数。

（1）简单的 if 语句。

（2）嵌套的 if 结构。

（3）switch 结构。

习题 4-(1)源码

习题 4-(2)源码

习题 4-(3)源码

第7章 循环结构

前面两章分别介绍了顺序结构和选择结构。前者使得程序按照顺序，每条语句都要执行一次；后者为程序的执行制造了分支，一些语句在每次程序运行的时候不是必须的了。而本章将要讲解的是，在程序的一次运行中，同一条语句被反复执行多次的情况。

7.1 重复执行的语句

出于解决实际问题的需要，程序的编写有时会遇到很多不必要的麻烦，比如说语句重复。本节就来谈谈那些重复执行的语句。

7.1.1 什么是重复执行

重复执行意味着反反复复地执行一条语句，什么样的语句呢？两种，一种是完全相同的语句，另一种是结构十分相似的语句。那么究竟是为什么，非要重复执行这些语句呢？答案是，解决问题的需要。

例如，程序有时需要在输出的不同行字符串间插入短杠（即"-"），如图 7-1 所示。这样看起来更美观些。如果每个短杠都用一个 printf("-")来输出，那 20 个就要重复执行 20 个 printf("-")。当然也可以使用 printf("---")方式一次插入 20 个短杠，但这里我想说明的是重复执行的语句的第一种情况，即重复执行的语句完全相同，即都是 printf("-")。

重复执行的另一种语句，即结构十分相似的语句，如处理 1+2+3+...+10 这样的问题：

方法一：程序中可以直接书写整数的加法表达式，所以可以使用如下方式。

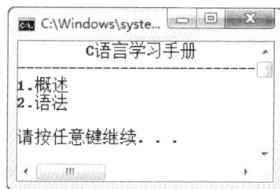

图 7-1 程序中为了美观而输出的短杠

```
01  int sum;
02  sum = 1 + 2 + 3 + 4 + 5 + 6 + 7 + 8 + 9
+ 10;
03  printf("sum = %d\n",sum);
```

程序 02 行，直接书写了整数的加法表达式，程序可以达到预期的目的，也没有出现重复执行的语句，但是如果换另一种方法的话就有了。

方法二：重复使用相似的语句，如下所示。

```
01  int sum = 0;
02  sum = sum + 1;
03  sum = sum + 2;
04  sum = sum + 3;
```

```
05   …
06   sum = sum + 10;
07   printf("sum = %d\n",sum);
```

这个方式逐个加每一个数字然后求和，05 行省略了 5~9 的加法。但这个程序片段已经包含了 4 个相似的语句了，即 02、03、04 和 06 行的求和语句，它们只是末尾处的数字不同而已。

7.1.2 执行 2~3 次

重复执行的语句很少的话，倒也对我们造不成很大影响，甚至于这样的重复大多不被察觉。

【示例 7-1】 下面的程序主要使用 puts()输出了一组字符串。

```
01   #include <stdio.h>
02
03   int main(int argc, char* argv[])
04   {
05       puts("-------------------------------");
06       puts("\t| C 语言学习手册 |");
07       puts("-------------------------------");
08       puts("1.概述");
09       puts("2.语法\n");
10       return 0;
11   }
```

示例 7-1 源码

程序 05、07 行是两个完全相同的语句。因为只是重复了两次，所以这样的重复对程序的编写者没有造成困扰，程序运行效果如图 7-2 所示。

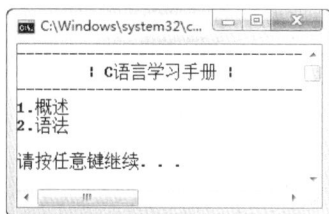

7.1.3 执行有限次

但重复的次数比较多，开始察觉到这个问题的时候，对于一些懒于动脑、勤于动手的人来说，不就是多写几行代码嘛。

图 7-2 示例 7-1 程序运行效果

【示例 7-2】 编程计算数列 1、2、3、5、8 的和。

```
01   #include <stdio.h>
02
03   int main(int argc, char* argv[])
04   {
05       int sum = 0;
06       sum += 1;
07       sum += 2;
08       sum += 3;
09       sum += 5;
10       sum += 8;
11       printf("sum = %d\n\n",sum);
12       return 0;
13   }
```

示例 7-2 源码

程序 06～10 行的语句很相似，只是所加的数字不同而已。还好只是重复写了 5 次而已，如果示例代码的重复次数再多点的话，恐怕就再无法容忍了。

这个数列是有规律的：第三个数总是它前面两个数的和，如 3 = 1 + 2、8 = 3 + 5。如果编程要计算这个数列前 100 个数的和，不想点办法就只好抓狂了。勤于动脑、懒于动手的人一定最先思考解决重复书写问题的办法，如果只写语句，然后多次重复利用就好了。

7.1.4　执行不确定次

无论如何，重复次数已知，重复次数再多还是可以做到的，但倘若次数的多少掌握在用户手上的话，此时也只好缴械投降了。

【示例 7-3】　数列 1、2、3、4、5、6…之后的每一个数都是前一个数加 1。编程计算数列前 n 个数的和，n 由用户输入。

如果是前 1 个数的和，则直接输出：

```
01   int sum = 1;
02   printf("%d",sum);
```

前两个数的和，方法一样，输出的 sum 就是 1+2。输出 4 个数的话：

```
01   int sum = 1;
02   sum += 2;
03   sum += 3;
04   sum += 4;
05   printf("%d",sum);
```

可是如果输出 n 个数的话，就是：

```
01   int sum = 1;
02   sum += 2;
03   …
04   sum += n;
05   printf("%d",sum);
```

将这个方法改造如下：

```
01   int sum = 1,i = 1;
02   i++;sum += i; (i = 2; sum = 1 + 2)
03   i++;sum += i; (i = 3; sum = 3 + 3)
04   …
05   i++;sum += i; (i = n;sum = sum + i)
06   printf("%d",sum);
```

可以将上面的过程归纳为：

```
int sum=1,i=1;
```

计算前 n 个数时，重复执行 n-1 次下面的语句：

```
i++;sum+=i;
```

程序的运行流程如图 7-3 所示。程序一旦开始执行，首先获取用户输入的整数 n（n>=2），然后初始化了两个 int 型的变量 sum 和 i。通过关系表达式判断 i<=n，逻辑值为"真"，执行语句 i++ 和 sum+=i，i 的值发生改变了，然后再通过关系

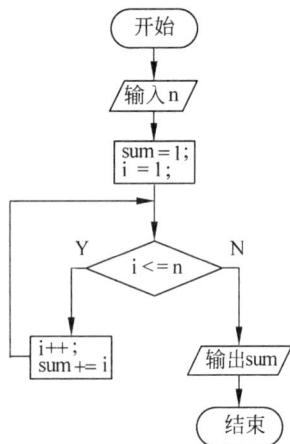

图 7-3　程序的运行流程

表达式判断 i<=n，直到 i>n 的时候，逻辑值为"假"，程序输出 sum，即数列前 n 个数的和。

　　方法是想好了，可是如何才能在程序中重复执行一条语句呢？顺序结构的程序不行，选择结构的程序也做不到，C 语言有没有提供其他的机制来解决呢？答案是：有。C 语言提供了循环的机制，这些内容在接下来的几节会陆续讲解。

7.2　for 循环

　　循环就是重复，或者说反复执行一部分语句的过程。C 语言提供了多种实现循环结构的机制，而 for 就是其中之一。因为 for 语法本身囊括了进行循环的所有标准条件，最适合第一次了解循环机制的读者理解。所以，本节就首先对 for 做个详细深入的探究和讲解。

7.2.1　概述

　　使用 for 语句构造的循环，在 C 语言的程序中应用的最为普遍。这是因为 for 灵活、语法完善、功能强大。for 语句的形式如下：

```
for(表达式 1;表达式 2;表达式 3)
    循环体
```

- ❑ 表达式 1 是循环执行前的初始条件，在 for 语句中只被执行一次。
- ❑ 表达式 2 是循环执行是否结束的终止条件。表达式 2 的逻辑值为"真"，则继续循环；逻辑值为"假"，则停止循环。为了避免程序进入无限循环状态，表达式 2 的书写要谨慎。
- ❑ 循环体是要被重复执行的语句或者由大括号"{ }"括起的多条语句构成的语句块。
- ❑ 表达式 3 是循环执行后的步进条件，在循环体被执行了以后才执行。所谓的步进条件就是指，这个条件的执行，使得循环一步步地靠近循环终止的条件，使得循环的终止成为可能，避免出现循环无法终止的情况。
- ❑ 表达式被 for 后的括号括起，表达式间使用分号";"分隔，且 3 个表达式可以根据实际情况省略。

　　for 循环被执行时，先执行表达式 1，然后执行表达式 2，依据表达式 2 的逻辑值决定是否执行循环体。当表达式 2 的逻辑值为"真"，则执行循环体；否则，当逻辑值为"假"时结束 for 循环。循环体被执行完毕后再执行表达式 3，再执行表达式 2，依据表达式 2 的逻辑值决定是否继续执行循环体。图 7-4 是 for 循环的执行流程图。

　　我们已经了解，循环的作用是可以使我们减少重复代码，所以如果遇到需要使用循环来解决的问题，一定是先寻找解决这个问题的方法中，哪些操作是重复的，找到这个重复的规律是编写循环的前提，不然循环语句无从写起。

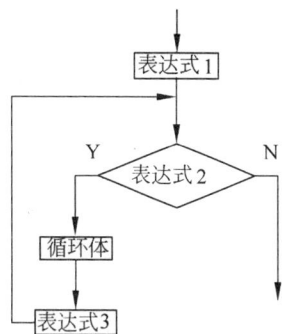

图 7-4　for 循环执行流程图

7.2.2　逗号表达式

逗号表达式就是由逗号"，"运算符构成的表达式，作用是将多个表达式连在一起，常被用在循环语句中，比如，for 循环的 3 个表达式就可以是逗号表达式。逗号表达式的形式如下：

表达式 1,表达式 2,表达式 3…

使用逗号表达式，需要注意下面 3 方面的问题。

（1）逗号表达式的结合方向是自左向右的，所以对于多个表达式构成的逗号表达式，最先计算最左面的表达式，然后向右计算下一个表达式，并把最后一个表达式的值作为逗号表达式的值。

【示例 7-4】　下面的程序含有 3 个表达式构成的逗号表达式，考虑下面程序的输出结果。

```
01   #include <stdio.h>
02
03   int main(int argc, char* argv[])
04   {
05       int x = 5,y;
06       y = 3;
07       printf("表达式的值为：%d\n\n",(y++,x += y,x + y));
08       return 0;
09   }
```

程序 07 行含有的逗号表达式是：(y++,x += y,x + y)。依据运算规则，先计算 y++，得 y = 4，然后计算 x += y，得 x = 9，最后计算 x + y，即表达式 x + y 的值为 13，因为它是逗号表达式的最后一个表达式，所以它的值就是逗号表达式的值，所以程序应该输出 13，图 7-5 为程序的运行效果。

图 7-5　示例 7-4 程序运行效果

（2）逗号运算符是所有运算符中优先级最低的，所以如果有其他运算符的话一定先计算其他运算符的操作数。

【示例 7-5】下面的程序同样包含了一个逗号表达式，注意运算符的优先级，考虑此程序的输出结果。

```
01   #include <stdio.h>
02
03   int main(int argc, char* argv[])
04   {
05       int x,y,z;
06       x = y = 3;
07       z = 0;
08       printf("表达式的值为：%d\n\n",(z = x + y,++x,--y));
09       printf("z = %d\n\n",z);
10       return 0;
11   }
```

示例 7-5 源码

程序 08 行的逗号表达式是：(z = x + y,++x,--y)，看到这个逗号表达式相信很多人和我的第一反应一样，认为这个表达式的计算顺序是先计算 x + y，然后是++x，最后是--y，y = 2，将 2 赋值 z，即 z = 2。

如果真的和我第一次一样这么想的话就有问题了。因为很显然逗号运算符 "," 的优先级是最低的，那么赋值运算符 "=" 优先级应该比它高，应该先计算表达式 z = x + y 才对，所以 z = 6。

无论如何 08 行表达式输出的值都是 --y 的值，所以无法判断 (z = x + y,++x,--y) 的计算顺序。这里有了程序的 09 行，输出 z 的值的话就真相大白了。即如果 z = 2，说明第一种运算顺序正确；如果 z = 6，说明第二种运算顺序正确。为了更清晰地明了上面的讨论，这里特意给出了表 7.1。

表 7.1 表达式运算顺序猜想

逗号表达式	运算顺序	先计算	然后计算	最后计算	计算结果
(z = x + y,++x,--y)	方式 1	x + y	++x	--y	z = --y，即 z = 2，printf()输出变量 z 的值
	方式 2	z = x + y，即 z = 6	++x	--y	逗号表达式的值为--y，printf()输出逗号表达式的值

从表中可以看出，方式 1 的 printf()输出变量 z 的值，值为 2；方式 2 的 printf()输出表达式的值，值为 2。所以，无法通过程序 08 行的 printf()判断逗号表达式到底是按照哪种方式运算的。但通过比较方式 1 和 2，发现 z 的值是不同的。所以有了 09 行的 printf()，要输出 z 的值，借此判断 08 行表达式到底采用了哪种运算方式。图 7-6 是此程序的运行效果。现在真相大白了，程序采用了方式 2 的运算方式。

图 7-6 示例 7-5 程序运行效果①　　图 7-7 示例 7-5 程序运行效果②

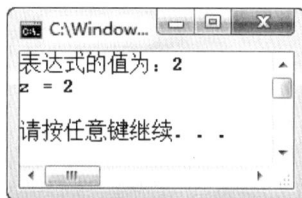

如果按照方式 1 的理解方式，就要对 (z = x + y,++x,--y) 稍作修改，如将程序 08 行改为：

```
08  printf("表达式的值为：%d\n",z =( x + y,++x,--y));
```

使用括号改变了运算顺序，这次 z 的值就是 2 了，程序运行效果如图 7-7 所示。

（3）并不是所有以逗号分割的都是逗号表达式，如下：

```
01  int a=1,b=2;
02  print("%d,%d",a,b);
```

逗号只是作为分割符而已。

7.2.3　循环执行相同的语句

这里首先讲解最简单的循环执行情况。当 for 的循环体中如果没有任何变量的话，那么循环每一次被执行的就都是相同的语句。

【示例 7-6】 下面的程序实现的功能是输出一行星号 "*"，星号的个数来源于用户的输入。

```
01   #include <stdio.h>
02
03   int main(int argc, char* argv[])
04   {
05       puts("Input an integer:");
06       int a;
07       scanf("%d",&a);
08       for(int i = 1;i <= a;i++)
09           putchar('*');
10       puts("\n");
11       return 0;
12   }
```

示例 7-6 源码

很显然重复使用的代码是 09 行的输出字符的 putchar('*')，没有变量，所以是在循环执行相同的语句。程序 08 行的 for 循环，表达式 1 是 int i = 1，定义和初始化变量 i 为 1；表达式 2 是 i <= a，是一个关系表达式；表达式 3 是 i++。循环体只有一条语句，即 putchar('*')，所以没有使用大括号"{ }"。

假如用户输入 3，开始执行 08 行的 for 循环，此时 i = 1，且 i <= 3，则 putchar('*')，即输出一个星号，然后 i++；此时 i = 2，且 i <= 3 则继续循环，putchar('*')，然后 i++；此时 i = 3，且 i <= 3 则继续循环，putchar('*')，然后 i++；此时 i = 4，且 i <= 3 的逻辑值为"假"，结束循环，开始执行第 10 行的语句，然后结束程序。

本程序的执行流程如图 7-8 所示，图 7-9 为用户输入 10 时，程序的运行效果。

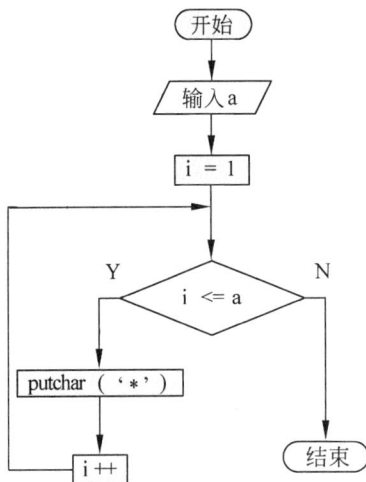

图 7-8　示例 7-6 程序执行流程

图 7-9　示例 7-6 程序运行效果

从程序的执行流程上可以看出，for 循环的表达式 1 "i = 1" 只被执行了一次，而表达式 3 "i++" 是在每次执行完循环体后才被执行，所以程序的 08、09 行的循环也可以换一种方式书写，如下：

```
08       int i = 1;
09       for(;i <= a;)
10       {
11           putchar('*');
12           i++;
13       }
```

表达式 1 被放到了 for 语句的前面，表达式 3 被放到了循环体里面，因为循环体由多个语句构成，因此加了 10 和 13 行的大括号构成了语句块。我们发现原来 for 后面小括号内的表达式可以省略，但是它们的位置一定要被留下，即作为标志的分号必须留下。例如，09 行"for(;i <= a;)"里面的两个分号可不能省略。其实表达式 2 也是可以省略的，但是有前提：循环体有终止循环的机制，否则循环会无休无止，程序也进入假死状态，这部分内容会在本章末尾处讲解。

7.2.4 循环执行类似的语句

for 的循环体中如果有任何变量的话，那么循环每一次被执行的就都是类似的语句。例如，在本章 7.1 节中看到的那个求数列 1、2、3、4、5、6…之和的示例就是个典型的执行类似语句的循环。

【示例 7-7】 数列 1、2、3、4、5、6…之后的每一个数都是前一个数加 1。编程计算数列前 n 个数的和，n 由用户输入。

对于数列我们发现：

数列和 += 1（第 1 次循环）

数列和 += 2（第 2 次循环）

数列和 += 3（第 3 次循环）

…

数列和 += n（第 n 次循环）

如果用循环来累加数列的和的话，执行第几次循环就是加几，比如第 6 次循环，那么就是将前 5 个数的和加上 6，借此规律构造了 for 循环，程序代码如下：

```
01   #include <stdio.h>
02
03   int main(int argc, char* argv[])
04   {
05       int n;
06       puts("Input an integer:");
07       scanf("%d",&n);
08       int sum = 0;
09       for(int i = 1;i <= n;i++)
10           sum += i;
11       printf("sum = %d\n\n",sum);
12       return 0;
13   }
```

程序 09 行进入 for 循环；10 行为 for 循环的循环体，有两个变量，即 sum 和 i，即此为执行类似语句的循环；程序 11 行使用 printf()输出数列前 n 个整数的和。

假如用户输入 5，则程序中 for 的循环过程如表 7.2 所示。

表 7.2　for循环过程

初始条件：i = 1，sum = 0，n = 5				
循环次数	判断条件逻辑值		循环体和表达式 3	本次循环结果	
	判断条件：i <= n		sum += i;i++	sum	i
1	1 <= 5，为"真"		sum = 0 + 1;i = i + 1	1	2

续表

2	2 <= 5，为"真"	sum = 1 + 2;i = i + 1	3	3
3	3 <= 5，为"真"	sum = 3 + 3;i = i + 1	6	4
4	4 <= 5，为"真"	sum = 6 + 4;i = i + 1	10	5
5	5 <= 5，为"真"	sum = 10 + 5;i = i + 1	15	6
6	6 <= 5，为"假"，结束 for 循环			

从表中可以看出 sum 最后的值为 15，本程序的执行流程如图 7-10 所示。图 7-11 为用户输入 5 时程序的运行效果。

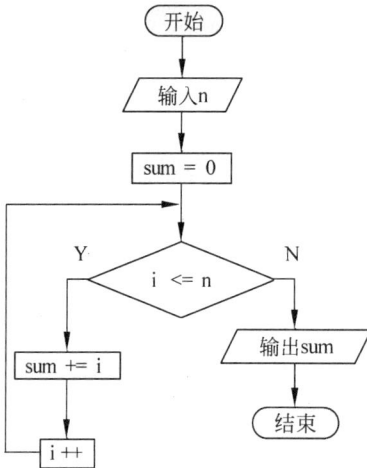

图 7-10　示例 7-7 程序执行流程　　　　图 7-11　示例 7-7 程序运行效果

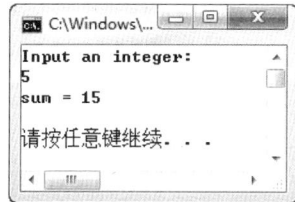

表达式 3 在 for 循环中也被称为"步进"，作用是改变循环体中变量的值，也是本小节"循环执行类似语句"的原因。例如上一示例循环的表达式 3 是 i++，即变量 i 的步进值是 1。

【示例 7-8】　下面程序的作用是计算 1～200 间所有能被 3 整除的数之和。

```
01   #include <stdio.h>
02
03   int main(int argc, char* argv[])
04   {
05       int sum = 0;
06       for(int i = 3;i <= 200;i += 3)
07           sum += i;
08       printf("sum = %d\n\n",sum);
09       return 0;
10   }
```

看似复杂的问题，为什么程序中循环的书写如此简单呢？我们分析一下，3 的倍数，1 倍是 3、2 倍是 6、3 倍是 9…。那么 3、6、9 这每个数字之间的差就是 3，所以计算 1~200 间 3 的所有倍数之和，无异于计算数列 3、6…198 的和。其实，上一个示例中 1、2、3、4、5…的和在本质上是一样的。上一示例在循环体执行完毕的时候，执行的表达式 3 是 i++，本示例将其修改为 i += 3 就可以了。

【示例 7-9】　编程计算数列 1、1、2、3、5、8、…前 n 个数的和，n 由用户输入。此数列的排列规则是：第 1、2 个数都是 1，剩下的数都是它之前两位数的和，如 5 = 2 + 3、13 = 5 + 8。

```
01  #include <stdio.h>
02
03  int main(int argc, char* argv[])
04  {
05      int n;
06      puts("Input an integer:");
07      scanf("%d",&n);
08      int sum = 0;
09      if(n == 1)
10          sum = 1;
11      else if( n == 2)
12          sum = 2;
13      else
14      {
15          sum = 2;
16          int a1 = 1,a2 = 1,a3;
17          for(int i = 3;i <= n;i++)
18          {
19              a3 = a1 + a2;
20              sum += a3;
21              a1 = a2;
22              a2 = a3;
23          }
24      }
25      printf("sum = %d\n\n",sum);
26      return 0;
27  }
```

示例 7-9 源码

程序 09～24 行是处理数列前 n 项和的方法,其中包括了 if-else-if-else 结构和 for 循环,为什么使用这种方法计算呢? 因为对于数列我们发现:

n 为 1 时:

```
sum = 1;
```

n 为 2 时:

```
sum = 1 + 1;
```

前两个数的和没有规律,但是前 3 个数的和就开始有规律了,因为第 3 个数总是前两个数的和。所以,不妨假设前两个数是 a1、a2,第 3 个数是 a3,且 a3 = a1 + a2,于是有如下规律。

n 为 3 时:

```
sum = 2;a1 = 1;a2 = 1;
a3 = a1 + a2;sum += a3;a1 = a2;a2 = a3;
```

n 为 4 时:

```
sum = 2;a1 = 1;a2 = 1;
a3 = a1 + a2;sum += a3;a1 = a2;a2 = a3;
a3 = a1 + a2;sum += a3;a1 = a2;a2 = a3;
```

n 为 5 时:

```
sum = 2;a1 = 1;a2 = 1;
a3 = a1 + a2;sum += a3;a1 = a2;a2 = a3;
a3 = a1 + a2;sum += a3;a1 = a2;a2 = a3;
a3 = a1 + a2;sum += a3;a1 = a2;a2 = a3;
```

循环的规律找到了，循环的前提也发现了，所以构造了程序 09～24 行的程序结构。09、10 行表示：当 n = 1 时，sum = 1，直接输出；11、12 行表示：当 n = 2 时，sum = 2，直接输出；13～24 行表示：当 n >= 3 时，使用循环的方式计算前 n 项的和，循环的初始条件在 15 和 16 行，重复的语句在 19～22 行。

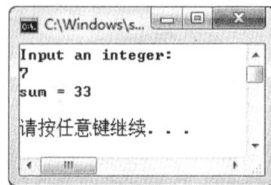

图 7-12 示例 7-9 程序运行效果

当用户输入 7 时，程序的运行结果如图 7-12 所示。

本节中我们讲解过逗号表达式，本示例中的 for 循环的表达式 1 和表达式 3 就可以写成逗号表达式，修改程序 16～23 行为下面的代码：

```
16          for(int i = 3,a1 = 1,a2 = 1,a3;i <= n;i++,a1 = a2,a2 = a3)
17          {
18              a3 = a1 + a2;
19              sum += a3;
20          }
```

这里，逗号表达式的作用仅仅是将多个表达式组合成一个表达式而已。

7.2.5 练习

1. 下面的程序有一个逗号表达式，确认它的运算顺序，推测程序的输出结果。

```
01  #include <stdio.h>
02
03  int main(int argc, char* argv[])
04  {
05      int a,b,c;
06      a = b = 5;
07      printf("%d,%d\n",a+b,a-b);
08      printf("%d\n",(a+b,a-b));
09      printf("%d\n",(c = a+b,a-b));
10      printf("%d\n\n",c);
11      return 0;
12  }
```

练习 1 答案

程序中：

07 行输出＿＿＿＿＿＿；

08 行输出＿＿＿＿＿＿；

09 行输出＿＿＿＿＿＿；

10 行输出＿＿＿＿＿＿。

2. 编写程序，在一行中输出 15 个字符"@"。部分程序代码已给出，程序的运行效果如图 7-13 所示。

```
01  #include <stdio.h>
02
03  int main(int argc, char* argv[])
04  {
05      int i = 1;
06      for(＿＿＿＿＿＿)
07      {
08          ＿＿＿＿＿＿；
```

练习 2 答案

```
09          i++;
10      }
11      puts("\n");
12      return 0;
13  }
```

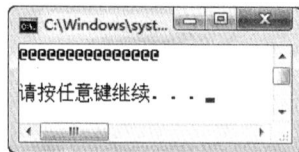

3. 编写程序，计算数列-1、2、-3、4、-5…（即后面每一位数是前一位数的绝对值加 1，是奇数时就乘以-1）前 n 个数的和。n 由用户输入。部分程序代码已给出如下：

图 7-13　练习 2 程序运行效果

```
01  #include <stdio.h>
02
03  int main(int argc, char* argv[])
04  {
05      int n;
06      puts("Input an integer:");
07      scanf("%d",&n);
08      int sum = 0;
09      _____
10      printf("sum = %d\n\n",sum);
11
12      return 0;
13  }
```

练习 3 源码

在程序 09 行位置处构造 for 循环，进而计算数列的和。

_____
_____
_____
_____
_____

4. 编程求解数列 2/1，3/2，5/3，8/5，13/8…的前 n 项的和，n 的值由用户输入。部分程序代码如下：

```
01  #include <stdio.h>
02
03  int main(int argc, char* argv[])
04  {
05      int n;
06      puts("Input an integer:");
07      scanf("%d",&n);
08      float sum = 0.0;
09      if(n == 1)
10          sum = 2.0;
11      else if(n == 2)
12          sum = 3.5;
13      else
14      {
15          _____
16      }
17      printf("sum = %f\n\n",sum);
18      return 0;
19  }
```

练习 4 源码

在 15 行添加 for 循环完成本程序的功能，当用户输入 3 时程序的运行效果如图 7-14 所示。

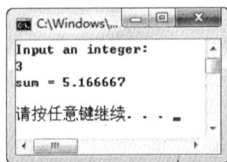

图 7-14　练习 4 程序运行效果

7.3　其他循环

除了 for 循环外，C 语言还提供了另外两种实现循环的机制："当型"循环 while 和"直到型"循环 do-while。for 循环和 while 循环的适用场合不同，前者适用于循环次数确定的循环，后者适用于循环次数不确定的循环。本节将对这两种循环进行深入而详细的讲解。

7.3.1　while 循环

"当型"循环 while 的语句形式为：

```
while(表达式)
    循环体
```

❑ 表达式的逻辑值决定是否执行循环体，可以是任何类型的表达式。

❑ 循环体被认为是一条语句，所以对于由多个语句构成的循环体，需要加上大括号"{ }"，但"}"后面不要加分号";"。

❑ 表达式的逻辑值为"真"时，执行循环体；为"假"时，直接结束 while 循环，循环体一次都不被执行。

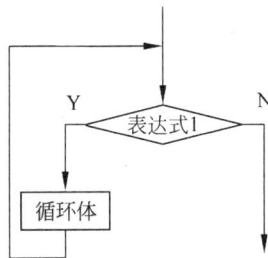

while 循环的执行顺序是：先判断表达式的逻辑值，为"真"时，执行循环体；为"假"时，直接结束 while 循环，执行完循环体后一定会再次判断表达式的逻辑值，为"真"则继续执行循环体，直到表达式的逻辑值为"假"时，才结束循环。此种循环结构的执行流程如图 7-15 所示。

图 7-15　while 循环结构流程图

【示例 7-10】　数列 1、2、3、4、5、6…之后的每一个数都是前一个数加 1。编程计算数列前 n 个数的和，n 由用户输入。本示例在前面讲解 for 循环的时候，实现过一次。本次使用 while 循环实现同样的功能。

```
01  #include <stdio.h>
02
03  int main(int argc, char* argv[])
04  {
05      int n;
06      puts("Input an integer:");
07      scanf("%d",&n);
08      int i = 1,sum = 0;
09      while(i <= n)
```

示例 7-10 源码

```
10    {
11        sum += i;
12        i++;
13    }
14    printf("sum = %d\n\n",sum);
15    return 0;
16  }
```

程序中 09~13 行是 while 循环的代码，可以看出表达式是 i <= n，循环体包含了两个语句，分别是：sum += i 和 i++。所以，需要使用大括号"{ }"将两个语句括起来，并且"}"后没有分号";"。循环是有起始条件、终止条件以及步进条件的。只是对于 while 结构实现的循环，起始条件被放在了 while 结构的前面（即 08 行），终止条件作为 while 后面括号里的表达式，步进条件放在了 while 的循环体中（即 12 行）。程序的执行流程如图 7-16 所示，与 for 循环实现此功能时的流程图基本一致，图 7-17 是当输入 6 时程序的运行效果。

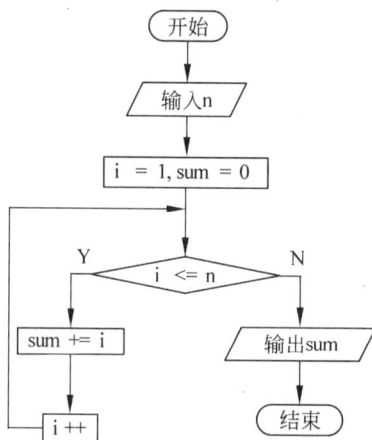

图 7-16　示例 7-10 程序执行流程图

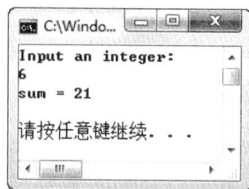

图 7-17　示例 7-10 程序运行效果

如果 while 的循环体忘了加大括号，又或者不小心在 09 行 while(i <= n) 的末尾处加了分号，程序还能实现预期的效果吗？既然我们写代码的时候没有这么做，就说明这样做不行，为什么呢？

因为它导致程序陷入到死循环中，自己无法终止了。去掉大括号，那么程序就会认为 while 的循环体只有一句，即 11 行的语句，就没有了步进条件，即 12 行的语句，循环无法终止；给 09 行末尾处加上了分号，程序会以为此 while 的循环体只是一个空语句，也没有步进条件，循环无法终止。

【示例 7-11】下面还是计算数列 1、2、3、4、5、6…之后的每一个数都是前一个数加 1。编程计算前 n 个数的和小于 10000，前 n+1 个数的和大于 10000，n 是多少？

显然对于这种循环次数并不确定的循环，使用 while 来实现更适合一些。

```
01  #include <stdio.h>
02
03  int main(int argc, char* argv[])
04  {
05      int i = 0,sum = 0;
06      while(sum < 10000)
07      {
08          i++;
09          sum += i;
```

示例 7-11 源码

```
10          }
11          printf("sum = %d,n = %d\n\n",sum,i);
12          return 0;
13    }
```

程序中使用变量 sum 表示数列的和，变量 i 表示数列中的每一个数，并且它们的初始值都设置为了 0。然后，开始使用循环重复执行 08、09 行的两条语句。此循环的终止条件就是，06 行 while 的表达式的逻辑值为“假”的时候跳出循环。最后，由 11 行的语句输出前 n+1 个数的和以及 n 的值。图 7-18 是程序被执行以后的运行效果，可知 n 的值为 140，即数列前 140 个数的和小于 10000，前 141 个数的和大于 10000，且前 141 个数的和为 10011。

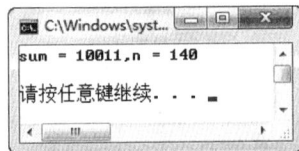

图 7-18　示例 7-11 程序运行效果

7.3.2　do-while 循环

“直到型”循环 do-while 的语句形式为：

```
do
      循环体
while(表达式);
```

❏ “循环体”是被不断重复执行的语句，如果由多条语句构成，同样需要使用大括号“{ }”将多个语句构造成语句块。

❏ “表达式”的逻辑值用来控制循环是否继续下去。

❏ do-while 循环中，while(表达式)的末尾处一定不要忘了加上分号“;”，忘了加分号，或者在 while(表达式)和分号间插入了别的语句，编译器都会报告错误。

do-while 循环的执行顺序是：先执行循环体，然后计算表达式的逻辑值，为“真”时，继续重复执行循环体，直到表达式的逻辑值为“假”时，才结束 do-while 循环。此种循环的执行流程如图 7-19 所示。

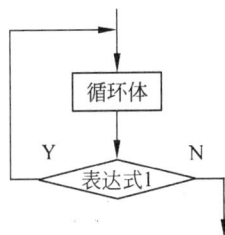

图 7-19　do-while 循环执行流程

【示例 7-12】 数列 1、2、3、4、5…后面的数依次是前面的数加 1，求此数列前 n 个数的积，n 由用户输入。

这样的问题使用循环来解决同样十分的简单：先找个变量 i 依次表示数列中的每一个数，方法是 i 从 1 开始，然后重复执行语句 i++。再找个指代积的变量 accu，依次乘以变化的 i 再保存到本身中，即 accu *= i。所以，构造的循环只要重复执行 i++和 accu *= i 这两个语句就好了。至于循环的终止嘛，就看 i <= n 的逻辑值吧。程序功能的实现代码如下：

示例 7-12 源码

```
01    #include <stdio.h>
02
03    int main(int argc, char* argv[])
04    {
05          int n;
06          puts("Input an integer:");
07          scanf("%d",&n);
08          int i = 1;
09          long long accu = 1;
10          do
```

```
11        {
12            accu *= i;
13            i++;
14        } while (i <= n);
15        printf("accu = %lld\n\n",accu);
16        return 0;
17    }
```

考虑到数列前 n 个数的积会很大很大，所以在 09 行使用了 long long 类型来定义积的变量 accu，因为 long long 类型可以表示最大整数到 $2^{63}-1$。这点我们在第 2 章中详细地介绍过，同时为了输出 long long 类型的整数，15 行的 printf() 使用了 "%lld" 格式控制符，它对应于 long long 类型的数据。

程序 10～14 行是 do-while 循环的全部，循环体是 12 和 13 行的两个语句，表达式是 14 行 while 后面括号中的 i <= n，一定不要忘了 while 最后面的分号 ";"，此程序的执行流程如图 7-20 所示。图 7-21 是在程序运行时输入 20 的运行效果。可以直观地看到变量 accu 所代表整数的位数，确实非常的大，如果使用 int 类型的话，变量早溢出了。

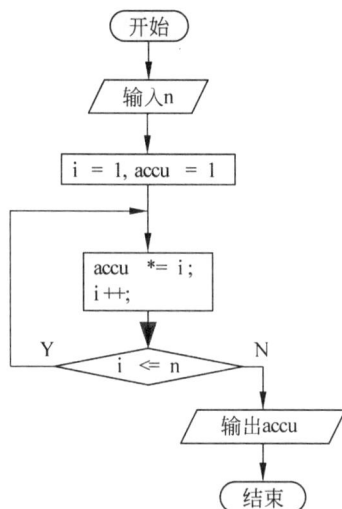

图 7-20　示例 7-12 程序运行流程图

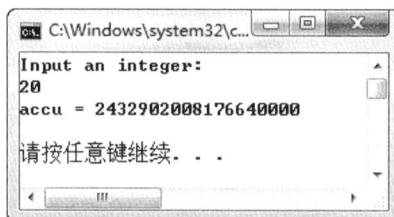

图 7-21　示例 7-12 程序运行效果①

但无论如何，即使 long long 类型有能表示很大很大的整数，但如果超出这个最大整数的话，数据还是会发生溢出，输出的 accu 就会是一个负数。例如，输入整数 40，表明要计算数列前 40 个数的积，程序的运行效果如图 7-22 所示，程序输出了一个负数。

图 7-22　示例 7-12 程序运行效果②

7.3.3　不同循环机制间的比较

无论何种循环机制，一定满足 3 个通俗的条件中的一个或多个：有起点、有终点、有重复执行的语句。for、while 和 do-while 都能实现循环，虽然各有千秋，但是功能可以完全相互替代。本小节将通过两个示例分别比较 3 种循环的实现方式。

【示例 7-13】　编程获取用户输入的 5 个整数，然后输出 5 个整数中最小的整数。

实现的方法有多种，本小节只比较使用 3 种循环实现的方法。无论如何循环的次数最多 5 次，也就是说本题循环的次数是确定的。

使用 for 循环实现：

```
01  #include <stdio.h>
02
03  int main(int argc, char* argv[])
04  {
05      int num1,num2;
06      scanf("%d",&num1);
07      for(int i = 1;i <= 4;i++)
08      {
09          scanf("%d",&num2);
10          if(num1 > num2)
11              num1 = num2;
12      }
13      printf("最小的数是：%d\n\n",num1);
14      return 0;
15  }
```

使用 while 循环实现：

```
01  #include <stdio.h>
02
03  int main(int argc, char* argv[])
04  {
05      int num1,num2;
06      scanf("%d",&num1);
07      int i = 1;
08      while(i <= 4)
09      {
10          scanf("%d",&num2);
11          if(num1 > num2)
12              num1 = num2;
13          i++;
14      }
15      printf("最小的数是：%d\n\n",num1);
16      return 0;
17  }
```

使用 do-while 循环实现：

```
01  #include <stdio.h>
02
03  int main(int argc, char* argv[])
04  {
05      int num1,num2;
06      scanf("%d",&num1);
07      int i = 1;
08      do
09      {
10          scanf("%d",&num2);
11          if(num1 > num2)
12              num1 = num2;
13          i++;
14      } while (i <= 4);
15      printf("最小的数是：%d\n\n",num1);
16      return 0;
17  }
```

3 种循环使用了同样的方法来实现本题所要求的功能：

（1）先取得第一个数据，假设它是最小的数保存到变量 num1 中。

（2）读取下一个数据保存到变量 num2 中，如果 num1 > num2，那么就将 num2 中的数据保存到 num1 中。

（3）重复（2）的步骤 4 次，结束循环。

（4）输出 num1 的值。

for 循环和 while 循环都是先判断，然后执行循环体，而 do-while 是先执行循环体后判断。前两者可以很容易地计算出循环了 4 次，后者判断起来就比较绕了，尽管它的循环体也是执行了 4 次。因为实现已经很明确需要循环 4 次了，所以 for 的 3 个表达式可以很明确地写出来，然后分别作为起始、终止和步进条件，而 while 和 do-while 循环的条件表达式只能放循环的终止条件，起始和步进条件分别放到了循环的前面和循环的里面。

【示例 7-14】　由用户输入一串字符，编程判断字符串中字符"a"出现的次数。

很显然，用户输入的字符个数是未知的，而要判断字符串中字符"a"的个数，就必须要循环取出字符串中的每一个字符，然后与"a"进行比较。下面是使用 3 种循环机制实现功能的 3 个程序。

使用 for 循环实现：

```
01   #include <stdio.h>
02
03   int main(int argc, char* argv[])
04   {
05       puts("Input an string");
06       char c = getchar();
07       int count_num = 0;
08       for(;c != '\n';)
09       {
10           if(c == 'a')
11               count_num++;
12           c = getchar();
13       }
14       printf("字母 a 的数目是：%d\n\n",count_num);
15       return 0;
16   }
```

使用 while 循环实现：

```
01   #include <stdio.h>
02
03   int main(int argc, char* argv[])
04   {
05       puts("Input an string");
06       char c = getchar();
07       int count_num = 0;
08       while(c != '\n')
09       {
10           if(c == 'a')
11               count_num++;
12           c = getchar();
13       }
14       printf("字母 a 的数目是：%d\n\n",count_num);
15       return 0;
16   }
```

使用 do-while 循环实现：

```
01  #include <stdio.h>
02
03  int main(int argc, char* argv[])
04  {
05      puts("Input an string");
06      char c;
07      int count_num = 0;
08      do
09      {
10          c = getchar();
11          if(c == 'a')
12              count_num++;
13      } while (c != '\n');
14      printf("字母 a 的数目是：%d\n\n",count_num);
15      return 0;
16  }
```

虽然循环次数并不确定，但是循环的终止条件是确定的。因为用户完成输入以后总会按下回车键。回车的转义字符是 "\n"，所以只要查看字符是否是 "\n" 就能判断字符串是否结束了。同样的，for 和 while 循环先判断后执行循环体，do-while 循环先执行循环体后判断，因此后者与前两者相比，循环体中两条相同语句的顺序颠倒了，其他部分基本是一致的。

综合这两个示例总结一下这 3 种循环的特色：

❑ 针对同一个问题，3 种循环都可以很好地解决，所以它们可以相互替代。

❑ for 和 while 循环都是先判断，然后执行循环体，而 do-while 循环是先执行一次循环体，后判断，因此 do-while 循环更适合那些至少执行一次的场合。

❑ for 的 3 个表达式可以依据问题的需要任意省略和填充，因此它的书写形式最灵活，而 while 和 do-while 循环的表达式在语法上只能有一个表达式，而且通常是作为结束条件而存在的。

7.3.4　练习

1. 数列 2、4、6、8…是一组偶数数列，即后面的数总是比前面的那个数大 2，编程计算用户所要求的前 n 个数的和。部分程序代码已给出如下，在程序中输入 5 时程序的运行效果如图 7-23 所示。

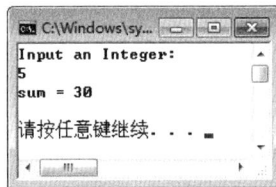

图 7-23　练习 1 程序运行效果

```
01  #include <stdio.h>
02
03  int main(int argc, char* argv[])
04  {
05      int n;
06      puts("Input an Integer:");
07      scanf("%d",&n);
08      int i = 1,sum = 0;
09      _____
10      _____
11      _____
12      _____
13      printf("sum = %d\n\n",sum);
14      return 0;
15  }
```

练习 1 源码

2．判断下面程序的输出结果。

练习 2 答案

```
01   #include <stdio.h>
02
03   int main(int argc, char* argv[])
04   {
05       int i = 0;
06       do
07       {
08          if(i%2 == 0)
09              printf("%d ",i);
10          else
11              printf("%d ",-i);
12       } while (i++ < 10);
13       puts("\n");
14       return 0;
15   }
```

3．将用户输入的任意 4 位正整数拆分成 4 个数并使用短杠（即"-"）连接，4 个数分别是这个 4 位整数的个、十、百、千位。例如，用户输入 5679，则会输出 9-7-6-5，运行效果如图 7-24 所示。

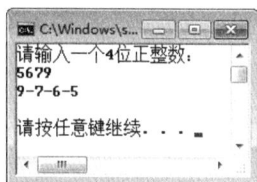

图 7-24　练习 3 程序运行效果

（1）使用 for 循环实现，请将程序补充完整。

练习 3-(1)源码

```
01   #include <stdio.h>
02
03   int main(int argc, char* argv[])
04   {
05       int num1;
06       puts("请输入一个 4 位正整数：");
07       scanf("%d",&num1);
08       for(_____)
09       {
10           _____
11           _____
12       }
13       _____
14       return 0;
15   }
```

（2）使用 while 循环实现，请将程序补充完整。

练习 3-(2)源码

```
01   #include <stdio.h>
02
03   int main(int argc, char* argv[])
04   {
05       int num1;
06       puts("请输入一个 4 位正整数：");
07       scanf("%d",&num1);
08       int i = 1;
09       while(_____)
10       {
11           _____
12           _____
13           _____
14       }
```

```
15          _____
16          return 0;
17      }
```

（3）使用 do-while 循环实现，请将程序补充完整。

```
01      #include <stdio.h>
02
03      int main(int argc, char* argv[])
04      {
05          int num1;
06          puts("请输入一个 4 位正整数：");
07          scanf("%d",&num1);
08          int i = 1;
09          do
10          {
11              _____
12              _____
13              _____
14          } while (_____);
15          _____
16          return 0;
17      }
```

练习 3-(3)源码

7.4　跳　出　循　环

跳出循环分两种情况：正常跳出、非正常跳出。前者表明循环按照循环语句预先设计好的方式结束，后者正好相反，它表明循环中出现了意外情况，因此进行了特殊的处理。本节就来讲解导致循环非正常跳出的 3 种语句。

7.4.1　continue 语句

continue 语句只用于循环语句中，作用是马上结束本次循环，开始下一个循环。一般使用形式如下：

continue;

需要强调的是，continue 语句并不会终止循环，而只是终止了多次循环中的一次而已。被终止的这次循环，有可能它的循环体只被执行了一半而已，另一半就好像被跳过了一样，没有被执行。

【示例 7-15】　下面的程序本来打算使用循环输出 1~10 这 10 个数字到屏幕上，结果因为 continue 语句在捣乱，所以只输出了 9 个数字到屏幕上。

```
01      #include <stdio.h>
02
03      int main(int argc, char* argv[])
04      {
05          for(int i = 1;i <= 10;i++)
06          {
07              if(i == 5)
08                  continue;
09              printf("%d ",i);
```

示例 7-15 源码

```
10        }
11        puts("\n");
12        return 0;
13    }
```

程序中 05 行是个再简单不过的 for 循环了。从它的 3 个表达式可以看出，for 中的循环体会被执行 10 次，而 for 的循环体又包含了两个语句：一个是 if 语句，另一个是 printf() 语句。前者判断在 i 为 5 时，会执行 continue 语句。因此，当 i==5 时，执行了 continue 语句从而结束了本次循环。09 行的 printf() 在本次没有被执行，直接跳转到 i==6 时的循环了。本程序的运行流程如图 7-25 所示，图 7-26 是程序的运行效果，可以看出列出的数据中没有 5。

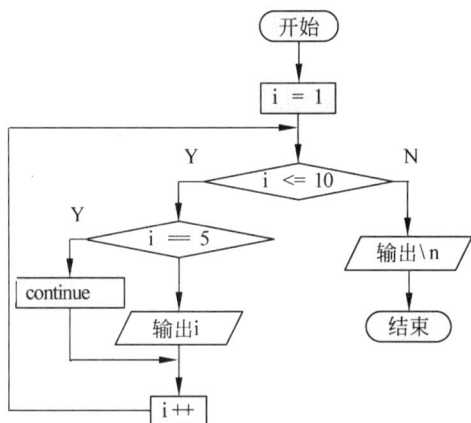

图 7-25　示例 7-15 程序运行流程图　　　图 7-26　示例 7-15 程序运行效果

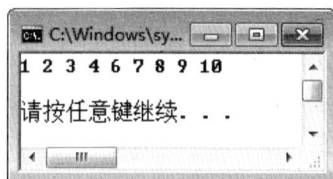

【示例 7-16】　使用循环来查找 10~200 间所有能被 5 和 7 同时整除的整数。

解决这个问题可以从两种角度出发：一种是整数能同时被 5 和 7 整除，则输出；另一种是整数不能被 5 或者不能被 7 整除则不输出。从这两个角度出发，编写的代码如下：

```
01    #include <stdio.h>
02
03    int main(int argc, char* argv[])
04    {
05        for(int i = 10;i <= 200;i++)
06        {
07            if(i % 5 == 0 && i % 7 == 0)
08                printf("%d ",i);
09        }
10        puts("\n");
11        return 0;
12    }
```

上面的代码，for 循环的循环体是个 if 语句，在判定这个整数可以被 5 和 7 同时整除了以后，if 子句输出了这个整数，否则进行下一轮的循环。

```
01    #include <stdio.h>
02
03    int main(int argc, char* argv[])
04    {
05        for(int i = 10;i <= 200;i++)
06        {
```

```
07              if(i % 5 != 0 || i % 7 != 0)
08                  continue;
09              printf("%d ",i);
10          }
11          puts("\n");
12          return 0;
13      }
```

上面的代码，for 循环的循环体包含了两个语句：if 语句和输出语句 printf()。if 语句判定整数不能被 5 或者 7 整除时，马上使用 continue 语句结束本次循环，进行下一次循环，直接跳过了 09 行的输出语句。两段不同的程序代码实现了相同的功能，程序的运行效果如图 7-27 所示。

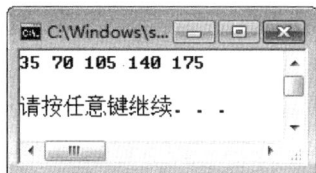

图 7-27　示例 7-16 程序运行效果

综合 continue 语句的使用，可以推测 continue 语句通常作为循环体的子句出现，要么是 if 的子句，要么是其他语句的子句。否则，continue 语句直接作为循环体中的一条语句，那 continue 语句后面的语句岂不是就没有被执行的可能了。

7.4.2　break 语句

break 语句只用于 switch 语句和循环语句中。switch 语句的应用在第 6 章中有详细的讲解，break 可以直接结束 switch 语句。在循环语句中的作用是：结束当前的循环。break 的语句形式如下：

```
break;
```

结束当前循环的后果是循环被完完全全地停止了，于是程序只好执行循环语句后面跟着的语句。

【示例 7-17】　下面程序中的循环同样打算输出 1~10 这 10 个整数，没想到由于 break 语句的捣乱，程序只是输出了 5 个整数。

```
01  #include <stdio.h>
02
03  int main(int argc, char* argv[])
04  {
05      for(int i = 1;i <= 10;i++)
06      {
07          if(i == 6)
08              break;
09          printf("%d ",i);
10      }
11      puts("\n");
12      return 0;
13  }
```

从程序中 for 循环的 3 个表达式可以看出，for 循环真的打算重复执行循环体 10 次。只是由于循环体中 if 语句的子句是一个 break 语句，break 语句在 i 为 6 时被执行了，停止了循环，因此循环体只被完整地重复执行了 5 次而已，输出的数据也只有 5 个。程序的运行流程如图 7-28 所示，图 7-29 是程序的运行效果图。

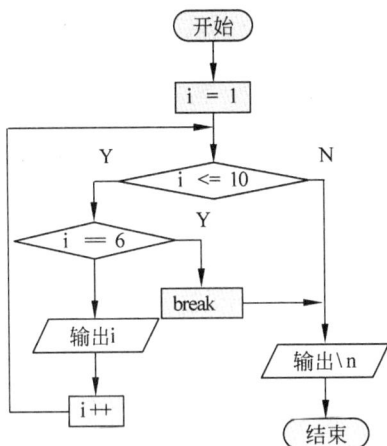

图 7-28 示例 7-17 程序运行流程图

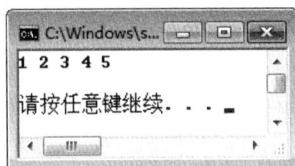

图 7-29 示例 7-17 程序运行效果

【示例 7-18】 下面的程序用来判断用户输入的一个数字是否是素数。

事先设置一个变量 flag 为 1，假设用户输入的数据是 79，那么只需要用 2～79/2 以内的所有数与 79 做取余（"%"）运算。只要有一个能将 79 整除就设置变量 flag 为 0，最后通过判断 flag，是 1 说明数据是素数，是 0 说明输入的数据不是素数。这种解题思路的实现代码如下：

```
01   #include <stdio.h>
02
03   int main(int argc, char* argv[])
04   {
05       int num,flag = 1;
06       puts("Input an integer:");
07       scanf("%d",&num);
08       for(int i = 2;i <= num/2;i++)
09       {
10           if(num%i == 0)
11               flag = 0;
12       }
13       if(flag == 1)
14           printf("%d是素数\n\n",num);
15       else if(flag == 0)
16           printf("%d不是素数\n\n",num);
17       return 0;
18   }
```

运行程序,并且输入 97 时程序的运行效果如图 7-30 所示。

如果细看下程序会发现似乎有些地方可以优化一下；例如，在 08 行的 for 循环，我们发现：只要循环中有一个数能将用户输入的数据整除，循环就不必进行了，这个数据已经确定无疑不是素数了，为什么还要继续剩下的毫无意义的循环呢？于是我们加入 break 语句将程序按照新的想法实现，只需要修改 08～12 行的语句为下面的样子就可以了：

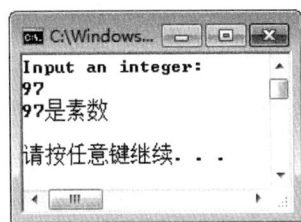

图 7-30 示例 7-18 程序运行效果

```
for(int i = 2;i <= num/2;i++)
{
    if(num%i == 0)
```

```
        {
            flag = 0;
            break;
        }
    }
```

在 if 的子句中加入 break 语句就可以了。

【示例 7-19】 下面的程序同样是处理数列前 n 个数之和的，数列 1、2、3、4、5…后面的数总比前面的数大 1，若前 n-1 个数的和 sum<50000，前 n 个数的和 sum>50000，n 是多少？

与前面不同的是，程序中居然明显地引入了一个无限循环，这样做真的没问题吗？还是说循环里的 break 语句起到了阻止无限循环的作用。

示例 7-19 源码

```
01    #include <stdio.h>
02
03    int main(int argc, char* argv[])
04    {
05        int i = 1,sum = 0;
06        while(1)
07        {
08            sum += i;
09            if(sum > 50000)
10                break;
11            i++;
12        }
13        printf("n = %d,sum = %d\n\n",i,sum);
14        return 0;
15    }
```

程序使用循环累加数列 1、2、3、4、5…的和，直到数列的和首次大于 50000，然后使用 break 语句终止循环，所以尽管 while 后的表达式可能导致无限循环，但是有了 break 语句的协助，循环一样可以终止，程序的运行效果如图 7-31 所示。

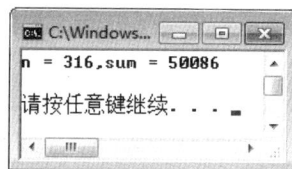

图 7-31　示例 7-19 程序运行效果

【示例 7-20】 下面的程序中包含了 switch 语句和 for 循环语句，而且 for 循环语句中使用了 break 语句，那么请思考程序的输出结果。

示例 7-20 源码

```
01    #include <stdio.h>
02
03    int main(int argc, char* argv[])
04    {
05        int i;
06        puts("Input an integer(1~3):");
07        scanf("%d",&i);
08        switch(i)
09        {
10        case 1:
11            for(int j = 1;j < 10;j++)
12            {
13                if(j == 6)
14                    break;
15                printf("&");
16            }
17        case 2:
18            printf("*****");
```

```
19          break;
20      case 3:
21          printf("@@@@@");
22      }
23      puts("\n");
24      return 0;
25  }
```

阅读程序，可以明确的是：switch 语句包含了 3 个 case 子句。第一个 case 用来循环输出 5 个 "&" 符号，第二个 case 用来输出 5 个 "*" 符号，第三个 case 用来输出 5 个 "@" 符号。讲解 switch 时说过，每个 case 语句的末尾处最好加一个 break 语句，不然执行完当前的 case 以后程序还会顺序执行下面的 case 语句，除非遇到 break 语句，就像是程序中 19 行的那样，但程序中 case1 的末尾处没有 break 语句，但是 11 行处 for 循环里有 break，它能代替 case1 末尾处的 break 语句来结束 switch 吗？运行程序，输入 1 时程序的运行效果如图 7-32 所示。

从程序的运行效果来看，显然 case 2 的结果被一同输出了，这是为什么呢？break 语句的效果像是一次性的，在结束了 for 循环以后就没效果了，又如何作用于 switch 呢？同样，对于循环里面又有循环的情况，就是下一节将要讲解的循环的嵌套，break 也只是结束了一个循环，而不是所有的循环。这个示例会在下一节适当的位置出现。

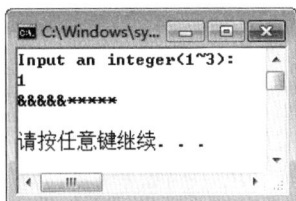

图 7-32　示例 7-20 程序运行效果

7.4.3　goto 语句

goto 语句可以应用在任何场合之中，而不必限制于循环语句或其他语句中。它的作用是实现程序执行流程的无条件跳转。既然可以任意跳转，那么当然可以从循环中跳出。goto 的语句形式如下：

goto 语句标号；

- 语句标号是 C 语言的任意标识符。标识符的内容在第 3 章中有详细的讲解。它由数字、字母和下划线组成，开头不能是数字，也不能与 C 语言中已经预定义的标识符（即关键字）同名。
- 语句标号只是一个跳转的标记，没有特殊的含义。
- 程序执行完 goto 语句后，会跳转到语句标号标识的语句处继续执行。
- 语句标号标识语句的方法是：在要标识语句的最前面写上语句标号，然后在语句标号的后面加上一个冒号 ":"。

【示例 7-21】　下面的程序本打算计算数列 2、4、6、8、10…前 10 个数的和，但是由于在循环中使用了 goto 语句，所以循环在未完成任务的情况下结束了。

```
01  #include <stdio.h>
02
03  int main(int argc, char* argv[])
04  {
05      int i = 1,sum = 0;
06      for(;i<=10;i++)
07      {
08          if(i == 6)
09              goto outside;
```

示例 7-21 源码

```
10          sum += i*2;
11      }
12      outside:printf("sum = %d,i = %d\n\n",sum,i);
13      return 0;
14  }
```

程序中的 for 循环包括 06~11 行的全部代码。其中，09 行使用了 goto 语句，goto 后面跟的语句标号是 outside，符合标识符的命名规则，而 outside 标识的语句在 12 行，语句的最开头是 outside，当然它后面的那个冒号可千万不能遗忘，不然编译器无法理解语句标号的标识作用。从程序 08 行的代码来看，循环会在 i 的值为 6 时发生跳转结束循环，然后输出此时的数列和 sum，以及变量 i 的值。程序的运行流程如图 7-33 所示，图 7-34 是程序的运行效果图。

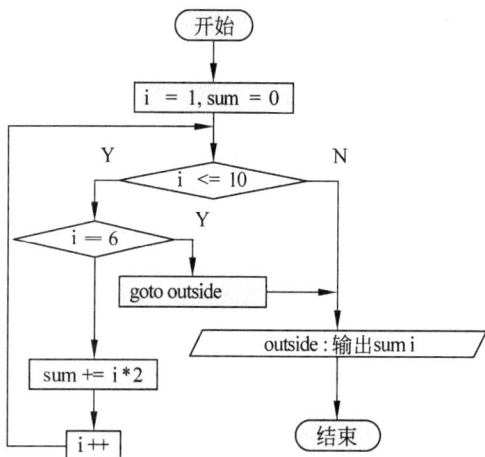

图 7-33　示例 7-21 程序运行流程图

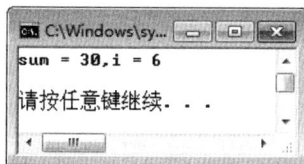

图 7-34　示例 7-21 程序运行效果

虽说 goto 语句可以使得程序的执行方向无条件跳转，但是对于要跳转到的地方还是有一定讲究的，比如，goto 语句要跳转到的地方，必须是站在 goto 语句的角度上它所能"看到"的任何地方，如果连它自己都看不到的话，又如何完成跳转呢？比如下面的例子。

【示例 7-22】　下面的程序包含了 goto 语句，但是 goto 语句却导致了编译错误，编译器给出的错误是："repeat"未定义。未定义就说明了编译器站在 goto 语句的角度上根本看不到 repeat 所标识的语句，那又如何跳转呢？在本书的第 5 章详细地讲解过变量的作用域，变量在自己的作用域外是无法被"看到"的，同理，也可以同样的认为由语句标号标识的语句也是有作用范围的，这个范围之外是不可见的。具体的代码如下：

```
01  #include <stdio.h>
02
03  void add();
04  int i = 1;
05  int main(int argc, char* argv[])
06  {
07      goto repeat;
08      printf("i = %d\n\n",i);
09      return 0;
10  }
11  void add()
12  {
```

```
13      repeat:i += 10;
14  }
```

为了说明 goto 语句也不是想跳转到哪里就可以跳转到哪里，程序代码使用了"函数"。这方面的知识会在本书后面章节中最合适的地方讲解，对于读到这里的读者来说，只要知道程序 07 行的 goto 语句无法使得程序跳转到程序 13 行的位置，以及因此导致本段程序无法编译通过即可。

【示例 7-23】　下面的程序使用 goto 语句构造了一个循环，循环有点类似于 do-while。

```
01  #include <stdio.h>
02
03  int main(int argc, char* argv[])
04  {
05      int i = 64;
06      repeat:i++;
07      printf("%c ",i);
08      if(i != 'Z')
09          goto repeat;
10      puts("\n");
11      return 0;
12  }
```

示例 7-23 源码

程序的目的是通过使用 goto 语句构造的循环来输出 26 个大写字母。整个循环的部分起于 06 行止于 09 行。只要 08 行 if 的表达式的逻辑值为"真"，if 子句中的 goto 语句就会将程序的执行方向带到由 repeat 标识的 06 行，程序的运行效果如图 7-35 所示。

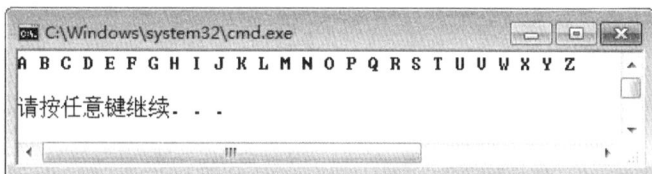

图 7-35　示例 7-23 程序运行效果

【示例 7-24】　下面的程序类似于讲解 break 时引入的一个示例，不同的是那个示例使用的是 break 语句，本示例打算使用 goto 语句，具体的程序代码如下：

```
01  #include <stdio.h>
02
03  int main(int argc, char* argv[])
04  {
05      int i;
06      puts("Input an integer(1~3):");
07      scanf("%d",&i);
08      switch(i)
09      {
10      case 1:
11          for(int j = 1;j < 10;j++)
12          {
13              if(j == 6)
14                  goto next_p;
15              printf("&");
16          }
17      case 2:
18          printf("*****");
19          break;
```

示例 7-24 源码

```
20      case 3:
21          printf("@@@@@");
22      }
23      next_p:puts("\n");
24      return 0;
25  }
```

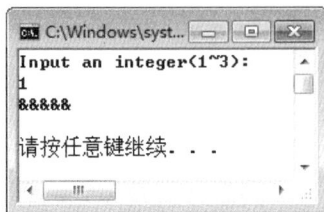

与讲解 break 时不同的只有程序 14 和 23 这两行代码。
当时的 break 语句只是跳出了 for 循环，而没有跳出 switch
语句。既然 goto 的作用是任意跳转，那么它能否同时结束
for 循环和 switch 语句呢？答案是可以的。图 7-36 是程序运
行时输入 1 时的运行效果图，程序只是输出了 5 个 "&" 符
号，而没有输出 "*" 符号，这说明 goto 语句使用跳转成功
地跳出了 for 循环和 switch 语句。

图 7-36　示例 7-24 程序运行效果

7.4.4　练习

1. 下面的程序用于输出一串整数，奇数以正数的形式输出，偶数以负数的形式输出。
部分程序代码如下，程序的运行效果如图 7-37 所示，请将代码补充完整。

```
01  #include <stdio.h>
02
03  int main(int argc, char* argv[])
04  {
05      for(int i = 1;i <= 20;i++)
06      {
07          if(_____)
08          {
09              printf("%d ",-i);
10              _____
11          }
12          printf("%d ",i);
13      }
14      puts("\n");
15      return 0;
16  }
```

练习 1 答案

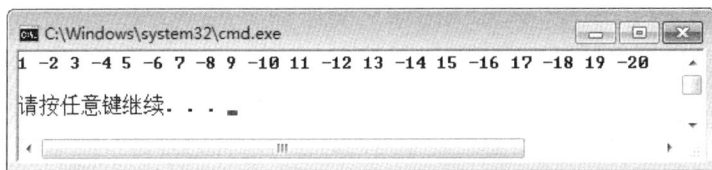

图 7-37　练习 1 程序运行效果

2. 阅读下面的程序，推测程序的运行结果。

```
01  #include <stdio.h>
02
03  int main(int argc, char* argv[])
04  {
05      for(int i=0;i<10;i++)
06      {
07          switch(i%2)
```

练习 2 答案

```
08              {
09          case 0:
10              printf("%d ",i*10);
11              break;
12          case 1:
13              printf("%d ",i*-10);
14          }
15      }
16      puts("\n");
17      return 0;
18  }
```

3．下面的程序给用户出了一道数学整数乘法计算题，请问当用户输入 8875 时程序会怎么运行？那输入 8835 时呢？具体的程序代码如下：

```
01  #include <stdio.h>
02
03  int main(int argc, char* argv[])
04  {
05      int ans;
06      puts("请输入 285*31 的运算结果:. ");
07      repeat:scanf("%d",&ans);
08      if(ans != 8835)
09      {
10          puts("不对哟，再好好算算，不行的话可以使用计算器~");
11          goto repeat;
12      }
13      puts("好吧，你是对的\n");
14      return 0;
15  }
```

练习 3 答案

程序运行效果：　_____
　　　　　　　　_____
　　　　　　　　_____
　　　　　　　　_____
　　　　　　　　_____

7.5　循环中的循环——嵌套

当一个任意循环语句的循环体内包含了另一个循环的时候，我们就说它是嵌套的循环语句。为什么要提循环的嵌套呢？显然是为了解决更多更复杂的实际问题。本节就来列举一些示例，以及解决本章前面遗留的问题。

7.5.1　嵌套实例一

【示例 7-25】　本示例演示"九九乘法表"实现的全过程，包括如何思考，以及代码如何演化。

（1）因为程序的输出顺序是自上而下，自左向右的，所以先看程序的每一行。第一行的输出结果是：

```
01   1*1= 1
```

可以使用输出语句 printf() 来实现：

```
01   int i = 1,j = 1;
02   printf("%d*%d=%d",i,j,i*j);
```

第二行的输出结果是：

```
01   2*1= 2 2*2= 4
```

那么输出语句 printf() 就可以这样来实现：

```
01   int i = 2,j = 1;
02   printf("%d*%d=%d",i,j,i*j);
03   i = 2,j = 2;
04   printf("%d*%d=%d",i,j,i*j);
```

第三行的数据结果是：

```
01   3*1= 3 3*2= 6 3*3= 9
```

那么输出语句 printf() 就可以这样来实现：

```
01   int i = 3,j = 1;
02   printf("%d*%d=%d",i,j,i*j);
03   i = 3,j = 2;
04   printf("%d*%d=%d",i,j,i*j);
05   i = 3,j = 3;
06   printf("%d*%d=%d",i,j,i*j);
```

依次类推，可以相信"九九乘法表"真的可以如此实现。

（2）但是既然语句里有那么多重复的地方，我们何不考虑用"循环"来实现呢？"九九乘法表"一个等式就可以由一个下面的语句输出：

```
01   printf("%d*%d=%d",i,j,i*j);
```

（3）从 int 型变量 i 的值来看，它是随着行数而发生改变的，如果有 9 行，那么显然 i 的范围是 1~9。如果使用循环的话，一个循环的初始条件就是 i=1，结束条件就是 i<=9，步进条件就是 i++，循环体就是输出语句，如下：

```
01   for(int i = 1;i <= 9;i++)
02   {
03        输出一行
05   }
```

再来看 int 型变量 j，它的值总是从 1 开始，但到什么为止呢？这个不固定，总之是第几行就到几终止，正好和 i 挂上钩了，那么每次就到变量 i 和 j 相等就可以了。修改代码如下：

```
01   i = 4;
02       j = 1;
03       printf("%d*%d=%d",i,j,i*j);
04       j = 2;
05       printf("%d*%d=%d",i,j,i*j);
06       …
07       j = i;
08       printf("%d*%d=%d",i,j,i*j);
```

（4）写出代码后发现，似乎对于 j 也可以使用循环来实现，循环的初始条件是 j=1，结束条件是 j<=i，步进条件是 j++，循环体就是 printf()语句，如下：

```
01  i = 4;
02  for(int j = 1;j <= i;j++)
03  {
04      printf("%d*%d=%d",i,j,i*j);
05  }
```

（5）思考到这里，总结出如下的代码：

```
01  for(int i=1;i<=9;i++)
02  {
03      for(int j=1;j<=i;j++)
04      {
05          printf("%d*%d=%2d ",i,j,i*j);
06      }
07  }
```

我们发现，代码中有两个 for 循环，而且 03 行的 for 循环是作为 01 行 for 循环的循环体而出现的。像这种循环中包含循环的形式，就是本章要讲解的循环嵌套。

（6）依据"九九乘法表"的格式重新完善和整理代码如下：

```
01  #include <stdio.h>
02
03  int main(int argc, char* argv[])
04  {
05      for(int i=1;i<=9;i++)
06      {
07          for(int j=1;j<=i;j++)
08          {
09              printf("%d*%d=%2d ",i,j,i*j);
10          }
11          printf("\n");
12      }
13      printf("\n");
14      return 0;
15  }
```

添加的程序第 11 行用来负责"换行"，保证"九九乘法表"的全局格式。程序 09 行修改了一点细节：通过"%2d "中的 2 规定了输出数据的宽度，进而保证对齐。图 7-38 对照了程序对齐和不对齐的输出效果，上面的那个在第 4 和第 5 行间出现了错位。图 7-39 是本程序的运行流程图。

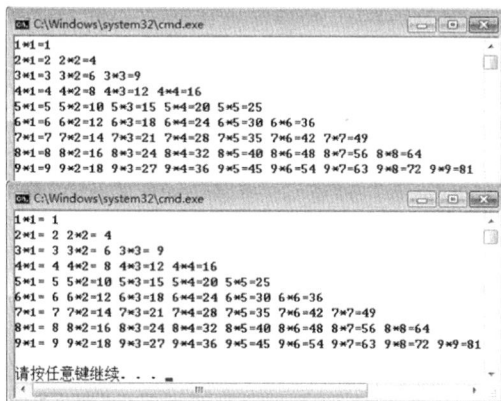

图 7-38　示例 7-25 程序运行效果对比

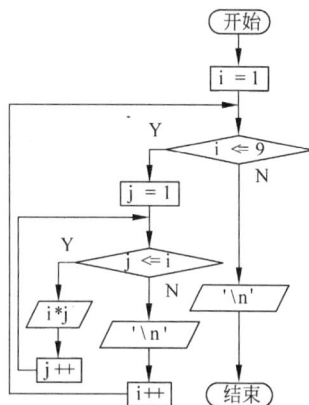

图 7-39　示例 7-25 程序运行流程图

7.5.2　嵌套实例二

【示例 7-26】　本示例来研究下如何实现一个如图 7-40 所示的等腰三角形。

（1）三角形是由"*"构成的，一共有 8 行。第 1 行"*"的个数为 1，第 2 行"*"的个数为 3，第 3 行"*"的个数为 5，依次类推第 8 行"*"的个数为 2*8-1=15。而且依据等腰三角形的特性，除去中间一行的"*"外，两边拥有的"*"数目相等，而且左面的最大宽度是7。对等腰三角形的分析如图 7-41 所示。

示例 7-26 源码

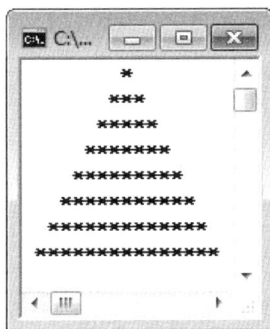

图 7-40　程序输出等腰三角形

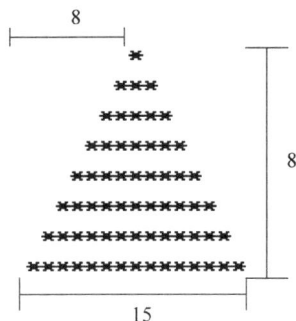

图 7-41　等腰三角形分析图

（2）程序一共需要输出 8 行，所以可以先构造如下这样的循环：

```
01  for(int i=1;i<=8;i++)
02  {
03      输出每一行
04  }
```

（3）对于每一行的"*"号，我们发现它的个数是行数的 2 倍再减 1，比如输出第 4 行，"*"的数目应该是 2*4-1=7 个。循环的代码如下：

```
01  i = 4
02      for(int b=1;b<=2*i-1;b++)
03      {
04          printf("*");
05      }
```

使用上面的代码可以很完美地输出 7 个"*"。

（4）等腰三角形的实现代码似乎已经很明显了，和上个示例一样地循环嵌套，于是迫不及待地写下了代码：

```
01  #include <stdio.h>
02
03  int main(int argc, char* argv[])
04  {
05      for(int i=1;i<=8;i++)
06      {
07          for(int b=1;b<=2*i-1;b++)
08          {
```

```
09            printf("*");
10          }
11        printf("\n");
12      }
13      printf("\n");
14      return 0;
15  }
```

很明显，使用变量 i 来控制程序输出的行，使用变量 b 控制每一行输出的"*"数目，运行程序查看程序的运行效果如图 7-42 所示。从程序的运行效果上来看，还没有完全实现一个等腰三角形，现在只是一个直角三角形，与前者相比它缺少了"空格"。

（5）看来每一行得先输出一定数量的"空格"，然后才能输出"*"，从第 1 行到第 8 行，应该有的空格数是：8、7、6、5、4、3、2、1，而行数是 1、2、3、4、5、6、7、8，它们的顺序正好相反，对应位置处的和为 9（即 8+1=9、7+2=9、6+8=9 等等），那么在第 5 行输出空格的代码如下：

图 7-42　示例 7-26 程序运行效果①

```
01  i = 5;
02  for(int a=1;a<=9-i;a++)
03  {
04      printf(" ");
05  }
```

（6）整理一下思路，最外层的循环用来控制在哪一行输出，内层应该有两个循环，一个用来输出空格，另一个用来输出"*"，整理代码如下：

```
01  #include <stdio.h>
02
03  int main(int argc, char* argv[])
04  {
05      for(int i=1;i<=8;i++)
06      {
07
08          for(int a=1;a<=9-i;a++)
09          {
10              printf(" ");
11          }
12          for(int b=1;b<=2*i-1;b++)
13          {
14              printf("*");
15          }
16          printf("\n");
17      }
18      printf("\n");
19      return 0;
20  }
```

图 7-43　示例 7-26 程序运行效果②

最外层的循环是 05 行的 for，内层有两个并列的循环，分别位于 08、12 行，运行程序效果如图 7-43 所示。

7.5.3　嵌套实例三

【示例 7-27】　编程用于输出 10~150 间的所有素数。

本题肯定需要通过循环列举出 10~150 间的所有数，然后再针对每一个数 i，列举 2~i/2 的数来整除数据 i，借此来判断数据 i 是否是素数，将素数输出即可。所以本题同样可以使用循环嵌套来实现，如下：

```
01  #include <stdio.h>
02
03  int main(int argc, char* argv[])
04  {
05      int count = 0;
06      for(int i=10;i<=150;i++)
07      {
08          int j=2;
09          for(;j<=i/2;j++)
10          {
11              if(i%j==0)
12                  break;
13          }
14          if(j>i/2)
15          {
16              count++;
17              printf("%3d ",i);
18          }
19          if(count == 8)
20          {
21              count = 0;
22              printf("\n");
23          }
24      }
25      puts("\n");
26      return 0;
27  }
```

示例 7-27 源码

（1）程序 06 行的 for 循环用来列举 10~150 间的所有数据。

（2）09 行的 for 循环针对每一个数，使用循环来验证其是否是素数，09 行 for 后面的第一个表达式放到了 08 行，因为变量 j 不光要应用在 09 行 for 循环的范围之内，14、17 行也要用到变量 j。

（3）12 行的 break 在确定变量 i 不是素数的时候执行，直接中断 09 行的 for 循环，并开始执行 for 循环后面的程序，即 14 行开始的程序，注意 break 只是中断它所在的循环，而不是中断所有的循环。

（4）程序 14 行使用一个简单的表达式 j>i/2 来判断是否有数字可以整除变量 i，并将素数在 17 行使用 printf() 输出。

（5）因为 10~150 间有很多素数，为了使得输出的所有素数整齐地显示，程序 05 行引入变量 count，每输出一个素数就计数一次（代码 16 行），并通过 19 行的 if 语句将 count 重置（程序 21 行），以及使得程序换行输出（代码 22 行）。程序的运行效果如图 7-44 所示。

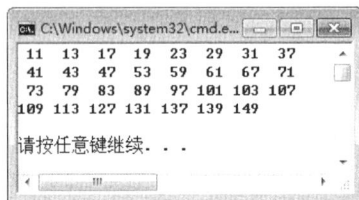

```
C:\Windows\system32\cmd.e...
 11  13  17  19  23  29  31  37
 41  43  47  53  59  61  67  71
 73  79  83  89  97 101 103 107
109 113 127 131 137 139 149

请按任意键继续. . .
```

图 7-44　示例 7-27 程序运行效果

7.5.4　练习

1. 下面的程序，在循环嵌套中搭配了一个数字等式，惊人地绘制出了一个"心"形图案！如图 7-45 所示。想知道是怎么实现的吗？刚才提到的数学公式是：

$(x^2+y^2-1)^3-x^2y^3<=0$

只要在最内层循环使用这个公式判断是否应该输出"*"即可，部分程序代码已给出：

```
01  # include <stdio.h>
02
03  int main(void)
04  {
05      float x, y;
06      float m, n;
07
08      for ( y=2; y>=-2; y-=0.12 )
09      {
10          for ( x=-1.2; x<=1.2; x+=0.05)
11          {
12              if(_____)
13                  printf("*");
14              else
15                  printf(" ");
16          }
17          printf("\n");
18      }
19      printf("\n");
20      return 0;
21  }
```

练习 1 源码

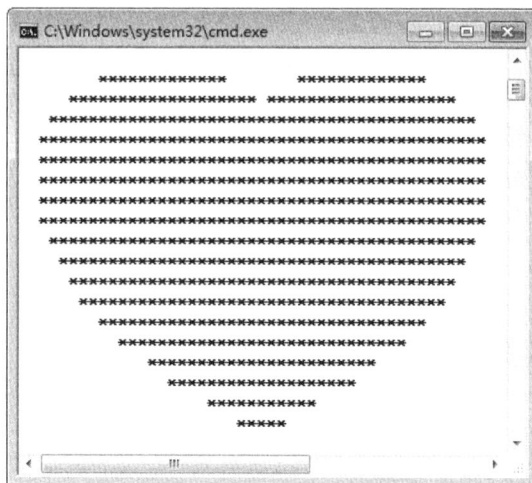

图 7-45　练习 1 程序运行效果

7.6　小　　结

本章首先通过实际应用讲解了语句重复执行的必要性，然后借此引出 C 语言提供的语句重复机制，即循环。for 循环、while 循环和 do-while 循环是讲解的重点，写循环代码的前提是发现有语句总在重复执行，通过归纳总结找到规律，使用最合适的循环机制书写循环即可。下一章将要讨论的函数，其实也是一种应对语句重复执行的方法和机制。

7.7　习　　题

1. 编程判断用户输入的数据是否是素数。所谓素数就是仅能被 1 和本身整除的正整数，如 2、3、5 等。下面的代码是实现这个功能的一种方法，请补充完整。当用户分别输入 31 和 32 时，程序的运行效果如图 7-46 所示。

```
01  #include <stdio.h>
02
03  int main(int argc, char* argv[])
04  {
05      int n,i;
06      puts("Input an integer:");
07      scanf("%d",&n);
08      for(i = 2;i < n;i++)
09      {
10          if(n % i == 0)
11              break;
12      }
13      if(_____)
14          printf("%d是素数\n\n",n);
15      else
16          printf("%d不是素数\n\n",n);
17      return 0;
18  }
```

习题 1 答案

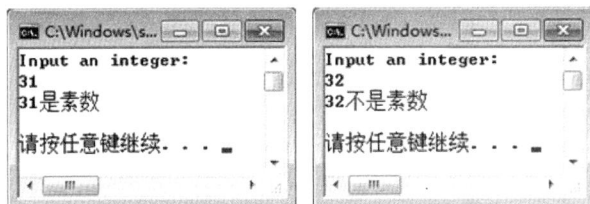

图 7-46　习题 1 程序运行效果

2. 将用户输入的任意 4 位正整数拆分成 4 个数并使用短杠（即 "-"）连接，4 个数分别是这个 4 位整数的千、百、十、个位，如用户输入 3691，则会输出 3-6-9-1，运行效果如图 7-47 所示。大部分程序代码已给出，请将其补充完整。

```
01  #include <stdio.h>
02
03  int main(int argc, char* argv[])
04  {
05      int inte,num1,num2;
06      puts("输入一个 4 位正整数: ");
07      scanf("%d",&inte);
08      for(int i = 1;i <= 4;i++)
09      {
10          num1 = 1;
11          for(int j = 1;j <= 4-i;j++)
```

习题 2 答案

```
12         _____
13             if(num1 != 1)
14             {
15                 num2 = inte / num1;
16                 printf("%d-",num2);
17                 inte %= num1;
18             }
19             else
20         _____
21         }
22     printf("\n\n");
23     return 0;
24 }
```

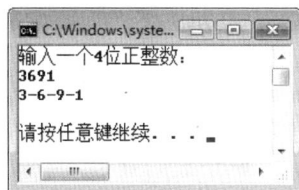

图 7-47　习题 2 程序运行效果

3．使用循环嵌套完成图 7-48 所示效果的"九九乘法表"，部分程序代码已给出。

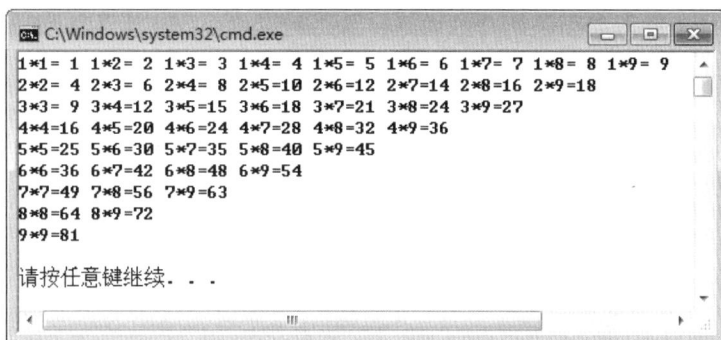

图 7-48　习题 3 程序运行效果

```
01  #include <stdio.h>
02
03  int main(int argc, char* argv[])
04  {
05      for(_____)
06      {
07          for(_____)
08          {
09              _____
10          }
11          printf("\n");
12      }
13      printf("\n");
14      return 0;
15  }
```

习题 3 源码

4．下面的程序用于输出如图 7-49 所示的钝角三角形，请将这个程序补充完整。

```
01  #include <stdio.h>
02
03  int main(int argc, char* argv[])
04  {
05      for(_____)
06      {
07          for(_____)
08              printf(" ");
09          for(_____)
10              printf("*");
11          printf("\n");
12      }
13      puts("\n");
```

习题 4 源码

```
14        return 0;
15   }
```

5．获取用户输入的两个整数（1~100），计算这两个数的
最大公约数和最小公倍数。

两个数的最小公倍数求解比较简单，但需要知道这两个数
的最大公约数，如两个数是 a 和 b，最大公约数是 c，则最小公
倍数是 a*b/c。

求公约数的方法一共有两种：辗转相除法和相减法。

（1）辗转相除法。使用两个数中较大的那个数整除较小的
那个数，若余数为 0，那么最大公约数就是那个被除的数，若
不为 0，使用刚才的被除数整除刚才的余数，得到新的余数，查看余数是否为 0…直到余数
为 0，被除数就是最大公约数了。如：24 和 18。

24%18=6

余数不为 0；用刚才的被除数 18 除以刚才的余数 6：

18%6=0

余数为 0，则最大公约数是 6。

（2）相减法。将两个数做减法运算，较大数减较小数，所得的差若与刚才的那个较小
的数相等，那么这个差就是最大公约数。若不相等，使用差与那个较小的数做减法运算，
还是较大数减去较小数…直到较小数与差相等为止，差就是最大公约数。如：24 和 18。

24-18=6

差为 6，较小数为 18，不相等，继续做减法：

18-6=12

差为 12，较小数为 6，还是不相等，继续做减法：

12-6=6

差为 6，较小数为 6，相等，那么 6 就是 24 和 18 的最大公约数。

下面的程序是使用辗转相除法求解最大公约数的一个程序实现，图 7-50 是它的运行效
果，请完善另一个使用相减法的程序实现，使之达到相同的效果。

图 7-49　习题 4 程序运行效果

```
01   #include <stdio.h>
02
03   int main(int argc, char* argv[])
04   {
05       puts("Please input two integers(1~100):");
06       int a,b;
07       repeat:scanf("%d %d",&a,&b);
08       if(a<1||a>100||b<1||b>100)
09       {
10           puts("Digital range must be 1~100");
11           goto repeat;
12       }
13       int a2,b2,temp,divi;
14       a2 = a,b2 = b;
15       if(a2<b2)
16       {
17           temp = a2;
18           a2 = b2;
19           b2 = temp;
```

```
20        }
21        divi = a2%b2;
22        while(divi != 0)
23        {
24            a2 = b2;
25            b2 = divi;
26            divi = a2%b2;
27        }
28        printf("最大公约数是: %d\n",b2);
29        printf("最小公倍数是: %d\n\n",a*b/b2);
30        return 0;
31    }
```

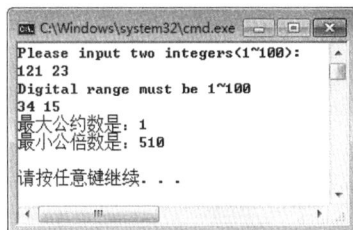

图 7-50   习题 5 程序运行效果

下面是使用相减法的部分程序实现代码，请补充完整：

```
01    #include <stdio.h>
02
03    int main(int argc, char* argv[])
04    {
05        puts("Please input two integers(1~100):");
06        int a,b;
07        repeat:scanf("%d %d",&a,&b);
08        if(a<1||a>100||b<1||b>100)
09        {
10            puts("Digital range must be 1~100");
11            goto repeat;
12        }
13
14        ...此处添加使用相减法的程序代码...
15
16        printf("最大公约数是: %d\n",b2);
17        printf("最小公倍数是: %d\n\n",a*b/b2);
18        return 0;
19    }
```

习题 5 源码

第 8 章 函   数

函数也是 C 语言用来处理代码重复书写的一种机制,但是与第 7 章中的循环不同,它无法取代循环,但是却可以弥补循环的不足。本章就来讲解这个神秘的函数应该如何被定义和恰当使用。

8.1 循环无法解决的重复

循环的出现,针对的主要就是程序中需要重复输入的语句。因为循环,重复的语句只要被书写一次就可以了,重复的次数由循环的机制来控制。但是,循环解决语句重复也是有局限的,这个局限就是循环无法应对语句重复但不连续的问题。

8.1.1 循环的经典应用和局限

【示例 8-1】 下面的程序说明了循环可以处理的重复和不能处理的重复。请看下面的第一段代码:

```
01  #include <stdio.h>
02
03  int main(int argc, char* argv[])
04  {
05      printf("*");
06      printf("*");
07      printf("*");
08      printf("*");
09      printf("\n\n");
10      return 0;
11  }
```

这段代码再简单不过,用来输出 4 个"*",但是从 05~08 行连续使用了 4 次重复的语句,针对这样的程序,使用循环的机制可以修改成如下的代码:

```
01  #include <stdio.h>
02
03  int main(int argc, char* argv[])
04  {
05      for(int i=1;i<=4;i++)
06          printf("*");
07      printf("\n\n");
08      return 0;
09  }
```

循环语句就在代码的 05 和 06 行,对于这样的连续重复语句,重复的次数越多越能显示出循环机制的优越性，但是如果代码中重复的语句并不是连续的重复怎么办？请看如下代码：

```
01   #include <stdio.h>
02
03   int main(int argc, char* argv[])
04   {
05       printf("*");
06       printf("$");
07       printf("*");
08       printf("#");
09       printf("*");
10       printf("@");
11       printf("*");
12       printf("\n\n");
13       return 0;
14   }
```

代码中虽然 05、07、09、11 行的代码是重复的，但是它们彼此之间又包含了其他的语句，也就是说代码中的重复语句是不连续的。这个例子也许不实用，但却很能说明循环的局限性。

8.1.2　循环结构无法解决的重复问题

【示例 8-2】下面是一个问答程序，代码中也有不少重复的部分，它们能转换为循环吗？

示例 8-2 源码

```
01   #include <stdio.h>
02
03   int main(int argc, char* argv[])
04   {
05       int ans;
06       puts("依次完成下列各习题：");
07       printf("1.   13*25=");
08       scanf("%d",&ans);              //第一次重复的开始
09       if(ans == 325)
10           printf("不错呀\n");
11       else
12           printf("很遗憾\n");
13       printf("2.   568%%14=");
14       scanf("%d",&ans);              //第二次重复的开始
15       if(ans == 8)
16           printf("不错呀\n");
17       else
18           printf("很遗憾\n");
19       printf("3.   23+14*35=");
20       scanf("%d",&ans);              //第三次重复的开始
21       if(ans == 513)
22           printf("不错呀\n");
23       else
24           printf("很遗憾\n");
25       printf("\n");
26       return 0;
27   }
```

程序 07、13 和 19 行共出了 3 个算术运算题。每出完一个题就要求用户输入答案，并

使用 08、14 和 20 行的 scanf()接收用户的输入。对于正确答案会提示"不错呀"；对于错误的答案会提示"很遗憾"。不管答对与否程序都会出下一个题，直到 3 个题出完程序才结束。程序中加粗的部分就是被重复的部分，但显然它们不连续，所以无法转换为循环。图 8-1 是依次输入 325、8 和 513 时的程序运行效果图。

既然不能使用循环，那么显然重复书写已经是不可避免了。那么能否像常量一样，将重复的语句简化，并在每次需要使用时，使用简化的语句就好了。所以我们设想中的代码应该是下面这个样子：

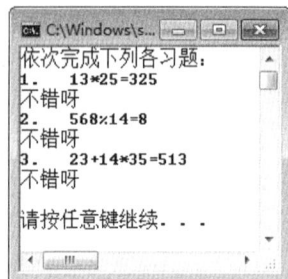

图 8-1　示例 8-2 程序运行效果图

```
01   #include <stdio.h>
02
03   int main(int argc, char* argv[])
04   {
05       int ans;
06       puts("依次完成下列各习题：");
07       printf("1.    13*25=");
08       --使用简化的语句--
09       printf("2.    568%%14=");
10       --使用简化的语句--
11       printf("3.    23+14*35=");
12       --使用简化的语句--
13       printf("\n");
14       return 0;
15   }
```

程序 08、10 和 12 行原本是要使用重复的多个语句的，如果能使用简化了的语句的话明显可以简化程序代码。C 语言提供了这样的机制了吗？答案显然是肯定的，这就是下一节要介绍的函数。

8.1.3　练习

1. 下面的程序，首先获取用户输入的两个数据，然后输出较大的那个数据，获取了两次，也输出了两次。阅读并将程序填充完整，体会循环机制的局限性。在分别输入 34、128 和 45、89 的时候，程序的运行结果如图 8-2 所示。

```
01   #include <stdio.h>
02
03   int main(int argc, char* argv[])
04   {
05       int a,b;
06       puts("输入 2 个数，程序会输出较大的那个数：");
07       scanf("%d %d",&a,&b);
08       _____
09       _____
10       _____
11       _____
12       puts("怎么样，再来试试：");
13       scanf("%d %d",&a,&b);
14       _____
```

练习 1 源码

```
15          _____
16          _____
17          _____
18          puts("好吧，我有事，就不玩了\n");
19          return 0;
20      }
```

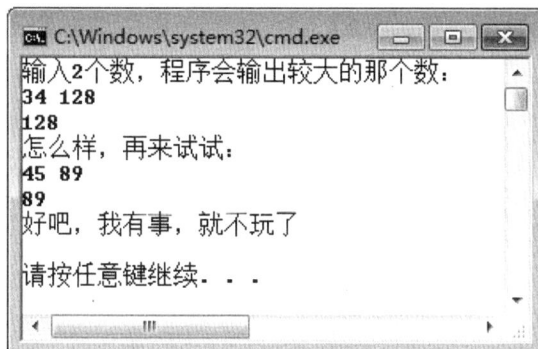

图 8-2　练习 1 程序运行效果

8.2　完全重复——无参函数

函数是另外一种解决代码重复的方式。根据重复的特征，代码重复可以分为完全重复和不完全重复。而函数因此也可以分为无参函数和有参函数。其中，完全重复指语句的执行结果与语句的执行位置无关，执行的代码完全相同。而无参函数简化的重复就是这类完全重复，本节就来详细介绍无参函数。

8.2.1　定义无参函数

C 语言规定，函数应该"先定义，后使用"，所以使用之前还是先来看下如何定义一个无参函数。定义形式如下：

```
函数返回值的类型  函数名()
{
    函数体
}
```

❑ 函数返回值类型可以是任意的类型，如第 2 章中学到的整型、浮点型甚至是字符型。

❑ 函数名是用户自定义的标识符，需要遵守标识符的命名规则，在第 3 章中对标识符有详细的介绍，一般情况下，默认变量名的首字母小写，函数名首字母大写。

❑ 函数名后的一对小括号"()"，以及一对大括号"{}"均不可省略。

❑ 函数体可以是一条语句，也可以是多条语句。

❑ 不能在函数中定义函数，否则编译时会报告错误，但是函数中可以使用其他函数。

8.2.2　函数的返回值

函数通常会产生一个返回值，这个返回值是由 return 来返回的，类型就是"函数返回值的类型"，调用形式如下：

```
return 表达式;
```

return 返回表达式的值，这个值就会作为函数的返回值。还有一类特殊的函数，它们没有返回值，也就是说函数不返回任何值。这类函数的返回值类型使用 void 标识，表示此函数没有返回值，而不是返回 void 类型的值。在程序中要么没有 return，要么 return 后面没有值，如下：

```
return;
```

函数中出现这样的语句，就表示这个函数没有返回值。

【示例 8-3】　下面的代码定义了一个无参函数，试着分析它的组成和功能。

```
01   int sum()
02   {
03       int a,b;
04       scanf("%d %d",&a,&b);
05       return a+b;
06   }
```

6 行代码告诉了我们：函数返回类型为 int 的值、函数的名称是 sum，函数体中首先获取用户输入的两个整数，并保存到变量 a 和 b 中，然后通过 return 返回表达式 a+b 的值。此函数的作用是"返回用户输入的两个数据的和"。

8.2.3　使用无参函数

上个示例只是展示了无参函数的定义，那如何使用函数呢？对于无参函数而言，使用形式如下：

```
函数名()
```

直接使用函数名，然后后面记得加上小括号"()"就可以了。函数既可以作为一条单独的语句，也可以作为表达式的组成部分（函数必须有返回值）。而且，函数的使用遵循原则：先定义，后使用。

【示例 8-4】　下面的程序定义了一个无返回值的函数，并在程序运行时使用了这个函数。

示例 8-4 源码

```
01   #include <stdio.h>
02
03   void PrintLable()
04   {
05       puts("***********************");
06       puts("* 程序名  ：示例程序 1");
07       puts("* 程序功能：功能演示");
08       puts("* 编写者  ：");
09       puts("* 编写日期：2014.2.18");
10       puts("***********************");
```

```
11  }
12  int main(int argc, char* argv[])
13  {
14      PrintLable();
15      printf("\n");
16      return 0;
17  }
```

查看程序 03 行，函数的名称是 PrintLable。因为返回值类型是用 void 标识的，所以这个函数是没有返回值的，即没有 return 语句。函数 PrintLable() 的定义在程序 03~11 行，函数体包含了 6 个 puts()，输出了 6 个字符串。函数 PrintLable() 的使用位置是程序的 14 行，形式是"函数名()"，程序的运行效果如图 8-3 所示。

图 8-3 示例 8-4 程序运行效果

所有想要重复输出这些字符串的地方都可以直接使用函数 PrintLable()，所以这个函数 PrintLable() 使得字符串的重复输入变得简洁了很多。其实，main() 也是一个函数（在本章的后面会有详解的讲解）。所以，函数 PrintLable() 的定义不能放在 main() 中，又因为函数的使用遵循"先定义，后使用"的原则，于是函数 PrintLable() 的定义放到了 main() 的前面。

从程序的输出结果还可以看出程序的执行顺序：main()->PrintLable()->printf("\n")，如图 8-4 所示，即函数 PrintLable() 的定义语句是在函数被使用的时候才执行的。

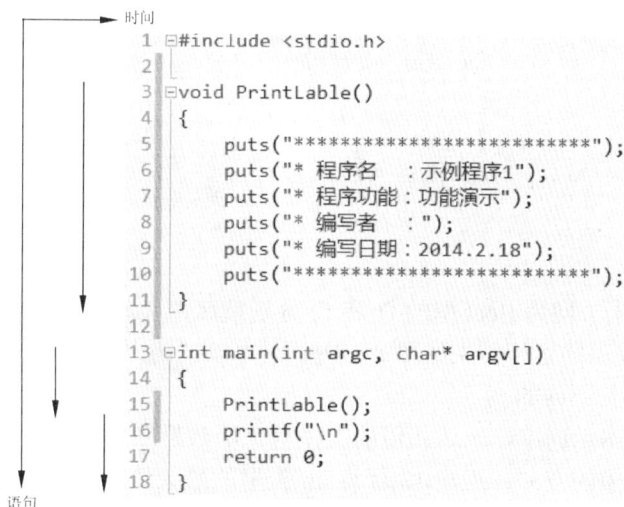

图 8-4 程序语句的执行顺序

8.2.4 返回值的类型转换

正常情况下，表达式值的类型应与"函数返回值的类型"一致，对于不一致的情况，程序自动进行类型转换，方向是固定的：始终将表达式值的类型转换为"函数返回值的类型"。

【示例 8-5】 下面的程序定义了一个函数 PutAve()，用于计算 3 个用户输入数据的平均数，阅读下面的程序，考虑程序的运行结果。

```
01  #include <stdio.h>
02
03  int PutAve()
04  {
05      float a,b,c,ave;
06      scanf("%f %f %f",&a,&b,&c);
07      ave = (a + b + c)/3.0;
08      printf("ave = %f\n",ave);
09      return ave;
10  }
11  int main(int argc, char* argv[])
12  {
13      float f = PutAve();
14      printf("函数返回值：%f ",f);
15      puts("\n");
16      return 0;
17  }
```

示例 8-5 源码

　　函数 PutAve()定义在程序的 03~10 行。可以看出 07 行进行的是浮点数的计算，08 行将 float 型 ave 的值先输出，然后 09 行的 return 将 ave 返回，作为函数 PutAve()的值。注意到了吗？ave 是 float 型的，而函数 PutAve()的返回值是 int 型的，所以程序会进行类型转换，将 float 型转换为 int 型。

　　在继续分析下去之前先看一个小的"实验"程序，如下：

```
01  #include <stdio.h>
02
03  int main(int argc, char* argv[])
04  {
05      float f1 = 5;
06      float f2 = 5.12;
07      printf("f1 = %f\nf2 = %f",f1,f2);
08      puts("\n");
09      return 0;
10  }
```

　　程序 05 和 06 行，同为 float 型的 f1 和 f2 分别被赋值 5 和 5.12，07 行使用 printf()将 f1 和 f2 的值输出，程序的运行结果如图 8-5 所示。可以证明，同为浮点数，被赋予 int 型和 float 型的输出结果是不同的。

　　所以为了验证本示例中，表达式值的类型与"函数返回值的类型"不一致的时候，程序进行自动类型转换的方向。程序 13 行将 int 类型的函数值赋给了 float 类型的 f，然后输出 f，同时函数 PutAve()内部，即 08 行将 float 类型的 ave 直接输出。比较 ave 和 f 的输出结果，即可说明自动类型转换的方向。当程序运行时，输入 35、79、14，程序的运行效果如图 8-6 所示。可得证，自动转换的方向是：将表达式值的类型转换为"函数返回值的类型"。

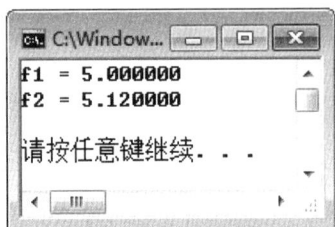

图 8-5　示例 8-5 程序运行效果①

图 8-6　示例 8-5 程序运行效果②

8.2.5　函数多 return 语句处理

函数里可以有多个 return 语句，但是函数只会执行一个 return 语句。因为函数一次只能返回一个值，然后就终止函数，程序的执行也会回到使用时的位置。

【示例 8-6】　下面的程序简单地演示了一个判断身高 170com 的人在测试自己的身体是偏瘦、正常还是偏胖。假设，55kg 以下为偏瘦，56~70kg 为正常，71kg 以上为肥胖。程序代码如下：

```
01   #include <stdio.h>
02
03   int Test_weight()
04   {
05       int num;
06       scanf("%d",&num);
07       if(num < 55)
08           return 1;
09       else if(num < 70)
10           return 2;
11       else
12           return 3;
13   }
14   int main(int argc, char* argv[])
15   {
16       puts("我知道你现在的身高是170cm了，现在请告诉我你的体重（kg）: ");
17       switch(Test_weight())
18       {
19       case 1:
20           puts("您属于偏瘦型，平时是饿坏了吧");
21           break;
22       case 2:
23           puts("您属于健壮型，好极了，请继续保持");
24           break;
25       case 3:
26           puts("您属于肥胖型，要多多活动活动，锻炼下身体才好");
27       }
28       printf("\n");
29       return 0;
30   }
```

示例 8-6 源码

函数 Test_weight()定义在程序 03~13 行，里面含有 3 个 return 语句，作为了 if-else-if 的子句。函数 Test_weight()在程序 17 行的 switch 语句中作为表达式，并依据函数 Test_weight()的返回值，输出对应的字符串结果。运行程序输入 87 时，程序的运行结果如图 8-7 所示。尽管函数 Test_weight()的定义中有 3 个 return 语句，但程序运行时只执行其中的一个。

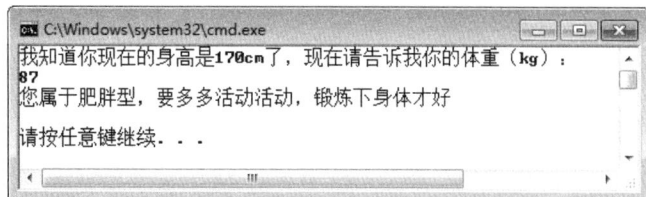

图 8-7　示例 8-6 程序运行结果

8.2.6　声明无参函数

通过前面的讲解，我们知道函数遵循"先定义，后使用"的原则，但是"先使用，后定义"的情况也可以，前提是，在使用前进行声明。函数如果没有定义就使用的话，编译器就会认为你使用了一个不存在的函数。实际上，这个函数存在，只是定义在了后面，但是如果能在使用前声明一下的话，计算机就知道有这个函数了，于是你就可以顺理成章地使用了。无参函数的使用形式如下：

函数返回值类型　函数名();

声明末尾处的分号";"是不可缺少的。

【示例 8-7】　下面的程序用于将用户输入的一个大写或小写字母转换成相应的小写或大写字母。其中的函数 convert_letter()就是先使用，然后才定义的。

```
01  #include <stdio.h>
02
03  void convert_letter();
04  int main(int argc, char* argv[])
05  {
06      puts("Input an letter:");
07      convert_letter();
08      puts("\n");
09      return 0;
10  }
11  void convert_letter()
12  {
13      char c;
14      scanf("%c",&c);
15      if(c >= 65 && c <= 90)
16          c = c + 32;
17      else if(c >= 97 && c <= 122)
18          c = c - 32;
19      printf("%c",c);
20  }
```

示例 8-7 源码

函数 convert_letter()是在程序 07 行被使用的，但是却是在 11 行以后才被定义的。这段程序之所以编译通过，就是因为程序 03 行函数 convert_letter()的声明在定义之前。大写字母 A~Z 的 ASCII 码范围是 65~90，小写字母 a~z 的 ASCII 码范围是 97~122。通过判断用户输入的字母的 ASCII 码值，进而判断用户输入的是大写字母还是小写字母，然后进行相应的转换。转换的方式也很简单，因为相应字母大小写的 ASCII 码值相差 32，所以要变大写就减 32，要变小写就加 32。两次运行程序，分别并输入字母 e 和 U，程序的运行效果如图 8-8 所示。

图 8-8　示例 8-7 程序运行效果

很多人都习惯统一将函数定义在后面，前面放声明和注释（用来说明函数的作用和使用方法）。当然每个人都有自己的写作习惯，风格统一就好。

8.2.7 函数体中的变量

由于函数体的代码自成体系，所以函数内部的变量也有自身的特点。下面详细讲解这些变量的两个特点。

1. 函数内部变量的生命周期

定义在函数内部的变量的生存期很短。伴随着函数的使用，变量产生，到函数返回值的时候，变量消失；再使用再产生，再返回再消失。就像第 5 章所讲的那样，变量是有生存范围的，在这个范围之内，变量才是可以被使用的。

【示例 8-8】 下面的程序，定义了函数 fun1()，变量 a 定义在了函数里，变量 b 定义在了函数的外面，从程序的运行结果中能看出什么？

示例 8-8 源码

```
01  #include <stdio.h>
02
03  void fun1();
04  int b = 1;
05  int main(int argc, char* argv[])
06  {
07      fun1();
08      fun1();
09      fun1();
10      printf("\n");
11      return 0;
12  }
13  void fun1()
14  {
15      int a = 1;
16      a += 5;
17      b += 5;
18      printf("a = %d b = %d\n",a,b);
19  }
```

函数 fun1()在程序 07~09 行被连续使用了 3 次，程序的运行结果如图 8-9 所示。变量 a 定义在函数内，属于局部变量，只在函数体内有效，而且随着函数的使用产生，随着函数返回消失，所以变量 a 的值始终没有"积累"。与其不同的是变量 b，b 定义在函数外，在程序被执行时产生，在程序终止时消失，所以在程序的存活期内，b 的值是可以积累的。

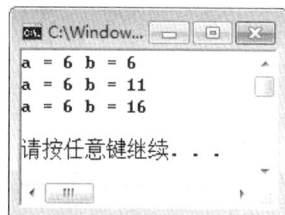

图 8-9 示例 8-8 程序运行结果

2. 特殊的变量——静态变量

有一类被称为静态变量的变量比较特殊。因为这种变量即使被定义在函数内部，它也不会随着函数的返回而消失，它直到程序终止才消失。在这点上，它和全局变量类似。静态变量的定义形式如下：

static 类型 变量名;

也就是说静态变量的定义和变量的定义一致，只是在定义的最前面加了 static 做修饰。与全局变量不同的是，静态变量如果被定义在一个函数内部，那么对于外部来说，这个静态变量是不可视的，也就是说静态变量只在函数内可操作。

【示例 8-9】　还是刚刚看到的那个示例，只是将变量 a 前面加了 static 修饰，将 a 变为了静态变量，查看程序的运行效果。

示例 8-9 源码

```
01  #include <stdio.h>
02
03  void fun1();
04  int b = 1;
05  int main(int argc, char* argv[])
06  {
07      fun1();
08      fun1();
09      fun1();
10      printf("\n");
11      return 0;
12  }
13  void fun1()
14  {
15      static int a = 1;
16      a += 5;
17      b += 5;
18      printf("a = %d b = %d\n",a,b);
19  }
```

运行程序效果如图 8-10 所示。从静态变量 a 的值来看，静态变量 a 的值的确被"积累"下来了。从效果上来看，它等同于全局变量 b。程序 15 行是静态变量的定义语句，在程序运行时只被执行一次，即函数 fun1() 第一次被调用的时候。对静态变量 a 的操作也仅限于函数 fun1() 的内部，范围是 14~19 行，所以 16 行的操作有效。

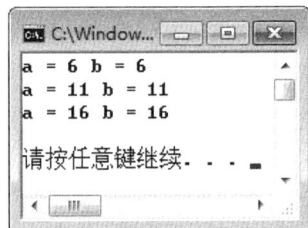

图 8-10　示例 8-9 程序运行效果

普遍变量如果在定义的时候没有赋初值就直接输出的话，会是一个随机的值。在 Visual Studio 2010 中，未赋初值就使用变量值的时候，编译器会发出一个警告，在运行程序的时候还会产生"中断"。例如下面的程序，变量 a 没有赋初值就直接使用 printf() 输出了，运行程序时产生的"中断"，如图 8-11 所示。其中，方框中的英文的含义就是"变量 a 在未初始化的时候就被使用了"。

```
01  #include <stdio.h>
02
03  int main(int argc, char* argv[])
04  {
05      int a;
06      printf("a = %d",a);
07      return 0;
08  }
```

而静态变量如果没有被赋初值，系统会自动为其赋值 0。

【示例 8-10】　下面的程序定义了两个静态类型的变量 a_s 和 b_s，并且没有赋初值就直接输出了。试推测程序的输出结果。

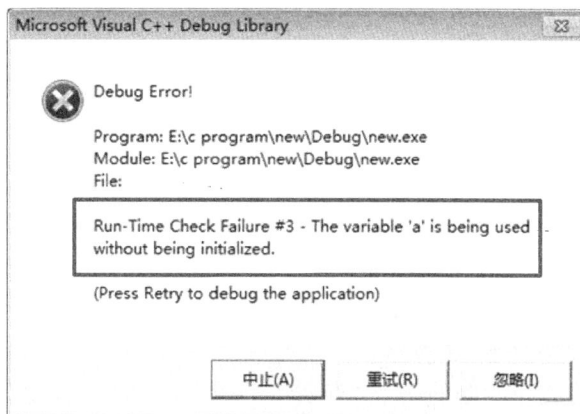

图 8-11　程序运行时产生的中断

```
01   #include <stdio.h>
02
03   int main(int argc, char* argv[])
04   {
05       static int a_s;
06       static float b_s;
07       printf("a_s = %d,b_s = %f",a_s,b_s);
08       printf("\n\n");
09       return 0;
10   }
```

示例 8-10 源码

两个静态变量 a_s 和 b_s 的类型分别是 int 和 float，运行程序得到如图 8-12 所示的结果。

8.2.8　练习

1．小时候玩的"积木"还记得不，下面的 3 个函数就可以看作 3 个积木，还等什么呢，快用它们堆积出好看的图形吧。

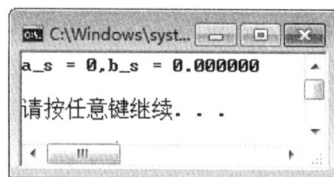

图 8-12　示例 8-10 程序运行结果

```
01   #include <stdio.h>
02
03   void Print_triangle()
04   {
05       puts("     *");
06       puts("    * *");
07       puts("   * * * * *");
08   }
09   void Print_rectangle()
10   {
11       puts("   * * * * *");
12       puts("   *       *");
13       puts("   * * * * *");
14   }
15   void Print_rect()
16   {
17       puts("     * * *");
18       puts("     *   *");
19       puts("     * * *");
```

```
20    }
21    int main(int argc, char* argv[])
22    {
23        Print_rectangle();
24        Print_rect();
25        Print_rect();
26        return 0;
27    }
```

代码中的 3 个函数里，Print_triangle()用于绘制三角形，Print_rectangle()用于绘制长方形，Print_rect()用于绘制正方形，本程序在 23~25 行用了 3 个函数中的两个绘制了一个"锤子"，程序的运行效果如图 8-13 所示。

（1）图 8-14 是由程序绘制的一个"哑铃"的图案，请填充完整这一图案的绘制代码。

```
01    #include <stdio.h>
      ...省略函数 Print_triangle()的定义代码
      ...省略函数 Print_rectangle()的定义代码
      ...省略函数 Print_rect()的定义代码
21    int main(int argc, char* argv[])
22    {
23        _____
24        _____
25        _____
26        _____
27        return 0;
28    }
```

练习 1 源码

图 8-13　练习 1 程序运行效果①

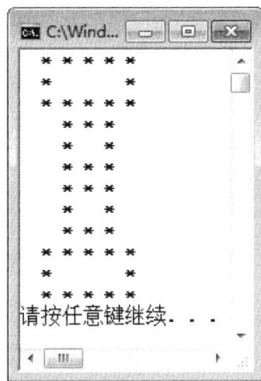

图 8-14　练习 1 程序运行效果②

（2）下面的程序似乎打算绘制一个"火箭"，下面的代码能实现吗？程序的运行效果会是怎样的？

```
01    #include <stdio.h>
      ...省略函数 Print_triangle()的定义代码
      ...省略函数 Print_rectangle()的定义代码
      ...省略函数 Print_rect()的定义代码
21    int main(int argc, char* argv[])
22    {
23        Print_triangle();
24        Print_rect();
25        Print_rect();
26        Print_rectangle();
27        return 0;
```

```
28  }
```

请绘制运行效果图：_____

2. 下面的程序用于交换用户输入的两个数据，全部代码为：

练习 2 答案

```
01  #include <stdio.h>
02
03  int main(int argc, char* argv[])
04  {
05      puts("Input two integer:");
06      swap_num();
07      puts("try again:");
08      swap_num();
09      printf("\n");
10      return 0;
11  }
12  void swap_num()
13  {
14      int a=1,b=2,temp;
15      scanf("%d %d",&a,&b);
16      printf("a = %d,b = %d\n",a,b);
17      temp = a;
18      a = b;
19      b = temp;
20      printf("a = %d,b = %d\n",a,b);
21  }
```

不幸的是，本程序在编译的时候出现了如图 8-15 所示的错误，提示程序第 6 和第 8 行有个同样的错误："swap_num"找不到标识符。原来是程序在定义前就使用了函数 swap_num()。那么在不修改程序前后顺序的前提下就只好为这个函数添加声明了，请问声明要添加到第_____行，添加的内容是_____。

```
e:\c program\new\new\new.cpp(6): error C3861: "swap_num"：找不到标识符
e:\c program\new\new\new.cpp(8): error C3861: "swap_num"：找不到标识符

生成失败。

已用时间 00:00:00.17
========== 生成：成功 0 个，失败 1 个，最新 0 个，跳过 0 个 ==========
```

图 8-15 程序被编译时编译器提示的错误

3. 下面的程序包含了两个静态变量，分别是在函数外的 i1，和在函数内的 i2，依据本节所学的内容推测程序的输出结果。

练习 3 答案

```
01  #include <stdio.h>
02
03  static int i1 = 10;
04  int main(int argc, char* argv[])
05  {
06      void print_num();
07      print_num();
08      i1 *= 3;
09      print_num();
10      printf("\n");
11      return 0;
12  }
```

```
13  void print_num()
14  {
15      static int i2 = 10;
16      printf("i1 = %d,i2 = %d\n",i1 += 10,i2 += 10);
17  }
```

程序的输出结果为：_____

8.3　不完全重复——有参函数

对于完全重复的语句，在每次使用时可以由无参函数来代替。那对于不完全重复，而且相似的语句呢？那就得为函数引入参数，使之成为有参函数就可以了。本节就来详细介绍引入参数的函数。

8.3.1　定义有参函数

有参函数的使用同样分为定义阶段和调用阶段。下面详细讲解这两个阶段。

1. 定义函数

有参函数的定义类似于无参函数的定义，区别只在于函数名后面的小括号"()"里出现了"参数"。定义的形式如下：

函数返回值的类型　函数名(类型 1 形参 1,类型 2 形参 2,…)
{
　　函数体
}

函数名后面的参数的个数不固定，每个参数都需要以"类型　形参"的形式说明，如int a，参数间使用逗号分隔。其他部分和无参函数一样，如定义有参函数 fun1()：

```
void fun1(int a,float f,char c)
{
    ;
}
```

函数名为 fun1，返回值为 void 表明此函数不返回任何值，函数体内只有一个"分号"，即只有一个空语句。"{}"是绝对不可以省略的，即使函数体只是一条语句。参数分别是int 型的形参 a、float 型的形参 f 和 char 型的形参 c，参数间使用了逗号分隔。

所有的 C 程序都包含一个相同的有参函数，即 main()函数，如：

```
int main(int argc, char* argv[])
{
    …           //其他程序语句
}
```

函数 main()是程序运行时的"入口"函数，由系统直接调用，依据函数的格式可以看出它有两个参数。

2. 调用函数

定义了有参函数以后就可以在需要的时候使用了，使用的时候为此函数传入相应的参数就可以了，如：

```
int x = 6;
float y = 1.3;
char z = 'e';
fun1(x,y,z);
```

为函数 fun1() 传入的参数 x，y，z 也叫实参，是在使用函数 fun1() 时为函数传入的参数；定义函数 fun1() 时使用的参数 a，f，c 也叫形参，是在定义函数 fun1() 时使用的参数。它们的区别如图 8-16 所示。

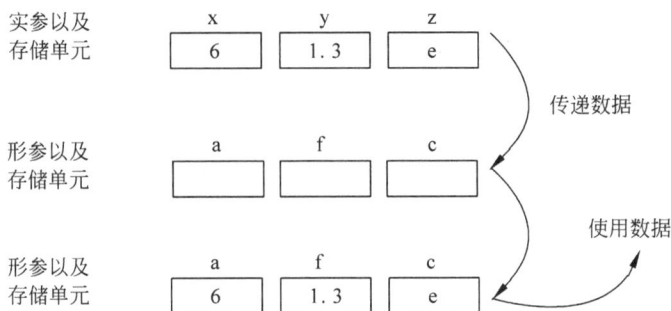

图 8-16　实参与形参

从图中可以很容易地看出，实参和形参所拥有的存储单元是不同的，而函数操作的是形参，所以变化的也只是形参而已。

【示例 8-11】 下面两个程序实现了同样的功能：判断用户输入的 3 个数据哪个是最大的。区别是后者使用了有参函数。先来看第 1 个程序：

```
01  # include <stdio.h>
02
03  int main(int argc, char* argv[])
04  {
05      int a,b,c;
06      puts("Input three integers:");
07      scanf("%d %d %d",&a,&b,&c);
08      int z = a;
09      if(b>z)
10          z = b;
11      if(c>z)
12          z = c;
13      printf("z = %d\n\n",z);
14      return 0;
15  }
```

示例 8-11 源码

程序 09~12 行使用了相似的 if 语句，作用都是将大的值赋予变量 z。再来看第 2 个程序：

```
01  # include <stdio.h>
02
03  int max_num(int x,int y)
04  {
05      if(x>y)
06          x = y;
```

```
07        return x;
08    }
09    int main(int argc, char* argv[])
10    {
11        int a,b,c;
12        puts("Input three integers:");
13        scanf("%d %d %d",&a,&b,&c);
14        int z = a;
15        z = max_num(z,b);
16        z = max_num(z,c);
17        printf("z = %d\n\n",z);
18        return 0;
19    }
```

定义的有参函数 max_num()在代码 03~08 行，并在程序
15、16 行使用了。15 行传入函数 max_num()作为参数的变
量是 z 和 b，函数 max_num()返回两个中较大的值并赋予变
量 z，同理 16 行使用函数的目的，最后变量 z 中保存的就是
最大的数，输出就可以了。运行程序，当输入 3 个数 24、46
和 12 时，程序的运行结果如图 8-17 所示。

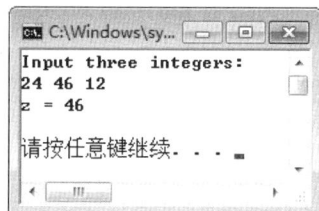

图 8-17　示例 8-11 程序运行效果

【示例 8-12】　下面的程序计划使用函数来改变传入的实参的值，请问它能做到吗？

```
01    # include <stdio.h>
02
03    void change_num(int a)
04    {
05        a = a + 5;
06        printf("a = %d\n",a);
07    }
08    int main(int argc, char* argv[])
09    {
10        int i;
11        puts("Input an integer:");
12        scanf("%d",&i);
13        change_num(i);
14        printf("i = %d\n",i);
15        printf("\n");
16        return 0;
17    }
```

示例 8-12 源码

代码的 03~07 行是函数 change_num()的定义部分。函数
体代码的作用是为传入的数据加 5，然后输出。代码 13 行使
用了函数 change_num()，并将从用户处获取到数据的变量 i
传入了函数 change_num()中作为参数，14 行又再次输出了变
量 i。那么 i 的值是否不同于从用户处获取到的值？运行程
序，并输入 23，程序的运行效果如图 8-18 所示。可见，函
数 change_num()只是修改了形参 a 的值，而并没有修改实参
i 的值。

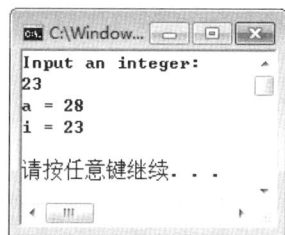

图 8-18　示例 8-12 程序运行效果

8.3.2　声明有参函数

同样的，对于想要先使用函数，然后定义函数的情况，即使是有参函数依然需要在使

用之前对函数进行声明,声明形式如下:

> 函数返回值类型 函数名(类型 1 参数 1,类型 2 参数 2, …);

或

> 函数返回值类型 函数名(类型 1,类型 2, …);

声明最后的分号必须加上,对于小括号"()"内,类型必须有,参数可以没有。因为声明函数的目的本来就是提前向编译器说明:即将要使用到的函数会在使用后定义。编译器通过函数的声明需要得知 3 个信息:函数返回值的类型、函数参数的个数、每个参数的类型。

【示例 8-13】下面的程序打算计算 4!+7!+11!+14!的值,其中"4!"被称为"4 的阶乘",表示 $1×2×3×4$,其他的同理。

在学习函数之前,我们可能这么解决这个计算的问题:

```
01  # include <stdio.h>
02
03  int main(int argc, char* argv[])
04  {
05      puts("计算 4!+7!+11!+14!的结果: ");
06      int resu1,resu2,resu3,resu4;
07      resu1 = resu2 = resu3 = resu4 = 1;
08      int i;
09      for(i=2;i<=4;i++)
10          resu1 *= i;
11      for(i=2;i<=7;i++)
12          resu2 *= i;
13      for(i=2;i<=11;i++)
14          resu3 *= i;
15      for(i=2;i<=14;i++)
16          resu4 *= i;
17      printf("4!+7!+11!+14! = %d\n\n",resu1+resu2+resu3+resu4);
18      return 0;
19  }
```

示例 8-13 源码

程序 09、11、13、15 行是 4 个循环,用于各解决一个阶乘的计算,然后在 17 行求和输出。尽管 4 个循环相似,然而却无法使用循环的嵌套,因为这 4 个循环虽然相似,但是之间没有规律可循。学习了函数后发现,循环是可以定义为函数的,然后就可以简化每次使用循环需要书写的代码量,如下:

```
01  # include <stdio.h>
02
03  int factorial(int);
04  int main(int argc, char* argv[])
05  {
06      puts("计算 4!+7!+11!+14!的结果: ");
07      int sum;
08      sum = factorial(4)+factorial(7)+factorial(11)+factorial(14);
09      printf("4!+7!+11!+14! = %d\n\n",sum);
10      return 0;
11  }
12  int factorial(int a)
13  {
14      int resu = 1;
15      for(int i=2;i<=a;i++)
```

```
16          resu *= i;
17      return resu;
18  }
```

函数 factorial() 的定义在程序的 12~18 行，但在 08 行中使用了，这得益于程序 03 行对
函数 factorial() 的声明。声明的小括号 "()"内只有类型没
有参数名，但对于编译器而言这就足够了。因为编译器需
要的就是函数的返回值类型（int 型）、参数的个数（1 个）
和类型（int 型）而已。函数 factorial() 体内定义了循环，并
将循环所得的结果作为了函数的返回值，返回值在程序 08
行做了求和运算。对于不同数的阶乘，只要将这个数作为
函数 factorial() 的参数就可以了，程序的运行结果如图 8-19
所示。

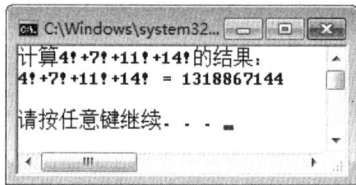

图 8-19　示例 8-13 程序运行结果

函数既可以作为语句也可以作为表达式，同时函数还可以作为另一函数的参数。

【示例 8-14】　下面的程序用来比较用户输入的 3 个数据的大小，理解函数作为参数
的情况。

```
01  # include <stdio.h>
02
03  int Compare_num(int,int);
04  int main(int argc, char* argv[])
05  {
06      int a,b,c,max_num;
07      puts("Input three integer:");
08      scanf("%d %d %d",&a,&b,&c);
09      max_num = Compare_num(a,Compare_num(b,c));
10      printf("max_num = %d\n\n",max_num);
11      return 0;
12  }
13  int Compare_num(int x,int y)
14  {
15      if(x > y)
16          return x;
17      return y;
18  }
```

示例 8-14 源码

函数 Compare_num() 的定义在程序 13~18 行，作用是
返回它的两个参数中最大的那个参数的值。程序 09 行使用
了这个函数两次。函数 Compare_num(b,c) 成为了另一个函
数 Compare_num() 的参数，前者返回 b 和 c 中最大的数，后
者返回这个数和 a 中最大的数，然后赋予变量 max_num 输
出。运行程序，输入数值 24、123、475 时，程序的运行结
果如图 8-20 所示。

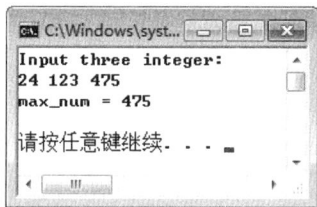

图 8-20　示例 8-14 程序运行结果

8.3.3　练习

1. 计算 45~119 间所有素数之和。既然学习了函数，本题就使用函数来解决这个问题。
判断是否是素数的函数 Is_prime() 已在代码中定义了。函数 Is_prime() 返回 1 表示"是素数"，
返回 0 表示"不是素数"。请补充剩余的部分，程序的运行结果如图 8-21 所示。

```
01  # include <stdio.h>
02
03  int Is_prime(int);
04  int main(int argc, char* argv[])
05  {
06      int sum = 0;
07      for(int i=45;i<=119;i++)
08      {
09          _____
10          _____
11      }
12      printf("45~119 间所有素数之和为：%d\n\n",sum);
13      return 0;
14  }
15  int Is_prime(int a)
16  {
17      int i;
18      for(i=2;i<a/2;i++)
19      {
20          if(a/i == 0)
21              return 0;
22      }
23      if(i>a/2)
24          return 1;
25  }
```

练习 1 答案

2. int 型变量 x 和 y 有下面的等式关系，现在欲定义一个函数 Return_y()专用于处理已知 x，求得 y 的计算。部分代码如下，请补充完整函数 Return_y()的定义，程序的运行效果如图 8-22 所示。

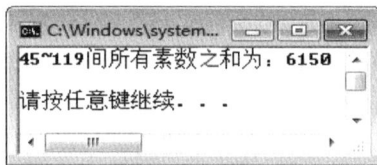

图 8-21　练习 1 程序运行效果

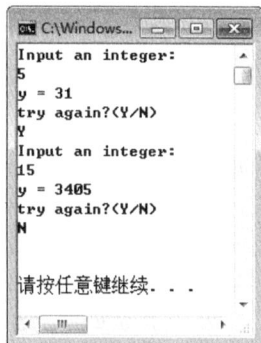

图 8-22　练习 2 程序运行效果

$$y = \begin{cases} x^3 + 2x & x > 11 \\ 7x - 4 & x \leqslant 11 \end{cases}$$

```
01  # include <stdio.h>
02
03  int Return_y(int);
04  int main(int argc, char* argv[])
05  {
06      int num,resu;
07      repeat: puts("Input an integer:");
08      scanf("%d",&num);
09      resu = Return_y(num);
10      printf("y = %d\n",resu);
11      puts("try again?(Y/N)");
```

练习 2 源码

```
12      getchar();
13      char c;
14      scanf("%c",&c);
15      if(c == 'Y')
16          goto repeat;
17      puts("\n");
18      return 0;
19  }
20  int Return_y(int x)
21  {
22      int y;
23      _____
24      _____
25      _____
26      _____
27      return y;
28  }
```

8.4　函数体中有函数

函数体内不可以定义函数，但是却可以使用函数。在程序中使用函数是为了简化代码，减少重复劳动的时间。同理，在代码中使用函数也是为了达到这个目的。本节就来讲解在函数体中使用其他函数的两种情况。

8.4.1　调用其他函数——嵌套函数

定义函数的时候，在函数体中使用了其他早先定义的函数时，这类函数就是嵌套函数。为什么非要这样做，举个例子会更容易理解些，例如，汽车的制造过程中，一辆汽车从设计到出场，各部分零件都是由不同厂家制作的。各个小零件可以认为是小的函数，整辆汽车是最大的那个函数。直接由一家造汽车不是不可以，而是因为耗费的人力、物力和财力的代价太大，不如使用其他厂家生产的零件更简单有效。

在前面我们说过，函数使得重复代码的书写更加简洁了，帮助程序员减少了大量重复的劳动。但是通过前面那么多示例的讲解，你可能感觉到了，函数也可以被看作是一个功能单元。因为每个函数实际上实现了特定的功能，站在函数功能的角度理解函数嵌套会更加容易些。

1. 嵌套的形式

【示例 8-15】　下面的程序定义了 4 个函数：fun1()、fun2()、fun3() 和 fun4()。为了说明嵌套函数的形式，本题没有用太难的例子，4 个函数只是用于输出字符和相互调用而已，分析程序的执行顺序和运行结果。

```
01  #include <stdio.h>
02
03  void fun1();
04  void fun2();
05  void fun3();
06  void fun4();
07  int main(int argc, char* argv[])
08  {
```

示例 8-15 源码

```
09        fun1();
10        printf("\n");
11        return 0;
12   }
13   void fun1()
14   {
15        puts("fun1()函数体");
16        fun2();
17        fun3();
18   }
19   void fun2()
20   {
21        puts("fun2()函数体");
22        fun4();
23   }
24   void fun3()
25   {
26        puts("fun3()函数体");
27   }
28   void fun4()
29   {
30        puts("fun4()函数体");
31   }
```

程序 03~06 行声明了 4 个无返回值的函数 fun1()、fun2()、fun3()和 fun4()。然后，在程序 09 行调用了函数 fun1()；而13~18 行 fun1()定义时又调用了函数 fun2()和 fun3()；19~23行定义函数 fun2()时又调用了函数 fun4()。实现了强大又神秘功能的嵌套函数其实也就是这么调用其他函数的。4 个函数总共输出了 4 行相似的字符串，程序的运行结果如图 8-23所示。图 8-24 是程序的执行流程图示，按照此执行流程输出了那 4 个字符串。

图 8-23 示例 8-15 程序运行效果

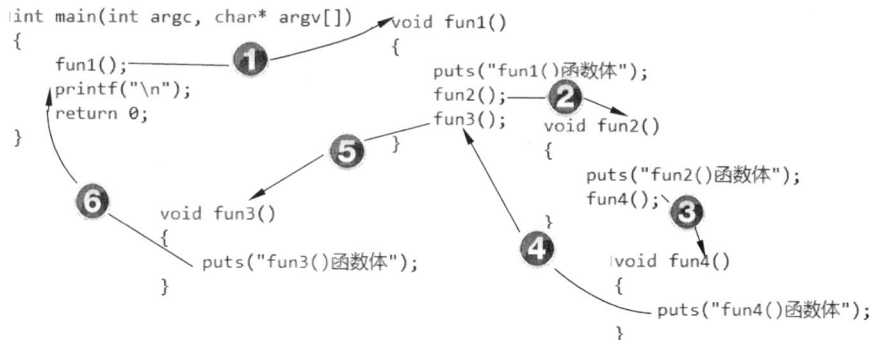

图 8-24 程序的执行流程图示

2. 使用嵌套解决实际问题

在了解了嵌套函数的形式后，看一下它的实际应用。

【示例 8-16】 编程计算$(x-2)^2!+(y-2)^2!+(z-2)^2!$的结果。x、y、z 分别是由用户输入的 3个 1~5 之内的数。

```
01   #include <stdio.h>
02
03   int Sqrt(int);
04   int factorial(int);
05   int main(int argc, char* argv[])
06   {
07       int x,y,z;
08       puts("Input three integer:");
09       scanf("%d %d %d",&x,&y,&z);
10       int sum = factorial(x) + factorial(y) + factorial(z);
11       printf("result:%d\n\n",sum);
12       return 0;
13   }
14   int Sqrt(int a)
15   {
16       return (a-2)*(a-2);
17   }
18   int factorial(int b)
19   {
20       int resu = 1;
21       for(int i=2;i<=Sqrt(b);i++)
22       {
23           resu *= i;
24       }
25       return resu;
26   }
```

示例 8-16 源码

定义在代码 14~17 行的函数 Sprt()用于计算$(a-2)^2$，其中 a 是变量。定义在代码 18~26 行的函数 factorial()用于计算 n!，n 也是变量，但是在 21 行用到了上一个函数 Sqrt()。在入口函数 main()的内部，第 10 行使用了函数 factorial()，然后求和。定义函数 factorial()时完全可以不使用函数 Sprt()，如下面的代码：

```
01   #include <stdio.h>
02
03   int Sqrt(int);
04   int factorial(int);
05   int main(int argc, char* argv[])
06   {
07       int x,y,z;
08       puts("Input three integer:");
09       scanf("%d %d %d",&x,&y,&z);
10       int sum = factorial(x) + factorial(y) + factorial(z);
11       printf("result:%d\n\n",sum);
12       return 0;
13   }
14   int factorial(int b)
15   {
26       int resu = 1;
27       for(int i=2;i<=(b-2)*(b-2);i++)
28       {
29           resu *= i;
30       }
31       return resu;
32   }
```

因为函数 Sprt()只是实现了一个很简单的功能，所以函数 factorial()即使由自己实现这个功能倒也没什么影响，但是如果函数 Sprt()实现了更复杂的功能呢？况且既然函数 Sprt()已经实现了函数 factorial()想要实现的部分功能，调用一下的话代码的简洁性和易读性会更胜一筹。运行程序，当输入 2、3、4 时，程序的运行效果如图 8-25 所示。

嵌套函数的实际应用非常广泛，基本上所有实现了复杂功能的函数内部都调用了其他的函数。这个社会，一个人的力量太有限，只有分工协作才能完成很多看似不可能的任务，就这点而言，就连函数也不例外。

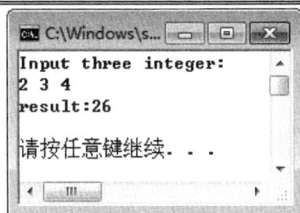

图 8-25　示例 8-16 程序运行效果

8.4.2　调用函数本身——递归函数

在嵌套函数中有一类特殊的函数，这类函数的特殊之处在于函数体内部直接或间接调用的函数是本身。这种特殊的函数就是递归函数。递归函数的出现是由于它巧妙地解决了很多复杂的问题，在演示解决问题之前先了解一下递归函数的普遍形式。

【示例 8-17】 下面是一个简单的递归函数的示例，递归函数是 fun()，阅读程序并推测程序的输出结果。

```
01   #include <stdio.h>
02
03   int fun(int n);
04   int main(int argc, char* argv[])
05   {
06       int n;
07       puts("Input an integer:");
08       scanf("%d",&n);
09       printf("函数最终返回：%d\n\n",fun(n));
10       return 0;
11   }
12   int fun(int n)
13   {
14       if(n == 1)
15           return 3;
16       return fun(n-1);
17   }
```

示例 8-17 源码

定义函数 fun() 的位置是代码 12~17 行。在 16 行处 fun() 调用了本身，只是参数有所不同而已。在入口函数 main() 的 09 行使用了这个递归函数。来看函数 fun() 的定义，当 n 的值为 1 时，会将 3 作为函数值返回，否则返回 fun(n-1)。比如说 n 的值为 4，按照程序的执行流程来考虑程序的运行过程，如图 8-26 所示。

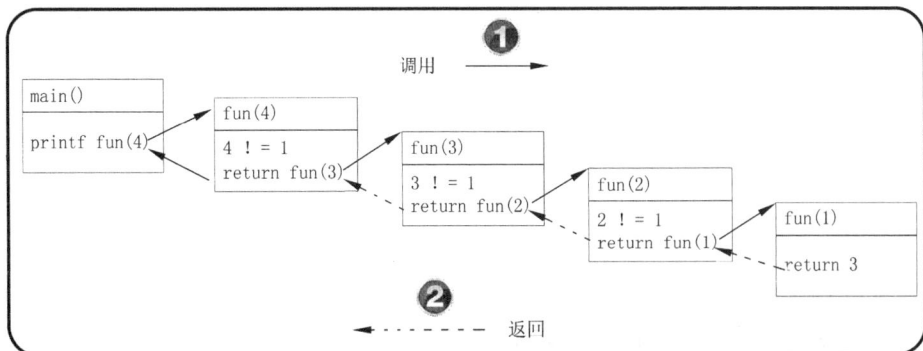

图 8-26　程序运行过程

　　程序进入入口函数 main()，并已获得 n 的值为 4 时调用 fun(4)，fun(4)中又调用了 fun(3)，fun(3)中又调用了 fun(2)，fun(2)中又调用了 fun(1)；fun(1)返回 3 给 fun(2)，fun(2)又返回 3 给 fun(3)，fun(3)又返回 3 给 fun(4)，最后 main()函数输出的结果应该是 3。运行这个程序，并输入 4 时程序的运行效果如图 8-27 所示。

图 8-27　示例 8-17 程序运行效果①

　　虽然程序按照预先设想的那样输出了结果，但结果正确并不意味着程序运行顺序的猜想是正确的。为了验证程序的实际运行流程，在代码中添加一些输出语句作为追踪标记，修改上面的代码为：

```
01    #include <stdio.h>
02
03    int fun(int n);
04    int main(int argc, char* argv[])
05    {
06        int n;
07        puts("Input an integer:");
08        scanf("%d",&n);
09        printf("函数最终返回：%d\n\n",fun(n));
10        return 0;
11    }
12    int fun(int n)
13    {
14        printf("调用过程：n = %d\n",n);
15        if(n == 1)
16        {
17            printf("返回过程：n = %d\n",1);
18            return 3;
19        }
20        int val = fun(n-1);
21        printf("返回过程：n = %d\n",n);
22        return val;
23    }
```

　　只修改了函数 fun()中的部分语句，添加了 14、17、21 行的输出代码，当程序运行到相应的输出语句时，依据此时 n 的值我们可以知道当前程序处在哪个函数之中，以及此时是在调用还是返回。运行程序并输入 4 时程序的运行效果如图 8-28 所示。先是 4 次调用过程，依据 n 的值判断调用的先后顺序分别是：fun(4)、fun(3)、fun(2)和 fun(1)，然后是 4 次返回过程，依据 n 的值判断返回的先后顺序分别是：fun(1)、fun(2)、fun(3)和 fun(4)，与设想的完全一致。

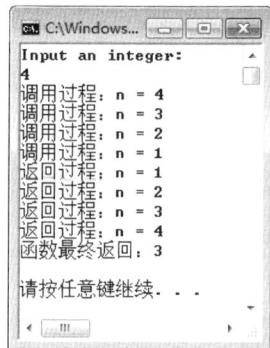

　　递归函数就是这样，为了解决问题，首先一层层地调用，然后再一层层地返回。通常情况下，函数调用自身的情况分为两种：直接递归函数和间接递归函数。直接递归函数就是定义函数时直接使用本身，间接递归函数是在定义时使用了其他函数，但是其他函数又调用了正在定义的函数，图 8-29 应该能更直观地说明这两者间的不同。

图 8-28　示例 8-17 程序运行效果②

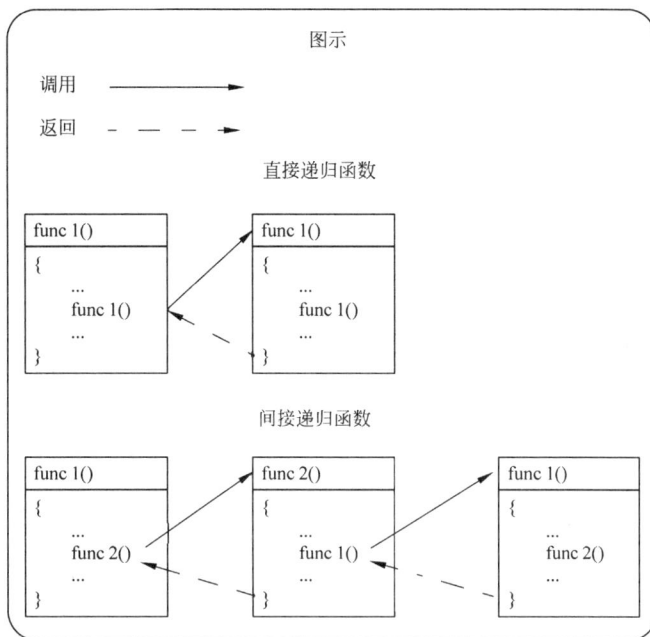

图 8-29　直接递归函数与间接递归函数

可以被递归解决的问题通常满足 3 个条件：

（1）要解决的问题可以转化为一个新问题，而新问题应该与此问题类似，只是有些数据上的不同。

（2）将问题逐渐转化后，原来的问题也可以得到解决。

（3）函数中一定有结束递归的条件。

【示例 8-18】　使用递归的方法求 n 的阶乘（即 n!），体会递归的效果。

（1）　n!=n×n-1×n-2×⋯×1，如果要转换成相似的问题的话，可以转换为 n!=n×(n-1)!，然后(n-1)!=(n-1)×(n-2)!，依次递推。

（2）直到 3!=3×2!，2!=2×1!，1!=1，那么 1!知道了，2!、3!会依次得解，最后 n!也就被算出来了，问题可以得到解决。

（3）很显然，递归自 n!开始，顺势到 1!停止，然后逆势求得 n!，递归的结束条件也很明确，就是 1!=1。如果 n=4，图 8-30 就是 4!的递归与返回过程。

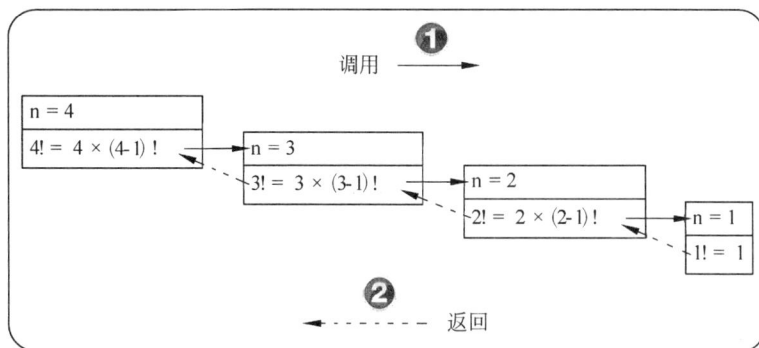

图 8-30　4!的递归与返回过程

现在有递归的思路了，总结一下，可以将 n!转换为下面的式子：

$$n! = \begin{cases} 1 & n = 1 \\ n \times (n-1)! & n > 1 \end{cases}$$

也就是说只要 n>1，递归就会一直持续，n=1，递归停止并开始依次返回，按此思路编写的程序如下：

示例 8-18 源码

```
01    #include <stdio.h>
02
03    int Factorial(int);
04    int main(int argc, char* argv[])
05    {
06        int i,resu;
07        puts("Input an integer:");
08        scanf("%d",&i);
09        resu = Factorial(i);
10        printf("%d! = %d\n\n",i,resu);
11        return 0;
12    }
13    int Factorial(int n)
14    {
15        if(n == 1)
16            return 1;
17        return n*Factorial(n-1);
18    }
```

递归的思路很清晰，而且递归的过程也很简单，于是写出的递归函数 Factorial()也很简洁，仅仅包含了一个 if 语句和一个 return 语句，前者用来终止递归，后者用来继续递归。运行程序，为了口算验证程序结果的方便，输入一个较小的数 6，程序的运行效果如图 8-31 所示。阶乘的问题在第 7 章也讨论解决过，当时使用的是循环。从理解思路上来看，循环更容易理解些。

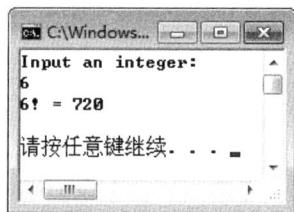

图 8-31　示例 8-18 程序运行效果

【示例 8-19】　分别使用循环和递归的方法，将用户输入的任意位数的正整数逆序输出。

（1）先考虑使用循环的解法：如果输入的是一位数，直接输出即可。如果输入的是多位数，如 5879，先取出个位数 9 输出，然后截取 5879 为 587；输出个位数 7，将 587 截取为 58；输出个位数 8，截取 58 为 8；8 是一位数直接输出即可，思路如图 8-32 所示。

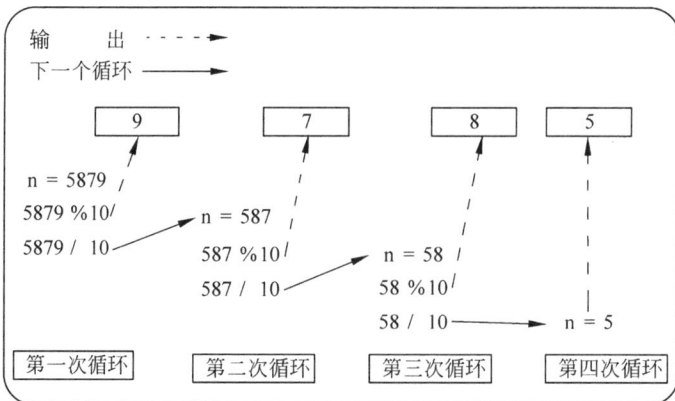

图 8-32　循环解法思路图

照此思路，编写如下程序：

```
01   #include <stdio.h>
02
03   void print_num(int);
04   int main(int argc, char* argv[])
05   {
06       int n;
07       puts("Input an integer:");
08       scanf("%d",&n);
09       Print_num(n);
10       printf("\n");
11       return 0;
12   }
13   void Print_num(int n)
14   {
15       while(1)
16       {
17           if(n>10)
18           {
19               printf("%d",n%10);
20               n=n/10;
21           }
22           else
23           {
24               printf("%d\n",n);
25               break;
26           }
27       }
28   }
```

示例 8-19 源码

图 8-33　示例 8-19 程序运行效果

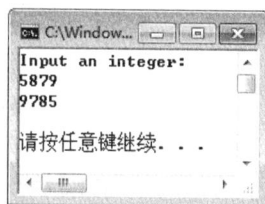

程序中函数 Print_num()的定义实现了循环解法，15 行的 while 语句后面的判断表达式是 1，也就是说 while 构造了一个无限循环，循环的退出与否由 25 行的 break 语句决定，如果数据大于 10，先输出个位数，再做截取处理，否则直接输出。运行程序，输入 5879 后程序的效果如图 8-33 所示。

（2）再考虑使用递归的解法：函数先判断，如果输入的是一位数，直接输出即可。如果输入的是多位数，如 5879，5879 传入函数作参数，函数内先取出个位数 9 输出，然后截取 5879 为 587；将 587 继续传入函数作参数，函数内先取出个位数 7 输出，然后截取 587 为 58；将 58 继续传入函数作参数，函数内先取出个位数 8 输出，然后截取 58 为 8；将 8 继续传入函数作参数，因为是个位数，直接输出即可，思路如图 8-34 所示。

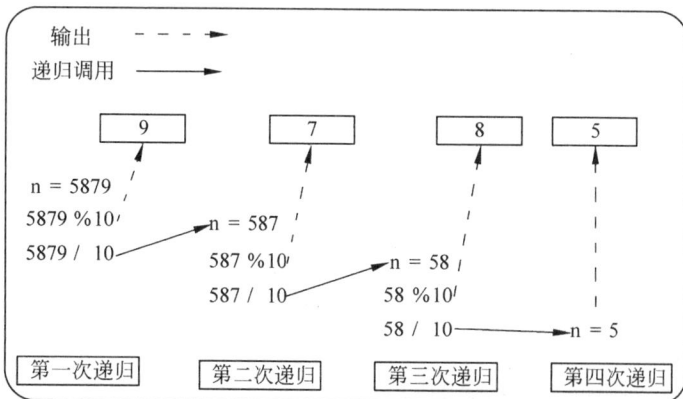

图 8-34　递归解法思路图

与循环解法的思路一致，与前面递归函数不同的是，思路图中函数调用无需返回，即递归函数无返回值。照此思路，编写如下程序：

```
01   #include <stdio.h>
02
03   void print_num(int);
04   int main(int argc, char* argv[])
05   {
06       int n;
07       puts("Input an integer:");
08       scanf("%d",&n);
09       Print_num(n);
10       printf("\n");
11       return 0;
12   }
13   void Print_num(int n)
14   {
15       if(n<10)
16           printf("%d\n",n);
17       else
18       {
19           printf("%d",n%10);
20           Print_num(n/10);
21       }
22   }
```

递归函数 Print_num() 的函数体的第 15 行，if 语句判断输入的是一位数，则直接输出，否则先输出数据的个位数，然后截取数据，最后进入下一轮的函数调用，即第 20 行，程序的运行效果就不再演示了，和循环解法实现的效果一致。

【示例 8-20】 "汉诺塔"问题是一个著名的智力题：在一块儿板上有 3 根杆，自左向右依次命名 a、b、c 杆，a 杆自上而下由小到大串着 n 个盘子，共同构成了一个"塔"的形状，要求将 a 杆上的盘子借助 c 杆全部移动到 b 杆上，条件是一次移动一个盘，而且大盘不能放置在小盘的上面，假设 n 为 4，汉诺塔问题如图 8-35 所示。

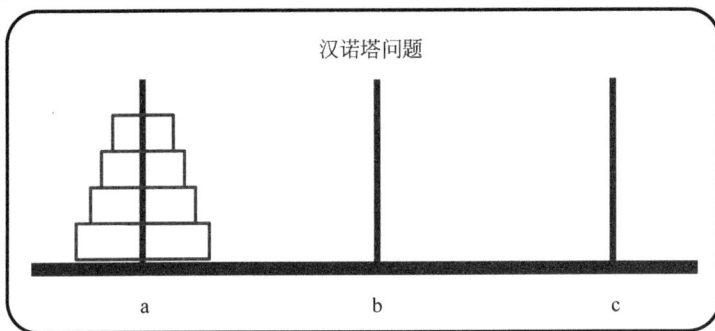

图 8-35　"汉诺塔"问题

为了描述问题的方便，将"汉诺塔"上的盘按照从小到大的顺序从 1 开始编号，n 个盘子的话，最大的编号就是 n，按照前面介绍的 3 个递归条件思考解决本问题的方法。

（1）将问题最简化：如果 a 杆上只有一个盘子，那么直接移动到 b 杆上就可以了。

（2）将最大的问题简化为较小的同类问题：将 1~n-1 号盘看作一个整体，算上第 n 号盘，一共就是两个盘。移动的步骤就是：

① 移动 1~n-1 号盘，起始位置：a 杆，目标位置：c 杆，借助位置：b 杆。

② 移动 n 号盘，因为只有一个盘，所以直接从 a 杆移动到 b 杆就可以了。

③ 移动 1~n-1 号盘，起始位置：c 杆，目标位置：b 杆，借助位置：a 杆。

如图 8-36 所示。

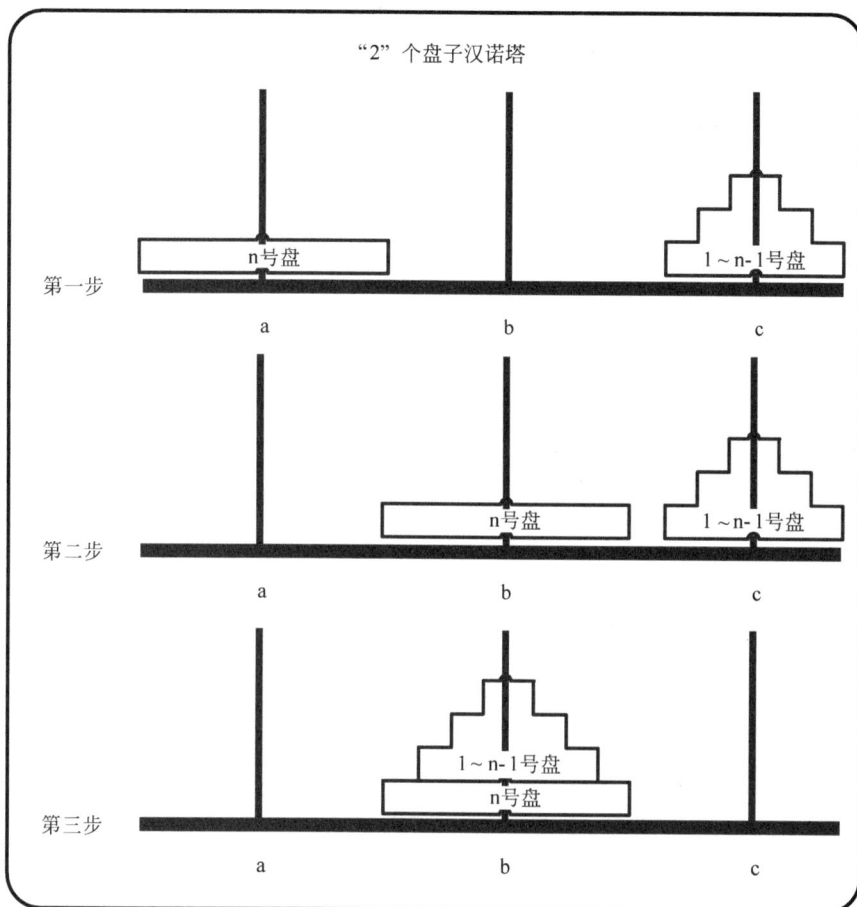

图 8-36　简化为较小的同类问题的处理

（3）将 n 为 1 的情况作为递归的结束条件，将刚刚的分析作为递归的求解方法。定义一个函数 Move_disc()，并包含有 4 个参数：int 型 n、char 型 f、char 型 t 和 char 型 u，分别表示 n 个盘、盘的来源位置（from）、盘的目标位置（to）和盘的借助位置（using）。将刚才所说的算法使用代码和文字共同描述的话如下：

```
01   //Move_disc()用于将 n 个盘，从 f 处借助 u 处，移动到 t 处
02   void Move_disc(int n,char f,char t,char u)
03   {
04       if(n==1)
05           ...//将 n 号盘从 a 杆移动到 b 杆
06       else
07       {
08           ...//将 1~n-1 号盘，从 a 杆借助 b 杆，移动到 c 杆
09           ...//将 n 号盘从 a 杆移动到 b 杆
10           ...//将 1~n-1 号盘，从 c 杆借助 a 杆，移动到 b 杆
```

```
11          }
12  }
```

代码中 01 行的描述和 08 行、10 行的描述类似，都是"将几个盘，从某处借助某处，移动到某处"，所以 08 行、10 行，函数应该是在使用递归。现在填写 08、10 行的函数递归调用，为了防止理解上的混乱，将函数 Move_disc() 表示为：

```
Move_disc(盘数、起始位置、目标位置、借助位置)
```

程序调用 Move_disc() 函数的方式是：

```
Move_disc(n,'a','b','c');
```

也就是说：实参 n、a、b、c 分别传给了形参 n、f、t、u。那么 08、10 行的描述：

```
08  …//将 1~n-1 号盘，从 a 杆借助 b 杆，移动到 c 杆
10  …//将 1~n-1 号盘，从 c 杆借助 a 杆，移动到 b 杆
```

修改为：

```
08  …//将 1~n-1 号盘，从 f 杆借助 t 杆，移动到 u 杆
10  …//将 1~n-1 号盘，从 u 杆借助 f 杆，移动到 t 杆
```

依据函数 Move_disc() 各参数的文字描述，写入 08、10 行的代码如下：

```
08  Move_disc(n-1,f,u,t);
10  Move_disc(n-1,u,t,f);
```

完善函数 Move_disc() 的定义如下：

```
01  //Move_disc()用于将 n 个盘，从 f 处借助 u 处，移动到 t 处
02  void Move_disc(int n,char f,char t,char u)
03  {
04      if(n==1)
05          …//将 n 号盘从 a 杆移动到 b 杆
06      else
07      {
08          Move_disc(n-1,f,u,t);//将 1~n-1 号盘，从 a 杆借助 b 杆，移动到 c 杆
09          …//将 n 号盘从 a 杆移动到 b 杆
10          Move_disc(n-1,u,t,f);//将 1~n-1 号盘，从 c 杆借助 a 杆，移动到 b 杆
11      }
12  }
```

现在，函数 Move_disc() 已经基本上完成了，将其应用在具体的程序中，稍作修改后就是解决"汉诺塔"问题的程序，如下：

```
01  #include <stdio.h>
02
03  int i = 0;
04  void Move_disc(int,char,char,char);
05  int main(int argc, char* argv[])
06  {
07      int n;
08      puts("输入盘的个数:");
09      scanf("%d",&n);
10      printf("第 n 次移动 盘号 起始位置 -->目标位置\n\n");
11      Move_disc(n,'a','b','c');
```

```
12        printf("总共移动次数：%d\n",i);
13        printf("\n");
14        return 0;
15    }
16    void Move_disc(int n,char f,char t,char u)
17    {
18        if(n == 1)
19            printf("%3d\t%3d\t%c\t-->\t%c\n",++i,n,f,t);
20        else
21        {
22            //将 1~n-1 号盘从 a 杆移动到 c 杆
23            Move_disc(n-1,f,u,t);
24            //将 n 号盘从 a 杆移动到 b 杆
25            printf("%3d\t%3d\t%c\t-->\t%c\n",++i,n,f,t);
26            //将 1~n-1 号盘从 c 杆移动到 b 杆
27            Move_disc(n-1,u,t,f);
28        }
29    }
```

程序中 03 行的变量 i 用于计数，即"移动"盘的次数，如程序 19、25 行，很明确地正在将盘从一根杆移动到另一根杆。函数 Move_disc() 的定义被放到了程序 16~29 行，19、25 行是对输出操作描述的格式控制，是为了使得程序的输出更加易懂和美观。运行程序并输入 4 时，程序的执行效果如图 8-37 所示。这里做个简单的描述，程序执行效果的第 4 行，表示第 1 次移动 1 号盘，从 a 杆移动到 c 杆。完成 4 个盘的"汉诺塔"一共需要 15 步。

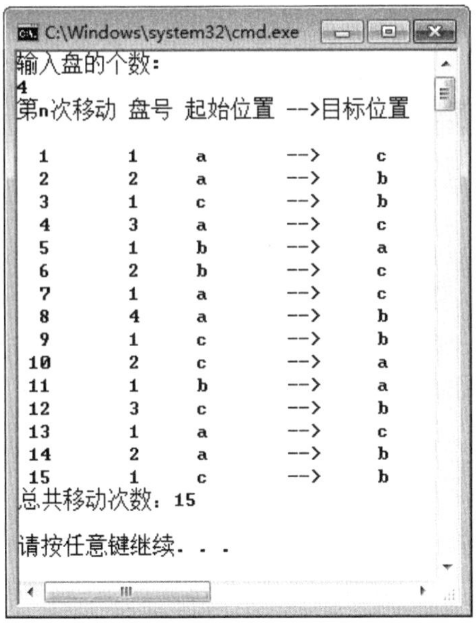

图 8-37　示例 8-20 程序的执行效果

8.4.3　练习

1. 计算数列 1^3、2^3、3^3、4^3、5^3...前 n 个数的和。

　　程序的部分代码已给出，函数 Third_power()用于求解一个数的 3 次方，函数 Sum_list()用于求解前 n 个数的和。当输入 3 时，程序的运行效果如图 8-38 所示。

练习 1 源码

```
01    #include <stdio.h>
02
03    int Third_power(int a);
04    int Sum_list(int n);
05    int main(int argc, char* argv[])
06    {
07        int n;
08        puts("Input an integer:");
09        scanf("%d",&n);
10        int sum = Sum_list(n);
11        printf("数列前 n 项的和为：%d\n\n",sum);
12        return 0;
13    }
14    int Third_power(int a)
15    {
16        _____
17        _____
18        _____
19    }
20    int Sum_list(int n)
21    {
22        int sum = 0;
23        for(int i=1;i<=n;i++)
24            sum += Third_power(i);
25        return sum;
26    }
```

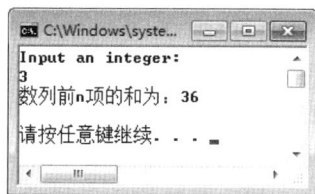

图 8-38　练习 1 程序运行效果

　　2. 数学中有一题：自变量 x 和因变量 y 的关系如下：

$$y(x) = \begin{cases} 3 & x=1 \\ y(x-1)+6 & x\text{为奇数，且}x \neq 1 \\ y(x-1)\times 2 & x\text{为偶数} \end{cases}$$

　　如果把 y(x)当作函数名，那么上面的就是一个很明显的需要使用递归来求解的函数了。因为在 x 为奇数且 x 不为 1 时，y(x)的求解转换为了 y(x-1)的求解，同理 x 为偶数的情况。下面给出了求解此函数程序的大概框架，请完成递归函数 y()的定义部分，如下：

练习 2 源码

```
01    #include <stdio.h>
02
03    int y(int);
04    int main(int argc, char* argv[])
05    {
06        int i;
07        puts("Input an integer:");
08        scanf("%d",&i);
09        printf("y(%d)=%d\n\n",i,y(i));
10        return 0;
11    }
12    int y(int x)
13    {
14        _____
```

```
15        _____
16        _____
17        _____
18        _____
19        _____
20   }
```

正确地填写函数 y()定义的代码后，程序会输出正确的值，y(5)的值如图 8-39 所示。

图 8-39 练习 2 程序运行效果

8.5 库 函 数

库函数是可以直接拿来使用的函数。直接拿来就能使用也并不意味着库函数无需定义，而是因为它早就被定义了。本节就来详解介绍使用库函数的方法，以及常见库函数的分类。

8.5.1 如何使用库函数

例如，I/O 时所用的 printf()和 scanf()就是库函数，而且是有参函数。使用库函数的前提是："包含"相应库函数的"头文件"。"头文件"就是包含库函数声明语句的文件名后缀是".h"的文件。例如，要想使用 I/O 函数 printf()和 scanf()，就必须在程序代码的最前面"包含"头文件 stdio.h。包含头文件的方式如下：

```
#include <文件名>
```

"#"写在最前面，后面跟着 include，然后是一个尖括号"<"和文件名以及另一个尖括号">"，各组成部分之间是否使用空格都可以。需要注意的是：整个这一行不是 C 语言的语句，所以末尾处什么都不加。

包含头文件就相当于将头文件中的所有代码插入到当前的程序代码文件中。

【示例 8-21】 下面的程序实现了简单的数据输入输出功能，找出此程序的头文件和库函数。

```
01   #include <stdio.h>
02
03   int main(int argc, char* argv[])
04   {
05       int i;
06       puts("Input an integer:");
07       scanf("%d",&i);
08       printf("i = %d\n\n",i);
09       return 0;
10   }
```

程序 06、07 和 08 行分别使用了库函数 puts()、scanf()和 printf()。因为很显然这 3 个函数的定义没有出现在代码中，而使用这 3 个库函数的前提是包含头文件 stdio.h，也就是程序 01 行的部分。其中 main()函数是程序执行时的入口函数，而非库函数。

头文件只是对库函数进行了声明，定义库函数的代码早已经被编译成"目标代码"（文件名后缀为".o"），然后和源程序编译而成的目标代码一同链接成为可执行程序。图 8-40

是一个程序的编译链接过程。

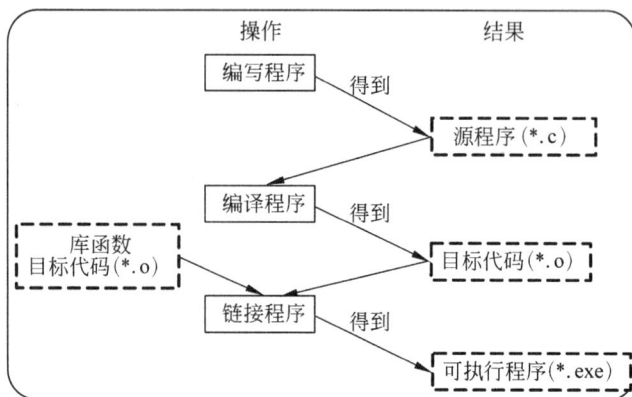

图 8-40　程序的编译链接过程

8.5.2　文件包含的扩展应用

其实不光是库函数，连自己定义在其他文件中的函数都可以通过"文件包含"引入到当前编写的代码中。只不过包含头文件的方式有少许变化：

```
#include "文件名"
```

与包含库函数头文件的区别是，这里使用了双引号" "。

【示例 8-22】　下面的程序包含了两个用户编写的文件，一个是头文件 MyFunc.h，另一个是 new.cpp，各文件的程序代码如下：

在 MyFunc.h 文件中的代码：

```
01  int fun1()
02  {
03      return 5+7;
04  }
```

在 new.cpp 文件中的代码：

```
01  #include <stdio.h>
02  #include "MyFunc.h"
03
04  int main(int argc, char* argv[])
05  {
06      printf("i = %d\n\n",fun1());
07      return 0;
08  }
```

new.cpp 文件 06 行代码处直接使用了一个函数 fun1()，但是此文件中并没有函数 fun1() 的定义，而函数 fun1()定义在文件 MyFunc.h 中。因为 new.cpp 文件 02 行的文件包含部分将 fun1()的定义包含进入了 new.cpp 文件中，所以文件 new.cpp 中的代码可以看作是：

```
01  #include <stdio.h>
02
03  int fun1()
```

```
04  {
05      return 5+7;
06  }
07  int main(int argc, char* argv[])
08  {
09      printf("i = %d\n\n",fun1());
10      return 0;
11  }
```

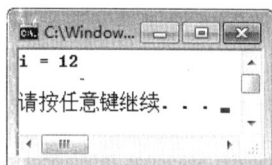

图 8-41　示例 8-22 程序运行结果

运行程序得到图 8-41 所示的结果。

8.5.3 两种包含方式的不同

为什么包含库函数的头文件和包含我们自己写的头文件的方法不一样呢？前者一定要用 "<>"（尖括号），后者一定要用""（双引号）吗？这是由编译器的搜索文件的方式决定的。

使用 "< >"（尖括号）时，编译器会从 include 文件夹去查找相应的头文件。注意，这里的 include 指的是一个文件夹名，include 文件夹在电脑中的位置在编译器被安装时就 "写入" 到编译器了。查看方式是：单击 "项目（p）" 菜单，选择 "项目名称+属性（P）..." 命令。因为图 8-42 所示的项目名称为 new，所以菜单项是 "new 属性（P）..."。

在打开的 "new 属性页" 窗体中，依次选择窗体左面的 "配置属性"、"VC++ 目录" 选项，得到右面的列表中，"包含目录" 列里的内容就是编译器所记录下的多个名为 include 的文件夹的位置，如图 8-43 所示。程序中使用#include <头文件名>时，将从这些位置查找相应的头文件。

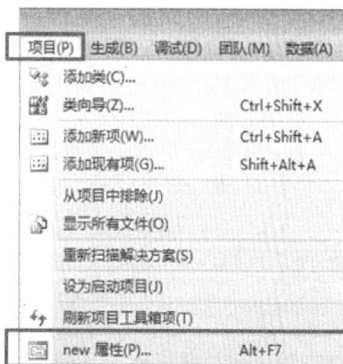

图 8-42　选择项目属性菜单项

图 8-43　找到 "包含目录" 列表

"包含目录"列里的内容如下：

```
$(VCInstallDir)include;$(VCInstallDir)atlmfc\include;$(WindowsSdkDir)in
clude;$(FrameworkSDKDir)\include;
```

多个不同的名为 include 的文件夹的位置记录间使用";"分号隔开。这里解释下前两条记录的含义，第一条表示 include 文件夹在 VC 的安装目录下（即 **VCInstallDir**），第二条表示 include 文件夹在 VC 安装目录下的 atlmfc 文件夹中。按照这里的两个记录寻找 include 文件夹的位置，如图 8-44 和图 8-45 所示。

图 8-44　include 文件夹的位置 1

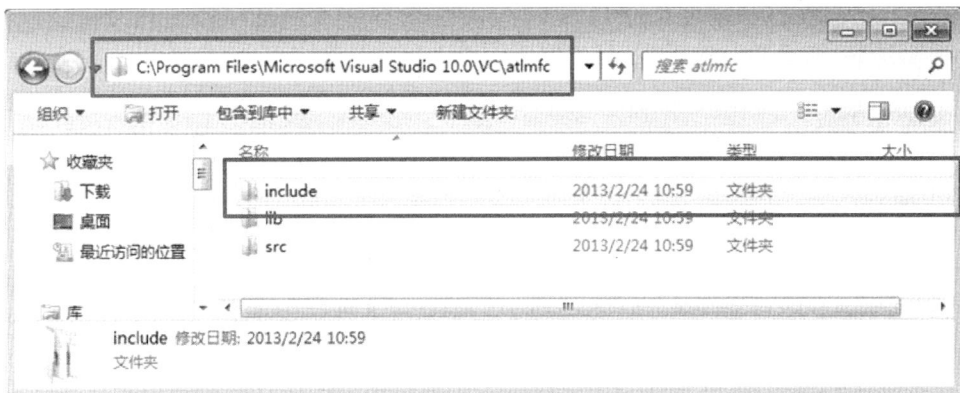

图 8-45　include 文件夹的位置 2

但是使用#include "文件名"时，编译器会从当前项目所在的目录中查找相应头文件，如果找不到才从编译器记录的 include 文件夹里去找。图 8-46 为名为 new 的项目所在的目录。

如果包含的头文件无法被编译器找到，编译就会出错。那时，要么将头文件的位置手动"记录"到编译器中，要么将要使用的头文件复制到当前项目的目录中。

两种不同的包含头文件的写法，导致了编译器搜索头文件的不同方式。所以说，不一定是库函数的头文件必须用"< >"（尖括号），不一定用户自定义的头文件就必须用" "（双引号）。具体的包含头文件的方式由头文件所在的位置决定。

图 8-46 当前目录的位置

8.5.4 分类

C 语言的函数库提供了数百个库函数，为数众多的库函数大致可以分为以下几类。

1．I/O函数

需要包含的头文件是：stdio.h。
eg:printf()、scanf()、putchar()、getchar()。

2．操作字符或者字符串的函数

需要包含的头文件是：string.h。
eg:strcpy()（复制字符串内容）

3．数学函数

需要包含的头文件是：math.h。
eg:sin()、cos()

4．日期、时间函数

需要包含的头文件是：time.h。
eg:time()（返回系统当前的时间）

5．动态分配和随机函数

需要包含的头文件是：stdlib.h。
eg:srand()、rand()

不同种类的函数分别定义在了不同的文件中，为了使用特定的库函数，需要包含库函数相应的头文件。关于库函数的使用方法和所在的头文件的更详细的内容，可以查阅相应函数的使用手册。

8.5.5　库函数应用示例——猜大小

【示例 8-23】　制作一个猜大小的游戏：由用户先决定猜“大”还是“小”，然后由程序输出数据。数据的范围是 0~99，如果输出的数大于 49 就是“大”，小于等于 49 就是“小”，最后判断用户是猜对了还是猜错了，并询问继续游戏还是结束游戏。

【提示 1】想要产生随机数的话可以使用头文件 stdlib.h 里的两个库函数：srand()和rand()。

遇到从未使用过的库函数时不要惊慌，库函数那么多，不可能每一个都用过。所以当遇到新的库函数时，如何能快速地学会使用这个库函数才是要掌握的编程能力。提示中的两个函数的使用方法可以上网查询，也可以使用微软提供的 MSDN 查询。因为要想正确灵活使用这两个函数，必须先要了解这两个函数的使用方法。

在此，我将查询到的使用方法简要概括如下：

❑ srand()和 rand()是相互配合来产生随机数的。

❑ srand()用于生成一个 seed（专有名词，也常被译作“种子”）。

❑ rand()依据 srand()生成的 seed，来产生一个随机数，而且这个随机数的范围是0~32767。

srand()的声明形式为：

```
void srand(unsigned int seed);
```

从声明上来看，此函数不返回值，使用时需要一个 unsigned int 类型的参数。在第 2 章中学习过 unsigned int 类型，它的取值范围是 $0~2^{32}-1$。

函数使用说明中提示，如果参数总是传入同样的 unsigned int 数，那么 srand()总会产生同样的 seed。

rand()的声明形式为：

```
int rand();
```

从声明上来看，这个函数很简单，无需参数，但是有一个 int 类型的返回值。

函数使用说明中提示，如果 rand()生成随机数时依据的 seed 总是相同的，那么产生的随机数也就不再“随机”了，而是可预测的了。

有个示例说明了函数 srand()和 rand()在代码中的具体应用，如下：

```
01  #include <stdio.h>
02  #include <stdlib.h>
03
04  int main(int argc, char* argv[])
05  {
06      srand(103);
07      printf("%d  %d\n\n",rand(),rand());
08      return 0;
09  }
```

示例 8-23 源码

使用函数 srand()和 rand()时一定要包含库它们所在的头文件，因为它们的声明在头文件中，所以程序 02 行使用 include 包含了头文件 stdlib.h。srand()需要 unsigned int 型的参数，所以 06 行使用了 103。rand()无需参数但是有返回值，所以 07 行使用 printf()将 rand()的返回值输出到了屏幕上。使用起来还是很简单的，图 8-47 为此程序的两次运行效果。

图 8-47　程序运行的两次效果

为什么要运行两次，为了发现问题。既然产生的应该是随机数，那么为什么两次的输出一样呢？在看看使用方法，发现，原来是 srand() 总是接收 103 作为参数，所以就总是产生同样的 seed，rand() 同时收到同样的 seed，所以也总是返回同样的数。

如果猜大小游戏每次玩的时候，所产生的随机数都是一样的，那还能叫随机数吗，游戏也不能公平地玩了。所以现在要解决的问题就是：如何在每次运行程序时都让程序中的 srand() 得到不同的参数进而产生不同的 seed 呢？程序每次运行时，"时间"肯定是不同的，这是个突破口，而且你会发现这也是 srand() 和 rand() 使用手册中提及的方法。

【提示 2】想要使用时间的话可以使用头文件 time.h 里的库函数：time()。

同样的，遇到了新的库函数，上网或者看使用手册（MSDN）找到 time() 的使用方法。time() 的使用情况很多，找到最适合的用法总结如下：

❑ time() 是用来获取系统时间的，函数返回值是从 UTC（Coordinated Universal Time 协调世界时，又称世界统一时间、世界标准时间、国际协调时间）的 1970 年 1 月 1 日的 00 点 00 分 00 秒开始到现在的秒数。

❑ time() 中填充的参数是用来保存获取到的系统时间，这个系统时间在程序中不需要使用，有 time() 的返回值就够了，所以传入参数 0（零）就可以了，如：time(0)。

❑ time() 的返回值并非 unsigned int 类型，所以需要使用第 4 章学到的强制类型转换的知识，将 time() 的返回值强制转换为 unsigned int 类型，如：(unsigned int)time(0)。

将 srand()、rand() 和 time() 同时应用在一个程序中，使得每次运行产生不同数字的例子如下：

```
01  #include <stdio.h>
02  #include <stdlib.h>
03  #include <time.h>
04
05  int main(int argc, char* argv[])
06  {
07      srand((unsigned int)time(0));
08      printf("%d  %d\n\n",rand(),rand());
09      return 0;
10  }
```

记得包含 time() 所在的头文件 time.h，就像 03 行那样。因为每次运行时，函数 time() 返回的，距离 UTC 1970 年 1 月 1 日的 00 点 00 分 00 秒到现在的秒数都是不同的，所以它作为 srand() 的参数再合适不过，而且使用时必须像 07 行那样设置 time() 的参数及强制转换 time() 的返回值，其他的修改和上一个例子相比都没变，两次运行程序查看程序的运行效果如图 8-48 所示。可以看到，每次运行时输出的数据都不同了。

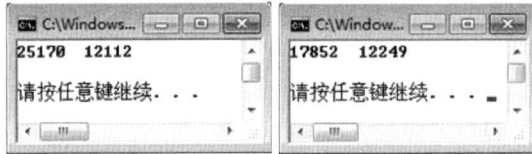

图 8-48　程序两次运行效果

【解题】现在，完成一个猜大小游戏的知识准备过程完成了，该构思如何实现程序了，按照题目的要求可以这样设置程序的执行步骤：

（1）向玩家说明情况，并询问准备押大还是押小。

（2）保存玩家的选择，然后使用随机函数输出一个随机数。

（3）判断随机数是"大"还是"小"，并给出玩家此次游戏的结果是"猜对了"还是"猜错了"。

（4）询问玩家是否继续？是就重新押大小，否就结束程序。

程序执行步骤如图 8-49 所示。

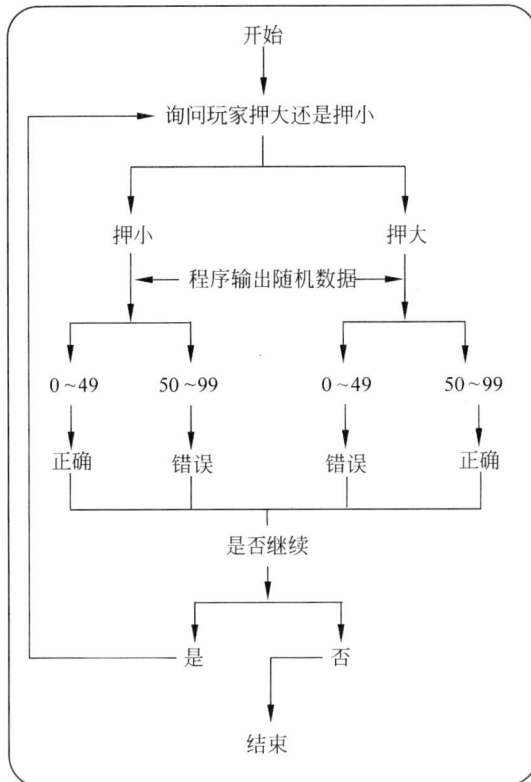

图 8-49　程序执行步骤构思图

按照构思的程序执行步骤实现如下程序：

```
01   #include <stdio.h>
02   #include <stdlib.h>
03   #include <time.h>
04
05   int main(int argc, char* argv[])
```

```
06  {
07      srand((unsigned int)time(0));
08      puts("\t\t\t\t 猜大小");
09
puts("--------------------------------------------------------
--");
10  again:
11      puts("即将随机输出一个 0~99 的数，你是准备押大（50~99），还是押小（0~49）？
");
12      int num;
13  repeat:
14      puts("押小，输入 0");
15      puts("押大，输入 1");
16      scanf("%d",&num);
17      if(num == 1 || num == 0)
18      {
19          int value_num = rand()%100;
20          printf("随机数是：%d\n",value_num);
21          if(value_num>=50)
22          {
23              printf("%d 是大\n",value_num);
24              if(num == 1)
25                  puts("真厉害，你猜对了~");
26              else
27                  puts("哈哈，这局运气不行啊~");
28          }
29          else
30          {
31              printf("%d 是小\n",value_num);
32              if(num == 0)
33                  puts("真厉害，你猜对了~");
34              else
35                  puts("哈哈，这局运气不行啊~");
36          }
37      }
38      else
39      {
40          puts("没有输入正确的数哟~，需要重新输入");
41          goto repeat;
42      }
43      puts("还继续吗？（Y/N）");
44      char c;
45      getchar();
46      scanf("%c",&c);
47      if(c == 'Y'||c == 'y')
48          goto again;
49      printf("\n");
50      return 0;
51  }
```

为了在程序中使用随机函数，程序 02、03 行包含了 stdlib.h 和 time.h 这两个头文件，并在 07 行程序刚开始不久就依据时间设置了 seed，程序 08~15 行是程序执行的第一步：说明情况，询问押大还是押小。程序 16~20 行是程序执行的第二步：保存玩家的输入，并使用随机函数输出随机数。程序 21~36 行是程序执行的第三步：判断随机数是"大"还是"小"，并给出玩家此次游戏的结果是"猜对了"还是"猜错了"。程序 43~48 行是程序执行的第四步：询问玩家是否继续？是就重新押大小，否就结束程序。

为了方便判断，玩家输入 0 表示"小"，输入 1 表示"大"，不小心输入其他数据的话，就只好再给玩家一次输入机会了，所以程序在 41 行使用 goto 语句跳转到 13 行的 repeat 标签处。同样的方法也可以应用在玩家在游戏一次后仍想继续的情况，所以程序在 48 行使用 goto 语句跳转到 10 行的 again 标签处。

介绍 rand() 时说过，它产生的随机数的范围是 0~32767，那么如何让它只产生 0~99 的数呢？本程序使用的方法是：将随机数与 100 做取余处理，即代码 19 行。因为不管正整数范围是多少，做了取余 100 后，得到的数字肯定是 0~99 以内的数字，如：

```
1458%100=58
38%100=38
```

运行程序，第一次输入 12，因为既不是 1（押大）也不是 0（押小），被要求重新输入；第二次输入 1（押大），产生的随机数是 88（大），程序提示猜对了，并询问是否继续（Y/N）；第三次输入 y（继续），程序进入再一轮的猜大小游戏中；第四次输入 0（押小），产生的随机数是 57（大），程序提示猜错了，并询问是否继续；第五次输入 n（不继续），程序运行结束。这一系列输入的运行效果如图 8-50 所示。

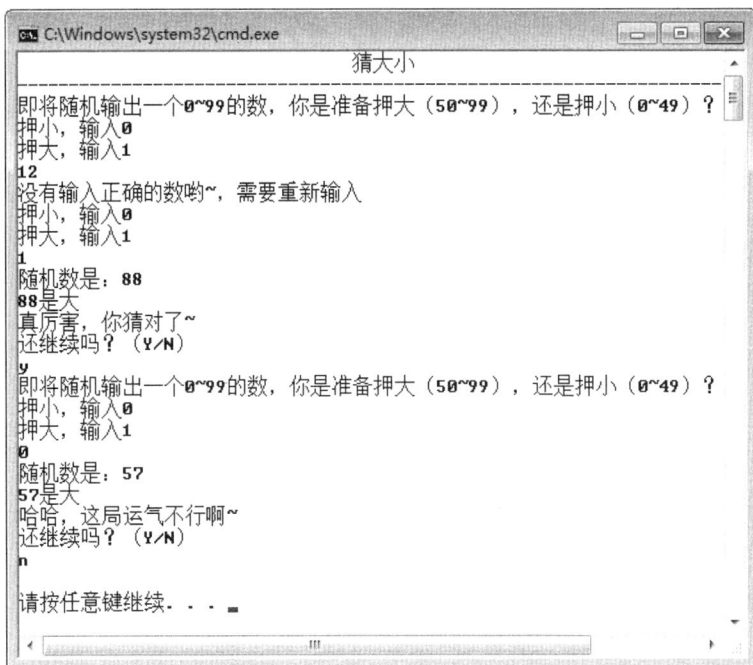

图 8-50　示例 8-23 程序运行效果

8.5.6　练习

1. 在程序中使用 math.h 头文件中声明的 sin() 函数计算 90° 的正弦值，并输出，如图 8-51 所示。上网或者查询手册找到 sin() 函数的使用方法，然后填充完整下面的程序。

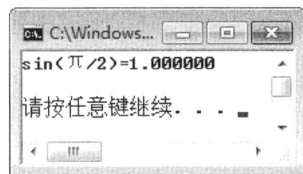

图 8-51　练习 1 程序运行效果

【提示】90° 是数学中的角度制表示方法，应用在正弦中时，这个值必须使用弧度制表示，即：90° 转换成弧度值就是 π/2，π 的值是 3.1415926。

练习 1 源码

```
01  #include <stdio.h>
02  _____
03
04  int main(int argc, char* argv[])
05  {
06      _____
07      _____
08      _____
09      return 0;
10  }
```

8.6 小 结

本章最先讲解了函数对于循环功能的弥补作用，然后又分别对无参函数和有参函数的定义和使用做了详尽的说明，在此基础上又介绍了比较复杂的嵌套函数，最后通过库函数的引入，讲解了如何学习使用库函数的方法。

8.7 习 题

1．下面的程序只是准备解决一个在数学中最常见的问题：已知两个数求第 3 个数。3 个数之间的关系也非常简单：

c = (a+22)×(b-1)+15

本来在学习函数之前，很容易地就在程序中实现了这个功能，如下：

```
01  #include <stdio.h>
02
03  int main(int argc, char* argv[])
04  {
05      int a,b,c;
06      a = 32;
07      b = -12;
08      c = (a+22)*(b-1)+15;
09      printf("a = %d b = %d c = %d\n\n",a,b,c);
10      return 0;
11  }
```

但是学习了函数之后，决定将 c 的计算方法定义在函数之中，并进行了简单的修改，如下：

```
01  #include <stdio.h>
02
03  int main(int argc, char* argv[])
04  {
05      int a,b,c;
06      a = 32;
07      b = -12;
08      c = return_c(a,b);
```

```
09      printf("a = %d b = %d c = %d\n\n",a,b,c);
10      return 0;
11  }
12  int return_c(int x,int y)
13  {
14      int z;
15      z = (x+22)*(y-1)+15;
16      return y;
17  }
```

但在编译程序时，编译总是失败，因为存在如图 8-52 所示的错误：在 08 行使用的 return_n 有问题，因为找不到 return_n 标识符。

```
e:\c program\new\new\new.cpp(8): error C3861: "return_c": 找不到标识符

生成失败。

已用时间 00:00:01.34
========== 生成: 成功 0 个，失败 1 个，最新 0 个，跳过 0 个 ==========
```

图 8-52　编译时的错误提示

你知道问题出在了哪里吗？

【参考答案：缺少对函数 return_n()的声明，程序在函数 return_n()被定义之前就使用了函数 return_n()，所以应该提前对函数 return_n 进行声明】

2．编程使得程序每次运行时都要提前输出 10 个 10~150 的数，程序的框架已经给出，请完善这个程序。其中变量 value_num 用于保存得到的随机数，变量 count 用于统计当前输出的随机数的个数，程序两次运行的效果如图 8-53 所示。

习题 2 源码

```
01  #include <stdio.h>
02  _____
03  _____
04
05  int main(int argc, char* argv[])
06  {
07      int value_num,count;
08      count = 0;
09      _____    .
10
11      while(1)
12      {
13          value_num =_____;
14          if(value_num<10)
15              continue;
16          count++;
17          if(_____)
18              break;
19          printf("%d ",value_num);
20      }
21      printf("\n\n");
22      return 0;
23  }
```

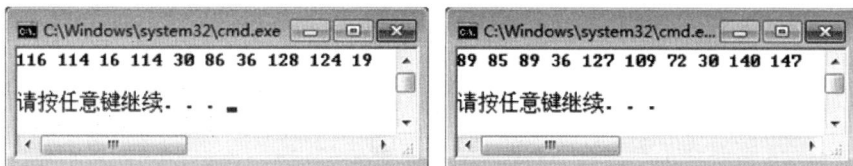

图 8-53 程序两次运行效果

3. 下面的程序打算使用函数 func() 依次输出 1~10 的阶乘，全部的程序代码已给出。

```
01    #include <stdio.h>
02
03    int func(int);
04    int main(int argc, char* argv[])
05    {
06        for(int i=1;i<=10;i++)
07            printf("%2d! = %8d\n",i,func(i));
08        printf("\n");
09        return 0;
10    }
11    int func(int n)
12    {
13        int retu = 1;
14        retu *= n;
15        return retu;
16    }
```

习题 3 答案

编译没有问题，也可以正常运行，但是却未能达到预期效果，如图 8-54 所示。本来想着能实现图 8-55 所示的效果才对，听一个牛人网友说，要达到预期的运行效果只差一步之遥，牛人还说什么需要极少的改动，运用静态变量之类的，你知道该如何将这一步迈出，到达预期效果的彼岸吗？要怎么修改？

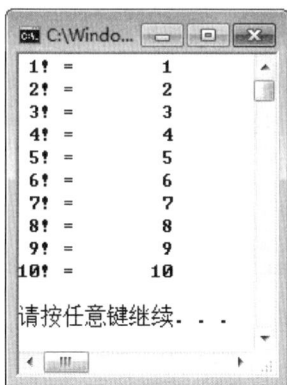

图 8-54 未达到预期的程序运行效果

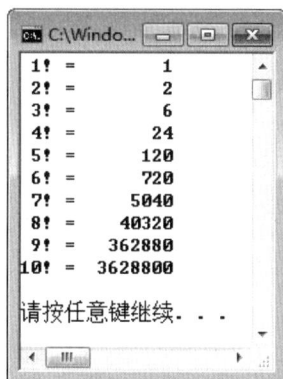

图 8-55 程序预期要实现的效果

4. 使用递归的方式打印杨辉三角。杨辉三角就是图 8-56 所示的由有规律的数字组成的三角形状。

说组成杨辉三角的数字有规律是因为：

❏ 每个数都等于数上方两数之和。

❏ 每行的数字左右对称，并且起始的数字都是 1。

❑ 第 n 行就会有 n 个数。

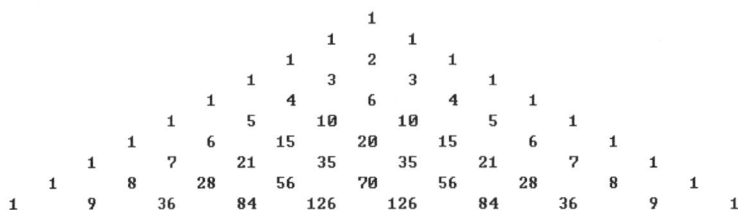

```
                              1
                          1       1
                      1       2       1
                  1       3       3       1
              1       4       6       4       1
          1       5      10      10       5       1
      1       6      15      20      15       6       1
    1     7      21      35      35      21       7       1
  1     8      28      56      70      56      28       8       1
1     9      36      84     126     126      84      36       9       1
```

图 8-56　杨辉三角

其他更多的特点就不一一说明了。既然要求使用递归来解决输出杨辉三角的问题，那就来找一下递归需要满足的条件，而且为了说明的方便和图像的直观，将杨辉三角修改为图 8-57 所示的样子。

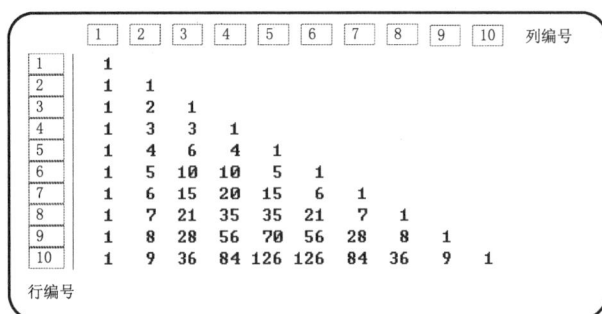

图 8-57　做了辅助标记后的杨辉三角

第一步：将问题转换为较小的相似的问题。

先不考虑杨辉三角的格式，主要考虑如何计算得知杨辉三角上的每一个数。比如：第 9 行第 4 列的数是 56。该怎么计算得到？依据前面所说的杨辉三角的数字的规律，这一数字正好是第 8 行第 3 列的数字 21 和第 8 行第 4 列的数字 35 的和。用 row 表示行、col 表示列的话，第 row 行 col 列的数，应该是第 row-1 行 col-1 列的数和第 row-1 行 col 列的数之和。那么，如果定义函数 triangle_yang()，用来返回杨辉三角一个位置上的数。函数 triangle_yang()的定义语句可以写为：

```
int triangle_yang(int row,int col)
{
    return triangle_yang(row-1,col-1)+ triangle_yang(row-1,col);
}
```

第二步：找到递归停止的条件。

我们依据对称的特性，发现有两个杨辉三角形中的数字无论如何不需要计算得到。一个是第一列的数字在任何行都是 1，另一个是每行最后一个数字也总是 1。第一个的情况描述起来就是 col 等于 1，第二个情况要怎么描述？我们发现特性里有一条：第 n 行就有 n 个数。那么最后一个数就一定满足 row 等于 col 了。现在修改函数 triangle_yang()的定义，即加上两个递归停止的条件：

```
int triangle_yang(int row,int col)
{
    if(col == 1 || row == col)
```

```
        return 1;
    return triangle_yang(row-1,col-1)+ triangle_yang(row-1,col);
}
```

现在，递归函数已经得到了，请完成下面程序的入口函数 main() 的代码：

```
01  #include <stdio.h>
02
03  int fun(int row,int col)
04  {
05      if(col == 1 || row == col)
06          return 1;
07      return fun(row-1,col-1)+fun(row-1,col);
08  }
09  int main(int argc, char* argv[])
10  {
11      int n;
12      int i,j;
13      printf("请输入要打印的杨辉三角的行数:");
14      scanf("%d",&n);
15      //控制每次换行
16      for(i=1;i<=n;i++)
17      {
18          //控制每行前面输出的空格
19          for(j=1;j<=(n-i)*4;j++)
20          {
21              //输出一个空格
22              _____
23          }
24          //控制每行输出的数字
25          for(j=1;j<=i;j++)
26          {
27              //每个数字的宽度是 4
28              _____
29              //输出 4 个空格
30              _____
31          }
32          printf("\n");
33      }
34      printf("\n");
35      return 0;
36  }
```

习题 4 源码

运行程序，并且当输入 10 时，程序的运行效果如图 8-58 所示。

图 8-58 程序输出的 10 行杨辉三角

第 3 篇　处理大量数据

第9章 同类型数据的集合——数组

为了更好处理大量语句的编写问题，C 语言提供了语句块、选择语句、循环语句和函数等语法功能。同样，为了便于处理大量数据，C 语言也提供了相应的语法功能，如数组、结构、指针等。本章将首先讲解最简单、应用最普遍的数组。

9.1 大量数据的处理

在日常编程中，经常遇到这样一类问题：对一组同类型的数据做同样的操作或者处理。例如，考试结束后，需要统计一个班的几十个学生的成绩的平均成绩。

1. 一个典型的问题

【示例 9-1】 一次性获取用户输入的 10 个整数，然后对每一个数据做平方处理，然后输出给用户。

既然需要一次获取 10 个整数，那就必须定义 10 个变量来保存这 10 个数据，然后求每个变量的平方，最后输出这 10 个变量就可以了，按照这个思路编写了下面的程序：

```
01   #include <stdio.h>
02
03   int main(int argc, char* argv[])
04   {
05       int i1,i2,i3,i4,i5,i6,i7,i8,i9,i10;
06       scanf("%d %d %d %d %d %d %d %d %d %d",&i1,&i2,&i3,&i4,&i5,&i6,&i7,
         &i8,&i9,&i10);
07       i1 *= i1;
08       i2 *= i2;
09       i3 *= i3;
10       i4 *= i4;
11       i5 *= i5;
12       i6 *= i6;
13       i7 *= i7;
14       i8 *= i8;
15       i9 *= i9;
16       i10 *= i10;
17       printf("%d %d %d %d %d %d %d %d %d %d",i1,i2,i3,i4,i5,i6,i7,i8,i9,
         i10);
18       printf("\n\n");
19       return 0;
20   }
```

程序 05 行定义了 10 个变量，来指代用户输入 10 个数据。06 行为这 10 个变量获取到了数据，07～16 行是处理过程，在 17 行将数据输出。总之，程序要求的功能被实现了。

但是看看程序，很明显有类似的代码，但是无法使用循环。因为重复的语句中每个变量都是无规律的，而是由用户决定是多少的数据。

2. 尝试使用函数简化

那能不能用函数简化呢？使用有参数函数的话只要将不同的变量作为函数的参数被传入的话就可以简化重复语句的书写了，于是按照这一思路，再次写下了下面使用有参函数的代码：

```
01   #include <stdio.h>
02
03   int Sqrt(int);
04   int main(int argc, char* argv[])
05   {
06       int i1,i2,i3,i4,i5,i6,i7,i8,i9,i10;
07     scanf("%d %d %d %d %d %d %d %d %d %d",&i1,&i2,&i3,&i4,&i5,&i6,&i7,&i8,
         &i9,&i10);
08     printf("%d %d %d %d %d %d %d %d %d %d",Sqrt(i1),Sqrt(i2),
09         Sqrt(i3),Sqrt(i4),Sqrt(i5),Sqrt(i6),Sqrt(i7),Sqrt(i8),Sqrt(i9),
         Sqrt(i10));
10     printf("\n\n");
11       return 0;
12   }
13   int Sqrt(int i)
14   {
15       return i*i;
16   }
```

函数 Sqrt()用来处理数据的平方，并作为函数值返回，08 行使用 printf()直接将返回的函数值输出。尽管也使用函数实现了程序要求的功能，但是这个功能实现得很勉强。因为假如要从文件中一次读取 100 个数据，然后同时做同样的处理然后输出怎么办？那样的话光是变量就得定义 100 个，函数也得被调用 100 次……看来这样做也不妥。

3. 总结

总之，在编程中就是会遇到很多类似这样的情况：要处理大量的数据，每种数据的类型一样，而且程序打算处理这些数据的方式也一样。为了处理这种问题，已经使用的方法如定义变量和使用函数，已经被证明是不能从根本上解决问题的，所以 C 语言引入了数组。

9.2　基　本　数　组

数组根据复杂程度，可以分为很多类型。本节先讲解最基本的数组知识。

9.2.1　定义数组

使用数组前，需要先定义数组。定义数组的格式如下：

数据类型　数组名[整型常量表达式],…

看着数组的形式，出现了一个"[ ]"（方括号），而且定义数组时"[ ]"是必不可少的。在本章的后面几节读者会陆续见到二维、甚至是多维的数组，到时只要记住，维数与"[ ]"的个数有关就行了。下面来解释定义中的其他部分。

- □　"数据类型"是指数组将要保存的数据的类型。我们前面多次说明，数组其实就是同类型数据的集合，那么这里"同类型数据"中的"类型"就是这里的数组的"数据类型"。
- □　"数组名"是数组的名字，属于 C 语言的标识符，它遵守标识符的命名规则。
- □　"整型常量表达式"就是常量或者由常量组成的表达式。它用来说明数组中存储数据的存储单元的个数。
- □　当一次定义多个同一类型的数组时，同定义多个变量相似，数组间使用逗号隔开。

如：

```
int num[10];
```

有一个"[ ]"说明是数组，"int"说明此数组是用来保存 int 类型的数据的，"num"是这个数组的名称，在"[ ]"内的 10 表明一共有 10 个存储单元可以用来存储 int 类型的数据，在最后加了一个";"（分号），说明这构成了一个定义数组的语句。看到这类数组的定义，我们就应该知道：此处定义了一个 int 类型的名为 num 的可以保存 10 个 int 类型数据的数组。再看下面的定义：

```
float f[5],g[3+6],h[30];
```

这次程序此处一次定义了 3 个 float 类型的数组，名字分别为 f、g 和 h，能保存的 float 类型数据的个数分别为 5、9、30 个。定义名为 g 的数组时，"[ ]"内的"3+6"就是常量表达式，而且定义时 3 个数组名之间是使用","（逗号）隔开的。下面是一些错误的定义数组的方式：

```
01    int num(5);
02    int b = 5;
03    int car[b];
04    char c[5.6];
```

01 行，使用"( )"（小括号）而非"[ ]"，所以说不是数组的定义。04 行"[ ]"内的常量是浮点型而非整型，定义方式错误。02、03 行看起来是没有问题的，但是 03 行中的 b 毕竟是 int 类型的变量，即使在 02 行赋值 5 也没用，变量就是变量，经常有初学者犯这样的错误，甚至在熟悉数组以后仍然会不小心写成这样的形式，好在这样的问题在编译时会被编译器发现并指出，如下面程序使用此种方式定义了一个数组：

```
01    #include <stdio.h>
02
03    int main(int argc, char* argv[])
04    {
05        int b = 5;
06        int car[b];
07        return 0;
08    }
```

编译程序时，编译器给出的错误提示如图 9-1 所示。

```
e:\c program\new\new\new.cpp(6): error C2057: 应输入常量表达式
e:\c program\new\new\new.cpp(6): error C2466: 不能分配常量大小为 0 的数组
e:\c program\new\new\new.cpp(6): error C2133: "car": 未知的大小
```

图 9-1　编译时指出的错误

依次看错误提示，第一行说"应输入常量表达式"，很显然，b 是变量，不符合定义数组的要求。第二行"不能分配常量大小为 0 的数组"，是由第一个问题导致的，因为忽略了 b 这个变量，那么"[ ]"内就什么都没有了，于是编译器就认为你分配了常量大小为 0 的数组。然后又导致第三行问题的出现："car 未知大小"，在定义时，"[ ]"内不能为常量 0，所以此时编译器就不知道数组 car 中定义了几个存储单元存放 int 类型的数据。总之，想要定义一个 int 类型的名为 car 的可以保存 5 个 int 类型数据的数组时，只需要修改 05、06 行为下面这个样子就可以了：

```
int car[5];
```

9.2.2　使用数组

数组的定义已经学会了，那么如果数组中已经保存了多个同类型的数据，又该如何使用这个单一的数据呢？如：

```
float f[10];
```

语句定义了一个 float 类型的名为 f 的有 10 个存储单元的数组。假设数组 f 中已经保存了 10 个数据，该如果使用数据呢，那我就要问：你想使用第几个数据，若想使用第 4 个、第 10 个数据的话要使用下面的方式：

```
01  f[3];
02  f[9];
```

即：

数组名[整型常量表达式];

此时"整型常量表达式"表示的是"下标"，而定义数组时"整型常量表达式"表示的是数组中可以保存的数据的个数。使用数组中任何一个数据都是通过"下标"来实现的。"下标"的起始值是 0，终止值是"数组可保存的数据个数-1"，对应存放的是第 1 个、第 2 个…数据。所以要使用数组的第 1 个数据的话就是"数组名[0]"。对于刚才看到的数组 f，第 4 个、第 10 个数组数据对应的下标就应该是 3 和 9，于是使用了 01、02 行所示的代码。

9.2.3　初始化数组

数组的定义方式和使用方式已经知道了，但是此时的数组中和没有保存任何数据，所以就更无从使用了。在数组定义时就为数组赋值的方式被称为初始化，初始化数组的形式如下：

数据类型　数组名[整型常量表达式]={数据 1,数据 2,数据 3,…};

赋值符号"="左面的部分与数组被定义时的形式一致,初始化的关键部分是赋值符号"="的右边,想要保存在数组中的数据被保存在了"{ }"(大括号)中,而且数据之间使用","(逗号)隔开,数据的个数应该小于等于"整型常量表达式"的值,或者说是数组中存储单元的个数,在最末位处加上";"(分号),表面这是一个数组的初始化语句。如下面的数组赋值语句:

```
int num[5] = {1,2,3,4,5};
```

数组 num 在被定义的时候赋值了,所以这就是数组 num 的初始化。要被保存到数组中的数据是 1、2、3、4、5,它们之间使用了","(逗号)分隔,而且被"{ }"括起,再运用前面学到的数组使用的知识,可知数据被依次保存到了 num[0]、num[1]、num[2]、num[3]、num[4]中。需要特别提醒的是,数据的个数一定不能大于数组中存储单元的个数,这是很好理解的吧,空间就那么大,不可能容得下更多的数据,发生此种情况时,编译器会报告错误。

初始化数组的方式比较灵活,还可以使用下面几种方式完成初始化。

只初始化部分数组的存储单元。即初始化时"{ }"内的数据个数小于数组的存储单元数,如:

```
int num[5]={1,2,3};
```

初始化语句只是给 num[0]~num[2]的存储单元赋值了,而剩下的存储单元,即 num[3]和 num[4]由系统默认赋值为 0,这是针对整型这种类型,对于字符类型,剩下的存储单元,默认赋值"\0"。最后需要提醒的是,数据只会被依次存放到数组的存储单元中,而不会跳过某些存储单元。

如果在初始化数组时,没有填写"整型常量表达式",即"[ ]"为空,没有明确写出数组中的存储单元数,那么系统将根据数据的个数决定数组的存储单元数,如:

```
int num[]={1,2,3,4,5};
```

因为"[ ]"内为空,而后面数据的个数是 5,于是系统就会认为数组 num 的存储单元个数为 5。这种写作方式与下面的写作方式等价:

```
int num[5]={1,2,3,4,5};
```

这不失为一种省事的好办法。

【示例 9-2】　下面的程序,实现了数组 num 的定义、初始化和输出。但是这里似乎出了一点问题。

```
01   #include <stdio.h>
02
03   int main(int argc, char* argv[])
04   {
05       int num[] = {1,2,3,4,5};
06       for(int i=1;i<=5;i++)
07       {
08           printf("%d ",num[i]);
09       }
10       printf("\n\n");
11       return 0;
12   }
```

示例 9-2 源码

　　程序 05 行是数组 num 的定义和初始化过程，然后 06～09 行打算使用 for 循环输出数组中的所有数据，看起来没有问题，运行程序得到图 9-2 所示的异常结果。

　　是不是有种恍然大悟的感觉，这也是很多人很容易犯的错误，记住，数组的第一个数据的下标一定是 0，5 个数据的数组，下标最大为 4，即 5-1。所以问题出在了 06 行的变量 i 的起始值，应该修改为：

```
06        for(int i=0;i<=4;i++)
```

　　然后就会得到图 9-3 所示的正常结果。有些读者可能要问了，为什么编译器没有错误提示呢，使用数组时，下标是有"界限"的，当"越界"时，编译器怎么没有提示？是的，编译器没有提示"越界"，是因为编译器根本不检查"越界"，为编译器增加这种功能的检查要付出的代价太大，与其如此，还不如把这个任务交给程序员来完成，这就是说，编译器把检查"越界"的任务交给了程序员，这就需要我们使用的时候小心"越界"的问题。

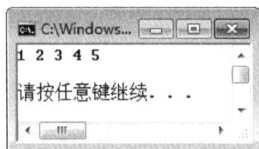

图 9-2　程序输出异常　　　　　　　图 9-3　程序正常的输出结果

9.2.4　为数组赋值

　　现在读者已经知道了如何通过下标使用数组中的数据，那么为数组赋值也就很简单了。这就类似于，知道了如何使用变量，那么为变量赋值就不是问题了。为数组赋值，只需使用赋值符号就可以了，如下：

```
num[3] = 6;
```

　　表示为数组 num 的第 4 个存储单元赋值 6。那么知道了为数组赋值的方式，下次在只定义数组而没有初始化数组的时候，就可以通过使用赋值的方式将数据保存到数组中了。

　　【示例 9-3】　下面的程序只定义了数组 num，而没有初始化数组 num，不过没关系，因为程序在之后通过下标引用了数组的存储单元，然后赋值并输出了。

```
01  #include <stdio.h>
02
03  int main(int argc, char* argv[])
04  {
05      int num[5];
06      for(int i=0;i<=4;i++)
07      {
08          num[i] = i+1;
09          printf("%d ",num[i]);
10      }
11      printf("\n\n");
12      return 0;
13  }
```

示例 9-3 源码

　　程序 05 行只是定义了 num 数组，数组的赋值是在 08 行完成的，而且还是在 for 循环

内部，程序是在一边为数组赋值，一边输出数组中存储的数据，图 9-4 为程序的运行效果。

　　到此为止，已经讲了这么多关于数组的知识了，那么是不是有点迫不及待地想要解决在第一节中遇到的那个问题，下面的示例重复了那个问题。

　　【示例 9-4】　一次性获取用户输入的 10 个整数，然后对每一个数据做平方处理，然后输出给用户。

　　因为将要输入的 10 个数据都是整数，所以就可以考虑使用数组来保存这些数据，存储单元的个数也知道了，是 10 个。定义一个有 10 个存储单元的数组明显比定义 10 个变量要方便得多。而且托使用数组数据可以通过数据名和下标方式的福，循环也可以很顺利地应用了，因为使用数组的数据时，数组名和下标是有规律地在变化，下面是对这一思考过程的实现代码：

```
01   #include <stdio.h>
02
03   int main(int argc, char* argv[])
04   {
05       int i,num[10];
06       for(i=0;i<=9;i++)
07       {
08           scanf("%d",&num[i]);
09       }
10       for(i=0;i<=9;i++)
11       {
12           printf("%d ",num[i]*num[i]);
13       }
14       printf("\n\n");
15       return 0;
16   }
```

　　定义数组的位置是程序的 05 行，数组的名字是 num，存储单元数是 10，06～09 行的循环用于连续接收用户输入的数据，08 行 scanf()语句中 "&num[i]" 的使用方式是不是有些奇怪，只要把 num[i]认为是一个变量名的话就没什么好奇怪的了吧，而且 "&" 在第 5 章中也讲过。"&" 的更详细的讲解会在本书后面适合的位置出现。程序 10～13 行通过 for 循环，连续输出经过处理后的数组数据。06、10 行能使用循环，是托了数组的福，因为通过数组使用数组数据使得重复的语句有规律可循,而不像之前使用的那 10 个变量一样毫无章法。运行程序，并依次输入 1～10 后程序的运行效果如图 9-5 所示。

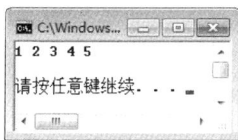

图 9-4　示例 9-3 程序运行效果　　　　图 9-5　示例 9-4 程序运行效果

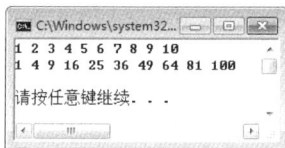

9.2.5　数组的简单应用

　　定义数组免去了定义大量同类型变量的麻烦，而且使得循环得以被使用，这些结论在前面就已经验证过了，本小节将以多个连续的数组应用示例体会这些优势。

【**示例 9-5**】　使用随机函数为 20 个整型变量赋予 0～1000 的值，最后输出。

思考过程如下：

（1）20 个变量如果一一定义的话很麻烦，不如定义可以保存 20 个整型变量的整型数组方便。

（2）使用随机函数的方法在第 8 章学习过，包含的两个头文件是 stdlib.h 和 time.h，使用到的库函数是 srand()、rand() 和 time()。

（3）可以使用循环的方式一边为数组的每个存储空间赋值，同时再输出这个值。

然后按照思考的结果编写程序：

```
01  #include <stdio.h>
02  #include <time.h>
03  #include <stdlib.h>
04
05  int main(int argc, char* argv[])
06  {
07      srand((unsigned int)time(0));
08      int num[20],i;
09      for(i=0;i<20;i++)
10      {
11          num[i] = rand()%1001;
12          printf("%d ",num[i]);
13      }
14      printf("\n\n");
15      return 0;
16  }
```

示例 9-5 源码

因为使用了数组的关系，程序 08 行只用了很少的代码就定义了 20 个整型变量，然后托数组的福，程序 09 行的 for 循环得以被使用，11 行为数组的每个存储空间赋值，又因为随机函数返回的值在 0～32767 范围之间，所以使用了"取余运算"，即随机数的返回值与1001 取余的话就可以得到 0～1000 的随机数了，12 行输出这个存储空间赋的值，最终实现了题目所要求的效果，运行效果如图 9-6 所示。

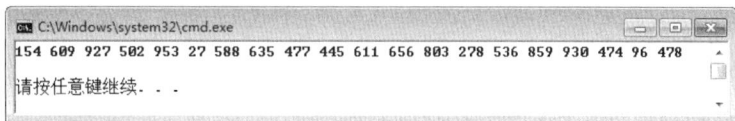

图 9-6　示例 9-5 程序运行效果

为了验证是否输出了 20 个数据，总得数一下，但是 20 个变量输出的数据排成了一行，数起来眼花缭乱的，为了使得输出的数据数起来更容易些，也为了使得输出的数据更整齐些，这里决定引入一个整型变量 count，用于在程序每输出 5 个数据时及时换行，这样程序如果要输出 20 个变量的话，那就会输出 4 行，这样的话数起来会容易些，而且看起来也就不会乱了。修改后的程序如下：

```
01  #include <stdio.h>
02  #include <time.h>
03  #include <stdlib.h>
04
05  int main(int argc, char* argv[])
06  {
07      srand((unsigned int)time(0));
```

```
08        int num[20],i,count=0;
09        for(i=0;i<20;i++)
10        {
11            num[i] = rand()%1001;
12            printf("%d ",num[i]);
13            count++;
14            if(count==5)
15            {
16                count = 0;
17                printf("\n");
18            }
19        }
20        printf("\n");
21        return 0;
22    }
```

变量 count 起始被赋值 0，即 08 行；然后在每次输出一个随机数据后自加一次，即 13 行；在判定 count 为 5 即此时程序已经输出了 5 个数据的时候，程序的输出要换行，count 要重新被赋值 0，即 14～18 行。运行程序得到图 9-7 所示的结果。

【示例 9-6】　接着上一示例，寻找刚才 20 个随机数中最大和最小的数，输出这两个数以及它们的位置。

思考过程如下：

（1）既然是接着上一示例，那么就接着上一示例继续写。

（2）对于最大和最小的数，可以专门设置两个变量来保存，寻找的方法很简单，假设第一个数就是那个最大的或者说是最小的数，然后用这个数和后面的数依次做比较，只要发现更大的数或者更小的数就及时保存到相应的变量中，当比较完所有的数以后，那么最大最小的数就在那两个变量中了。

图 9-7　示例 9-5 程序运行效果

（3）对于位置，也可以专门设置两个变量来保存，在每次最大或者最小的数被保存的时候及时保存它们在数组中的位置。最后按照思路编写得到如下程序：

```
01   #include <stdio.h>
02   #include <time.h>
03   #include <stdlib.h>
04
05   int main(int argc, char* argv[])
06   {
07       …       //省略产生以及输出随机整数的程序代码
08       printf("\n");
09       int max_num,min_num,max_pos,min_pos;
10       max_num = min_num = num[0];
11       max_pos = min_pos = 0;
12       for(i=1;i<20;i++)
13       {
14           if(max_num < num[i])
15           {
16               max_num = num[i];
17               max_pos = i;
18           }
19           if(min_num > num[i])
20           {
21               min_num = num[i];
22               min_pos = i;
23           }
```

示例 9-6 源码

```
24          }
25          printf("数组中最大的值是：%d,是数组第%d个数\n",max_num,max_pos+1);
26          printf("数组中最小的值是：%d,是数组第%d个数\n",min_num,min_pos+1);
27          printf("\n");
28          return 0;
29  }
```

为了避免大篇幅的重复，程序 07 行省略了上一示例中的代码，只列出了本题的实现代码。思路中设想的用来保存最大值和最小值，以及这些数在数组中位置的变量在程序 09 行被定义，然后在 10、11 行被赋值，从赋值上来看，初值默认最大最小的数在数组的第一个位置上。12 行的 for 循环用来遍历数组中的所有数据，便于 14、19 行对每一个数组数据进行判断，并保存位置。最后将遍历数组得到的结果输出即可，程序的运行效果如图 9-8 所示。

【示例 9-7】 将数组中的 20 个随机数的位置做一个变换：将数组中第 20 个数据移动到第 1 个位置，第 1 个位置到第 19 个位置上的数据依次后移。最后输出移动后的数组中的数据。

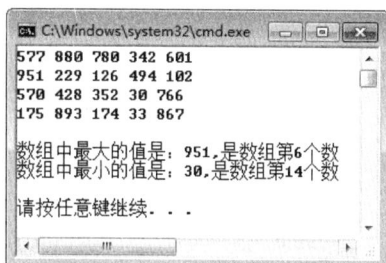

这个功能实现起来还是很简单的，只要用一个新的变量保存好第 20 个数据，然后将数组中 1～19 个数据从第 19 个数据开始依次后移，最后将第 20 个数据保存到第 1 个位置就可以了。整体上需要两个循环：1 个循环用于移动数组中数据的位置，1 个循环用于输出移动后的数组中的数据。程序如下：

图 9-8 示例 9-6 程序运行效果

```
01  #include <stdio.h>
02  #include <time.h>
03  #include <stdlib.h>
04
05  int main(int argc, char* argv[])
06  {
07      …      //省略产生以及输出随机整数的程序代码
08      int num_20;
09      num_20 = num[19];
10      for(i=18;i>=0;i--)
11      {
12          num[i+1] = num[i];
13      }
14      num[0] = num_20;
15      puts("移动后数组中的数据：");
16      count = 0;
17      for(i=0;i<20;i++)
18      {
19          printf("%d ",num[i]);
20          count++;
21          if(count==5)
22          {
23              count = 0;
24              printf("\n");
25          }
26      }
27      printf("\n");
28      return 0;
29  }
```

示例 9-7 源码

同样的出于减少重复和节省篇幅的目的，07 行省略部分前面示例实现的功能代码，从 08 行起开始实现本题要求的功能，定义的新变量 num_20 用于保存第 20 个数据，即 09 行。10～13 的 for 循环依次将数据中的数据后移一位，然后将第 20 个数据赋到第 1 个位置上，就完成了数组的"平移"，最后 5 个一组输出数组中的数据，程序运行结果如图 9-9 所示。

这样的题目看不出来有多大意义啊，那是因为这样的操作有意义的题目还没出现。有时数组中会删除或者添加新的数据，那么为了数组中的数据还能够依次排列，数组中数据"平移"的操作是少不了的。

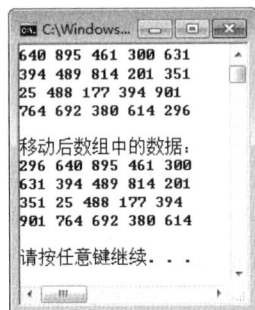

图 9-9　示例 9-7 程序运行结果

9.3　数组排序

什么是排序？在生活中，多个人排成一队的时候，经常为了整齐，将多个人按照身高"由高到低"，或者"由低到高"站队。这种依据一定条件（即"身高"），决定顺序的方式就是"排序"。应用在数组中时，就是将数组中的数据按照条件调整数据在数组中的位置，而这个条件通常是"从大到小"或者"从小到大"。

关键问题是：对于数组中的数据，你会使用什么方法来达到排序的目的呢？本节将介绍两种排序方法。

9.3.1　冒泡排序

也叫"气泡排序"，是排序的一种方法。因为使用这种方法排序的过程就好像气泡一样，所以因此得名。这到底是种什么方法，我们通过示例来说明会更容易些。

【示例 9-8】 数组中现在有 5 个数据：23 57 35 63 24，请按照从小到大的顺序为数组中的数据排序，最后输出数组中排好的数据。

示例 9-8 源码

冒泡排序法一次只比较两个数据，具体是哪两个数据，是由数组中数据的位置决定的。假如现在给数组中的数据依据位置进行编号，如图 9-10 所示。那么 23 在 1 号位置，57 在 2 号位置。

位置	1	2	3	4	5
数组中的数据	23	57	35	63	24

图 9-10　数据的位置

冒泡排序法是通过依次比较相邻的两个数，来达到将大的数放置在后面的目的的。如图 9-11 所示。

位置 1 和位置 2 是相邻的，位置 2 和位置 3 又是相邻的，冒泡排序法比较的就是这样相邻的数据。为了将大的数据放到数组的后面，每次比较相邻的两个数时，若前面的数比后面的数大，那么就交换这两个数的位置，即大的数总要放在小的数的后面。这仿佛就是"气泡"，将大的数据一步步移动到后面的位置。既然是"冒泡"，那么显然"气泡"数一定不是一个，第一个"气泡"只是将最大的数放到了最后面，其他的数还处于无序的状态呢，所以紧接着就应该一个接着一个地出现气泡了，如图 9-12 所示。

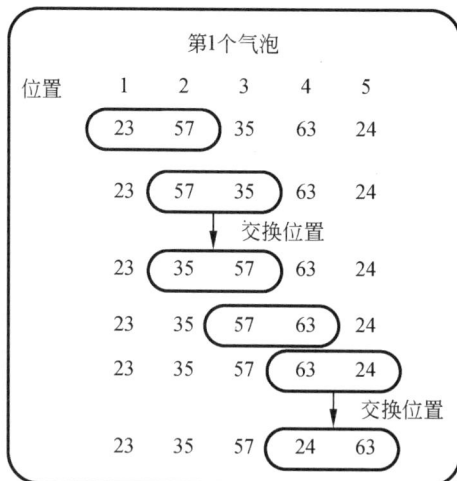

图 9-11　比较相邻的数据

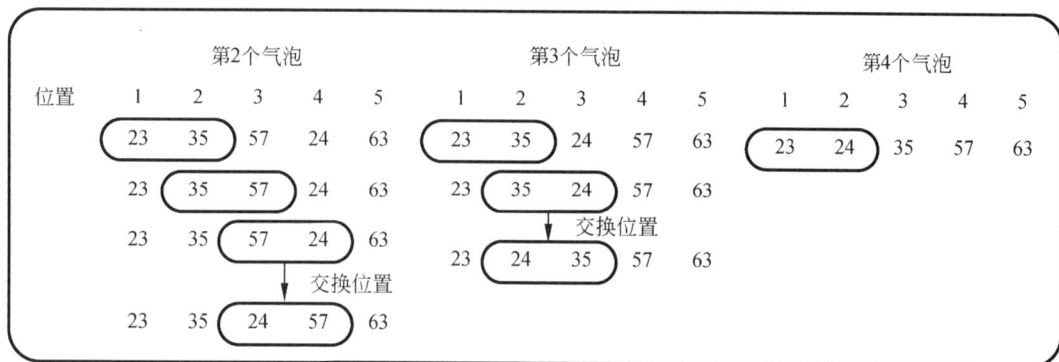

图 9-12　"不断"出现的气泡

到第 4 个气泡结束后数组中的数据已经完全排好了，即得到的数组中的数据依次是：23、24、35、57、63。

以上就是"冒泡排序"的方法了。具体在程序中应该如何实现此种方法呢？一个接着一个的气泡可以看作是一个循环，究竟冒多少气泡合适？其实只比数据的个数 n 少 1 个而已，即 n-1 个气泡，因为一个气泡就足以安排好一个数据的位置，那么 n-1 个气泡就安排好了 n-1 个数据的位置，最后那个数据的位置自然就不需要再次调整了，比如，本题有 5 个数据，只需要 5-1，即 4 个气泡就完成了排序。现在先编写部分代码：

```
01   for(int i=1;i<=n-1;i++)
02   {
03       //其他待完善部分
04   }
```

　　如果把每个气泡的移动过程也看作一个循环，显然这就成了循环的嵌套，这个内部循环要循环的次数由气泡移动的次数决定，很显然每个气泡移动的次数是不一样的，如果第 1 个气泡移动了 n-1 次、第 2 个气泡移动了 n-2 次的话，那么第 n-1 个气泡就会移动 n-(n-1) 次，即 1 次，那么内部的循环次数是由外部循环到第几次来决定的，于是继续完善有"冒泡排序"功能的代码：

```
01  for(int i=1;i<=n-1;i++)
02  {
03      for(int j=1;j<=n-i;j++)
04      {
05          //其他待完善部分
06      }
07  }
```

　　再看气泡内部，有个判断的条件：如果相邻的数，前面的大于后面的，那么就要交换这两个数的保存位置。现在完成实现"冒泡排序"功能的全部代码：

```
01  int temp;
02  for(int i=1;i<=n-1;i++)
03  {
04      for(int j=1;j<=n-i;j++)
05      {
06          if(num[j-1]>num[j])
07          {
08              temp = num[j-1];
09              num[j-1] = num[j];
10              num[j] = temp;
11          }
12      }
13  }
```

　　直接交换两个存储空间的数字显然不可能，所以这里引入了一个 int 型变量 temp。又因为数组的下标从 0 开始，所以对数组数据的使用，需要对位置减 1。可以实现"冒泡排序"功能的代码已经全部完成，本题的完整实现过程也变得十分简单了，稍作修改后的程序如下：

```
01  #include <stdio.h>
02
03  int main(int argc, char* argv[])
04  {
05      int num[5] = {23,57,35,63,24};
06      int i,j;
07      puts("排序前数组中的数据及其顺序: ");
08      for(i=0;i<5;i++)
09          printf("%d ",num[i]);
10      printf("\n");
11      int temp;
12      for(i=1;i<=5-1;i++)
13      {
14          for(j=1;j<=5-i;j++)
15          {
16              if(num[j-1]>num[j])
17              {
18                  temp = num[j-1];
19                  num[j-1] = num[j];
20                  num[j] = temp;
```

```
21                  }
22              }
23          }
24      puts("排序后数组中的数据及其顺序: ");
25      for(i=0;i<5;i++)
26          printf("%d ",num[i]);
27      printf("\n\n");
28      return 0;
29  }
```

程序只是增加了输出排序前后数组数据的代码，程序的
运行效果如图 9-13 所示。

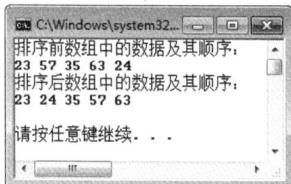

9.3.2　选择排序

图 9-13　示例 9-8 程序运行效果

"选择排序"是对"冒泡排序"的一种改进。因为在"冒泡排序"中，我们说过，一
个气泡只能最终确定一个数的位置，但是气泡在移动的过程中，却可能改变了很多数组数
据的位置，而这些数组数据的位置最后仍然是不确定的，如下面一组保存在数组中的数据：

87 34 45 12 56 83

若要求"从小到大"排序，那么第一个气泡从左到右移动过后，数组中的数据为：

34 45 12 56 83 87

这个气泡只最终确定了 87 的位置，但是却将所有其他的数组数据也移动了，而且它
们被移动过后，位置并没有被最终确定下来，如 34 被移动了一次，但显然排序好的数组中，
34 不会是在第一个位置上。在之后的气泡中 34 还是会被移动的。

因此，"冒泡排序"做了很多没有实际意义的交换操作，针对这种没有意义的交换的改
进方法是：仍然在每次只确定一个数据的最终位置，但是在经过多次比较后，会把确定的
数一次性交换到目标位置，这样就可以大大减少交换操作的次数。这种经过改进后的排序
方法就被称为"选择排序"，具体的操作过程将在下面的示例中详细介绍。

【示例 9-9】　数组中现在有 6 个数据：87 34 45 12 56 83，请按照
从小到大的顺序为数组中的数据排序，最后输出数组中排好的数据。

示例 9-9 源码

选择排序的中心思想是：一轮比较后，只确定一个数的位置，只
进行一个交换操作。所以，第一轮是：从 6 个数据中找出最大的数，
然后放到数组的第 6 个位置上，即与第 6 个位置上的数发生交换。针
对本题的 6 个数据，选择排序的第一轮如图 9-14 所示。

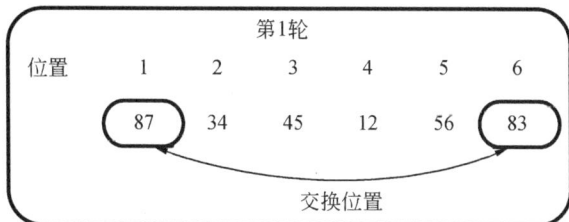

图 9-14　第一轮排序

经过第一轮的比较发现：87 是最大的数，而这个数并不在第 6 个位置上，所以将 87

与第 6 个位置上的数 83 交换。最终的结果是：只确定了一个数——87 的位置（即数组第 6 个位置），只进行了一次交换操作（即 87 和 83 发生交换）。第二轮就在 1～5 的位置上继续寻找最大的数据，然后将此数保存到第 5 个位置上。其他轮依次类推，如图 9-15 所示。

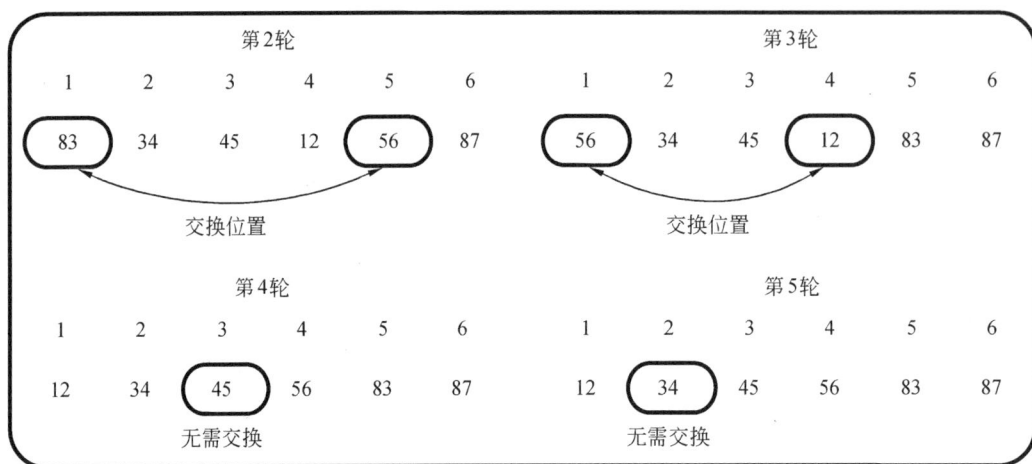

图 9-15　其余几轮的排序

　　既然有 6 个数据，而且"选择排序"一轮可以确定一个数的位置，那么很显然只进行 5 轮，5 个数据的位置就确定了，最后一个数据的位置同时也被确定了下来。

　　以上就是"选择排序"的操作方法了，现在考虑如何应用这种方法于程序中。每轮做的事情都是一样的：先比较，最后交换。所以应该使用循环，那么循环的次数就应该是总"轮"数了，"轮"的次数与需要排序的数据的数目有关，若有 n 个数据，那么就需要 n-1 轮，本题是 6 个数据，所以应该循环 5 轮。部分代码如下：

```
01  for(int i=1;i<=5;i++)
02  {
03      …//其他待完善部分
04  }
```

　　对于每一轮，先进行比较操作，假设第 1 个位置上的数最大，然后与后面的数依次比较，遇到更大的数就假设那个位置上的数最大，继续进行比较，直到找到最大的数。比较的次数也可以看作循环，具体次数由第几轮决定，对于 n 个数，第 1 轮比较 n-1 次，第 2 轮比较 n-2 次，那么第 i 轮就该比较 n-i 次。本题有 6 个数，所以每轮比较 6-i 次，部分代码如下：

```
01  for(int i=1;i<=5;i++)
02  {
03      for(int j=1;j<=6-i;j++)
04      {
05          …//其他待完善部分
06      }
07  }
```

　　上面也说了比较的方法：假设第 1 个位置上的数最大，然后与后面的数依次比较，遇到更大的数就假设那个位置上的数最大，继续进行比较，直到找到最大的数。然后将这个数与数组最后位置上的数据交换，那么究竟是第几个位置呢？与这是第几轮有关，第 1 轮与位置 6 交换，第 2 轮与位置 5 交换，那么第 i 轮就与位置 7-i 交换，现在，实现"选择排序"功能的代码就可以全部写出来了：

```
01   int temp;
02   for(int i=1;i<=5;i++)
03   {
04       int pos = 0;
05       for(int j=1;j<=6-i;j++)
06       {
07           if(num[pos]<num[j])
08               pos = j;
09       }
10       if(pos != 7-i+1)
11       {
12           temp = num[7-i-1];
13           num[7-i-1] = num[pos];
14           num[pos] = temp;
15       }
16   }
```

程序 05 行的 for 循环语句，用于寻找最大的数，使用 pos 来保存最大数所在的下标。10 行的 if 语句判断最大的数是否在相应的位置上，不在的话就进行交换。注意，我们说的位置 1、位置 2 是从 1 开始的，数组中的下标却是从 0 开始的，因此将"位置"转换为"下标"时，只需要减 1 就可以了。

现在，实现"选择排序"功能的程序已经全部完成了，完成本题目标所需的代码写起来就很轻松了，如下：

```
01   #include <stdio.h>
02
03   int main(int argc, char* argv[])
04   {
05       int num[6] = {87,34,45,12,56,83};
06       int j;
07       puts("排序前数组中数据的顺序：");
08       for(j=0;j<=5;j++)
09           printf("%d ",num[j]);
10       printf("\n");
11       int temp;
12       for(int i=1;i<=5;i++)
13       {
14           int pos = 0;
15           for(int j=1;j<=6-i;j++)
16           {
17               if(num[pos]<num[j])
18                   pos = j;
19           }
20           if(pos != 7-i+1)
21           {
22               temp = num[7-i-1];
23               num[7-i-1] = num[pos];
24               num[pos] = temp;
25           }
26       }
27       puts("排序后数组中数据的顺序：");
28       for(j=0;j<=5;j++)
29           printf("%d ",num[j]);
30       printf("\n\n");
```

```
31      return 0;
32  }
```

实现"选择排序"功能的代码在 11~26 行，在这之前的
代码用来输出数组在排序前的数据及其顺序，在这之后的代
码用来输出排序后的数据，运行程序得到图 9-16 所示的运行
效果。

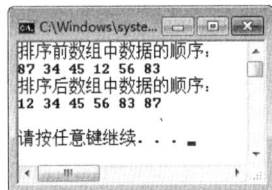

图 9-16　示例 9-9 程序运行效果

9.3.3　练习

1. 编写一个简易的收银程序，这个程序的运行流程应该是这个样子的：先确定商品数
目，然后录入每件商品的价格，求总合，最后依据当天商店的促销情况给客户返购物券，
返券的比例是消费金额的 20%，且券的最小面值为 10 元。部分程序的代码已给出，请补
充完整。

提示：商品的价格最好用数组来保存，因为价格都是同类型的数据，而且可能因为客人
　　　购买的商品数量较多，同时定义多个变量显然不简洁，所以决定使用数组来保存
　　　客户购买商品的价格。但是客人购买的商品的数量是不确定的，而定义数组时数
　　　组的大小又必须是确定的，所以应该一次多定义些，如客人最多可购买 25 件商
　　　品，所以干脆一次性定义可以存储 30 个商品价格的数组。数组的存储空间会被
　　　使用多少由客户购买商品的数量来决定。

```
01  #include <stdio.h>
02
03  int main(int argc, char* argv[])
04  {
05      float price[30];
06      price[0] = 0.0;            //用于保存商品的总价格
07      int num;
08      puts("输入购买商品的数量：");
09      scanf("%d",&num);
10      puts("输入各商品的价格：");
11      int i;
12      for(i=1;i<=num;i++)
13      {
14          scanf("%f",&price[i]);
15          _____
16      }
17      int paper = price[0]*0.2;
18      paper -= paper%10;
19      for(i=1;i<=num;i++)
20          _____
21      printf("总消费价格：%f\n",price[0]);
22      printf("返券额：%d\n\n",paper);
23      return 0;
24  }
```

练习 1 源码

在程序中，让数组下标为 0 的位置保存商品的总价格，并在依次获取到每件商品价格
的时候完成累加。因为券的最小面值为 10 元，所以不可能返 10 元以下的券，所以程序在
17 行首先将计算出的返券值取整，然后在 18 行将券值的个位数去掉。假如客人购买的商

品数为 3 件，价格分别为 23.5、456.89 和 23.5，运行程序，输入相应值后，程序的运行效果如图 9-17 所示。

2. 应用"冒泡排序"法为数组中的 10 个随机数据排序，程序的部分代码已经给出，请完善剩余的部分。程序的运行效果如图 9-18 所示。

练习 2 源码

```
01    #include <stdio.h>
02    #include <time.h>
03    #include <stdlib.h>
04
05    int main(int argc, char* argv[])
06    {
07        srand((unsigned int)time(0));
08        int i,j;
09        int num[10];
10        //使用循环为数组依次赋予随机数
11        for(i=0;i<10;i++)
12            num[i] = rand()%100;
13        puts("排序前数组中的数据及其顺序：");
14        for(i=0;i<10;i++)
15            printf("%d ",num[i]);
16        printf("\n");
17        //开始"冒泡排序"
18        _____
19        _____
20        _____
21        _____
22        _____
23        _____
24        _____
25        _____
26        _____
27        _____
28        _____
29        _____
30        _____
31        puts("排序后数组中的数据及其顺序：");
32        for(i=0;i<10;i++)
33            printf("%d ",num[i]);
34        printf("\n\n");
35        return 0;
36    }
```

图 9-17　练习 1 程序运行效果　　　　图 9-18　练习 2 程序运行效果

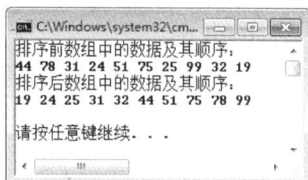

3. 应用"选择排序"法为数组中的 10 个随机数据排序，程序的部分代码已经给出，请完善剩余的部分。程序的运行效果如图 9-19 所示。

```
01    #include <stdio.h>
02    #include <time.h>
03    #include <stdlib.h>
04
05    int main(int argc, char* argv[])
06    {
07        srand((unsigned int)time(0));
08        int num[10];
09        int j;
10        //1--生成并保存 10 个随机数到数组
11        for(j=0;j<=9;j++)
12            num[j] = rand()%100;
13        //2--输出这 10 个随机数
14        puts("排序前数组中数据的顺序: ");
15        for(j=0;j<=9;j++)
16            printf("%d ",num[j]);
17        printf("\n");
18        //3--按照从小到大的顺序排列随机数
19        _____
20        _____
21        _____
22        _____
23        _____
24        _____
25        _____
26        _____
27        _____
28        _____
29        _____
30        _____
31        _____
32        _____
33        _____
34        _____
35        //4--输出排好序的 10 个随机数
36        puts("排序后数组中数据的顺序: ");
37        for(j=0;j<=9;j++)
38            printf("%d ",num[j]);
39        printf("\n\n");
40        return 0;
41    }
```

练习 3 源码

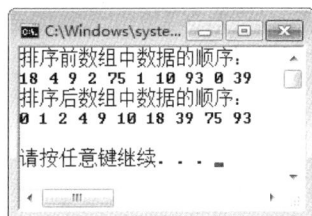

图 9-19　练习 3 程序运行效果

9.4　二　维　数　组

在了解了数组以后，将概念衍生后就能得到二维数组了，因为二维数组实际上可以看作是数组中嵌套了一个数组。而二维数组的出现也就是因为数组为了解决实际问题而发生了嵌套的关系。本节就来讲解什么是二维数组，以及它是如何被定义和使用的。

9.4.1　二维数组的本质——嵌套的数组

假如这里有一个数组 a，含有 3 个存储空间，用来存放 3 个整型数据，还有一个数组 b，含有 5 个存储空间，而每个存储空间存放的是数组 a。如图 9-20 所示。那么数组 b 就被称为二维数组。

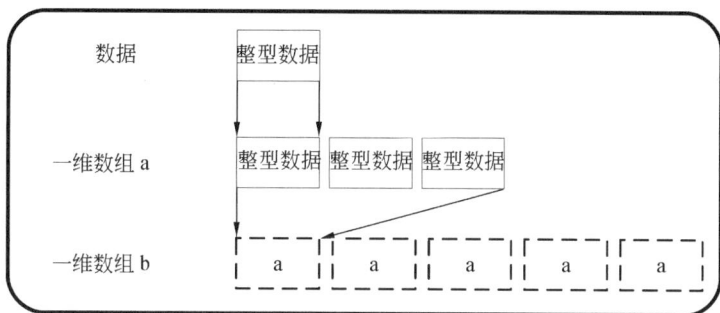

图 9-20　数组中嵌套了一个数组

【示例 9-10】　一列火车通常有 14 节车厢，假设都是用来载乘客的，每一节车厢可以载客 110 人，试着用数组"保存"每一个"座位号"，并且在需要的时候可以随时精确地找到相应的座位。

分析：生活中的经验告诉我们，每节车厢都有编号，分别是 1～14；每节车厢的座位也都是有编号的，分别是 1～110。本题要求可以随时精确地找到相应的座位。我们不妨思考下，我们是如何精确地找到座位的？答案是"火车票"，精确地说应该是火车票上提供的信息，而这个信息恰恰就是车厢号和座位号。那我们借鉴这种思想，来考虑定义数组。

将车厢号码保存到数组中，由于是 14 个车厢，所以定义包含 14 个存储空间的数组：

```
int train[14]
```

将每个车厢的座位号保存到数组，由于是 110 个座位，所以要这样定义：

```
int seat[110]
```

精确定位一个座位可以同时使用这两个数组，如 13 车厢的 91 号座位：

```
train[12]和 seat[90]
```

train[i]（i 的范围是 0～13）和 seat[j]（j 的范围是 0～109）就像是两个变量。把它们合并起来当作一个变量可以吗？当然可以，C 语言提供了这种机制，于是我们重新定义一个数组：

```
int train_seat[14][110]
```

它含有两个"[]"，如果是 13 车厢 91 号座位，就可以表示为：

```
train_seat[12][90]
```

这是一个变量。"train_seat[12]"可以看作是 13 号车厢，可以认为是数组 train_seat 的一个数据，然后把"train_seat[12]"看作一个整体，把它认为是一个"名字"。"train_seat[12][90]"可以看作是 13 号车厢的 91 号座位，那么就可以认为是数组"座位"嵌套在了数组"车厢"内。train_seat[12][90]实际上就构成了二维数组。

9.4.2　定义二维数组

上面讲了"数组中嵌套了数组"就构成了二维数组，那么在理解了什么是二维数组以后，二维数组又是如何定义的呢？它的定义形式如下：

数据类型　数组名[整型常量表达式][整型常量表达式],…

从定义形式最后的"…"可以看出，二维数组一样可以同时定义多个，二维数组之间也需要使用逗号分隔，而且数组中保存的数据的类型也写在了最前面。和数组不同的地方是，它有两个"整型常量表达式"，即二维数组有两个下标。这样定义出来的二维数组，含有的存储空间数目为两个"整型常量表达式"的"积"。如下面的程序语句：

```
int exam[10][50],add[4][12];
```

表示定义了两个 int 类型的二维数组，名字分别是 exam 和 add，exam 数组的两个"整型常量表达式"是 10 和 50，add 数组的则是 4 和 12。数组 exam 存储空间的个数是 10×50，即 500 个。数组 add 存储空间的个数是 4×12，即 48 个。

【示例 9-11】 1 年级有 4 个班，每个班的人数都是 20 人，定义一个二维数组保存每个学生的学号。

分析：二维数组的两个下标如果定义为 4 和 20，正好足够保存 4×20 个学生的学号。

```
int student_id[4][20];
```

9.4.3　使用二维数组

若是要单独使用二维数组中的一个数据，该怎么定位这个数据呢？和定位数组中数据的方式一样，程序中二维数组的数据也是从下标为 0 的位置开始保存的，那么要找到上面示例中，2 班学号为 23 号的学生，就要这样使用数组：

```
student_id[1][22];
```

即，定位二维数组的方式为：

数组名[整型常量表达式] [整型常量表达式];

【示例 9-12】 已经定义了一个二维数组 train_seat[14][110]用于保存一列火车上的所有座位号，那么要定位到 4 车厢的 56 号座位，要如何定位这个数组中的数据？

```
train_seat[3][55];
```

9.4.4　初始化二维数组

有时在定义二维数组的同时还要为数组的存储空间赋值，比如将二维数组的每一个存储空间赋值 0。这种在二维数组被定义的同时又完成赋值的过程被称为"初始化"。初始化的形式为：

数据类型　数组名[整型常量表达式]　[整型常量表达式]={数据 1,数据 2,数据 3,…};

或者：

数据类型　数组名[整型常量表达式]　[整型常量表达式]={{数据 1,…},{数据 2,…},{数据 3,…},…};

也就是说，初始化可以使用一个"{}"里面包含多个数据的方式，多个数据间使用逗号分隔；还可以使用一个"{ }"包含多个"{ }"的方式，里面的"{ }"用逗号分隔，里面的"{ }"包含了多个用逗号分隔的数据。里面的"{ }"的个数等于嵌套的数组的个数，即第一个"整型常量表达式"的值。如：

```
int train_seat[2][5]={1,2,3,4,5,1,2,3,4,5};
```

二维数组 train_seat 被定义的同时还赋值了，也就是初始化了二维数组 train_seat，它的 2×5 个存储空间存放的数据依次是：1、2、3、4、5、1、2、3、4、5。同样的二维数组 train_seat，它还可以以这种方式赋值：

```
int train_seat[2][5]={{1,2,3,4,5},{1,2,3,4,5}};
```

这种赋值方式更加直观地体现了"二维数组就是数组嵌套的数组"的这种思想。因为，如果把两个"{1,2,3,4,5}"都看作一个整体 a，那么就像是定义了一个数组：

```
int train_seat[2]={a,a};
```

那么如果把 a 作为一个数组，而这个数组中的数据又是 1～5 时，那么就相当于在数组中嵌套了一个数组：

```
int train_seat[2][5]={{1,2,3,4,5},{1,2,3,4,5}};
```

【示例 9-13】　为 int 型二维数组 test[3][2]初始化，数据分别是 1，2，3，4，5，6。
（1）使用只有一个"{ }"的初始化方式：

```
int test[3][2]={1,2,3,4,5,6};
```

（2）使用"{ }"内包含"{ }"的初始化方式：

```
int test[3][2]={{1,2},{3,4},{5,6}};
```

可以看作是：有 3 个存储空间的数组中分别嵌套了有两个存储空间的数组。

9.4.5　特殊的初始化方式

对于下面的初始化方式：

```
int train_seat[2][5]={{1,2,3,4,5},{1,2,3,4,5}};
```

数组 train_seat 的第一个下标可以直接由"{ }"内包含的"{ }"个数决定，所以还可以省略第一个下标：

```
int train_seat[ ][5]={{1,2,3,4,5},{1,2,3,4,5}};
```

但是不能省略第二个下标，因为我们知道 int 型数组可以这样初始化：

```
int exam[5]={1,2,3};
```

表示前 3 个存储空间分别赋值 1、2 和 3，最后两个存储空间赋值 0 和 0。所以省略了第二个下标的二维数组，系统将无从得知被嵌套的数组中的存储空间的个数。
【示例 9-14】　下面的程序只为部分被嵌套的数组赋予了初值。

```
int train[][5] = {{1,2,3},{1,2,3}};
```

被嵌套的数组中有 5 个存储空间，但是这里只有前 3 个存储空间被初始化了。

9.4.6　为二维数组赋值

既然知道了如何准确定位二维数组的存储空间，那么再直接使用赋值符号"="就可以为单独的一个存储空间赋值了，如为数组 train_seat[14][110]的 10 车厢 99 号位置赋值 99：

```
train_seat[14][110] = 99;
```

【示例 9-15】　将 3 节车厢，且每个车厢的 10 个座位的座位号保存到的二维数组中，并输出。

分析：座位号都是从 1 开始的，车厢号也都是从 1 开始的，但是数组的下标却是从 0 开始的，只要注意这点，在赋值的时候就没有问题了。另外，由于赋值方式类似，所以可以考虑使用循环嵌套来完成依次赋值。

```
01  #include <stdio.h>
02
03  int main(int argc, char* argv[])
04  {
05      int train_seat[3][10];
06      for(int i=1;i<=3;i++)
07      {
08          printf("车厢%d的座位号: ",i);
09          for(int j=1;j<=10;j++)
10          {
11              train_seat[i-1][j-1] = j;
12              printf("%d ",train_seat[i-1][j-1]);
13          }
14          printf("\n");
15      }
16      printf("\n");
17      return 0;
18  }
```

示例 9-15 源码

程序中包含的循环嵌套，外层用于控制第一个下标的变化，内层用于控制第二个下标的变化，然后一边为二维数组赋值，即程序 11 行，一边将存储的数据输出用来验证，即程序 12 行。图 9-21 为程序的运行效果。

9.4.7　二维数组的应用

【示例 9-16】　先编写使用随机函数为 4×8 的二维数组赋予 0～99 以内的整数的程序，然后再编写满足一下条件的程序。

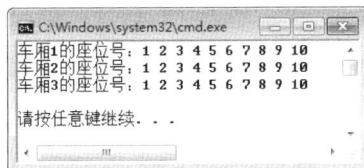

图 9-21　示例 9-15 程序运行效果

（1）在输出 4 个内嵌的数组中的数据后，计算它们各自数组数据的平均值。分析：

❏ 定义一个 4×8 的保存整数的二维数组很容易，它表示有 4 个存储空间的数组，在每个空间内又存放了有 8 个存储空间的数组。

❏ 使用随机函数的话，要记得包含两个头文件，并且需要注意控制保存在数组中的整数的范围。

❑ 使用嵌套循环的话，可以一边为数组赋值，一边输出和累计每个嵌套的数组的和，并在准备为下一个内嵌数组赋值时输出上一个内嵌数组的平均值。

```
01  #include <stdio.h>
02  #include <time.h>
03  #include <stdlib.h>
04
05  int main(int argc, char* argv[])
06  {
07      srand((unsigned int)time(0));
08      int num[4][8];
09      int i,j,sum;
10      for(i=0;i<4;i++)
11      {
12          sum = 0;
13          for(j=0;j<8;j++)
14          {
15              num[i][j] = rand()%100;
16              printf("%2d ",num[i][j]);
17              sum += num[i][j];
18          }
19          printf("平均数为: %f\n",sum/8.0);
20      }
21      printf("\n");
22      return 0;
23  }
```

示例 9-16(1)源码

使用随机函数必须要包含的两个头文件在程序 02 和 03 行。定义二维数组的语句在 08 行，从代码上来看并未对二维数组初始化。内存 for 循环的 15、16、17 行分别完成的功能是：为数组赋值、输出赋值的数据、累加这个数据。sum 会记录下内嵌数组所有数据的和，然后在即将开始为下一个内嵌数组赋值前，即程序 19 行，计算并输出了当前内嵌数组的平均值。程序的运行结果如图 9-22 所示。

（2）输出每个内嵌数组中的数据后，继续输出此内嵌数组最小数据的位置。

分析：本题只需要考虑如何在内嵌数组获得数据的同时找到最小的数，并且定位就可以了。可以每次都假设第一个存储的数据最小，然后以此数据比较其他数据，如果发现更小的，就记录下此数据的下标，继续比较，并且在内嵌数组数据都输出了以后，再输出这个下标的位置即可。

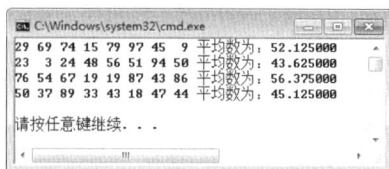

图 9-22　示例 9-16 程序运行效果 1

```
01  #include <stdio.h>
02  #include <time.h>
03  #include <stdlib.h>
04
05  int main(int argc, char* argv[])
06  {
07      srand((unsigned int)time(0));
08      int num[4][8];
09      int i,j,f;
10      for(i=0;i<4;i++)
11      {
12          f = 0;
13          for(j=0;j<8;j++)
14          {
```

示例 9-16(2)源码

```
15              num[i][j] = rand()%100;
16              printf("%2d ",num[i][j]);
17              if(num[i][f]>num[i][j])
18                  f = j;
19          }
20          printf("最小的数在第%d个位置上\n",f+1);
21      }
22      printf("\n");
23      return 0;
24  }
```

用来记录最小数位置的变量 f 在程序 09 行被定义，每次假设内嵌数组第一个位置上的数据最小，所以在程序 12 行为变量 f 赋值 0，在程序 17 行比较每一个数据，如果发现更小的数据，在程序 18 行用变量 f 记录下此数据的位置。最后在内嵌数组的数据都输出以后，输出数组中最小数的位置，即程序 20 行。程序的运行效果如图 9-23 所示。

图 9-23　示例 9-16 程序运行效果 2

9.4.8　练习

1. 小明在程序中定义了一个 5×4 的二维数组，并且给这个二维数组初始化了，但是当他准备输出这个二维数组中的所有数据时，程序却在编译时出问题了，你知道问题在哪里吗？编译过程中有问题的代码如下：

```
01  #include <stdio.h>
02
03  int main(int argc, char* argv[])
04  {
05      float score[5][4] = {
06          {34.5,98.6,67.5,89},
07          {85.2,35.5,48.5,96},
08          {97.4,85.6,84,84.5},
09          {98,84.5,63.8,45.8},
10          {98.4,85.4,84,89.3}
11      }
12      for(int i=0;i<5;i++)
13      {
14          for(int j=0;j<4;j++)
15          {
16              printf("%4.1f ",score[i][j]);
17          }
18          printf("\n");
19      }
20      printf("\n");
21      return 0;
22  }
```

本来预期的程序运行效果应该是图 9-24 所示的样子才对，但是程序在编译时告诉他发生了图 9-25 所示的错误。那么要怎么去修改呢？

回答：_____【参考答案：为程序 11 行的大括号后加分号】

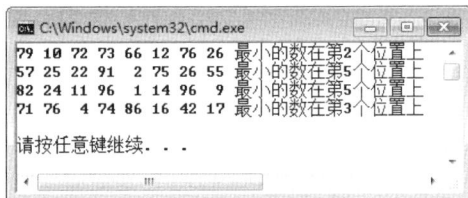

2. 为 3×5 的二维数组赋 40～70 以内的随机数，并输出这 3 个内嵌数组中的数据和它们各自最大数据的位置。部分程序代码已给出，请完善本程序，程序的运行效果如图 9-26 所示。

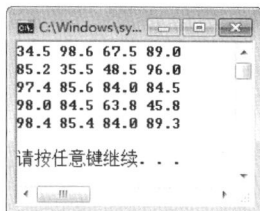

```
34.5 98.6 67.5 89.0
85.2 35.5 48.5 96.0
97.4 85.6 84.0 84.5
98.0 84.5 63.8 45.8
98.4 85.4 84.0 89.3

请按任意键继续. . .
```

```
e:\c program\new\new\new.cpp(12): error C2143: 语法错误：缺少";"(在"for"的前面)

生成失败。

已用时间 00:00:01.60
========== 生成: 成功 0 个，失败 1 个，最新 0 个，跳过 0 个 ==========
```

图 9-24　期望中的程序运行效果　　　　图 9-25　程序编译时遇到的错误

练习 2 源码

```
01    #include <stdio.h>
02    #include <time.h>
03    #include <stdlib.h>
04
05    int main(int argc, char* argv[])
06    {
07        srand((unsigned int)time(0));
08        int num[3][5];
09        int i,j,f;
10        for(i=0;i<3;i++)
11        {
12            _____
13            for(j=0;j<5;j++)
14            {
15                _____
16                _____
17                _____
18                _____
19            }
20            printf("最大的数在第%d 个位置上\n",f+1);
21        }
22        printf("\n");
23        return 0;
24    }
```

```
42 53 70 51 56 最大的数在第3个位置上
65 55 63 45 46 最大的数在第1个位置上
51 53 57 69 69 最大的数在第4个位置上

请按任意键继续. . .
```

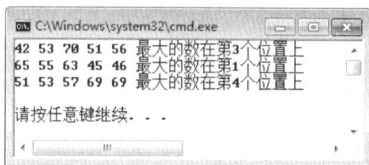

图 9-26　练习 2 程序运行效果

9.5　多维数组

从前面的学习中，我们知道，数组的"维数"与定义数组时，数组的整型常量表达式，即下标的个数有关。定义数组时只包含 1 个下标的是数组，包含两个下标的是二维数组，很容易就推测出"多维数组"就是在数组定义时包含多个下标了。如定义一个 int 型的三维数组：

```
int num[2][4][2];
```

那么三维数组有几个存储单元呢？对于这个数组的话，存储单元数应该是：$2×4×2$，即 16 个存储单元。也就是说数组的存储单元的个数为数组定义时下标的乘积。

无论是有几个下标的多维数组，都可以看作是数组不断嵌套的结果，多维数组在程序的编写中并不常用，或许是因为一维和二维数组已经足够解决所有需要用到数组的问题了。但是为了保持完整性，还是决定在本章的最后，继续介绍多维数组的内容。

【示例 9-17】　一个叫做"福盛"的小区，有 3 栋居民楼，每栋居民楼都是 6 层，每层都有 4 个住户，依次编号 1~4。定义一个三维数组保存所有住户的编号，并输出。

分析：含有 4 个住户编号的信息构成数组 a；把 a 作为一个整体，6 个 a 构成了另一个数组 b；把 b 作为整体，3 个 b 构成了最后的数组 c。那么这个三维数组实际上就是数组 c 里嵌套了数组 b，数组 b 里继续嵌套了数组 a，图 9-27 所示为此过程的图解。

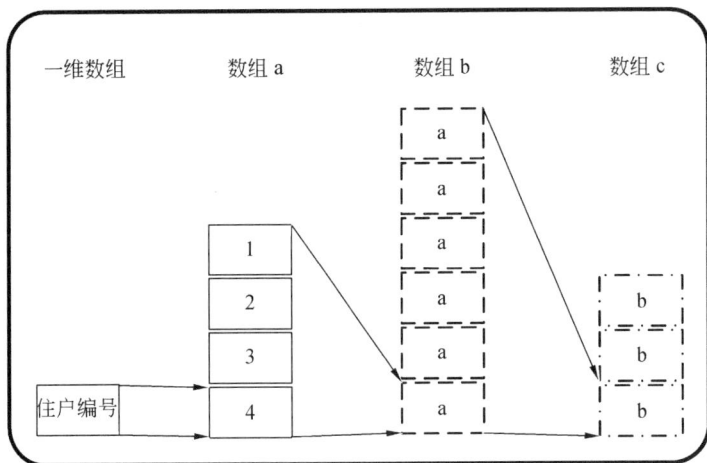

图 9-27　三维数组构成图解

对应的可以构造一个三层的循环：最外层用于确定是数组 c 的哪个用来存储 b 的空间，中间层循环用于确定是数组 b 的哪个用来存储 a 的空间，最内存循环用于确定是数组 a 的哪个用来存储"住户编号"的空间。按照此思路编写代码如下：

示例 9-17 源码

```
01  #include <stdio.h>
02
03  int main(int argc, char* argv[])
04  {
05      int address_num[3][6][4];
06      for(int i=0;i<3;i++)
07      {
08          printf("\t    第%d 栋楼\n\n",i+1);
09          for(int j=0;j<6;j++)
10          {
11              printf("\t 第%d 层楼: ",6-j);
12              for(int k=0;k<4;k++)
13              {
```

```
14                  address_num[i][j][k] = k+1;
15                  printf("%d
",address_num[i][j][k]);
16              }
17              printf("\n");
18          }
19          printf("\n");
20      }
21      printf("\n");
22      return 0;
23  }
```

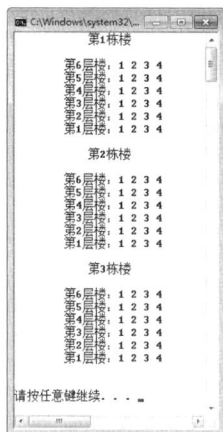

图 9-28　示例 9-17 程序运行效果

程序 05 行定义了一个三维数组 address_num，可以看到这个数组含有 3 个下标，它含有的存储空间的个数为：3×6×4，即 72 个存储空间。程序 06、09 和 12 行的 3 个 for 循环属于层层嵌套关系。程序 14 行用于为三维数组赋值，15 行输出这个被赋值的数据。此程序的运行效果如图 9-28 所示。

9.6　小　　结

本章主要讲解了 C 语言提供的一种机制——数组。这种机制的出现是为了处理"对许多同类型的数据做相同的处理"的问题的。依据定义数组时下标的不同数目，我们将数组划分为了一维、二维甚至是多维数组。通过对它们各自详细的讲解，相信读者此时已经对它们各自有了清晰而明确的认识。

9.7　习　　题

1. 有 5 个学生，都在学习 4 门课程，现在已经知道了每个学生各科目的成绩，请计算每个学生的平均成绩和每门科目的平均成绩，最后输出每个学生的各科目成绩，以及平均成绩，部分程序代码已经给出，请将程序补充完整。分析：
- ❏ 学生的所有成绩可以放在一个 5×4 的二维数组中，既然知道了各科的成绩，那么可以用成绩初始化这个二维数组。
- ❏ 可以把每个学生的平均成绩存放在 5 个存储单元的数组中，同理用 4 个存储单元的数组存放每门科目的平均成绩。
- ❏ 使用循环嵌套累加每个学生的总成绩，以及每个科目的总成绩，分别保存在相应的两个数组中。循环结束以后再各自计算平均值。对于学生，只要用总成绩除以 4 即可；对于科目，需要用总成绩除以 5。
- ❏ 使用循环输出学生的成绩以及平均成绩。
- ❏ 使用循环输出每个科目的平均成绩。

部分程序代码如下，请按照分析将部分代码补充完整：

```
01  #include <stdio.h>
02
03  int main(int argc, char* argv[])
04  {
05      //1--定义以及初始化二维数组
06      float score[5][4] = {
07          {34.5,98.6,67.5,89},
```

习题 1 源码

```
08          {85.2,35.5,48.5,96},
09          {97.4,85.6,84,84.5},
10          {98,84.5,63.8,45.8},
11          {98.4,85.4,84,89.3}
12     };
13     //2--定义两个存放平均数的一维数组
14     float stu_ave[5] = {0.0};
15     float cour_ave[4] = {0.0};
16     //3--嵌套循环，累加每个学生的总成绩和每个科目的总成绩
17     int i,j;
18     for(i=0;i<5;i++)
19     {
20         for(j=0;j<4;j++)
21         {
22             _____
23             _____
24         }
25     }
26     //计算每个学生的平均分，以及每个科目的平均分
27     for(i=0;i<5;i++)
28         _____
29     for(j=0;j<4;j++)
30         _____
31     //4--循环输出学生成绩以及学生的平均成绩
32     puts("        学生\t 课程1\t 课程2\t 课程3\t 课程4\t 学生平均成绩");
33     for(i=0;i<5;i++)
34     {
35         printf("学生%d：\t\t",i+1);
36         for(j=0;j<4;j++)
37         {
38             printf("%4.1f\t",score[i][j]);
39         }
40         printf("%4.1f",stu_ave[i]);
41         printf("\n");
42     }
43     //5--循环输出每个科目的平均成绩
44     printf("课程平均成绩 \t");
45     for(j=0;j<4;j++)
46         printf("%4.1f\t",cour_ave[j]);
47     printf("\n\n");
48     return 0;
49 }
```

程序的运行效果如图 9-29 所示。

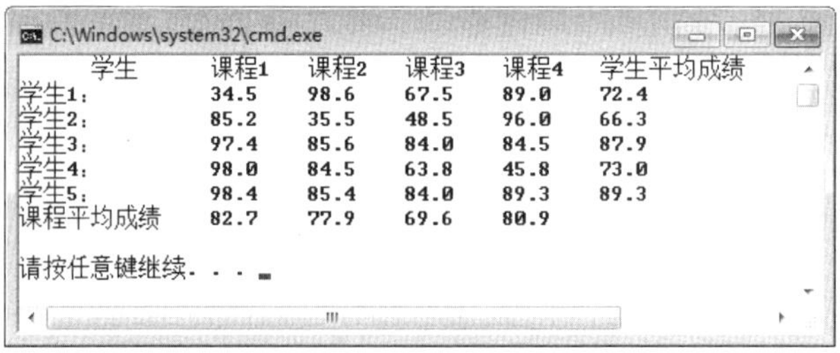

图 9-29　习题 1 程序运行效果

2. 为 int 型数组 num[100]赋予 100 个 0～99 以内的随机数，并输出，要求每行输出 20 个。最后统计这些随机数里，1～10、11～20、…、91～100 范围内随机数的个数并输出。

部分程序代码已给出，请完成本程序。

说明：acount[10]中，acount[1]用于存放 1～10 的随机数，acount[2]用于存放 11～20 的随机数，其他数组存储空间依次类推。程序的第 1 部分，完成 3 个任务：赋值、输出和统计。程序的第 2 部分，只是将统计的结果输出。代码如下：

```
01    #include <stdio.h>
02    #include <time.h>
03    #include <stdlib.h>
04
05    int main(int argc, char* argv[])
06    {
07        int num[100],acount[10] = {0};
08        //1--为数组赋随机值并输出
09        _____
10        puts("100 个 0～99 以内的随机数：");
11        int i,acc=0;
12        for(i=0;i<100;i++)
13        {
14            num[i] = _____;
15            printf("%2d ",num[i]);
16            acc++;
17            if(acc == 20)
18            {
19                acc = 0;
20                printf("\n");
21            }
22            acount[num[i]/10]++;
23        }
24        printf("\n");
25        //2--统计各组随机数的个数
26        puts("统计各组随机数的个数：");
27        int temp = 1;
28        for(i=1;i<=9;i+=2)
29        {
30            printf("%2d～%2d 的个数：%2d",temp,i*10,acount[i-1]);
31            temp = i*10+1;
32            printf("\t\t%2d～%2d 的个数：%2d\n",_____);
33            temp = (i+1)*10+1;
34        }
35        printf("\n");
36        return 0;
37    }
```

程序的运行效果如图 9-30 所示。

图 9-30　习题 2 程序运行效果

第 10 章 指　　针

指针是 C 语言的一种数据类型。它是 C 语言的重要组成部分，也是区别于其他语言的重要特性。如果学不好指针，就很难说你学好了 C 语言。为此，本书特别列出一章专门讲解指针这种数据类型。本章内容包括从指针使用方法的详解介绍，到指针在数组和函数中不可忽视的应用。

10.1　指针及其使用

本书学习过数据类型，而且在第 2 章中也介绍过几个简单的数据类型。实际上"指针"也是一种数据类型，但是因为它比较复杂所以放到了第 10 章来讲解。为了将指针更简单和详细地向读者描述清楚，特别使用本节专门介绍指针的概况，包括语法及其简单使用。

10.1.1　指针是什么

还记得第 2 章学习过"数据类型"，那时介绍的数据类型有整型、浮点型和字符型。之所以提到"数据类型"，就是因为指针的关系。在 C 语言中，指针也是一种数据类型，所以指针也有和其他数据类型一样的使用方式，即只要是"数据类型"，就可以定义变量、可以赋值、可以参与各种运算。

10.1.2　定义指针变量

就像是由其他数据类型如"整型"定义的变量被称为"整型变量"一样，由"指针类型"定义的变量被称为"指针变量"。定义的方式如下：

数据类型* 变量名;

或

数据类型 *变量名;

两种定义方式只是"*"的位置不同而已，可以紧挨着"数据类型"，也可以紧挨着"变量名"。

❑ "变量名"是 C 语言中的标识符，遵守 C 语言中标识符的命名规则。

❑ 定义的方式与其他数据类型定义变量的方式类似，但是有独特的地方，即"*"，这个符号是不可缺少的，因为这个符号显式地说明了这个变量是个指针变量。

❑　"数据类型"可以是任意的整型、浮点型、字符型。为什么不是"指针类型",因为 C 语言并没有为指针类型定义专用的标识符,如整型用 int 标识、字符型用 char 标识,但没有标识符来标识"指针类型"。与其说这是一种缺失,还不如认为"定义指针类型的标识符根本没有必要",使用"*"来说明就足够了。

是变量就一定有存储空间来存放数据,指针变量当然也有这样的存储空间,而且它存放的数据被称为"地址"。这有些像生活中的"家庭住址",或者"门牌号"之类能说明你具体"位置"的信息。如果把存储空间看作是一片地理意义上的区域的话,有个存储空间用于存放整型之类的数据,这个数据在这片区域里是有明确"位置"的,而这个"位置"信息就是"指针变量"的存储空间中要保存的"地址"。如图 10-1 所示。

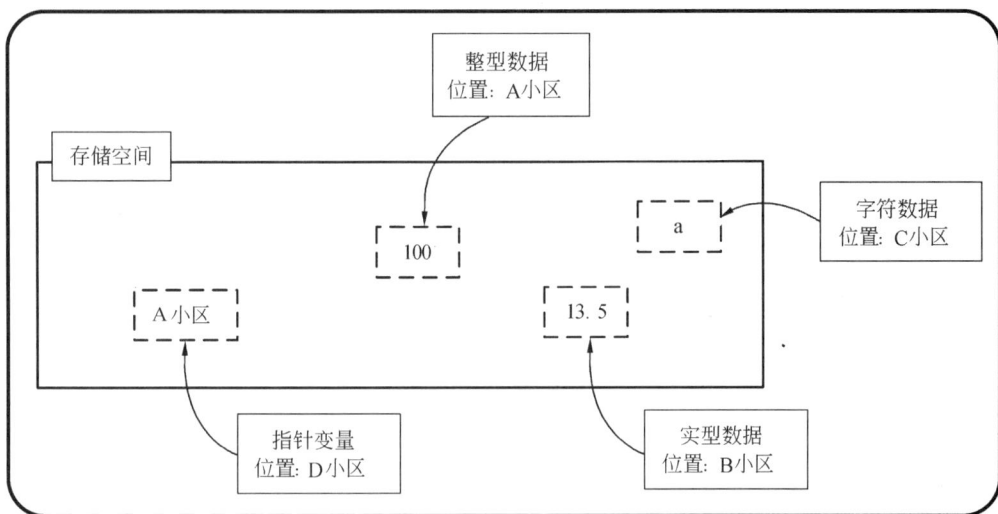

图 10-1　存储空间的数据及其位置

整型数据是 100,位置是:A 小区;实型数据是 13.5,位置是:B 小区;字符数据是字母 a,位置是:C 小区。指针变量中也保存了数据,这个数据是"A 小区",但是指针变量本身的位置是:D 小区。

从上面的描述了解到:指针变量可以存储"地址"。那么是否就无所谓是整型数据的地址还是字符数据的地址了,只要是地址就都可以被保存到指针变量中呢?不是这样的,指针变量在被定义的时候就指定了要保存哪一类数据的地址,之后就专用于保存这一固定数据类型的地址。

【示例 10-1】　看下面变量的定义,说明各变量的作用。

```
01  int *p_i;
02  float *p_f;
03  int i;
04  float f;
```

程序 01、02 行定义了两个指针变量,这么说是因为看到了定义指针时特有的标志——"*"。01 行定义的指针变量名为 p_i,只用于保存 int 型数据的地址。02 行定义的指针变量名为 p_f,只用于保存 float 型数据的地址。03 行定义了一个 int 型变量,只用于保存 int 型数据。04 行定义了一个 float 型变量,只用于保存 float 型数据。

🔔**提醒**：通常把保存 int 型数据地址的指针称为 "int 型指针"，类似原因简化的描述还有 "float 型指针"、"字符型指针" 等。

比较 01 和 03 行，定义时仅仅是一个 "*" 的差别就造就了不同的结果，01 行是 "指针变量"，03 行是 "整型变量"。同理 02 和 04 行的比较。

上面为了读者理解的方便，使用了 "生活中的地址" 来说明 "指针变量中的地址"，显然计算机中有自己的描述数据存储位置的方式。

10.1.3　为指针变量赋值

光是定义变量而不为变量赋值的话，存储空间中保存的数据就是未知的。和其他类型变量的赋值方式类似，指针变量也需要使用赋值符号 "=" 来被赋值，但也有不同的地方，赋值形式如下：

指针变量名=&其他变量名;

- ❑ "&" 符号是必不可少的，它被称为 "取地址运算符"，还记得 scanf()里也用到了 "&"，作用是一样的：取得变量在存储空间的地址。
- ❑ "指针变量名" 是由指针定义的变量的名称。
- ❑ "其他变量名" 是由任意除指针类型定义的变量的名称。

【**示例 10-2**】　看下面的程序，并说明各语句的含义。

```
01   int *p_i;
02   float *p_f;
03   int i;
04   float f;
05   p_i = &i;
06   p_f = &f;
```

程序 01、02 行分别定义了 int 型的指针变量 p_i 和 float 型的指针变量 p_f。程序 03、04 行分别定义了 int 型的变量 i 和 float 型的变量 f。最后，程序 05、06 行分别将 int 型变量 i 的指针赋值给了 int 型的指针变量 p_i，float 型变量 f 的指针赋值给了 float 型的指针变量 p_f。

总之，赋值符号左边是 "指针变量名"，右面是 "&" 和 "其他变量名"。

【**示例 10-3**】　下面的程序将输出指针变量中保存的地址。

```
01   #include <stdio.h>
02
03   int main(int argc, char* argv[])
04   {
05       int i;
06       float f;
07       int *p_i = &i;
08       float *p_f = &f;
09       puts("指针中的地址为：");
10       puts("\t 十进制\t 八进制\t 十六进制");
11       printf("p_i\t%d\t%o\t%x\n",p_i,p_i,p_i);
12       printf("p_f\t%d\t%o\t%x\n\n",p_f,p_f,p_f);
13       return 0;
14   }
```

示例 10-3 源码

在计算机中，"地址"就是一个数字，用于唯一地标
识存储空间中的一个位置。程序 11、12 行将两个指针变量
p_i 和 p_f 的值分别使用十进制、八进制和十六进制的形式
输出了。程序的运行效果如图 10-2 所示。

通常情况下，计算机中的"地址"都是使用十六进制
的形式表示的，因为使用十六进制形式表示的数字的位数
最少。

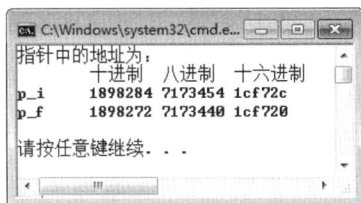

图 10-2　示例 10-3 程序运行效果

10.1.4　通过指针访问数据

指针类型定义的变量和其他数据类型定义的变量一样，都用于指代所谓的"数据"，
只不过指针变量指代的数据是"地址"，而且这个地址上通常被保存了数据，指针变量与
其他变量的不同之处在于：通过指针变量还可以访问相应地址上的数据。通常这也被称为
指针"指向"了那个数据，如图 10-3 所示。

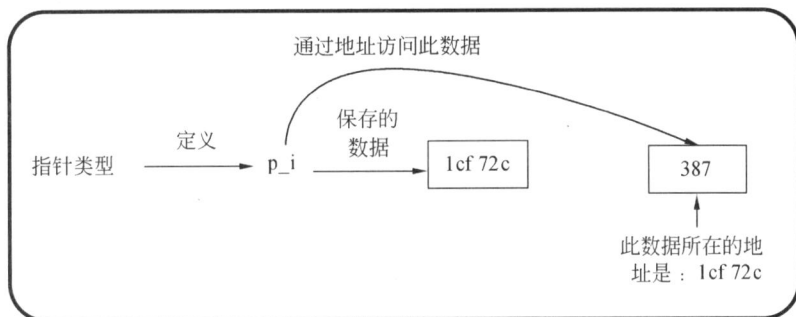

图 10-3　通过指针地址访问数据

通过指针访问数据的形式为：

*指针变量;

只需要在指针变量的前面加上符号"*"就可以了。

注意：定义指针时，也使用了"*"，但定义时，那是用来说明变量是指针的。而此
时，使用"*"表示要访问指针所指向的数据了。它们两者是不同的。

【示例 10-4】　下面的程序使用了两种方式访问了数据。

```
01   #include <stdio.h>
02
03   int main(int argc, char* argv[])
04   {
05       int i=10;
06       float f=1.235;
07       int *p_i = &i;
08       float *p_f = &f;
09       puts("通过变量输出数据\t 通过指针输出数据");
10       printf("%d\t\t\t%d\n",i,*p_i);
11       printf("%f\t\t\t%f\n\n",f,*p_f);
12       return 0;
13   }
```

示例 10-4 源码

int 型变量 i 存储的数据是 10，float 型变量 f 存储的数据是 1.235，在变量 i 和 f 分别将各自存储空间的地址赋予 int 型指针变量 p_i 和 float 型指针变量 p_f 后，程序 10 和 11 行分别使用了变量和指针变量输出了同样的数据，即数据 10 和 1.235。程序的运行效果如图 10-4 所示。

通过本示例可以发现，使用 int 型变量 i 和使用 int 型指针访问数据的形式*p_i，所达到的效果是一样的，都输出了那个 int 型的数据 10。同理，f 和*p_f 所达到的效果也是一样的。

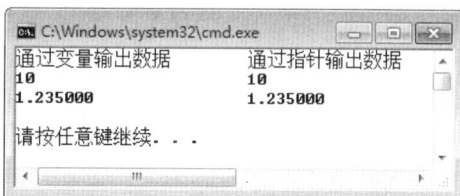

图 10-4　示例 10-4 程序运行效果

10.1.5　使用 scanf()给指针赋值

在第 5 章学习过 scanf()，它的作用是：从用户处获取数据，然后保存在变量所在的存储空间中，如：

```
01   int i;
02   scanf("%d",&i);
```

运行程序，如果用户输入 15，那么 scanf()会将 15 保存到 int 型变量 i 所在的存储空间中，使得变量 i 获取到了 15 这个数据。scanf()是怎么知道变量 i 所在的存储空间的地址呢，答案是使用了"&"取地址运算符。

如果为函数 scanf()传入的参数是指针变量的话，"&"还需要吗？其实函数 scanf()需要的只是地址，既然指针变量中本身保存的就是地址，那么理所应当就不该使用"&"符号了。

【示例 10-5】　下面的程序使用了 scanf()为指针变量所指向的数据赋值，然后输出相应的数据。

```
01   #include <stdio.h>
02
03   int main(int argc, char* argv[])
04   {
05       int i;
06       double f;
07       int *p_i = &i;
08       double *p_f =&f;
09       puts("请输入数据: ");
10       scanf("%d %lf",p_i,p_f);
11       puts("使用指针输出数据: ");
12       printf("%d %lf\n\n",*p_i,*p_f);
13       return 0;
14   }
```

程序 10 行，因为指针指代的就是地址，而函数 scanf()需要的就是地址，所以对于指针变量作为 scanf()的参数，这里没有使用"&"运算符。运行程序，当输入 354 和 78.368 时，程序的运行效果如图 10-5 所示。

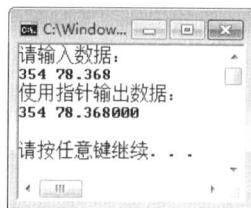

图 10-5　示例 10-5 程序运行效果

10.1.6　练习

1. 判断下面程序的输出结果。

```
01  #include <stdio.h>
02
03  int main(int argc, char* argv[])
04  {
05      int i = 25;
06      double f = 34.645;
07      int *p_i = &i;
08      double *p_f =&f;
09      i *= 3;
10      f -= 4.34;
11      puts("使用变量输出数据: ");
12      printf("%d %lf\n",i,f);
13      puts("使用指针输出数据: ");
14      printf("%d %lf\n\n",*p_i,*p_f);
15      return 0;
16  }
```

【分析】变量的存储空间中存放着数据，指针通过变量获取到了数据的存放地址。变量虽然修改了自己的数据，但是数据的地址是不会发生变化的，那么指针通过地址访问到的数据也就是那个变化后的数据了。

程序的输出结果如下。

使用变量输出数据：

_____

使用指针输出数据：

_____

练习 1 答案

2. 按照要求完成下面的程序。要求：定义 int 型变量 i 和 double 型变量 f，然后分别将各自存储空间的地址赋予相应的指针变量 p_i 和 p_f，在 scanf() 中使用指针获取用户输入的数据，最后使用变量输出这个数据。部分程序如下，运行程序，输入 23 和 45.76 后，程序的运行效果如图 10-6 所示。

练习 2 源码

```
01  #include <stdio.h>
02
03  int main(int argc, char* argv[])
04  {
05      _____
06      _____
07      _____
08      _____
09      puts("输入数据: ");
10      _____
11      puts("使用变量输出数据: ");
12      printf("%d %lf\n\n",i,f);
13      return 0;
14  }
```

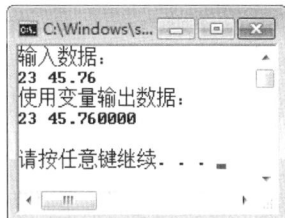

图 10-6　练习 2 程序运行效果

10.2　处理所指向的数据

通过"*"和指针变量组成的一个整体，可以访问指针变量所保存地址的相应位置上的数据，然后可以操作这个数据，如输出这个数据。此时，这个整体不再是"指针"，而可以看作"变量"。

10.2.1　四则运算

把"*"和指针变量组成的一个整体看作一个"变量"，那么变量可以进行加减乘除的运算，这个整体可以吗？答案是肯定的。同时，由于这个整体中的"*"的优先级高于算术运算符，所以在参与加减运算时可以不加小括号，即"( )"。但是如果为了看起来直观，加上小括号也是可以的。

【示例 10-6】　下面的程序包含了一个指针，程序对这个指针所指向的数据展开了一系列的操作，并且还时不时地输出了指针所指向的数据。

```
01   #include <stdio.h>
02
03   int main(int argc, char* argv[])
04   {
05       int i = 200;
06       printf("i = %d\n",i);
07       int *p_i;
08       p_i = &i;
09       *p_i += 14;
10       printf("i = %d\n",i);
11       *p_i *= 0.5;
12       printf("i = %d\n\n",i);
13       return 0;
14   }
```

示例 10-6 源码

程序中的那个指针是 p_i，保存的是变量 i 的存储空间的地址，可以把"*p_i"看作一个整体。此时，这个整体就相当于一个变量，可以进行"加"运算，即程序 09 行，也可以进行"乘"运算，即程序 11 行。依据运算符的优先级，程序会把 09、11 行的运算看作为：

```
(*p_i) = (*p_i)+14;
(*p_i) = (*p_i)*0.5;
```

此程序的运行效果如图 10-7 所示。

10.2.2　自增自减运算

"--"和"++"运算符的优先级要高于"*"和指针变量组成的整体中的"*"的优先级，所以使用的时候需要加括号来改变表达式的运算顺序。

【示例 10-7】　仔细阅读下面的程序，考虑程序的输出结果。

```
01   #include <stdio.h>
02
```

```
03   int main(int argc, char* argv[])
04   {
05       int i = 10;
06       printf("i = %d\n",i);
07       int *p_i;
08       p_i = &i;
09       (*p_i)++;
10       printf("i = %d\n",i);
11       (*p_i)--;
12       printf("i = %d\n\n",i);
13       return 0;
14   }
```

自增自减运算符的作用就是使得数据加 1 或者减 1，最初数据是 10。程序 09 行，对数据自增后变为 11。程序 11 行，对数据自减后变为 10。程序的运行效果如图 10-8 所示。

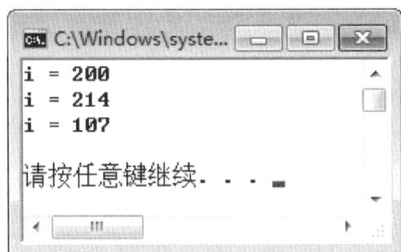

图 10-7　示例 10-6 程序运行效果　　　　图 10-8　示例 10-7 程序运行效果

10.2.3　指向常量的指针

在本书第 3 章学习变量的时候也介绍过常量，即数据在程序运行过程中不可改变的量就是常量。如定义一个整型的常量：

```
const int i = 40;
```

在数据类型的前面加上 const 修饰，那么 i 就是一个常量，在程序中无法被修改，所以要在常量被定义的时候初始化。我们知道指针指向一个变量存储空间地址的方式为：

```
01   int i = 40;
02   int *p_i = &i;
```

既然要将变量变为常量，需要在 01 行的最前面加 const 修饰，那么要使得指针可以指向这个常量存储空间的地址，也必须要在 02 行的最前面加 const 修饰才行，如下：

```
01   const int i = 40;
02   const int *p_i = &i;
```

由于常量是不能被修改的，所以指针企图对常量的任何修改操作都会被编译器作为错误来提示。

【示例 10-8】　下面的程序犯了两个错误，编译器会依次指出，修改此代码的错误，使得程序正常运行。

直接编译上面的程序得到如图 10-9 所示的编译错误提示。编译器提示我们：程序第 6 行，无法从 "const double *" 转换为 "double *"，转换丢失限定符。问题被很明显地指出来了，double 型的 d 是常量，不能将存储空间的地址赋予 double 型的指针变量 p_d。

```
01    #include <stdio.h>
02
03    int main(int argc, char* argv[])
04    {
05        const double d = 30.15;
06        double *p_d = &d;
07        *p_d += 10.51;
08        printf("%lf\n",*p_d);
09        return 0;
10    }
```

示例 10-8 源码

e:\c program\new\new\new.cpp(6): error C2440: "初始化": 无法从 "const double *" 转换为 "double *"
            转换丢失限定符

生成失败。

已用时间 00:00:01.13
========= 生成: 成功 0 个，失败 1 个，最新 0 个，跳过 0 个 =========

图 10-9   编译发现的错误 1

修改程序 06 行为：

```
06        const double *p_d=&d;
```

这个被指出的错误被修改后继续编译程序，又得到如图 10-10 所示的编译错误。编译器提示我们：程序第 7 行，"p_d"不能给常量赋值。指针已经指向了常量，但是常量的本质无法被修改，所以企图对常量的修改操作受到了编译器的抵制。

e:\c program\new\new\new.cpp(7): error C3892: "p_d": 不能给常量赋值

生成失败。

已用时间 00:00:01.32
========= 生成: 成功 0 个，失败 1 个，最新 0 个，跳过 0 个 =========

图 10-10   编译发现的错误 2

将程序 07 行，删除通过指针对常量修改的操作，得到了可以正常运行的程序代码：

```
01    #include <stdio.h>
02
03    int main(int argc, char* argv[])
04    {
05        const double d = 30.15;
06        const double *p_d = &d;
07        printf("%lf\n",*p_d);
08        return 0;
09    }
```

程序编译没有了任何错误，完成的操作也只是输出了那个常量的值，程序的运行效果如图 10-11 所示。

图 10-11   示例 10-8 程序运行效果

10.2.4   定义指针为常量

指针作为一种数据类型，可以定义变量的同时，当然也可以定义常量，即指针常量，这是相对指针变量而言的。指针常量无法修改它指代的数据——地址，但是可以通过指针常量修改它所指向的数据的值。定义 int 型指针变量的方法为：

```
int *p_i;
```

定义 int 型指针常量的方法如下，就是在"*"和名称前加 const 修饰就可以了：

```
int i = 10;
int * const p_i = &i;
```

因为是常量，所以需要在定义的时候完成初始化。

【示例 10-9】　下面的程序存在一个错误，修改这个错误，使得程序正常运行。

```
01   #include <stdio.h>
02
03   int main(int argc, char* argv[])
04   {
05       double d = 30.15;
06       double *const p_d = &d;
07       *p_d += 10.0;
08       printf("%lf\n",*p_d);
09       d += 10.0;
10       printf("%lf\n\n",*p_d);
11       double f = 45.78;
12       p_d = &f;
13       printf("%lf\n",*p_d);
14       return 0;
15   }
```

示例 10-9 源码

程序 05 行定义了 double 型变量 b，06 行定义了 double 型的指针常量 p_d，并初始化这个指针常量存储空间中的数据为变量 d 存储空间的地址。直接编译上面的程序，得到图 10-12 所示的编译错误。

e:\c program\new\new\new.cpp(12): error C3892: "p_d": 不能给常量赋值

生成失败。

已用时间 00:00:01.06
========== 生成: 成功 0 个，失败 1 个，最新 0 个，跳过 0 个 ==========

图 10-12　编译发现的错误

编译器提示：程序 12 行，"p_d"不能给常量赋值。查看程序 12 行，代码打算将指针常量 p_d 中的数据（即"地址"）修改为 double 型变量 f 存储空间的地址，因为指针常量的数据不能被修改，所以这样的操作被编译器阻止了。现将程序 11～13 行删除，编译时不再有错误提示，程序代码如下：

```
01   #include <stdio.h>
02
03   int main(int argc, char* argv[])
04   {
05       double d = 30.15;
06       double *const p_d = &d;
07       *p_d += 10.0;
08       printf("%lf\n",*p_d);
09       d += 10.0;
```

```
10        printf("%lf\n\n",*p_d);
11        return 0;
12    }
```

查看程序 07 行，虽然指针常量本身的数据，即地址无法被修改，但是这并不妨碍指针常量修改它所指向的 double 型数据的值，程序的运行效果如图 10-13 所示。

图 10-13　示例 10-9 程序运行效果

10.3　指向一维数组的指针

在第 9 章学习过数组，我们知道数组保存的是同类型的多个数据。

10.3.1　为指针赋数组数据的地址

数组的每个数据都保存在一个存储单元里，只要是存储单元就会有地址，既然指针变量的存储单元可以保存地址，那么当然也就可以保存数组存储单元的地址。如下面定义的数组：

```
int num[5] = {1,2,3,4,5};
```

引用数组第一个数据的方式为：num[0]，第 5 个数据的方式为：num[4]。每个引用数组数据的数组名加下标的方式都可以看作一个变量名。如果将它看作变量的话，依据前面所学的知识，我们知道只要在变量前加 "&" 取地址运算符，就可以将指针的存储空间赋值为变量存储空间的地址。如下：

```
int *p_i = &num[0];
```

代码中指针变量 p_i 存储空间就会保存数组第 1 个数据所在存储空间的地址。

【示例 10-10】　下面的程序，使用了两种方式，即数组名加下标和指针变量的方式，各自输出了数组中的每一个数据。

```
01    #include <stdio.h>
02
03    int main(int argc, char* argv[])
04    {
05        int num[5] = {2,4,6,8,10};
06        int i,*p_i;
07        puts("通过数组名和下标输出数组数据: ");
08        for(i=0;i<5;i++)
09            printf("%d ",num[i]);
10        puts("\n 通过指针输出数组数据: ");
11        for(i=0;i<5;i++)
12        {
13            p_i = &num[i];
14            printf("%d ",*p_i);
15        }
16        printf("\n\n");
17        return 0;
18    }
```

示例 10-10 源码

数组 num 中存储的数据为 2、4、6、8、10。在 for 循环中，09 行是通过数组名加下标的形式输出了每一个数组数据，13 行的赋值语句，指针变量 p_i 存储空间中的数据会依次为数组第 1～5 个数据的存储空间的地址。程序第 14 行，通过指针访问并输出了每次地址所指向的数据，即数组中的每一个数据。程序的运行结果如图 10-14 所示。

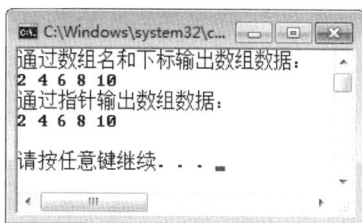

图 10-14　示例 10-10 程序运行效果

10.3.2　使用数组名为指针赋值

对于下面的数组和指针：

```
int num[5] = {1,2,3,4,5};
int *p_i;
```

为指针赋予第一个数组数据的地址的方式为：

```
p_i = &num[0]
```

其实还可以写成下面的形式：

```
p_i = num;
```

就是直接将数组名赋予指针，指针需要存储的数据是地址，这样的书写形式成立就说明 num 代表的就是一个地址。

【示例 10-11】　下面程序中的指针被赋予数组名作为地址，那么位于相应地址上的数据是多少呢？

```
01  #include <stdio.h>
02
03  int main(int argc, char* argv[])
04  {
05      int num[5] = {2,4,6,8,10};
06      double acc[4] = {1.5,5.34,645.1,65.3};
07      int *p_i;
08      double *p_d;
09      p_i = num;
10      p_d = acc;
11      printf("%d \n",*p_i);
12      printf("%lf \n\n",*p_d);
13      return 0;
14  }
```

示例 10-11 源码

程序 09、10 行分别为指针赋予了数组的名称，并在程序 11、12 行输出了指针所指向的数据。程序的运行效果如图 10-15 所示。

程序分别输出了 2 和 1.500000，这两个数据分别是各自数组中的第一个数据。这是种巧合吗？当然不。C 语言语法规定，数组名表示的是数组第一个数据的地址。那么，把数组名赋予指针就相当于将数组第一个数据的地址赋予指针，所以程序才会同时将这两个数组的第一个数据输出。

图 10-15　示例 10-11 程序运行效果

10.3.3　指向数组的指针的加减运算

一个被赋予数组名的指针所保存的地址，指向的其实是一个数组中的第一个数据。数组在存储空间中又是连续排列的。根据以上两个条件能否找到一种方法，用指针本身来遍历数组中的每一个数据呢？答案就是本小节要讲解的指针的加减运算。

【示例 10-12】　下面的程序使用了一个被赋予数组名的指针遍历输出了数组中的所有数据。

示例 10-12 源码

```
01   #include <stdio.h>
02
03   int main(int argc, char* argv[])
04   {
05       int num[5] = {2,4,6,8,10};
06       int *p_i;
07       p_i = num;
08       for(int i=0;i<5;i++)
09           printf("%d ",*(p_i+i));
10       printf("\n\n");
11       return 0;
12   }
```

程序在 07 行将数组名 num 赋予 int 型指针 p_i。for 循环的子句，即程序 09 行看样子是用来输出每个数组数据的，在深入解释前，先看程序的运行效果，如图 10-16 所示。

程序真的做到了，只是使用了"*(p_i+i)"（i 的范围：0～4）这样的形式，为什么这样就可以遍历整个数组呢？i 为 0 时，*(p_i+0)简化为*p_i，即指向了数组的第 1 个数据；i 为 1 时，*(p_i+1)从运行效果来看是指向了数组的第 2 个数据。p_i 本身是数组第 1 个数据的地址，对这个地址加 1 后产生的效果是指向了第 2 个数据，那么加 3 后就应该指向第 4 个数据，如图 10-17 所示。

图 10-16　示例 10-12 程序运行效果

这就是说：对指向数组的指针做加减运算，会改变所指向的数据。如果指针当前保存的地址不是指向数组的首地址怎么办，思路是一样的，以指针当前的指向为基准，指针加 1 就是指向了上一个数据，指针减 2 就是指向接下来的第 2 个数据，如图 10-18 所示。

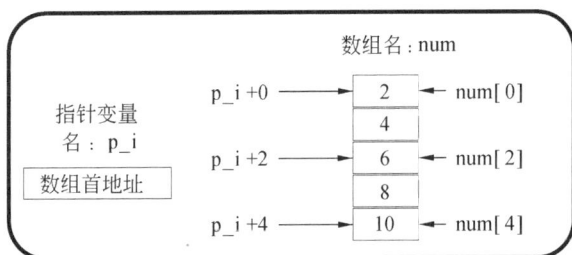

图 10-17　对指向数组首地址的指针做加法运算　　图 10-18　对指向数组数据地址的指针做加减运算

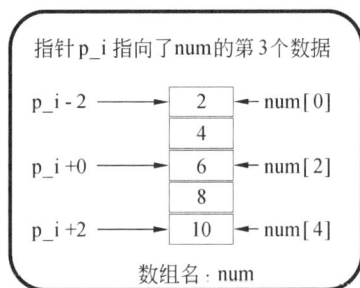

10.3.4　指向同一数组的指针

数组当然也可以被多个指针指向，此时多个不相干的指针也会产生大小的关系。假设指针 p_i 保存数组 num 的首地址，即数组的第 1 个数据的地址，那么 p_i+1 就保存了数组第 2 个数据的地址，很显然 p_i<p_i+1。因此，可以得出结论：指向数组前面数据的指针小于指向数组后面数据的指针。

【示例 10-13】 下面的程序有一个数组和两个指针，指针分别指向了数组的第一个数据和最后一个数据。程序完成的功能是：使用两个指针逆序排列数组中的数据。

```
01  #include <stdio.h>
02
03  int main(int argc, char* argv[])
04  {
05      int num[10] = {1,2,3,4,5,6,7,8,9,10};
06      int i;
07      puts("改变顺序前的数组数据：");
08      for(i = 0;i < 10;i++)
09          printf("%d ",num[i]);
10      printf("\n");
11      int *p_s = num;
12      int *p_e = &num[9];
13      int temp;
14      i = 0;
15      while(p_s+i < p_e-i)
16      {
17          temp = *(p_s + i);
18          *(p_s + i) = *(p_e - i);
19          *(p_e - i) = temp;
20          i++;
21      }
22      puts("逆序后的数组数据：");
23      for(i = 0;i < 10;i++)
24          printf("%d ",num[i]);
25      printf("\n\n");
26      return 0;
27  }
```

示例 10-13 源码

程序说的数组是 num，共保存了 10 个数据。两个指针是 p_s 和 p_e，分别指向了数组 num 的第 1 个数据和第 10 个数据。程序 15 行，while 的循环判断表达式是"指针的比较"，即本小节应用到的知识。程序中使得数组数据逆序的方法是：将数组中对称的两个数据交换位置，如图 10-19 所示。程序的运行效果如图 10-20 所示。

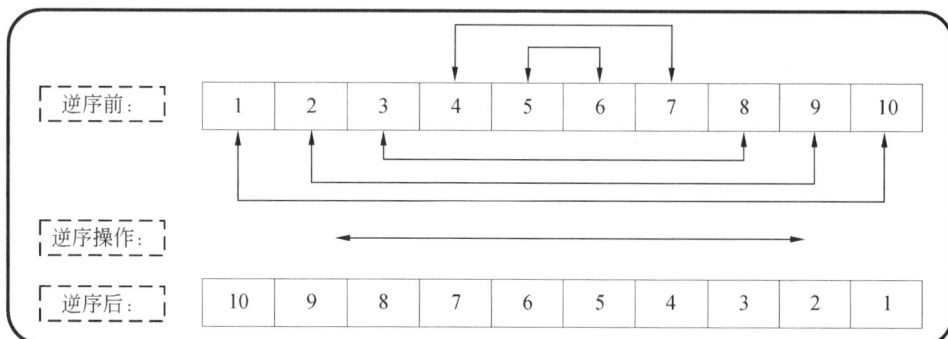

| 逆序前： | 1 | 2 | 3 | 4 | 5 | 6 | 7 | 8 | 9 | 10 |
| 逆序操作： |
| 逆序后： | 10 | 9 | 8 | 7 | 6 | 5 | 4 | 3 | 2 | 1 |

图 10-19　逆序的实现方法

指向同一数组的指针做减法运算时，所表达的含义就是指针所指向的数组中两个数据位置的差值。如 p_i 指向数组 num 的第 1 个数据, p_i+5 就指向了数组 num 的第 6 个数据, 如果第 6 个数据被指针 p_t 指向, 那么, p_t − p_i = p_i + 5 − p_i = 5。也就是说位置 6 和位置 1 的差值是 5。

【示例 10-14】 下面的程序同样包含了一个数组和指向此数组的两个指针, 已经知道了数组中第 1 个数据是 1, 还有一个 1 的位置需要确认, 而下面的程序就要将两个指针做减法来求得数组中两个 1 的距离。

图 10-20　示例 10-13 程序运行效果

示例 10-14 源码

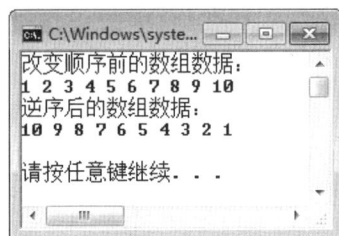

```c
01   #include <stdio.h>
02
03   int main(int argc, char* argv[])
04   {
05       int num[10] = {1,2,3,4,5,6,7,1,9,10};
06       int i;
07       puts("这个数组的数据依次为: ");
08       for(i = 0;i < 10;i++)
09           printf("%d ",num[i]);
10       printf("\n");
11       int *p_s = num;
12       int *p_t = &num[1];
13       for(i = 0;i < 10;i++)
14       {
15           if(*(p_t+i) == 1)
16           {
17               p_t += i;
18               break;
19           }
20       }
21       printf("数组中的两个数据 1 的距离为: %d\n\n",p_t-p_s);
22       return 0;
23   }
```

数组是 num, 两个指针是 p_s 和 p_t, 分别指向数组第 1 个和第 2 个数据。指针 p_t 的地址会发生变化, 就在程序 13 行 for 循环遍历数组来寻找另一个数据 1 的时候, 最终 p_t 定位了第 2 个数据 1 的位置后, 通过程序 21 行的代码, 对两个指针做减法运算得到了数组中两个数据的距离。程序的运行效果如图 10-21 所示。

本小节对于多个指针的讨论, 都是在一个大前提下完成的, 这个大前提是: 它们指向同一个数组。很

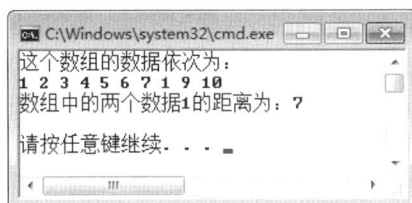

图 10-21　示例 10-14 程序运行效果

显然, 指向不同数组的指针, 比较大小和计算差值是毫无意义的。

10.3.5　指向二维数组的指针

对于一个指向一维数组的指针, 通过前面的讲解我们知道: 数组名就是数组第一个数据的地址, 对指针的加减运算会移动指针, 使得指针指向其他数组数据。如:

```c
int num[5] = {1,2,3,4,5};
int *p_i = num;
```

int 型指针变量 p_i 保存的地址指向数组中的第一个数据：1。对指针的加运算，如 p_i = p_i+3 会改变指针变量存储空间保存的地址，即使得指针的指向移动到其他的数组数据，对于 p_i 来说，它指向了第四个数据：4。因为数组数据在存储空间的位置是连续的，所以可以通过对指针的加减运算使其指向可预测的数组数据。

同理，对于二维数组，我们知道：数组名也是数组中第一个数据的地址；数组中的数据也是被连续地存放在存储空间中的。因此可以推想：指针可以通过二维数组名或者二维数组数据存储空间中的地址指向二维数组，然后通过对指针的加减操作使得指针指向二维数组的不同数据。比如下面定义的二维数组：

```
01  int num[3][2] = {{1,2},{3,4},{5,6}};
02  int *p_i = &num[0][0];
```

🔔注意：不能为指针直接赋予二维数组的数组名，即程序 02 行不能写为：int *p_i = num;。具体原因会在本章末尾讲解多级指针的时候介绍。

二维数组 num 在存储空间中如图 10-22 所示连续存放，指针变量 p_i 保存了二维数组第一个数据的地址。

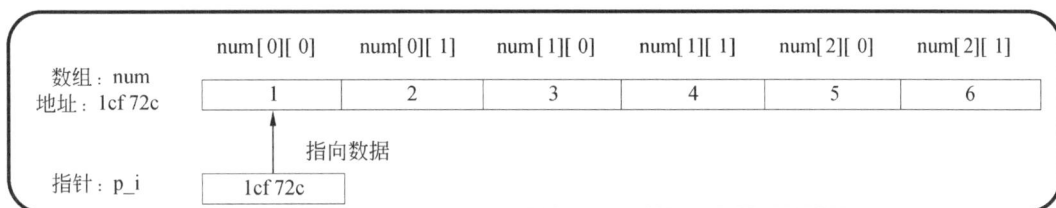

图 10-22　连续存放的二维数组数据、指向二维数组的指针变量

对于一个指向二维数组数据首地址的指针，推测其指向数据成员时的规律：

指向 num[0][0] 的指针是 p_i，即 p_i+0；
指向 num[0][1] 的指针是 p_i+1，即 p_i+1；
指向 num[1][0] 的指针是 p_i+2，即 p_i + 2×1+0；
指向 num[2][0] 的指针是 p_i+4，即 p_i + 2×2+0；

所以，假如定义一个二维数组：num[m][n]，一个指针 p 指向了这个二维数组的首地址，那么对于数组中的数据 num[i][j]（0<= i < m，0<=j < n），指针变量 p 要想指向这个数据，那么指针变量 p = p + n×i + j。

【示例 10-15】　下面的程序包含了一个二维数组，以及一个指向二维数组的指针变量。程序打算先将二维数组中所有的数据按照相应的位置输出，然后使用指针输出相应位置上的数据来验证下面指针移动的公式：

二维数组：num[m][n]。

指针：p = &num[0][0]。

数组中的数据：num[i][j]（0<= i < m，0<=j < n），指向这个数据的指针：p = p + n×i + j。

验证公式的代码如下：

```
01  #include <stdio.h>
02
```

```
03    int main(int argc, char* argv[])
04    {
05        //1--定义二维数组、初始化
06        double arr[4][3] = {
07            {78.4,782.1,41.2},
08            {56.4,93.1,58.7},
09            {91.5,453.6,128.3},
10            {85.1,39.4,5869.1}
11        };
12        //2--输出二维数组中的数据
13        puts("二维数组中相应位置上的数据为: ");
14        int i,j;
15        for (i=0;i<4;i++)
16        {
17            for (j=0;j<3;j++)
18            {
19                printf("arr[%d][%d]: %6.1lf\t",i,j,arr[i][j]);
20            }
21            printf("\n");
22        }
23        printf("\n");
24        //3--验证公式
25        double *p_d = &arr[0][0];
26        printf("二维数组中 arr[3][2]位置上的数据为: %6.1lf\n",*(p_d+3*3+2));
27        printf("二维数组中 arr[1][1]位置上的数据为: %6.1lf\n\n",*(p_d+3*1+1));
28        return 0;
29    }
```

示例 10-15 源码

　　程序代码完成的功能依次为：定义二维数组、初始化，输出二维数组中的数据，验证公式。关键看的是程序代码的 26、27 行，要输出位置 arr[3][2]上的数据，按照公式 p_d = p_d+3*3+2，同理输出位置 arr[1][1]上的数据。程序的运行效果如图 10-23 所示。从运行结果来看，公式是很正确的。

图 10-23　示例 10-15 程序运行效果

　　既然可以任意移动指针指向所有的数组数据，那么针对这同一个二维数组 arr，使用指针 p_d 也就完全有能力循环遍历输出二维数组中的所有数据了，程序代码如下：

```
01    #include <stdio.h>
02
03    int main(int argc, char* argv[])
04    {
05        //1--定义二维数组、初始化
06        double arr[4][3] = {
07            {78.4,782.1,41.2},
08            {56.4,93.1,58.7},
09            {91.5,453.6,128.3},
```

```
10          {85.1,39.4,5869.1}
11      };
12      double *p_d = &arr[0][0];
13      //2--使用指针输出二维数组中的所有数据
14      puts("二维数组中相应位置上的数据为：");
15      int i,j;
16      for (i=0;i<4;i++)
17      {
18          for (j=0;j<3;j++)
19          {
20              printf("arr[%d][%d]: %6.1lf\t",i,j,*(p_d + 3*i + j));
21          }
22          printf("\n");
23      }
24      printf("\n");
25      return 0;
26  }
```

程序的运行效果如图 10-24 所示。

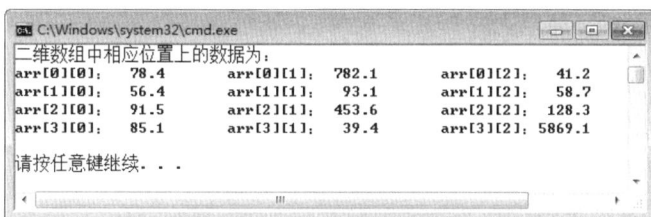

图 10-24　程序运行效果

10.4　保存指针的数组

数组可以保存任意类型的数据，当然也包括指针类型。那么保存了指针的数组有什么应用吗？设想：数组中保存了多个指针，每个指针都记录了一个地址，也就是说每个指针都指向了新的数据，如果这个地址是数组的地址的话……或许可以把指针数组应用到二维数组中。设想如图 10-25 所示。

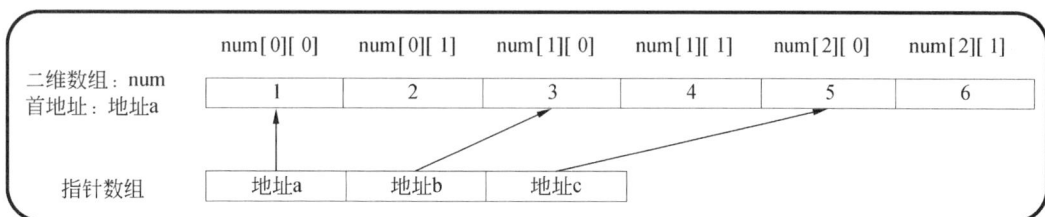

图 10-25　指针数组应用设想图

10.4.1　定义指针数组

为了实现这个设想，首先需要定义一个用于保存指针的数组，定义的方式如下：

数据类型 *指针变量名[整型常量表达式];

对照定义普通数据类型的数组的方式：

数据类型 指针变量名[整型常量表达式];

很容易发现，定义指针数组是很简单的，加上指针的标志"*"就可以了，如：

int *p_i[5];

表明这里定义了一个可以保存 5 个 int 型指针的数组，指针数组名为 p_i。

10.4.2　二维数组的特性

在 C 语言中，对于二维数组，如 num[m][n]。

❑ 第 1 个数据的地址有 3 种表示方式：num、&num[0][0]和 num[0]。

❑ 二维数组其实就是一个一维数组嵌套了多个一维数组。

❑ 对于内部嵌套的每一个数组中的第 1 个数据的地址有两种表示方式：&num[1][0] 和 num[1]。

【示例 10-16】　下面的程序使用了指针数组将二维数组中的所有数据都输出了，仔细阅读代码，看看是怎么做到的？

```
01   #include <stdio.h>
02
03   int main(int argc, char* argv[])
04   {
05       double arr[4][3] = {
06           {78.4,782.1,41.2},
07           {56.4,93.1,58.7},
08           {91.5,453.6,128.3},
09           {85.1,39.4,5869.1}
10       };
11       double *p_arr[4];
12       int i,j;
13       for(i = 0;i < 4;i++)
14           p_arr[i] = arr[i];
15       for(i = 0;i < 4;i++)
16       {
17           for(j = 0;j < 3;j++)
18           {
19               printf("%6.1lf ",*(p_arr[i]+j));
20           }
21           printf("\n");
22       }
23       return 0;
24   }
```

示例 10-16 源码

程序首先定义并初始化了一个二维数组 arr，此数组相当于 1 个一维数组嵌套了 4 个一维数组。然后在程序的 11 行定义了指针数组 p_arr，并且有 4 个存储空间用于存放指针。13 行的 for 循环用于将 4 个被嵌套的一维数组中第一个数据的地址保存到指针数组中，最后 15、17 行的 for 循环嵌套用于遍历二维数组中的所有数据，其中应用到了指针数组中的指针。

程序 19 行使用了*(p_arr[i]+j)这样的形式指向数组的每一个数据，为什么是这样的形式？别忘了 p_arr[i]可是一个一维数组的头一个数据的地址，p_arr[i]+j 就是这个一维数组第 j+1 个数据的地址，最后*(p_arr[i]+j)就表示此一维数组第 j+1 个数据了。设想中应用指针数组与二维数组的代码也实现了，程序的运行结果如图 10-26 所示。

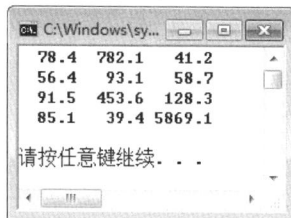

图 10-26　示例 10-16 程序运行效果

10.4.3　练习

1. 下面程序中的指针对所指向的数据展开了一系列的操作，那么这个程序的输出是什么？

```
01  #include <stdio.h>
02
03  int main(int argc, char* argv[])
04  {
05      int i = 50;
06      printf("i = %d\n",i);
07      int *p_i;
08      p_i = &i;
09      *p_i -= 6;
10      printf("i = %d\n",i);
11      *p_i /= 11;
12      printf("i = %d\n\n",i);
13      return 0;
14  }
```

练习 1 答案

程序的输出结果为：

——————————————

——————————————

——————————————

2. 下面的程序定义了一个指针常量 p_d，本打算使用此指针常量修改它所指向数据的值，但是编译器却在这时发出了错误信息，如图 10-27 所示。修改这个程序，使之正常运行。

```
01  #include <stdio.h>
02
03  int main(int argc, char* argv[])
04  {
05      double d = 30.15;
06      double *const p_d;
07      p_d = &d;
08      *p_d += 10.0;
09      printf("%lf\n",*p_d);
10      return 0;
11  }
```

练习 2 答案

e:\c program\new\new\new.cpp(6): error C2734: "p_d": 如果不是外部的，则必须初始化常量对象
e:\c program\new\new\new.cpp(7): error C3892: "p_d": 不能给常量赋值

生成失败。

已用时间 00:00:01.17
========== 生成: 成功 0 个，失败 1 个，最新 0 个，跳过 0 个 ==========

图 10-27　编译时的错误

程序错误的位置在第____、____行，应该修改为_____。

3. 下面的程序将数组的第四个数据的存储地址赋予了指针，然后又操作指针输出了数组中的数据。仔细阅读程序，并判断程序的输出结果。

```
01   #include <stdio.h>
02
03   int main(int argc, char* argv[])
04   {
05       int num[10] = {2,4,6,8,10,1,3,5,7,9};
06       int *p_i;
07       p_i = &num[3];
08       printf("%d \n",*(p_i+2));
09       printf("%d \n",*(p_i-3));
10       printf("\n");
11       return 0;
12   }
```

练习 3 答案

程序的输出结果为：

_____

_____

4. 下面程序中的 num 数组包含 10 个数据，且两个指针 p_s 和 p_e 分别指向了数组第 1 和第 2 个数据，但是程序打算使用指针做什么操作呢？仔细阅读下面的程序，然后判断程序的输出结果。

```
01   #include <stdio.h>
02
03   int main(int argc, char* argv[])
04   {
05       int num[10] = {1,2,3,4,5,6,7,8,9,10};
06       int i;
07       puts("改变顺序前的数组数据: ");
08       for(i = 0;i < 10;i++)
09           printf("%d ",num[i]);
10       printf("\n");
11       int *p_s = num;
12       int *p_e = &num[1];
13       int temp;
14       for(i = 0;i < 10;i += 2)
15       {
16           temp = *(p_s + i);
17           *(p_s + i) = *(p_e + i);
18           *(p_e + i) = temp;
19       }
20       puts("奇偶交换后的数组数据: ");
21       for(i = 0;i < 10;i++)
22           printf("%d ",num[i]);
23       printf("\n\n");
24       return 0;
25   }
```

练习 4 答案

或许程序代码中 07、20 行的文字是一个提示，那么这个程序的输出结果为：

改变顺序前的数组数据：

_____

奇偶交换后的数组数据：

_____

5. 仔细阅读下面的程序，完善缺少代码的程序部分。

```
01  #include <stdio.h>
02
03  int main(int argc, char* argv[])
04  {
05      //1--定义二维数组、初始化
06      double arr[4][3] = {
07          {78.4,782.1,41.2},
08          {56.4,93.1,58.7},
09          {91.5,453.6,128.3},
10          {85.1,39.4,5869.1}
11      };
12      //2--输出二维数组中的数据
13      puts("二维数组中相应位置上的数据为：");
14      int i,j;
15      for (i=0;i<4;i++)
16      {
17          for (j=0;j<3;j++)
18          {
19              printf("arr[%d][%d]: %6.1lf\t",i,j,arr[i][j]);
20          }
21          printf("\n");
22      }
23      printf("\n");
24      //3--验证公式
25      double *p_d = &arr[0][0];
26      printf("二维数组中 arr[0][2]位置上的数据为：%6.1lf\n",_____);
27      printf("二维数组中 arr[2][0]位置上的数据为：%6.1lf\n\n",_____);
28      return 0;
29  }
```

程序中 arr 是一个包含了大量数据的二维数组，指针变量 p_d 指向了此二维数组中的第一个数据。那么要想使得指针指向 arr[0][2]和 arr[2][0]，该如何移动指针？完善程序中完成此功能的 26、27 行代码。正确地指向了相应数组数据的程序的运行效果如图 10-28 所示。

图 10-28　练习 5 程序运行效果

10.5　指针在函数中的应用

把指针作为一种普通的数据类型来看，由指针定义的变量可以作为函数的参数，函数也可以返回指针类型的值。而且指针又是一种特殊的数据类型，所以它在函数中还有特殊的应用——指向函数的指针。本节将依次详细讲解指针在函数中的这 3 种应用。

10.5.1　指针作为函数参数

指针作为函数参数与其他类型数据作为函数参数是有很大不同的，本小节将通过比较将它们的区别向读者娓娓道来。

1. 给函数传入数据

在第 8 章讲解有参数函数的时候，提到了函数的参数，参数可以是任何类型。而且在那时提醒读者注意：函数内部只处理形参的数据，而对给形参传入数据的实参的数据是毫无影响的。

【示例 10-17】　下面的程序定义了一个无返回值的函数 add_five()，作用是将作为参数的数据加 5。

```
01   #include <stdio.h>
02   void add_five(int);
03
04   int main(int argc, char* argv[])
05   {
06       int i = 10;
07       add_five(i);
08       printf("i = %d\n\n",i);
09       return 0;
10   }
11   void add_five(int a)
12   {
13       a = a + 5;
14       printf("a = %d\n",a);
15   }
```

示例 10-17 源码

函数 add_five() 的定义部分在程序 11～15 行，作用是将 int 型变量 a 存储空间中的数据加 5，然后输出 a 存储空间中的数据。程序 07 行使用了这个函数，并且将 int 型变量 i 存储空间中的数据 10 作为实参传入函数。然后在 08 行使用函数 printf() 输出了 i 存储空间中的数据。本打算修改 i 存储空间的数据为 15，但是从程序的运行结果图 10-29 所示来看，i 没有变，但是 a 变了。

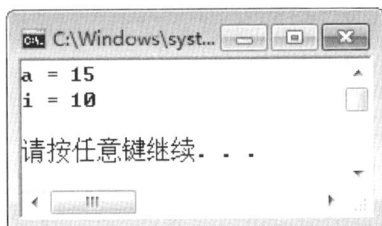

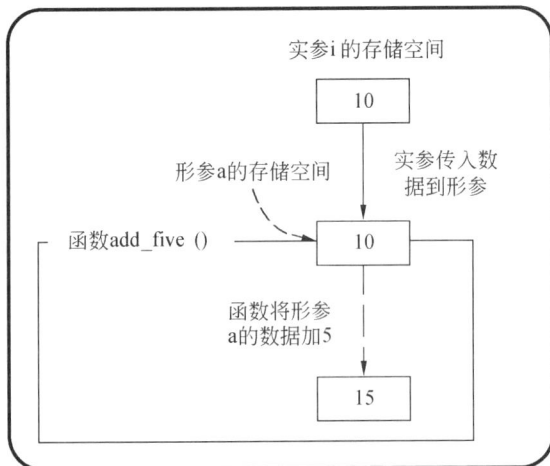

图 10-29　示例 10-17 程序运行结果

导致这种结果的原因如图 10-29 所示，也说明过：实参和形参分别使用了不同的存储空间，形参的数据是实参数据的一个拷贝，所以函数只是修改了形参存储空间中的数据，形参变了，实参中的数据没有被修改，实参不发生变化。

2. 给函数传入地址

有方法能使得函数将实参中的数据也修改了吗？联系一下本章学习的指针，或许可以找到思路：既然函数的参数可以是任何类型的数据，那么指针也是可以被传入的。如果指针即数据存储空间的地址作为实参被传入函数，即使形参是拷贝也是地址的拷贝，那么在函数中也就可以操作地址所指向的数据了。思路如图 10-30 所示。

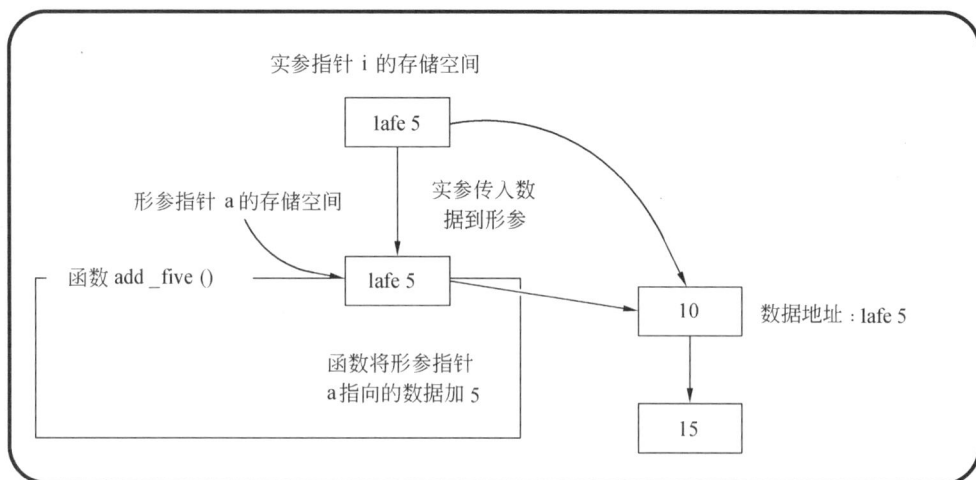

图 10-30　将数据地址所为函数参数传入的设想

【示例 10-18】　下面的程序同样定义了一个无返回值的函数 add_five()，但是这次需要的参数是指针类型的变量。

```
01  #include <stdio.h>
02
03  void add_five(int *);
04  int main(int argc, char* argv[])
05  {
06      int i = 10;
07      printf("将地址传人函数前，i = %d\n",i);
08      add_five(&i);
09      printf("将地址传人函数后，i = %d\n\n",i);
10      return 0;
11  }
12  void add_five(int *a)
13  {
14      *a = *a + 5;
15  }
```

示例 10-18 源码

从程序 03 行的声明来看，函数 add_five() 的参数是 int 类型的指针。程序 12～15 行函数 add_five() 的定义部分，操作的是 int 型指针 a 所指向的数据。而程序 08 行使用函数 add_five() 的时候，传入作为实参的数据是 int 型变量 i 存储空间的地址。如果将指针作为参数的设想正确的话，int 型变量 i 存储空间中的数据 10 会变为 15，程序的运行效果如图

10-31 所示。

从程序运行的效果来看，通过传入数据地址到函数，函数确实具备了操作数据的能力。这就是指针作为函数参数的作用。

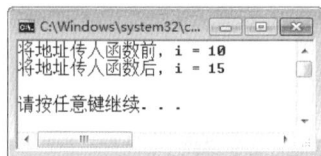

图 10-31　示例 10-18 程序运行效果

10.5.2　指针作为函数返回值

函数如果不声明为 void，那么函数就是有返回值的，返回值也可以是任意数据类型，包括指针类型。这种情况下函数返回的是一个数据的地址，而函数的作用就是找到这个数据的地址。

1. 返回定义在函数外的数据的地址

【示例 10-19】　下面的程序有两个数组，和 1 个自定义函数，函数的作用是找出数组中最大数据的位置，然后返回。也就是说数据是定义在函数的外部的，仔细阅读下面的程序，体会指针作为函数返回值的作用。

```
01  #include <stdio.h>
02
03  int * find_max(int *,int);
04  int main(int argc, char* argv[])
05  {
06      int i;
07      //1--输出数组 arr1 中的数据
08      int arr1[5] = {23,54,65,21,2};
09      puts("数组 arr1 中的数据为：");
10      for(i = 0;i<5;i++)
11          printf("%d ",arr1[i]);
12      //2--输出数组 arr2 中的数据
13      int arr2[8] = {45,86,28,34,19,35,18,73};
14      puts("\n\n 数组 arr2 中的数据为：");
15      for(i = 0;i<8;i++)
16          printf("%d ",arr2[i]);
17      printf("\n\n");
18      //3--输出两个数组中最大的那个数据
19      int *temp;
20      temp = find_max(arr1,5);
21      printf("数组 arr1 中最大的数据是：%d\n",*temp);
22      temp = find_max(arr2,8);
23      printf("数组 arr2 中最大的数据是：%d\n\n",*temp);
24      return 0;
25  }
26  int * find_max(int *p_i,int n)
27  {
28      int *p_s = p_i;
29      for(int i = 1;i<n;i++)
30      {
31          if(*(p_s+i)>*p_i)
32              p_i = p_s + i;
33      }
34      return p_i;
35  }
```

示例 10-19 源码

先看程序 26～35 函数 find_max()的定义部分，返回值是 int 型的指针，即地址。程序 20、22 行使用这个函数的地方都将数组名和数组中数据个数作为参数传入到函数 find_max() 中了，所以再看此函数的定义部分可知：函数使用指针遍历了数组中的所有数据，最后将记录下的最大数据的位置返回了，程序 21、23 行借助这个地址值输出了数组中的那个最大的数据。

注意：无论是数组 arr1，还是数组 arr2，都是定义在函数外部的，函数的任务只是按照要求返回了数组中数据的地址而已。程序的运行效果如图 10-32 所示。

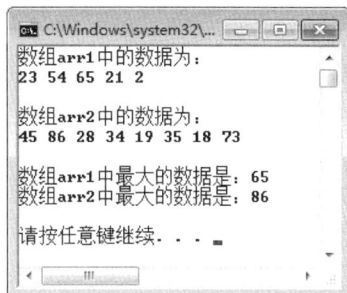

图 10-32　示例 10-19 程序运行效果

2. 返回定义在函数内的数据的地址

【示例 10-20】　下面的程序也使用了返回数据地址的函数，但是这个函数返回的是定义在函数内部的数据。

```
01   #include <stdio.h>
02
03   int *func1();
04   int main(int argc, char* argv[])
05   {
06       int *i = func1();
07       printf("%d \n\n",*i);
08       return 0;
09   }
10   int *func1()
11   {
12       int a = 100;
13       return &a;
14   }
```

定义在函数 func1()内部的变量是 a，保存的数据是 100，函数 func1()将返回 a 存储空间的地址，即程序 13 行。程序的 07 行将使用 printf()输出这个地址所指向的数据。程序的运行效果如图 10-33 所示。

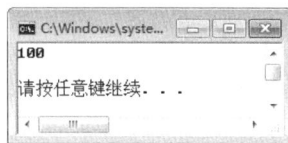

图 10-33　示例 10-20 程序运行效果 1

程序很好地输出了定义在函数 func1()内部的变量 a 存储空间中的数据：100。但是程序尽管编译通过并且可以运行，但是编译器也给出了一条警告信息，如图 10-34 所示。

e:\c program\new\new\new.cpp(13): warning C4172: 返回局部变量或临时变量的地址

生成成功。

已用时间 00:00:02.75
========== 全部重新生成：成功 1 个，失败 0 个，跳过 0 个 ==========

图 10-34　编译时的警告信息

警告程序 13 行 "返回局部变量或临时变量的地址"。为什么会出现这样一条警告信息呢？在本书第 5 章介绍过数据作用域的概念，每个数据都是有作用域或者说作用范围的，超出这个范围数据就会失效，也就是说程序在执行到数据的作用范围之外的时候数据就被释放了。假如一个数据定义在函数内部，那么函数如果返回这个定义在内部的数据的地址，外部需要使用这个已经被释放了数据的地址的话，这个数据将是不合逻辑的一个值。

将这个程序做简单的修改：定义一个与 fun1()类似的函数 fun2()，然后插入到程序的入口函数 main()中，修改后的代码如下：

```
01   #include <stdio.h>
02
03   int *func1();
04   int *func2();
05   int main(int argc, char* argv[])
06   {
07       int *i = func1();
08       int *j = func2();
09       printf("%d \n\n",*i);
10       return 0;
11   }
12   int *func1()
13   {
14       int a = 100;
15       return &a;
16   }
17   int *func2()
18   {
19       int b = 30;
20       return &b;
21   }
```

实际上，插入到程序的入口函数 main()中的 08 行的代码并没有什么意义，但是它却导致程序输出了一个意外的结果，如图 10-35 所示。

奇怪了，居然输出的是 30 而不是 100，从结果来看，只能认为被程序释放的存储空间又放置了新的数据 30，覆盖了原来的数据 100。事实上就是这样，被程序释放的存储空间系统会再拿来做其他的用途，所以如果使用一个被程序释放了的存储空间，那么这个存储空间中存放任何数据都是有可能的。

图 10-35　示例 10-20 程序运行效果 2

结合本小节的两个示例可以看出：作为函数返回值的地址，其上的数据必须是在函数调用结束后仍然未释放的数据，否则会出现令人意外的结果。

10.5.3　指向函数的指针

在第 8 章学习函数的时候，这么说过函数 main()：此函数是程序执行的起始位置。程序运行的过程其实就是一条一条执行程序语句的过程，即使是代码，也一样存放在存储空间中，而函数名恰恰就是函数体语句在存储空间中的起始地址。

在 C 语言中，所有函数的函数名都是函数体语句的起始地址，程序就是通过函数名得到了函数体代码在存储空间中的起始地址，进而执行函数体中的各语句。既然函数名是地址，而且指针变量可以用于保存地址，那么指针变量保存函数起始地址的现象就很正常了。这样达到的效果是：通过指针，一样可以调用函数。

1. 此类型指针使用效果演示

【示例 10-21】　下面的程序使用了指向函数的指针，并且在需要使用函数的地方使用了指向函数的指针来代替，目前来看效果很不错。

```
01  #include <stdio.h>
02
03  int max_num(int,int);
04  int min_num(int,int);
05  int main(int argc, char* argv[])
06  {
07      int (*p_f)(int,int);              //定义指向函数的指针
08      p_f = max_num;                    //为此指针赋予函数名，即地址
09      printf("%d 和 %d 中较大的数是: %d\n",34,78,(*p_f)(34,78));
                                          //使用指针代替函数名
10      p_f = min_num;
11      printf("%d 和 %d 中较小的数是: %d\n\n",86,41,(*p_f)(86,41));
12      return 0;
13  }
14  int max_num(int a,int b)
15  {
16      if(a > b)
17          return a;
18      return b;
19  }
20  int min_num(int a,int b)
21  {
22      if(a < b)
23          return a;
24      return b;
25  }
```

示例 10-21 源码

定义的两个函数分别是 max_num()和 min_num()，各自用于输出参数中的较大值和较小值。程序 07 行定义了指向函数的指针 p_f，定义的方式暂且不论，08 行果然为此指针赋予了函数名，即函数体在存储空间中的起始地址，09 行 printf()语句中使用指针名代替了函数名调用了函数 max_num()。同理 10、11 行为指针赋值和使用指针。程序的运行效果如图 10-36 所示。

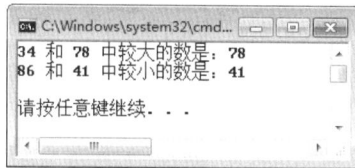

图 10-36　示例 10-21 程序运行效果

不看指向函数的指针的定义、赋值和使用方式，我们可以发现：

❑ 可以定义指向函数的指针。

❑ 可以通过函数名为此指针赋值。

❑ 可以通过此指针调用函数。

2. 定义此类型指针

指向函数的指针的定义方式为：

数据类型 (*指针变量名)(参数类型 1,参数类型 2,…);

对比来看，声明一个函数的方式为：

数据类型 函数名(参数类型 1,参数类型 2,…);

它们仅有很小的差别，如：

```
01  int (*p_f)(int,int);
02  int fun(int,int);
```

01 行定义的是指向函数的指针，02 行是函数 fun() 的声明。其中 01 行 "(*p_f)" 中的 "()" 不能省略，原因很容易理解，下面是省略了 "()" 后的样子：

```
int *p_f(int,int);
```

这行代码完全改变了原来的意思，这是在声明一个返回 int 型指针的名为 p_f 的函数，而这行代码本打算定义一个指向函数的指针才对，所以说 "(*p_f)" 中的 "()" 不能省略。

3. 为此类型指针赋予函数名

指针的定义方式已经很清楚了，接下来就是为指针赋值，形式如下：

指向函数的指针变量的名称 = 函数名

就是将函数名直接赋值到指针变量中就可以了。但需要注意的是：并不是说随便的一个函数名就可以赋值到一个随便的指向函数的指针变量中。

【示例 10-22】 下面的程序定义了有参的函数 max_num，和一个无参的指向函数的指针 p_f，然后企图用 max_num 赋值 p_f，最后使用指针调用函数。编译器会允许代码如此编写吗，有什么问题吗？

```
01  #include <stdio.h>
02
03  int max_num(int,int);
04  int main(int argc, char* argv[])
05  {
06      int (*p_f)();
07      p_f = max_num;
08      printf("%d 和 %d 中较大的数是：%d\n\n",34,78,(*p_f)(34,78));
09      return 0;
10  }
11  int max_num(int a,int b)
12  {
13      if(a > b)
14          return a;
15      return b;
16  }
```

程序 03 行，函数 max_num 的声明部分告诉我们此函数需要两个 int 型的变量作为参数。程序 06 行指向函数的指针 p_f 的定义部分告诉我们，它指向的函数没有参数。编译这段程序，得到如图 10-37 所示的编译错误。

```
e:\c program\new\new\new.cpp(7): error C2440: "=": 无法从 "int (__cdecl *)(int,int)" 转换为 "int (__cdecl *)(void)"
        该转换要求 reinterpret_cast、C 样式转换或函数类型转换
e:\c program\new\new\new.cpp(8): error C2197: "int (__cdecl *)(void)": 用于调用的参数太多

生成失败。

已用时间 00:00:00.98
========== 生成: 成功 0 个，失败 1 个，最新 0 个，跳过 0 个 ==========
```

图 10-37　编译指出的错误

很显然，编译器想要告诉我们，指针 p_f 只能指向返回值为 int 类型，同时没有参数的函数。修改程序 06 行的代码为：

```
06    int (*p_f)(int,int);
```

再次编译程序就不会有问题了，程序的运行效果如图 10-38 所示。

其实，不光是参数的类型和个数要一致，甚至连函数的返回值的类型也要一致才行。也就是说，想要赋值给指向函数的指针变量的函数，函数本身的声明应该和指针变量的定义部分的参数类型、个数和返回值完全一致才行。

指向函数的指针可以多次使用，也就是说可以赋予不同的函数名，进而通过此指针调用不同的函数，如：

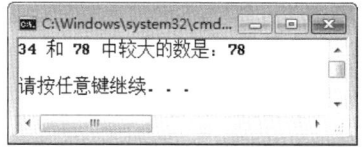

图 10-38　示例 10-22 程序运行效果

```
01   int max_num(int,int);
02   int min_num(int,int);
03   int (*p_f)(int,int);
04   p_f = max_num;
05   ...//一部分应用
06   p_f = min_num;
07   ...//另一部分应用
```

指向函数的指针变量 p_f，在程序 04、06 行分别指向了不同的函数。

4. 使用此类型指针调用函数

从前面的示例中可以体会到使用指向函数的指针调用函数的方法，只是将原来函数名的部分使用"(*指针变量名)"完全替代了而已，如下：

```
01   int min_num(int,int);            //函数的声明部分
02   int (*p_f)(int,int);             //指向函数指针变量的定义部分
03   p_f = min_num;                   //为指针赋予函数名
04   (*p_f)(32,53);                   //使用指针调用函数
```

程序 04 行的部分等价于：

```
min_num(32,53);
```

10.5.4　练习

1. 小明打算在程序中定义一个交换数据的函数 swap_num()，比如 a = 10，b = 30，期望这个函数可以交换这两个数据为：a = 30，b = 10，于是他写下了下面的代码：

```
01   #include <stdio.h>
02
03   void swap_num(int,int);
04   int main(int argc, char* argv[])
05   {
06       int a,b;
07       a = 10;
08       b = 30;
09       printf("使用函数前，a = %d b = %d\n",a,b);
10       swap_num(a,b);
11       printf("使用函数后，a = %d b = %d\n",a,b);
```

```
12        printf("\n");
13        return 0;
14    }
15    void swap_num(int i,int j)
16    {
17        int temp;
18        temp = i;
19        i = j;
20        j = temp;
21    }
```

小明马上运行了这个程序，但是得到了图 10-39 所示的程序输出。

显然使用函数 swap_num()并未达到预期的效果，但他听说将函数的参数设置为指针的话就可以达到目的了，但是他又不会修改，请完善下面未完成的代码部分，使得程序的运行效果如图 10-40 所示。

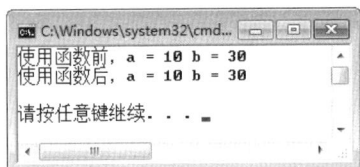

图 10-39　练习 1 程序运行效果 1　　　　图 10-40　练习 1 程序运行效果 2

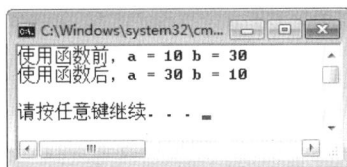

```
01    #include <stdio.h>
02
03    void swap_num(_____);
04    int main(int argc, char* argv[])
05    {
06        int a,b;
07        a = 10;
08        b = 30;
09        printf("使用函数前，a = %d b = %d\n",a,b);
10        swap_num(_____);
11        printf("使用函数后，a = %d b = %d\n",a,b);
12        printf("\n");
13        return 0;
14    }
15    void swap_num(_____)
16    {
17        _____
18        _____
19        _____
20        _____
21    }
```

练习 1 源码

程序 03 行函数声明部分：_____

程序 10 行函数使用部分：_____

程序 15～21 行函数 swap_num()的定义部分：

_____

_____

_____

_____

_____

2. 仿照"指针作为函数返回值"的示例程序，定义这样一个功能的函数：返回数组中最小的数据的地址。部分程序代码已给出：

练习 2 源码

```
01   #include <stdio.h>
02
03   int * find_min(int *,int);
04   int main(int argc, char* argv[])
05   {
06       int i;
07       //1--输出数组 arr1 中的数据
08       int arr1[5] = {23,54,65,21,2};
09       puts("数组 arr1 中的数据为：");
10       for(i = 0;i<5;i++)
11          printf("%d ",arr1[i]);
12       //2--输出数组 arr2 中的数据
13       int arr2[8] = {45,86,28,34,19,35,18,73};
14       puts("\n\n 数组 arr2 中的数据为：");
15       for(i = 0;i<8;i++)
16          printf("%d ",arr2[i]);
17       printf("\n\n");
18       //3--输出两个数组中最小的那个数据
19       int *temp;
20       temp = find_min(arr1,5);
21       printf("数组 arr1 中最小的数据是：%d\n",*temp);
22       temp = find_min(arr2,8);
23       printf("数组 arr2 中最小的数据是：%d\n\n",*temp);
24       return 0;
25   }
26   int * find_min(int *p_i,int n)
27   {
28       _____
29       _____
30       _____
31       _____
32       _____
33       _____
34       _____
35   }
```

程序的运行效果如图 10-41 所示。

3. 小亮很自豪地写出了一个返回地址值的函数，并将其应用在了入口函数 main()中，程序运行的效果也很好，但是小明却坚持，这样的函数使用方式很危险，因为程序在编译时警告：这个函数返回的是局部变量或者临时变量的地址。下面是这个有争议的程序：

图 10-41　练习 2 程序运行效果

```
01   #include <stdio.h>
02
03   int *sum_num(int,int);
04   int main(int argc, char* argv[])
05   {
06       int *i = sum_num(3,5);
07       printf("3 + 5 = %d \n\n",*i);
08       return 0;
09   }
10   int *sum_num(int a,int b)
```

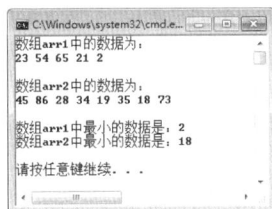

```
11  {
12      int re = a + b;
13      return &re;
14  }
```

小亮也演示了程序的运行效果，如图 10-42 所示。果然没有问题，那么你是怎么认为的呢？说出你的看法：_____【参考答案：最好不要返回定义在函数中的变量的存储空间的地址，这样的代码在添加了其他的功能代码后就会慢慢暴露出弊端】

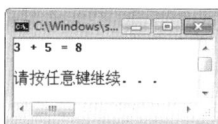

图 10-42　练习 3 程序运行效果

4. 小亮刚学习完指向函数的指针变量的使用方法后，就迫不及待地仿照例题编写了自己的程序，由于他没有继续听下去，所以老师讲解的"不是所有的函数都可以赋值到指向函数的指针变量中"提醒他并没有听进去，现在好了，写出的程序果然出现问题了，他又无法解决。你看看他的程序代码，帮他修改修改。

```
01  #include <stdio.h>
02
03  int sub_num(int,int);
04  int add_num(int,int);
05  int main(int argc, char* argv[])
06  {
07      int (*p_f)();
08      p_f = sub_num;
09      printf("%d 和 %d 的差是: %d\n",34,78,(*p_f)(34,78));
10      p_f = add_num;
11      printf("%d 和 %d 的差是: %d\n\n",51,64,(*p_f)(51,64));
12      return 0;
13  }
14  int sub_num(int a,int b)
15  {
16      return a - b;
17  }
18  int add_num(int a,int b)
19  {
20      return a + b;
21  }
```

练习 4 答案

修改____行的程序代码为：

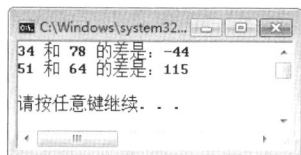

_____

程序可以正确运行后的效果如图 10-43 所示。

图 10-43　练习 4 程序运行效果

10.6　二级指针

指针变量用于保存地址，而不理会该地址中到底保存了什么数据，如果这个不被理会的数据仍然是个地址，而这个地址才真正地指向了一个实际的数据，那么最初的那个指针通常也被称为"二级指针"。如图 10-44 所示。

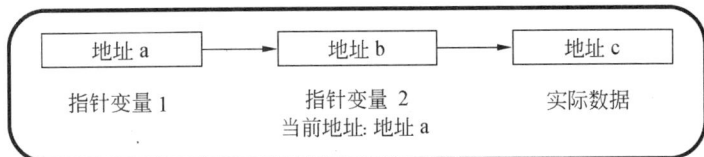

图 10-44　二级指针示意图

10.6.1　概述

在本章前面介绍过"指针数组"，也就是数组保存的是多个指针变量，即地址，如果很不巧指针数组的数组名被赋值到一个新的指针中时，这个指针就只能是二级指针了。在应用二级指针到二维数组前，必须知道如何定义、使用二级指针。

1. 定义二级指针

定义一个指向指针类型的指针变量的方式为：

数据类型 ** 指针变量名;

如定义最终指向 int 型数据的二级指针：

int **p_i;

2. 使用二级指针

学习指针的时候发现，在指针变量名前加"*"就能使用指针所指向的数据了，如果当前的数据仍然是地址，那么再加一个"*"就应该可以使用最终指向的那个数据了，事实上就是如此。

【示例 10-23】　下面的程序分别使用一级指针和二级指针输出了同一个数据，从程序中体会二级指针的使用方法。

```
01  #include <stdio.h>
02
03  int main(int argc, char* argv[])
04  {
05      int i = 100;
06      int *p = &i;
07      int **p_i;
08      p_i = &p;
09      printf("使用一级指针输出 int 型数据: %d\n",*p);
10      printf("使用二级指针输出 int 型数据: %d\n\n",**p_i);
11      return 0;
12  }
```

程序 07 行定义了二级指针 p_i，注意这里使用了两个"*"。08 行是在为二级指针 p_i 赋值，因为二级指针先指向是一个指针，所以使用一级指针的地址为二级指针 p_i 赋值,其中用到了取地址运算符"&"。最后程序 10 行，为了输出二级指针最终指向的数据，使用了两个"*"。程序的运行效果如图 10-45 所示。

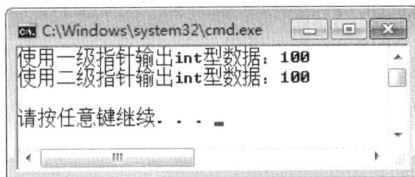

图 10-45　示例 10-23 程序运行效果

10.6.2　在二维数组中的应用

【示例 10-24】　下面的程序将使用二级指针输出二维数组特定位置上的数据，程序如下：

```
01  #include <stdio.h>
02  #include <time.h>
03  #include <stdlib.h>
04
05  int main(int argc, char* argv[])
06  {
07      srand((unsigned int)time(0));
08      int num[4][5];
09      int i,j;
10      for (i = 0;i < 4;i++)
11      {
12          for(j = 0;j < 5;j++)
13          {
14              num[i][j] = rand()%100;
15              printf("num[%d][%d]:%2d\t",i,j,num[i][j]);
16          }
17          printf("\n");
18      }
19      int *p[4] = {num[0],num[1],num[2],num[3]};
20      int **p_i = p;
21      printf("二维数组中 num[3][2]位置处的数据为：%d\n",*(*(p_i+3)+2));
22      printf("二维数组中 num[2][4]位置处的数据为：%d\n\n",*(*(p_i+2)+4));
23      return 0;
24  }
```

程序中使用了随机函数来为二维数组赋予 0～99 的数据，并且使用了 19 行定义的指针数组保存了二维数组中嵌套的每个一维数组的首地址，随后在程序 20 行将指针数组的首地址赋予二级指针 p_i 的存储空间中，最后使用二级指针 p_i 输出了特定位置上的数组数据。暂且不讨论是如何移动二级指针来定位数组中的数据。程序首先输出了相应位置上的数组数据，然后使用二级指针输出指定位置上的数据用于验证，程序的运行效果如图 10-46 所示。

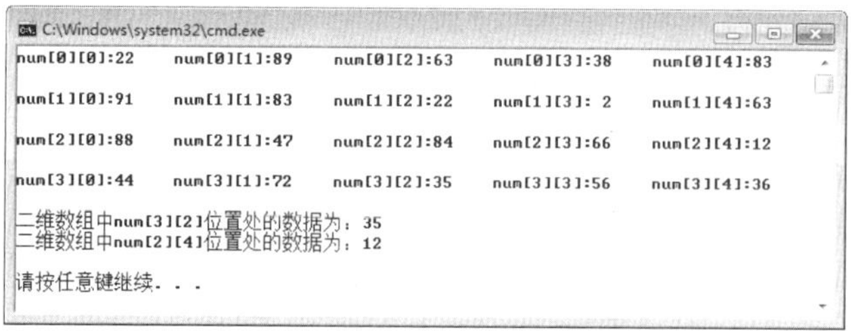

图 10-46　示例 10-24 程序运行效果

可以看到数组中的数据被二级指针成功定位了，原理是什么呢？如图 10-47 所示。

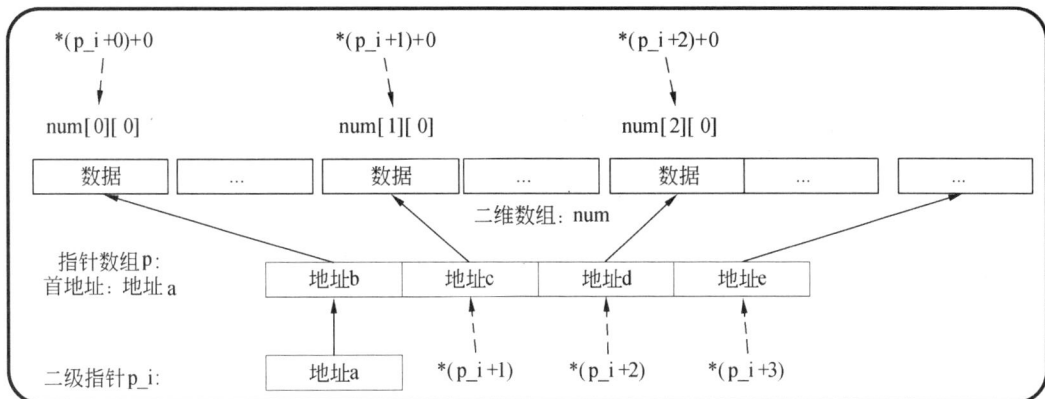

图 10-47　二级指针、指针数组与二维数组

为二级指针 p_i 加上一个数，如 p_i+1，地址改变了，会使得其在指针数组中的指向（如 *(p_i+1)）发生变化；为指针数组中的地址加上一个数，如 *(p_i+1)+1，地址改变了，会使得其在二维数组中的指向（如 *(*(p_i+1)+1)）发生变化。所以要指向二维数组中 num[i][j] 位置上的数据，使用二级指针的方式应该为：*(*(p_i+i)+j)。

10.6.3　练习

1. 仿照本节学习的示例完成下面的程序，使之正常运行并且得到正确结果。

练习 1 源码

```
01  #include <stdio.h>
02  #include <time.h>
03  #include <stdlib.h>
04
05  int main(int argc, char* argv[])
06  {
07      srand((unsigned int)time(0));
08      int num[3][3];
09      int i,j;
10      for (i = 0;i < 3;i++)
11      {
12          for(j = 0;j < 3;j++)
13          {
14              num[i][j] = rand()%100;
15              printf("num[%d][%d]:%2d\t",i,j,num[i][j]);
16          }
17          printf("\n");
18      }
19      printf("\n");
20      int *p[3] = _____     //初始化指针数组
21      int **p_i = _____     //为二级指针赋值
22      printf("二维数组中 num[0][2]位置处的数据为：%d\n",_____);
    //使用二维数组中的数据
23      printf("二维数组中 num[2][2]位置处的数据为：%d\n\n",_____); //
同上
24      return 0;
25  }
```

程序的运行效果如图 10-48 所示。

图 10-48　练习 1 程序运行效果

10.7　小　　结

指针的本质是一种数据类型，这就像是其他的数据类型如整型、浮点型一样，它们有相同的使用方法，比如定义变量。但是指针居然使用一章的篇幅来介绍，是因为它还有特殊的地方，如通过地址操作其他的数据，而且指针的重要性也必须使用一章来体现才行。

10.8　习　　题

1. 下面的程序使用指针操作了它所指向的数据，仔细阅读并说明程序的运行效果。

习题 1 答案

```
01    #include <stdio.h>
02
03    int main(int argc, char* argv[])
04    {
05        int i = 30;
06        printf("i = %d\n",i);
07        int *p_i;
08        p_i = &i;
09        (*p_i)++;
10        printf("i = %d\n",i);
11        *p_i *= 2;
12        printf("i = %d\n\n",i);
13        return 0;
14    }
```

程序的输出结果为：

_____

_____

_____

2. 仔细阅读下面的程序，并按照要求修改这个程序。

```
01    #include <stdio.h>
02
03    int main(int argc, char* argv[])
04    {
05        double d = 30.15;
06        double *p_d;
07        p_d = &d;
```

```
08      *p_d += 10.0;
09      printf("%lf\n",*p_d);
10      return 0;
11  }
```

变量 d 中存储的数据是 30.15，p_d 是定义的一个指针。

（1）如果将数据 30.15 定义为常量，修改程序使得指针 p_d 也可以指向这个常量，并使用指针 p_d 输出这个常量。完善下面程序的代码：

```
01  #include <stdio.h>
02
03  int main(int argc, char* argv[])
04  {
05      const double d = 30.15;
06      _____
07      _____
08      return 0;
09  }
```

习题 2-(1)源码

程序的运行效果如图 10-49 所示。

（2）如果 d 仍然为变量，修改程序使得指针 p_d 只能指向 d 存储空间中的数据，用指针 p_d 将数据加 10 后输出。完善下面程序的代码：

```
01  #include <stdio.h>
02
03  int main(int argc, char* argv[])
04  {
05      double d = 30.15;
06      _____
07      _____
08      _____
09      return 0;
10  }
```

习题 2-(2)源码

程序的运行效果如图 10-50 所示。

图 10-49　习题 2 程序运行效果 1　　　　图 10-50　习题 2 程序运行效果 2

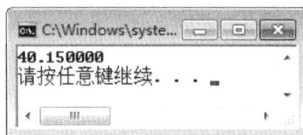

3. 下面的程序包含了一个数组，数组中有两个相同的数据 3，程序打算用两个指针分别定位这两个 3 的位置，然后对两个指针求差值，借此计算两个相同数据的相对位置。

```
01  #include <stdio.h>
02
03  int main(int argc, char* argv[])
04  {
05      int num[10] = {1,2,3,4,5,6,7,8,9,3};
06      int i;
07      puts("这个数组的数据依次为：");
08      for(i = 0;i < 10;i++)
09          printf("%d ",num[i]);
10      printf("\n");
```

```
11      int *p_s;
12      int *p_t;
13      p_s = p_t = num;
14      //寻找数组第一个数据 3 的地址，并保存到指针 p_s 中
15      for(i = 0;i < 10;i++)
16      {
17          if(*(p_s+i) == 3)
18          {
19              p_s += i;
20              i++;
21              break;
22          }
23      }
24      //寻找数组第二个数据 3 的地址，并保存到指针 p_t 中
25      for(;i<10;i++)
26      {
27          if(*(p_t+i) == 3)
28          {
29              p_t += i;
30              break;
31          }
32      }
33      printf("数组中的两个数据 3 的距离为：%d\n\n",p_t-p_s);
34      return 0;
35  }
```

程序中的数组是 num，包含 10 个数据，两个指针是 p_s 和 p_t，最初都指向数组的第一个数据的位置。然后两个指针各自在程序 15、25 行的 for 循环中定位了数据 3 的位置，最后通过 33 行的函数 printf() 输出了它们的相对位置。那么这个程序的输出结果为：

这个数组的数据依次为：

习题 3 答案

_____

数组中的两个数据 3 的距离为：___

4. 下面的程序打算使用指针数组 p_arr 遍历输出二维数组 arr 中的所有数据，但是代码只是完成了一部分，请完成剩余的部分。

习题 4 源码

```
01  #include <stdio.h>
02
03  int main(int argc, char* argv[])
04  {
05      int arr[5][2] = {
06          {78,782},
07          {56,93},
08          {91,453},
09          {85,39},
10          {98,179}
11      };
12      int *p_arr[5];
13      int i,j;
14      for(i = 0;i < 5;i++)
15          _____
16      for(i = 0;i < 5;i++)
17      {
18          for(j = 0;j < 2;j++)
19          {
20              _____
```

```
21          }
22          printf("\n");
23      }
24      printf("\n");
25      return 0;
26  }
```

期望的运行效果如图 10-51 所示。

5. 下面的程序使用了随机函数为二维数组赋值，然后输出这个数组中的数据，运行效果如图 10-52 所示，阅读下面的程序，依次完成后面的问题。

```
01  #include <stdio.h>
02  #include <time.h>
03  #include <stdlib.h>
04
05  int main(int argc, char* argv[])
06  {
07      srand((unsigned int)time(0));
08      int num[3][3];
09      int i,j;
10      int *p[3] = {num[0],num[1],num[2]};
11      int **p_i = p;
12      for (i = 0;i < 3;i++)
13      {
14          for(j = 0;j < 3;j++)
15          {
16              num[i][j] = rand()%100;
17              printf("num[%d][%d]:%2d\t",i,j,num[i][j]);
18          }
19          printf("\n");
20      }
21      printf("\n");
22      return 0;
23  }
```

习题 5-(1)答案

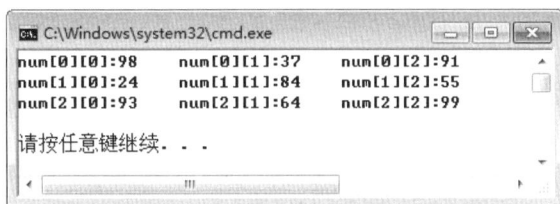

图 10-51 习题 4 期望中的运行效果　　　图 10-52 习题 5 程序运行效果

程序的 17 行使用了数组和下标的方式输出了数组中的数据。

（1）程序的 10 行定义了指针数组 p，分别指向了 3 个嵌套的一维数组的第一个数据，修改程序的 17 行部分，使用指针数组配合 printf()输出数组中的数据。

习题 5-(2)答案

将 17 行修改为：_____

（2）程序的 11 行定义了二级指针 p_i，并且指向了指针数组的首地址，修改程序的 17 行部分，使用二级指针配合 printf()输出数组中的数据。

将 17 行修改为：_____

第11章 结 构

为了处理"大量同类型"的数据，C 语言提供了数组这种机制。当数据类型不同的时候，数组发挥的作用就有限。对于"大量不同类型"的数据呢，C 语言提供了相应的处理机制——结构。本章将详细讲解结构的使用。

11.1 结 构 概 述

大程序越来越复杂，需要指代的数据也越来越多。当很多数据之间存在很强的关联性，并且数据类型不同时，数组就显得无能为力了。这个时候，必须使用 C 语言的结构。

11.1.1 为什么要有结构

在程序中，经常会遇到特定类型的事物需要使用多个不同类型的数据来表述。如果使用单独的变量来指代每个数据，就需要定义多个变量。并且，数据类型不统一，所以也无法简单地使用数组来简化。

【示例 11-1】 我们说某人的身高 180cm，那么在程序中可以使用 int 型变量指代这个数据：

```
int height = 180;
```

如果这个人还有其他的数据可以用于描述，如：体重 70Kg、性别男。那么程序中就要再使用 int 和 char 型变量指代这两个数据：

```
int weight = 70;
char sex = 'm';
```

如果还有其他的数据如年龄、财富描述这个人，就必须使用更多的变量保存相应的数据。

```
short age = 22;
long wealth = 3000 0000;
```

最后使用 printf()语句输出对这个人的所有描述时，将不得不使用这么多的变量。整个程序代码如下：

```
01  #include <stdio.h>
02
03  int main(int argc, char* argv[])
04  {
05      int height = 180;
06      int weight = 70;
07      char sex  = 'm';
```

示例 11-1 源码

```
08      short age  = 22;
09      long wealth = 30000000;
10      puts("A 先生的简历如下：\n");
11      printf("性别：%c\t\t（m 表示男，w 表示女）\n"
12          "年龄：%hd\n"
13          "身高：%d\t（cm）\n"
14          "体重：%d\t（kg）\n"
15          "财富：%ld\t（$）",
16          sex,age,height,weight,wealth
17          );
18      printf("\n\n");
19      return 0;
20  }
```

程序的运行效果如图 11-1 所示。使用多个变量来描述同一事物，如果都能像本程序一样将多个变量写在一起就不会丢三落四了。

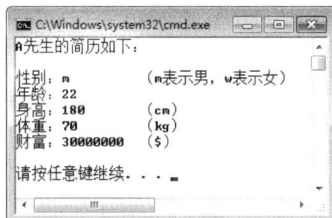

图 11-1　示例 11-1 程序运行效果

实际情况是：多个变量经常写得很分散，写得到处都是的话，找起来会很麻烦。比如在每个变量间插入一些其他语句，导致变量很分散，如下：

```
01  int height = 180;
02  printf("height:%d",height);
03  puts("------------");
04  int weight = 70;
05  getchar();
06  char sex  = 'm';
07  short age  = 22;
08  long wealth = 30000000;
09  puts("A 先生的财富总值达到：%ld",wealth);
```

换句话说，这些零散的变量其实是用来描述同一个人的，既然如此，能否将它们合并，让相关的数据使用一个变量如 info 来代表。如图 11-2 所示，info 用来保存所有关于这个人的数据信息，当程序需要用到这个人具体的某个信息时，从 info 中读取就可以了，如：程序需要这个人的身高信息，先找到变量 info，然后再从 info 中找到保存身高的数据就可以了。

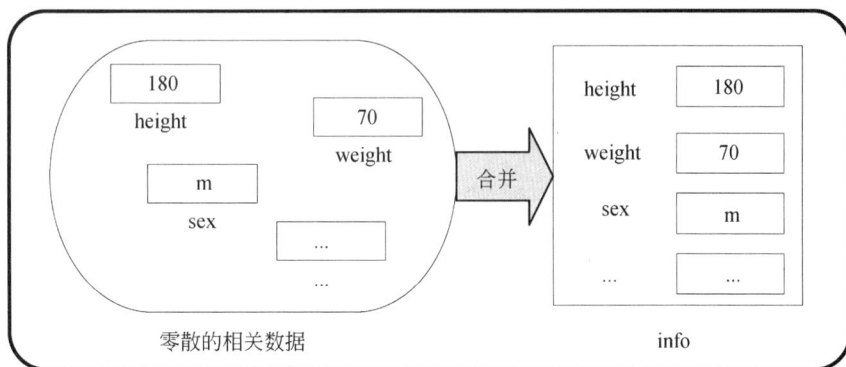

图 11-2　将零散的变量合并

幸好 C 语言提供了"结构"，可以用于容纳各种不同的数据，解决了"使用多个不同类型数据来描述同一事物"的难题。

11.1.2　结构的构造及其变量的赋值

结构是一种数据类型，但它不同于简单的数据类型，如 int、float，它是一种构造的类型。结构是使用多个不同的数据类型构造而成的类型。程序员要想使用"结构"这种类型，必须先构造出这种类型，然后才能使用这种类型保存数据，如图 11-3 所示。

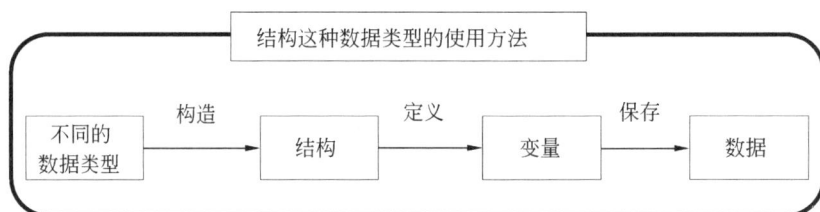

图 11-3　结构的使用方法

1. 构造结构

使用多种数据类型构造结构的方式如下：

```
struct 结构类型名
{
    数据类型 1 成员变量名 1;
    数据类型 2 成员变量名 2;
    …;
};
```

- □ struct 是构造结构时必须使用的关键字。
- □ "结构类型名"是这个被构造的结构的名称，属于标识符，遵守标识符的命名规则。
- □ "数据类型"可以是任意的数据类型。
- □ "成员变量名"就是变量名，属于标识符，遵守标识符的命名规则。
- □ 结构内部的所有变量都被称为结构的"成员"。
- □ 构造结构语句的末尾处，一定要以"；"（分号）结尾，作为构造完毕的标识。

结构是一种数据类型，构造结构的过程就是构造一个数据类型的过程，而数据类型本身是不占用存储空间的，占用存储空间的是由数据类型定义的变量。

【示例 11-2】　描述日期时间时，经常用到"年、月、日、时、分、秒"，如：2014 年 3 月 15 日 14 时 12 分 31 秒。描述日期时间的每个组成部分都是单个的数据，试着构造一个结构，便于以后保存这一组相关的描述日期时间的数据。

```
01   struct date_time
02   {
03       short    year;
04       int      month;
05       short    day;
06       short    hour;
07       int      minute;
08       int      sec;
09   };
```

不看题目直接看程序，一眼就可以认定这是在构造结构，因为程序 01 行使用了构造结构的关键字 struct。此结构的名称为 date_time，包含了 6 个成员变量，其中 3 个是 short 类型，3 个是 int 类型，名称分别为：year、month、day、hour、minute 和 sec。构造结构语句的末尾处，程序 09 行最后的 ";" 必不可少，但是经常被遗忘。

2. 定义结构变量

结构这种数据类型已经构造好了，现在可以定义结构变量了，定义结构变量的方式有两种。

（1）在构造好结构以后，使用 struct 和结构类型名定义结构变量。定义的方式如下：

```
struct 结构类型名 结构变量名;
```

比如使用前面构造的结构 date_time 定义一个结构变量：

```
struct date_time dt;
```

结构变量的名称为 dt，可以用于保存日期时间数据。

（2）构造结构类型的同时定义结构变量，结构变量名称的书写位置是："}" 和 ";" 之间，如：

```
01   struct date_time
02   {
03      short    year;
04      int      month;
05      short    day;
06      short    hour;
07      int      minute;
08      int      sec;
09   }dt;
```

构造了结构之后，在末尾的 ";" 前写入结构变量 dt，dt 可用于保存日期时间数据。

【示例 11-3】 假设描述一个学生的信息包括：学号、性别、身高、体重和年龄。构造一个同时保存这些类型数据的结构，并且使用两种方式定义结构变量 student1 和 student2。

学号使用 int 类型变量保存，身高、体重、年龄使用 short 类型变量保存，性别使用 char 类型变量保存，代码如下：

```
01   struct student_info
02   {
03      int      id_number;
04      char     sex;
05      short    height;
06      short    weight;
07      short    age;
08   }student1;
09   struct student_info student2;
```

程序先构造了结构类型，然后在构造的语句末尾，分号 ";" 的前面定义了结构变量 student1，即程序的 08 行。在程序的 09 行使用了另一种方式定义了结构变量 student2。

3. 结构变量的初始化

在本书前面的各章节就学习过初始化：定义变量的同时为变量赋值的过程就是变量的

初始化。对于结构体，初始化的一般形式为：

```
struct 结构类型名 结构变量 = {数据 1,数据 2,…};
```

从初始化的形式中也可以看出，初始化是在定义变量的同时完成的，后面跟上赋值符号“=”，大括号中是要给结构变量初始化的数据。其中：

- ❑ 每个数据使用逗号“,”分隔。
- ❑ 数据应该顺序依次对应于结构中的成员变量，数据的类型应该和结构成员变量的类型一致。
- ❑ 不可以跳过前面的结构变量为后面的结构变量赋值，若只是给前面的结构变量赋值，后面的结构变量会由系统默认赋值（默认情况下，整型类型的结构变量被赋值 0，字符类型的结构变量被赋值“/0”）。

🔊注意：在 C 语言的语法中，定义结构变量时，struct 是必不可少的，但是 C++的语法允许省略 struct，Visual Studio 2010 被默认设置为编译 C++，所以在编写程序时不加 struct 编译器也不会提示错误。

如下面的代码，为构造的 date_time 结构定义的结构变量 dt 初始化：

```
struct date_time dt = {2014,3,17,10,17,25};
```

代码的前半部分“struct date_time dt”是结构变量 dt 的定义，紧接着是赋值符号“=”和大括号及其里面的数据，说明是在为结构变量赋值。定义变量和为变量赋值同时进行，所以这是个初始化的过程。数据全部放在了大括号的内部，且使用逗号分隔开来，语句的末尾处加上了分号“;”。

4. 为单个结构变量赋值

使用结构变量时，经常会遇到这种情况：初始化时赋予结构变量的值在被使用时，需要将部分结构成员变量的值做个简单的修改，此时显然无法再对变量初始化，所以正常的做法是：单独引用结构中的成员变量，然后修改此成员变量的值。在程序中引用结构成员变量的方法为：

```
结构变量名.成员变量名;
```

使用“.”运算符，再搭配上结构变量名，就可以引用结构中的成员变量了，如引用结构变量 dt 中的成员变量 year 的方式为：

```
dt.year;
```

此时成员变量已近在眼前，要为变量赋值，最简单的方式就是使用赋值符号“=”，为此成员变量赋值 2013 的方式为：

```
dt.year = 2013;
```

【示例 11-4】 为结构 student_info 定义的变量依次初始化、赋值，同时输出结构变量中的数据以便查看初始化和赋值的效果。

```
01    #include <stdio.h>
02
03    struct student_info
04    {
05        int     id_number;
06        char    sex;
07        short   height;
08        short   weight;
09        short   age;
10    };
11    int main(int argc, char* argv[])
12    {
13        struct student_info st1 = {200901,'m',170,65,23};
14        puts("初始化变量后，变量中的数据为：");
15        printf("结构变量st1中的数据:学号%d,性别%c,身高%hd,体重%hd,年龄%hd\n\n",
16            st1.id_number,st1.sex,st1.height,st1.weight,st1.age);
17        st1.age = 24;
18        st1.weight = 70;
19        puts("单独引用结构成员变量并赋值后，变量中的数据为：");
20        printf("结构变量st1中的数据:学号%d,性别%c,身高%hd,体重%hd,年龄%hd\n\n",
21            st1.id_number,st1.sex,st1.height,st1.weight,st1.age);
22        return 0;
23    }
```

示例 11-4 源码

结构在程序中既可以在函数外构造，又可以在函数内构造，本程序中的结构 student_info 被构造于函数 main() 的外部，即程序的 03～10 行。在 13 行完成了对结构变量 st1 的初始化以后，依次调用并输出了结构变量中所有成员变量的值。17～18 行修改了结构变量 st1 中的两个成员变量以后，再次输出了结构变量中所有成员变量的值，程序的运行效果如图 11-4 所示。

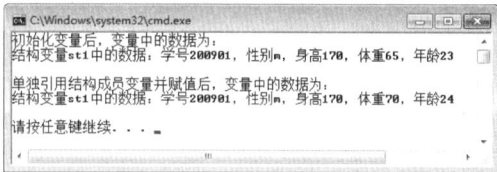

图 11-4　示例 11-4 程序运行效果

11.1.3　使用 typedef 简化结构类型名

通过前面的学习我们发现：构造了结构类型以后，使用这个结构定义结构变量时，必须同时使用 struct 和 "结构类型名" 才能定义变量，那么有没有一种方法简化这种定义方式，比如简化 struct 和结构类型名。

C 语言其实提供了一种被称为 "类型别名" 的机制，就是为类型取一个别名。将这种机制用在简化结构变量的定义上似乎效果不错。"类型别名" 这种机制是依靠语句 typedef 来实现的，typedef 语句的使用形式如下：

```
typedef 已定义的类型名 新的类型名;
```

🔔说明：

❑ typedef 只是为类型定义别名，它本身不是一种数据类型，所以 typedef 无法定义变量。

❑ typedef 只能为已存在的类型定义别名，不能创造新的类型。

使用 student_info 定义一个结构变量，和使用 int 定义一个变量的方式对比如下：

```
struct student_info      st;
int                 i;
```

可知两个"已定义的类型名"分别为 struct student_info 和 int，使用 typedef 语句为这两个类型名定义别名如下：

```
typedef struct student_info stud_info;
typedef int integer;
```

使用了 typedef 语句以后，stud_info 就相当于 struct student_info，integer 就相当于 int，这两个别名都可以单独用来定义变量，如下：

```
stud_info st;
integer i;
```

这两个变量的定义等价于：

```
struct student_info      st;
int                 i;
```

【示例 11-5】　下面的程序分别为构造的结构类型和双精度类型定义了别名，然后应用别名定义了相应的变量，在给变量赋值后在屏幕上输出。

```
01   #include <stdio.h>
02
03   int main(int argc, char* argv[])
04   {
05       struct student_info
06       {
07           int    id_number;
08           char   sex;
09           short  height;
10           short  weight;
11           short  age;
12       };
13       typedef struct student_info stud_info;
14       typedef double dou;
15       stud_info st = {20090112,'w',175,80,21};
16       dou d = 2.568;
17       printf("学号%d, 性别%c, 身高%hd, 体重%hd, 年龄%hd\n\n",
18           st.id_number,st.sex,st.height,st.weight,st.age);
19       printf("双精度型数据是%lf\n\n",d);
20       return 0;
21   }
```

示例 11-5 源码

定义别名的位置，即使用 typedef 语句的位置是程序的 13 和 14 行，分别给结构类型和双精度类型取了别名 stud_info 和 dou，各自定义的变量是 st 和 d，在赋值后使用 printf()输出了。程序的运行结果如图 11-5 所示。

图 11-5　示例 11-5 程序运行结果

11.1.4　练习

1. 下面对结构变量的定义和初始化有什么问题吗？指出并修改。

```
01  #include <stdio.h>
02
```

```
03   int main(int argc, char* argv[])
04   {
05      struct student_info
06      {
07         int     id_number;
08         char    sex;
09         short   height;
10         short   weight;
11         short   age;
12      };
13      student_info st = {20090112,175,'w',80,21.8};
14      return 0;
15   }
```

错误一：定义变量 st 时，直接使用了 student_info，前面缺少 struct。这个在 C 语言中是不允许的，但是在 C++中可以使用这种方法。

错误二：_____【参考答案：初始化的数据，没有一一对应，如 w 和 175 的位置颠倒，以及最后 21.8 是浮点型，和成员变量 age 的类型不一致】

或许可以从程序的编译结果中发现问题，程序的编译结果如图 11-6 所示。

e:\c program\new\new\new.cpp(13): warning C4309: "初始化": 截断常量值
e:\c program\new\new\new.cpp(13): warning C4244: "初始化": 从 "double" 转换到 "short"，可能丢失数据

生成成功。

已用时间 00:00:02.38
========= 生成: 成功 1 个，失败 0 个，最新 0 个，跳过 0 个 =========

图 11-6   程序的编译结果

2. 为下面构造的结构 date_time 定义的结构变量赋值，然后输出。补充完整下面的代码，使得程序的输出结果如图 11-7 所示。

练习 2 源码

```
01   #include <stdio.h>
02
03   struct date_time
04   {
05      short   year;
06      int     month;
07      short   day;
08      short   hour;
09      int     minute;
10      int     sec;
11   };
12   int main(int argc, char* argv[])
13   {
14      struct date_time dt;
15      //依次为结构变量中的成员变量赋值
16      _____
17      _____
18      _____
19      _____
20      _____
21      _____
22      printf("%hd 年%d 月%hd 日 %hd 时%d 分%d 秒\n\n",
23         dt.year,dt.month,dt.day,dt.hour,dt.minute,dt.sec);
24      return 0;
25   }
```

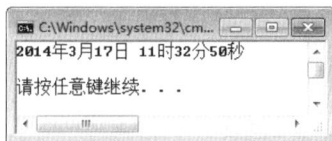

图 11-7　练习 2 程序运行结果

3. 请为下面的结构类型和短整型定义别名，然后写出等价的定义变量的方式，代码如下：

```
01   struct date_time
02   {
03       short    year;
04       int      month;
05       short    day;
06       short    hour;
07       int      minute;
08       int      sec;
09   };
10   struct date_time dt;
11   short int si;
```

定义类型别名：

_____

_____

等价的定义变量 dt 和变量 si 的方式：

_____

_____

练习 3-1 答案

练习 3-2 答案

11.2　结构的使用

结构，作为一种需要被构造的数据类型，可以搭配很多其他的类型共同使用进而达到最优的效果，本节就来介绍在 C 语言中拥有广泛应用的搭配：结构与指针、结构与数组、结构与函数。

11.2.1　结构与指针

前面讲解构造结构时说过：结构中的成员变量可以是任意类型。所以结构中的成员变量当然可以是指针类型。与此同时，指针用于保存地址，结构定义的变量在存储空间中有地址，所以指针也可以指向结构。本小节中指向结构的指针是重点。

1. 指针作为结构的成员

【示例 11-6】　下面程序构造的结构中包含了指针类型的成员变量，仔细阅读程序，体会指针成员变量的作用。

```
01   #include <stdio.h>
02
```

```
03   struct st
04   {
05       int *p_i;
06       char c;
07   };
08   int main(int argc, char* argv[])
09   {
10       int i = 10;
11       struct st st1;
12       st1.p_i = &i;
13       st1.c = 'a';
14       printf("结构变量中保存的数据是：%d 和%c\n\n",*st1.p_i,st1.c);
15       i += 2;
16       st1.c = 'b';
17       puts("结构变量中成员指针变量所指向的数据发生变化后");
18       printf("结构变量中保存的数据是：%d 和%c\n\n",*st1.p_i,st1.c);
19       return 0;
20   }
```

从程序中看到，构造的结构是 st，包含一个整型的指针 p_i。定义了结构变量 st1 以后，其指针成员变量 p_i 保存了 int 型变量 i 存储空间中的地址，另一个字符成员变量 c 则保存了小写字母 a。在输出一次结构变量中的数据以后，指针所指向的数据发生了变化，而结构字符成员变量 c 中的数据也发生了变化，于是又将结构变量中的数据输出了。程序的运行结果如图 11-8 所示。

从运行结果来看，指针变量中保存的地址没有发生变化，但是地址位置上的数据发生了变化。而字符成员变量是主动修改才发生变化的。所以使用指针时，要注意考虑指针所指向数据会发生变化的这种可能性，然后再使用指针。

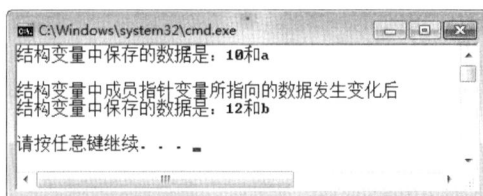

图 11-8　示例 11-6 程序运行效果

2. 指向结构的指针

（1）定义指向结构的指针。为了使指针可以保存结构变量的数据存储空间中的地址，就需要定义结构类型的指针，这和定义普通类型数据的指针是一样的，定义结构类型指针的方式为：

```
struct 结构类型名 *指针变量名;
```

比如定义一个可以指向 date 结构定义的变量的指针：

```
struct date
{
    short year;
    short month;
    short day;
};
struct date *p_d;
```

（2）为此指针赋结构变量存储空间的地址。我们知道，构造的结构是具体的数据类型，不保存数据，所以没有地址可言，但是由结构定义的变量则可以保存数据，当然也就有保存数据的地址，要使用变量的地址可以找取地址运算符"&"，比如将结构 date 定义的变量的数据存储空间的地址保存到结构指针中：

```
struct date d1;
p_d = &d1;
```

（3）通过指针引用结构变量的成员。指针现在指向了结构数据存储空间的地址，如果想要访问结构中具体的成员变量可以采用 "->" 运算符进行操作，语句形式如下：

结构指针->成员名;

比如使用 **p_d** 指针为结构变量 d1 的 month 成员赋值的方式为：

```
p_d->month = 9;
```

等价于：

```
d1.month = 9;
```

在学习指针的时候讲解到：指针变量保存的是一个地址，通过在指针变量前加 "*" 就可以引用地址位置处的数据。那么能否借助于 "*" 来引用结构中的成员变量呢？答案是可以的，如使用 **p_d** 指针搭配 "*" 运算符为结构变量 d1 的 month 成员赋值的方式为：

```
(*p_d).month = 10;
```

加括号的原因是为了改变表达式的计算顺序，因为 "." 运算符的优先级高于 "*" 运算符的优先级。

【示例 11-7】　下面的程序使用了 3 种方式引用并输出了结构变量中成员变量的值，仔细阅读程序，体会它们各自的用法。

```
01   #include <stdio.h>
02
03   struct date
04   {
05       short   year;
06       short   month;
07       short   day;
08   };
09   int main(int argc, char* argv[])
10   {
11       struct date da1 = {2014,3,17};
12       puts("使用结构变量引用自身成员变量: ");
13       printf("da1.year = %hd\t\tda1.month = %hd\t\tda1.day = %hd\n\n",
14           da1.year,da1.month,da1.day);
15       struct date *p_d;
16       p_d = &da1;
17       p_d->year = 2013;
18       puts("使用指针引用自身成员变量方式一: ");
19       printf("p_d->year = %hd\tp_d->month = %hd\t\tp_d->day = %hd\n\n",
20           p_d->year,p_d->month,p_d->day);
21       (*p_d).month = 12;
22       puts("使用指针引用自身成员变量方式二: ");
23       printf("(*p_d).year = %hd\t(*p_d).month = %hd\t(*p_d).day = %hd\n\n",
24           (*p_d).year,(*p_d).month,(*p_d).day);
25       return 0;
26   }
```

示例 11-7 源码

结构 date 在程序 03～08 行被构造，定义的结构变量是 da1，同时还完成了初始化，即

程序 11 行。引用并输出结构变量中成员变量值的 3 种方式依次为：使用结构变量、使用指向结构变量的指针搭配 "->" 运算符、使用指向结构变量的指针搭配 "*" 运算符。注意程序 17、21 行使用了后两种方式修改了结构变量 da1 的值，然后才输出的。程序的运行效果如图 11-9 所示。

11.2.2　结构与数组

有时数组会作为结构的成员变量出现在结构中，用于保存同类型的多个数据。又有时多个同样的结构变量会被保存到数组中，用来做相同的处理。这是结构与数组仅有的两种关系，如图 11-10 所示。

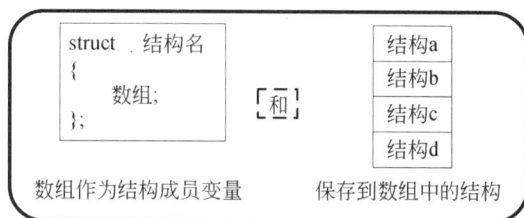

图 11-9　示例 11-7 程序运行效果

1. 数组作为结构成员变量

【示例 11-8】　一家商店的生意越来越红火，于是雇佣了 3 个兼职人员，因为是兼职，所以只需要他们在一星期的 7 天中来 4 天就可以了，每个兼职人员的工作日安排信息要保存到一个结构中，结构中的信息还包括人员代号和性别。构造合理的结构保存兼职人员信息，并输出。

图 11-10　结构与数组的两种关系

【思考】从题目中发现，结构中要包含 3 个信息：人员代号、性别、工作日安排。人员代号和性别数据都可以使用 char 类型的变量保存，至于工作日安排，由于是 4 天，可以定义一个有 4 个存储空间的数组，然后各自用于保存 short 型数据就可以了。在程序中定义 3 个结构变量用于保存 3 个兼职人员的安排信息，然后输出就可以了。具体的程序实现代码如下：

示例 11-8 源码

```
01  #include <stdio.h>
02
03  struct schedule
04  {
05      char    name;
06      char    sex;
07      short   week[4];
08  };
09  typedef struct schedule stru_sche;
10  int main(int argc, char* argv[])
11  {
12      stru_sche sd1 = {'A','m',1,2,4,6};
13      stru_sche sd2 = {'T','w',3,5,6,7};
14      stru_sche sd3 = {'D','m',2,3,4,7};
15      puts("兼职人员及其上班日安排: ");
16      printf("姓名: %c\t 性别: %c\t 工作日（星期 1～7）: %hd %hd %hd %hd\n",
17          sd1.name,sd1.sex,sd1.week[0],sd1.week[1],sd1.week[2],sd1.
          week[3]);
18      printf("姓名: %c\t 性别: %c\t 工作日（星期 1～7）: %hd %hd %hd %hd\n",
19          sd2.name,sd2.sex,sd2.week[0],sd2.week[1],sd2.week[2],sd2.
          week[3]);
```

```
20      printf("姓名：%c\t 性别：%c\t 工作日（星期1～7）：%hd %hd %hd %hd\n",
21          sd3.name,sd3.sex,sd3.week[0],sd3.week[1],sd3.week[2],sd3.
            week[3]);
22      printf("\n");
23      return 0;
24  }
```

结构构造于程序 03～08 行，按照前面的思考结果，结构只包含了 3 个成员变量：2 个 char 类型变量，1 个 short 类型有 4 个存储单元的数组。为了使得定义结构变量更加简洁，程序 09 行使用 typedef 为结构类型起了个简洁的名字。在 main()函数中，就是其余思考结果的实现：定义结构变量并赋值，然后将结构变量中的数据输出，程序的运行结果如图 11-11 所示。

2. 保存结构的数组

前面讲解兼职人员工作日安排的示例中，同时出现了 3 个结构，由于要对它们完成同样的输出操作，程序中就出现了大量的重复语句。这是个小问题，但是解决这个小问题可以

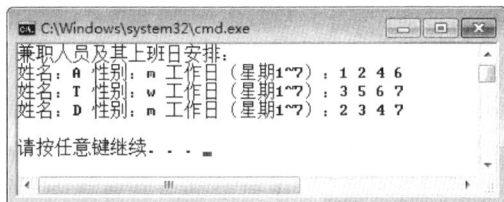

图 11-11　示例 11-8 程序运行结果

使得程序看起来更加精干。要如何解决，学习数组的时候就说过，数组可以用于保存同类型的数据，也能使得对数据的同种操作变得更加容易。

既然程序中同时出现了 3 个结构变量，而且最后还要将结构变量中的数据输出，所以现在打算使用结构数组保存这 3 个结构变量，然后使用循环将数组中的 3 个结构变量中的数据输出。

【示例 11-9】使用数组来保存结构，进而简化前面兼职人员工作日安排示例中的程序。

```
01  #include <stdio.h>
02
03  struct schedule
04  {
05      char    name;
06      char    sex;
07      short   week[4];
08  };
09  typedef struct schedule stru_sche;
10  int main(int argc, char* argv[])
11  {
12      stru_sche st[3] = {{'A','m',1,2,4,6},{'T','w',3,5,6,7},{'D','m',
        2,3,4,7}};
13      puts("使用结构数组和循环，输出兼职人员及其上班日安排：\n");
14      for(int i = 0;i < 3;i++)
15          printf("姓名：%c\t 性别：%c\t 工作日（星期1～7）：%hd %hd %hd %hd\n",
16              st[i].name,st[i].sex,st[i].week[0],st[i].week[1],st[i].week
                [2],st[i].week[3]);
17      printf("\n");
18      return 0;
19  }
```

示例 11-9 源码

按计划，程序 12 行定义了一个数组，用于保存 3 个结构变量，为了使得数组数据的赋值更加的简洁，定义数组的时候就初始化了数组中的数据，最外层的"{}"内部包含了 3 个"{}"，后者分别对应于数组中的 3 个结构变量，"{}"内部的数据就是要初始化到

结构变量中的数据。数组的使用使得循环的运用成为可能，于是程序 14 行使用 for 循环输出了 3 个结构变量中的数据。程序的运行效果如图 11-12 所示。

11.2.3 结构与函数

同其他数据类型与函数的关系一样，结构与函数的关系无非两种：结构定义的结构变量可以作为函数的参数、函数的返回值可以是结构类型。

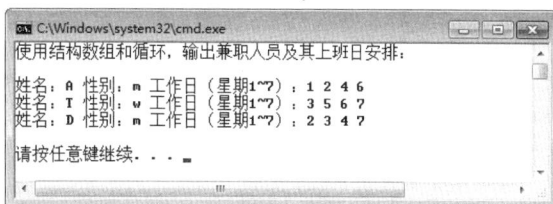

图 11-12 示例 11-9 程序运行效果

1. 结构作为函数参数

【示例 11-10】 在数学课本中学习过"复数"，它是一类形如 a+bi 的数，a 是复数的实部，b 是复数的虚部。在 C 语言中并未定义"复数"这种数据类型，所以要让程序计算复数，就只能构造一个复数类型，于是理所当然地想到了结构。

下面的程序就构造了这样一个"复数"类型，并且打算使用函数为复数变量赋值，具体的代码如下：

```
01   #include <stdio.h>
02
03   struct complex_num
04   {
05       short real;
06       short image;
07   };
08   typedef struct complex_num comp;
09   void assign(comp);
10   int main(int argc, char* argv[])
11   {
12       comp comp1 = {0,0};
13       printf("为复数赋值前：%hd+%hdi\n\n",comp1.real,comp1.image);
14       assign(comp1);
15       printf("为复数赋值后：%hd+%hdi\n\n",comp1.real,comp1.image);
16       return 0;
17   }
18   void assign(comp num)
19   {
20       puts("输入复数的实部：");
21       scanf("%hd",&num.real);
22       puts("输入复数的虚部：");
23       scanf("%hd",&num.image);
24       printf("\n 给复数赋值为：%hd+%hdi\n",num.real,num.image);
25   }
```

示例 11-10 源码

从程序中来看，构造的复数类型名为 complex_num，包含两个 short 类型的成员变量，为了使定义复数变量更加简洁，程序 08 行使用 typedef 语句给复数类型起了别名 comp。注意，程序 09 行声明了一个函数 assign()，它的参数类型是"复数"类型，即一个结构类型。函数 assign() 的定义部分在程序的 18～25 行，要求用户输入"实部"和"虚部"来给复数类型的成员变量赋值。

🔔**提醒：** 函数 assign()的声明部分只能放在构造类型 comp 的定义之后，即 09 行的函数声明部分不能写在 03 行之前，因为函数使用了新构造的类型，所以在新类型未构造之前当然不能使用了。

在主函数 main()中，定义了复数变量 comp1 并且初始化两个成员变量为 0，然后使用函数 assign()为复数变量 comp1 赋值。能为复数变量成功赋值吗？为了验证就在程序的 13、15、24 行使用了 3 个 printf()函数输出了复数变量在程序运行的过程中值的变化，运行程序，给实部赋值 5，给虚部赋值 9 后程序的运行效果如图 11-13 所示。复数变量 comp1 起先初始化为了 0+0i，并且被打算赋值为 5+9i，但是最后发现复数变量 comp1 的值还是 0+0i，这是为什么呢？

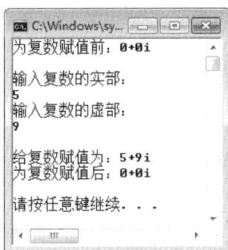

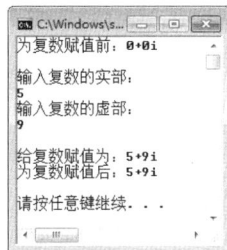

图 11-13　示例 11-10 程序运行效果图 1　　图 11-14　示例 11-10 程序运行效果图 2

好好想想，在学习第 10 章指针的时候也遇到过同样的问题，当时是怎么解决的？发觉了吧，虽然给函数 assign()传入的实参是 comp1，但是函数 assign()处理的却是形参 num，实参和形参有不同的数据存储空间，所以实参 comp1 中的数据是不会发生变化的，果然要使用函数修改变量的值，只能把变量的地址传入到函数中了。现在修改上面程序中的函数，使其参数为复数类型的指针，修改后的程序代码如下：

```
01  #include <stdio.h>
02
03  struct complex_num
04  {
05      short real;
06      short image;
07  };
08  typedef struct complex_num comp;
09  void assign(comp *);
10  int main(int argc, char* argv[])
11  {
12      comp comp1 = {0,0};
13      printf("为复数赋值前: %hd+%hdi\n\n",comp1.real,comp1.image);
14      assign(&comp1);
15      printf("为复数赋值后: %hd+%hdi\n\n",comp1.real,comp1.image);
16      return 0;
17  }
18  void assign(comp *num)
19  {
20      puts("输入复数的实部: ");
21      scanf("%hd",&(num->real));
22      puts("输入复数的虚部: ");
23      scanf("%hd",&(num->image));
24      printf("\n 给复数赋值为: %hd+%hdi\n",(*num).real,(*num).image);
25  }
```

如果函数 assign() 的参数是复数指针类型，即程序 09 行。那么为函数传入的参数就应该是复数变量的地址，即程序 14 行。函数 assign() 的定义部分也做了修改：通过指针引用结构的成员变量，进而为其赋值和输出。同样，运行程序，为复数的实部赋值 5、虚部赋值 9 后，程序的运行效果如图 11-14 所示。现在函数 assign() 终于可以很好地为复数类型赋值了。

2. 结构作为函数返回值

【示例 11-11】　复数构造过了，为复数变量赋值的函数也实现了，现在考虑编写一个函数，用于完成两个复数的求和运算，复数的和将作为函数的返回值。

（1）复数的加法运算是怎样的呢？请看下面两个复数求和计算：

```
(2+5i)+(5+2i) = 7+7i
```

即复数的加法运算就是：将复数的实部与实部相加，虚部与虚部相加。

（2）函数返回的复数一定需要被赋予到一个复数变量中，那么能否使用赋值符号"="为整个复数变量赋值呢？编写下面的测试程序：

```
01  #include <stdio.h>
02
03  struct complex_num
04  {
05      short real;
06      short image;
07  };
08  typedef struct complex_num comp;
09  int main(int argc, char* argv[])
10  {
11      comp comp1 = {5,3};
12      printf("复数变量comp1的值为：%hd+%hdi\n\n",comp1.real,comp1.image);
13      comp comp2 = comp1;
14      printf("复数变量comp2的值为：%hd+%hdi\n\n",comp2.real,comp2.image);
15      return 0;
16  }
```

程序中定义的两个复数变量是 comp1 和 comp2，前者在程序 11 行被初始化为了 5+3i，后者打算在程序 13 行使用赋值运算符"="被 comp1 赋值，如果赋值成功的话，comp2 的值也应该会变为 5+3i，程序的运行效果如图 11-15 所示。看样子将函数返回的复数通过赋值运算符赋值到另一个复数变量中是可行的。

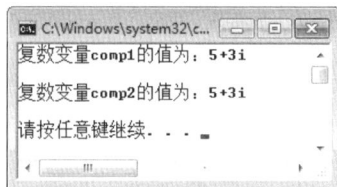

图 11-15　示例 11-11 程序运行效果 1

（3）为了实现程序功能的知识储备工作已经完成了，现在编写使用函数 add() 完成复数求和运算的程序如下：

```
01  #include <stdio.h>
02
03  struct complex_num
04  {
05      short real;
06      short image;
07  };
08  typedef struct complex_num comp;
```

```
09  void assign(comp *num);
10  comp add(comp ,comp);
11  int main(int argc, char* argv[])
12  {
13      comp comp1 = {5,3};
14      printf("复数变量 comp1 的值为：%hd+%hdi\n\n",comp1.real,comp1.image);
15      comp comp2;
16      assign(&comp2);
17      printf("复数变量 comp2 的值为：%hd+%hdi\n\n",comp2.real,comp2.image);
18      comp comp3 = add(comp1,comp2);
19      printf("comp1 和 comp2 的和为：%hd+%hdi\n\n",comp3.real,comp3.image);
20      return 0;
21  }
22  comp add(comp num1,comp num2)
23  {
24      comp temp = {0,0};
25      temp.real = num1.real + num2.real;
26      temp.image = num1.image + num2.image;
27      return temp;
28  }
29  void assign(comp *num)
30  {
31      puts("输入复数的实部：");
32      scanf("%hd",&(num->real));
33      puts("输入复数的虚部：");
34      scanf("%hd",&(num->image));
35  }
```

完成复数求和的函数 add()在程序的 22 行，按照复数求和的计算方法：实部与实部相加，虚部与虚部相加，完成了函数 add()的定义部分，最后函数 add()返回一个复数类型的数据，并赋值给了复数变量 comp3。运行程序，为复数变量 comp2 赋值为 3+9i 后，程序的运行效果如图 11-16 所示。

图 11-16　示例 11-11 程序运行效果 2

11.2.4　练习

1. 下面的程序打算使用 3 种方式输出结构变量中成员变量的值，但是程序只是完成了一部分，请完成剩余的部分。期望中的程序运行效果如图 11-17 所示。

```
01  #include <stdio.h>
02
03  struct date
04  {
05      short   year;
06      short   month;
07      short   day;
08  };
09  int main(int argc, char* argv[])
10  {
11      struct date da1 = {2014,3,17};
12      struct date *p;
13      p = &da1;
14      printf("%hd 年%hd 月%hd 日\n\n",_____);
15      return 0;
16  }
```

练习 1 答案

2. 使用结构编写一个简单的字母加密程序。具体的想法是：程序可以将用户输入的一串字母转换为另外一串字母，当然了，这不能是一种随意的转换，转换规则如表 11.1 所示。比如说，用户输入 you，程序应该按照表格的规则加密为 dzu。规则表中有对应的输入字母，则转换为对应的转换后的字母，没有的话就使用原来的字母就可以了。

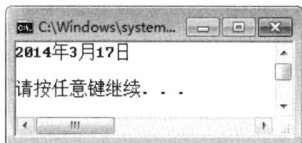

图 11-17　练习 1 程序运行效果

表 11.1　字母转换规则表

输入的字母	转换后的字母	输入的字母	转换后的字母
i	a	l	k
o	z	v	b
e	c	y	d
h	l	x	y

【思路】

（1）实现程序的第一步：保存字母转换规则表。

"输入的字母"和对应的"转换后的字母"可以被认为是描述同一个信息的，使用结构来保存的话就可以将这两个描述同一信息的字母"绑定"到一起，既然有 8 组需被绑定的字母，那就需要 8 个结构变量，于是现在想到了使用数组保存结构。这样的话"保存字母转换规则表"的任务就完成了。代码实现如下：

```
01  struct trans
02  {
03      char true_letter;
04      char trans_letter;
05  };
06  struct trans tr[8] = {'i','a','l','k',
07                        'o','z','v','b',
08                        'e','c','y','d',
09                        'h','l','x','y'};
```

定义的结构包含两个 char 类型的成员变量，true_letter 用于保存"字母转换规则表"中"输入的字母"，trans_letter 用于保存"转换后的字母"。8 个结构变量被保存到了数组 tr 中，在定义结构数组的同时也完成了对数组中结构变量的赋值。

（2）实现程序的第二步：要求用户输入要加密的一串字母。

直接输出一个提示信息就可以了。代码实现如下：

```
puts("\n 输入加密前的一串字母：");
```

（3）程序的第三步：依次读取输入的字母，按照转换规则输出转换后的字母。

依次读取字符就是要一次读取一个字符，在第 5 章时学习过一个函数 getchar()，它的作用就是一次读取一个字符，正好可以用在这一步功能的实现。

将读取到的字符与转换规则中的输入字母表比对，找到相应的字母则输出转换后的字母，没找到则原样输出原来的字母。

当使用 getchar() 读取到的字符是 "\n" 的时候说明字符串的结束。实现代码如下：

```
01  char ch;
02  ch = getchar();
03  while(ch != '\n')
```

```
04  {
05      int i;
06      for(i = 0;i<8;i++)
07      {
08          if(tr[i].true_letter == ch)  //在"字母转换规则表"中找到相应的字母
09          {
10              printf("%c",tr[i].trans_letter);
11              break;
12          }
13      }
14      if(i == 8)                      //没有找到相应的字母
15          printf("%c",ch);
16      ch = getchar();                 //读取下一个字母
17  }
```

依次读取字母的过程是通过 while 循环和 getchar() 来共同实现的，循环的退出条件是：getchar() 读取到的是 "\n"。while 循环内部，06 行的 for 循环用于比对读取到的字符和字母表中的字符，08 行找到对应的字母则输出转换后的字母，没有找到则执行 14 行的语句输出原来的字母，最后再读取用户输入的下一个字母进入下一轮的 while 循环。

（4）至此，完成本程序功能的所有部分已经就绪了，只需要将 3 个功能部分组合一下就完成了，下面是整个程序的框架，请将前面合适的程序片段添入程序中合适的位置。

```
01  #include <stdio.h>
02
03  struct trans
04  {
05      char true_letter;
06      char trans_letter;
07  };
08  int main(int argc, char* argv[])
09  {
10      //1--保存字母转换规则表
11      _____
12      //输出密码对照表
13      puts("密码对照表：\n");
14      for(int i = 0;i<8;i+=2)
15      {
16          printf("字母：%c 加密后：%c          字母：%c 加密后：%c\n",
17              tr[i].true_letter,tr[i].trans_letter,tr[i+1].true_letter,
                tr[i+1].trans_letter);
18      }
19      //2--输入要加密的一串字母
20      _____
21      //3--依次读取输入的字母，按照转换规则输出转换后的字母
22      _____
23      puts("\n 上面输出的是加密后的一串字母\n");
24      return 0;
25  }
```

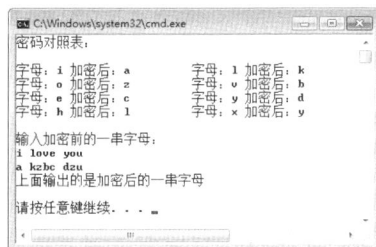

运行本程序，当输入的字母串是：i love you，程序的运行效果如图 11-18 所示。

图 11-18　练习 2 程序的运行效果

3. 本节的示例中演示了如何构造复数类型，以及如何使用函数为复数类型的变量赋值

和计算复数变量和的函数，本题打算按照同样的方法实现一个这样的函数：计算复数变量的差值。

（1）两个复数的差该如何计算，请看下面的式子：

(4+3i)-(12-5i) = 8+8i

从式子中可以看出，复数间求差，其实就是：实部与实部求差，虚部与虚部求差。

（2）下面程序的框架已经有了，需要读者完成编写计算复数差的函数 sub()。

练习 3 源码

```
01   #include <stdio.h>
02
03   struct complex_num
04   {
05       short real;
06       short image;
07   };
08   typedef struct complex_num comp;
09   void assign(comp *num);
10   comp sub(comp ,comp);
11   int main(int argc, char* argv[])
12   {
13       comp comp1 = {5,3};
14       printf("复数变量 comp1 的值为：%hd+%hdi\n\n",comp1.real,comp1.image);
15       comp comp2;
16       assign(&comp2);
17       printf("复数变量 comp2 的值为：%hd+%hdi\n\n",comp2.real,comp2.image);
18       comp comp3 = sub(comp1,comp2);
19       printf("comp1 和 comp2 的差为：%hd+%hdi\n\n",comp3.real,comp3.image);
20       return 0;
21   }
22   comp sub(comp num1,comp num2)
23   {
24       _____
25       _____
26       _____
27       _____
28   }
29   void assign(comp *num)
30   {
31       puts("输入复数的实部：");
32       scanf("%hd",&(num->real));
33       puts("输入复数的虚部：");
34       scanf("%hd",&(num->image));
35   }
```

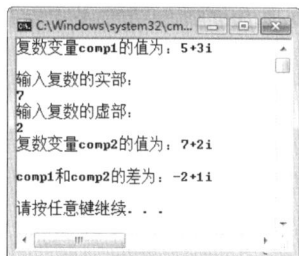

如果复数求差的函数 sub() 编写正确，那么程序应该会得到图 11-19 所示的运行效果。

图 11-19　练习 3 程序运行效果

11.3　结构的应用——链表

当一个结构的成员是指针，而这个指针又恰好指向本结构类型变量指代的数据时，一种新的数据组织方式——链表，就腾空出世了。这种新的组织数据的方式为程序解决实际问题提供了很多便利，尤其是动态存储大量数据的问题，本节就来详细介绍链表的由来和使用方式。

11.3.1　结构的成员是指向本结构的指针

当一个结构的成员包含指向本结构的指针时，会发生什么情况？比如下面的结构：

```
01  struct table
02  {
03      int             i;
04      char            c;
05      struct table    *st;
06  };
```

定义了此种结构的变量以后，这个结构变量中的成员指针可以赋值为：变量本身的地址、其他结构变量的地址，如图 11-20 所示。

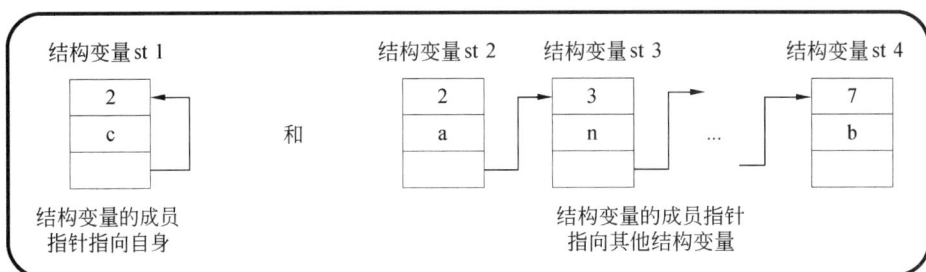

图 11-20　为结构指针赋的两类值

1. 结构变量指针成员指向自身

【示例 11-12】　下面的程序，为结构变量的成员指针赋予了自身的地址。

```
01  #include <stdio.h>
02
03  struct table
04  {
05      int             i;
06      char            c;
07      struct table    *st;
08  };
09  typedef struct table st_table;
10  int main(int argc, char* argv[])
11  {
12      st_table st1 = {1,'a'};
13      st1.st = &st1;
14      printf("使用结构变量输出自身 2 个成员的值：\nst1.i = %d\nst1.c = %c\n\n",
15          st1.i,st1.c);
16      printf("使用结构变量指针成员输出自身 2 个成员的值：\nst1.st->i =
%d\nst1.st->c = %c\n\n",
17          st1.st->i,st1.st->c);
18      return 0;
19  }
```

示例 11-12 源码

结构 table 含有 3 个成员变量：int 型的变量 i、char 型的变量 c 和 table 结构的指针变量 st。程序 12 行定义了结构变量 st1，并为前两个成员变量赋值 1 和 a，最后的指针成员

变量 st 被赋予了结构变量 st1 自身的地址。最后，程序 14 行使用 printf() 和结构变量 st1 输出了结构中的数据。程序 16 行使用 printf() 和结构变量 st1 的指针成员 st 输出了结构中的数据。程序中访问结构变量数据的两种方式如图 11-21 所示，程序的运行效果如图 11-22 所示。

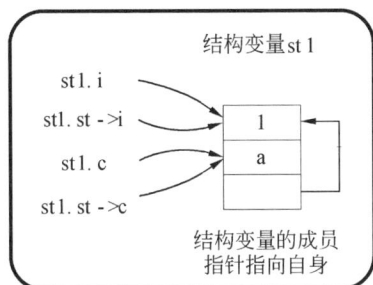

图 11-21　两种方式访问结构中的数据

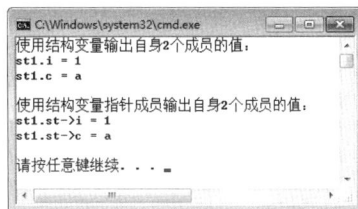

图 11-22　示例 11-12 程序运行效果

2. 结构变量指针成员指向其他结构变量

【示例 11-13】下面的程序，为结构变量的成员指针赋予了其他结构变量的地址。

示例 11-13 源码

```
01   #include <stdio.h>
02
03   struct table
04   {
05       int          i;
06       char         c;
07       struct table  *st;
08   };
09   typedef struct table st_table;
10   int main(int argc, char* argv[])
11   {
12       st_table st1 = {1,'a'};
13       st_table st2 = {2,'b'};
14       st_table st3 = {3,'c'};
15       st1.st = &st2;
16       st2.st = &st3;
17       printf("结构变量 st1 中的 2 个数据为：\nst1.i = %d\nst1.c = %c\n\n",
18           st1.i,st1.c);
19       printf("结构变量 st2 中的 2 个数据为：\nst1.st->i = %d\nst1.st->c =
%c\n\n",
20           st1.st->i,st1.st->c);
21       printf("结构变量 st3 中的 2 个数据为：\nst2.st->i = %d\nst2.st->c =
%c\n\n",
22           st2.st->i,st2.st->c);
23       return 0;
24   }
```

程序中定义了 3 个结构变量：st1、st2 和 st3。其中 st1 的指针成员 st 指向 st2 的数据，st2 的指针成员 st 指向 st3 的数据。最后，由 st1 本身输出了 st1 中的两个数据，由 st1 指针成员输出了 st2 中的两个数据，由 st2 指针成员输出了 st3 中的两个数据。3 个结构变量的关系如图 11-23 所示，程序的运行效果如图 11-24 所示。

程序中只是有 3 个结构变量依次指向，倘若有 10 个或者更多的结构变量依次指向，它看起来就会像一个长长的链子，这个长长的链子就是链表，而链表才是本节将要重点介绍的一种十分有用的数据存储模型。

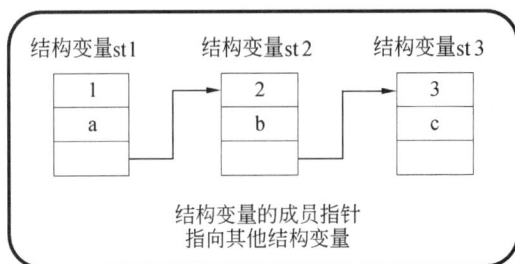

图 11-23　3 个结构变量的关系

图 11-24　示例 11-13 程序的运行效果

11.3.2　数组与链表

数组是由同类型的多个数据组成的，链表是由多个相同结构连接而成的。实际上，数组中同样可以存放结构，那为什么还要专门弄出一个链表呢，这是因为数组的长度总是固定的。

1. 长度固定的数组

【示例 11-14】　下面的程序定义了一个固定长度的结构数组，用于保存 3 个结构中的数据。

```
01  #include <stdio.h>
02
03  struct table
04  {
05      int         i;
06      char        c;
07      struct table    *st;
08  };
09  typedef struct table st_table;
10  int main(int argc, char* argv[])
11  {
12      st_table st_arr[3] = {
13          {1,'a'},
14          {2,'b'},
15          {3,'c'}
16      };
17      for(int j=0;j<3;j++)
18      {
19          printf("st_arr[%d]中的数据: %d %c\n",j,st_arr[j].i,st_arr[j].c);
20      }
21      printf("\n");
22      return 0;
23  }
```

示例 11-14 源码

程序 12 行定义的结构数组 st_arr 的长度固定，是 3 个。事实证明，使用数组也能做到和链表一样的效果，甚至比链表更简洁，程序的运行效果如图 11-25 所示。

如果程序中的结构数目是由用户决定的，或者说结构

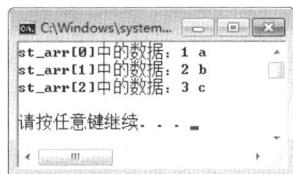

图 11-25　示例 11-14 程序运行效果

的数目是未知的，要怎么办？数组的长度可以在程序运行时动态修改吗？可以由用户随意改变吗？在第 9 章学习数组的时候，就尝试过了，所有企图使得数组长度可变的操作都被编译器阻止了。所以，数组与结构搭配使用的前提是：数组的长度固定而且已知。

2. 长度可变的链表

【示例 11-15】　下面的程序使用了链表，而链表的长度是由用户决定。读者不必明白每行代码的含义，因为后面会有详细的讲解。

示例 11-15 源码

```
01  #include <stdio.h>
02  #include <stdlib.h>
03
04  struct table
05  {
06      int             i;
07      char            c;
08      struct table    *st;
09  };
10  typedef struct table st_table;
11  int main(int argc, char* argv[])
12  {
13      //1--用户输入结构个数
14      int n;
15      puts("请输入结构的个数：");
16      scanf("%d",&n);
17      //2--动态创建结构，并记录用户输入的数据
18      st_table *head,*rail;
19      head = (st_table *)malloc(sizeof(st_table));
20      rail = head;
21      st_table *p_st;
22      int j;
23      for(j = 0;j<n;j++)
24      {
25          p_st = (st_table *)malloc(sizeof(st_table));
26          printf("请输入第%d 个结构中的数据：\n",j+1);
27          scanf("%d %c",&(p_st->i),&(p_st->c));
28          rail->st = p_st;
29          rail = p_st;
30      }
31      rail.st = '\0';
32      //3--输出链表中的结构数据
33      p_st = head->st;
34      for(j=0;j<n;j++)
35      {
36          printf("第%d 个结构中的数据为：%d %c\n",j+1,p_st->i,p_st->c);
37          p_st = p_st->st;
38      }
39      printf("\n");
40      return 0;
41  }
```

程序中的注释按照功能将程序分成了 3 个部分，所以看不懂代码也可以大致知道程序在什么时候准备做什么。为了验证链表长度可变，运行两次程序，分别设置长度为 2 和 3，程序的运行结果如图 11-26 所示。

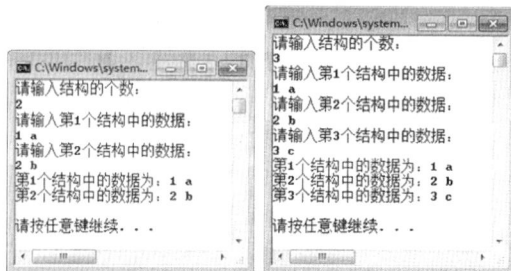

图 11-26　示例 11-15 链表的长度可变

11.3.3　链表概述

链表是结构的重要应用，主要用于处理生活中需要动态存储数据的情况，相信通过前面的示例，读者已经见识到了链表的动态存储能力。本小节就先针对链表的基础做个详细的介绍。

1. 链表的最小单元——结点

多个依次指向的结构变量组成了链表，每个结构变量对于链表而言更通俗的叫法是"结点"。定义一个结点即结构变量 st1 和 st2，赋值且 st1 之中的指针成员指向了 st2，如下：

```
01   struct table
02   {
03       int          i;
04       char         c;
05       struct table  *next;
06   };
07   struct table st1 = {1,'a'};
08   struct table st2 = {2,'b'};
09   st1.next = &st2;
```

结点又分为"数据域"和"指针域"，前者用于指代实实在在的数据，后者用于指向其他同类的结构变量。如 st1 的数据域是 1 和 a，st2 的数据域是 2 和 b，st1 的指针域是&st2。如图 11-27 所示。

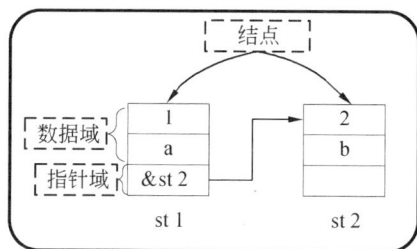

图 11-27　结点、数据域和指针域

注意，这里引入了"域"就说明：数据可以不止一个，指针也可以不止一个。只有一个指针就只能有一个指向，这样的结点构成的链表就是"单向链表"，或者说是"单链表"。为了读者理解的方便，本小节先介绍这最简单的链表——单链表。

2. 链表的组成部分

一个链表通常由 3 部分组成：头结点、数据结点和尾结点，如图 11-28 所示。

- ❑ 头结点：数据域的变量不指代数据，指针域的指针变量指向链表的第一个数据结点。通常情况下，使用"单链表"的程序只记录头结点，因为其他结点的位置可以通过头结点依次获取到。
- ❑ 数据结点：数据域的变量指代实实在在的数据，指针域的指针变量指向下一个数据结点。

❑ 尾结点：数据域的变量指代实实在在的数据，指针域的指针变量被赋值为空，即
"\0"，表示没有指向任何地方。

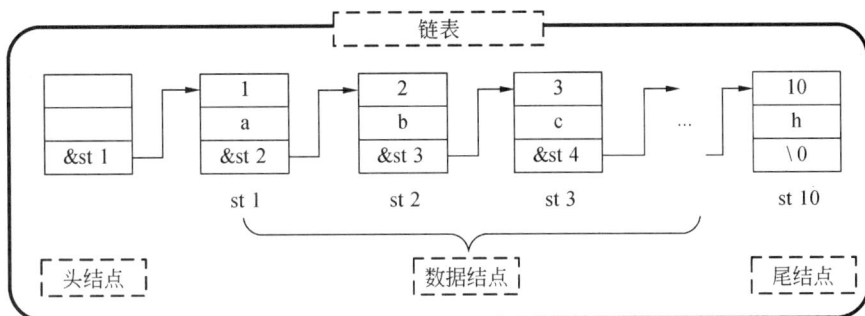

图 11-28 链表的组成

11.3.4 创建动态链表

现在已经知道了什么是链表、结点，以及链表的组成部分，本小节开始介绍如何创建
动态链表，来动态存储程序运行过程中获取到的数据。

1. 创建3步骤

创建动态链表一共需要 3 步。

（1）构造一个结构类型，此结构类型必须包含至少一个成员指针，此指针要指向此结
构类型，它的作用是指向链表的下一个结点。

（2）定义 3 个结构类型的指针，按照用途可以分别命名为：p_head、p_rail 和 p_new，
将分别用于指向链表的头结点、尾结点和新生成的结点。

（3）动态生成新的结点，为各成员赋值，最后加入到链表之中。

创建动态链表的 3 步骤如图 11-29 所示。

2. 构造专用于链表的结构

假设程序每次需要动态存储的数据是 short 型的整数和 char 型的字符，因为链表是基
于结构的，所以为了使用链表来解决这类问题，需要构造如下的结构：

```
01  struct node
02  {
03    short        i;
04    char         c;
05    struct node  *next;
06  };
```

结构的成员类型除了要指代的 short 和 char 类型，还必须包含成员指针，而且是本结
构的指针类型。

3. 定义结构指针

因为对链表的大部分操作是要通过指针来完成的，所以需要定义 3 个结构指针，将来

用于指向链表的 3 个关键结点：头结点、尾结点和新结点。

```
struct node *p_head,*p_rail,*p_new;
```

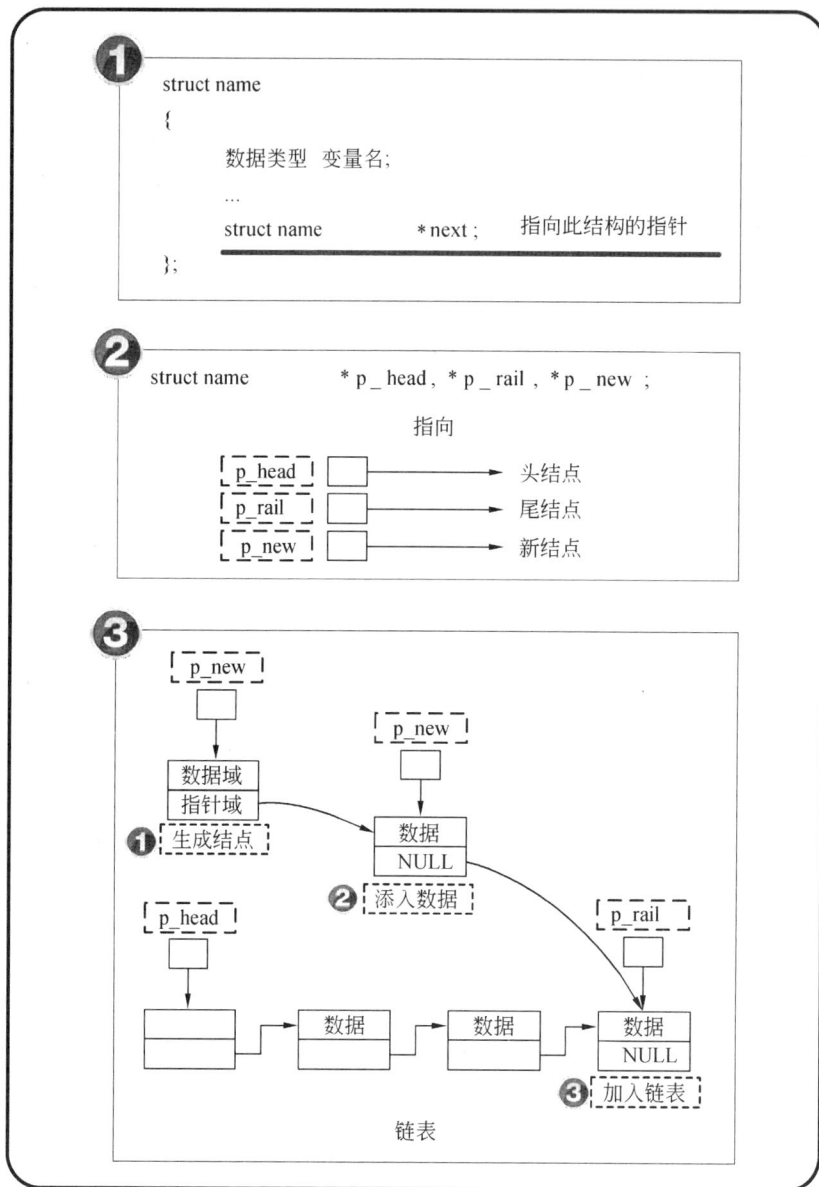

图 11-29　创建动态链表的 3 步骤

4. 动态生成新结点

为了生成新结点，即定义一个结构变量，可以使用下面的程序语句：

```
struct node node_new;
```

但是很显然，要动态地，即程序运行时写下上面的代码来生成新的结点，这很不现实，因为无法在运行的程序中添加代码。

那么就要找到一种方法：在程序运行前写下，在程序运行时可以不断生成新结点的方式。读者还记得库函数吧，实际上有两个库函数可以实现我们所说的方法，它们是 malloc() 和 calloc()。

（1）使用 malloc() 动态申请存储空间作为新结点。函数 malloc() 的声明形式为：

```
void *malloc(unsigned int num_bytes);
```

❑ 形参 num_bytes 的值决定了要生成的存储空间的大小。
❑ 函数返回 void 类型的指针。
❑ 如果函数调用成功，返回的指针指向存储空间的位置，否则，返回空指针。
❑ 使用此库函数需要包含头文件 stdlib.h。

【示例 11-16】 下面的程序使用函数 malloc() 动态生成了新的结点。

```
01  #include <stdio.h>
02  #include <stdlib.h>
03
04  struct node
05  {
06      short         i;
07      char          c;
08      struct node   *next;
09  };
10  int main(int argc, char* argv[])
11  {
12      struct node *p;
13      p = (struct node *)malloc(sizeof(struct node));
14      if(p!=NULL)
15      {
16          p->i = 10;
17          p->c = 'h';
18          printf("结构中的 2 个数据是：%hd 和%c\n\n",p->i,p->c);
19      }
20      else
21          printf("没有申请到存储空间");
22      return 0;
23  }
```

示例 11-16 源码

纵观整个程序，只是定义了结构指针 p，而没有定义结构变量，但是结构指针 p 却指向了新结点的位置。因此，通过指针才会将数据存储到新结点，进而输出。程序的运行效果如图 11-30 所示。

对于本程序，有几点需要强调：
❑ 要使用函数 malloc()，必须在程序中引入此函数声明所在的头文件 stdlib.h。
❑ 函数 malloc() 返回的是 void 型的指针，而 p 是结构型的指针，所以需要对函数 malloc() 的返回值进行强制类型转换，即在函数前面添加"struct node *"。

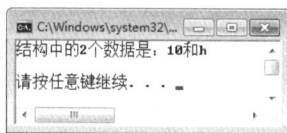

图 11-30 示例 11-16 程序运行结果

❑ 函数 malloc() 的参数表示存储空间的大小，结构的大小未知，所以使用了 sizeof() 操作符获取。

💭提醒：sizeof() 不是函数，而是 C 语言的操作符，读者已经见到很多操作符了，如："=" 赋值操作符和 "&" 取地址操作符。sizeof() 的作用是获取一个类型定义的变量所占存储空间的大小。

【示例 11-17】 下面的程序打算使用 sizeof()操作符，来计算 short、int、float 和 double 这些类型数据所占存储空间的大小。

```
01  #include <stdio.h>
02
03  int main(int argc, char* argv[])
04  {
05      int size_short = sizeof(short);
06      int size_int = sizeof(int);
07      int size_float = sizeof(float);
08      int size_double = sizeof(double);
09      puts("不同数据类型所定义的变量占用的存储空间大小是：\n");
10      printf("short:\t%d\n",size_short);
11      printf("int:\t%d\n",size_int);
12      printf("float:\t%d\n",size_float);
13      printf("double:\t%d\n",size_double);
14      printf("\n");
15      return 0;
16  }
```

示例 11-17 源码

数据类型本身并不占有存储空间，但数据类型定义的变量占有存储空间。在本书第 2 章学过，short、int、float 和 double 类型定义的变量所占的存储空间的大小分别是 2、4、4 和 8。运行程序，使用 sizeof()验证前面所学过的知识。程序的运行效果如图 11-31 所示。

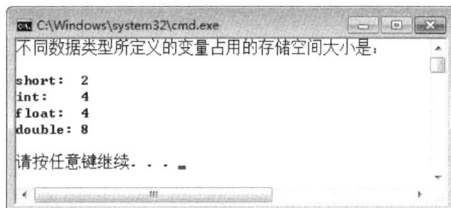

图 11-31　示例 11-17 程序运行效果

（2）使用 calloc()动态申请存储空间作为新结点。函数的声明形式为：

```
void *calloc(int num_elems, int elem_size);
```

❑ 形参 elem_size 表示相应数据类型变量所占存储空间的大小。

❑ 形参 num_elems 表示申请几个这么大的空间。

❑ 总共申请的存储空间的大小是 num_elems×elem_size。

❑ 如果函数调用成功，返回的指针指向存储空间的位置，否则，返回空指针。

❑ 使用此库函数需要包含头文件 stdlib.h。

【示例 11-18】 下面的程序使用函数 calloc()动态生成了新的结点。

```
01  #include <stdio.h>
02  #include <stdlib.h>
03
04  struct node
05  {
06      short        i;
07      char         c;
08      struct node  *next;
09  };
10  int main(int argc, char* argv[])
11  {
12      struct node *p;
13      p = (struct node *)calloc(1,sizeof(struct node));
14      if(p != NULL)
15      {
16          p->i = 20;
17          p->c = 'g';
```

示例 11-18 源码

```
18          printf("结构中的 2 个数据是：%hd 和%c\n\n",p->i,p->c);
19      }
20      else
21          printf("没有申请到存储空间");
22      return 0;
23  }
```

同样，本程序没有定义结构变量，但是使用函数 calloc()在程序运行的时候申请了存储空间，用于保存新结点中的数据。因为只申请一个结构的存储空间，所以函数 calloc()的第一个参数是 1。程序的运行效果如图 11-32 所示。

函数 malloc()和 calloc()都能动态地为结构数据申请存储空间，但是前者申请的存储空间中可能含有未知的数据，后者会将申请到的存储空间自动初始化为 0 或者空。读者可以依据编程的需要选择合适的函数动态申请存储空间。

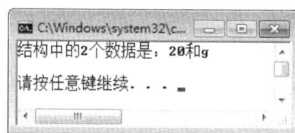

图 11-32　示例 11-18 程序运行效果

（3）将新的结点加入到链表的方法很简单，只需要把新结点加到链表末尾就可以了。加到末尾的方法是：使得链表最后一个结点的成员指针指向新结点。

【示例 11-19】下面的程序在最开始构造了一个链表，它有 3 个结点，然后使用 malloc()函数生成了新的结点，在赋值后将其加入到了链表的末尾。仔细阅读程序，看看新结点是怎样加入到链表中的。

示例 11-19 源码

```
01  #include <stdio.h>
02  #include <stdlib.h>
03
04  struct node
05  {
06      short       i;
07      char        c;
08      struct node *next;
09  };
10  int main(int argc, char* argv[])
11  {
12      //1--构造有 3 个结点的链表
13      struct node node1 = {1,'A'};
14      struct node node2 = {2,'B'};
15      struct node node3 = {3,'C'};
16      node1.next = &node2;
17      node2.next = &node3;
18      //2--输出链表各结点及其数据
19      int j;
20      struct node *p;
21      p = &node1;
22      puts("链表各结点及其数据为：");
23      for(j=1;j<4;j++)
24      {
25          printf("node%d:%d  %c\n",j,p->i,p->c);
26          p = p->next;
27      }
28      printf("\n");
29      //3--动态生成新结点
30      struct node *p_new;
31      p_new = (struct node *)malloc(sizeof(struct node));
```

```
32       if(p_new != NULL)
33       {
34           p_new->i = 4;
35           p_new->c = 'D';
36           node3.next = p_new;              //将新结点加入到链表末尾
37       }
38       else
39           printf("没有申请到存储空间");
40       //4--输出新的链表的各结点及其数据
41       puts("加入新结点后，链表各结点及其数据为：");
42       p = &node1;
43       for(j=1;j<5;j++)
44       {
45           printf("node%d:%d  %c\n",j,p->i,p->c);
46           p = p->next;
47       }
48       printf("\n");
49       return 0;
50   }
```

程序的大致运行流程是：构建有 3 个结点的链表，输出，生成新结点并赋值，加到链表末尾，输出。程序的第 36 行是将新结点加入到链表末尾的方式，即让链表末尾结点的成员指针指向新结点。程序的运行流程如图 11-33 所示，运行效果则如图 11-34 所示。

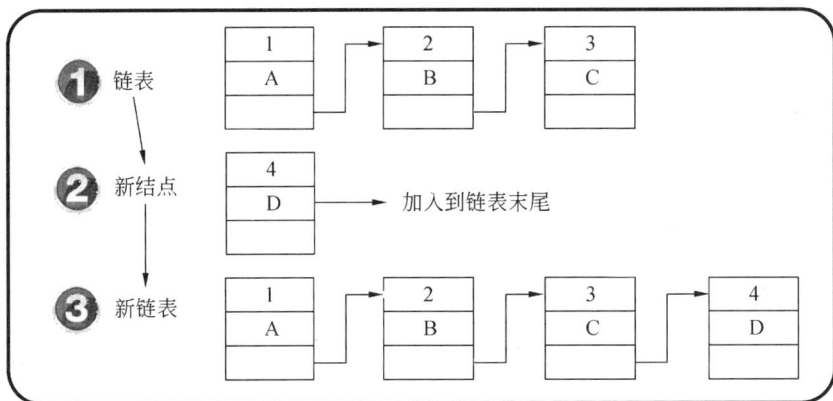

图 11-33　程序的运行流程

5. 创建动态链表实例

所有的技术问题都已解决，现在回到链表要解决的问题本身。链表要解决的问题是：程序要存储未知个数的数据。

前面的思路是：数组也可以用于存储多个数据，但是由于数组只能应用于数据个数确定的情况，所以放弃数组开始考虑用于动态存储数据的链表，于是我们学习了链表的构建和使用，所以现在可以开始着手解决"使用链表动态存储未知个数的数据"的问题了。思路如图 11-35 所示。

【示例 11-20】下面的程序要处理的是多组 short 和 char 类型的数据，具体几组是由用户输入的。总之程序会记录用户输入的数据，最后展示给用户验证。

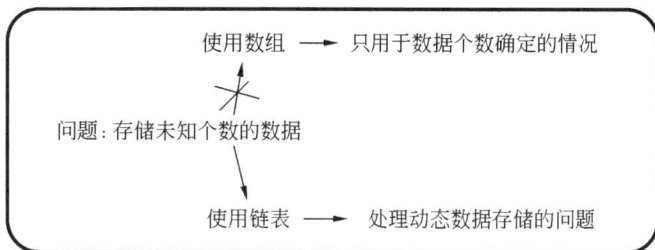

图 11-34　示例 11-19 程序运行效果

图 11-35　处理问题的思路

示例 11-20 源码

```
01   #include <stdio.h>
02   #include <stdlib.h>
03
04   //专用于链表的结构
05   struct node
06   {
07       short        i;
08       char         c;
09       struct node  *next;
10   };
11   int main(int argc, char* argv[])
12   {
13       //1--用户输入结点的个数
14       int n;
15       puts("请输入结点的个数：");
16       scanf("%d",&n);
17       printf("\n");
18       //2--定义结构指针
19       struct node *p_head,*p_rail,*p_new;
20       //3--动态创建新结点，并记录用户输入的数据
21       p_head = (struct node *)malloc(sizeof(struct node));
22       p_rail = p_head;
23       int j;
24       for(j = 0;j<n;j++)
25       {
26           p_new = (struct node *)malloc(sizeof(struct node));
27           printf("请输入 node%d 中的数据：\n",j+1);
28           scanf("%d %c",&(p_new->i),&(p_new->c));
29           p_rail->next = p_new;
30           p_rail = p_new;
31       }
32       puts("\n 链表中的各结点及其数据为：");
33       //4--输出链表的结点及其数据
34       struct node *p = p_head->next;
35       for(j=0;j<n;j++)
36       {
37           printf("node%d: %d %c\n",j+1,p->i,p->c);
38           p = p->next;
39       }
40       printf("\n");
41       return 0;
42   }
```

程序在最开始执行前询问用户要输入几组数据，然后构造一个相应次数的循环，每循环一次获取一组数据、生成一个新结点并加入到链表末尾构成新的链表。每次循环的主要

操作如图 11-36 所示。

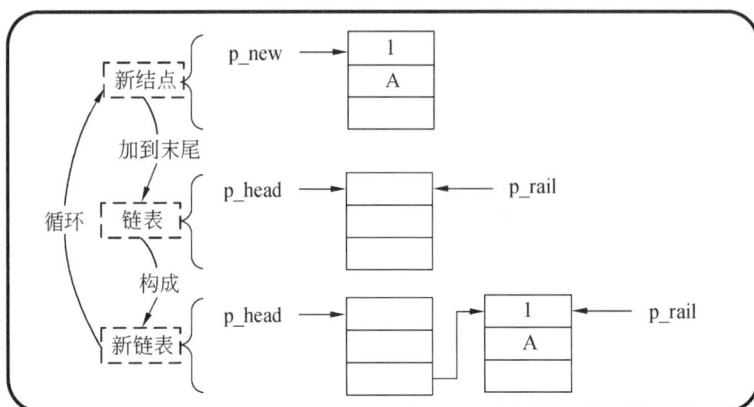

图 11-36　每次循环的内部操作

　　最终，指针 p_head 指向了第一个没有存储数据的结点，此结点的成员指针指向了第一个存储数据的结点；指针 p_rail 则指向了链表的最后一个结点。在获取并存储了所有的结点数据构成了链表以后，程序打算输出链表中的所有数据。方法是：使用指针遍历每一个结点，并输出结点中的数据，如图 11-37 所示。

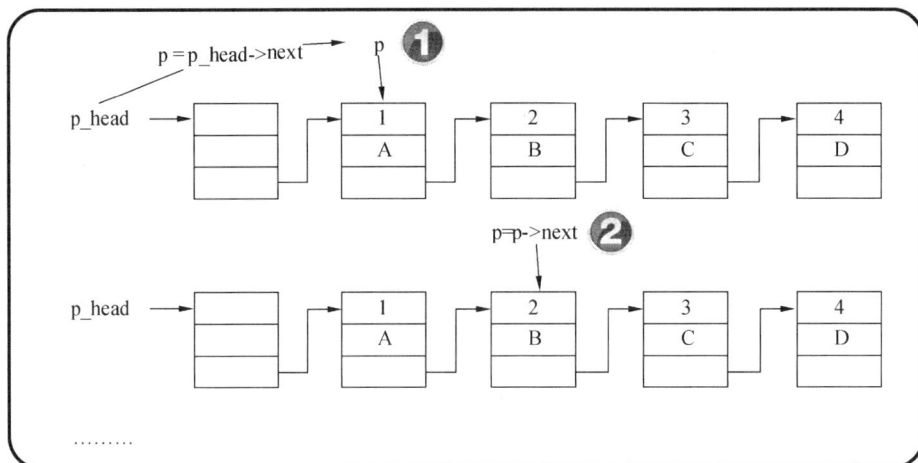

图 11-37　通过指针 p 遍历链表中的所有结点

　　指针 p 是通过 p_head 得知链表中第一个存储了数据的结点的位置的，以后则是通过成员指针 next 找到下一个结点的位置。两次运行程序，分别存储 3 组和 4 组数据时程序的运行效果如图 11-38 所示。

11.3.5　练习

　　1. 下面的程序定义了两个结构变量 st1 和 st2，且它们构成了一个最简单的链表，只有两个结点。请在下面的程序中使用两种方式输出变量 st2 中的两个数据。

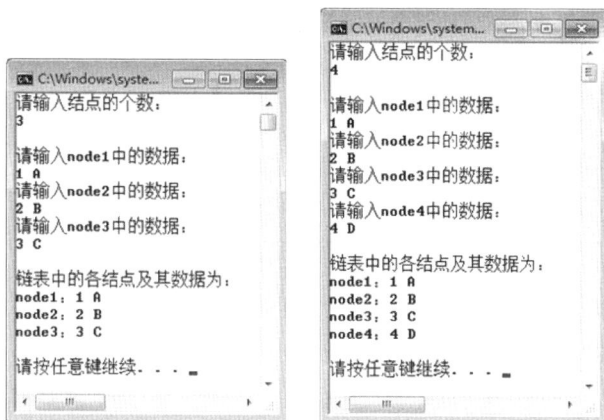

图 11-38　两次的程序运行效果

```
01    #include <stdio.h>
02
03    struct table
04    {
05        int            i;
06        char           c;
07        struct table   *st;
08    };
09    typedef struct table st_table;
10    int main(int argc, char* argv[])
11    {
12        st_table st1;
13        st_table st2 = {2,'b'};
14        st1.st = &st2;
15        _____
16        _____
17        return 0;
18    }
```

练习 1 源码

2. 粗心的小李子上课不认真听讲，费了九牛二虎之力才写了个动态申请存储空间的程序，但是"漏洞百出"，无法运行，代码如下：

```
01    #include <stdio.h>
02
03    struct node
04    {
05        short          i;
06        char           c;
07        struct node    *next;
08    };
09    int main(int argc, char* argv[])
10    {
11        struct node *p;
12        p = malloc(sizeof(struct node));
13        if(p != NULL)
14        {
15            p->i = 20;
16            p->c = 'g';
17            printf("结构中的 2 个数据是：%hd 和%c\n\n",p->i,p->c);
18        }
19        else
20            printf("没有申请到存储空间");
```

```
21      return 0;
22  }
```

（1）帮帮小李子吧，听说他知错了。但老师怒气未消，只告诉他有两处错误。现在请你为他指点一二：

_____【添加头文件 stdlib.h】

_____【修改程序 12 行为 p =
(struct node *)malloc(sizeof(struct node));】

（2）malloc() 的神奇作用吸引了小李子，他听说还有一个函数也能实现同样的功能，而且有个什么优点来着？唉，还是你告诉他吧。

_____ 【calloc()，可以预先将申请的存储空间初始化】

3. 运用所学的链表知识，编写一个可以动态存储 char 型数据的程序。char 型数据的个数由用户决定，在用户输入完所有数据以后，还要输出数据供用户确认。部分程序代码如下，请将代码补充完整。

练习 3 源码

```
01  #include <stdio.h>
02  #include <stdlib.h>
03
04  //构建专用于链表的结构
05  struct node
06  {
07      _____
08      _____
09  };
10  int main(int argc, char* argv[])
11  {
12      //1--用户输入结点的个数
13      int n;
14      puts("请输入结点的个数: ");
15      scanf("%d",&n);
16      printf("\n");
17      //2--定义结构指针
18      struct node *p_head,*p_rail,*p_new;
19      //3--动态创建新结点，并记录用户输入的数据
20      p_head = (struct node *)malloc(sizeof(struct node));
21      p_rail = p_head;
22      int j;
23      for(j = 0;j<n;j++)
24      {
25          _____
26          _____
27          _____
28          _____
29          _____
30      }
31      puts("\n 链表中的各结点及其数据为: ");
32      //4--输出链表的结点及其数据
33      struct node *p = p_head->next;
34      for(j=0;j<n;j++)
35      {
36          printf("node%d: %c\n",j+1,p->c);
37          p = p->next;
38      }
```

```
39      printf("\n");
40      return 0;
41  }
```

预期的程序运行效果如图 11-39 所示。

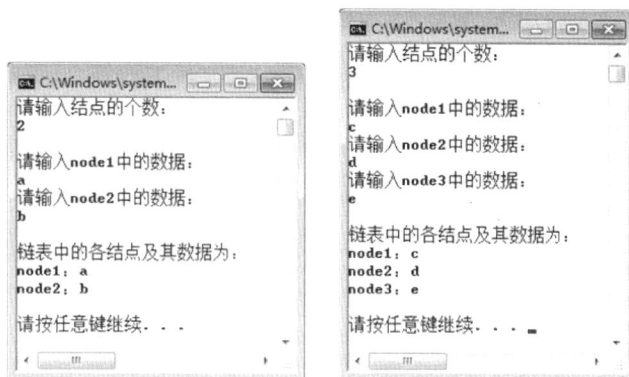

图 11-39　预期的程序运行效果

11.4　链表操作

对链表的操作分两种情况：插入结点和删除结点。比如创建链表时，向链表末尾处添加结点就等同于插入结点，只不过插入的位置是链表的末尾而已。移动链表中结点的位置，相当于先删除结点再插入结点的过程。本节就来分别讲解链表的这两种基本操作。

11.4.1　插入结点到链表

插入结点到链表的位置可以分为 3 种情况：第一个数据结点前（如图 11-40 所示）、链表中间位置（如图 11-41 所示）、最后一个数据结点后（如图 11-42 所示）。

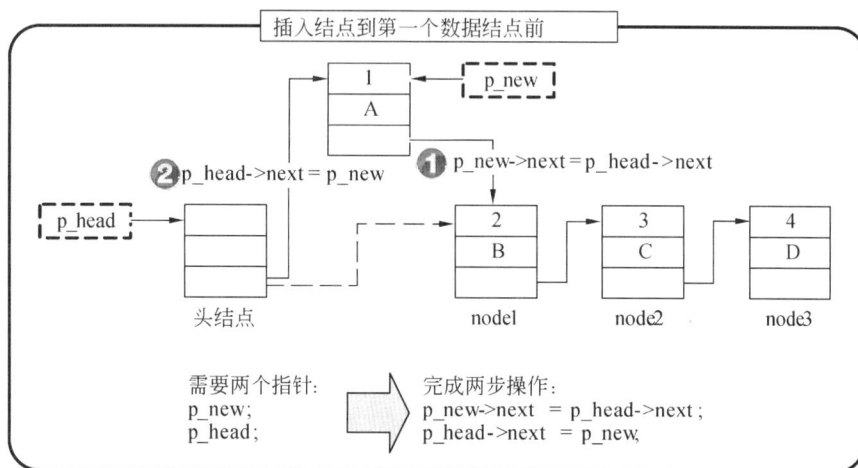

图 11-40　插入结点到第一个数据结点前

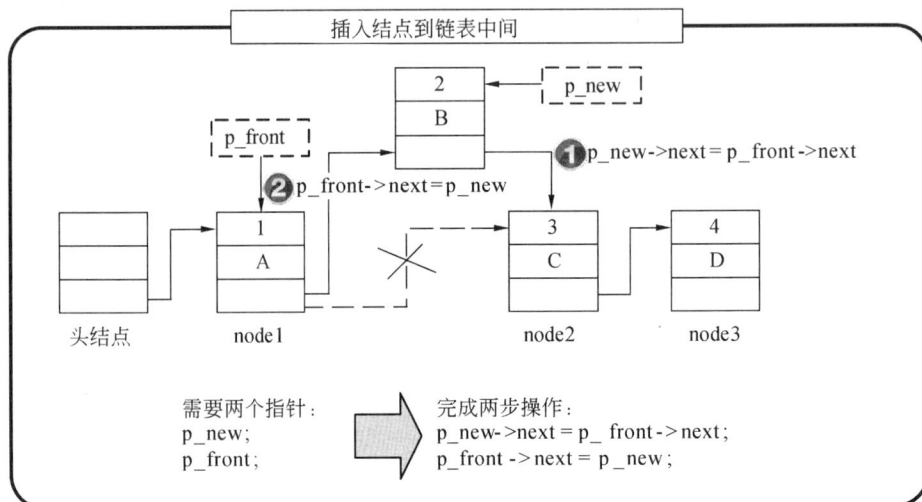

图 11-41 插入结点到链表中间

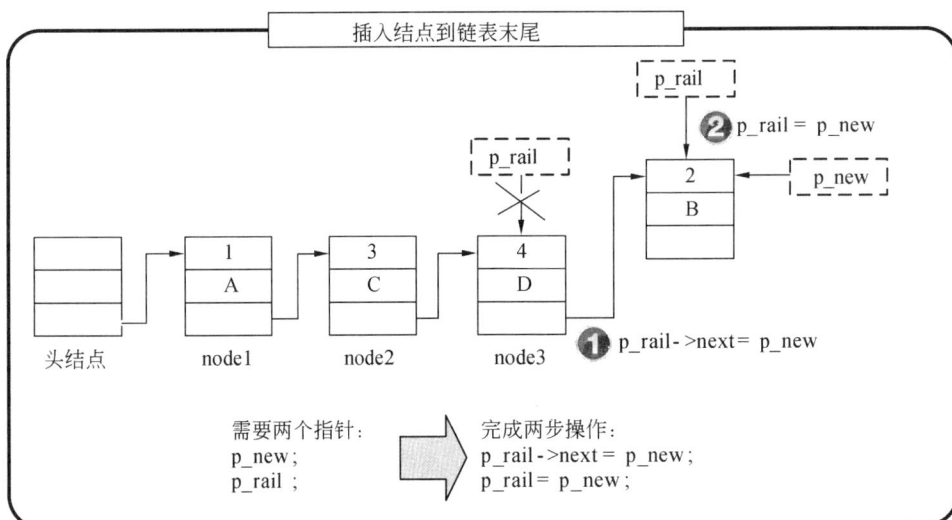

图 11-42 插入结点到链表末尾

1. 构造一个链表

【**示例 11-21**】 下面的程序创建了一个链表，此链表只有 2 个数据结点和 1 个头结点，代码如下：

```
01  #include <stdio.h>
02  #include <stdlib.h>
03
04  //专用于链表的结构
05  struct node
06  {
07      int         i;
08      char        c;
09      struct node   *next;
```

```
10  };
11  int main(int argc, char* argv[])
12  {
13      //1--创建链表
14      struct node node1 = {1,'a'};
15      struct node node2 = {2,'b'};
16      struct node *p_head;
17      p_head = (struct node *)malloc(sizeof(struct node));
18      p_head->next = &node1;
19      node1.next = &node2;
20      //2--输出链表中的数据
21      int j;
22      struct node *p = p_head->next;          //遍历链表的指针
23      puts("链表结点及其数据：");
24      for(j=1;j<=2;j++)
25      {
26          printf("node%d: %d %c\n",j,p->i,p->c);
27          p = p->next;
28      }
29      printf("\n");
30      return 0;
31  }
```

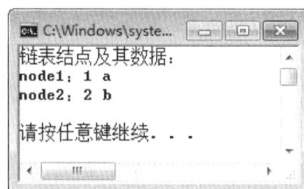

运行程序，可知此时链表结点及其数据，如图 11-43
所示。

图 11-43　程序构建的链表及其数据

2. 插入新的结点到链表第一个数据结点前

【示例 11-22】 给链表插入新的结点，要求：插入新的结点到链表第一个数据结点前，
且新结点中的数据由用户输入。

【分析】 要完成本题需要 3 步：生成新结点、存储用户输入的数据、插入到链表第一
个数据结点前。这些功能只需要在示例 11-21 的基础上添加新的代码就可以了。

```
01  #include <stdio.h>
02  #include <stdlib.h>
03
04  //专用于链表的结构
05  struct node
06  {
07      int          i;
08      char         c;
09      struct node  *next;
10  };
11  int main(int argc, char* argv[])
12  {
…//省略示例 11-21 给出的代码
30      //3--插入新结点到第一个数据结点前
31      struct node *p_new = (struct node *)malloc(sizeof(struct node));
32      puts("为新结点输入数据：");
33      scanf("%d %c",&(p_new->i),&(p_new->c));
34      p_new->next = p_head->next;
35      p_head->next = p_new;
36      //4--输出链表的结点及其数据
37      puts("\n 插入新结点到第一个数据结点前，链表结点及其数据：");
38      p = p_head->next;
39      for(j=1;j<=3;j++)
```

示例 11-22 源码

```
40        {
41            printf("node%d: %hd %c\n",j,p->i,p->c);
42            p = p->next;
43        }
44        printf("\n");
45        return 0;
46    }
```

　　程序的 31～35 行是完成本题必备的 3 步,即使用 malloc()函数生成新结点,使用 scanf()函数存储用户输入的数据,使用本小节介绍的方法插入结点。程序的运行效果如图 11-44 所示。

3. 插入新结点到链表中间

　　【示例 11-23】 给链表插入新的结点,要求:插入新结点到链表中间,使其成为链表中的第二个数据结点,新结点中的 int 型数据为 4,char 型数据为 d。

　　【分析】要完成本题需要 3 步:生成新结点、存储指定的数据、插入到链表第二个数据结点的位置。这些功能只需要在示例 11-21 的基础上添加新的代码就可以了。

图 11-44　插入新结点到第一个数据结点前

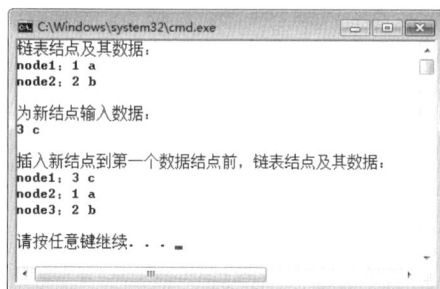

```
01    #include <stdio.h>
02    #include <stdlib.h>
03
04    //专用于链表的结构
05    struct node
06    {
07        int         i;
08        char        c;
09        struct node *next;
10    };
11    int main(int argc, char* argv[])
12    {
…//省略示例 11-21 给出的代码
30        //3--插入新结点到链表第二个数据结点处
31        struct node *p_new = (struct node *)malloc(sizeof(struct node));
32        p_new->i = 4;
33        p_new->c = 'd';
34        struct node *p_front = p_head->next;     //定位插入位置的前一个结点
35        p_new->next = p_front->next;
36        p_front->next = p_new;
37        //4--输出链表的结点及其数据
38        puts("插入新结点到链表第二个数据结点处,链表结点及其数据: ");
39        p = p_head->next;
40        for(j=1;j<=3;j++)
41        {
42            printf("node%d: %hd %c\n",j,p->i,p->c);
43            p = p->next;
44        }
45        printf("\n");
46        return 0;
47    }
```

示例 11-23 源码

　　除了新结点的插入位置,以及为新结点的赋值方式不同外,为了实现本题目要求的功

能，需要先定位新结点插入位置前的一个结点，并使用 p_front 指向这个位置，然后按照本小节介绍的方法插入结点。程序的运行效果如图 11-45 所示。

4. 插入新结点到链表末尾

【示例 11-24】给链表插入新的结点，要求：插入新结点到链表末尾，新结点中 int 型数据为 5，char 型数据为 e。

【分析】要完成本题需要 3 步：生成新结点、存储指定的数据、插入到链表末尾。这些功能只需要在示例 11-21 的基础上添加新的代码就可以了。

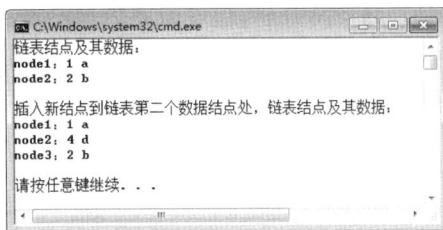

图 11-45　插入新结点到第二个数据结点位置

示例 11-24 源码

```
01  #include <stdio.h>
02  #include <stdlib.h>
03
04  //专用于链表的结构
05  struct node
06  {
07      int         i;
08      char        c;
09      struct node *next;
10  };
11  int main(int argc, char* argv[])
12  {
…  //省略示例 11-21 给出的代码
30      //3--插入新结点到链表末尾
31      struct node *p_new = (struct node *)malloc(sizeof(struct node));
32      p_new->i = 5;
33      p_new->c = 'e';
34      p_new->next = NULL;
35      struct node *p_rail;
36      p = p_head->next;
37      while(1)                            //使用循环定位链表的末尾结点
38      {
39          if(p->next == NULL)
40          {
41              p_rail = p;
42              break;
43          }
44          p = p->next;
45      }
46      p_rail->next = p_new;
47      p_rail = p_new;
48      //4--输出链表的结点及其数据
49      puts("插入新结点到链表末尾处，链表结点及其数据：");
50      p = p_head->next;
51      for(j=1;j<=3;j++)
52      {
53          printf("node%d: %hd %c\n",j,p->i,p->c);
54          p = p->next;
55      }
56      printf("\n");
57      return 0;
58  }
```

为了实现本题目要求的功能，需要先定位链表最后一个结点的位置，并使用 p_rail 指向这个位置，然后按照本小节介绍的方法插入结点。代码中使用循环来定位链表的最后一个结点，此结点的特征是成员指针为 NULL，即指针没有指向任何位置。程序的运行效果如图 11-46 所示。

5. 定义插入新结点的函数

【示例 11-25】 定义一个函数 insert_list(struct node *p_head,struct node *p_new,int pos)专用于插入新结点到链表，不用考虑插入位置是链表前、链表后还是链表中间。3 个参数依次表示：指向链表头结点的指针、指向新结点的指针和具体的插入位置。

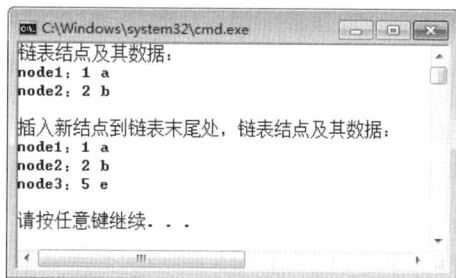

图 11-46　插入新结点到链表末尾

```
01  void  insert_list(struct  node  *p_head,struct  node
*p_new,int pos)
02  {
03      struct node *p_rail;    //指向最后一个数据结点
04      struct node *p_temp;
05      struct node *p_front;  //指向新结点插入位置的前一个结点
06      int n = 1;              //计数链表中数据结点的个数
07      if(pos == 1)            //1.新结点插入到第一个位置
08      {
09          p_new->next = p_head->next;
10          p_head->next = p_new;
11      }
12      else
13      {
14          p_temp = p_head->next;
15          while(1)            //用于计算链表中的结点数、使得 p_rail 指向链表尾结点
16          {
17              if(p_temp->next == NULL)
18              {
19                  p_rail = p_temp;
20                  break;
21              }
22              p_temp = p_temp->next;
23              n++;
24          }
25          if(pos > n)              //2.新结点插入到链表末尾
26          {
27              p_rail->next = p_new;
28              p_rail = p_new;
29              p_rail->next = NULL;
30          }
31          else                    //3.新结点插入到链表中间
32          {
33              p_front = p_head->next;
34              for(int j = 2;j <= pos-1;j++)
35                  p_front = p_front->next;
36              p_new->next = p_front->next;
37              p_front->next = p_new;
38          }
39      }
40  }
```

示例 11-25 源码

　　函数体中使用了很多注释解释代码，所以这里只是强调一些重要的事情：这个函数可以看作是一个代码的合并，将新结点插入位置的 3 种情况的代码合并了起来，然后依据传入的位置变量 pos 决定调用哪一种情况的代码。在函数 main()中使用 insert_list()插入新的结点，程序如下：

```
01   #include <stdio.h>
02   #include <stdlib.h>
03
04   //专用于链表的结构
05   struct node
06   {
07       int          i;
08       char         c;
09       struct node  *next;
10   };
11   void insert_list(struct node *p_head,struct node *p_new,int pos);
12   int main(int argc, char* argv[])
13   {
14       //1--创建链表
15       struct node node1 = {1,'a'};
16       struct node node2 = {2,'b'};
17       struct node *p_head;
18       p_head = (struct node *)malloc(sizeof(struct node));
19       p_head->next = &node1;
20       node1.next = &node2;
21       //2--输出链表中的数据
22       int j;
23       struct node *p = p_head->next;              //遍历链表的指针
24       puts("链表结点及其数据: ");
25       for(j=1;j<=2;j++)
26       {
27           printf("node%d: %d %c\n",j,p->i,p->c);
28           p = p->next;
29       }
30       printf("\n");
31       //3--使用自定义函数 insert_list()为链表插入新的结点
32       puts("插入新结点到位置 1 和位置 4: ");
33       struct node *p_new = (struct node *)malloc(sizeof(struct node));
34       p_new->i = 10;
35       p_new->c = 'f';
36       insert_list(p_head,p_new,1);                //插入新结点到位置 1
37       p_new = (struct node *)malloc(sizeof(struct node));
38       p_new->i = 13;
39       p_new->c = 'g';
40       insert_list(p_head,p_new,4);                //插入新结点到位置 4
41       //4--输出链表的结点及其数据
42       p = p_head->next;
43       j=1;
44       while(p)
45       {
46           printf("node%d: %hd %c\n",j,p->i,p->c);
47           p = p->next;
48           j++;
49       }
50       printf("\n");
51       return 0;
52   }
```

```
53   void insert_list(struct node *p_head,struct node *p_new,int pos)
54   {
55       …//省略了函数的实现代码
56   }
```

在 main()函数中，先后生成了两个新结点，然后两次使用 insert_list()函数将新结点插入到位置 1 和位置 4 中（代码 33～40）。程序的运行结果如图 11-47 所示。

6. 简化插入新结点的函数

仔细想想，插入新结点到链表的 3 种情况：链表前、链表中和链表后，可以抽象成 1 种情况：在前一个结点后插入一个新结点。因为新结点的插入位置："链表前"相当于前一个结点是头结点、"链表中"相当于前一个结点是插入位置的前一个数据结点、"链表后"相当于前一个结点是尾结点。图 11-48 为抽象后插入新结点的方式。

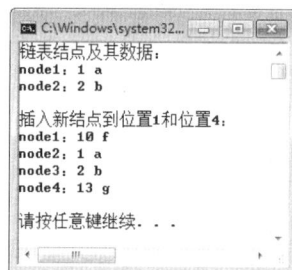

图 11-47　示例 11-25 程序运行结果

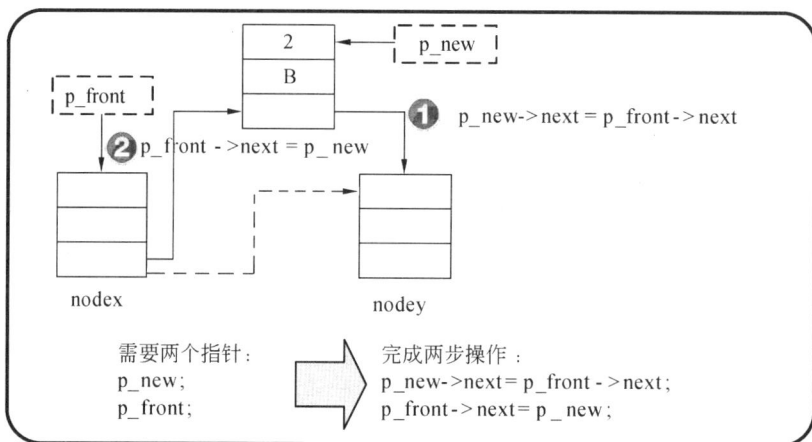

图 11-48　将插入位置进行抽象

这种新的方式要求：首先定位到新结点插入位置的前一个结点，然后将新结点插入到链表中。使用此种方式定义的函数 insert_list()如下：

```
01   void insert_list(struct node *p_head,struct node *p_new,int pos)
02   {
03       struct node *p_front;                    //指向插入位置的前一个位置
04       p_front = p_head;
05       //1--定位插入位置的前一个位置
06       for(int i=1;i<=pos-1;i++)
07       {
08           p_front = p_front->next;
09       }
10       //2--将新结点插入要求的位置
11       p_new->next = p_front->next;
12       p_front->next = p_new;
13   }
```

函数体中，如果 for 循环执行 pos-1 次，那么 p_front 就会指向第 pos-1 个链表结点，正好是插入位置 pos 的前一个结点。pos==1 时，for 循环一次也不执行，此时 p_front == p_head。如果链表长度为 n，pos==n+1 时，for 循环执行 n 次，此时 p_front == p_rail。也就是说此种方式涵盖了新结点插入到链表前和链表后的两种情况。

【**示例 11-26**】　将新的函数 insert_list()应用到程序中，观察函数的执行效果。

示例 11-26 源码

```
01  #include <stdio.h>
02  #include <stdlib.h>
03
04  //专用于链表的结构
05  struct node
06  {
07      int         i;
08      char        c;
09      struct node     *next;
10  };
11  void insert_list(struct node *p_head,struct node *p_new,int pos);
12  int main(int argc, char* argv[])
13  {
14      //1--创建链表
15      struct node node1 = {1,'a'};
16      struct node node2 = {2,'b'};
17      struct node *p_head;
18      p_head = (struct node *)malloc(sizeof(struct node));
19      p_head->next = &node1;
20      node1.next = &node2;
21      //2--输出链表中的数据
22      int j;
23      struct node *p = p_head->next;          //遍历链表的指针
24      puts("链表结点及其数据：");
25      for(j=1;j<=2;j++)
26      {
27          printf("node%d: %d %c\n",j,p->i,p->c);
28          p = p->next;
29      }
30      printf("\n");
31      //3--使用自定义函数 insert_list()为链表插入新的结点
32      struct node node3 = {3,'c'};
33      struct node node4 = {4,'d'};
34      struct node node5 = {5,'3'};
35      insert_list(p_head,&node3,1);
36      insert_list(p_head,&node4,3);
37      insert_list(p_head,&node5,5);
38      //4--输出链表的结点及其数据
39      puts("插入 3 个新结点之后，链表的各结点和数据：");
40      p = p_head->next;
41      j=1;
42      while(p)
43      {
44          printf("node%d: %d %c\n",j,p->i,p->c);
45          p = p->next;
46          j++;
47      }
48      printf("\n");
49      return 0;
50  }
51  void insert_list(struct node *p_head,struct node *p_new,int pos)
52  {
53      struct node *p_front;                   //指向插入位置的前一个位置
54      p_front = p_head;
```

```
55        //定位插入位置的前一个位置
56        for(int i=1;i<=pos-1;i++)
57        {
58            p_front = p_front->next;
59        }
60        //将新结点插入要求的位置
61        p_new->next = p_front->next;
62        p_front->next = p_new;
63   }
```

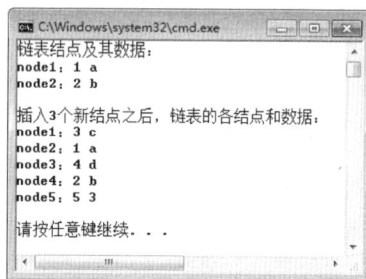

图 11-49　示例 11-26 程序运行效果

在程序 32～34 行又分别定义了 3 个新结点，然后分别使用函数 insert_list()插入到链表前、中、后。程序的运行结果如图 11-49 所示。可以看出函数 insert_list()很好地完成了"插入新结点到链表中指定位置"的任务。

11.4.2　删除链表中的结点

要如何删除链表中的指定结点呢？方法如图 11-50 所示。

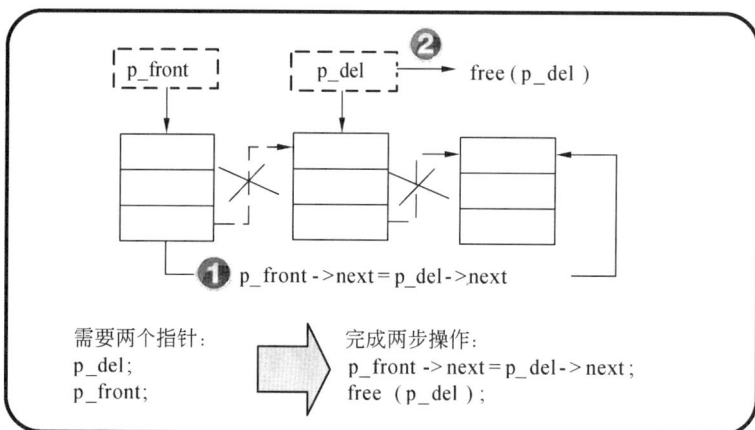

图 11-50　删除链表中指定结点的方法

删除链表中的指定结点需要两个指针：p_del 和 p_front，分别指向要删除的结点和前一个结点。两步操作是：让 p_front 指向的结点的指针成员指向被删除结点的后一个结点，然后释放掉被删除结点的存储空间。为什么要释放这个空间呢？接下来就会讲到。

1. 释放申请的存储空间

因为计算机中的存储空间是有限的，如果程序每次只知道"借"而不知道"还"，计算机的存储空间迟早会被耗尽。这种现象也被称为"内存泄漏"。"还"存储空间，也就是使用 free()函数释放存储空间，此函数的使用方法为：

```
free(指向存储空间的指针);
```

【示例 11-27】 下面的程序使用函数 malloc()和 calloc()为不同类型的数据申请了存储空间，在输出了存储空间中的数据以后，使用 free()释放了所有申请的存储空间。

```
01   #include <stdio.h>
02   #include <stdlib.h>
03
04   int main(int argc, char* argv[])
05   {
06       //1--申请存储空间
07       int *p_i = (int *)malloc(sizeof(int));
08       char *p_c = (char *)malloc(sizeof(char));
09       double *p_d = (double *)calloc(1,sizeof(double));
10       //2--在存储空间中保存数据
11       *p_i = 100;
12       *p_c = 'B';
13       *p_d = 1.2387;
14       //3--输出数据
15       puts("各存储空间中的数据为: ");
16       printf("p_i 指向数据: %d\n"
17           "p_c 指向数据: %c\n"
18           "p_d 指向数据: %lf\n\n"
19           ,*p_i,*p_c,*p_d);
20       //4--释放存储空间
21       free(p_i);
22       free(p_c);
23       free(p_d);
24       return 0;
25   }
```

示例 11-27 源码

3 个指针 p_i、p_c 和 p_d 分别指向了存储不同类型数据的存储空间，使用了指针给存储空间中填充了数据以后，输出了存储空间中的数据，最后将指针作为函数 free() 的参数，释放了指针指向的存储空间。程序的运行效果如图 11-51 所示。其实，即使不使用函数 free()，在程序结束运行后存储空间也会被释放。

【示例 11-28】　下面的程序，使用循环多次申请存储空间，而存储空间只被使用了一次而已，所以每次释放存储空间很有必要。程序的运行效果如图 11-52 所示。

```
01   #include <stdio.h>
02   #include <stdlib.h>
03
04   int main(int argc, char* argv[])
05   {
06       int count = 0;
07       for(int i = 1;i<=50;i++)
08       {
09           //1--动态申请存储空间
10           int *p_i = (int *)malloc(sizeof(int));
11           //2--存储数据
12           *p_i = i;
13           //3--使用数据
14           printf("%2d ",*p_i);
15           count++;
16           if(count == 10)
17           {
18               printf("\n");
19               count = 0;
20           }
21           //4--释放存储空间
22           free(p_i);
23       }
```

```
24        printf("\n");
25        return 0;
26  }
```

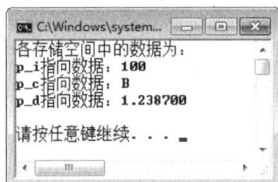

图 11-51　示例 11-27 程序运行效果　　　图 11-52　示例 11-28 程序运行效果

总之，使用 free()函数释放存储空间，必须要知道以下几点。

❑　使用函数 malloc()和 calloc()动态申请的存储空间在使用完毕后才需要动态释放。

❑　当程序结束运行以后，所有动态申请的存储空间都会被释放。

❑　"内存泄漏"只发生在：程序持续运行，动态申请的存储空间在使用完毕后仍然不释放，而且程序还在持续不断地申请新的存储空间。

2. 构造删除结点的函数

按照本小节最开始提出的方法编写函数 del_list(struct node *p_head,int pos)，用于删除链表中指定位置的结点。函数参数依次表示：指向链表头结点的指针、要删除的结点的位置。

```
01  void del_list(struct node *p_head,int pos)
02  {
03      struct node *p_front,*p_del;
04      p_front = p_head;
05      for(int i=1;i<=pos-1;i++)
06      {
07          p_front = p_front->next;
08      }
09      p_del = p_front->next;
10      p_front->next = p_del->next;
11      free(p_del);
12  }
```

通过 for 循环使得指针 p_del 和 p_front 分别指向要被删除的结点和前一个结点，然后让 p_front 的指针成员指向被删除结点后面的那个结点（即程序 10 行），释放 p_del 指向的存储空间就可以了。

3. 程序示例

【示例 11-29】下面的程序使用定义的两个结点 node1 和 node2 构成了一个链表，请在此程序的基础上完成后面所要求的任务。

```
01  #include <stdio.h>
02  #include <stdlib.h>
03
04  //专用于链表的结构
05  struct node
06  {
07      int           i;
```

示例 11-29 源码

```
08      char         c;
09      struct node  *next;
10  };
11  int main(int argc, char* argv[])
12  {
13      //1--创建链表
14      struct node node1 = {1,'a'};
15      struct node node2 = {2,'b'};
16      struct node *p_head;
17      p_head = (struct node *)malloc(sizeof(struct node));
18      p_head->next = &node1;
19      node1.next = &node2;
20      return 0;
21  }
```

（1）由于程序即将多次要求输出链表中的结点及其数据，所以现在决定定义一个函数 print_list()，专用于输出链表中的结点及其数据。

```
01  void print_list(struct node *p_head)
02  {
03      puts("链表中的结点及其数据为：");
04      struct node *p = p_head->next;
05      int j=1;
06      while(p)
07      {
08          printf("node%d：%d %c\n",j,p->i,p->c);
09          p = p->next;
10          j++;
11      }
12  }
```

函数仅仅需要一个参数：指向链表头结点的指针。使用这个指针可以依次遍历链表中的结点，顺便输出结点及其数据即可。

（2）动态生成两个新的结点，依次加到链表的位置 3 和 4 处，然后使用删除结点的函数 del_list()删除位置 3 的结点。

```
01  #include <stdio.h>
02  #include <stdlib.h>
03
04  //专用于链表的结构
05  struct node
06  {
07      int          i;
08      char         c;
09      struct node  *next;
10  };
11  void insert_list(struct node *p_head,struct node *p_new,int pos);
12  void del_list(struct node *p_head,int pos);
13  void print_list(struct node *p_head);
14  int main(int argc, char* argv[])
15  {
16      //1--创建链表
17      struct node node1 = {1,'a'};
18      struct node node2 = {2,'b'};
19      struct node *p_head;
20      p_head = (struct node *)malloc(sizeof(struct node));
21      p_head->next = &node1;
22      node1.next = &node2;
```

```
23          print_list(p_head);
24          printf("\n");
25          //2--为链表插入两个结点
26          struct node * p_new = (struct node *)malloc(sizeof(struct node));
27          p_new->i = 3;
28          p_new->c = 'c';
29          insert_list(p_head,p_new,3);
30          p_new = (struct node *)malloc(sizeof(struct node));
31          p_new->i = 4;
32          p_new->c = 'd';
33          insert_list(p_head,p_new,4);
34          printf("插入新结点后, ");
35          print_list(p_head);
36          //3--删除链表中的结点
37          del_list(p_head,3);
38          printf("\n删除位置3的结点后, ");
39          print_list(p_head);
40          printf("\n");
41          return 0;
42      }
43      void insert_list(struct node *p_head,struct node *p_new,int pos)
44      {
45          ...//省略函数的实现代码
46      }
47      void del_list(struct node *p_head,int pos)
48      {
49          ...//省略函数的实现代码
50      }
51      void print_list(struct node *p_head)
52      {
53          ...//省略函数的实现代码
54      }
```

使用函数前一定要先声明（即程序 11～13 行），使用函数时一定要正确地传入参数。程序的运行效果如图 11-53 所示。

插入新结点后链表就有了 4 个数据结点，而只有后两个结点是程序动态生成的，所以只能使用函数 del_list()删除后两个结点，如果删除前两个结点，程序会报告如图 11-54 所示的错误。

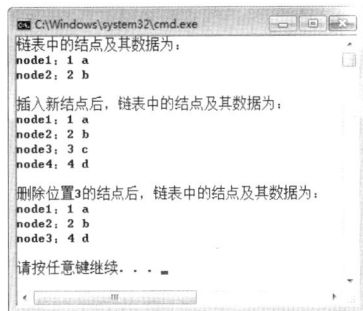

图 11-53　示例 11-29 程序运行效果　　图 11-54　删除非动态生成的结点时发生的错误

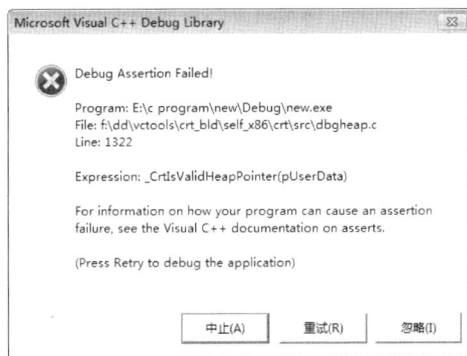

如果非要删除前两个非动态生成的结点，只要修改导致错误的根源即可。错误的根源是：非动态生成的结点无需释放，所以只要把函数 del_list()定义部分中调用 free()函数的语

句删除即可。修改后的 del_list()函数如下：

```
01  void del_list(struct node *p_head,int pos)
02  {
03      struct node *p_front,*p_del;
04      p_front = p_head;
05      for(int i=1;i<=pos-1;i++)
06      {
07          p_front = p_front->next;
08      }
09      p_del = p_front->next;
10      p_front->next = p_del->next;
11  }
```

11.4.3　链表操作综合应用

本小节将用一个新的链表示例，演示常见的链表操作，及其实现方法。

1. 程序框架部分

【示例 11-30】　下面是一个程序的简单框架部分，请在此框架的基础上完成后面的操作。

```
01  #include <stdio.h>
02  #include <stdlib.h>
03
04  //专用于链表的结构
05  struct student_info
06  {
07      int     stu_id;
08      char    stu_name;
09      char    stu_sex;
10      short   age;
11      struct student_info *next;
12  };
13  struct student_info *p_head;
14  //--------------辅助函数--------------------
15  //输出供用户选择的操作
16  void print_item();
17  //-------------用于实现用户请求的函数-----------
18  int main(int argc, char* argv[])
19  {
20      puts("\t 学生信息系统\n\n");
21      print_item();
22      printf("\n");
23      return 0;
24  }
25  void print_item()
26  {
27      puts("  1.查看所有学生信息");
28      puts("  2.插入学生信息");
29      puts("  3.删除学生信息");
30      puts("  4.查找学生信息");
31      puts("  6.退出系统");
32  }
```

这个程序打算使用链表来打造一个"学生信息系统"，此系统预期可以完成：查看、插入、删除、查找学生信息的操作。此框架程序的运行效果如图 11-55 所示。

专用于链表的结构定义在程序 05 ～ 12 行，名为 student_info，含有 4 个数据成员，分别表示：学号、姓名（一个字母表示）、性别（m 表示男，w 表示女）和年龄。为了使得程序的结构更加清晰，框架程序还标注出了辅助函数和实现用户请求函数的声明位置，即程序 14、17 行。

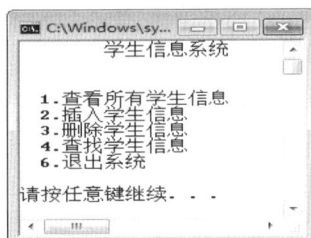

2. 获取用户选择

图 11-55 框架程序的运行效果

编写一个函数 get_choose()，专用于获取用户选择的操作，并作为函数值返回。

```
01    int get_choose()
02    {
03        int choose_item = 0;
04        printf("您选择的操作是: ");
05        scanf("%d",&choose_item);
06        if(choose_item >= 1 && choose_item <=6)
07            return choose_item;
08        else
09        {
10            puts("--输入有误，退出程序--");
11            return 7;
12        }
13    }
```

如果用户输入 1～6 以内的数，函数将返回这个数，如是其他的数字或者字符，程序将立即退出。

3. 引导程序执行的结构

在 main() 函数中构造链表头，然后使用 while 循环获取用户的操作选择，最后在 switch() 结构中实现各种操作效果。

```
01    int main(int argc, char* argv[])
02    {
03        puts("\t 学生信息系统\n\n");
04        p_head = (struct student_info *)malloc(sizeof(struct student_info));
      //构造链表头
05        p_head->next = NULL;
06        print_item();
07        printf("\n");
08        int choose = 0;                    //保存用户选择的条目的编号
09        choose = get_choose();
10        while(choose >= 1 && choose <= 6)
11        {
12            switch(choose)
13            {
14            //1.查看所有学生信息
15            case 1:
16                break;
17            //2.插入学生信息
18            case 2:
19                break;
```

```
20        //3.删除学生信息
21        case 3:
22            break;
23        //4.查找学生信息
24        case 4:
25            break;
26        }
27        //选择第 6 项，则退出系统
28        if(choose == 6)
29        {
30            puts("--退出程序--");
31            printf("\n");
32            break;
33        }
34        choose = get_choose();
35    }
36    printf("\n");
37    return 0;
38 }
```

while 循环不断获取用户的操作编号，switch 结构则引导执行实现此编号功能的程序。此时，输入 6 程序正常退出，输入 1～6 以外的任何字符，程序异常退出。程序两种退出情况的运行效果如图 11-56 所示。

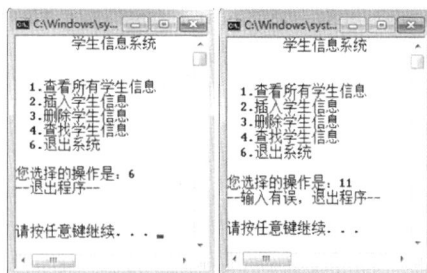

图 11-56　程序退出的两种情况

4. 查看所有学生信息

编写用于实现"查看所有学生信息"功能的函数 print_student_info()。

```
01  void print_student_info(struct student_info *p_head)
02  {
03      struct student_info *p;
04      p = p_head->next;
05      int count = 0;
06      while(p)
07      {
08          if(count == 0)
09              puts("学号\t 姓名\t 性别\t 年龄");
10          printf("%d\t%c\t%c\t%hd\n",p->stu_id,p->stu_name,p->stu_sex,
                   p->age);
11          count++;
12          p = p->next;
13      }
14      if(count == 0)
15      {
16          puts("--当前没有学生信息--");
17          return;
18      }
19      puts("--以上是全部学生信息--");
20  }
```

此函数需要链表头指针作为参数，然后判断：有数据，就输出；没数据，就提示。程序的运行效果如图 11-57 所示。

5. 插入学生信息

在插入新的学生信息前，需要知道当前链表中结点的个数，即学生信息的个数。编写

函数 sum_node()用于"统计链表中结点的个数"。

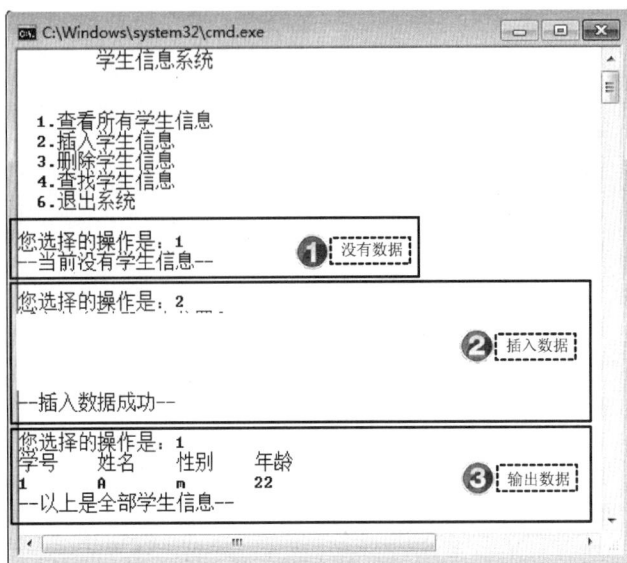

图 11-57　打印输出全部学生信息

```
01   int sum_node(struct student_info *p_head)
02   {
03       int count = 0;
04       struct student_info *p;
05       p = p_head->next;
06       while(p)
07       {
08           count++;
09           p = p->next;
10       }
11       return count;
12   }
```

此函数需要链表头指针作为参数，最后返回链表中数据结点的个数。由于此函数不直接实现用户的操作，只是用于帮助实现用户的操作，所以将此函数归为"辅助函数"。编写用于实现"插入学生信息"功能的函数 insert_student_info()。

```
01   void insert_student_info(struct student_info *p_head,int pos)
02   {
03       struct student_info *p_new;
04       p_new = (struct student_info *)malloc(sizeof(struct student_info));
05       //1--获取用户输入的信息
06       if(p_new != NULL)
07       {
08           puts("请依次输入：学号、姓名、性别、年龄（中间使用一个空格分隔）");
09           scanf("%d %c %c %hd",&p_new->stu_id,&p_new->stu_name,&p_new->stu_sex,&p_new->age);
10       }
11       else                        //存储空间申请失败
12       {
13           puts("--插入数据失败--");
14       }
15       //2--插入结点到链表
```

```
16      int count_node;                //用于保存结点的个数
17      count_node = sum_node(p_head);
18      int min;
19      if(count_node < pos)           //优化结点的插入位置
20          min = count_node;
21      else
22          min = pos-1;
23      struct student_info *p_front;
24      p_front = p_head;
25      for(int i = 1;i <= min;i++)
26      {
27          p_front = p_front->next;
28      }
29      p_new->next = p_front->next;
30      p_front->next = p_new;
31      puts("--插入数据成功--");
32  }
```

此函数需要链表头结点指针和插入的位置作为参数。如果插入的位置大于链表的长度，就插入到链表末尾。两次插入数据后程序的运行效果如图 11-58 所示。

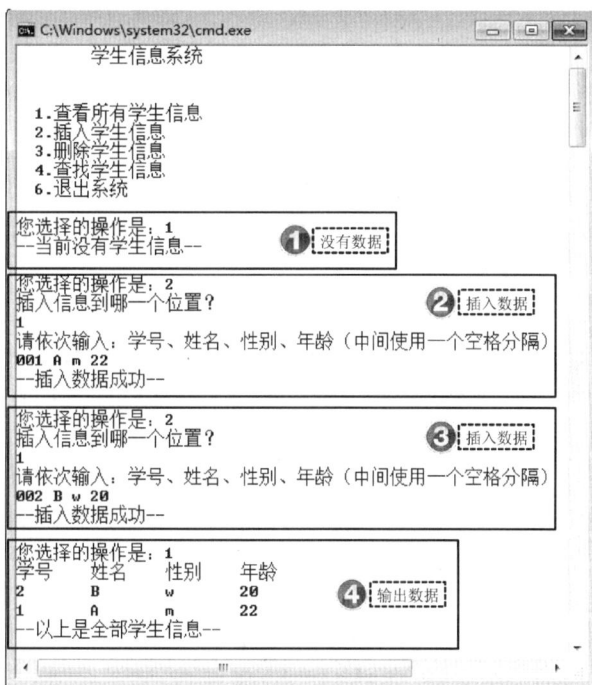

图 11-58　两次插入数据的运行效果

6. 删除学生信息

编写用于实现"删除学生信息"功能的函数 del_student_info()。

```
01  void del_student_info(struct student_info *p_head,int pos)
02  {
03      int count_node;                //用于保存结点的个数
04      count_node = sum_node(p_head);
05      if(count_node < pos)
```

```
06      {
07          puts("--当前位置没有学生信息--");
08      }
09      else
10      {
11          struct student_info *p_front,*p_del;
12          p_front = p_head;
13          for(int i = 1;i<= pos-1;i++)
14          {
15              p_front = p_front->next;
16          }
17          p_del = p_front->next;
18          p_front->next = p_del->next;
19          free(p_del);
20          puts("--删除成功--");
21      }
22  }
```

此函数需要链表头结点的指针和结点的位置作为参数。如果位置大于链表长度，就提示相应位置没有学生信息，否则删除相应位置的学生信息，如图 11-59 所示。

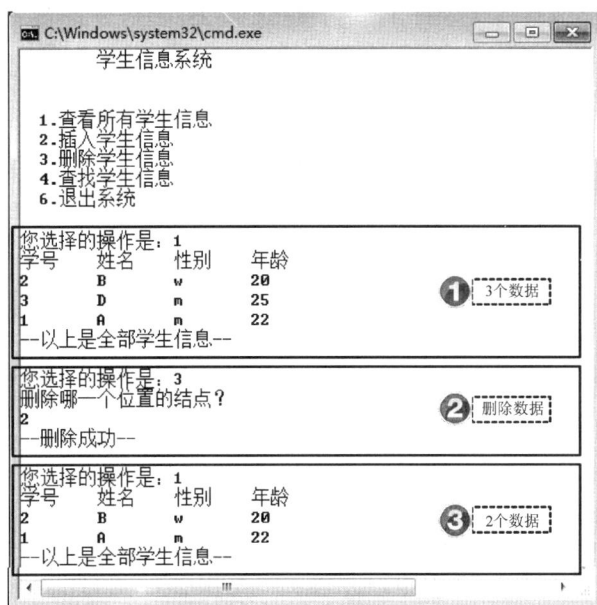

图 11-59　删除数据操作的运行效果

7. 查找学生信息

编写用于实现"查找学生信息"功能的函数 search_student_info()。

```
01  void search_student_info(struct student_info *p_head,char stu_name)
02  {
03      struct student_info *p;
04      p = p_head;
05      int count_node;              //用于保存结点的个数
06      count_node = sum_node(p_head);
07      int i = 0;
08      for(i = 1;i <= count_node;i++)
```

```
09      {
10          p = p->next;
11          if(p->stu_name == stu_name)
12          {
13              puts("学号\t 姓名\t 性别\t 年龄");
14              printf("%d\t%c\t%c\t%hd\n",p->stu_id,p->stu_name,p->stu_
                sex,p->age);
15              puts("--以上是找到的学生信息--");
16              return;
17          }
18      }
19      if( i == count_node+1 )
20          puts("--没有这个学生的信息--");
21  }
```

此函数需要链表头结点的指针和学生姓名作为参数。找到了就输出此学生的信息，没找到就提示没有这个学生的信息。程序两次查找学生信息操作的运行效果如图 11-60 所示。

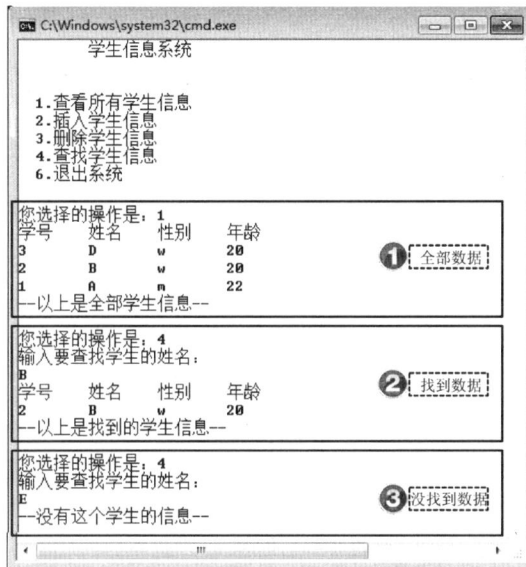

图 11-60　两次查找学生信息操作

8. 整合全部功能到框架

各个函数的功能可以说已经完美地实现了，现在要将这些函数全部整合到 main() 函数中，并且放到恰当的程序流程中。

```
01  #include <stdio.h>
02  #include <stdlib.h>
03
04  //专用于链表的结构
05  struct student_info
06  {
07      int     stu_id;
08      char    stu_name;
09      char    stu_sex;
10      short   age;
11      struct student_info *next;
```

```
12      };
13      struct student_info *p_head;
14
15      //-------------辅助函数--------------------
16      //输出供用户选择的操作
17      void print_item();
18      //获取用户选择的操作，并作为函数值返回
19      int get_choose();
20      //统计链表中结点个数，参数是链表的头指针
21      int sum_node(struct student_info *p_head);
22
23      //-------------用于实现用户请求的函数-----------
24      //查看所有学生的信息，参数是链表的头指针
25      void print_student_info(struct student_info *p_head);
26      //插入结点到链表，参数是链表头指针和结点的插入位置
27      void insert_student_info(struct student_info *p_head,int pos);
28      //删除链表中结点，参数是链表头指针和要删除的结点的位置
29      void del_student_info(struct student_info *p_head,int pos);
30      //查找链表中的结点，参数是链表头指针和学生的姓名
31      void search_student_info(struct student_info *p_head,char stu_name);
32
33      int main(int argc, char* argv[])
34      {
35          puts("\t 学生信息系统\n\n");
36          p_head = (struct student_info *)malloc(sizeof(struct student_
            info));
37          p_head->next = NULL;
38          print_item();
39          printf("\n");
40          int choose = 0;            //保存用户选择的条目的编号
41          int pos = 0;               //保存用户选择的位置
42          choose = get_choose();
43          while(choose >= 1 && choose <= 6)
44          {
45              switch(choose)
46              {
47              //1.查看所有学生信息
48              case 1:
49                  print_student_info(p_head);
50                  printf("\n");
51                  break;
52              //2.插入学生信息
53              case 2:
54                  puts("插入信息到哪一个位置？");
55                  scanf("%d",&pos);
56                  insert_student_info(p_head,pos);
57                  printf("\n");
58                  break;
59              //3.删除学生信息
60              case 3:
61                  puts("删除哪一个位置的结点？");
62                  scanf("%d",&pos);
63                  del_student_info(p_head,pos);
64                  printf("\n");
65                  break;
66              //4.查找学生信息
67              case 4:
68                  puts("输入要查找学生的姓名：");
```

```
69              char c;
70              getchar();          //屏蔽回车等其他一些无用字符
71              scanf("%c",&c);
72              search_student_info(p_head,c);
73              printf("\n");
74              break;
75          }
76          //选择第 6 项，则退出系统
77          if(choose == 6)
78          {
79              puts("--退出程序--");
80              printf("\n");
81              break;
82          }
83          choose = get_choose();
84      }
85      printf("\n");
86      return 0;
87  }
88  void print_item()
89  {
90      …//省略函数的定义部分
91  }
92  int get_choose()
93  {
94      …//省略函数的定义部分
95  }
96  void print_student_info(struct student_info *p_head)
97  {
98      …//省略函数的定义部分
99  }
100 int sum_node(struct student_info *p_head)
101 {
102     …//省略函数的定义部分
103 }
104 void insert_student_info(struct student_info *p_head,int pos)
105 {
106     …//省略函数的定义部分
107 }
108 void del_student_info(struct student_info *p_head,int pos)
109 {
110     …//省略函数的定义部分
111 }
112 void search_student_info(struct student_info *p_head,char stu_name)
113 {
114     …//省略函数的定义部分
115 }
```

因为这些函数定义在 main() 函数后面，而 main() 函数里又用到了这些函数，所以需要在 main() 函数前声明这些函数，即程序 15～31 行。switch 结构各分支的功能分别需要调用不同的函数，主要是要给函数准确地传入参数。

11.4.4　练习

1. 下面的程序是对本节链表操作中插入新结点示例的一个修改程序：最初创建的链表有 3 个结点，然后插入新结点到链表的位置 4 处。

仔细阅读下面的程序，并依据代码中给出的注释完成本程序。

```
01  #include <stdio.h>
02  #include <stdlib.h>
03
04  //专用于链表的结构
05  struct node
06  {
07      int         i;
08      char        c;
09      struct node *next;
10  };
11  int main(int argc, char* argv[])
12  {
13      //1--创建链表
14      struct node node1 = {1,'a'};
15      struct node node2 = {2,'b'};
16      _____       //定义并初始化结点变量 node3、int 型数
据 3 和 char 型数据 c
17      struct node *p_head;
18      p_head = (struct node *)malloc(sizeof(struct node));
19      p_head->next = &node1;
20      node1.next = &node2;
21      _____       //将 node3 结点加到链表末尾
22      //2--输出链表中的数据
23      int j;
24      struct node *p = p_head->next;   //遍历链表的指针
25      puts("链表结点及其数据：");
26      for(j=1;j<=3;j++)
27      {
28          _____           //使用 printf()函数输出链表各结点的数据
29          p = p->next;
30      }
31      printf("\n");
32      //3--插入新结点到链表第三个数据结点处
33      struct node *p_new = (struct node *)malloc(sizeof(struct node));
34      p_new->i = 4;
35      p_new->c = 'd';
36      //补充将新结点插到链表位置 3 处的代码
37      _____
38      _____
39      _____
40      _____
41      _____
42      //4--输出链表的结点及其数据
43      puts("插入新结点到链表第三个数据结点处，链表结点及其数据：");
44      p = p_head->next;
45      for(j=1;j<=4;j++)
46      {
47          printf("node%d: %hd %c\n",j,p->i,p->c);
48          p = p->next;
49      }
50      printf("\n");
51      return 0;
52  }
```

练习 1 源码

代码正确填写后，程序的运行效果如图 11-61 所示。

2. 本节“链表操作综合应用”的实例还记得吧？图 11-62 是此示例程序的主界面。

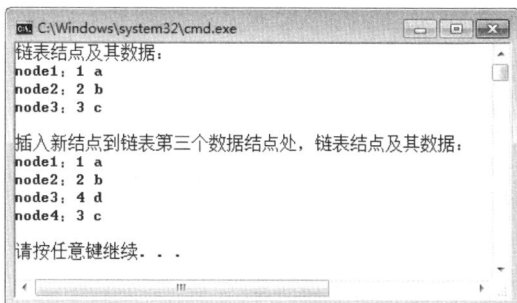

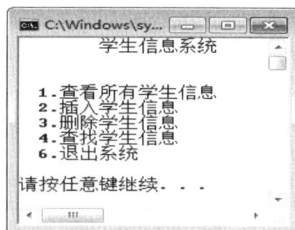

图 11-61 练习 1 程序运行效果   图 11-62 示例程序主界面

现在打算给这个程序添加一个功能：修改学生信息。正好这个程序缺少了编号 5，用这个功能来填补。

（1）编写函数 change_student_info()用于修改给定位置上学生的信息，此函数需要链表头结点的指针和学生信息的位置作为参数。

练习 2-(1)源码

```
01  void change_student_info(struct student_info *p_head,
    int pos)
02  {
03      struct student_info *p;
04      p = p_head;
05      int count_node;              //用于保存结点的个数
06      count_node = sum_node(p_head);
07      if(count_node < pos)
08      {
09          puts("--这个位置上没有学生信息--");
10          return;
11      }
12      for(int i = 1;i <= pos;i++)
13          p = p->next;
14      puts("选择要修改的信息的编号：\n1.学号 2.姓名 3.性别 4.年龄");
15      int num;
16      scanf("%d",&num);
17      switch(num)
18      {
19      case 1:
20          printf("输入学号：");
21          _____
22          break;
23      case 2:
24          printf("输入姓名：");
25          _____
26          break;
27      case 3:
28          printf("输入性别：");
29          _____
30          break;
31      case 4:
32          printf("输入性别：");
33          _____
34          break;
35      }
36      puts("--修改成功--");
37  }
```

完善这个函数的剩余部分，使得此函数的功能得以实现。

（2）要将这个函数加到示例程序中，需要修改 3 处。

第 1 处：在 main() 函数前声明这个函数。

第 2 处：修改函数 print_item()，添加一个功能选项。

第 3 处：为 main() 函数的 switch 结构中添加一个分支，即 case 5 分支。

```
01  #include <stdio.h>
02  #include <stdlib.h>
03  …//省略
04  //--------------用于实现用户请求的函数-----------
05  …//省略
06  //修改链表中的结点，参数是链表头指针和结点的位置
07  void change_student_info(struct student_info *p_head,int pos);
08  int main(int argc, char* argv[])
09  {
10  …//省略
11      while(choose >= 1 && choose <= 6)
12      {
13  …//省略
14          case 5:
15              puts("输入要修改学生的位置：");
16              scanf("%d",&pos);
17              change_student_info(p_head,pos);
18              printf("\n");
19              break;
20  …//省略
21      }
22      printf("\n");
23      return 0;
24  }
25  void print_item()
26  {
27      puts("  1.查看所有学生信息");
28      puts("  2.插入学生信息");
29      puts("  3.删除学生信息");
30      puts("  4.查找学生信息");
31      puts("  5.修改学生信息");                    //添加的操作选项
32      puts("  6.退出系统");
33  }
34  void change_student_info(struct student_info *p_head,int pos)
35  {
36  …//省略
37  }
```

将函数成功整合到程序中以后，程序的运行效果如图 11-63 所示。

（3）其实修改学生信息的操作也可以认为是：先删除指定位置上的学生信息，然后再在指定位置上插入信息。也就是使用另外两个函数：del_student_info() 和 insert_student_info()，来实现本函数所要求的功能。按照这一思路完成下面"新版"的函数 change_student_info()。

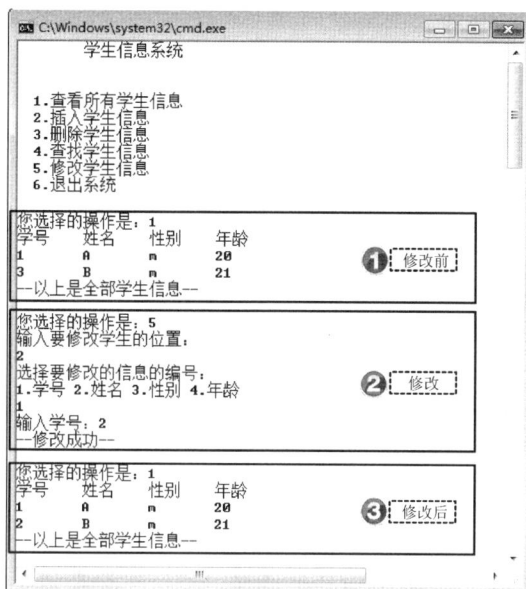

图 11-63 修改操作的程序运行效果

```
01   void change_student_info(struct student_info *p_head,
     int pos)
02   {
03       _____  //删除指定位置上的学生信息
04       _____  //在指定位置上插入信息
05       puts("--修改成功--");
06   }
```

练习 2-(3)源码

程序的运行效果如图 11-64 所示。

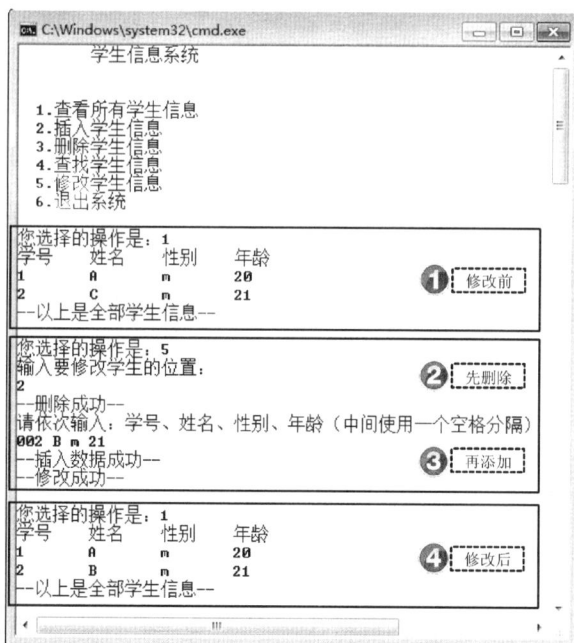

图 11-64 修改学生信息的程序运行效果

11.5　小　　结

本章先后讲解了结构的概念、使用和重要的应用（即链表）。知道了结构是一种构造的数据类型，可以应用于处理大量不同类型数据的问题。基于结构的链表，更是在动态存储数据的能力上表现极其优异。如果说本章有两大重点，那么一个是对结构的深刻理解，另一个无疑就是链表的灵活使用了。

11.6　习　　题

1. 本章讲解过使用构造类型构造复数类型的方法，也讲解了计算复数的和与复数的差的函数的实现方法，请按照同样的思路完成计算复数的乘积的函数的实现。

（1）复数间是如何计算乘积的呢？请看下面的计算示例：

(3+4i)×(6+9i) = (3×6-4×9)+(4×6+3×9)i = -18+51i

也就是说，如果有两个复数：a+bi 和 c+di，求这两个复数的乘积，结果应该为：(ac-bd)+(bc+ad)i。

（2）下面是程序的整个框架，请完成函数 accumulate()的定义部分，这个函数是用于计算复数乘积的。

习题 1 源码

```
01   #include <stdio.h>
02
03   struct complex_num
04   {
05       short real;
06       short image;
07   };
08   typedef struct complex_num comp;
09   void assign(comp *num);
10   comp accumulate(comp ,comp);
11   int main(int argc, char* argv[])
12   {
13       comp comp1 = {3,4};
14       printf("复数变量 comp1 的值为：%hd+%hdi\n\n",comp1.real,comp1.image);
15       comp comp2;
16       assign(&comp2);
17       printf("复数变量 comp2 的值为：%hd+%hdi\n\n",comp2.real,comp2.image);
18       comp comp3 = accumulate(comp1,comp2);
19       printf("comp1 和 comp2 的积为：%hd+%hdi\n\n",comp3.real,comp3.image);
20       return 0;
21   }
22   comp accumulate(comp num1,comp num2)
23   {
24       _____
25       _____
26       _____
27       _____
28   }
```

```
29  void assign(comp *num)
30  {
31      puts("输入复数的实部：");
32      scanf("%hd",&(num->real));
33      puts("输入复数的虚部：");
34      scanf("%hd",&(num->image));
35  }
```

如果编写的计算复数乘积的函数 accumulate()正确的话，程序的运行效果应该如图 11-65 所示。

图 11-65　习题 1 程序运行效果

第 12 章　联合与枚举

提到联合，就不能不提到结构，因为它们确实非常的相似，无论是在构造上还是使用上。联合的出现弥补了结构的不足，所以联合经常作为结构的成员被使用。而枚举则和整型相似。本章将详细讲解联合与枚举，以及联合是如何弥补结构功能上的不足的。

12.1　结构遇到的困扰

在编程过程中，有时会发现：我们不得不构造多个结构类型，尽管每个结构类型只有很微小的差异。比如说下面的这个小示例。

12.1.1　引起困惑的小示例

【示例 12-1】　下面的程序构造了 3 个结构，这 3 个结构定义的变量又分别用于指代不同的数据信息。尽管 3 个结构十分相似，但是它们彼此互不相同。

示例 12-1 源码

```
01   #include <stdio.h>
02
03   struct student_info                          //学生结构
04   {
05       char    name;
06       char    sex;
07       short   age;
08       short   grade;
09   };
10   struct teacher_info                          //老师结构
11   {
12       char    name;
13       char    sex;
14       short   age;
15       char    title;
16   };
17   struct cleaner_info                          //环卫结构
18   {
19       char    name;
20       char    sex;
21       short   age;
22       short   work_years;
23   };
24   int main(int argc, char* argv[])
25   {
26       puts("\t--学校人员明细--\n");
27       struct student_info stu1 = {'A','m',20,3};
```

```
28        struct teacher_info tea1 = {'B','w',30,'a'};
29        struct cleaner_info cle1 = {'C','m',50,2};
30        puts("姓名\t 性别\t 年龄\t 年级/头衔/工龄");
31        printf("%c\t%c\t%hd\t%hd（学生）\n",stu1.name,stu1.sex,stu1.age,
          stu1.grade);
32        printf("%c\t%c\t%hd\t%c（教师）\n",tea1.name,tea1.sex,tea1.age,
          tea1.title);
33        printf("%c\t%c\t%hd\t%hd（环卫）\n",cle1.name,cle1.sex,cle1.age,
          cle1.work_years);
34        printf("\n");
35        puts("\t--列表备注信息--");
36        puts("年级：\t1~4");
37        puts("头衔：\t'p'---professor（教授）\n\t'a'---associate professor
          （副教授） ");
38        puts("工龄：\t1~10");
39        printf("\n");
40        return 0;
41    }
```

程序里的 3 个结构分别是：student_info、teacher_info 和 cleaner_info。这 3 个结构有 3
个相同类型的成员变量：char 类型的 name、char 类型
的 sex 和 short 类型的 age。这里说这 3 个结构彼此互
不相同，除了考虑到它们各自的名称不同以外，就是
它们的第 4 个成员变量所指代信息的含义不同。先看
程序的运行效果如图 12-1 所示。

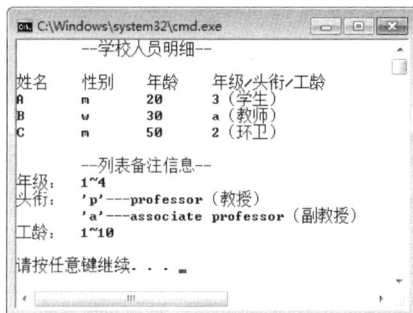

12.1.2 困惑什么

只因为"要指代的信息中有一个成员变量不同"，
就要付出"构造 3 个不同结构类型"的代价，是否有
些不值得呢？如果这种感觉不明显，试想"如果有更多的结构类型因为一个成员的不同就
要被构造"，结果就太可怕了，如图 12-2 所示。

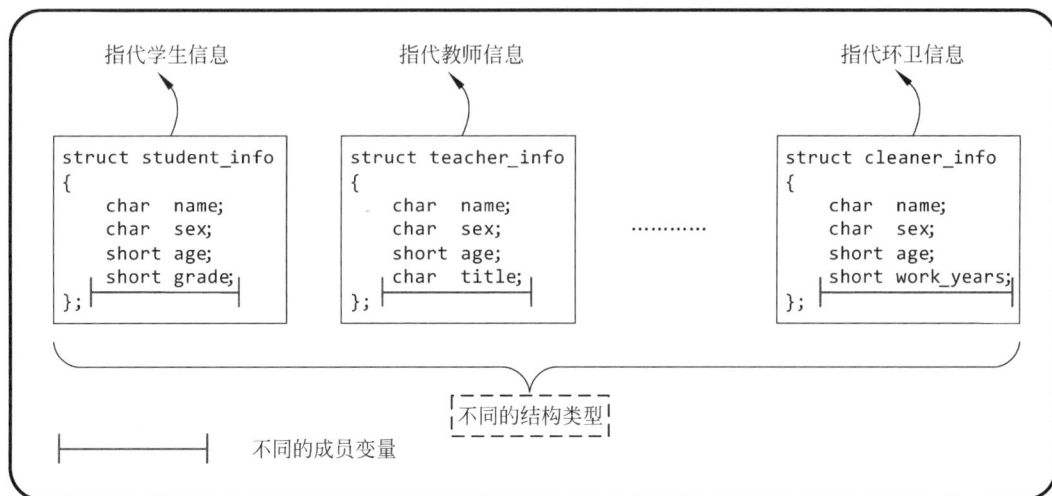

图 12-1　示例 12-1 程序运行效果

图 12-2　因为一个成员变量不同而不同的结构类型

12.1.3 设想的解决方案

将这个疑问引申一下：是否真的要因为结构中几个成员变量的不同就要定义更多的结构，而不管结构中还有很多相同的成员变量呢？那么，有没有一种方式，可以做到这样：只构造一个结构类型，就可以表示前面的所有结构类型，如图 12-3 所示。就像齐天大圣一样，一只猴子就可以 72 变，而不用非得等到从石头里蹦出 72 只猴子。

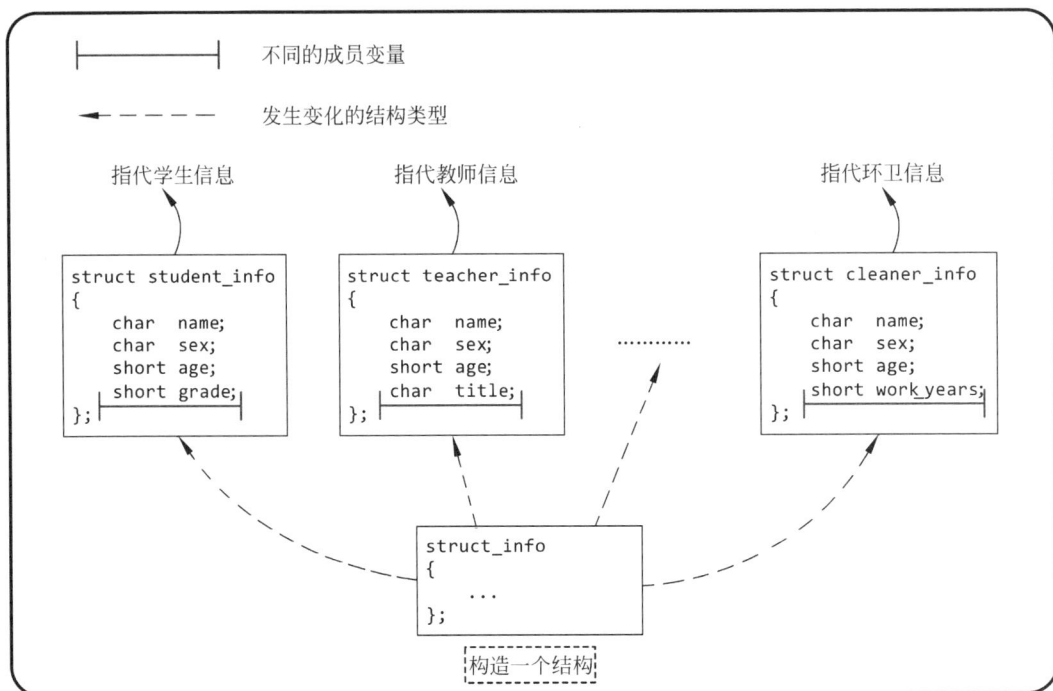

图 12-3 一个会发生变化的结构

实际上，C 语言提供了一种机制，可以实现"一个结构变量因为指代的数据而发生变化"的设想，这种机制就是本章要重点介绍的联合。

12.2 联 合 概 述

联合也是一种数据类型，它与第 11 章学习的结构类型有相似的地方：使用这种类型前，需要使用其他类型构造这种类型，然后才能定义联合类型的变量，最后此变量才可以指代数据。

12.2.1 构造联合类型

使用联合类型变量的第一步是：构造联合类型。联合类型的构造方式为：

```
union 联合类型名
{
    数据类型 1 成员名 1;
    数据类型 2 成员名 2;
    …;
};
```

与构造结构的方式几乎完全一样，只不过构造结构使用的关键字是 struct，而构造联合使用的关键字是 union。就这么一"字"之差，导致了两种类型本质的不同：结构类型的成员变量各自指代不同存储空间中的数据，联合类型的成员变量全部指代相同存储空间中的数据，如图 12-4 所示。

注意：一定不要忘记构造方式最后面的那个分号";"，它是构造结束的标志。

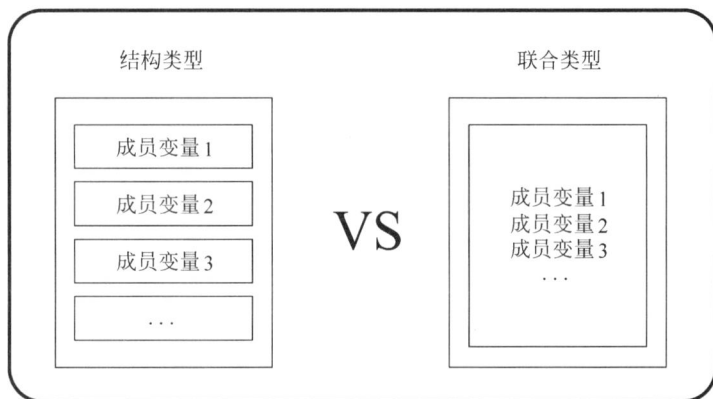

图 12-4　联合、结构类型成员变量比较

【示例 12-2】 构造一个联合类型，命名为 try_union，包括 int 型的成员 i，double 型的成员 d，还有 char 型的成员 c。

```
union try_union
{
    int i;
    double d;
    char c;
};
```

12.2.2　定义联合类型的变量

使用联合类型变量的第二步是：定义联合类型变量。和定义结构类型变量的方式一样，定义联合类型变量也有两种方式。

1．第一种方式

在构造好联合以后，使用 union 和联合类型名定义结构变量。定义的方式如下：

union 联合类型名 联合变量名;

例如，下面的程序片段，使用了之前构造的 try_union 联合类型定义了联合变量 un1：

union try_union un1;

联合变量名为 un1。

2．第二种方式

构造联合类型的同时定义联合变量，联合变量名称的书写位置是："}"和";"之间。例如，同样定义 try_union 联合类型的变量 un1，代码如下：

```
union try_union
{
    int i;
    double d;
    char c;
}un1;
```

12.2.3 引用联合类型变量成员

使用联合类型变量的第三步是：引用变量中的成员。联合类型变量引用自身成员的方式为：

联合变量名.成员变量名;

使用"."运算符，再搭配上联合变量名，就可以引用联合中的成员变量了，比如引用联合变量 un1 中的 d 成员：

```
un1.d;
```

12.2.4 联合类型变量的赋值

本书前面各章节多次学习"数据类型"，因此读者应该很熟悉为数据类型定义的变量赋值的方法，无非两种：初始化、使用赋值运算符"="。

1．定义变量的同时赋值，即初始化

由于联合类型的所有成员变量都指代相同存储空间中的数据，所以只对其中一个成员初始化就可以了。要对哪个成员初始化呢，C 语言规定了：要初始化联合类型的变量，只能选择初始化第一个成员变量。

例如下面的程序片段就完成了联合变量的初始化：

```
union try_union
{
    int i;
    double d;
    char c;
}un1 = {10};
```

或

```
union try_union un1 = {10};
```

2．使用赋值运算符

先引用联合变量中的成员，再使用赋值运算符"="为成员赋值，比如，引用联合变

量 un1 中的 d 成员，并赋值 1.3523：

```
un1.d = 1.3523;
```

12.2.5　练习

1．看到联合与结构的构造方式几乎一样，自作聪明的小李子就以为自己学会了联合，也不想想结构和联合真一样的话，有结构了还要联合干嘛。下面是小李子写的程序，借此机会好好羞羞他，看他还改不改自以为是的老毛病。

```
01  #include <stdio.h>
02
03  union try_union
04  {
05      int i;
06      char c;
07  };
08  int main(int argc, char* argv[])
09  {
10      union try_union un;
11      un.i = 15;
12      un.c = 'f';
13      puts("un.i = 15");
14      puts("un.c = 'f'");
15      printf("15+un.i = %d\n\n",15+un.i);
16      printf("Have %cun!!!\n\n",un.c);
17      return 0;
18  }
```

程序编译通过了，于是马上看运行结果，如图 12-5 所示。现在小李子错愕了，因为第一个加法运算的输出很显然是意料之外的。

趁着他错愕的机会赶快批评教育。

问题一：认识有误。这是联合类型，别把它当作结构使用。

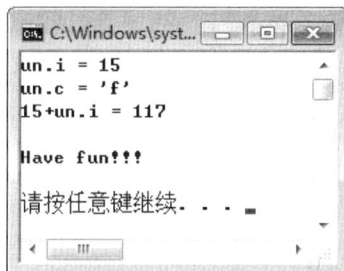

图 12-5　练习 1 程序运行效果

问题二：要达到预期效果要怎样修改？

_____【参考答案：交换 14 和 15 行的位置】

为什么要这样修改？

_____【参考答案：联合类型的成员变量都指代同一存储空间中的数据，所以后赋的值会覆盖前面赋的值】

12.3　联合类型变量的特殊性

作为数据类型，联合类型有着和其他数据类型一样的特性：定义变量，指代数据。但它也有特殊的地方，在介绍如何构造联合类型时说过：联合类型的所有成员变量都指代同一存储空间中的数据。也就是说，数据都放在同一个地方，这就是它的特殊性。

12.3.1　通过示例来发现

试想：对于联合类型 try_union 而言，先为 i 成员赋值 100，再为 c 成员赋值字母 a，会发生什么？

【示例 12-3】　先为 try_union 联合类型的变量 un1 的成员 i 赋值 100，再为 c 成员赋值字母 a。多次使用 printf() 输出变量 un1 指代的数据，运行程序看看数据会发生怎样的变化？

```
01   #include <stdio.h>
02
03   union try_union
04   {
05       int i;
06       double d;
07       char c;
08   };
09   int main(int argc, char* argv[])
10   {
11       union try_union un1;
12       un1.i = 100;
13       puts("为成员 i 赋值 100 后: ");
14       printf("un1.i = %d\tun1.c = %c\n",un1.i,un1.c);
15       printf("\n");
16       puts("为成员 c 赋值 a 后: ");
17       un1.c = 'a';
18       printf("un1.i = %d\tun1.c = %c\n",un1.i,un1.c);
19       printf("\n");
20       return 0;
21   }
```

示例 12-3 源码

程序的运行效果如图 12-6 所示。从程序的运行结果中发现：为成员 i 赋值，就会从成员 i 中读取到正确的数值；同理，为成员 c 赋值，就会从成员 c 中读取到正确的数据。

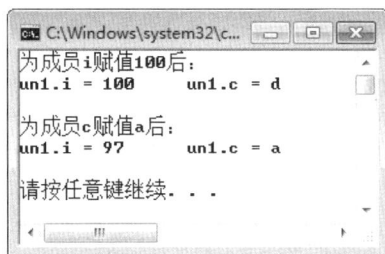

图 12-6　示例 12-3 程序运行效果

12.3.2　数据去哪儿了

先为联合变量 un1 的成员 i 赋值 100，再为成员 c 赋值 a，最后 i 指代的数据怎么变成了 97!之前赋予的 100 去哪里了？

这种思路很明显是把结构与联合混淆了，联合中的多个成员变量指代的可是同一存储空间中的数据，空间就那么大，怎么能又放 100 又放字母 a 呢？所以后放入的数据 a 将之前放入的数据 100 给覆盖了，如图 12-7 所示。

12.3.3　看似不相干的成员变量

继续仔细思考又会有发现：使用成员 i 读取到 100，使用成员 c 读取到 d，d 的 ASCII 码值不正是 100 吗？不记得的读者现在去查查 ASCII 码中字母 d 的码值是不是 100。同理，a 的 ASCII 码值是 97。看似风马牛不相干，但是又存在着某种巧合。

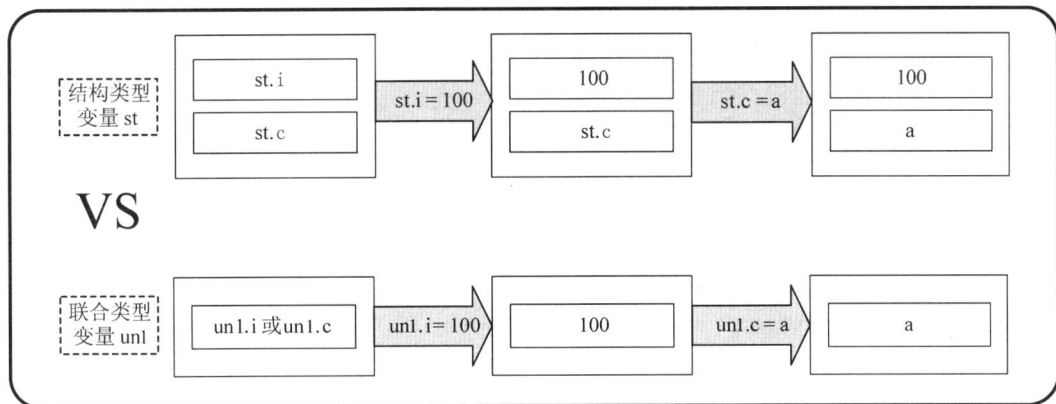

图 12-7　结构、联合类型变量指代的数据

因为：数据就放在那里，只是读取的方式不一样罢了。成员 i 总是把数据当作 int 型来读取，成员 c 总是把数据当作 char 型来读取，如图 12-8 所示。

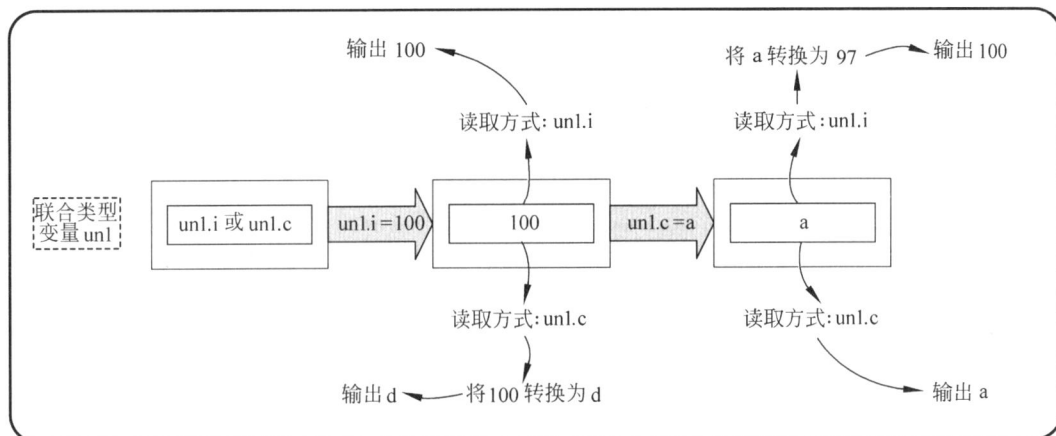

图 12-8　同样的数据不同的读取方式

12.3.4　总结：联合类型变量的特殊性

通过前面的讨论，总结得到联合变量特殊性的结论。

结论一：因为所有成员均指代同一数据，所以后写入的数据会将前面写入的数据覆盖。

结论二：为了正确读取到数据，应该使用最后赋值的成员变量读取数据。

【示例 12-4】　下面的程序，在代码中合理地使用了联合变量的特殊性。

示例 12-4 源码

```
01    #include <stdio.h>
02
03    union try_union
04    {
05        int i;
06        double d;
07        char c;
08    };
09    int main(int argc, char* argv[])
```

```
10  {
11      union try_union un2;
12      un2.i = 12;
13      puts("un2.i = 12");
14      printf("15+un2.i = %d\n\n",15+un2.i);
15      un2.d = 3.1418926;
16      puts("un2.d = 3.1418926");
17      printf("un2.d*1.2*1.2 = %lf\n\n",un2.d*1.2*1.2);
18      un2.c = 'a';
19      puts("un2.c = 'a'");
20      printf("What %c good day~,Is\'t it?\n\n",un2.c);
21      return 0;
22  }
```

因为结论一，所以结构变量 un2 在每次重新赋值后，就不再继续使用之前指代过的数据了。因为结论二，所以结构变量 un2 总是用赋值时使用的成员变量来访问指代的数据。程序的运行效果如图 12-9 所示，运行结果和预想的一样，这是因为正确地使用联合变量的缘故。

图 12-9　示例 12-4 程序的运行结果

12.3.5　解决结构遇到的困惑

回顾前面遇到的困惑：程序中不得不构造多个结构来解决问题，然而这些结构仅仅只是有一个成员不同而已，于是设想着只需要构造一个结构就好了，最后听说结构搭配联合就可以解决这个困惑，于是先学习了联合，现在开始解决前面遇到的那个困惑。

【示例 12-5】　本例将引导读者一步步思考，最后解决那个困惑。

【思路】多个结构类型的大部分成员变量是相同的，只有一个成员变量不同。设想：如果要构造一个结构，且此结构可以囊括所有相似的结构类型，那么只要让结构类型中那个不同的变量可以"变化"就好了。而联合类型定义的变量正好可以"变化"，即既可以作为这个类型，又可以作为那个类型。

（1）先确定相似的结构类型，它们只有最后一个成员变量不同。

示例 12-5-1 源码

```
01  struct student_info
02  {
03      char    name;
04      char    sex;
05      short   age;
06      short   grade;
07  };
08  struct teacher_info
09  {
10      char    name;
11      char    sex;
12      short   age;
13      char    title;
14  };
15  struct cleaner_info
16  {
17      char    name;
18      char    sex;
19      short   age;
20      short   work_years;
21  };
```

（2）构造一个联合类型，指定此类型可以"变化"成为的数据类型。

```
01  union un
02  {
03      short grade;
04      char  title;
05      short work_years;
06  };
```

由这个联合类型定义的变量，既可以指代 short 型的数据，又可以指代 char 型的数据。

（3）构造一个结构类型，命名为 person_info，它囊括所有结构类型相同的成员变量，最后再加上一个联合类型的变量。

```
01  struct person_info
02  {
03      char name;
04      char sex;
05      short age;
06      union un un1;
07  };
```

（4）现在这"一个"结构类型就可以代表前面的"多个"结构类型了，但是要如何确定成员 un1 什么时候应该"变成"什么类型呢？最好再为这个结构类型增加一个 char 型成员变量 profession。

```
01  struct person_info
02  {
03      char name;
04      char sex;
05      short age;
06      char profession;
07      union un un1;
08  };
```

并且规定如下。

❑ 如果 profession 指代的字符数据是 s，就这样引用联合的成员：un1.grade。

❑ 如果 profession 指代的字符数据是 t，就这样引用联合的成员：un1.title。

❑ 如果 profession 指代的字符数据是 c，就这样引用联合的成员：un1.work_years。

使用此结构定义的变量指代数据的情况如图 12-10 所示。

（5）准备工作完成了，现在可以使用这一个结构类型解决那个导致困惑的问题了。

```
01  #include <stdio.h>
02
03  union un
04  {
05      short grade;
06      char  title;
07      short work_years;
08  };
09  struct person_info
10  {
11      char name;
12      char sex;
13      short age;
14      char profession;
```

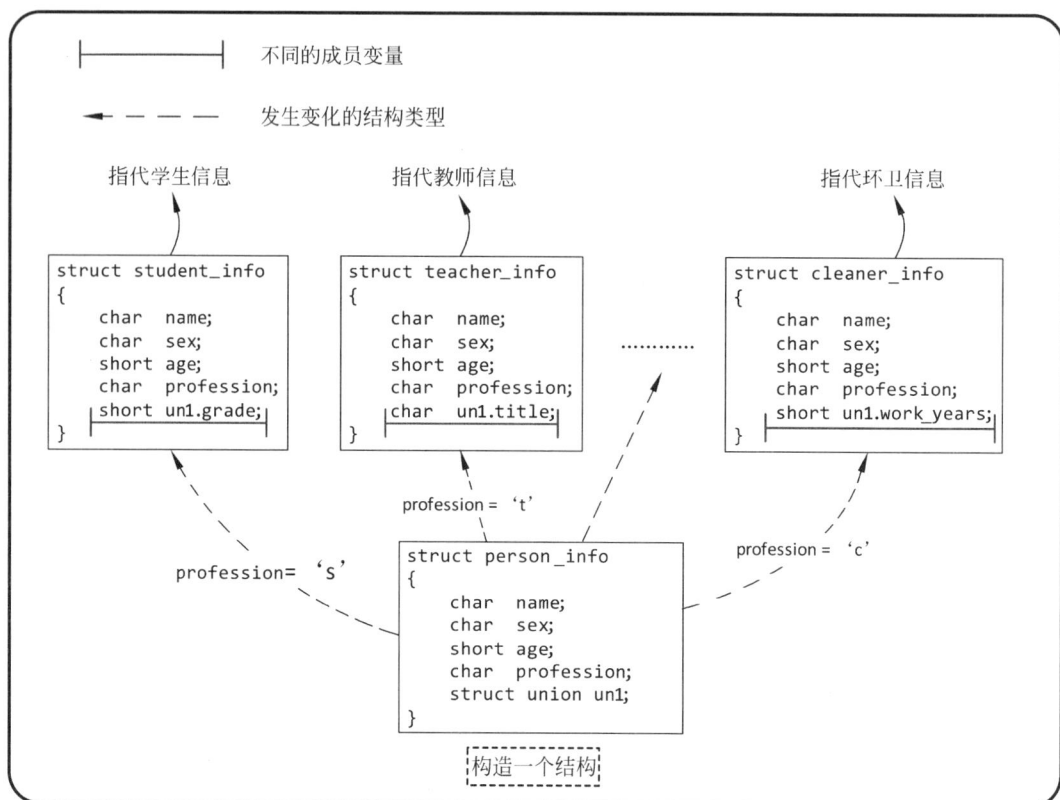

图 12-10　一个结构类型"变化"成多个结构类型

```
15      union un un1;
16   };
17   int main(int argc, char* argv[])
18   {
19      puts("\t--学校人员明细--\n");
20      struct person_info stu1 = {'A','m',20,'s'};
21      stu1.un1.grade = 3;
22      struct person_info tea1 = {'B','w',30,'t'};
23      tea1.un1.title = 'a';
24      struct person_info cle1 = {'C','m',50,'c'};
25      cle1.un1.work_years = 2;
26      puts("姓名\t 性别\t 年龄\t 职业\t 年级/头衔/工龄");
27      printf("%c\t%c\t%hd\t%c\t%hd（学生）\n",
28         stu1.name,stu1.sex,stu1.age,stu1.profession,stu1.un1.grade);
29      printf("%c\t%c\t%hd\t%c\t%c（教师）\n",
30         tea1.name,tea1.sex,tea1.age,tea1.profession,tea1.un1.title);
31      printf("%c\t%c\t%hd\t%c\t%hd（环卫）\n",
32         cle1.name,cle1.sex,cle1.age,cle1.profession,cle1.un1.work_years);
33      printf("\n");
34      puts("\t--列表备注信息--");
35      puts("职业:\t's'---student（学生）\n\t't'---teacher（教师）\n\t'c'---
         cleaner（清洁工）");
36      puts("年级:\t1~4");
37      puts("头衔:\t'p'---professor（教授）\n\t'a'---associate professor
         （副教授）");
38      puts("工龄:\t1~10");
39      printf("\n");
```

```
40      return 0;
41   }
```

　　程序中分别用此结构类型定义了 3 个变量：stu1、tea1 和 clea1。依据对变量中成员 profession 的不同赋值，决定引用结构类型 person_info 中联合类型变量 un1 的哪一个成员变量。程序的运行效果如图 12-11 所示。可知，此结构确实代表了其他的多个结构，这种联合搭配结构的方式是可行的。

　　（6）如果要用这个新的结构类型定义很多变量，而且又打算对这些变量做同样的输出操作的话，最好使用数组优化上面的这个程序。

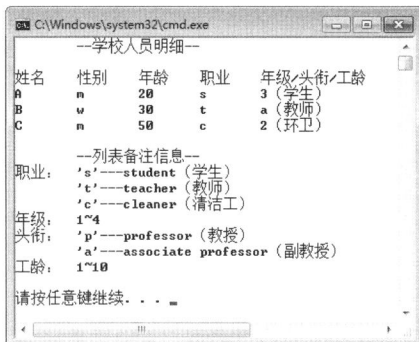

图 12-11　示例 12-5 程序运行效果 1

示例 12-5-6 源码

```
01   #include <stdio.h>
02
03   union un
04   {
05       short grade;
06       char  title;
07       short work_years;
08   };
09   struct person_info
10   {
11       char name;
12       char sex;
13       short age;
14       char profession;
15       union un un1;
16   };
17   void print_info(int n,struct person_info *);
18   int main(int argc, char* argv[])
19   {
20       puts("\t--学校人员明细--\n");
21       struct person_info per[] = {
22          {'A','m',20,'s'},
23          {'B','w',30,'t'},
24          {'C','m',50,'c'},
25          {'D','w',32,'t'},
26          {'E','m',53,'c'}
27       };
28       per[0].un1.grade = 3;
29       per[1].un1.title = 'a';
30       per[2].un1.work_years = 2;
31       per[3].un1.title = 'p';
32       per[4].un1.work_years = 5;
33       print_info(5,per);
34       printf("\n");
35       puts("\t--列表备注信息--");
36       puts("职业:\t's'---student(学生)\n\t't'---teacher(教师)\n\t'c'---cleaner(清洁工)");
37       puts("年级:\t1~4");
38       puts("头衔:\t'p'---professor(教授)\n\t'a'---associate professor(副教授)");
39       puts("工龄:\t1~10");
40       printf("\n");
41       return 0;
```

```
42   }
43   void print_info(int n,struct person_info *p)
44   {
45       puts("姓名\t 性别\t 年龄\t 职业\t 年级/头衔/工龄");
46       for(int i = 0;i < n;i++)
47       {
48           printf("%c\t%c\t%hd\t%c",
49               p->name,p->sex,p->age,p->profession);
50           if(p->profession == 's')
51               printf("\t%hd\n",p->un1.grade);
52           if(p->profession == 't')
53               printf("\t%c\n",p->un1.title);
54           if(p->profession == 'c')
55               printf("\t%hd\n",p->un1.work_years);
56           p++;
57       }
58   }
```

程序使用数组变量指代了结构类型定义的 5 个变量，数组名为 per，即程序 21 行。新定义的函数 print_info()用于处理结构数据的输出，但是要如何知道：要输出结构中联合成员的哪一个值呢？答案是依据结构成员变量 profession 指代的值。程序的运行效果如图 12-12 所示。

12.3.6　练习

1. 假如一个程序中出现了下面 3 个相似的结构类型，能使用一个结构类型代替所有 3 种结构类型吗？

```
01   struct st1
02   {
03       short s;
04       char  c;
05       int   i;
06       float f;
07   };
08   struct st2
09   {
10       short s;
11       char  c;
12       long  l;
13       double d;
14   };
15   struct st3
16   {
17       short s;
18       char  c;
19       char  c2;
20       short s2;
21   };
```

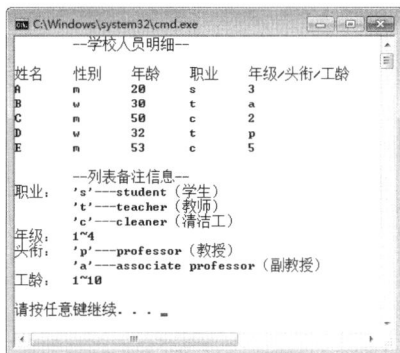

图 12-12　示例 12-5 程序运行效果 2

3 个结构的前两个成员变量一样，后两个成员变量各不相同。如果要应用本节介绍的方法，似乎有两种方式解决本题。

方法一：构造两个联合类型，它们定义的两种联合类型的变量分别作为结构类型的第 3、4 个成员变量。

```
01  union un1
02  {
03      int i;
04      long l;
05      char c2;
06  };
07  union un2
08  {
09      _____
10      _____
11      _____
12  };
13  struct st
14  {
15      short s;
16      char  c;
17      union un1 u1;
18      union un2 u2;
19  };
```

练习 1-1 答案

　　新的结构类型名为 st，包含了两个联合类型的成员变量，请将上面构造联合类型 un2 的代码补充完整。

　　方法二：构造 1 个联合类型，它定义的两个变量分别作为结构类型的第 3、4 个成员变量。

```
01  union un
02  {
03      _____
04      _____
05      _____
06      float f;
07      double d;
08      short s2;
09  };
10  struct st
11  {
12      short s;
13      char  c;
14      union un u1;
15      union un u2;
16  };
```

练习 1-2 答案

请将上面构造联合类型 un 的代码补充完整。

12.4　联合类型变量的简单使用

　　作为普通变量，联合类型定义的变量既可以作为函数的参数，又可以被函数返回。而作为一个拥有成员变量的特殊变量，如果一个指针指向了此变量，那么此指针便可以随意操作联合类型变量中的成员变量。

12.4.1　使用于函数的联合类型变量

　　和其他类型一样，联合类型定义的变量也可以作为函数的参数，而且函数也可以返回联合类型的值。

1．函数的参数是联合类型的变量

【示例 12-6】　下面程序中的函数 print_union()使用了联合类型的变量作为参数。

```
01  #include <stdio.h>
02
03  union un
04  {
05      char   c;
06      int  i;
07  };
08  void print_union(union un);
09  int main(int argc, char* argv[])
10  {
11      union un u1 = {0};
12      u1.c = 'm';
13      print_union(u1);
14      printf("\n");
15      u1.i = 85;
16      print_union(u1);
17      printf("\n");
18      return 0;
19  }
20  void print_union(union un u)
21  {
22      printf("当作 char 类型来读取：%c\n 当作 int 类型来读取：%d\n",
23          u.c,u.i);
24  }
```

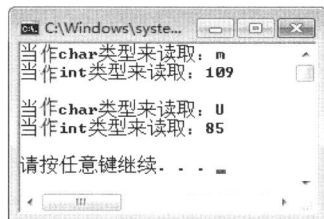

函数 print_union()的作用是：使用两种方式读取联合变量指代的同一数据。程序中，第 13、16 行为函数 print_union()传入的参数是联合类型的变量 u1。程序的运行效果如图 12-13 所示。

2．函数的返回联合类型的值

图 12-13　示例 12-6 程序运行效果

【示例 12-7】　在前面那个程序的基础上另外编写一个函数 return_union()，此函数返回联合类型的值。

```
01  #include <stdio.h>
02
03  union un
04  {
05      char   c;
06      int  i;
07  };
08  void print_union(union un);
09  union un return_union();
10  int main(int argc, char* argv[])
11  {
12      union un u1 = {0};
13      u1.c = 'm';
14      print_union(u1);
15      printf("\n");
16      u1 = return_union();
17      print_union(u1);
```

示例 12-7 源码

```
18        printf("\n");
19        return 0;
20   }
21   void print_union(union un u)
22   {
23        printf("当作 char 类型来读取：%c\n 当作 int 类型来读取：%d\n",
24            u.c,u.i);
25   }
26   union un return_union()
27   {
28        union un u2;
29        u2.i = 120;
30        return u2;
31   }
```

函数 return_union()没有参数，而且返回的是一个固定的联合类型的值。在 main()函数中，return_union()返回的值被赋予到一个联合类型的变量中了。程序的运行效果如图 12-14 所示。

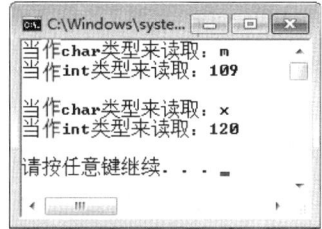

图 12-14　示例 12-7 程序运行效果

3．总结

之前有很多书刻意强调：联合类型定义的变量不可以作为函数的参数，而且函数也不能返回联合类型的值。但是本小节用示例反驳了这两种观点。过去这两句没错，但是放到现在这两句就不正确了，因为微软从 Visual C++ 6.0 开始，支持了联合类型的这两种使用方法，所以本书使用的 Visual Studio 2010 当然也支持这两种使用方法了。

12.4.2　指向联合类型变量的指针

只有联合类型的指针才可以指向联合类型的变量，所以先要定义这种指针。有了这种指向联合变量的指针以后，就可以通过指针任意引用联合类型中的成员变量了。

1．定义联合类型的指针

指针也可以指向一个联合类型的数据，前提是：定义联合类型的指针。定义方式如下：

union 联合类型名 *指针变量名;

如，定义一个可以指向联合类型 un 定义的变量的指针。

```
01   union un
02   {
03        char c;
04        int  i;
05   };
06   union un *p;
```

2．引用联合类型的成员

当一个指针指向联合类型的数据时，能否通过指针引用此联合类型数据的成员呢？就像是使用指向结构的指针引用结构的成员那样。答案是：可以的。指针引用联合类型成员的方式为：

指针变量名–>联合类型成员名

或

(*指针变量名).联合类型成员名

如，引用联合类型 un 的成员 i 的两种方式为：

```
01   union un u;
02   u.i = 100;
03   p = &u;
04   p->i;
05   (*p).i;
```

3. 指针使用示例

【示例 12-8】　下面的程序，使用了指向联合类型数据的指针，来输出了联合类型成员的值，并且将值修改了。

```
01   #include <stdio.h>
02
03   union un
04   {
05       char   c;
06       int   i;
07   };
08   void print_union(union un *);
09   int main(int argc, char* argv[])
10   {
11       union un u1 = {0};
12       u1.c = 'm';
13       print_union(&u1);
14       printf("\n");
15       printf("当作 char 类型来读取：%c\n 当作 int 类型来读取：%d\n", u1.c,u1.i);
16       printf("\n");
17       return 0;
18   }
19   void print_union(union un *p)
20   {
21       printf("当作 char 类型来读取：%c\n 当作 int
             类型来读取：%d\n", p->c,(*p).i);
22       p->i = 89;
23   }
```

程序的 21 行，指向联合类型数据的指针 p，使用了两种方式引用此数据中的成员，并将此成员指代的数据修改了。程序的运行结果如图 12-15 所示。

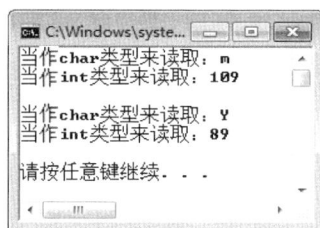

图 12-15　示例 12-8 程序运行效果

12.5　枚　　举

枚举也是基本的数据类型。虽然这种类型也需要构造，但它却不是构造类型。这是因为它不能像结构和联合那样，它无法分解为任何其他的基本类型。本节将详细讲解枚举类型，以及使用方法。

12.5.1　枚举概述

枚举，顾名思义就是"一一列举"的意思，它是一种数据类型，所以能定义变量。接下来就要依次说明枚举的起源、构造及变量的定义。

1. 为什么需要枚举类型

在编程中，有时会发现：一些变量指代的值是被限定在一个范围之内的。例如，一个星期有 7 天，每天只能是星期一到星期日这几个值；一个月的天数，只能是 28、29、30 和 31 这几个值。针对这种情况，C 语言专门提供了"枚举"类型，这个类型定义的变量就只能被指代有限的几个值。

【示例 12-9】　下面的程序，是一个"人和机器"的简单问答。人只能输入 1~7 这几个有限的数，然后机器会依据这个数据发表自己的感想。

```
01  #include <stdio.h>
02
03  int main(int argc, char* argv[])
04  {
05      puts("一个星期有 7 天，告诉我，你最喜欢哪天？");
06      puts("请输入 1~7 的数字，依次表示星期一~星期日");
07      int i;
08      scanf("%d",&i);
09      switch(i)
10      {
11      case 1:
12          puts("原来是星期一啊，好吧~");
13          break;
14      case 2:
15          puts("星期二也不错，呵呵~");
16          break;
17      case 3:
18          puts("我也最喜欢星期三呢，因为最喜欢的漫画在今天更新~");
19          break;
20      case 4:
21          puts("是星期四啊，私下给我说说原因~");
22          break;
23      case 5:
24          puts("还记得，小学时，最盼望的就是星期五，那时还没有各种补习班~");
25          break;
26      case 6:
27          puts("星期六也不错啊，不过要是出去玩的话，一定要叫上好友一起哟~");
28          break;
29      case 7:
30          puts("星期日。。。我最讨厌了。。。你懂的");
31          break;
32      }
33      printf("\n");
34      return 0;
35  }
```

示例 12-9 源码

因为一个星期只有 7 天，依据输入规则只能输入 1～7 以内的数字，也就是说变量 i 指代的数据只能是 1～7。这个程序的运行效果如图 12-16 所示。

但是不要忘了，变量 i 是 int 类型的，所以说即使用户输入 1～7 以外的数字，变量 i 也是可以指代的。而"i 可以指代 1～7 以外的数字"，这本身就违背了"一个星期只有 7 天"的限制。但是，如果 i 是枚举类型的话，i 就只能指代"有限的几个数据"，在这里的话就是"1～7"，即可以很好地遵守这种限制了。

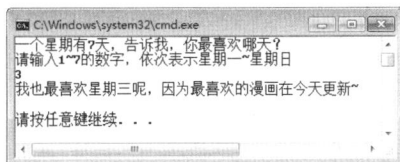

图 12-16　"人和机器"的简单问答

2．枚举类型的构造

前面已经说明了使用枚举变量的必要性，而定义枚举变量的前提是：构造枚举类型。枚举类型的构造格式为：

```
enum 枚举类型名{枚举常量 1,枚举常量 2,…,枚举常量 n};
```

需要说明的是：

❑　构造枚举类型的关键字是 enum。
❑　枚举类型名是自定义的标识符，所以遵守标识符的命名规则。
❑　枚举常量的本质是整型常量，但外表是标识符，所以遵守标识符的命名规则。
❑　各枚举常量需要使用逗号隔开，且全部被写在大括号内。

例如，下面的代码构造了一个名为 week 的枚举类型：

```
enum week{mon,tue,wes,thu,fri,sat,sun };
```

构造枚举类型一定不能忘了关键字 enum。这个枚举类型的名字是 week，各枚举常量是 mon、tue、wes、thu、fri、sat 和 sun。这些数据的本质都是整型，它们不是字符或者字符串类型，所以没有加上单引号或者双引号。并且各枚举常量需要使用逗号分隔。

3．定义枚举类型的变量

枚举类型的构造已经学会了，现在学习定义枚举变量的两种方式：

```
enum 枚举类型名 {枚举常量 1,枚举常量 2,…,枚举常量 n}枚举变量名;
```

也就是构造枚举类型的同时，定义枚举变量。或者：

```
enum 枚举类型名 枚举变量名;
```

也就是在构造了枚举类型之后，再定义枚举变量。例如，下面的代码使用了两种方式定义了 week 枚举类型的变量：

```
01   enum week{mon,tue,wes,thu,fri,sun,sat}week_day1;
02   enum week week_day2;
```

使用两种方式定义的变量分别是 week_day1 和 week_day2。

4．为枚举变量赋值

枚举类型定义的变量只能指代有限个数的数据，而这些可以被指代的有限个数的数据在构造枚举类型的时候就已经列举出来了！没错，就是大括号里的枚举常量，只能使用这些枚举常量为定义的枚举变量赋值，如下：

枚举变量 = 枚举常量;

例如，为枚举变量 week_day1 赋值的方式为：

```
week_day1 = mon;
```

这里，mon 不是字符串，所以没有加上引号！mon 的本质是整数。所以，输出枚举变量的值时，可以当作整数直接输出。

12.5.2 枚举类型的使用

每个数据类型都有使用时的注意事项和特点，枚举类型也不例外。本小节就来说明使用枚举类型时，那些容易被忽视的细节。

1. 枚举常量的默认值

前面多次强调：枚举常量的本质是整数。那么这个整数是默认的，还是随机的？答案是：默认的。C 语言规定，默认情况下，大括号内枚举常量的值是从 0 开始的，后面的枚举常量依次增 1。

【示例 12-10】 下面的程序，在构造了枚举类型以后，定义了多个枚举变量，分别指代了枚举变量可以指代的所有的值，最后程序输出了这些枚举变量的值。

示例 12-10 源码

```
01  #include <stdio.h>
02
03  enum week{mon,tue,wes,thu,fri,sat,sun}week_day1;
04  int main(int argc, char* argv[])
05  {
06      enum week week_day2,week_day3,week_day4,week_day5,week_day6,
        week_day7;
07      week_day1 = mon;
08      week_day2 = tue;
09      week_day3 = wes;
10      week_day4 = thu;
11      week_day5 = fri;
12      week_day6 = sat;
13      week_day7 = sun;
14      printf("week_day1 = %d week_day2 = %d week_day3 = %d\n",week_day1,
        week_day2,week_day3);
15      printf("week_day4 = %d week_day5 = %d week_day6 = %d\n",week_day4,
        week_day5,week_day6);
16      printf("week_day7 = %d\n\n",week_day7);
17      return 0;
18  }
```

枚举类型 week 在程序 03 行被构造，定义的变量可以指代的数据有 7 个。程序中也定义了 7 个枚举类型的变量，分别指代了 7 个不同的数据，最后输出。既然枚举类型中枚举常量的本质是整数，那么这个程序就要看看这个值到底是多少？程序的运行结果如图 12-17 所示。从输出的结果来看，各个枚举常量的值是有规律可循的：从枚举常量 mon 到 sun 依次是 0~6。

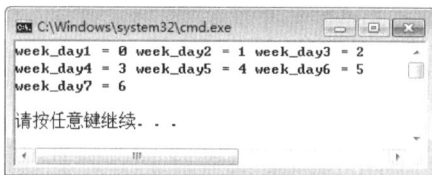

图 12-17 输出枚举常量的值

2. 修改枚举常量的值

虽然枚举常量有默认值，但是也可以人为地修改枚举常量的值，但是仅限于构造枚举类型的时候。没被修改的枚举常量的值，只是遵循比前面的枚举常量大 1 的原则。

【示例 12-11】 下面的程序在构造枚举类型的时候，人为地修改了枚举常量的值，然后赋予枚举变量后输出了。

示例 12-11 源码

```
01   #include <stdio.h>
02
03   enum week{mon,tue = 5,wes,thu,fri = 10,sat,sun}week_day1;
04   int main(int argc, char* argv[])
05   {
06       enum week week_day2,week_day3,week_day4,week_day5,week_day6,
         week_day7;
07       week_day1 = mon;
08       week_day2 = tue;
09       week_day3 = wes;
10       week_day4 = thu;
11       week_day5 = fri;
12       week_day6 = sat;
13       week_day7 = sun;
14       printf("week_day1 = %d week_day2 = %d week_day3 = %d\n",week_day1,
         week_day2,week_day3);
15       printf("week_day4 = %d week_day5 = %d week_day6 = %d\n",week_day4,
         week_day5,week_day6);
16       printf("week_day7 = %d\n\n",week_day7);
17       return 0;
18   }
```

程序做的修改仅限于 03 行构造枚举类型 week 时，为枚举常量设置了其他的整数值，程序的运行效果如图 12-18 所示。从结果上来看，mon 的值没有变化，但是 tue 发生了变化是修改后的 5，它后面的枚举常量 wes 也变了，比 tue 大 1 变成了 6。

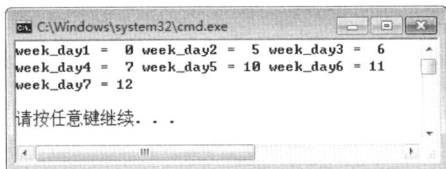

图 12-18　输出枚举常量的值

对于任何企图在构造枚举类型之外的，对枚举常量的修改，都是不允许的。因为，枚举常量本来就是个常量，而常量的值在定义之外，本来就是不可以被随意修改的。

3. 直接指代数据的枚举变量

既然枚举变量指代的枚举常量的值本身就是一个整数，那么能否直接让枚举变量指代这个整数呢？例如：

```
enum week week_day1 = mon;
```

是否等价于：

```
enum week week_day1 = 0;
```

mon 的默认值是 0，那么直接给枚举变量 week_day1 赋予 0 就好了，可以吗？答案是不可以，因为枚举类型和整型都是基本的数据类型，而且它们是不同的两种数据类型，当然无法让枚举类型的变量去指代整型的数了。编译器会发现这种类型的错误，并提示如图 12-19 所示的错误。

```
e:\c program\new\new\new.cpp(8): error C2440: "=": 无法从"int"转换为"week"
转换为枚举类型要求显式转换(static_cast、C 样式转换或函数样式转换)
```

图 12-19　由枚举变量指代整型数引发的编译错误

当然，编译器也给出了让枚举变量指代整型数的方法：强制类型转换。例如：

```
enum week week_day1 = (enum week)0;
```

😕注意：强制类型转换的知识在本书的第 4 章有详细的讲解。而强制类型转换的作用，本来就是让变量指代其他类型的数据。强制类型转换可能会导致数据丢失精度，所以不建议频繁使用强制类型转换。

【示例 12-12】　下面的程序使用强制类型转换，使得一个枚举类型的变量指代了一个整型的数据。

```
01   #include <stdio.h>
02
03   enum week{mon,tue,wes,thu = 7,fri = 10,sat,sun}week_day1;
04   int main(int argc, char* argv[])
05   {
06       enum week week_day2;
07       week_day1 = thu;
08       week_day2 = (enum week)7;              //强制类型转换
09       printf("week_day1 = %2d week_day2 = %2d\n\n",week_day1,week_day2);
10       return 0;
11   }
```

示例 12-12 源码

week_day1 指代的是枚举常量 thu，它的本质是整数的 7。week_day2 指代的是被强制转换了的整数 7。程序最后输出了这两个枚举变量的值，程序的运行效果如图 12-20 所示。虽然输出是一样的，但是不建议频繁使用强制类型转换。

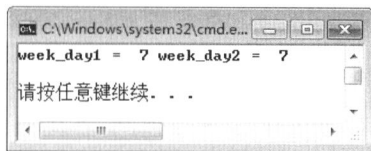

```
C:\Windows\system32\cmd.e...
week_day1 =  7 week_day2 =  7
请按任意键继续. . .
```

图 12-20　示例 12-12 程序的运行效果

4．使用枚举类型的优点

枚举类型中的枚举常量可以使得枚举变量指代的数据更容易被程序员所理解，写出来的代码也会更加的直观。

【示例 12-13】　本节前面的示例写过一个"人和机器"的简单问答示例，当时没有学习枚举类型，所以使用了整型类型实现了这个示例，为了使得程序代码更加的直观，使用枚举类型修改那段代码为：

示例 12-13 源码

```
01   #include <stdio.h>
02
03   enum week {monday = 1,tuesday,wednesday,thursday,
         friday,saturday,sunday};
04   int main(int argc, char* argv[])
05   {
06       puts("一个星期有 7 天，告诉我，你最喜欢哪天？");
07       puts("请输入 1～7 的数字，依次表示星期一～星期日");
08       enum week i;
09       scanf("%d",&i);
10       switch(i)
11       {
```

```
12        case monday:
13            puts("原来是星期一啊，好吧～");
14            break;
15        case tuesday:
16            puts("星期二也不错，呵呵～");
17            break;
18        case wednesday:
19            puts("我也最喜欢星期三呢，因为最喜欢的漫画在今天更新～");
20            break;
21        case thursday:
22            puts("是星期四啊，私下给我说说原因～");
23            break;
24        case friday:
25            puts("还记得，小学时，最盼望的就是星期五，那时还没有各种补习班～");
26            break;
27        case saturday:
28            puts("星期六也不错啊，不过要是出去玩的话，一定要叫上好友一起哟～");
29            break;
30        case sunday:
31            puts("星期日。。。我最讨厌了。。。你懂的");
32            break;
33        }
34        printf("\n");
35        return 0;
36    }
```

在 switch 语句中，因为 case 的后面必须是一个“整型常量表达式”，所以它的后面经常是一个整数，但是整数可以表示的含义太多，很容易发生误会，例如，美国人普遍认为星期的第一天是星期日，所以很容易地会以为 case 1 是指星期日，而程序本来想让 case 1 指星期一。

而枚举类型中的枚举常量的本质是整数，所以可以作为 case 后面的整数而存在，而枚举常量本身又可以表达一定的意义。就像这个修改后的程序一样，直接写成 case monday 的话，就不怕被误会了。而且程序一样可以运行得很好，如图 12-21 所示。因此，枚举类型也经常和 switch 语句一起被使用。

12.5.3　枚举类型应用

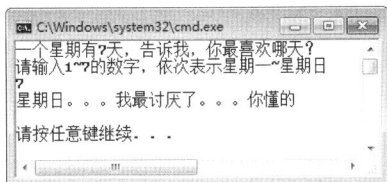

图 12-21　示例 12-13 程序运行效果

在讲解应用之前需要说明应用中会用到的一个概念：排列组合。这个概念在高中的数学中有讲到。说的是：从 m 个元素中取出 n（n<=m）个元素，排成一列；多次重复这一操作，看看一共有多少种情况。

【示例 12-14】有 3 本书，分别是“语文”、“数学”和“英语”，如果要随机取出 3 本书中的两本，然后摞在一起；多次重复这一操作，一共会有多少种可能的情况？实际上有 6 种，如图 12-22 所示。

需要注意的是：即使取出的书都是“语文”和“英语”，也会因为“摞在一起”的顺序不同而归类为一种不同的情况。这个过程就是“排列组合”。现在可以开始讲解枚举类型的应用了。

【示例 12-15】现在有 5 个台球，颜色分别为：红、黄、蓝、绿、黑。如果需要从 5 个球中取出 3 个球排成一行，一共会有多少种情况出现？使用程序列举出所有的情况。

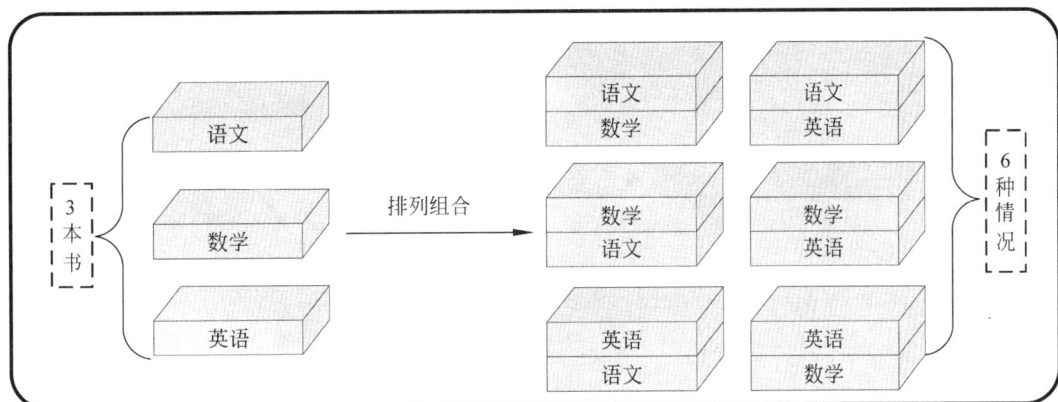

图 12-22　3 本书取出 2 本的 6 种排列组合情况

（1）构造一个枚举的类型 ball，这个类型包括球的颜色的所有取值。

```
enum ball {red,yellow,blue,green,black};
```

（2）因为要取 3 次球，所以需要定义 3 个枚举变量，每个变量都将用来指代一个颜色的球。

```
enum ball a,b,c;
```

（3）每次取出的球都可能是 5 种颜色，但是每个颜色都是唯一的，而且排列组合的时候可以使用 for 循环结构实现。

```
01  for(a = red;a <= black;a = (enum ball)(a+1))    //第 1 个球可能是 5 种颜色中
的一种
02  {
03      for(b = red;b <= black;b = (enum ball)(b+1))          //同理第 2 个球
04      {
05          if(a != b)                  //球的颜色唯一，所以不可能有两个同颜色的球
06          {
07              for(c = red;c <= black;c = (enum ball)(c+1)) //同理第 3 个球
08              {
09                  if( (c != a)&&(c != b) )  //球的颜色唯一，所以不可能有两个同
颜色的球
10                  {
11                      ...                    //输出每种情况下 3 个球的颜色
12                  }
13              };
14          }
15      };
16  };
```

（4）输出每种情况下 3 个球的颜色，可以使用一个 for 循环和两个 switch 结构来实现。

```
01      enum ball temp;
02      for(int i = 1;i <= 3;i++)
03      {
04          switch(i)                        //确定要输出的是哪一个球
05          {
06          case 1:                          //第 1 个球
07              temp = a;
08              break;
```

```
09              case 2:                             //第 2 个球
10                  temp = b;
11                  break;
12              case 3:                             //第 3 个球
13                  temp = c;
14                  break;
15              }
16              switch(temp)                        //输出这个球对应的颜色
17              {
18              case red:
19                  printf("%-7s","red");
20                  break;
21              case yellow:
22                  printf("%-7s","yellow");
23                  break;
24              case blue:
25                  printf("%-7s","blue");
26                  break;
27              case green:
28                  printf("%-7s","green");
29                  break;
30              case black:
31                  printf("%-7s","black");
32                  break;
33              }
34          }
```

02 行 for 一共循环 3 次，每次表示要输出一个球的颜色。第一个 switch 结构要确定这个球所指代的枚举常量，第二个 switch 结构要输出这个枚举常量对应的颜色字符串。

（5）将前面分析时写的各个程序片段组合起来，再加上一些修饰性的输出和输出的格式控制，就得到了实现本应用的程序代码。

```
01  #include <stdio.h>
02
03  enum ball {red,yellow,blue,green,black};
04  int main(int argc, char* argv[])
05  {
06      int count = 0;                              //用于计数
07      enum ball a,b,c;
08      for(a = red;a <= black;a = (enum ball)(a+1))
09      {
10          for(b = red;b <= black;b = (enum ball)(b+1))
11          {
12              if(a != b)
13              {
14                  for(c = red;c <= black;c = (enum ball)(c+1))
15                  {
16                      if( (c != a)&&(c != b) )    //输出满足条件的一种情况
17                      {
18                          count++;
19                          printf("第%2d 种情况：",count);      //修饰性的输出
20                          enum ball temp;
21                          for(int i = 1;i <= 3;i++)   //循环输出每种情况的 3 种颜色
22                          {
23                              switch(i)
24                              {
25                              case 1:                             //第 1 个球
26                                  temp = a;
27                                  break;
```

```
28                                case 2:                           //第 2 个球
29                                    temp = b;
30                                    break;
31                                case 3:                           //第 3 个球
32                                    temp = c;
33                                    break;
34                                }
35                                switch(temp)
36                                {
37                                case red:
38                                    printf("%-7s","red");
39                                    break;
40                                case yellow:
41                                    printf("%-7s","yellow");
42                                    break;
43                                case blue:
44                                    printf("%-7s","blue");
45                                    break;
46                                case green:
47                                    printf("%-7s","green");
48                                    break;
49                                case black:
50                                    printf("%-7s","black");
51                                    break;
52                                }
53                            }
54                            if(count%2 == 0)   //输出的格式控制：每两个情况作为一行
55                                printf("\n");
56                        }
57                    };
58                }
59            };
60        };
61    return 0;
62 }
```

运行程序代码，得到从 5 个颜色的球中取出 3 个球，排列组合的所有情况，如图 12-23 所示。

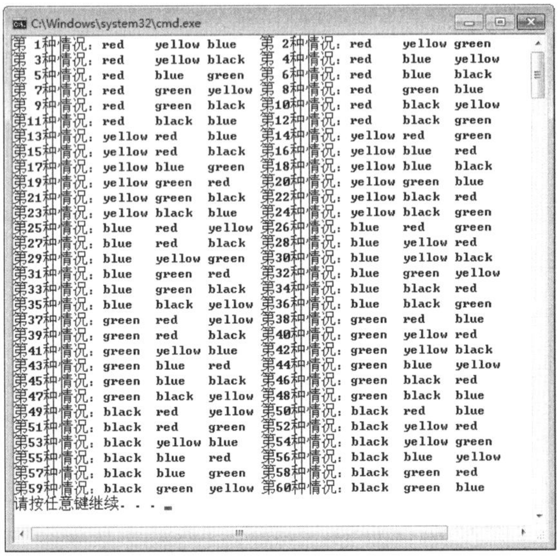

图 12-23　使用枚举类型解决排列组合的问题

12.5.4　练习

1. 依据本节学习的枚举常量默认值的知识，写出下面程序的输出结果。

```
01   #include <stdio.h>
02
03   enum week{mon = 100,tue,wes,thu = 7,fri = 10,sat,sun}
     week_day1;
04   int main(int argc, char* argv[])
05   {
06       enum week week_day2,week_day3;
07       week_day1 = tue;
08       week_day2 = fri;
09       week_day3 = sun;
10       printf("week_day1 = %2d week_day2 = %2d week_day3 = %2d\n\n",
         week_day1,week_day2,week_day3);
11       return 0;
12   }
```

练习 1 答案

程序的运行结果为：

_____

2. 下面的程序多次使用了强制类型转换，写出下面程序的运行结果。

```
01   #include <stdio.h>
02
03   enum week{mon,tue,wes,thu = 7,fri = 10,sat,sun}week_day1;
04   int main(int argc, char* argv[])
05   {
06       enum week week_day2;
07       week_day1 = sun;
08       week_day2 = (enum week)11;
09       printf("week_day1 = %2d week_day2 = %2d\n\n",week_day1,week_day2);
10       int i = (int)3.125;
11       float f = (float)45;
12       printf("i = %d f = %lf\n\n",i,f);
13       return 0;
14   }
```

练习 2 答案

程序 10 行，强制类型转换的时候丢失了数据的精度。程序的运行结果为：

_____

_____

12.6　小　　结

本章主要介绍了两种新的数据类型——联合和枚举，作为数据类型，它们可以定义变量，但是需要在使用前构造。联合类型变量的特点是指代的数据存储在同一个地方，枚举类型变量的特点是指代的数据是有限个数的。联合在程序中的应用不多，但是它经常和结构一起被搭配使用。而枚举则是搭配 switch 结构一起使用。

12.7　习　　题

1. 有一个神奇的变量，它既可以作为 int 型参与到运算中，又可以作为 char 型输出，还可以指代 double 型的数据，如图 12-24 所示。根据下面的程序，来构造定义这个变量的类型。

习题 1 答案

```
01  #include <stdio.h>
02
03  union un
04  {
05      _____
06      _____
07      _____
08  };
09  int main(int argc, char* argv[])
10  {
11      union un u1 = {0};
12      u1.i = 120;
13      puts("u1.i = 120");
14      printf("230-u1.i = %d\n\n",230-u1.i);
15      u1.c = 'I';
16      puts("u1.c = 'I'");
17      printf("%c don\'t know\n\n",u1.c);
18      u1.d = 3.1415926;
19      puts("u1.d = 3.1415926");
20      printf("半径为 2 的圆的周长为：2*ui.d*2 = %lf\n",2*u1.d*2);
21      printf("\n");
22      return 0;
23  }
```

图 12-24　习题 1 程序运行效果

2. 下面的程序构造了 3 个结构类型，每种类型都定义了两个变量，最后使用 printf() 语句将变量中的数据输出了。仔细阅读下面的程序，然后按照后面题目的要求简化这个程序。

```
01  #include <stdio.h>
02
03  struct st1
04  {
05      char c;
06      double d;
07      int i;
```

```
08    };
09    struct st2
10    {
11        char c;
12        double d;
13        short s;
14    };
15    struct st3
16    {
17        char c;
18        double d;
19        long l;
20    };
21    int main(int argc, char* argv[])
22    {
23        struct st1 s1[2] = {
24            {'a',1.235,10000},
25            {'A',3.967,20000}
26        };
27        struct st2 s2[2] = {
28            {'b',3.623,100},
29            {'B',5.782,200}
30        };
31        struct st3 s3[2] = {
32            {'c',5.782,1000000},
33            {'C',8.163,2000000}
34        };
35        int i;
36        for(i = 0;i < 2;i++)
37            printf("s1[%d]中的数据:%c\t%lf\t%d\n",i,s1[i].c,s1[i].d,s1[i].i);
38        for(i = 0;i < 2;i++)
39            printf("s2[%d]中的数据:%c\t%lf\t%hd\n",i,s2[i].c,s2[i].d,s2[i].s);
40        for(i = 0;i < 2;i++)
41            printf("s3[%d]中的数据:%c\t%lf\t%ld\n",i,s3[i].c,s3[i].d,s3[i].l);
42        printf("\n");
43        return 0;
44    }
```

（1）很明显，3 个结构类型很相似，使用本节学习的联合，将 3 个结构类型用 1 个结构类型替换，并修改 main()函数中的部分代码如下，请完善下面未完成的部分。

```
01    #include <stdio.h>
02
03    union un
04    {
05        _____
06        _____
07        _____
08    };
09    struct st
10    {
11        _____
12        _____
13        _____
14    };
15    int main(int argc, char* argv[])
```

习题 2-(1)源码

```
16  {
17      struct st s1[2] = {
18          {'a',1.235,10000},
19          {'A',3.967,20000}
20      };
21      struct st s2[2] = {
22          {'b',3.623,100},
23          {'B',5.782,200}
24      };
25      struct st s3[2] = {
26          {'c',5.782,1000000},
27          {'C',8.163,2000000}
28      };
29      int i;
30      for(i = 0;i < 2;i++)
31          printf("s1[%d]中的数据：%c\t%lf\t%d\n",i,s1[i].c,s1[i].d,
                s1[i].u.i);
32      for(i = 0;i < 2;i++)
33          printf("s2[%d]中的数据：%c\t%lf\t%hd\n",i,s2[i].c,s2[i].d,
                s2[i].u.s);
34      for(i = 0;i < 2;i++)
35          printf("s3[%d]中的数据：%c\t%lf\t%ld\n",i,s3[i].c,s3[i].d,
                s3[i].u.l);
36      printf("\n");
37      return 0;
38  }
```

（2）既然是同一类型定义的数组，也就没有必要定义 3 个数组了，直接定义 1 个数组，且此数组包含 6 个存储空间即可。后面的 for 循环也可以做适当的修改（将 3 个 for 循环合并成 1 个 for 循环）。

习题 2-(2)源码

```
01  #include <stdio.h>
02
03  union un
04  {
05      int i;
06      short s;
07      long l;
08  };
09  struct st
10  {
11      char c;
12      double d;
13      union un u;
14  };
15  int main(int argc, char* argv[])
16  {
17      struct st s[6] = {
18          {'a',1.235,10000},
19          {'A',3.967,20000},
20          {'b',3.623,100},
21          {'B',5.782,200},
22          {'c',5.782,1000000},
23          {'C',8.163,2000000}
24      };
25      int i;
```

```
26      for(i = 0;i < 2;i++)
27      {
28          printf("s[%d]中的数据：%c\t%lf\t%d\n",i,s[i].c,s[i].d,s[i].u.i);
29          _____
30          _____
31      }
32      printf("\n");
33      return 0;
34  }
```

依据图 12-25 所示的程序运行结果，补充上面空缺的代码部分。经过一系列的简化，程序已经由最初的 44 行削减到 34 行，而且比之前更加易于处理批量的数据了。

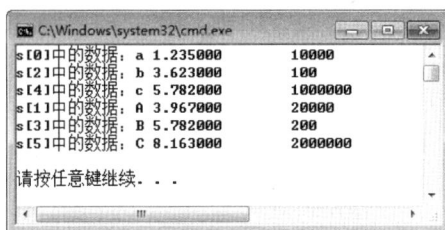

图 12-25　习题 2 程序运行结果

第 13 章 字 符 串

在第 2 章就学习过：计算机可以存储的数据多种多样，如整数、小数和文本。各种数据可以简单分为两大类：数值数据和文本数据。前者对应于 C 语言数据类型，如 int、float；后者对应于 C 语言字符类型，如 char。本章要介绍的字符串属于后者，即文本数据。下面将详细讲解字符串数据及其应用。

13.1 概　　述

字符串，作为文本数据的一种，如果也要使用计算机来处理的话，就必定需要被存储和赋值。那么本节就来带领读者了解字符串及其数据的存储和赋值。

13.1.1　了解字符串

字符串属于文本数据。读者应该很熟悉这种数据，因为第 2 章就学过一类文本数据———字符。字符串其实是由多个字符构成的有序序列。如果字符数据在程序中的表示如下：

'a','1','\n'

即，字符需要使用单引号括起，单引号内部可以是任意的 ASCII 码中的字符。那么字符串在程序中要如何表示呢？如下：

"a1\nbc13"

即，字符串需要使用双引号括起，双引号内部是多个字符构成的有序序列。字符在 C 语言中有自己的数据类型，即字符类型 char。那么，字符串在 C 语言中有自己的数据类型吗？答案是：没有。

🔔提醒：理解了本章后面要讲解的内容以后，读者就会明白，C 语言没必要专门创建字符串类型。

13.1.2　字符串数据的存储

既然没有专门的字符串类型，那么也就无法定义字符串变量。那么要如何指代字符串数据，进而操作字符串数据呢？从字符串的定义，以及它与字符的关系上来看，可以使用下面示例的方式指代和操作字符串数据。

1. 使用字符变量表示字符串

【示例 13-1】　既然字符串就是字符的有序序列，那么只要输出多个有序的字符就应该相当于输出了一个字符串了吧？下面的程序其实就是这么做的。

示例 13-1 源码

```
01   #include <stdio.h>
02
03   int main(int argc, char* argv[])
04   {
05       char a,b,c,d,e,f;
06       a = 'H';
07       b = 'e';
08       c = 'l';
09       d = 'l';
10       e = 'o';
11       f = '!';
12       puts("各个字符是: ");
13       printf("a = %c b = %c c = %c\n",a,b,c);
14       printf("d = %c e = %c f = %c\n",d,e,f);
15       puts("\n 组成的字符串是: ");
16       printf("%c%c%c%c%c%c\n\n",a,b,c,d,e,f);
17       return 0;
18   }
```

程序定义了 6 个字符变量，指代了 6 个字符，最后同时有序输出，程序的运行效果如图 13-1 所示，从运行结果的形式上来看确实是输出了一个字符串。

图 13-1　示例 13-1 程序运行效果

2. 使用字符数组表示字符串

【示例 13-2】　突然发现，前面的程序中有多个同类型的变量，而且程序对各个变量的操作也是一模一样。于是现在想到要用第 9 章学过的数组来简化程序。如下：

```
01   #include <stdio.h>
02
03   int main(int argc, char* argv[])
04   {
05       char arr[6] = {'H','e','l','l','o','!'};
06       puts("数组中各个字符是: ");
07       int i;
08       for(i = 0;i < 6;i++)
09           printf("arr[%d] = %c ",i,arr[i]);
10       puts("\n\n 组成的字符串是: ");
11       for(i = 0;i < 6;i++)
12           printf("%c",arr[i]);
13       printf("\n\n");
14       return 0;
15   }
```

程序中定义并初始化了字符数组 arr。可以通过数组名和下标指代各个字符数据，进而完成字符串的输出任务，程序的运行效果如图 13-2 所示。

前面的示例是在得知了字符串的概念以后，应用了前面所学的字符和数组的知识，模拟了字符串数据的输出过程。那么 C 语言到底是如何处理字符串数据的呢？其实 C 语言就是使用字符数组来存储字符串数据的！只是还做了一些约定，使得字符串的输入输出，以及字符串的操作变得更加简洁容易了。

图 13-2　示例 13-2 程序运行效果

3．C语言与字符串的约定

字符串数据是以字符的形式存放在数组中的。如果要操作这个数组中的字符串数据，程序要如何知道哪里是字符串的最后一个字符呢？无非有两种方式：一种方式是事先知道字符串中字符的个数，然后就操作这指定个数的字符就好了；另一种方式是设置一种特殊的标识，程序看到这个标识就会知道字符串结束了。

在 C 语言中，使用的是第二种方式：设置了字符串结束的标识。这个标识是字符"\0"，它是一个转义字符，经常被称为"空值"，它的 ASCII 码值为 0。

4．字符串与字符数组的关系

字符串是保存在字符数组中的数据，并且为了标识字符串的结束，在字符串的末尾处加了一个字符"\0"。它们的关系如图 13-3 所示。

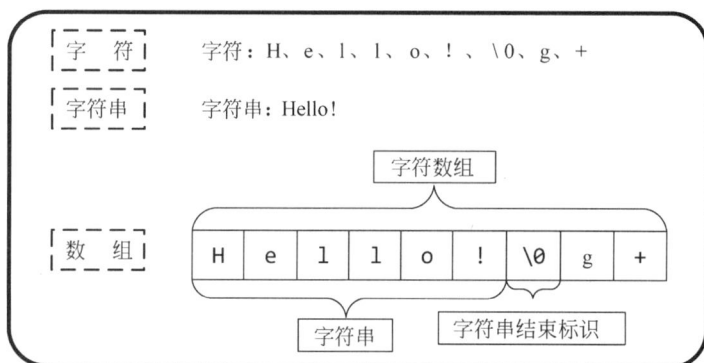

图 13-3　字符串与字符数组

13.1.3　字符串的赋值

现在知道：字符串数据是通过字符数组来存储的。字符数组的定义在学习数组的时候讲解过，那么如何给字符数组赋予字符串数据呢？有两种方式。

1．普通方式

将字符串当作多个字符处理。方法是：将字符串拆解成一个个字符，最后再加上字符

串的结束标识字符 "\0" 就可以了。例如，定义字符数组并初始化字符串：

```
char arr[7] = {'H', 'e', 'l', 'l', 'o', '! ', '\0'};
```

也可以简写为：

```
char arr[] = {'H', 'e', 'l', 'l', 'o', '! ', '\0'};
```

如果按照如下方式初始化字符数组：

```
char arr[] = {'H', 'e', 'l', '\0', 'l', 'o', '!'};
```

那么存入字符数组中的字符串就是 "Hel"，而不是 "Hello!" 了。由于字符串终止符 "\0" 位置变动的关系，程序提前认为读取到了全部的字符串数据。

2．特殊方式

既然是字符串数据，不能总当作字符来初始化，它有自己独特的初始化方式：直接用字符串常量初始化。例如，定义字符数组并初始化字符串：

```
char arr[7] = {"Hello!"};
```

大括号是可以省略的，如下：

```
char arr[7] = "Hello!";
```

看这样的初始化方式多简单！此种情况，系统会默认在字符串最后一个字符后面添加结束字符 "\0"。还可以省略字符数组的下标：

```
char arr[] = "Hello!";
```

☐注意：用于存储字符串数据的字符数组，它的存储空间的个数应该大于字符串中字符个数加 1。数组太小会导致 "越界" 的问题，也就是说字符串数据存储到了数组的外面，有可能会把其他 "无辜" 的数据给修改了。

13.1.4　练习

1．下面的程序打算给字符数组赋予字符串数据，仔细阅读下面的程序，然后回答后面的问题。

```
01  #include <stdio.h>
02
03  int main(int argc, char* argv[])
04  {
05      char arr[5] = {'W','o','r','l','d'};
06      …//省略一些其他功能的代码
07      return 0;
08  }
```

这个程序中，用来存储字符串数据的字符数组有什么问题吗？

发现的问题：＿＿＿＿＿＿＿＿＿＿＿＿＿＿＿＿＿＿＿＿＿＿【参考答案：存储空间的个数 5 小于字符串中字符个数加 1，会发生数组越界的问题】

还有 5 种为字符数组赋予字符串数据的方式，请写下它们。

方式一： char arr[6] = {'W','o','r','l','d'};

方式二： char arr[] = {'W','o','r','l','d'};

方式三： char arr[6] = {"World"};

方式四： _____

方式五： _____

练习 1 答案

13.2 字符串的输出和输入

作为一种数据，字符串肯定会被计算机频繁地输出输入。由于字符串与字符的特殊关系，可以把字符串当作字符来输出输入；另一方面，C 语言也为字符串的输出和输入提供了很多便利。

13.2.1 字符串的输出

字符串数据已经存储到了字符数组中，现在要如何输出字符串数据呢？

1. 普通方式

把字符串数据当作字符数据依次输出，在遇到字符串结束标识时停止输出即可。

【示例 13-3】 下面的程序使用输出字符的方式输出了字符串信息。

```
01   #include <stdio.h>
02
03   int main(int argc, char* argv[])
04   {
05       char arr[] = "Hello!";
06       puts("字符串数据是: ");
07       int i = 0;
08       while(arr[i]!='\0')
09       {
10           printf("%c",arr[i]);
11           i++;
12       }
13       printf("\n\n");
14       return 0;
15   }
```

示例 13-3 源码

程序使用 while 循环，依次遍历输出了字符数组中的每一个数据，直到遇到字符"\0"时才停止。程序的运行效果如图 13-4 所示。可以看到字符串数据被很好地输出了。

还记得有一个输出字符的库函数 putchar()吗？将要输出的字符作为这个函数的参数，即可输出这个字符。所以还可以将程序 10 行的部分修改为：

```
10   putchar(arr[i]);
```

图 13-4 示例 13-3 程序运行效果

程序会有相同的运行效果。

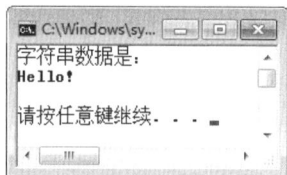

2．特殊方式

实际上 printf()有输出字符串的格式控制符"%s"，就像是用于输出字符有专门的格式控制符"%c"一样。如此一来就不用麻烦地一个个输出字符了。

【示例 13-4】　下面的程序直接使用 printf()的格式控制符"%s"输出了字符串数据。

示例 13-4 源码

```
01  #include <stdio.h>
02
03  int main(int argc, char* argv[])
04  {
05      char arr[] = "Hello!";
06      puts("字符串数据是： ");
07      printf("%s\n\n",arr);
08      return 0;
09  }
```

使用了 printf()的字符串格式控制符"%s"之后，对应的实参应该是字符串数据在存储空间的首地址。第 10 章学习指针的时候了解到：数组名就是数组数据在存储空间中的首地址，所以直接使用数组名 arr 作为 printf()的实参即可。

实际上有一个库函数 puts()可以用于输出字符串数据。此函数需要的参数仅仅是字符串数据在存储空间中的首地址。所以还可以将程序的 07 行修改为：

```
07  puts(arr);
```

13.2.2　字符串的输入

如果只是定义了字符数组，而字符串的数据要从用户处获取，该如何将字符串数据保存到字符数组中呢？

1．普通方式

依次读取用户输入字符串数据中的单个字符，并保存到字符数组中，读取完字符串数据以后在最后添加字符串的结束标识"\0"即可。

【示例 13-5】　下面的程序将依次读取用户输入的字符串数据中的字符，然后依次保存到字符数组中。

示例 13-5 源码

```
01  #include <stdio.h>
02
03  int main(int argc, char* argv[])
04  {
05      char arr[11] = {0};
06      puts("请尽量输入 10 个字符以内的字符串数据： ");
07      int i = -1;
08      do
09      {
10          i++;
11          scanf("%c",&arr[i]);
12      } while (arr[i]!='\n');
13      arr[i] = '\0';
14      printf("\n");
15      puts("输入的字符串数据是： ");
16      printf("%s\n\n",arr);
```

```
17      return 0;
18  }
```

程序判断用户输入结束的方式是：读取到的字符是"回车符"（此符号是用户按下 Enter 键生成的），即转义字符"\n"。读取完用户输入的字符串数据以后，在字符串的末尾处添加了结束标识"\0"。为了确定读取到的字符串数据是否正确，程序最后又输出了读取到的字符串数据。运行程序，当用户输入 appledream 时，程序的运行效果如图 13-5 所示。

在第 5 章还学习过一个用于获取字符的函数 getchar()，此函数不需要参数，但是会返回一个 char 类型的数据，这个数据就是函数读取到的字符，所以可以将程序 11 行修改为：

```
11  arr[i] = getchar();
```

2. 特殊方式

图 13-5　示例 13-5 程序运行效果

和 printf() 一样，scanf() 也提供了读取字符串数据的格式控制符"%s"。如此一来就不用麻烦地一个个获取字符了。

【示例 13-6】　下面的程序使用 scanf() 一次性读取了用户输入的字符串数据。

```
01  #include <stdio.h>
02
03  int main(int argc, char* argv[])
04  {
05      char arr[11] = {0};
06      puts("请尽量输入 10 个字符以内的字符串数据：");
07      scanf("%s",arr);
08      printf("\n");
09      puts("输入的字符串数据是：");
10      printf("%s\n\n",arr);
11      return 0;
12  }
```

示例 13-6 源码

使用了 scanf() 的格式控制符"%s"以后，不仅不用一个个读取字符了，连字符串的结束标识"\0"都不用添加了，很是方便。

💬注意：因为用户输入的字符串的长度是不确定的，而定义数组时要有明确的数组存储空间的个数。所以要事先适当预测字符串的长度，然后设置一个大于字符串长度的字符数组即可。

实际上有一个库函数 gets() 也可以用于读取用户输入的字符串数据，此函数需要字符数组存储空间的首地址作为参数，所以也可以将程序的 07 行修改为：

```
07  gets(arr);
```

尽管 scanf() 和 gets() 都可以用于获取字符串，按说功能效果应该是一样的，但还是忍不住比较了一下，却有如图 13-6 所示的惊人发现。

怎么运行效果不一致呢？准确地说是 scanf() 并没有按照预期设想的那样，获取到全部的字符串。看来 scanf() 和 gets() 还是有不容忽视的区别，查阅函数使用说明，了解到：

❏ scanf() 可以获取字符串，在遇到字符串中的"空格"、"tab"（键盘上 Tab 键输入的字符）和"回车"（键盘上 Enter 键输入的字符）时，就会认为字符串结束了，

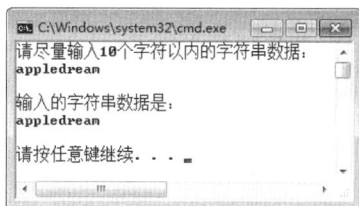

然后停止获取字符。

使用 scanf() 获取字符串 　　　　　 使用 gets() 获取字符串

图 13-6 　使用两种方式获取字符串的比较 1

❑ gets()可以获取字符串，在遇到字符串中的"回车"时，才会认为字符串结束了，然后停止获取字符串。

❑ gets()会自动为字符串的末尾添加"\0"字符，而 scanf()不会这么做。

看来当字符串数据中没有"空格"和"tab"字符时，scanf()和 gets()的运行效果才会一致，如图 13-7 所示。

使用 scanf() 获取字符串 　　　　　 使用 gets() 获取字符串

图 13-7 　使用两种方式获取字符串的比较 2

13.2.3 　练习

1．下面的程序涉及到字符串的输入和输出，仔细阅读下面的程序，然后依次完成后面的问题。

```
01   #include <stdio.h>
02
03   int main(int argc, char* argv[])
04   {
05       char arr[50] = {0};
06       puts("请输入一串字符：");
07       int i = -1;
08       do
09       {
10           i++;
11           scanf("%c",&arr[i]);
12       } while (arr[i] != '\n');
13       arr[i] = '\0';
14       puts("\n 您输入的字符串是：");
15       i = 0;
16       while(arr[i] != '\0')
17       {
18           printf("%c",arr[i]);
```

```
19          i++;
20      }
21      printf("\n\n");
22      return 0;
23  }
```

输入的字符串既可以是汉字也可以是字母，此程序的运行效果就像是图 13-8 所展示的那样。

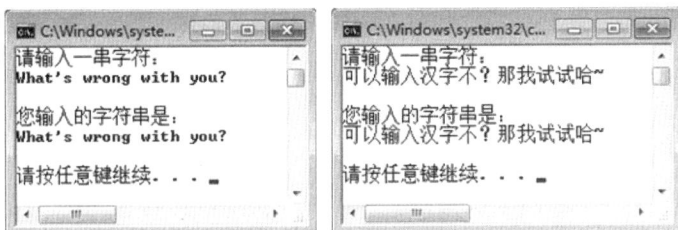

图 13-8　练习 1 程序的运行效果

（1）可以获取字符的函数不只是库函数 scanf()，还有库函数 getchar()。同样，不只是 printf()可以打印字符，函数 putchar()同样可以做到。使用这两个函数替换程序中获取和输出字符串使用的 scanf()和 printf()。

练习 1-(1)答案

将程序的第 11 行和第 18 行，修改为：

_____

_____

（2）既然 C 语言提供了对字符串数据在获取和输出上的支持，那么就干脆直接获取和输出字符串好了，一个一个地获取和输出字符还是太麻烦了。下面的程序打算使用 scanf() 直接获取字符串，使用 printf()直接输出字符串，请填充程序空缺的部分。

练习 1-(2)答案

```
01  #include <stdio.h>
02
03  int main(int argc, char* argv[])
04  {
05      char arr[50] = {0};
06      puts("请输入一串字符：");
07      _____        //使用 scanf()获取字符串
08      puts("\n 您输入的字符串是：");
09      _____        //使用 printf()输出字符串
10      return 0;
11  }
```

（3）在（2）程序的基础上修改：因为库函数 gets()也可以用于获取字符串，并且库函数 puts()可以用于输出字符。试着用这两个函数取代（2）程序中用于获取和输出字符串的 scanf()和 printf()。

练习 1-(3)答案

将程序的第 07 行和第 09 行，修改为：

_____

_____

（4）本来以为（2）和（3）程序的运行效果应该一致的，没想到并非如此，如图 13-9 所示。

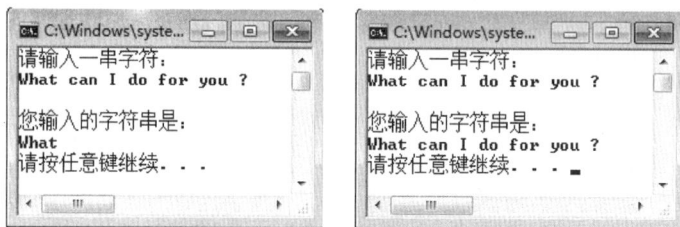

（2）程序的运行效果　　　　　　（3）程序的运行效果

图 13-9　两个程序的运行效果比较

　　问题出在了哪里，才导致（2）程序并没有完全获取到字符串的数据，是获取的字符串不完整，还是输出的字符串不完整？（2）程序和（3）程序为什么会有不同？

　　回答：

_____

_____

_____【参考答案：（2）程序获取字符串不完整，因为 scanf()在读取字符串数据时遇到了"空格"，于是就认为字符串读取完毕了】

13.3　指向字符串的指针

　　一个指针，指向了数组，这种情况在第 10 章学习指针的时候讨论过，但是对于"指向字符串的指针"这种情况还没有讨论。

13.3.1　指针操作

　　指向数组的指针的定义在第 10 章讲解过，本节只是将数组存储的数据的类型换成了字符型。在第 10 章也领教了使用指针是如何操作数组中的数据的，其实使用指针操作字符数组中的字符也是一样的道理。

1. 使用指针输入输出字符串

【示例 13-7】　下面的程序使用了指向字符数组的指针获取并输出了字符串数据。

```
01   #include <stdio.h>
02
03   int main(int argc, char* argv[])
04   {
05       char arr[51] = {0};
06       char *p = arr;
07       puts("请尽量输入 50 个字符以内的字符串数据：");
08       int i = -1;
09       do
10       {
11           i++;
12           scanf("%c",p+i);
13       } while (*(p+i)!='\n');
14       *(p+i) = '\0';
```

示例 13-7 源码

```
15        puts("\n 字符串数据是：");
16        i = 0;
17        while(*(p+i)!='\0')
18        {
19            printf("%c",*(p+i));
20            i++;
21        }
22        printf("\n\n");
23        return 0;
24   }
```

图 13-10　示例 13-7 程序运行效果

程序的 06 行定义了指向字符数组的指针 p，并为其初始化，使得指针 p 指向字符数组 arr，然后借用指针为字符数组赋值，最后又输出了字符数组中的数据。程序的运行效果如图 13-10 所示。

程序中 i 是一个 int 型的变量，p 是一个字符型的指针，而 p 指向的数组是 arr。p、p+i、*(p+i)与数组 arr 的关系如图 13-11 所示。

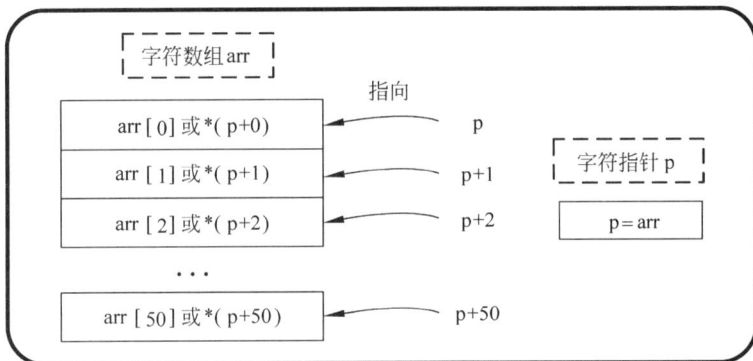

图 13-11　指向数组的指针和此数组的关系

应用本章前面学习的知识，使用 gets()和 puts()简化这个程序，如下：

```
01   #include <stdio.h>
02
03   int main(int argc, char* argv[])
04   {
05        char arr[51] = {0};
06        char *p = arr;
07        puts("请尽量输入 50 个字符以内的字符串数据：");
08        gets(p);
09        puts("\n 字符串数据是：");
10        puts(p);
11        printf("\n\n");
12        return 0;
13   }
```

指针 p 分别作为两个函数的参数，程序的运行效果完全一致，这里就不再用图片展示了。

2. 使用指针处理字符串

【示例 13-8】　下面的程序使用指向字符数组的指针修改了字符串中的一个字符。

```
01   #include <stdio.h>
02
03   int main(int argc, char* argv[])
04   {
05       char arr[] = "Welcome come to China!";
06       puts("修改前的字符串是：");
07       puts(arr);
08       char *p = arr;
09       *(p + 21) = '?';
10       puts("\n 修改后的字符串是：");
11       puts(arr);
12       printf("\n");
13       return 0;
14   }
```

示例 13-8 源码

使用指针可以访问字符数组中的每一个数据，也可以任意修改数据。程序的运行效果如图 13-12 所示。

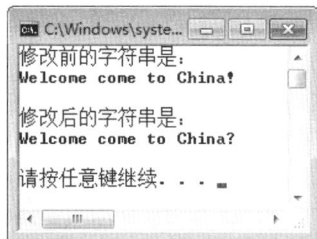

图 13-12　示例 13-8 程序运行效果

13.3.2　二维字符数组与字符指针数组

这两类字符数组从形式看很相似，但是后者的应用更加的广泛。本小节将分别讲解这两个简单的数组。

1．二维字符数组

有时程序要处理的问题包含不只一个字符串数据，此时不得不面对多个字符串数据的情况，而二维字符数组刚好可以用于处理此类问题。

【示例 13-9】　下面的程序使用二维字符数组保存了多个不同长度的字符串数据。

```
01   #include <stdio.h>
02
03   int main(int argc, char* argv[])
04   {
05       char arr[7][15] = {
06           "Monday",
07           "Tuesday",
08           "Wednesday",
09           "Thursday",
10           "Friday",
11           "Saturday",
12           "Sunday"
13       };
14       for(int i = 0;i < 7;i++)
15           puts(arr[i]);
16       printf("\n");
17       return 0;
18   }
```

示例 13-9 源码

为了证明多个字符串数据确实被存储到了二维字符数组中，程序在最后输出了二维字符数组中的数据，程序的运行效果如图 13-13 所示。

图 13-13　示例 13-9 程序运行效果

2．字符指针数组

如果每一个字符串都用字符指针指向的话，多个这样的指针就构成了一个字符指针数组。

【示例 13-10】　下面的程序定义了字符指针数组，且数组中的每一个指针都指向了一个字符串。

```
01  #include <stdio.h>
02
03  void print_str(char* p[]);
04  int main(int argc, char* argv[])
05  {
06      char *p[7] = {
07          "Monday",
08          "Tuesday",
09          "Wednesday",
10          "Thursday",
11          "Friday",
12          "Saturday",
13          "Sunday"
14      };
15      print_str(p);
16      printf("\n");
17      return 0;
18  }
19  void print_str(char* p[])
20  {
21      for(int i = 0;i < 7;i++)
22          puts(p[i]);
23  }
```

字符指针数组在程序的 06 行定义，并被初始化。而 19~23 行定义的函数，将用于输出指针数组中每个指针指向的字符串，而这个"指针数组"是作为函数的参数而被传入的。程序的运行效果和上一个示例一模一样，这里就不再展示图片了。

13.3.3　main()的参数

细心的读者会发现，main()函数的第 2 个参数 "char*argv[]" 就是所谓的"字符指针数组"。况且这本书也学了大半本了，才发现还不知道 main()函数的两个参数是做什么用的呢，别急，现在就为你讲解。

1．参数介绍

目前为止，本书使用过的所有程序中 main()函数都是以如下形式被使用的：

```
int main(int argc, char* argv[])
{
}
```

main()函数有两个参数：

❑ int 型的变量 argc。

❑ char 型的指针数组 argv。

指针数组 argv 毫无疑问，指代的是多个字符型的指针，并且每个指针都指向了一个字符串。但是指针数组中到底有几个指针呢，实际上是 argc 个指针。两个参数的意义如图 13-14 所示。

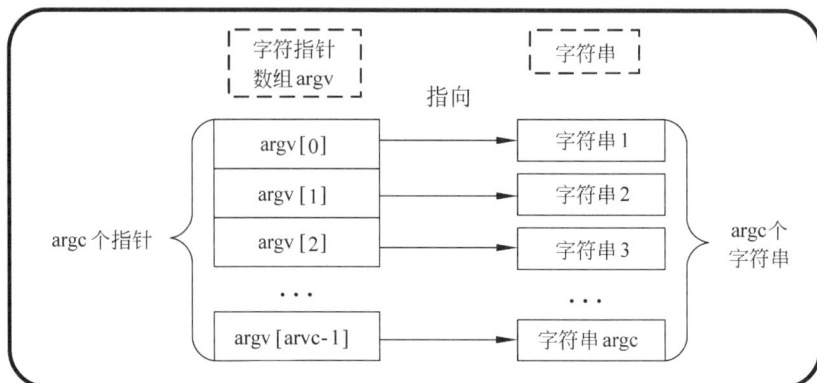

图 13-14　main() 的两个参数的意义

2．如何获取到参数值

我们已经了解到：函数的参数通常是在程序运行的过程中获取的，例如，程序输出一个整数：

```
int a = 100;
printf("%d",a);
```

代码中，函数 printf() 的两个参数是在程序运行的过程中才被赋予的。但是 main() 函数在程序运行时就已经被调用了，所以 main() 的参数不能在程序运行的过程中获取，而只能在程序运行前获取。常用的方式是：main() 函数在命令行获取参数。

3．命令行的作用

在 Windows 系统下，我们习惯了运行所有程序的一种方式：双击程序的图标。例如，要打开"记事本"这个程序，就要先找到"记事本"程序的图标，然后双击这个图标来打开"记事本"程序。如图 13-15 所示。

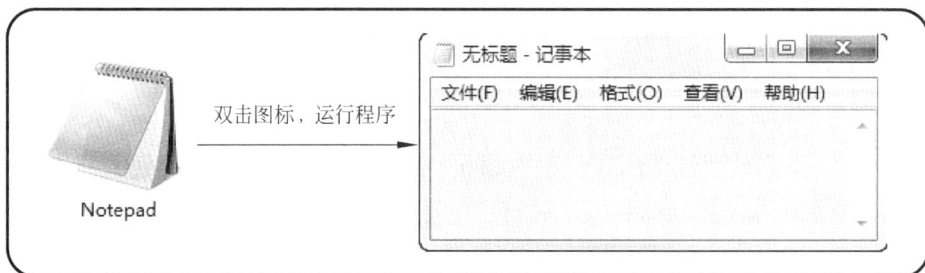

图 13-15　双击图标运行程序

实际上还有一种打开"记事本"程序的方法：使用命名行工具"命令提示符"，输入命令"notepad.exe"后运行"记事本"程序，如图 13-16 所示。

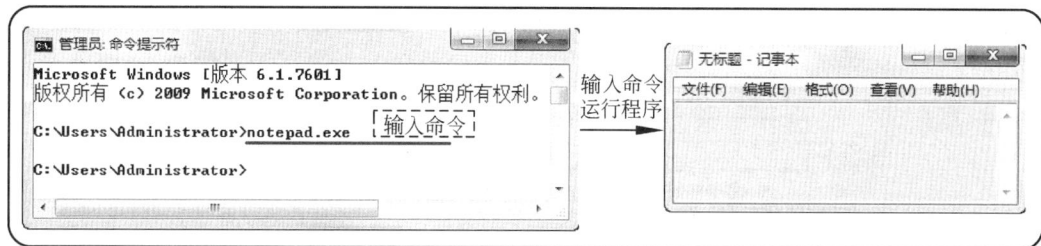

图 13-16　输入命令运行程序

　　也就是说：可以在"命令行工具"中输入"命令"，然后会运行程序。而 main()函数的参数刚好可以从命令行中获取到。例如，运行记事本程序用到的命令是"notepad.exe"，它是"1"个"字符串"，main()函数从这个命令中就会获取到两个参数的值：argc 为 1，argv 就是包含一个指向字符串"notepad.exe"的指针的数组。

　　提示：命令行工具"命令提示符"也是一个应用程序，在 Windows 的附件中，可以依次单击"开始菜单"、"所有程序"、"附件"、"命名提示符"来打开这个程序。如图 13-17 所示。

图 13-17　打开程序"命令提示符"的方法

4．程序示例

　　【示例 13-11】　下面的程序打算分别输出函数 main()两个参数的值。

```
01  #include <stdio.h>
02
03  int main(int argc, char* argv[])
04  {
05      printf("一共包含%d 个字符串\n",argc);
06      puts("分别是：");
07      for(int i = 0;i < argc;i++)
08          puts(argv[i]);
09      printf("\n");
10      return 0;
11  }
```

示例 13-11 源码

　　像往常一样运行程序，得到如图 13-18 所示的运行效果。可以看到在运行程序时，main()获取到的两个参数的值。

　　为了改变 main()函数获取到的参数值，我们决定在"命令提示符"里输入命令，来运行这个示例程序。先找到示例生成的程序，程序的位置会因为项目文件位置的不同而不同，本示例生成的程序位于 E:\c program\new\Debug 下，

图 13-18　示例 13-11 程序运行效果

如图 13-19 所示。new.exe 就是示例代码生成的程序。

图 13-19　程序的生成位置

打开"命令提示符"程序，输入命令"new.exe"后，按下 Enter 键。却发现出了一些问题，如图 13-20 所示。提示"new.exe 不是内部或外部命令，也不是可运行的程序或批处理文件"。说 new.exe"不是内部或者外部命令"倒也没什么，关键居然还提示"也不是可运行的程序"就让人无法接受了。new.exe 怎么会不是"可运行的程序"呢？明明可以运行的。

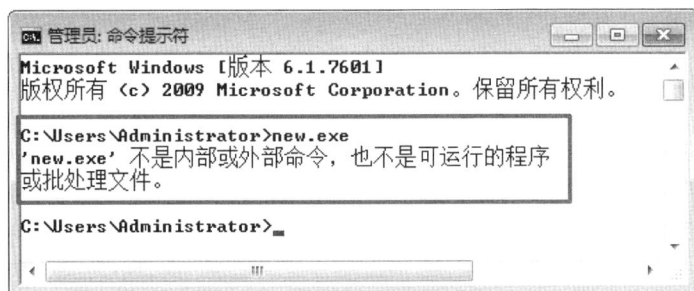

图 13-20　输入命令后的效果 1

其实是因为"命令提示符"程序找不到 new.exe 这个程序，所以要让"命令提示符"找到这个程序，就必须告诉它 new.exe 到底在哪里，我们知道它在"E:\c program\new\Debug\new.exe"下，再次在"命令提示符"中输入命令"E:\"c program"\new\Debug\new.exe"，如图 13-21 所示。

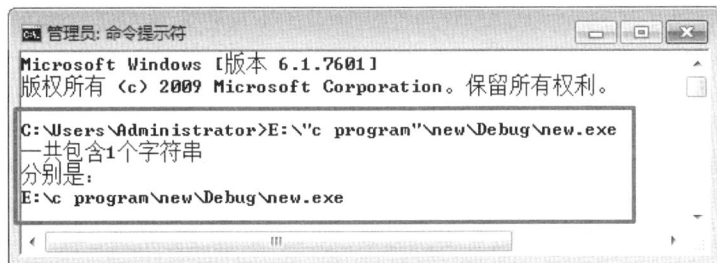

图 13-21　输入命令后的效果 2

⌂提示：输入的命令 E:\ "c program" \new\Debug\new.exe 里怎么多了个 "双引号"，因为 "c" 和 "program" 中间有个 "空格"，不加双引号的话，路径就会被读取为 "E:\c"，也就是说 "空格" 把路径截断了，为了阻止这样的 "截断" 发生，所以要使用双引号将 "c" 和 "program" 连在一起。输入的路径就会被正确读取了。

从输入命令行下面的文本来看，和直接运行程序所达到的效果是一模一样的。如图 13-22 所示。

图 13-22　两种运行程序的方式

现在做些直接运行程序时无法做到的事情：改变程序的运行结果，即改变 main() 函数获取到的参数。这也是我们使用 "命令提示符" 这个工具的目的。在 "命令提示符" 中输入命令 "E:\"c program"\new\Debug\new.exe see you tomorrow!" 后按下 Enter 键，效果如图 13-23 所示。

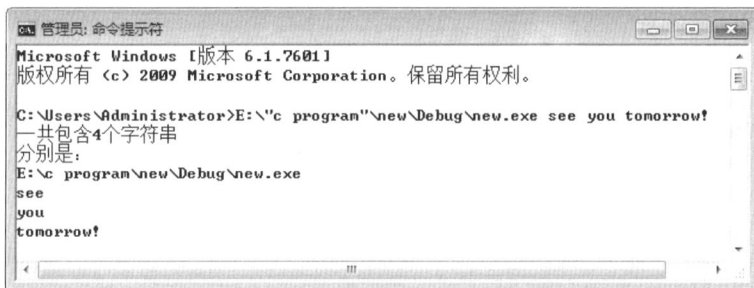

图 13-23　输入新的命令后的效果

可知，main() 函数 argc 的值变成了 4，指针数组 argv 的 4 个指针也指向了 4 个不同的字符串，如图 13-24 所示。

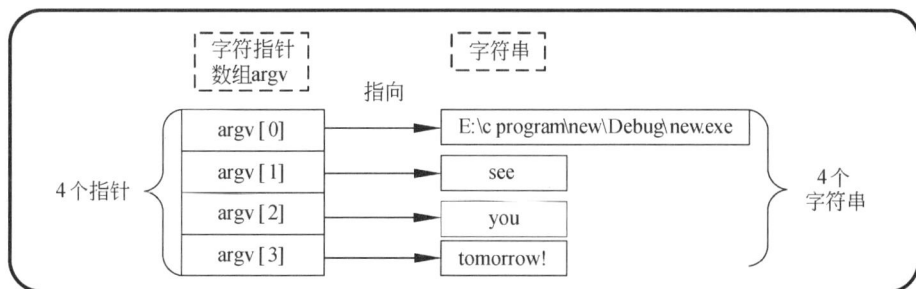

图 13-24　main() 参数获取到的数据

13.3.4　练习

1．下面的程序打算从用户输入的字符串中，统计出各类字符的个数。字符种类包括数字、大写字母、小写字母、空格和其他字符。

【思路】通过查阅 ASCII 码表得到各类字符 ASCII 码值的范围：

- ❑　32 的字符是空格。
- ❑　48～57 的字符是数字。
- ❑　65～90 的字符是大写字母。
- ❑　97～122 的字符是小写字母。

因为每类字符的 ASCII 码范围不同，所以可以依据这个范围值判定这个字符属于哪一个字符种类。按照此思路编写的部分程序代码如下：

练习 1 源码

```
01   #include <stdio.h>
02
03   int main(int argc, char* argv[])
04   {
05       char arr[100] = {0};
06       int count[5] = {0};
07       puts("请输入一串字符: ");
08       char *p = arr;
09       gets(p);
10       printf("\n 请确认输入的字符串: %s\n\n",p);
11       do
12       {
13           if(_____)        //该字符是数字
14               count[0]++;
15           else if(*p >= 65 && *p <= 90)      //该字符是大写字母
16               _____
17           else if(*p >= 97 && *p <= 122)     //该字符是小写字母
18               count[2]++;
19           else if(*p == 32)                  //该字符是空格
20               count[3]++;
21           else                               //其他字符, 如特殊符号、标点等
22               count[4]++;
23           p++;
24       } while (*p != '\0');
25       printf("数字字符有%d 个\n",count[0]);
26       printf("大写字母有%d 个\n",count[1]);
27       printf("小写字母有%d 个\n",count[2]);
28       _____
29       printf("其他字符有%d 个\n\n",count[4]);
30       return 0;
31   }
```

程序的运行结果如图 13-25 所示，依据思路和运行效果将上面的代码填充完整。

图 13-25　练习 1 程序运行效果

13.4　常见的字符串操作

"字符串"作为一类数据，也需要像其他数据一样赋值、比较等等。但是由于"字符串"很特殊，运算符不能执行对"字符串"的常见操作，所以 C 语言提供了库函数专门处理字符串的操作。因为这些库函数都声明在 string.h 文件中，所以使用库函数时要记得包含这个文件。

13.4.1　"赋值"

何谓"赋值"？这个概念在前面多次讲到，但还是使用代码来解释：

```
01  float f1 = 3.645;
02  float f2;
03  f2 = f1;
```

变量 f1 和 f2 都可以指代 float 型数据，f1 已经指代了数据 3.645，如果 f2 也想指代这个数据的话，使用赋值运算符 "=" 就可以轻松实现了，即程序 03 行，这个过程就是"赋值"。如果指代的数据是字符串，能这么赋值吗？例如：

```
01  char arr1[9] = "Welcome!";
02  char arr2[9];
03  arr1 = arr2;          //错误的赋值方式
```

字符数组 arr1 存储了字符串"Welcome!"，字符数组 arr2 也想存储这个字符串，能使用 03 行的赋值运算符完成这个操作吗？答案是：不行。因为 arr1 和 arr2 都指代一个地址，而且地址都是常量，常量是无法完成赋值的。

因此，头文件 string.h 提供了 3 个库函数用来处理字符串的"赋值"操作，如表 13.1 所示，其实对于字符串而言，使用"复制"更合适些。

表 13.1　用于字符串"赋值"的库函数

函　数　原　型	功　　　能	返　回　值
char *strcpy(char *dest,char *src)	将从 src 地址开始的字符串，复制到 dest 地址开始的存储空间	指向 dest 地址的指针

续表

函 数 原 型	功　　能	返 回 值
char *strdup(char *s)	将从 s 地址开始的字符串，复制到动态申请的存储空间	动态申请的存储空间的首地址

【示例 13-12】　下面的程序中只有 1 个字符数组被赋予了字符串数据，还有 1 个字符数组和 1 个动态申请的存储空间期望被赋予同样的字符串数据，程序使用库函数完成了这一任务。

示例 13-12 源码

```
01  #include <stdio.h>
02  #include <string.h>
03  #include <stdlib.h>
04
05  int main(int argc, char* argv[])
06  {
07      char arr1[9] = "Welcome!";
08      puts("字符数组 arr1 中的字符串：");
09      puts(arr1);
10      printf("\n");
11      char arr2[9];
12      char *p1 = strcpy(arr2,arr1);        //将 arr1 中的字符串复制到 arr2 中
13      puts("字符数组 arr2 中的字符串：");
14      puts(p1);
15      printf("\n");
16      char *p2 = (char *)malloc(9*sizeof(char));
17      p2 = strdup(arr1);        //将 arr1 中的字符串复制到 p2 所指的存储空间中
18      puts("动态申请存储空间中的字符串：");
19      puts(p2);
20      free(p2);
21      printf("\n");
22      return 0;
23  }
```

12、17 行都使用了字符串操作的库函数，所以 02 行使用 include 引入了头文件 string.h。起先只有字符数组 arr1 中有字符串数据，使用了那两个函数以后，字符串数据被复制到了其他两个存储空间中。程序的运行效果如图 13-26 所示。

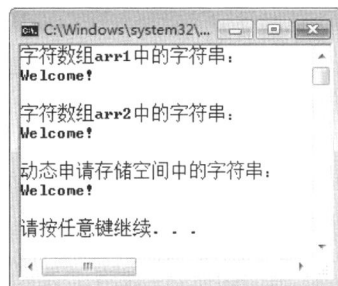

图 13-26　示例 13-12 字符串复制效果

13.4.2　"加法"

一个字符串是"super"，另一个字符串是"market"，把这两个字符串加在一起就是"supermarket"。这样的加法可以使用加法运算符"+"来完成吗？就像下面这个样子：

```
01  char *p1 = "super";
02  char *p2 = "market";
03  char *p3 = p1 + p2;        //错误的加法运算
```

不好意思，03 行的代码同样无法完成字符串"加法"的任务，还好头文件 string.h 也定义了两个库函数，用来处理字符串的"加法"操作，如表 13.2 所示，其实对于字符串而言，使用"连接"更合适些。

表 13.2　用于字符串"加法"的库函数

函　数　原　型	功　　能	返　回　值
char *strcat(char *dest,char *src)	将 src 指向的字符串，复制到 dest 地址开始的字符串的结尾处	指向 dest 地址的指针
char *strncat(char *dest,char *src,int n)	将 src 指向的字符串的前 n 个字符，复制到 dest 地址开始的字符串的结尾处	指向 dest 地址的指针

【示例 13-13】　下面的程序打算对 3 个字符串数据做"加法"运算。

示例 13-13 源码

```
01  #include <stdio.h>
02  #include <string.h>
03
04  int main(int argc, char* argv[])
05  {
06      char *p1 = "super";
07      printf("p1:%s\n\n",p1);
08      char *p2 = "market";
09      printf("p2:%s\n\n",p2);
10      char arr[30] = {0};
11      char *p3 = arr;
12      p3 = strcat(p3,p1);      //将 p1 所指字符串加到 p3 所指字符串的末尾
13      p3 = strcat(p3,p2);      //将 p2 所指字符串加到 p3 所指字符串的末尾
14      printf("p3:%s\n\n",p3);
15      char *p4 = "!*()";
16      printf("p4:%s\n\n",p4);
17      p3 = strncat(p3,p4,1);//将 p4 所指字符的第一个字符加到 p3 所指字符串的末尾
18      printf("p3:%s\n\n",p3);
19      return 0;
20  }
```

3 个字符串数据分别被指针 p1、p2 和 p4 指向、p3 所指存储空间中的字符串是 p1、p2 所指字符串之"和"，再加上 p4 所指字符串的第一个字符。程序的运行效果如图 13-27 所示。

图 13-27　字符串之"和"的运行效果

13.4.3　修改

如果要修改字符串中的个别字符，可以使用指针，例如：

```
01  char arr[] = "Nes!";
02  char *p = arr;
03  *p = 'Y';
```

指针 p 指向了 arr 字符数组中的字符串，借助 p 可以任意修改字符串中的任意字符。但是使用指针修改一个字符还比较容易，如果要"批量修改字符串中的字符为同一个字符"就比较麻烦了。头文件 string.h 倒是定义了两个库函数来解决这一问题，如表 13.3 所示。

表 13.3　用于字符串修改的库函数

函　数　原　型	功　　能	返　回　值
char *strset(char *s, char c)	将 s 指向的字符串中的所有字符都设置成字符 c	指向 s 的指针

续表

函 数 原 型	功　　能	返 回 值
char *strnset(char *s, char c,int n)	将 s 指向的字符串中的前 n 个字符都设置成字符 c	指向 s 的指针

【示例 13-14】　下面的程序打算使用两个库函数修改两个字符串。

```
01  #include <stdio.h>
02  #include <string.h>
03
04  int main(int argc, char* argv[])
05  {
06      char p1[] = "Are you ok?";
07      printf("p1:%s\n\n",p1);
08      strset(p1,'a');        //将 p1 数组中字符串的所有字符换成 a
09      printf("p1:%s\n\n",p1);
10      char p2[] = "Thank you!";
11      printf("p2:%s\n\n",p2);
12      strnset(p2,'b',2);    //将 p2 数组中字符串前两个字符换成 b
13      printf("p2:%s\n\n",p2);
14      return 0;
15  }
```

示例 13-14 源码

注释对代码的解释很清楚了，这里不再重复，直接看库函数对字符串的修改效果，如图 13-28 所示。

```
p1:Are you ok?

p1:aaaaaaaaaaa

p2:Thank you!

p2:bbank you!

请按任意键继续. . . .
```

图 13-28　示例 13-14 程序运行效果

13.4.4　"比较"

对于数值型的数据，可以很简单地使用比较运算符比较大小，例如：

```
01  float f1 = 3.64;
02  float f2 = 4.76;
03  if(f1 < f2)
04      puts("f1 < f2");
```

对于字符串数据而言，在程序中有时也需要比较，不过比较的最多的情况应该是：比较看看两个字符串是否一样，例如：

```
01  char arr1[] = "What";
02  char arr2[] = "That";
03  arr1 == arr2;                //错误的字符串比较方式
```

程序是想判断字符数组 arr1 和 arr2 中的字符串是否一样，但不幸的是，无法使用比较运算符 "==" 等号来判断。因为 arr1 和 arr2 都指代的是字符串的首地址，而不是字符串本身。所以头文件 string.h 定义了 4 个库函数来解决字符串比较的问题，如表 13.4 所示。

表 13.4　用于字符串比较的库函数

函 数 原 型	功　　能	返 回 值
int strcmp(char *s1,char * s2)	比较 s1 和 s2 指向的字符串的大小	一个整型的数，且： 当 s1<s2 时，返回值<0； 当 s1=s2 时，返回值=0； 当 s1>s2 时，返回值>0
int stricmp(char *s1,char * s2)	比较 s1 和 s2 指向的字符串的大小，但不区分字母的大小写	

续表

函 数 原 型	功　　能	返 回 值
int strncmp(char *s1,char * s2，int n)	比较 s1 和 s2 指向的字符串的前 n 个字符的大小	一个整型的数，且： 当 s1<s2 时，返回值<0；
int strnicmp(char *s1,char * s2，int n)	比较 s1 和 s2 指向的字符串的前 n 个字符的大小，但不区分字母的大小写	当 s1=s2 时，返回值=0； 当 s1>s2 时，返回值>0

字符串比较的原理：依次比较字符串相应位置上的字符，比较时使用的是字符对应的 ASCII 码值，码值相等就比较下一个相应位置上的字符，不相等就将此比较结果作为字符串的比较结果，如图 13-29 所示。

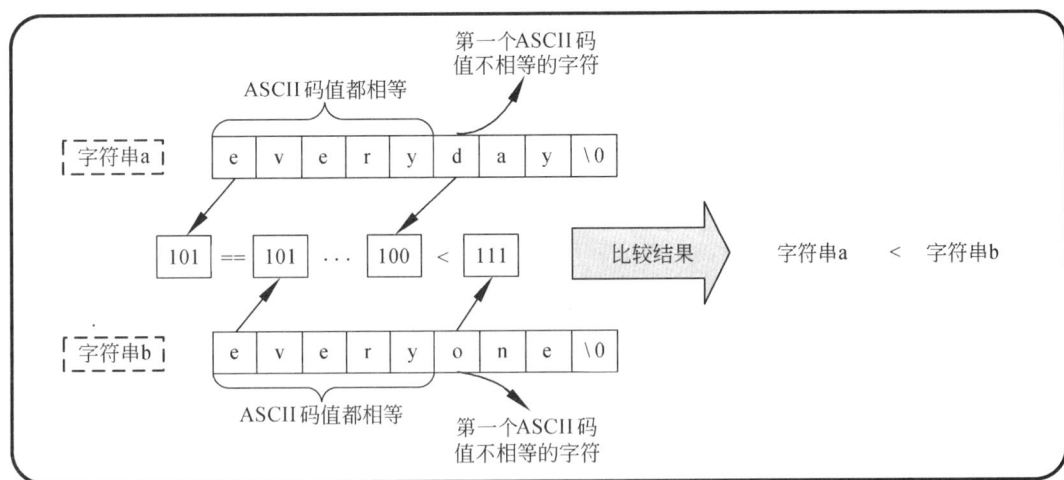

图 13-29　区分字母大小写的字符串的比较过程

【示例 13-15】　下面的程序使用了本小节讲到的 4 个库函数比较了两个字符串的大小。

```
01  #include <stdio.h>
02  #include <string.h>
03
04  void print_result(char *p1,char *p2,int i);
05  int main(int argc, char* argv[])
06  {
07      int result;
08      char arr1[] = "happy birthday";
09      char arr2[] = "happy Birthday";
10      printf("arr1:%s\n",arr1);
11      printf("arr2:%s\n\n",arr2);
12      puts("区分字母大小写的比较: ");
13      result = strcmp(arr1,arr2);              //库函数 1
14      print_result("arr1","arr2",result);
15      puts("不区分字母大小写的比较: ");
16      result = stricmp(arr1,arr2);             //库函数 2
17      print_result("arr1","arr2",result);
18      puts("只比较前 7 个字符，且区分字母大小写: ");
19      result = strncmp(arr1,arr2,7);           //库函数 3
20      print_result("arr1","arr2",result);
21      puts("只比较前 7 个字符，且不区分字母大小写: ");
22      result = strnicmp(arr1,arr2,7);          //库函数 4
23      print_result("arr1","arr2",result);
```

示例 13-15 源码

```
24      return 0;
25  }
26  void print_result(char *p1,char *p2,int i)
27  {
28      if(i == 0)
29          printf("%s == %s\n\n",p1,p2);
30      else if(i < 0)
31          printf("%s < %s\n\n",p1,p2);
32      else if(i > 0)
33          printf("%s > %s\n\n",p1,p2);
34  }
```

字符数组 arr1 和 arr2 存储的字符串只有一个字符不同,这个字符是 "b" 和 "B",前者的 ASCII 码值大于后者。本程序的运行结果如图 13-30 所示。

图 13-30　示例 13-15 程序运行结果

13.4.5　其他操作

由于字符串本身数据的特殊属性,它还有一些独有的操作。例如,改变字符串中字母的大小写、统计串中字符的个数等等。库函数也对字符串的这些独有的操作提供了支持,下面会依次讲解到这些库函数。

1. 字母字符大小写转换

当需要统一字符串中所有字母字符的大小写时,可以考虑使用表 13.5 所示的两个库函数。

表 13.5　统一字符串字母大小写的库函数

函 数 原 型	功　　能	返 回 值
char *strlwr(char *s)	统一 s 指向的字符串中字母字符为小写	s 所指字符串的指针
char *strupr(char *s)	统一 s 指向的字符串中字母字符为大写	

【示例 13-16】　下面的程序,分别使用两个库函数统一了字符串中所有的字母字符的大小写,对于非字母的字符不做任何处理。

```
01  #include <stdio.h>
02  #include <string.h>
03
04  int main(int argc, char* argv[])
05  {
06      char arr[] = "What can I do for you? 007!";
07      printf("arr:%s\n\n",arr);
08      puts("将字符串所有字母改成小写: ");
09      strlwr(arr);                        //统一字母为小写
10      printf("arr:%s\n\n",arr);
11      puts("将字符串所有字母改成大写: ");
12      strupr(arr);                        //统一字母为大写
13      printf("arr:%s\n\n",arr);
14      return 0;
15  }
```

示例 13-16 源码

最初的字符串中的字母字符有小写有大写,使用了两个库函数以后,字母字符的大小

写统一了，程序的运行效果如图 13-31 所示。

2. 计算字符串中的字符个数

字符串是由一个个字符组成的。如果要知道字符串中到底有多少字符，就一个个地数是很麻烦的。解决这个问题，可以使用指针遍历字符串并计数，也可以使用 string.h 里提供的一个库函数，如表 13.6 所示。

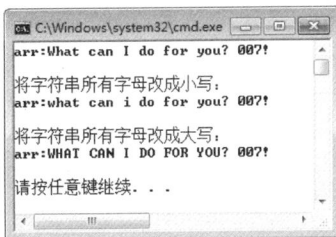

图 13-31　库函数的使用效果

表 13.6　计算字符串中字符个数的库函数

函　数　原　型	功　　　能	返　回　值
int strlen(char *s)	统计 s 指向的字符串中字符的个数	字符串中字符的个数

【示例 13-17】　下面的程序使用了两种方法计算了一个字符串中字符的个数。

示例 13-17 源码

```
01  #include <stdio.h>
02  #include <string.h>
03
04  int main(int argc, char* argv[])
05  {
06      char arr[] = "What can I do for you? 007!";
07      printf("arr:%s\n\n",arr);
08      int len = 0;
09      char *p = arr;                      //使用指针计算
10      while(*p != '\0')
11      {
12          len++;
13          p++;
14      }
15      printf("使用指针计算得到 arr 数组中字符串的长度为：%d\n\n",len);
16      len = 0;
17      len = strlen(arr);                  //使用库函数计算
18      printf("使用函数计算得到 arr 数组中字符串的长度为：%d\n\n",len);
19      return 0;
20  }
```

字符串在程序中是已知的，一个个地数就可以知道字符数，但是太麻烦。然后使用了指针和库函数 strlen() 计算了字符串中字符的个数。程序的运行结果如图 13-32 所示，统计结果一样，看来还是使用库函数更加方便些。

3. 倒序字符串

有时，程序获取到的字符串数据是逆序的，而要处理的字符串必须是顺序的，这时就需要将字符串中字符的顺序再"逆转"回来。例如：获

图 13-32　统计字符串中字符的个数

取的字符串是"emocleW"，看不懂这个字符串表达的是什么意思，如果"逆转"（或者说倒序）一下，变为"Welcome"的话就好理解多了。提供这个功能的库函数如表 13.7 所示。

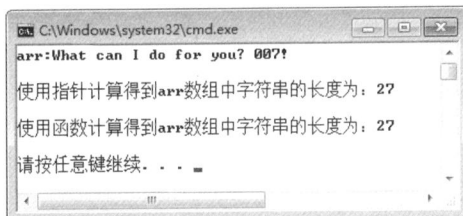

表 13.7　倒序字符串中字符的库函数

函 数 原 型	功　　能	返 回 值
char *strrev(char *s)	倒序 s 指向的字符串中的字符	指向倒序后的字符串的指针

【示例 13-18】　下面的程序，使用库函数 strrev() 处理了一个逆序的字符串。

```
01  #include <stdio.h>
02  #include <string.h>
03
04  int main(int argc, char* argv[])
05  {
06      char arr[] = "!raeY weN yppaH";
07      printf("arr:%s\n\n",arr);
08      char *p;
09      p = strrev(arr);
10      printf("倒序后的字符串：%s\n\n",p);
11      return 0;
12  }
```

示例 13-18 源码

获取到的字符串是逆序的，看不懂，所以使用函数 strrev() 倒序了字符串。这个程序的运行结果如图 13-33 所示，倒序后的字符串的含义也很容易理解了。

4．定位字符串中的指定字符

程序中不可避免地会出现："确定一个字符在一个字符串中的位置"这类的问题。因为要操作字符串，就不可避免地要修改一些特定的字符，要找到这些特定的字符，就会面临这类问题。string.h 提供了两个库函数用来处理这类问题，如表 13.8 所示。

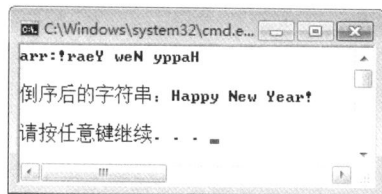

图 13-33　倒序字符串

表 13.8　定位字符串中指定字符的库函数

函 数 原 型	功　　能	返 回 值
char *strchr(char *s,char c)	找到 s 指向的字符串中第一次出现字符 c 的位置	指向字符串中这个字符的指针。如果字符串中没有要找的字符，则返回空指针
char *strcchr(char *s,char c)	找到 s 指向的字符串中最后一次出现字符 c 的位置	指向字符串中这个字符的指针。如果字符串中没有要找的字符，则返回空指针

【示例 13-19】　下面的程序要在一个字符串中寻找一个指定的字符，所以使用了 string.h 提供的两个库函数。

```
01  #include <stdio.h>
02  #include <string.h>
03
04  int main(int argc, char* argv[])
05  {
06      char arr[] = "Give your kids lessons in piano, guitar and violin;";
07      printf("字符串：%s\n\n",arr);
08      char c = 'a';
09      printf("要查找的字符：%c\n\n",c);
10      char *p_first;
11      p_first = strchr(arr,c);
12      printf("输出第一个该字符之后的字符串：%s\n\n",p_first);
13      char *p_last;
```

```
14    p_last = strrchr(arr,c);
15    printf("输出最后一个该字符之后的字符串：%s\n\n",p_last);
16    return 0;
17  }
```

要找的字符是 a，字符串中一个有 3 个 a，2 个库函数分别定位了第 1 个和最后 1 个 a。为了检验定位的正确性，程序输出了这个位置及其之后的字符串。程序的运行效果如图 13-34 所示。

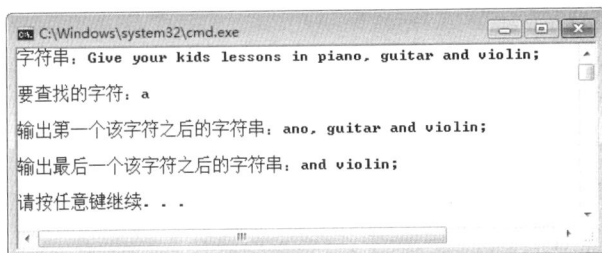

图 13-34　示例 13-19 程序运行效果

5. 定位字符串中的指定字符串

一句英文由多个英文单词组成，如果要定位的不是句子中的一个字母，而是一个单词的话，就不能使用上面介绍的库函数了，而是应该使用表 13.9 所示的库函数。

表 13.9　定位字符串中指定字符串的库函数

函 数 原 型	功　　能	返　回　值
char *strstr(char *s1, char *s2)	从 s1 指向的字符串中寻找第一次出现字符串 s2 的位置	指向这个位置的指针。如果没有，则返回空指针

【示例 13-20】　下面的程序使用库函数 strstr()，从一个字符串中找到了另一个字符串第一次出现的位置。

```
01  #include <stdio.h>
02  #include <string.h>
03
04  int main(int argc, char* argv[])
05  {
06    char arr1[] = "Kids still need time away from the TV
      to develop social skills.";
07    printf("字符串：%s\n\n",arr1);
08    char arr2[] = "to";
09    printf("要定位的字符串：%s\n\n",arr2);
10    char *p;
11    p = strstr(arr1,arr2);
12    printf("这个位置及其以后的字符串：%s\n\n",p);
13    return 0;
14  }
```

示例 13-20 源码

两个字符串在程序中都已给出，函数 strstr()直接返回了字符串中特定位置的指针。为了验证这个位置的正确性，程序直接输出了这个位置开始的字符串。程序的运行效果如图 13-35 所示。

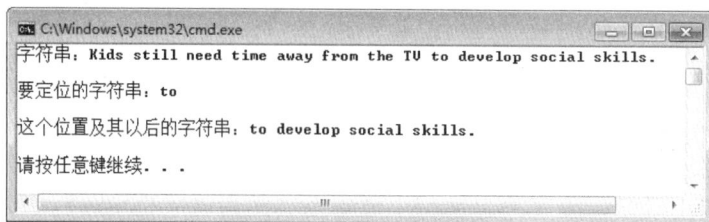

图 13-35　定位一个字符串中指定字符串的位置

6．定位字符串中指定的多个字符

有时编程时遇到的问题是：一个字符串是否包含了多个字符中的一个或多个字符，具体的位置是什么？例如："apple"包含了 b、l、e 这 3 个字符中的 2 个，分别位于位置 4 和位置 5。string.h 里有 3 个函数用于处理这类问题，如表 13.10 所示。

表 13.10　定位字符串中指定的多个字符

函 数 原 型	功　能	返　回　值
int strcspn(char *s1,char *s2)	从 s1 指向的字符串中寻找 s2 指向字符串中出现过的第一个字符	字符在 s1 指向的字符串首次出现的位置
char *strpbrk(char *s1, char *s2)		字符在 s1 指向的字符串首次出现的位置的指针
char *strspn(char *s1,char *s2);	从 s1 指向的字符串中寻找 s2 指向字符串中没有出现过的第一个字符	字符在 s1 字符串首次出现的位置

为了更直观地说明这 3 个函数的功能，特别制作了图 13-36 和图 13-37。

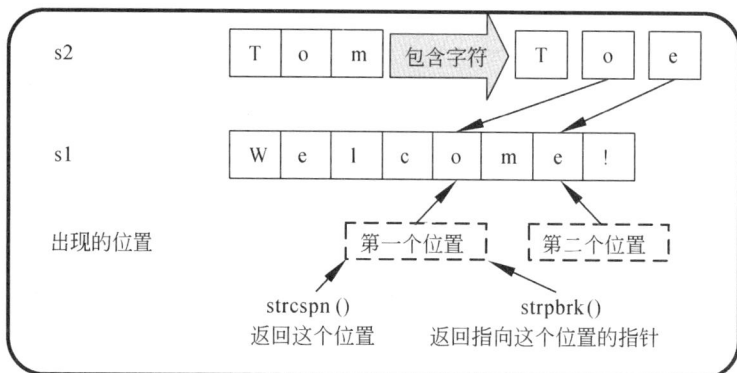

图 13-36　函数 strcspn()和 strpbrk()的功能

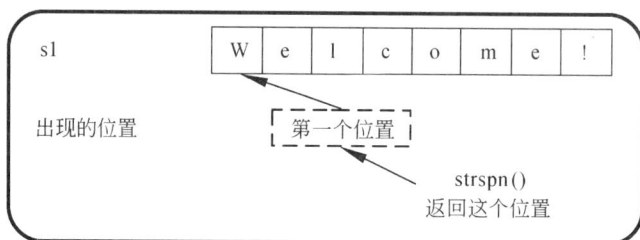

图 13-37　函数 strspn()的功能

【示例 13-21】 下面的程序运用了本小节学习的 3 个函数。　　　　示例 13-21 源码

```
01  #include <stdio.h>
02  #include <string.h>
03
04  int main(int argc, char* argv[])
05  {
06      char arr1[] = "Reading has long been known as a way to improve
        children's intelligence.";
07      printf("arr1:%s\n\n",arr1);
08      char arr2[] = "minutes";
09      printf("arr2:%s\n\n",arr2);
10      int i;
11      i = strcspn(arr1,arr2);
12      printf("使用 strcspn(arr1,arr2)定位，位置是：%d\n\n",i+1);
13      char *p = strpbrk(arr1,arr2);
14      printf("使用 strpbrk(arr1,arr2)定位，从这个位置开始的字符串是：\n%s\n\n",p);
15      char arr3[] = "Read";
16      printf("arr3:%s\n\n",arr3);
17      i = strspn(arr1,arr3);
18      printf("使用 strspn(arr1,arr3)定位，位置是：%d\n\n",i+1);
19      return 0;
20  }
```

函数 strcspn() 和 strpbrk()，在 arr1 指向的字符串中，寻找 arr2 指向的字符串中出现过的第一个字符。函数 strspn()，在 arr1 指向的字符串中，寻找 arr3 指向的字符串中没出现过的第一个字符。程序的运行效果如图 13-38 所示。

图 13-38　3 个函数的应用示例

13.4.6　练习

1. 仔细阅读下面的程序，然后完成后面的问题。

```
01  #include <stdio.h>
02  #include <string.h>
03  #include <stdlib.h>
04
05  int main(int argc, char* argv[])
06  {
07      char arr1[10] = "Let's go!";
```

```
08      char arr2[10];
09      char *p = (char *)malloc(sizeof(char)*10);
10      return 0;
11  }
```

练习 1 答案

（1）使用库函数 strcpy()完成：使用 arr1 中的字符串数据对 arr2 赋值。

_____

（2）使用库函数 strdup()完成：使用 arr2 中的字符串数据对 p 所指向存储空间赋值。

_____

2．仔细阅读下面的程序，然后完成后面的问题。

```
01  #include <stdio.h>
02  #include <string.h>
03
04  int main(int argc, char* argv[])
05  {
06      char arr1[20] = "Hello ";
07      printf("arr1:%s\n\n",arr1);
08      char arr2[] = "everyone";
09      printf("arr2:%s\n\n",arr2);
10      char arr3[10] = "any";
11      printf("arr3:%s\n\n",arr3);
12      _____
13      printf("arr1:%s\n\n",arr1);
14      _____
15      printf("arr3:%s\n\n",arr3);
16      return 0;
17  }
```

练习 2 答案

// （1）题答案填写位置

// （2）题答案填写位置

（1）使用库函数 strcat()完成：将 arr2 中的字符串数据加到 arr1 中字符串的末尾。

（2）使用库函数 strncat()完成：将 arr2 中的前 5 个字符加到 arr3 中的字符串末尾。

程序的运行效果如图 13-39 所示。

图 13-39　练习 2 程序运行效果

3．仔细阅读下面的程序，然后完成后面的问题。

```
01  #include <stdio.h>
02  #include <string.h>
03
04  int main(int argc, char* argv[])
05  {
06      char p1[] = "   Context---";
07      printf("p1:%s\n\n",p1);
08      _____   // （1）题答案填写位置
09      printf("p1:%s\n\n",p1);
10      char p2[] = "   Context---";
11      printf("p2:%s\n\n",p2);
12      _____   // （2）题答案填写位置
13      printf("p2:%s\n\n",p2);
14      return 0;
15  }
```

练习 3 答案

（1）使用库函数 strset()完成：将 p1 中的字符串数据中的字符全部修改为字符 "-"。

（2）使用库函数 strnset()完成：将 p2 中的字符串数据中的前 4 个字符全部修改为字符 "-"。程序的运行效果如图 13-40 所示。

图 13-40　练习 3 程序运行效果

4．下面的程序打算使用本节学习的 4 个库函数来比较两个字符串的大小，但是似乎还没有完成，写这个程序的作者连续工作了太长时间，现在他有点晕了，关键的库函数使用部分他没写，作为他的搭档，请帮他完成剩下的部分。

```
01  #include <stdio.h>
02  #include <string.h>
03
04  void print_result(char *p1,char *p2,int i);
05  int main(int argc, char* argv[])
06  {
07      int result;
08      char arr1[] = "Hi Tom!It's me!";
09      char arr2[] = "Hi,are you Amy?";
10      printf("arr1:%s\n",arr1);
11      printf("arr2:%s\n\n",arr2);
12      puts("区分字母大小写的比较：");
13      result =_____;
14      print_result("arr1","arr2",result);
15      puts("不区分字母大小写的比较：");
16      result =_____;
17      print_result("arr1","arr2",result);
18      puts("只比较前 2 个字符，且区分字母大小写：");
19      result =_____;
20      print_result("arr1","arr2",result);
21      puts("只比较前 2 个字符，且不区分字母大小写：");
22      result =_____;
23      print_result("arr1","arr2",result);
24      return 0;
25  }
26  void print_result(char *p1,char *p2,int i)
27  {
28      if(i == 0)
29          printf("%s == %s\n\n",p1,p2);
30      else if(i < 0)
31          printf("%s < %s\n\n",p1,p2);
32      else if(i > 0)
33          printf("%s > %s\n\n",p1,p2);
34  }
```

练习 4-1 答案

练习 4-2 答案

练习 4-3 答案

练习 4-4 答案

此字符串比较程序预期的运行效果如图 13-41 所示。

5．下面的程序打算在不使用函数 strrev()的情况下，倒序字符串中的字符。具体的方法是：使用两个指针分别指向字符串的头和尾，交换两个字符的位置，依次对字符串的各个字符执行同样的操作，如图 13-42 所示。

图 13-41　程序预期运行效果

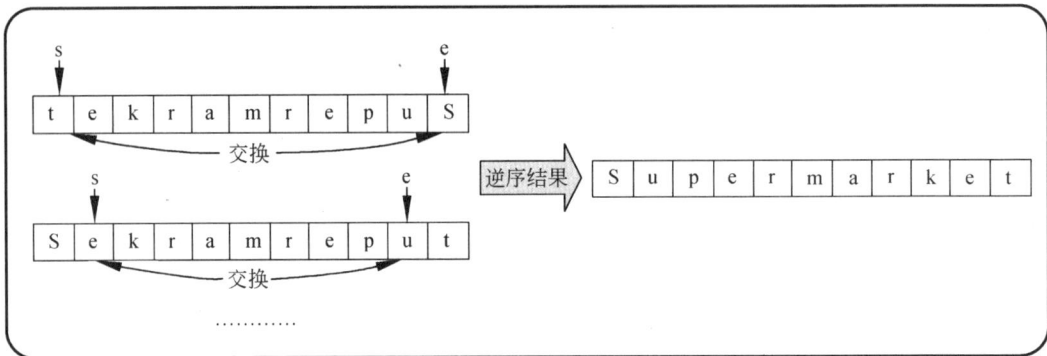

图 13-42　倒序字符串的方法

部分程序代码如下：

```
01    #include <stdio.h>
02    #include <string.h>
03
04    int main(int argc, char* argv[])
05    {
06        char arr[] = "tekramrepuS";
07        printf("arr:%s\n\n",arr);
08        char *s,*e,temp;
09        e = s =__;               //1--s 指向字符串的第一个字符
10        while(*e != '\0')
11            e++;
12        ___;                     //2--e 指向字符串的最后一个字符
13        while(_____)             //3--交换 s 和 e 所指向的字符
14        {
15            temp = *s;
16            *s = *e;
17            *e = temp;
18            s++;
19            e--;
20        }
21        printf("倒序后的字符串：%s\n\n",arr);
22        return 0;
23    }
```

练习 5 答案

程序实现的思路已经说明，实现的步骤在代码中也有注释，请补充空缺的部分。如果补充正确，程序的运行效果应该如图 13-43 所示。

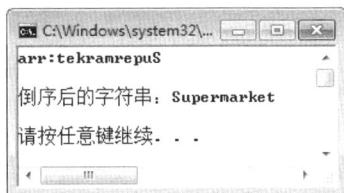

图 13-43　倒序字符串的运行结果

6．下面的程序对同一个字符串展开了 3 种处理，分别是：修改小写字母为大写、统计字符的个数、倒序字符。部分程序代码如下，请填充剩余的部分。正确填充程序后的运行效果如图 13-44 所示。

```
01    #include <stdio.h>
02    #include <string.h>
03
04    int main(int argc, char* argv[])
05    {
06        char arr[] = "!anihc ni edam";
07        printf("arr:%s\n\n",arr);
08        puts("将字符串中的所有小写字母换成大写：");
```

练习 6 答案

```
09                           ;
10      printf("arr:%s\n\n",arr);
11      puts("此字符串中字符的个数：");
12      int len;
13      len =                     ;
14      printf("arr 中字符的个数为:%d\n\n",len);
15      puts("倒序后的字符串是：");
16                           ;
17      printf("arr:%s\n\n",arr);
18      return 0;
19  }
```

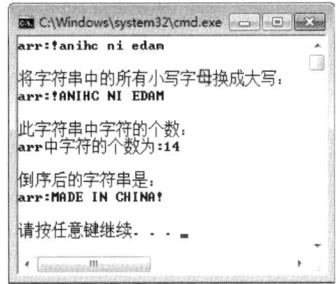

图 13-44　练习 6 程序的运行效果

实际上，3 个空缺的部分是 3 个库函数。

7. 下面的程序打算定位一个指定字符在一个字符串中的位置，阅读下面的程序后，写出这个程序的运行效果。

```
01  #include <stdio.h>
02  #include <string.h>
03
04  int main(int argc, char* argv[])
05  {
06      char arr[] = "Studies show that video games can improve
        many skills.";
07      printf("字符串：%s\n\n",arr);
08      char c = 'n';
09      printf("要查找的字符：%c\n\n",c);
10      char *p;
11      p = strchr(arr,c);
12      printf("输出起始于该位置的字符串：%s\n\n",p);
13      p = strrchr(arr,c);
14      printf("输出起始于该位置的字符串：%s\n\n",p);
15      return 0;
16  }
```

练习 7 答案

程序的运行结果如下。

字符串：_____

要查找的字符：n。

输出起始于该位置的字符串：n improve many skills.。

输出起始于该位置的字符串：ny skills.。

8. 下面的程序要在一个字符串中定位多个特定字符在此字符串中第一次出现的位置。阅读程序后，说明程序的运行效果。

```
01  #include <stdio.h>
02  #include <string.h>
03
04  int main(int argc, char* argv[])
05  {
06      char arr1[] = "Learn a second language!";
07      printf("arr1:%s\n\n",arr1);
08      char arr2[] = "! #@";
09      printf("arr2:%s\n\n",arr2);
10      char *p = arr1;
11      int i;
12      i = strcspn(arr1,arr2);
13      printf("%s\n\n",p+i);
14      p = strpbrk(arr1,arr2);
```

练习 8 答案

```
15      printf("%s\n\n",p);
16      return 0;
17  }
```

程序的运行结果如下。

arr1:＿＿＿＿＿＿＿＿＿＿＿＿＿＿＿＿＿＿＿＿＿＿＿＿

arr2:＿＿＿＿＿＿＿＿＿＿＿＿＿＿＿＿＿＿＿＿＿＿＿＿

a second language!

a second language!

13.5　小　　结

字符串完全可以看作是字符数组，所以针对字符串的任何操作都可以转换为对字符的操作，如字符串的输出输入。同时，C 语言虽然没有提供专门的字符串类型，但是却提供了对字符串数据的很多支持。例如，它提供格式字符"%s"方便字符串的输出输入，提供大量的库函数帮助完成对字符串的各种操作。

13.6　习　　题

1. 下面编写了一个专用于命令行工具的程序，说这个程序是专用于命令行的，是因为这个程序的 main()函数需要接收其他的参数才能实现它完整的功能。

```
01  #include <stdio.h>
02  #include <string.h>
03
04  int main(int argc, char* argv[])
05  {
06      int a,b;
07      a = 10;
08      b = 35;
09      printf("a = %d b = %d\n\n",a,b);
10      if(argc == 1)
11          return 0;
12      if(strcmp(argv[1],"?") == 0)
13      {
14          puts("各命令对应的功能：");
15          puts("new.exe + -- 计算 a+b");
16          puts("new.exe - -- 计算 a-b");
17          puts("new.exe * -- 计算 a*b");
18          puts("new.exe / -- 计算 a/b");
19          return 0;
20      }
21      if(strcmp(argv[1],"+") == 0)
22      {
23          printf("a + b = %d\n",a+b);
24          return 0;
25      }
26      if(strcmp(argv[1],"*") == 0)
27      {
```

```
28              printf("a * b = %d\n",a*b);
29              return 0;
30          }
31      puts("命令输入错误! ");
32      return 0;
33  }
```

直接双击这个程序的话，运行效果如图 13-45 所示。这个程序应该在命令行下添入其他的参数后运行，在命令行中输入 "E:\"c program"\new\Debug\new.exe ?" 命令后，效果如图 13-46 所示。

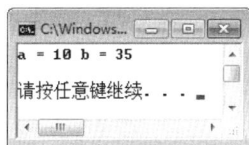

图 13-45　直接运行程序

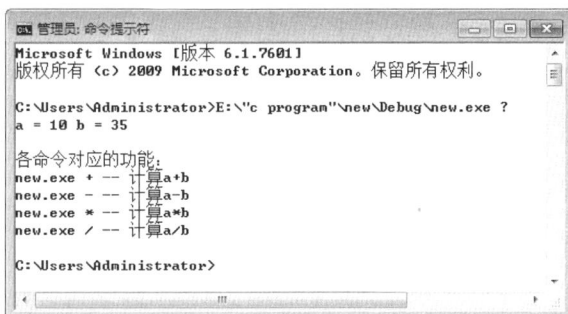

图 13-46　使用命令运行程序

从输出的信息来看，已知 a 是 10，b 是 35。以及各指令的作用：如果需要计算 a 和 b 的和，就应该使用指令 "E:\"c program"\new\Debug\new.exe +"，如图 13-47 所示。其他的指令和功能同理。

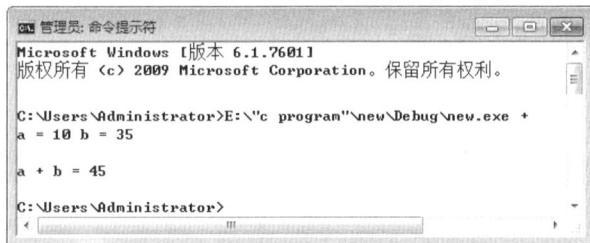

图 13-47　求 a、b 之和的指令及其运行效果

很明显，代码中并没有实现 "减法" 和 "除法" 的功能，请模仿已经实现的两个功能，为程序添加未完成的两个功能的程序代码。

将新的代码插入到第 31 行，代码为：

习题 1 源码

第 14 章　文　　件

在生活中，无论是计算机还是手机上的程序，在程序安装目录下都不单单只有一个程序，大部分的软件目录下都有很多的文件。有些文件我们能看懂，因为是有意义的字符；有些文件则是乱码。很显然，应用程序和这些文件是有关联的，至少程序是可以读写这些文件的。其实，C 语言编写的程序也可以读写文件，这就是本章的主要内容。

14.1　两个亟待解决的问题

学习了本书的第 2 章我们知道了：计算机是用来处理数据的，而程序是用来控制计算机的。为此，如果试图让计算机处理我们的数据，就必须使用程序控制计算机。本书的全部内容也是为此而展开的，可是学到现在，写了这么多程序，总是发现有两个不得不直面的问题。

14.1.1　不得不再次运行程序

我们运行计算机上的程序，然后不断地给程序输入数据，为了是得到程序对数据的处理结果。但是如果关掉程序后，还想再看看数据的处理结果时，就不得不再次运行程序，并且输入同样的数据。

【示例 14-1】　下面的程序，写了一个只做求和运算的"计算器"，可以用于计算任意多个正整数的和。

示例 14-1 源码

```
01  #include <stdio.h>
02
03  int main(int argc, char* argv[])
04  {
05      int sum = 0;
06      int temp;
07      int count = 1;
08      puts("请依次输入要计算总和的整数,\n 若输入 0 则输出求和结果,并结束程序\n");
09      printf("请输入第%d 个数: \n",count);
10      scanf("%d",&temp);
11      while(temp != 0)
12      {
13          sum = sum + temp;
14          count++;
15          printf("请输入第%d 个数: \n",count);
16          scanf("%d",&temp);
```

```
17        }
18        printf("总和为：%d\n\n",sum);
19        return 0;
20    }
```

从程序中得知，如果要计算 35、65、154、98 的和，就要在程序中依次输入这 4 个数据，最后输入 0 表示结束输入，然后程序才会告诉用户求和的结果，并结束运行。程序效果如图 14-1 所示。程序运行时，用户输入的数据以及计算的结果都被程序输出在屏幕上了，用户也得到了使用程序处理数据后的结果。

如果这个用户不小心忘记了程序对数据的处理结果怎么办？以目前所学的知识来看，只能再次运行程序，然后输入同样的数据，最后查看程序的运行结果。如果程序能把运行过程中获取的数据，以及计算的结果"留下来"就好了，比如记录在文本中留下来，如图 14-2 所示。

图 14-1 使用程序计算 4 个正整数的和

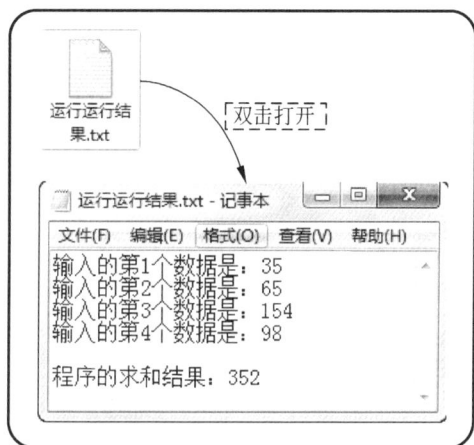

图 14-2 设想中借用文本留下来的数据

14.1.2 不得不重新输入数据

如果要处理的数据很多很多，就不得不一次将所有的数据全部输入，然后才能得到程序对数据的处理结果，否则一旦提前终止了程序，就不得不再次运行程序，然后重新输入那么多的数据。

【示例 14-2】 还是上面示例中的只做求和运算的"计算器"程序，这回打算让这个程序处理 100 个数据。

小李好不容易输入了 75 个数据，妈妈却警告他必须关电脑吃饭了，他只好无奈地关闭了程序，关掉了电脑。等到他吃完饭以后，不得不重新运行程序，然后重新输入那 75 个数据，他现在在想：如果程序能够在重新运行时，还能回到关闭前的状态，自己就不用做这么多的重复工作了，如图 14-3 所示。

其实，从设想中也可以发现，如果能让程序将数据记录在文件中的话，既可以避免程序多次重复的运行，又可以保证程序总是能回到被关闭前的状态。

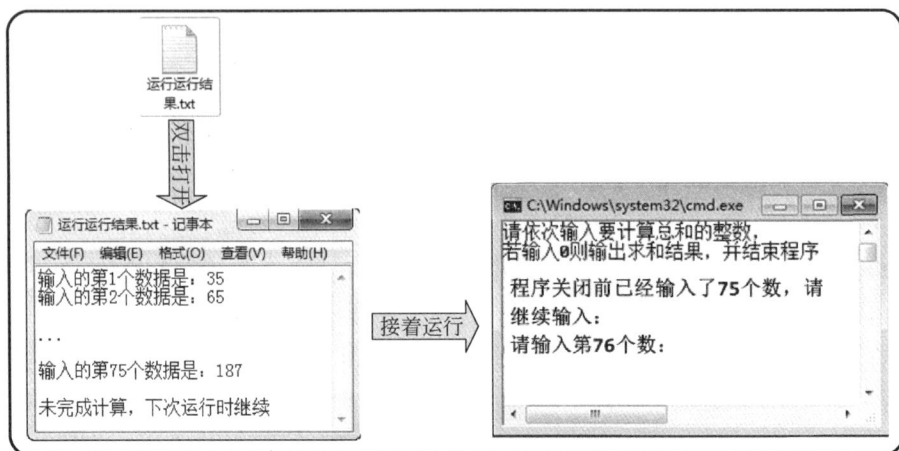

图 14-3　设想程序再次运行时还能回到关闭前的状态

14.2　文　件　概　述

使用电脑、手机等电子设备时，读者一定接触了不少文件，因此肯定对文件有一定的感性认识。但是不知道程序中对文件的定义与读者的认识是否相符，为了统一对文件这个概念的理解，本节将对文件做个简单全面的介绍。

14.2.1　文件

文件就是：存储在外部介质上的数据的集合。对于这个文件定义的描述，有两个概念需要被重视，它们是：介质和集合。

1. 存储文件的介质

稍微对计算机有点了解的人都熟悉内存、硬盘、U 盘。它们就是存储文件的介质，存储文件的介质的种类很多，它们又被分为：内部介质和外部介质。区别仅仅在于：介质中的文件在计算机关闭以后是否依然存在。内部介质和外部介质如图 14-4 所示。

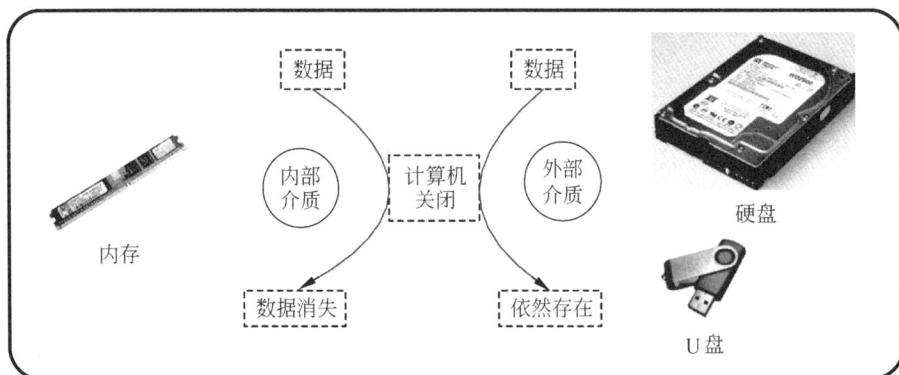

图 14-4　内部介质和外部介质

既然程序打算让文件长期保存，那么就不可能将文件存储到内部介质上，毕竟内部介质上的文件会随着计算机的关闭而消失。

2. 数据的集合

数据的类型多种多样，例如：文本、数字、音频、视频、图片。说文件是数据的集合，是因为一个文件可以容纳任何类型的数据。

14.2.2　存储为文件的数据形式

所有存储在计算机中的数据可以大致分为两类：字符数据和二进制数据。这两类数据存储为文件时的数据形式是不同的。如图 14-5 所示，字符数据需要依据编码转换，然后存储；二进制数据无需转换，直接存储就可以了。

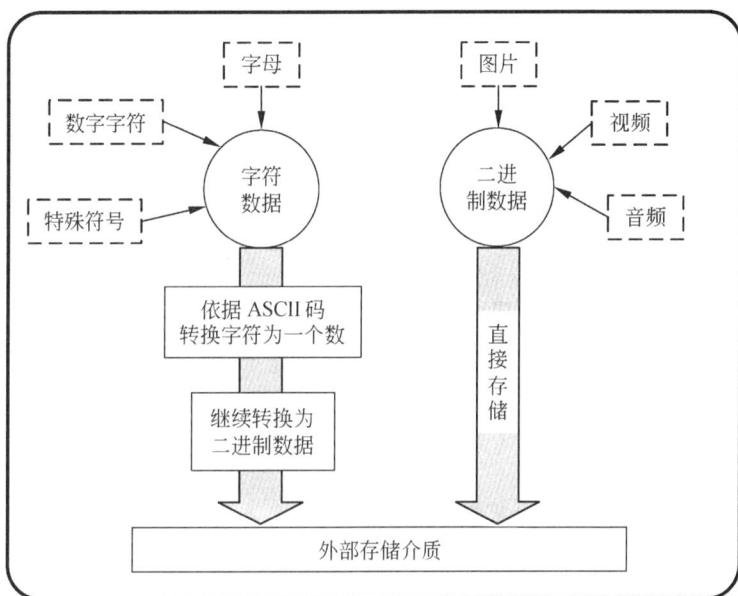

图 14-5　字符数据与二进制数据

通常以字符数据的形式存储到外部介质的文件才可以被我们阅读。以二进制数据形式存储为文件的数据，都是给程序自己使用的。例如图 14-6，使用记事本打开文本文件和音频文件，前者中的数据可以阅读，后者中的数据在我们看来就是"乱写一通"不可读，实际上后者的数据是给音频程序使用的。

14.2.3　程序读写文件数据的过程

不管程序是打算读取文件，还是写入文件，都必定要完成 3 步操作：定位文件在介质上的位置、读取/写入数据到文件、关闭文件。

1. 定位文件

如果程序打算新建一个文件来存储数据，那么就需要确定文件将存储在外部介质的哪个位置；如果程序打算打开一个文件，并在文件后添加内容，也需要确定文件的位置；当然，如果程序打算读取一个文件中的数据，也必须确定文件的位置，如图 14-7 所示。

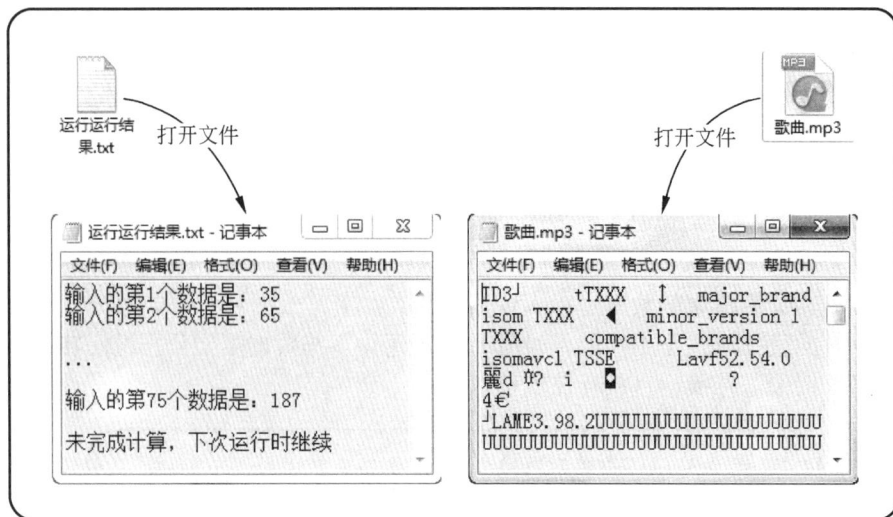

图 14-6　使用记事本打开文本文件和音频文件

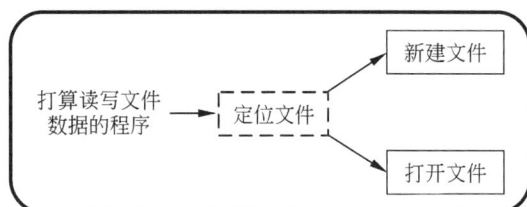

图 14-7　程序读写数据到文件的第一步

2. 读取/写入数据

如果程序是要写入数据，那么就可能新建一个文件，然后写入数据，当然也有可能是在已经存在的文件中追加新的数据；如果程序是要读取数据，那么只能是在一个已经存在的文件中读取数据，如图 14-8 所示。

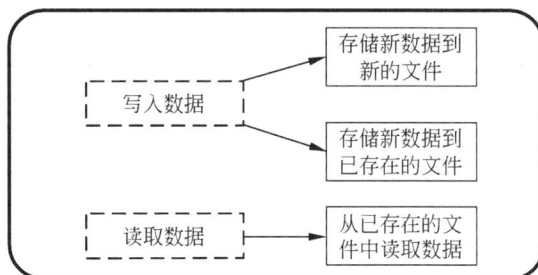

图 14-8　程序读写数据到文件的第二步

3. 关闭文件

程序在读写文件结束后，与文件之间还是有连接的，此时需要关闭文件，才能断开连接。程序读写文件的完整过程如图 14-9 所示。

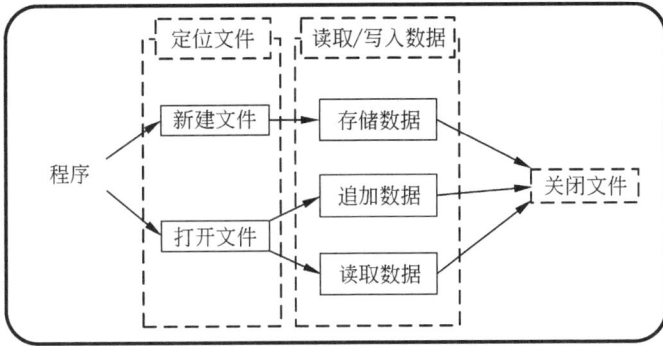

图 14-9　程序读写文件的完整过程

14.3　文件的打开和关闭

在学习如何让程序写入数据到文件，或者从文件读取数据到程序之前，还是先来学习一下如何打开和关闭文件吧，这个更加迫切，因为它们各自宣布了程序操作文件的开始和结束。

14.3.1　操作文件前的准备

在打开和关闭文件之前，有两个概念需要重点介绍一下，因为在以后操作文件的时候，这两个概念时常被提及。它们是文件结构和文件指针。

1. 文件结构

文件结构就是一个结构类型。它的名字是 FILE，定义如下：

```
01  struct _iobuf
02  {
03      char * _ptr;
04      int   _cnt;
05      char * _base;
06      int   _flag;
07      int   _file;
08      int   _charbuf;
09      int   _bufsiz;
10      char * _tmpfname;
11  };
12  typedef struct _iobuf FILE;
```

这个结构类型定义在 stdio.h 文件中，一共有 8 个成员变量。读者没有必要关心每个成员变量的作用，因为操作文件时，我们不会使用这些成员变量。只需要知道这个结构记录了有关此文件的全部信息就可以了。

2. 文件指针

程序要想操作文件，必须使用文件指针。因为文件指针指向的文件结构中记录了程序要操作的文件的所有信息，包括位置信息、读写状态信息等。定义文件指针的方式为：

```
FILE *fp;
```

要操作多个文件时就必须定义多个文件指针。文件结构、文件指针和文件的关系如图 14-10 所示。

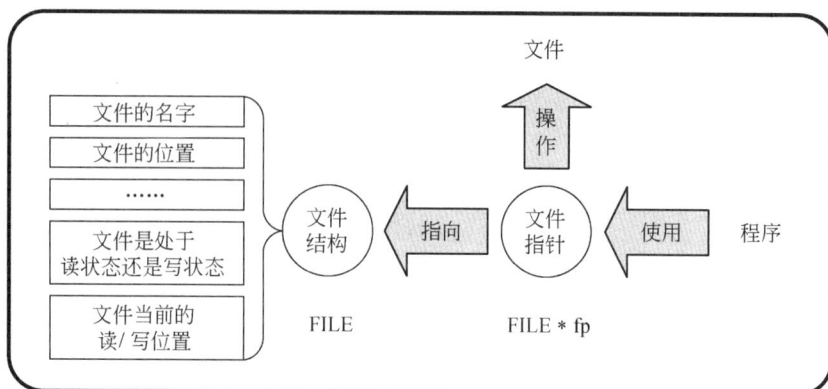

图 14-10　文件结构、文件指针和文件

14.3.2　打开文件

在程序要读写文件数据之前，程序必须要和文件建立关联。建立关联的方式很简单，直接使用一个库函数就可以了。这个库函数是 fopen()，它被定义在文件 stdio.h 中，声明如下：

```
FILE *fopen( const char *filename, const char *mode );
```

对于这个库函数，需要知道的是：

❑ filename 是一个常量字符串，表示要与程序建立联系的文件的"文件名"。

❑ mode 也是一个常量字符串，表示打开文件要使用的方法。

❑ 函数返回一个文件指针。函数调用成功，此文件指针将指向记录这个文件全部信息的结构。函数调用失败，将返回一个空指针。

1. 打开文件的方法

打开文件的方法一共有 12 种，对于文本文件和二进制文件各有 6 种打开方式，如表 14.1 所示。

表 14.1　打开文件的方法

打 开 方 法		方 法 解 释
文本文件	二进制文件	
r	rb	文件必须存在，而且程序只能读取数据
w	wb	文件已经存在就打开文件，文件不存在就新建文件，程序只能写入数据
a	ab	文件必须存在，程序将在文件末尾"追加"或者说写入数据
r+	rb+	文件必须存在，程序可以读和写数据到文件

续表

打 开 方 法		方 法 解 释
文本文件	二进制文件	
a+	ab+	文件必须存在，程序可以读、写和追加数据到文件
w+	wb+	文件已经存在就打开文件，文件不存在就新建文件，程序可以读和写数据到文件

　提示：打开文件方法的字符串是英文单词的首字母：r（read）是读、w（write）是写、a（append）是追加、b（banary）是二进制。

2. "文件名"

传入函数 fopen()作为参数的"文件名"，必须是可以被系统找到的文件名。"文件名"分为两种情况：文件的名字、文件的名字和文件的位置。如图 14-11 所示，在文件夹中只有一个文件，名为 text.txt，此文件的位置是 D:\ftp，即 D 盘下 ftp 文件夹内部。

图 14-11　文件 text.txt 在 Windows 系统中的位置

如果只为函数 fopen()传入文件的名字，系统只会找一些固定的位置，这些位置都找不到的话就会以为这个文件不存在。此时就必须为函数 fopen()传入文件的名字和文件的位置才行，如图 14-12 所示。

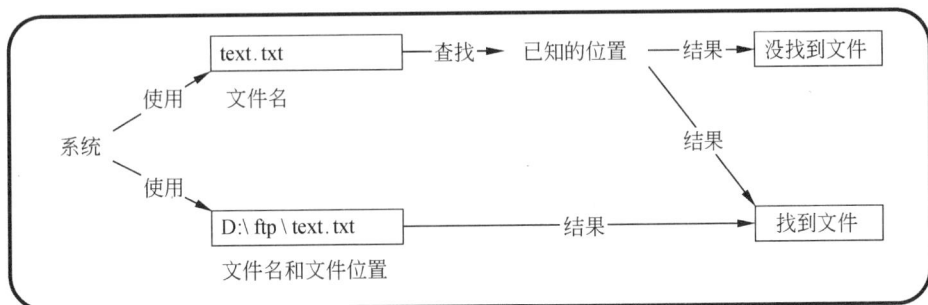

图 14-12　系统使用两种"文件名"查找文件

3. 打开文件示例1

编程，让程序与图 14-13 所示的文本文件 text.txt 建立联系。要求程序打开这个文件以后，只能从文件中读取数据。

【思路】程序要打开的是 text.txt，这是一个文本文件。而且程序只能从文件中读取数据，那么程序打开文件的方式就是"r"，打开文件直接调用函数 fopen()就可以了，编写如下代码：

```
01   #include <stdiq.h>
02   #include <stdlib.h>
03
04   int main(int argc, char* argv[])
05   {
06       FILE *fp;
07       fp = fopen("text.txt","r");
08       if(fp == NULL)
09       {
10           printf("打开文件失败！\n\n");
11           exit(0);
12       }
13       printf("打开文件成功！\n\n");
14       fclose(fp);
15       return 0;
16   }
```

注意：为了能让程序顺利地运行，程序 11、14 行引入了两个未介绍的函数。14 行的函数是用来关闭文件的，在后面马上会讲到。11 行的函数 exit()的作用是：终止程序的运行，并返回 0 作为 main()函数的参数。

读者现在只需要注意 06~08 行的代码就可以了。为了查看程序是否成功地与文件建立了联系，程序使用了 08 行的 if 语句，如果函数 fopen()返回的文件指针是 NULL，就说明打开文件失败了。否则，表示打开成功。运行此程序，得到如图 14-14 所示的运行结果。

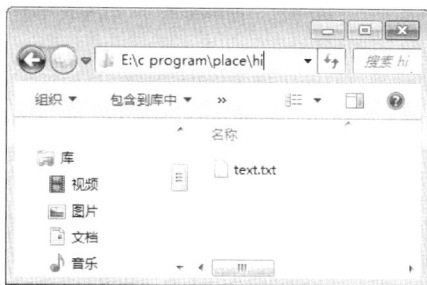

图 14-13　要打开的文本文件的位置　　　图 14-14　程序运行结果 1

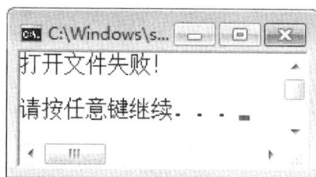

尽管不愿意承认，但程序确实没有成功地与文件 text.txt 建立联系。因为系统依据函数 fopen()中的文件名参数 text.txt，找不到这个文件，所以程序与文件建立联系的尝试失败了。为了让系统可以找到这个文件，需要加上这个文件的"位置"，所以要修改 07 行的代码如下：

```
07   fp = fopen("E:\\c program\\place\\hi\\text.txt","r");
```

然后再次运行程序，程序的运行效果如图 14-15 所示。读者可能注意到：文件的位置应该是"E:\c program\place\hi\text.txt"，为什么传入函数时，所有的"\"都变成了"\\"？读者还记得"转义字符"吧，如果要在字符串中使用"\"，必须写成"\\"来转义。字符

串 "E:\\c program\\place\\hi\\text.txt" 被编译后就会成为 "E:\c program\place\hi\text.txt"。
例如下面的程序：

```
01   #include <stdio.h>
02
03   int main(int argc, char* argv[])
04   {
05       printf("E:\\c program\\place\\hi\\text.txt\n\n");
06       printf("E:\c program\place\hi\text.txt\n\n");
07       return 0;
08   }
```

程序的运行结果如图 14-16 所示。很显然，06 行的字符串并没有按照原本以为的样子
输出。

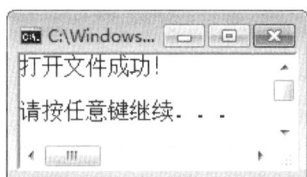

图 14-15　程序运行结果 2

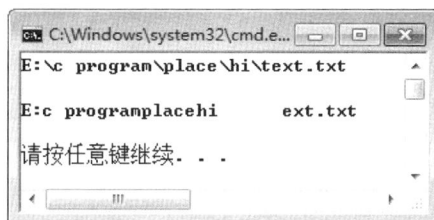

图 14-16　打开文件示例 1 程序运行结果

4. 打开文件示例2

编程，同样打开上面的示例要打开的文件 text.txt，它的位置是：E:\cprogram\place\hi\text.txt。
要求程序打开这个文件以后，只能向文件写入数据。

【思路】程序要打开的是 text.txt，这是一个文本文件。而且程序只能向文件写入数据，
那么程序打开文件的方式就是 "w"，打开文件直接调用函数 fopen() 就可以了，编写如下
代码：

```
01   #include <stdio.h>
02   #include <stdlib.h>
03
04   int main(int argc, char* argv[])
05   {
06       FILE *fp;
07       fp = fopen("E:\\c program\\place\\hi\\text.txt","w");
08       if(fp == NULL)
09       {
10           printf("打开文件失败！\n\n");
11           exit(0);
12       }
13       printf("打开文件成功！\n\n");
14       fclose(fp);
15       return 0;
16   }
```

有了前面示例的讲解，本示例的程序写起来就会很容易。但依然需要运行程序来确定
能否成功完成题目的要求，但在此之前，先打开 text.txt 文件，如图 14-17 所示，此文本文
件中是有内容的。

关闭这个文本文件，运行我们的程序，得到如图 14-18 所示的运行结果。但是，再次打开 text.txt 文件，发现：里面的内容消失了，如图 14-19 所示。

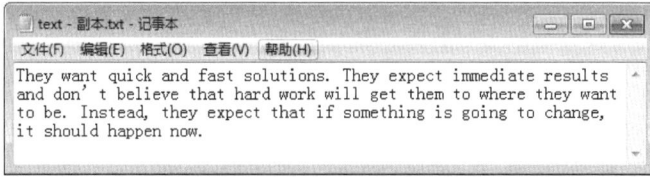

图 14-17 text.txt 文本文件中的内容　　　　图 14-18 打开文件示例 2 程序运行结果

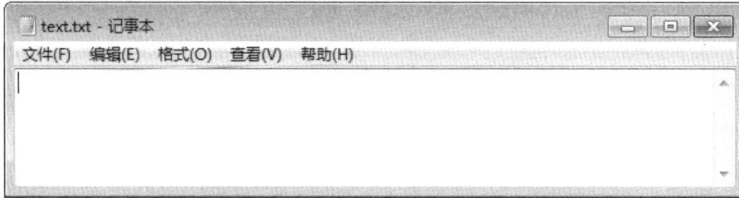

图 14-19 text.txt 文本文件中的内容消失了

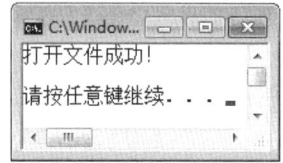

为什么会这样呢？实际上，使用"w"、"wb"、"w+"和"wb+"的方式让程序与文件建立关联，如果文件不存在，程序会新建一个文件，然后与此文件建立关联，然后开始写入数据；但是如果这个文件本来就存在的话，就会与这个文件建立关联，"清空文件中原来的数据以后"再开始写入数据，如图 14-20 所示。

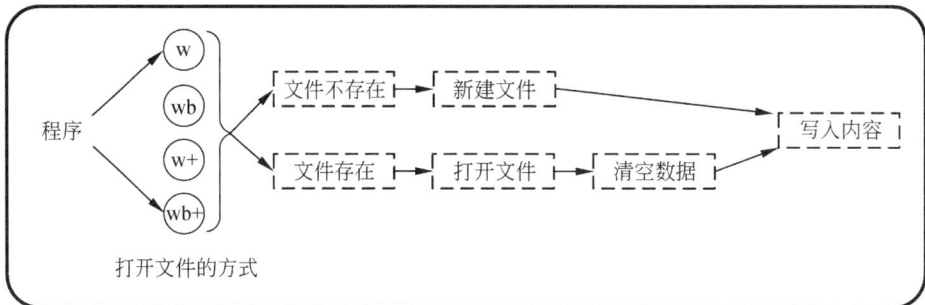

图 14-20 程序使用可以写入数据的方式与文件建立关联

14.3.3 关闭文件

所有使用函数 fopen()与程序建立联系的文件，必须在最后使用函数 fclose()关闭与程序间的联系，防止文件中的数据因为程序的误操作而丢失。函数 fclose()的声明如下：

```
int fclose( FILE *stream );
```

函数 fclose()需要指向文件的指针作为参数，即打算与哪个文件断开联系，就使用指向哪个文件的指针。此函数还会返回一个 int 型的值，只有返回 0 时，才表示断开与文件联系的操作成功。

【示例 14-3】 下面的程序以可读可写的方式打开了指定位置上的一个文件，在没有对文件内容做任何修改的情况下，在程序结束前关闭了与文件的联系。

示例 14-3 源码

```
01   #include <stdio.h>
02   #include <stdlib.h>
03
04   int main(int argc, char* argv[])
05   {
06       FILE *fp,*fp1 = NULL;
07       fp = fopen("E:\\c program\\place\\hi\\text.txt","r+");
08       if(fp == NULL)
09       {
10           printf("打开文件失败! \n\n");
11           exit(0);
12       }
13       printf("打开文件成功! \n\n");
14       int return_value = fclose(fp);                  //断开与文件的联系
15       if(return_value != 0)
16       {
17           printf("关闭文件失败! \n\n");
18           exit(0);
19       }
20       printf("关闭文件成功! \n\n");
21       return 0;
22   }
```

程序中，使用 fopen()函数让程序与文件 text.txt 建立了联系，此时文件指针 fp 指向了文件 text.txt。最后程序要断开与这个文件的联系，那么就要把指向文件的指针 fp 传入函数 fclose()中作为参数。程序的运行效果如图 14-21 所示。

🔔提示：程序不可避免地会遇到打开文件或者关闭文件操作失败的情况，所以很有必要每次判断打开文件是否成功，以及是否确确实实地与文件断开了联系。就像本示例中使用 if 语句做的判断那样。

图 14-21　打开文件与关闭文件

14.3.4　练习

1. 下面的程序打算以可读可写的方式打开一个二进制的文件"铃声.m4r"，文件的位置如图 14-22 所示。

全部的程序代码如下：

练习 1 答案

```
01   #include <stdio.h>
02   #include <stdlib.h>
03
04   int main(int argc, char* argv[])
05   {
06       FILE *fp;
07       fp = fopen("E:\c program\place\hi\铃声.m4r","r+");
08       if(fp == NULL)
09       {
10           printf("打开文件失败! \n\n");
11           exit(0);
```

```
12        }
13        printf("打开文件成功! \n\n");
14        fclose(fp);
15        return 0;
16    }
```

不幸的是，从这个程序的输出结果图 14-23 来看，程序没有成功地与文件"铃声.m4r"建立关联。请帮忙指出程序中的错误。

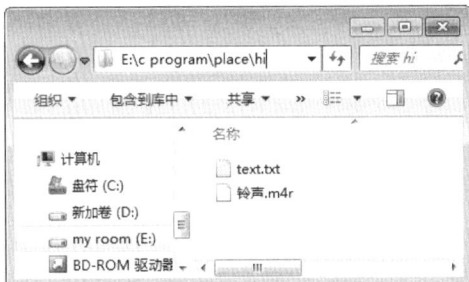

图 14-22　二进制文件的位置

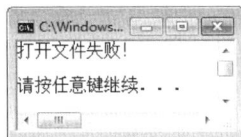

图 14-23　程序的输出结果

修改程序的 07 行为：_____

2. 小李子太懒了，为了应付老师布置下来的作业，直接将小明写的程序代码复制了过来！这不，老师把他叫到办公室里了，不是因为他抄袭而是因为程序无法成功运行。对于下面的程序，看看你有什么能帮助小李子的吗？

```
01    #include <stdio.h>
02    #include <stdlib.h>
03
04    int main(int argc, char* argv[])
05    {
06        FILE *fp,*fp1 = NULL;
07        fp = fopen("D:\\text.txt","r+");
08        if(fp == NULL)
09        {
10            printf("打开文件失败! \n\n");
11            exit(0);
12        }
13        printf("打开文件成功! \n\n");
14        fclose(fp);
15        printf("关闭文件成功! \n\n");
16        return 0;
17    }
```

（1）问题一：直接运行这个程序，得到如图 14-24 所示的结果。

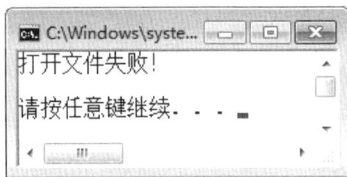

图 14-24　打开文件操作失败

练习 2-1 答案

看来文件打开操作失败了，但是小明的程序就打开文件成功了！代码一样，却导致不

同的结果，奇怪吗？仔细想想就不觉得奇怪了，因为小李子只复制了代码，却没有在指定位置上创建文件 text.txt。你现在告诉他，要怎么办？

_____

（2）代码的 14 行，使用 fclose()函数时，没有判断最后是否真的让程序断开了与文件的联系，最好能使用代码监测一下函数 fclose()的返回值。按照本节关闭文件示例中所做的那样，判断 fclose()的返回值。修改 14 行的代码为：

_____【】
_____【】
_____【】
_____【】
_____【】
_____【】

练习 2-2 源码

14.4 文件读写操作

在程序与文件建立关系以后，就可以将数据写入到文件，以及从文件中读取数据到程序了。无论读取数据，还是写入数据，要操作的数据就只有两类：字符数据和二进制数据。本节将详细介绍程序读写字符数据和二进制数据到文件的方法。

14.4.1 必备基础知识

在具体介绍如何使用程序对文件展开读写操作前，有两个不得不先提及的概念。了解了它们，程序操作文件时，你才会心中有数。

1. 位置指针

一个与程序建立了关联的文件，会隐式地包含一个"位置指针"。然后程序对文件的所有读写操作都将从这一位置开始。例如，要读取文件中的数据，就会从这个位置开始读取后面的数据；要写入数据，就会从这个位置开始向后面写入数据，如图 14-25 所示。

2. 标准输入和标准输出

在第 5 章的时候就说明过："标准输入"指的是"从键盘输入"，"标准输出"指的是"从屏幕输出"。如果把"标准输入"和"标准输出"也看作是两个文件的话，来联系本章学习的"文件指针"的概念，就可以得出这样的结论：存在两个文件指针，分别指向"标准输入"文件和"标准输出"文件。

事实上，确实存在这样两个指针，它们是 stdin 和 stdout，它们都被定义在 stdio.h 文件中。这两个指针的抽象和使用过程如图 14-26 所示。

如果把从键盘中输入的数据看作一个文件的话，可以使用 stdin 读取这个文件中的内容，然后显示在屏幕上。如果把屏幕上显示的数据看作一个文件的话，可以使用 stdout 读取这个文件中的内容，然后保存在另一个文件中。

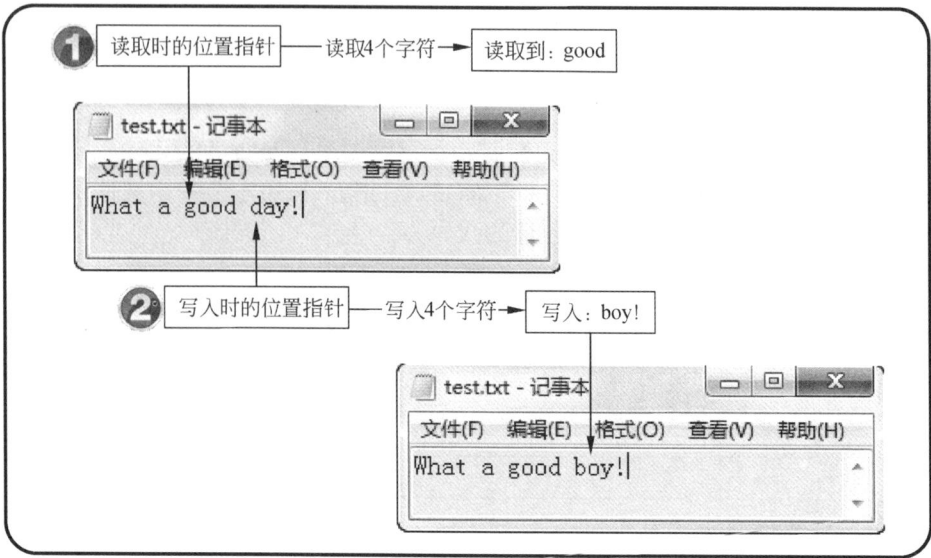

图 14-25　在位置指针处读取和写入数据

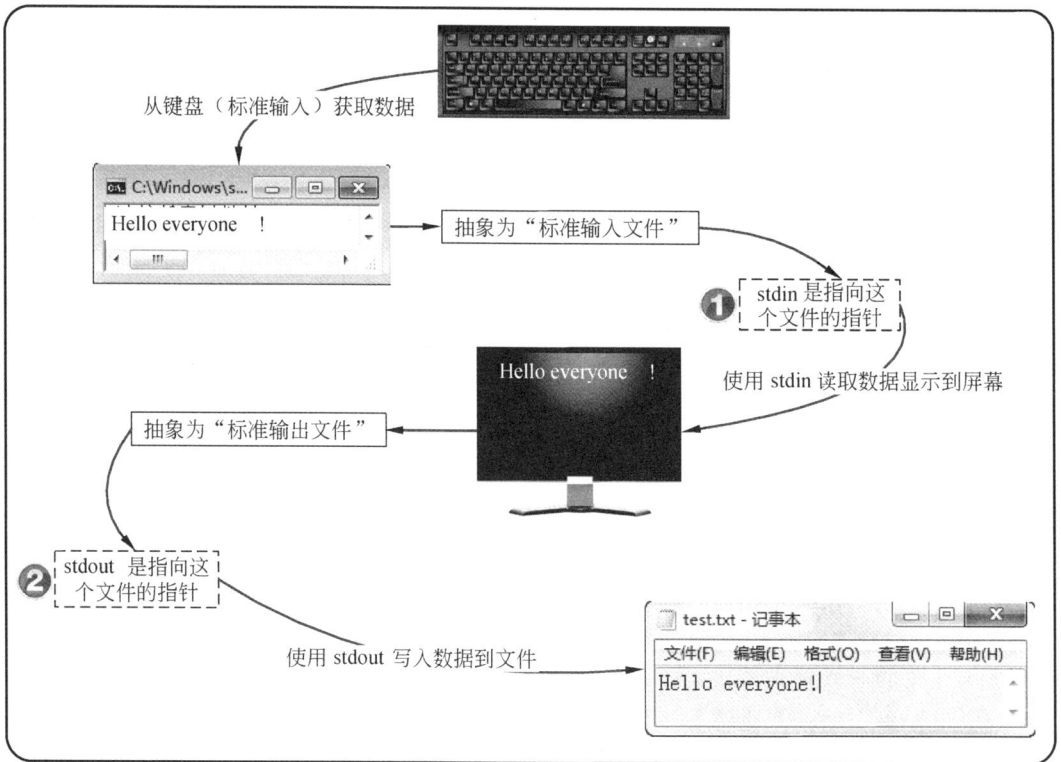

图 14-26　"标准输入"文件指针 stdin 和"标准输出"文件指针 stdout

14.4.2　写入数据

要想让程序在文件中写入数据，在程序与文件建立关联的时候，程序必须可以写入数据到文件，也就是说，使用 fopen() 打开文件时，打开的方式必须是可写的。有 4 种方法可以将程序中的数据写到文件中。其中 3 种方式写入的是字符数据，1 种方式写入的是二进制数据，下面会依次讲解。

1. 字符方式

程序可以以字符为单位，一个字符一个字符地把数据写入到文件中，需要用到的库函数是 fputc()，声明如下：

```
int fputc(char c,FILE *stream);
```

- ❑ 参数 c 指代的是一个将被写入到文件中的字符。
- ❑ 参数 stream 是一个文件指针，且此指针已经指向了要被写入字符的文件。
- ❑ 字符写入成功，函数返回写入的字符的 ASCII 码值。写入失败，则返回 -1。

【示例 14-4】 下面的程序，要将用户输入的一串字符，写入到程序目录下的文本文件 text.txt 中。

示例 14-4 源码

```
01   #include <stdio.h>
02   #include <stdlib.h>
03
04   int main(int argc, char* argv[])
05   {
06       FILE *fp;
07       fp = fopen("text.txt","w");       //1--与文件 text.txt 建立关联
08       if(fp == NULL)
09       {
10           puts("文件打开失败! \n");
11           exit(0);
12       }
13       puts("打开文件成功! \n");
14       puts("输入要写入到文本文件中的数据:");
15       char ch;
16       int i = 0;
17       ch = getchar();
18       while(ch != '\n')
19       {
20           i = fputc(ch,fp);              //2--以字符为单位，写入到 text.txt 中
21           if(i == -1)
22           {
23               puts("字符写入失败");
24               break;
25           }
26           ch = getchar();
27       }
28       int return_value = fclose(fp);  //3--断开与文件 text.txt 的联系
29       if(return_value != 0)
30       {
31           puts("文件关闭失败! \n");
32           exit(0);
33       }
34       puts("文件成功关闭\n");
35       return 0;
36   }
```

整体上看这个程序，对文件的操作主要分为 3 步：打开文件（以程序可写入数据的方

式）、写入数据和关闭文件。程序对于 fopen()、fputc() 和 fclose() 这 3 个库函数的返回值都进行了判断，尽管这看起来比较繁琐，但是可以防止程序发生不明原因的错误。运行这个程序，然后输入字符串，最后查看执行效果，如图 14-27 所示。

图 14-27　运行后的程序，以及写入文本中的数据

2. 格式化方式

如果要写入文件的内容有特定格式的要求，可以使用格式化的方式将数据写入到文本。例如：要按图 14-28 所示的格式写入数据到文本。

在屏幕上输出有格式的数据，可以使用函数 printf() 格式化这个数据。现在要把数据写入到文本文件，不能使用 printf()，但 stdio.h 提供了一个库函数 fprintf()，可以达到这个目的。fprintf() 的声明为：

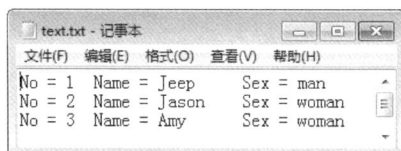

图 14-28　写入文本中的数据的格式

```
int fprintf( FILE *stream, const char *format [, argument ]...);
```

同 printf() 的使用方法一致。

❑　参数 stream 是指向将被写入数据的文件的文件指针。

❑　参数 format 是格式化的字符串。

❑　参数 argument 是可选的，如果 format 中有格式字符，argument 就是对应的变量。

函数 fprintf() 返回实际输入到文件中的字符的个数。

【示例 14-5】　下面的程序中包含了一个结构 info，定义的变量可以用于指代个人的简单信息。现在程序打算把已经获取到的 3 个人的信息，按照指定格式记录到文件中，于是就使用了 fprintf()。

```
01  #include <stdio.h>
02  #include <stdlib.h>
03
04  struct info
05  {
06      short no;
07      char name[10];
08      char sex[6];
09  };
10  int main(int argc, char* argv[])
11  {
12      struct info info_st[3] = {
13          {1,"Jeep","man"},
14          {2,"Jason","woman"},
15          {3,"Amy","woman"}
```

示例 14-5 源码

```
16          };
17          FILE *fp;
18          fp = fopen("text.txt","w");
19          if(fp == NULL)
20          {
21              puts("文件打开失败！\n");
22              exit(0);
23          }
24          puts("文件打开成功！\n");
25          int count = 0;
26          for(int i = 0;i < 3;i++)
27          {
28              count += fprintf(fp,"No = %d\tName = %-8s\tSex = %-6s\n",
                                                    //以指定格式记录数据
29                  info_st[i].no,info_st[i].name,info_st[i].sex);
30          }
31          printf("记录到文件中的字符的个数是：%d\n\n",count);
32          int return_value = fclose(fp);
33          if(return_value != 0)
34          {
35              puts("文件关闭失败！\n");
36              exit(0);
37          }
38          puts("文件成功关闭！\n");
39          return 0;
40      }
```

结构数据包含了 3 个人的数据，在程序 26 行的 for 循环里，使用 fprintf()以格式化的方式向文件 text.txt 中写入了数据。程序还返回了记录到文件中字符个数的信息。程序的运行界面及 text.txt 中的数据如图 14-29 所示。

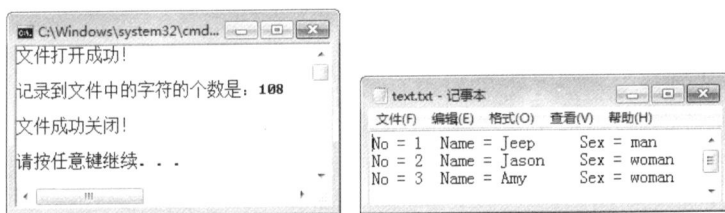

图 14-29　程序的运行界面和 text.txt 中的数据

3. 字符串方式

对于程序中的字符串，除了以字符为单位，一个字符一个字符的方式写入到文件外，还能以字符串为单位，一次向文件写入一串字符。需要使用的库函数是 fputs()，它的声明为：

```
int fputs( const char *str, FILE *stream );
```

参数里：

❑ str 是指向要写入文件的字符串的指针。

❑ stream 是将被写入字符串的文件的文件指针。

字符串写入失败的话，函数返回-1。

【示例 14-6】 下面的程序打算让用户决定要在文件 text.txt 中输入什么字符串，即获取用户输入的字符串，然后记录到文件中。

```
01   #include <stdio.h>
02   #include <stdlib.h>
03
04   int main(int argc, char* argv[])
05   {
06       FILE *fp;
07       fp = fopen("text.txt","r");
08       if(fp == NULL)
09       {
10           puts("文件打开失败！\n");
11           exit(0);
12       }
13       puts("文件打开成功！\n");
14       puts("请输入要被写入文件中的字符串：");
15       char c[100];
16       gets(c);
17       int value_w = fputs(c,fp);          //将字符串记录到 text.txt 中
18       if(value_w == -1)
19       {
20           puts("字符串写入失败！\n");
21           exit(0);
22       }
23       int return_value = fclose(fp);
24       if(return_value != 0)
25       {
26           puts("文件关闭失败！\n");
27           exit(0);
28       }
29       puts("文件成功关闭！\n");
30       return 0;
31   }
```

示例 14-6 源码

程序先请求用户输入字符串，然后使用函数 gets() 获取到用户输入的字符串，最后使用 fputs() 将字符串记录到了文件 text.txt 中。程序的运行结果如图 14-30 所示。

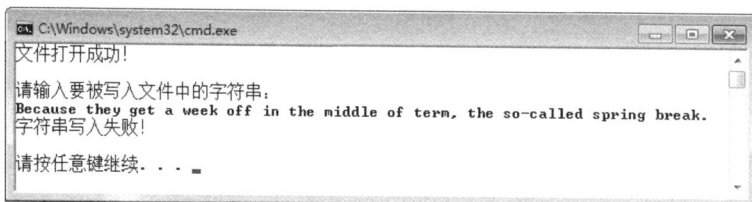

图 14-30　示例 14-6 程序运行结果

很不幸，要将字符串写入 text.txt 的尝试失败了。从程序的提示"字符串写入失败"可知，是 fputs() 没有完成写入字符串到文件的功能，为什么呢？看看程序的 07 行就知道了：程序和文件建立关联时，使用的是"r"，所以程序没有写入数据到文件的权利。现在修改程序 07 行为：

```
07       fp = fopen("text.txt","w");
```

然后程序就可以正常运行了，如图 14-31 所示。

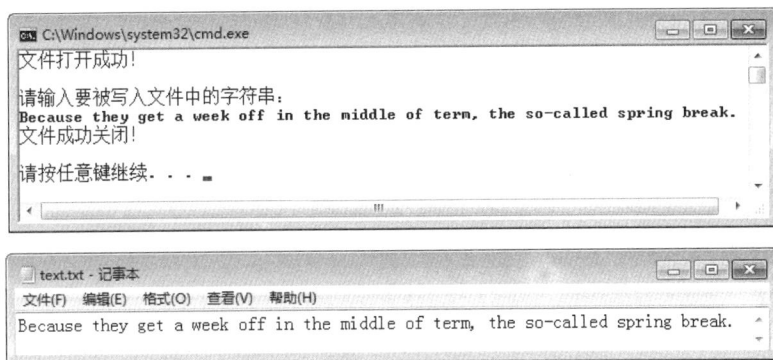

图 14-31　程序正常运行，以及写入到文件中的数据

4. 二进制方式

前面我们说过：存储为文件的数据形式一共有两种，分别是字符形式和二进制形式。其实即使是字符也可以使用二进制形式存储，只是存储到字符中的数据不可读，或者说与预期不符。使用二进制方式向文件写入数据，需要使用的库函数是 fread()，它的声明为：

```
int fwrite(const void *buffer, int size, int count, FILE *stream );
```

参数中：

❑ buffer 是一个无类型的指针，指向将要写入到文件的数据。

❑ size 是要被写入到文件的数据的大小。

❑ count 是 size 为单元的单元的个数。

❑ stream 是文件指针，指向要被写入数据的文件。

函数返回实际写入到文件的单元个数。从函数的参数来看，函数主要处理的字符数据是结构或者数组。因为结构和数组经常以单元的形式调用。

【示例 14-7】　下面的程序打算将一个结构数组中的数据以二进制的形式记录到文件 text.txt 中。

示例 14-7 源码

```
01  #include <stdio.h>
02  #include <stdlib.h>
03
04  struct info
05  {
06      int  i;
07      char name[10];
08      char sex[10];
09  };
10  int main(int argc, char* argv[])
11  {
12      struct info info_st[3] = {
13          {1,"Jeep","man"},
14          {2,"Jason","woman"},
15          {3,"Amy","woman"}
16      };
17      FILE *fp;
18      fp = fopen("text.txt","wb");          //以可写的二进制方式打开文件
19      if(fp == NULL)
20      {
```

```
21            puts("文件打开失败! \n");
22            exit(0);
23        }
24        puts("文件打开成功! \n");
25        int count = fwrite(info_st,sizeof(struct info),3,fp); //写入数据到文件
26        printf("写入到文件的单元数是: %d\n\n",count);
27        int return_value = fclose(fp);
28        if(return_value != 0)
29        {
30            puts("文件关闭失败! \n");
31            exit(0);
32        }
33        puts("文件成功关闭! \n");
34        return 0;
35    }
```

程序中构造了一个结构 info，且在 main()函数中定义了结构数组 info_st，fwrite()的作用是将结构数组中的数据写入到文件 text.txt 中。程序的运行结果以及写入到文本中的数据如图 14-32 所示。

看文件中的数据可知：字符正确写入，数字"不正确"写入。其实，所谓的"不正确"就是对我们不可读而已，但不一定"不正确"。在学习本章的"文件概述"时说过：以二进制形式写入到文件中的数据通常不是给我们读的，而是给程序自己使用的。在下一小节讲"二进制方式"读取

图 14-32　程序的运行结果和写入到文件的数据

数据时，会读取这个文件！到时，就可发现"1、2、3"又回来了！

14.4.3　读取数据

要想程序从文件中读取数据，在程序与文件建立关联的时候，程序必须可以从文件读取数据，也就是说，使用 fopen()打开文件时，打开的方式必须是可读的。有 4 种方法可以让程序从文件读取数据，其中 3 种方式读取的是字符数据，1 种方式读取的是二进制数据，下面会依次讲解。

1. 字符方式

以字符为单位，一个一个地从文本文件中读取数据，可以使用库函数 fgetc()，函数的声明如下：

```
int fgetc(FILE *stream);
```

❑　参数 stream 是一个文件指针，指向将被写入字符数据的文件。
❑　字符读取成功时，函数返回这个字符的 ASCII 码值，否则返回-1。

【示例 14-8】　下面的程序，读取了程序文件目录下的 text.txt 文本文件中的数据，然后显示在了屏幕上。

```
01  #include <stdio.h>
02  #include <stdlib.h>
03
04  int main(int argc, char* argv[])
05  {
06      FILE *fp;
07      fp = fopen("text.txt","r");
08      if(fp == NULL)
09      {
10          puts("文件打开失败！\n");
11          exit(0);
12      }
13      puts("打开文件成功！\n");
14      puts("文件里的内容是：");
15      char ch = fgetc(fp);          //开始从文本文件中一个字符一个字符地读取
16      while(ch != -1)
17      {
18          putchar(ch);
19          ch = fgetc(fp);
20      }
21      puts("\n");
22      int return_value = fclose(fp);
23      if(return_value != 0)
24      {
25          puts("文件关闭失败！\n");
26          exit(0);
27      }
28      puts("文件成功关闭\n");
29      return 0;
30  }
```

示例 14-8 源码

使用库函数 fgetc()从文件中读取到的字符，依次被字符变量 ch 指代，然后使用函数 putchar()输出到了屏幕上，图 14-33 是 text.txt 文件中的数据和程序的运行结果。

图 14-33　文本文件中的数据和程序的运行结果

如果把屏幕看作一个文件，stdout 就是指向这个文件的指针，那么可以使用 fputc()将从文件中读取到的字符 ch，使用指针 stdout 写入到屏幕这个文件中，也可以得到与示例相同的效果。只需将程序的 18 行修改为：

```
18  fputc(ch,stdout);
```

2. 格式化方式

在学习使用格式化方式写入数据到文件时，举了一个示例，示例得到了一个文件 text.txt，里面包含图 14-34 所示的格式化信息。可以使用字符的方式一个个地读取数据，同时也可以使用格式化的方式，一次读取多个字符。

要格式化地一次从文件中读取多个字符，可以使用库函数 fscanf()，它的声明形式如下：

```
int fscanf( FILE *stream, const char *format
[, argument ]... );
```

和 scanf() 的使用方法类似。

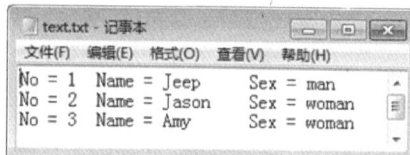

图 14-34　文件 text.txt 里的格式化信息

- ❑ 参数 stream 是指向将要读取数据的文件的文件指针。
- ❑ 参数 format 是格式化的字符串。
- ❑ 参数 argument 是可选的，如果 format 中有格式化字符，argument 就是对应的变量的地址。

函数返回一次成功读取的参数的个数。

【示例 14-9】下面的程序，对 text.txt 文件中的格式化数据，采用了格式化的方式读取，并显示到了屏幕上，顺便还输出了成功从文件中读取到的参数的个数。

```
01  #include <stdio.h>
02  #include <stdlib.h>
03
04  struct info
05  {
06      short no;
07      char name[10];
08      char sex[6];
09  };
10  int main(int argc, char* argv[])
11  {
12      struct info info_st[3];
13      FILE *fp;
14      fp = fopen("text.txt","r");
15      if(fp == NULL)
16      {
17          puts("文件打开失败！\n");
18          exit(0);
19      }
20      puts("文件打开成功！\n");
21      int count = 0;
22      for(int i = 0;i < 3;i++)
23      {
24          count += fscanf(fp,"No = %d\tName = %s\tSex = %s\n",
                                        //格式化地读取文件中的数据
25              &info_st[i].no,&info_st[i].name,&info_st[i].sex);
26          printf("No = %d\tName = %-8s\tSex = %-6s\n",
                                        //格式化地输出文件中的数据
27              info_st[i].no,info_st[i].name,info_st[i].sex);
28      }
29      printf("读取到的参数的个数是：%d\n\n",count);
30      int return_value = fclose(fp);
31      if(return_value != 0)
32      {
33          puts("文件关闭失败！\n");
34          exit(0);
35      }
36      puts("文件成功关闭！\n");
37      return 0;
38  }
```

示例 14-9 源码

程序事先定义了可以指代文件中数据的数组变量，然后在一边读取数据的时候一边输出到了屏幕上。图 14-35 是文件中的数据以及程序的输出结果，因为每次读取 3 个数据，一共读取了 3 次，所以读取到的参数的个数就是 9。

图 14-35　文件中数据以及程序的输出效果

3. 字符串方式

以格式化的方式读取文件中的数据太麻烦，因为还必须把特定的数据作为参数。其实，可以把所有的数据都当作字符串，然后一次全部读取就好了，这样会方便和省事儿很多。可以从文件中一次读取一串字符的库函数是 fgets()，它的声明形式如下：

```
char *fgets( char *str, int n, FILE *stream );
```

参数里：
❑ str 是一个指向字符串的指针。
❑ n 是读取的字符和字符串结束标志 "\0"。
❑ stream 是文件指针，指向将被读取数据的文件。

读取字符串的操作成功的话，返回指向字符串的指针；否则返回 NULL。可以说，fgets() 的功能是：一次从 stream 所指向的文件中读取 n-1 个字符，若是读取的字符中包括换行符 "\n" 和文件结束标志，那么读取的字符串将在 n-1 个字符前终止。例如图 14-36 所示的例子。

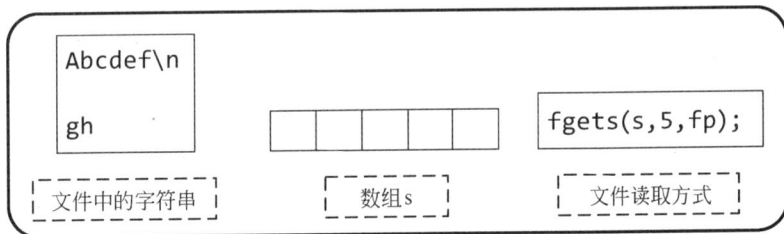

图 14-36　文件中的字符串、数组 s 和文件的读取方式

要读取完文件中的所有字符串，就需要读取 4 次，如图 14-37 所示。

每次读取，位置指针都会移动，第一次读取了 4 个字符；第二次读取了 3 个字符，因为遇到了换行符 "\n"，所以读取提前终止；第三次读取了 2 个字符，因为遇到了文件结束标志，所以读取提前终止；第四次一个字符都没有读取到，函数 fgets() 返回了 NULL，表明文件读取完毕。

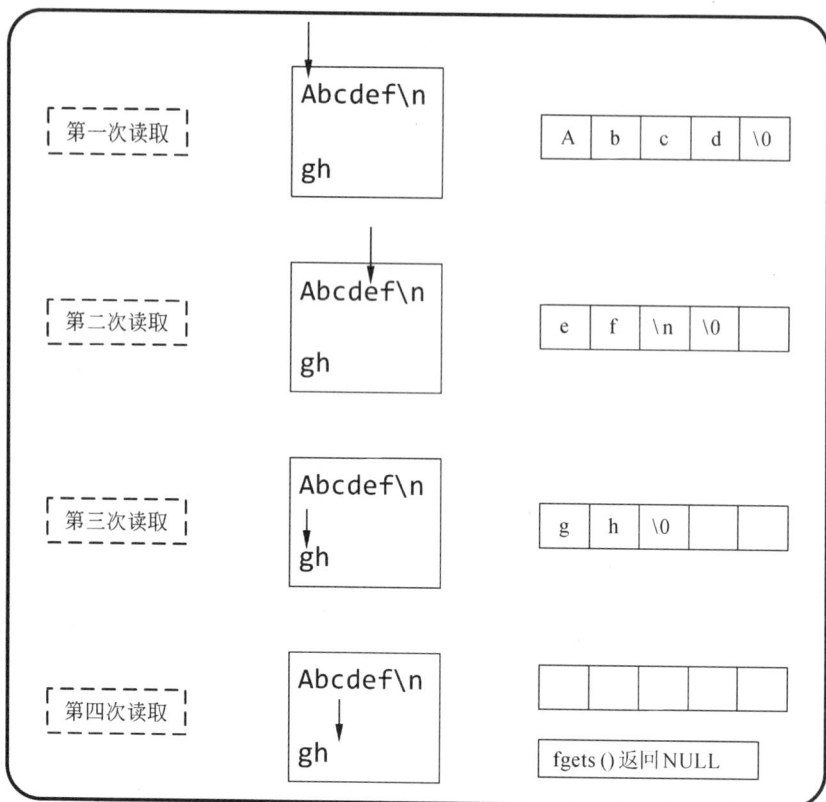

图 14-37　4 次读取字符串的过程

【**示例 14-10**】　下面的程序要以字符串的方式读取文件 text.txt 中的数据，然后显示在程序的输出界面上。

```
01    #include <stdio.h>
02    #include <stdlib.h>
03
04    int main(int argc, char* argv[])
05    {
06        FILE *fp;
07        fp = fopen("text.txt","r");
08        if(fp == NULL)
09        {
10            puts("文件打开失败！\n");
11            exit(0);
12        }
13        puts("文件打开成功！\n");
14        puts("文件中的内容是：");
15        char arr[15] = {0};
16        char *p = fgets(arr,15,fp);     //开始以字符串的方式读取文件中的数据
17        while(p != NULL)
18        {
19            printf("%s",arr);           //将数据输出到屏幕上
20            p = fgets(arr,15,fp);
21        }
22        printf("\n\n");
23        int return_value = fclose(fp);
24        if(return_value != 0)
```

示例 14-10 源码

```
25      {
26          puts("文件关闭失败！\n");
27          exit(0);
28      }
29      puts("文件成功关闭！\n");
30      return 0;
31  }
```

注意，从 fgets() 的第二个参数来看，一次最多可以读取 14 个字符！程序中的文件内容，以及程序的输出效果如图 14-38 所示。

4. 二进制方式

前面学习过：以二进制方式写入数据的文件，通常这个数据是给程序自己"看"的。在上一小节讲解"二进制方式"写入数据时，曾看到过一个"字符正确写入、数字不正确写入"的文件，那时说过"不正确"只是因为不可读而已，如果让程序以二进制方式读取的话，数据就正确了。

图 14-38 文件中的数据，以及程序读取到的内容

【示例 14-11】 图 14-39 是一个以二进制方式写入数据的文件，下面的程序将以二进制方式读取这个文件，然后输出文件中的数据到屏幕，来验证当初程序是否正确地将数据写入到了文件中。

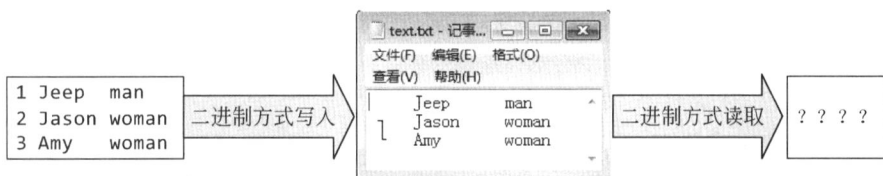

图 14-39 程序要操作的文件

```
01  #include <stdio.h>
02  #include <stdlib.h>
03
04  struct info
05  {
06      int  i;
07      char name[10];
08      char sex[10];
09  };
10  int main(int argc, char* argv[])
11  {
12      struct info info_st1[3] = {0};
13      FILE *fp;
14      fp = fopen("text.txt","rb");              //以只读二进制的方式打开文件
15      if(fp == NULL)
16      {
17          puts("文件打开失败！\n");
18          exit(0);
```

示例 14-11 源码

```
19        }
20        puts("文件打开成功！\n");
21        puts("文件里的内容是：");
22        fread(info_st1,sizeof(struct info),3,fp);   //从文件中读取数据
23        for(int k = 0;k < 3;k++)
24        {
25            printf("%d\t%s\t%s\n",info_st1[k].i,info_st1[k].name,info_st1
              [k].sex);
26        }
27        int return_value = fclose(fp);
28        if(return_value != 0)
29        {
30            puts("文件关闭失败！\n");
31            exit(0);
32        }
33        puts("文件成功关闭！\n");
34        return 0;
35    }
```

程序使用 fread()函数一次读取了文件中的所有数据，并保存到了结构数组 info_st1 中，最后使用 printf()输出了数组中的数据。程序读取的文件和自身的运行效果如图 14-40 所示。可验证以二进制方式写入数据时，并没有把数据写错。

【示例 14-12】 既然是以二进制方式读写文件，那就不要总是读取和写入字符了。下面的程序使用函数 fread()和 fwrite()复制了一个二进制的文件，即图片。

图 14-40　读取的文件，以及程序的运行效果

```
01    #include <stdio.h>                                          示例 14-12 源码
02    #include <stdlib.h>
03
04    int main(int argc, char* argv[])
05    {
06        FILE *fp_r,*fp_w;
07        fp_r = fopen("picture t1.png","rb"); //打开图片文件
08        fp_w = fopen("picture 2.png","wb");   //创建图片文件
09        if(fp_r == NULL)
10        {
11            puts("文件 picture 1.png 打开失败！\n");
12            exit(0);
13        }
14        if(fp_w == NULL)
15        {
16            puts("文件 picture 2.png 打开失败！\n");
17            exit(0);
18        }
19        puts("两个文件打开成功！\n");
20        char ch;
21        int i = fread(&ch,1,1,fp_r);            //以二进制方式读取图片文件
22        while(i != 0)
23        {
24            fwrite(&ch,1,1,fp_w);               //以二进制方式写入图片文件
25            i = fread(&ch,1,1,fp_r);
26        }
```

```
27      int return_value = fclose(fp_r);
28      if(return_value != 0)
29      {
30          puts("文件 picture 1.png 关闭失败！\n");
31          exit(0);
32      }
33      return_value = fclose(fp_w);
34      if(return_value != 0)
35      {
36          puts("文件 picture 2.png 关闭失败！\n");
37          exit(0);
38      }
39      puts("两个文件成功关闭！\n");
40      return 0;
41  }
```

运行这个程序前，需要在项目根目录下复制一个 PNG 格式的图片文件，然后命名为"picture1.png"。运行完程序以后就可以看到多了一个图片文件的副本，即名为"picture2.png"的图片文件。本示例就成功地复制了如图 14-41 所示的图片。

同理，使用 fread()和 fwrite()还可以复制其他类型的二进制文件，例如：音频、视频等等。

图 14-41　名为"picture1.png"的图片文件

14.4.4　解决问题一：避免再次运行程序

在本章的开始，提出了两个亟待解决的问题。其中一个是：如果用户不小心忘记了程序对数据的处理结果，只能再次运行程序，然后输入同样的数据，最后查看程序的运行结果。下面的这个程序就使用本章学习的文件知识解决了这一问题。

```
01  #include <stdio.h>
02  #include <stdlib.h>
03
04  int main(int argc, char* argv[])
05  {
06      FILE *fp;
07      fp = fopen("程序运行过程记录.txt","w"); //创建一个文件，记录用户操作过程
08      if(fp == NULL)
09      {
10          puts("文件打开失败！\n");
11          exit(0);
12      }
13      int sum = 0;
14      int temp;
15      int count = 1;
16      puts("请依次输入要计算总和的整数，\n 若输入 0 则输出求和结果，并结束程序\n");
17      printf("请输入第%d 个数：\n",count);
18      scanf("%d",&temp);
19      while(temp != 0)
```

```
20      {
21          fprintf(fp,"输入的第%d 个数据是：%d\n",count,temp);
                                                    //及时向文件中写入数据
22          sum = sum + temp;
23          count++;
24          printf("请输入第%d 个数：\n",count);
25          scanf("%d",&temp);
26      }
27      printf("总和为：%d\n\n",sum);
28      fprintf(fp,"\n 程序的求和结果：%d\n",sum);
29      int return_value = fclose(fp);
30      if(return_value != 0)
31      {
32          puts("文件关闭失败！\n");
33          exit(0);
34      }
35      return 0;
36  }
```

上面的程序只是在原来程序的基础上，添加了新的功能：将程序与用户的互动过程记录到了文件"程序运行过程记录.txt"中。图 14-42 是程序与用户的互动过程，以及程序记录的文件的内容。

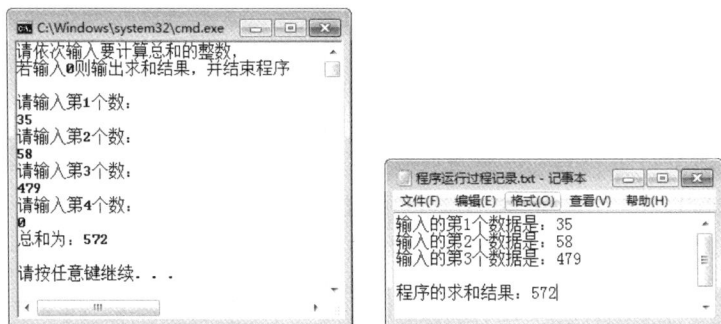

图 14-42　程序与用户的互动过程，以及程序记录的文件内容

这下用户就可以直接打开文本文件，获取刚才的计算信息和计算结果了。而不用重新运行程序，重新输入数据，才能看到运算结果。

14.4.5　练习

1. 下面的程序打算读取"标准输入"这个文件里的数据，然后记录在"标准输出"这个文件里。

（1）如果要一个字符一个字符地读取和记录，要怎样使用代码实现？请完善下面的代码：

练习 1-(1)答案

```
01  #include <stdio.h>
02  #include <stdlib.h>
03
04  int main(int argc, char* argv[])
05  {
06      puts("请输入一串字符：");
07      char ch;
08      ch = _____;      //从"标准输入"文件中读取一个字符
```

```
09       puts("\n 将这串字符记录到"屏幕"这个文件中: ");
10       while(ch != '\n')
11       {
12           _____;              //写入"标准输出"文件中一个字符
13           ch = fgetc(stdin);            //读取"标准输入"文件中的下一个字符
14       }
15       printf("\n\n");
16       return 0;
17   }
```

程序的运行效果如图 14-43 所示。

（2）如果要按照格式化的方式读取和记录，要怎样用代码实现？请完善下面的代码：

练习 1-(2)源码

```
01   #include <stdio.h>
02
03   struct info
04   {
05       short no;
06       char name[10];
07       char sex[6];
08   };
09   int main(int argc, char* argv[])
10   {
11       struct info info1;
12       puts("请输入格式化的数据: ");
13       _____;        //格式化地读取数据
14       puts("\n 记录到标准输出文件中的数据是: ");
15       _____;        //格式化地写入数据
16       return 0;
17   }
```

程序的运行效果如图 14-44 所示。

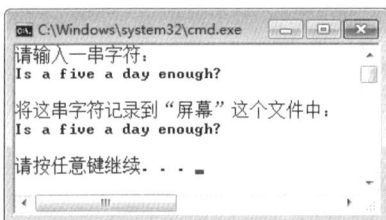

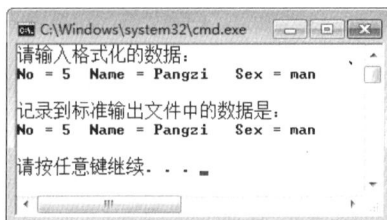

图 14-43 以字符的方式读取和写入数据　　图 14-44 以格式化的方式读取和写入数据

（3）如果要按照字符串的方式读取和记录，要怎样用代码实现？请完善下面的代码：

练习 1-(3)答案

```
01   #include <stdio.h>
02
03   int main(int argc, char* argv[])
04   {
05       puts("请输入一行字符串: ");
06       char arr[10] = {0};
07       _____        //字符串的方式读取数据
08       puts("\n 记录到标准输出的字符信息是: ");
09       while(arr[0] != '#')
10       {
11           _____        //字符串的方式写入数据
12           fgets(arr,10,stdin);
13       }
```

```
14        printf("\n");
15        return 0;
16    }
```

从程序中可以看出，当在标准输入上输入一个字符"#"时，程序停止写入字符串到标准输出。程序的运行效果如图 14-45 所示。

（4）现在以二进制的方式读取和记录，要怎样用代码实现？请完善下面的代码：

```
01    #include <stdio.h>
02
03    int main(int argc, char* argv[])
04    {
05        puts("请输入一行数据：");
06        char ch[6] = "";
07        _____;        //以二进制方式读取 5 个字符
08        _____;        //以二进制方式写入 5 个字符
09        printf("\n");
10        return 0;
11    }
```

练习 1-(4)答案

程序的运行效果如图 14-46 所示。

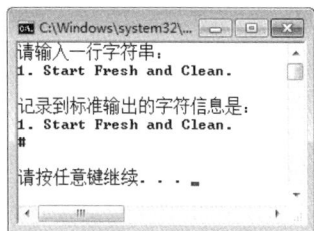

图 14-45　以字符串的方式读取和写入数据　　　　图 14-46　以二进制的方式读取和记录数据

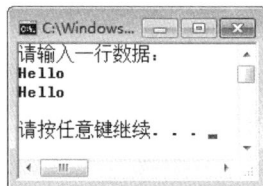

14.5　辅　助　功　能

程序读写文件，都是以文件的位置指针为基准的，即从文件位置指针指向的位置开始，读取数据或者写入数据，如果想要改变读写数据的位置，可以使用"位置指针重定位"这个辅助功能实现。同样，操作文件都是借由函数完成的，要想了解函数对任务的执行情况，就需要使用"检测文件操作状态"辅助功能提供的函数来实现。

14.5.1　位置指针重定位

文件 stdio.h 提供了 3 个相关函数：一个用于获取文件位置指针的位置，两个用于改变文件位置指针的位置。本小节将详细地讲解这 3 个函数的使用方法。

1．获取位置指针的位置

程序操作文件的过程中，有时会不确定操作到了文件内容中的哪一个位置；又有时程序要操作文件特定位置的内容，在移动指针前需要确定指针的位置。总之，这两种情况都必须要确定文件的位置指针当前处于哪一个位置。库函数 ftell()可以做到这一点，它能获取指针当前的位置。函数的声明如下：

```
long ftell( FILE *stream );
```

参数 stream 是文件指针，指向程序当前操作的文件。函数返回位置指针的位置，此数据是 long 型的。如果返回的值是-1，表明此函数调用出错。

【示例 14-13】　下面的程序在与文件建立关联以后，确认了两次文件位置指针的位置，分别在读取此文件内容的前后。

```
01  #include <stdio.h>
02  #include <stdlib.h>
03
04  int main(int argc, char* argv[])
05  {
06      FILE *fp;
07      fp = fopen("text.txt","rb");
08      if(fp == NULL)
09      {
10          puts("文件打开失败！\n");
11          exit(0);
12      }
13      puts("文件打开成功！\n");
14      char  ch[21] = "";
15      ch[20] = '\0';
16      long l = ftell(fp);                    //读取文件内容前，指针的位置
17      printf("位置指针的位置：%ld\n\n",l);
18      fread(ch,20,1,fp);                     //读取文件内容中的 20 个字符
19      puts("读取 20 个字符：");
20      printf("%s\n",ch);
21      l = ftell(fp);                         //读取文件内容后，指针的位置
22      printf("\n 位置指针的位置：%ld\n\n",l);
23      int return_value = fclose(fp);
24      if(return_value != 0)
25      {
26          puts("文件关闭失败！\n");
27          exit(0);
28      }
29      puts("文件成功关闭！\n");
30      return 0;
31  }
```

示例 14-13 源码

程序打开文件以后，一次性读取了 20 个字符，读到的字符应该是指针移动过程中指向的那些字符。程序读取的文件，以及运行效果如图 14-47 所示。

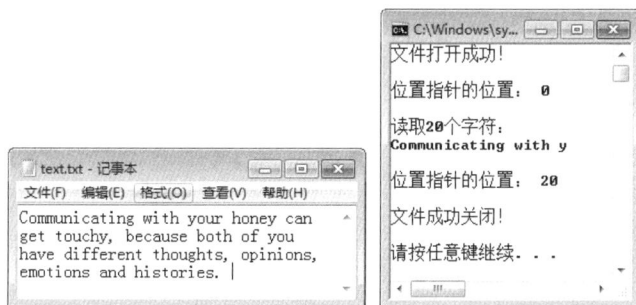

图 14-47　读取的文件，以及程序的运行效果

程序最初与文件建立关联时，指针指向的位置是 0，读取了 20 个字符以后，指针指向的位置是 20。可知读取的 20 个字符，就是指针从位置 1 移动到位置 20 所指向的 20 个字符。

2. 让位置指针指向位置0

程序与文件建立关联后，不管是读取文件，还是向文件写入数据，位置指针都会一直向文件内容的后面移动。如果打算让位置指针回到文件起始位置的话，可以关闭这个文件，然后再打开。当然了，也可以使用库函数 rewind()，将位置指针直接设置到起始处，即位置 0 处。

【示例 14-14】　下面的程序先后两次，共从文件中读取了 40 个字符，程序代码如下：

```
01  #include <stdio.h>
02  #include <stdlib.h>
03
04  int main(int argc, char* argv[])
05  {
06      FILE *fp;
07      fp = fopen("text.txt","r");
08      if(fp == NULL)
09      {
10          puts("文件打开失败！\n");
11          exit(0);
12      }
13      puts("文件打开成功！\n");
14      char ch[20];
15      int i;
16      for(i = 0;i < 2;i++)               //第一次读取 40 个字符
17      {
18          fgets(ch,20,fp);
19          printf("%s",ch);
20      }
21      printf("\n\n");
22      for(i = 0;i < 2;i++)               //第二次读取 40 个字符
23      {
24          fgets(ch,20,fp);
25          printf("%s",ch);
26      }
27      printf("\n\n");
28      int return_value = fclose(fp);
29      if(return_value != 0)
30      {
31          puts("文件关闭失败！\n");
32          exit(0);
33      }
34      puts("文件成功关闭！\n");
35      return 0;
36  }
```

如果不改变位置指针的指向，第二次读取的 40 个字符应该是第一次读取的字符后面的字符。程序的运行效果如图 14-48 所示。也就是说两次读取到的字符是不一样的。

（1）如果要让两次读取到的 40 个字符一样，就要移动位置指针的指向。可以通过先关闭文件，再打开文件的方法实现，只需要在程序的第 21 行添加如下的代码就可以了：

```
21  fclose(fp);
22  fp = fopen("text.txt","r");
```

图 14-48　程序读取的文件，以及程序读取到的 80 个字符

（2）要达到（1）题的目的，还可以使用函数 rewind()，同样需要在程序第 21 行添加如下代码：

```
21    rewind(fp);
```

无论是（1）题和（2）题，程序的运行效果都是一样的，如图 14-49 所示。但显然使用 rewind()才更符合我们人类的思维。

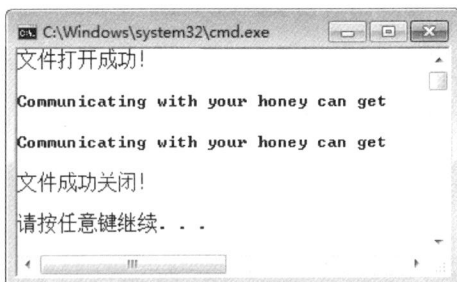

3. 随意修改位置指针指向

图 14-49　因为位置指针的指向一致，所以输出了相同的文本

前面讲解的函数 rewind()太极端，一旦使用就一定会将位置指针的指向置为 0，即文件的开始位置。那么有没有不这么极端的函数，可以按照程序员的意愿，让位置指针随意指向呢？有，就是函数 feek()，这个函数的声明为：

```
void fseek(FILE *fp,long m,int n);
```

函数有 3 个参数，作用分别如下。

❑ fp 是文件指针，指向程序要操作的文件。

❑ m 是 long 型的变量，指定位置指针以一个位置为基准，偏移 m 个字节。m 为正，向着文件尾偏移；m 为负，向着文件头偏移。

❑ n 是 int 型的变量，是位置指针偏移时的一个基准。n 只能取 3 个值：0（文件开始处）、1（文件当前的读写位置）、2（文件末尾处）。

此函数没有返回值。

【示例 14-15】　下面的程序是用来熟悉函数 fseek()使用方法的，所以程序选择建立关联的文件的内容也十分简单。

```
01    #include <stdio.h>
02    #include <stdlib.h>
03
04    int main(int argc, char* argv[])
05    {
06        FILE *fp;
07        fp = fopen("text.txt","r");
08        if(fp == NULL)
09        {
10            puts("文件打开失败！\n");
```

示例 14-15 源码

```
11              exit(0);
12          }
13          puts("文件打开成功！\n");
14          puts("文件中的字符串是：0123456789\n");
15          char ch;
16          ch = fgetc(fp);
17          printf("刚打开文件读取到的字符：%c\n\n",ch);
18          fseek(fp,4,1);                          //第一次移动指针
19          ch = fgetc(fp);
20          printf("以当前位置为基准，向后偏移 4 个字符，再读取字符：%c\n\n",ch);
21          fseek(fp,-2,1);                         //第二次移动指针
22          ch = fgetc(fp);
23          printf("以当前位置为基准，向前偏移 2 个字符，再读取字符：%c\n\n",ch);
24          fseek(fp,-1,2);                         //第三次移动指针
25          ch = fgetc(fp);
26          printf("以文件末尾为基准，向前偏移 1 个字符，再读取字符：%c\n\n",ch);
27          fseek(fp,1,0);                          //第四次移动指针
28          ch = fgetc(fp);
29          printf("以文件开始为基准，向后偏移 1 个字符，再读取字符：%c\n\n",ch);
30          int return_value = fclose(fp);
31          if(return_value != 0)
32          {
33              puts("文件关闭失败！\n");
34              exit(0);
35          }
36          puts("文件成功关闭！\n");
37          return 0;
38      }
```

程序中，一共使用函数 fseek()移动了 4 次指针：以当前位置为基准移动了 2 次，以文件末尾为基准移动了 1 次，以文件开头为基准移动了 1 次。程序读取的文件，以及程序的运行效果如图 14-50 所示。

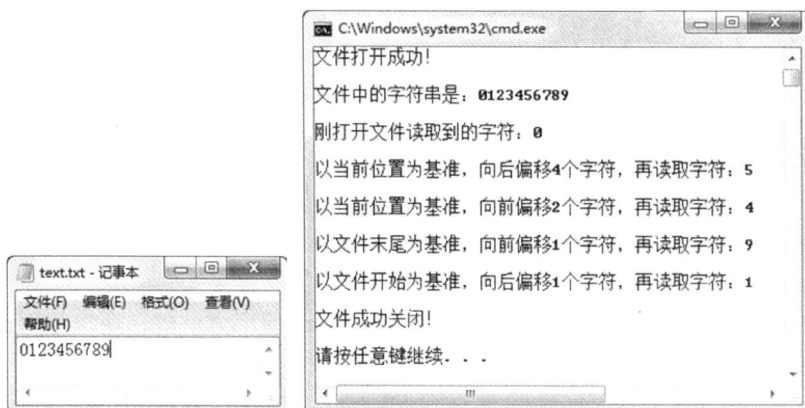

图 14-50   程序读取的文件，以及程序的运行结果

为什么会得到如图 14-50 所示的结果呢？我们简单地分析一下，图 14-51 是使用 fseek()让文件位置指针指向文件开头和文件末尾的两种情况。

需要明确的是：输出的字符是位置指针指向的字符。且每次使用函数 fgetc()时，位置指针是"先移动，后读取"。下面来说明这两种情况：

❑ 文件的开始处是没有字符的，第一次读取时，指针向后移动一位，读取到的就是字符"0"，因为此时指针指向了 0。

❑ 使用函数 fseek()指向的文件末尾其实是字符"9"，向前移动一位，指针就指向了"8"，使用 fgetc()读取

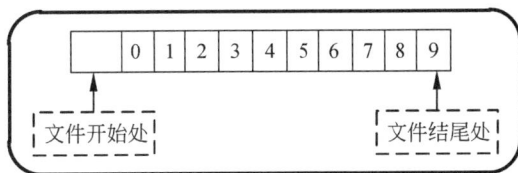

图 14-51 指向文件开头和文件末尾的指针

时，指针后移一位，又指向了"9"，所以读取到的字符就是"9"。

14.5.2 检测文件操作状态

程序操作文件的时候，有时需要知道位置指针此时是否指向了文件末尾，有时需要知道对文件的一种操作是否成功，还有时候需要在文件操作失败以后，还能继续操作文件。而 C 语言的函数库中，刚好有 3 个函数满足了这方面的需求。

1. 位置指针是否指向结尾

程序读取文件时，需要知道当前是否读取到了文件结尾，是的话，就应该停止继续读取文件。本章前面的示例都是通过读取文件内容函数的返回值得知的。而库函数 feof()也可以提供这方面的信息，它的声明形式如下：

```
int feof( FILE *stream );
```

函数 feof()需要文件指针作为参数，这个指针必须已经指向了一个文件。函数返回 0 表示没有到文件末尾，否则就是读取到了文件末尾。

【示例 14-16】 下面的程序要读取一个文件的内容，然后显示在屏幕上。此程序判断文件内容是否读取完毕的依据是函数 feof()的返回值。

```
01   #include <stdio.h>
02   #include <stdlib.h>
03
04   int main(int argc, char* argv[])
05   {
06       FILE *fp;
07       fp = fopen("text.txt","r");
08       if(fp == NULL)
09       {
10           puts("文件打开失败！\n");
11           exit(0);
12       }
13       puts("文件打开成功！\n");
14       char ch[10] = "";
15       while(!feof(fp))          //while()的条件语句是"没到文件末尾则..."
16       {
17           fgets(ch,10,fp);
18           printf("%s",ch);
19       }
20       printf("\n\n");
```

示例 14-16 源码

```
21        int return_value = fclose(fp);
22        if(return_value != 0)
23        {
24            puts("文件关闭失败! \n");
25            exit(0);
26        }
27        puts("文件成功关闭! \n");
28        return 0;
29    }
```

在学习 feof()函数之前，我们是通过判断读取的文件内容的长度，长度为 0 表示读取到了文件末尾。功能代码如下：

```
14        char ch[10] = "";
15        fgets(ch,10,fp);
16        while(strlen(ch))
17        {
18            printf("%s",ch);
19            memset(ch,0,10);
20            fgets(ch,10,fp);
21        }
22        printf("\n\n");
```

为了实现同样的功能，这个程序片段用了 9 行，而且实现的过程是比较复杂的。而使用 feof()函数只需 6 行代码，且思路十分简单。无论使用哪种方式，都可以让程序成功地读取到文件的内容，如图 14-52 所示。

图 14-52　程序读取的文件，及程序的运行结果

2. 文件操作是否失败

使用函数操作文件时，可以通过函数的返回值得知文件操作是否成功。例如，fgets()、fputs()、fgetc()和 fputc()，在文件操作失败时，返回-1；而 fread()、fopen()和 fclose()会返回 NULL。函数 ferror()也可以提供同样的功能，这个函数应该在前面那些函数调用结束后，马上调用。函数 ferror()的声明形式为：

```
int ferror( FILE *stream );
```

这个函数也需要文件指针作为参数，且此指针应该指向程序正在操作的文件。函数返回 0 表示没有发生错误，反之则发生了错误。

【示例 14-17】　下面的程序在与文件建立关联时使用的是只读的方式，但是却试图向文件写入数据。

```
01  #include <stdio.h>
02  #include <stdlib.h>
03
04  int main(int argc, char* argv[])
05  {
06      FILE *fp;
07      fp = fopen("text.txt","r");
08      if(fp == NULL)
09      {
10          puts("文件打开失败!\n");
11          exit(0);
12      }
13      puts("文件打开成功!\n");
14      fputc('A',fp);
15      if(ferror(fp))                    //if 语句的条件是"发送错误则…"
16          puts("写入数据操作失败!\n");
17      int return_value = fclose(fp);
18      if(return_value != 0)
19      {
20          puts("文件关闭失败!\n");
21          exit(0);
22      }
23      puts("文件成功关闭!\n");
24      return 0;
25  }
```

示例 14-17 源码

函数 ferror() 的调用必须紧紧跟着操作文件的函数。因为文件是只读的，所以写入操作一定会失败，程序的运行结果如图 14-53 所示。

3. 清除错误标志

一旦程序使用函数对文件的一次操作失败了，指向文件的文件指针就会被程序自动设置一个错误标志。这个错误标志如果不被清除的话，每次调用函数 ferror() 检测时，都会提示文件操作错误，尽管程序有时可以正常读写。为了清除文件指针上的错误标志，可以使用函数 clearerr()，它的声明形式为：

图 14-53 妄图操作只读的文件，失败是必然的

```
void clearerr( FILE *stream );
```

这个函数没有返回值，但它可以直接清除文件指针上的错误标志，而文件指针是作为这个函数的参数被传入的。

【**示例 14-18**】 下面的程序对一个只读的文件，先展开了写入操作，所以操作失败了，然后又展开了读取操作，尽管 ferror() 函数检测到了错误，但是程序还是正确地读取到了字符。

```
01  #include <stdio.h>
02  #include <stdlib.h>
03
04  int main(int argc, char* argv[])
05  {
06      FILE *fp;
07      fp = fopen("text.txt","r");
08      if(fp == NULL)
```

示例 14-18 源码

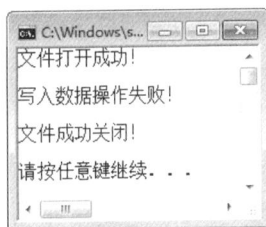

```
09      {
10          puts("文件打开失败！\n");
11          exit(0);
12      }
13      puts("文件打开成功！\n");
14      fputc('A',fp);                          //对只读的文件的"写"操作
15      if(ferror(fp))
16          printf("error write\n\n");
17      char ch;
18      ch = fgetc(fp);                         //对只读的文件的"读"操作
19      if(ferror(fp))
20          printf("error read\n\n");
21      printf("ch = %c\n\n",ch);               //输出读取到的字符
22      int return_value = fclose(fp);
23      if(return_value != 0)
24      {
25          puts("文件关闭失败！\n");
26          exit(0);
27      }
28      puts("文件成功关闭！\n");
29      return 0;
30  }
```

运行这个程序，得到如图 14-54 所示的结果。可以看到，程序提示了"error write"和"error read"，但还是正确地读取到了字符"ch"。产生这种怪异的结果，就是因为：写入操作失败，系统自动给文件指针加上了错误标志，而这个错误标志必须由 clearerr()清除，否则 ferror()会一直提示错误。所以一定要在 16 行加入下面的语句：

```
16  clearerr(fp);
```

如图 14-55 所示，程序不再提示"error read"了。

图 14-54　程序运行结果

图 14-55　修改后的程序运行结果

14.5.3　解决问题二：避免重新输入数据

在本章的开始，提出了两个亟待解决的问题。其中一个问题已经在上一节解决了，本小节将在解决第二个问题的时候，重新设计程序的结构，以便把两个功能融合于同一个程序中。

1．明确问题

现在希望编写这样一个程序：

- □ 这个程序只做加法运算。
- □ 使用这个程序的目的是求得多个整数的和。
- □ 程序可以记录数据处理结果到文件中，用户不用重新运行程序就能看到上次的运算结果。
- □ 在用户并没取得结果，并关闭程序时，程序可以记录数据，便于用户下次使用程序继续处理数据时不用重新输入数据。

2. 设计约定一

很显然，程序第一次被启动时，可以展开两种操作：开始一个新的运算、继续程序关闭前的运算。为此规定：程序最初要与一个只读的文件建立关联，读取第一个字符。若为–1，则继续程序关闭前的运算；否则，开始一个新的运算。按照这个思路写下部分代码：

```
01  int num = -2;
02  fscanf(fp,"%d",&num);            //读取文件中的第一个字符
03  if(num != -1)
04      num = 0;
05  if(num == 0)                     //开始新的运算
06  {
07  }
08  if(num == -1)                    //继续程序关闭前的运算
09  {
10  }
```

3. 设计约定二

程序将使用数组保存用户输入的求和数据。当用户输入 0 时，表明：数据全部输入完毕，程序输出求和结果，并将 0 和数据记录到文件中。当用户输入–1 时，表明：中断数据输入，下次运行程序时继续输入数据，程序则将–1 和数据记录到文件中。按照这个思路写下部分代码：

```
01  if()            //用户输入 0
02  {
03      …           //记录 0 和数据以及求和结果
04  }
05  if()            //用户输入-1
06  {
07      …           //记录-1 和数据，等待下次运行程序时使用
08  }
```

4. 开始新的运算

要开始一个新的运算，就要先清空文本中的内容，然后接收用户输入的数据。

```
01  int count = 0,total = 0;
02  int arr[20];
03  if(num == 0)                 //标志变量为 0，开始新的运算
04  {
05      fclose(fp);              //关闭文件，然后以可写的方式打开，文件中的内容自动清空
06      fp = fopen("text.txt","w");
07      for(count = 0;count < 20;count++)
08      {
```

```
09          printf("请输入第%d个数: ",count+1);
10          scanf("%d",&arr[count]);
11          if(arr[count] == 0)
12              break;
13          if(arr[count] == -1)
14              break;
15          total += arr[count];
16      }
17  }
```

在这个程序片段中，使用循环接收用户输入的数据，并保存到了数组中，当用户输入
0 和–1 时，都会中断 for 循环。

5. 继续程序关闭前的运算

继续未完成的运算时，需要读取记录到文件中的数据，然后保存到数组中，接着等待
用户继续输入数据。

```
01  if(num == -1)                      //标志变量为-1，继续程序关闭前的运算
02  {
03      while(!feof(fp))               //读取记录到文件中的数据，然后保存到数组中
04      {
05          fscanf(fp,"%d",&arr[count]);
06          count++;
07      }
08      count -= 1;
09      for(int i = 0;i < count;i++)
10          total += arr[i];
11      fclose(fp);
12      fp = fopen("text.txt","w");
13      printf("已经输入了%d个数，请继续输入: \n",count);
14      for(;count < 20;count++)       //等待用户继续输入数据
15      {
16          printf("请输入第%d个数: ",count+1);
17          scanf("%d",&arr[count]);
18          if(arr[count] == 0)
19              break;
20          if(arr[count] == -1)
21              break;
22          total += arr[count];
23      }
24  }
```

在这个程序片段中，使用循环接收用户输入的数据，并保存到了数组中，当用户输入
0 和–1 时，都会中断 for 循环。

6. 记录数据到文本

程序要记录的数据因两种不同情况而不同。

```
01  if(arr[count] == 0)                      //运算完毕，记录数据和运算结果
02  {
03      printf("总和为: %d\n\n",total);
04      fprintf(fp,"0\n");
05      for(int i=0;i<count;i++)
06          fprintf(fp,"输入的第%d个数是: %d\n",i+1,arr[i]);
07      fprintf(fp,"程序求和的结果为: %d\n",total);
```

```
08  }
09  if(arr[count] == -1)                     //运算中止，记录数据
10  {
11      puts("数据已保存，下次可以继续运算\n");
12      fprintf(fp,"-1\n");
13      for(int i=0;i<count;i++)
14          fprintf(fp,"%d\n",arr[i]);
15  }
```

对于已经求得结果的数据，可以在文件中记录得详细一些，因为之后用户会看这个文件中的数据。对于还未求得结果的数据，可以在文件中记录得简略一些，因为这个数据是程序之后要使用的。

7. 完整的程序功能实现

前面把这个程序关键的功能部分都实现过了，现在将这些功能部分组合到一个程序中。

```
01  #include <stdio.h>
02  #include <stdlib.h>
03
04  int main(int argc, char* argv[])
05  {
06      FILE *fp;
07      fp = fopen("text.txt","r+");
08      if(fp == NULL)
09      {
10          puts("文件打开失败！\n");
11          exit(0);
12      }
13      puts("文件打开成功！\n");
14      int num = -2;
15      fscanf(fp,"%d",&num);
16      if(num != -1)
17          num = 0;
18      int count = 0,total = 0;
19      int arr[20];
20      puts("请依次输入要计算总和的整数\n\n 若输入 0 则输出求和结果，并结束程序");
21      puts("若输入-1 则保存当前数据，然后结束程序\n");
22      if(num == 0)                          //开始新的运算
23      {
24          fclose(fp);
25          fp = fopen("text.txt","w");
26          for(count = 0;count < 20;count++)
27          {
28              printf("请输入第%d 个数: ",count+1);
29              scanf("%d",&arr[count]);
30              if(arr[count] == 0)
31                  break;
32              if(arr[count] == -1)
33                  break;
34              total += arr[count];
35          }
36      }
37      if(num == -1)                         //继续之前的运算
```

```
38      {
39          while(!feof(fp))
40          {
41              fscanf(fp,"%d",&arr[count]);
42              count++;
43          }
44          count -= 1;
45          for(int i = 0;i < count;i++)
46              total += arr[i];
47          fclose(fp);
48          fp = fopen("text.txt","w");
49          printf("已经输入了%d 个数，请继续输入：\n",count);
50          for(;count < 20;count++)
51          {
52              printf("请输入第%d 个数：",count+1);
53              scanf("%d",&arr[count]);
54              if(arr[count] == 0)
55                  break;
56              if(arr[count] == -1)
57                  break;
58              total += arr[count];
59          }
60      }
61      if(arr[count] == 0)                      //运算完毕，记录数据和运算结果
62      {
63          printf("总和为：%d\n\n",total);
64          fprintf(fp,"0\n");
65          for(int i=0;i<count;i++)
66              fprintf(fp,"输入的第%d 个数是：%d\n",i+1,arr[i]);
67          fprintf(fp,"程序求和的结果为：%d\n",total);
68      }
69      if(arr[count] == -1)                     //运算中止，记录数据
70      {
71          puts("数据已保存，下次可以继续运算\n");
72          fprintf(fp,"-1\n");
73          for(int i=0;i<count;i++)
74              fprintf(fp,"%d\n",arr[i]);
75      }
76      int return_value = fclose(fp);
77      if(return_value != 0)
78      {
79          puts("文件关闭失败！\n");
80          exit(0);
81      }
82      puts("文件成功关闭！\n");
83      return 0;
84  }
```

　　运行这个程序，先输入 4 个数据：1、2、3 和 4，然后关闭程序。程序的运行结果和记录到文件中的数据如图 14-56 所示。程序中断时，有提示"数据已保存，下次可以继续运算"，记录到文件中的数据也是非常简略，因为是下次给程序使用的。

　　再次运行程序，输入两个数据：5、6。求和后，程序的运行结果和记录到文件中的数据如图 14-57 所示。在程序的界面上，明确地告诉了用户求和的结果"总和为：21"。数据也被记录到了文件中，因为是给用户看的，所以记录得很详细。

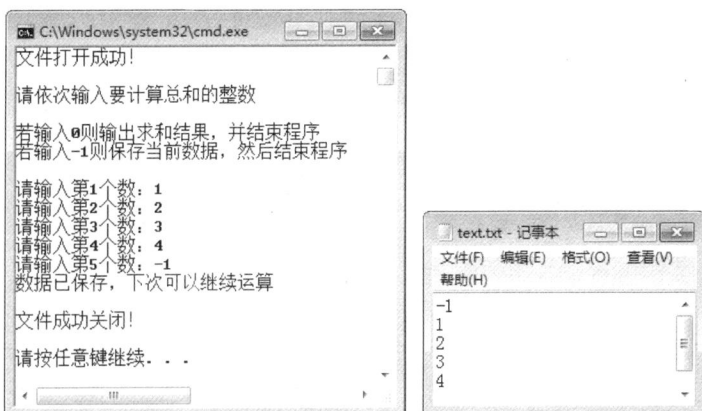

图 14-56　要求和的数据未全部输入，先中断。程序的运行结果，及记录到文件中的数据

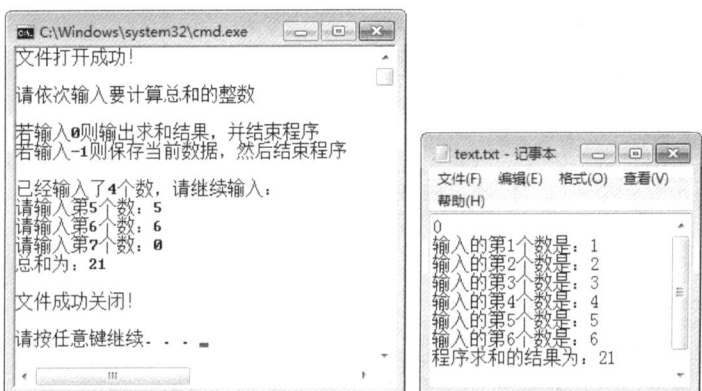

图 14-57　数据输入完毕，求和结果已计算出。程序的运行结果，及记录到文件中的数据

14.5.4　练习

1. 下面的程序要使用位置指针，来获取特定文件中字符的个数。

（1）方法一：程序与指定文件建立关联以后，只要将文件中的字符全部读取一遍，位置指针就会指向文件的结尾处，此时使用函数 ftell() 获取指针的位置，就可以知道文件中字符的个数了。下面是对这一想法的部分实现代码。

练习 1-1 答案

```
01  #include <stdio.h>
02  #include <stdlib.h>
03  #include <string.h>
04
05  int main(int argc, char* argv[])
06  {
07      FILE *fp;
08      fp = fopen("text.txt","rb");
09      if(fp == NULL)
10      {
11          puts("文件打开失败！\n");
12          exit(0);
13      }
```

```
14       puts("文件打开成功! \n");
15       char  ch[21] = "";
16       long l = ftell(fp);
17       printf("位置指针的位置: %ld\n\n",l);        //刚打开文件时，位置指针的位置
18       fread(ch,20,1,fp);
19       while(strlen(ch) != 0)                      //遍历输出文件中的所有字符
20       {
21           _____//输出读取到的字符
22           memset(ch,0,21);                        //将数组中的数据全部设置为0
23           _____//继续读取文件中的字符
24       }
25       _____                            //得知文件末尾处的位置，即字符的总个数
26       printf("\n\n 位置指针的位置: %ld\n\n",l);
27       int return_value = fclose(fp);
28       if(return_value != 0)
29       {
30           puts("文件关闭失败! \n");
31           exit(0);
32       }
33       puts("文件成功关闭! \n");
34       return 0;
35   }
```

将代码补充完整，使得程序的运行效果如图 14-58 所示。

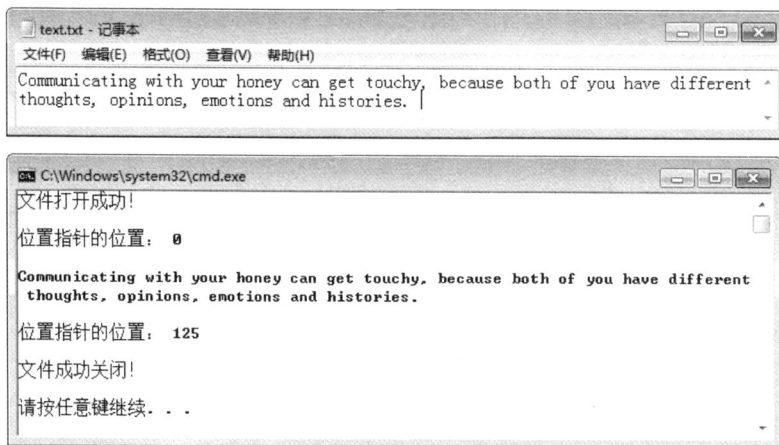

图 14-58　与程序建立关联的文件，以及程序的运行结果 1

（2）方法二：使用函数 fseek()将位置指针直接移动到文件末尾，然后使用函数 ftell()
得到指针的位置，这个位置值就是文件中字符的个数。下面是对这一想法的部分实现代码。

```
01   #include <stdio.h>
02   #include <stdlib.h>
03
04   int main(int argc, char* argv[])
05   {
06       FILE *fp;
07       fp = fopen("text.txt","r");
08       if(fp == NULL)
09       {
10           puts("文件打开失败! \n");
11           exit(0);
```

练习 1-2 答案

```
12          }
13          puts("文件打开成功！\n");
14          fseek(_____);        //使得文件位置指针指向文件末尾
15          int i = _____;            //得到这个位置指针的位置值
16          printf("位置指针的位置：%d\n\n",i);
17          int return_value = fclose(fp);
18          if(return_value != 0)
19          {
20              puts("文件关闭失败！\n");
21              exit(0);
22          }
23          puts("文件成功关闭！\n");
24          return 0;
25   }
```

请将上面的代码补充完整，使得程序与文件建立关联后，程序的运行效果如图 14-59 所示。为了方便核对，文件 text.txt 的内容被设置为 10 个数字、26 个小写字母和 26 个大写字母，即共有 62 个字符，与程序的结果一致。

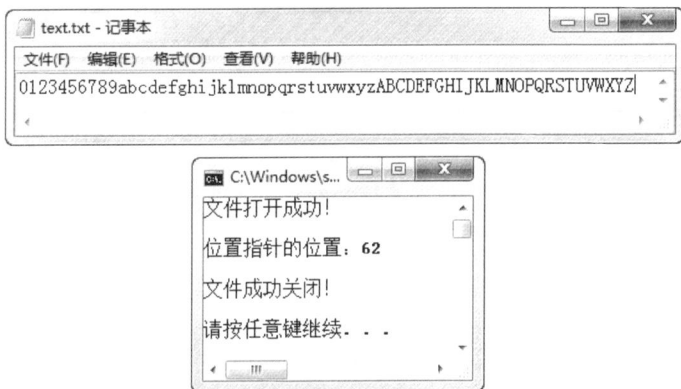

图 14-59　与程序建立关联的文件，以及程序的运行结果 2

（3）方法三：使用函数 fread() 读取文件中的所有内容，此函数会返回读取到的字符数，把返回的多个字符数再求和，就可以知道文件中到底有多少字符了。下面是对这一想法的部分实现代码。

```
01   #include <stdio.h>
02   #include <stdlib.h>
03
04   int main(int argc, char* argv[])
05   {
06       FILE *fp;
07       fp = fopen("text.txt","r");
08       if(fp == NULL)
09       {
10           puts("文件打开失败！\n");
11           exit(0);
12       }
13       puts("文件打开成功！\n");
14       char ch[20] = "";
15       int count,total = 0;
```

练习 1-3 答案

```
16        while(_____)                    //判断是否读取到文件末尾
17        {
18            count = fread(_____);
19            if(ferror(fp))
20                puts("文件读取失败");
21            total +=_____;                   //累计读取到的字符数
22        }
23        printf("文件中的字节数为：%d\n\n",total);
24        int return_value = fclose(fp);
25        if(return_value != 0)
26        {
27            puts("文件关闭失败！\n");
28            exit(0);
29        }
30        puts("文件成功关闭！\n");
31        return 0;
32    }
```

将程序补充完整，期望中的程序运行结果如图 14-60 所示。

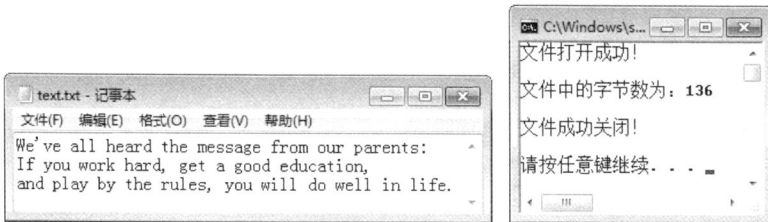

图 14-60　与程序建立关联的文件，以及程序的运行结果 3

14.6　二进制文件的位操作

前面已经说过，程序可以按照二进制的形式读写文件。那么能否让程序对二进制的位进行操作？有时这么做是必要的，因为有些数据使用一个或几个二进制位就足以表示了。例如：电灯的"开"和"关"，人类的"男"和"女"，都只用二进制一个位的 1 和 0 表示就足够了。

14.6.1　位操作需求

Windows 系统下的文件有很多属性，如读属性、写属性、删除属性和复制属性。如果分别用一个二进制的位表示这些属性的话，则 1 表示文件允许这种操作，0 表示文件不允许这种操作。

1. 需求一：只需4个二进制位存储数据

可以使用 4 个二进制位保存此文件的这 4 种属性，如图 14-61 所示。

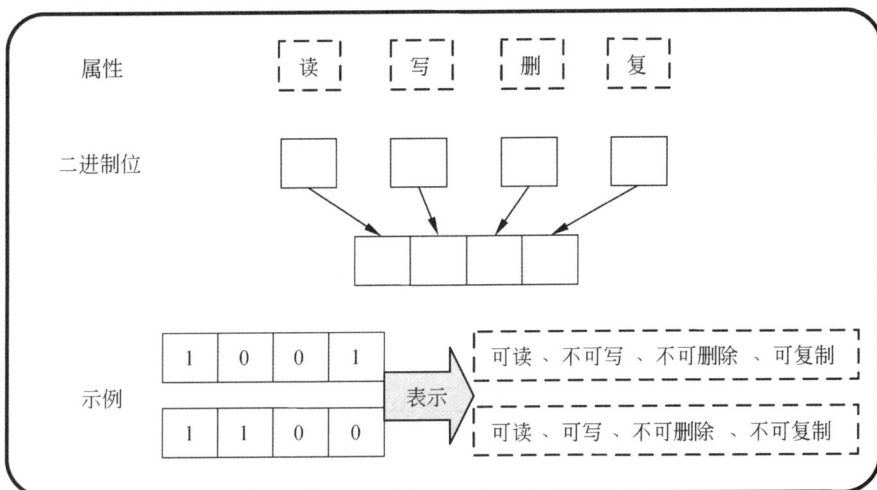

图 14-61　使用 4 个位表示一组数据

2. 需求二：将位数据存储到文件

本章前面学习了文件二进制形式的读写方式：fread()和 fwrite()。但它们可操作的最小单元是 8 个位，如果使用 8 个位表示 4 个位的数据，显然是一种浪费，所以可以将两个文件操作属性组合到 8 个位中，然后以二进制形式写到文件中，就可以了，如图 14-62 所示。

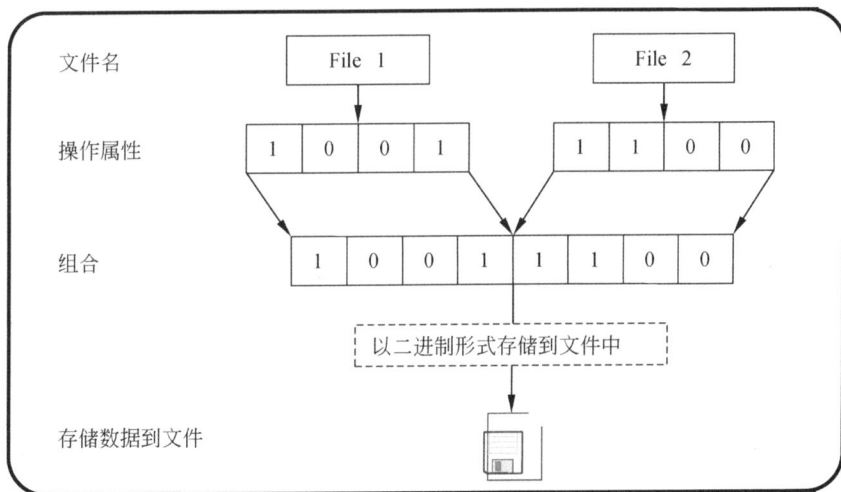

图 14-62　将 4 个位组合成 8 个位，将此数据存储到文件中

3. 需求三：读取未知数据，分析文件操作属性

程序可以按照二进制形式读取文件的内容，一次可以读取 8 个二进制位，这个数据包含了 2 个文件的操作属性。然后依据数据中的各个位，得知对应文件的操作属性，如图 14-63

所示。

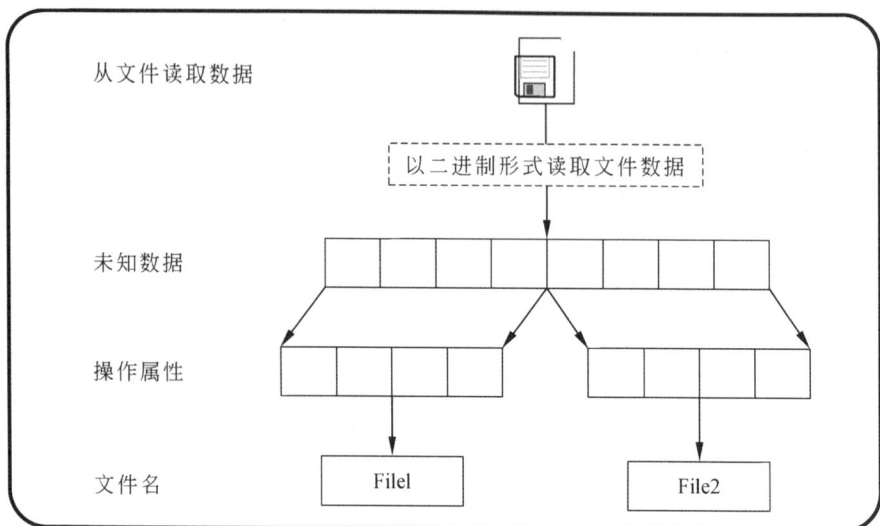

图 14-63　从文件中读取数据，得知对应文件操作属性

⏷注意：读取到的数据是未知的，需要一种手段"得知"或者"验证"这个数据，才能得
　　　知文件的操作属性。

4. 需求四：改变二进制数据中的个别位

如果文件的操作属性改变了，就需要修改属性数据中的个别位，以统一文件操作属性
和记录的属性数据，如图 14-64 所示。

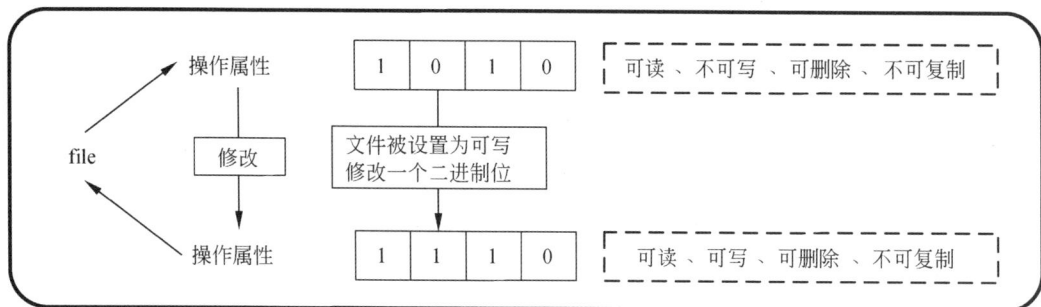

图 14-64　文件操作属性改变，修改属性数据中的个别位

14.6.2　实现位操作的方法——位运算

"位运算"是一种数据运算的方式。讲解这种运算是因为，上一小节描述了很多位操
作的需求，虽然这些需求可以在不操作单个位的前提下间接实现，但直接操作位会让思路
更加简单。而"位运算"就是一种操作数据"位"的运算。

1. 位运算符

就像数据进行"算术运算"需要"算术运算符"一样，数据进行"位运算"也需要"位运算符"。位运算一共有 6 个位运算符，如表 14.2 所示。

表 14.2　位运算符

运　算　符	作　　用	运算符类型	结　合　方　向	优　先　级
~	按位求反	单目运算符	自右向左	1
<<	左移位	双目运算符	自左向右	2
>>	右移位			
&	按位与			3
^	按位异或			4
|	按位或			5

2. 使用说明

- □　尽管是同一类型的运算符，优先级却不同，"~"优先级最高，"|"优先级最低。
- □　位运算的运算对象只能是整型和字符型数据。
- □　位运算操作的是数据的一个位。

14.6.3　位运算符的使用方法

位操作可以由位运算来实现，位运算是有位运算符参与的运算。所以在了解位操作的具体实现之前，需要学习各个位运算符的使用方法。现在给出两个字符型的变量，分别指代字符型数据"A"和"\"，如下：

```
char c1,c2;
c1 = 'A';
c2 = '\\';              //要想指代字符"\"，需要转义，即写成"\\"
```

两个字符型数据在 ASCII 码中对应的码值是 65 和 92，转换为二进制是：

$$(01000001)_2$$
$$(01011100)_2$$

接下来以这两个字符数据为例，讲解各个位运算符的使用方法。

1. "移位"运算符

"移位"运算符一共有两个：左移"<<"和右移">>"。都是双目运算符，使用形式如下：

```
x << n 或 x >> n
```

其中，x 是要进行移位操作的数据，n 是要移动的位数。例如：

```
65 << 2 或  65 >> 3
```

表示将 65 所表示的二进制位左移 2 位，或者右移 3 位，如图 14-65 和图 14-66 所示。

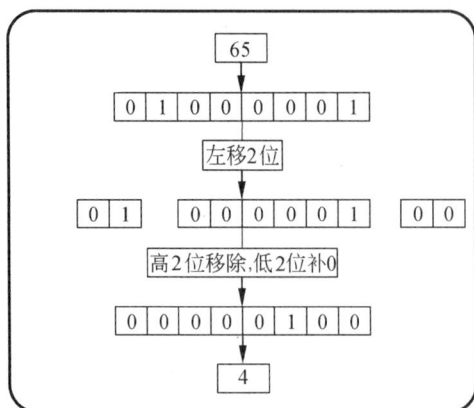

图 14-65 左移 "<<" 运算

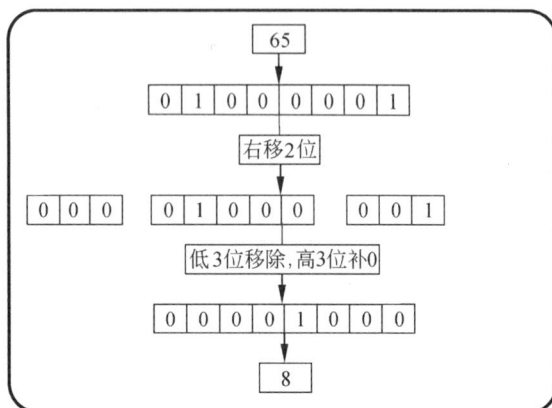

图 14-66 右移 ">>" 运算

左移操作会将左面多出的位移除，右面缺少的位补 0；右移会将右面多出的位移除，左面缺少的位补 0。

【示例 14-19】 下面的程序使用"移位"运算符，操作了字符型的数据。

示例 14-19 源码

```
01   #include <stdio.h>
02
03   int main(int argc, char* argv[])
04   {
05       char c1,c2;
06       c1 = c2 = 'A';
07       printf("c1 = %d,c2 = %d\n\n",c1,c2);
08       c1 = c1 << 2;                          //左移操作
09       puts("c1 左移 2 位后");
10       printf("c1 = %d\n\n",c1);
11       c2 = c2 >> 3;                          //右移操作
12       puts("c2 右移 3 位后");
13       printf("c2 = %d\n\n",c2);
14       return 0;
15   }
```

这段代码是对前面移位讲解的一个验证。即 65 左移 2 位是否变成了 4，65 右移 3 位是否变成了 8。程序的运行结果如图 14-67 所示。

如果一个十进制的数 3400 左移 2 位，会变成 34，正好是 3400 除以 100 的结果；3400 左移 3 位，会变成 3400000，正好是 3400 乘以 1000 的结果，如图 14-68 所示。那么二进制数是否也有同样的规律？答案是肯定的，如图 14-69 所示。

图 14-67 移位操作的计算结果

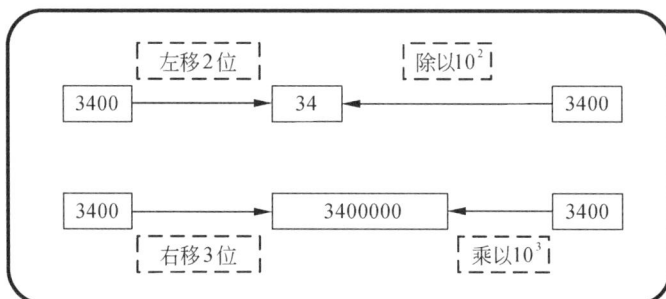

图 14-68 十进制数移位

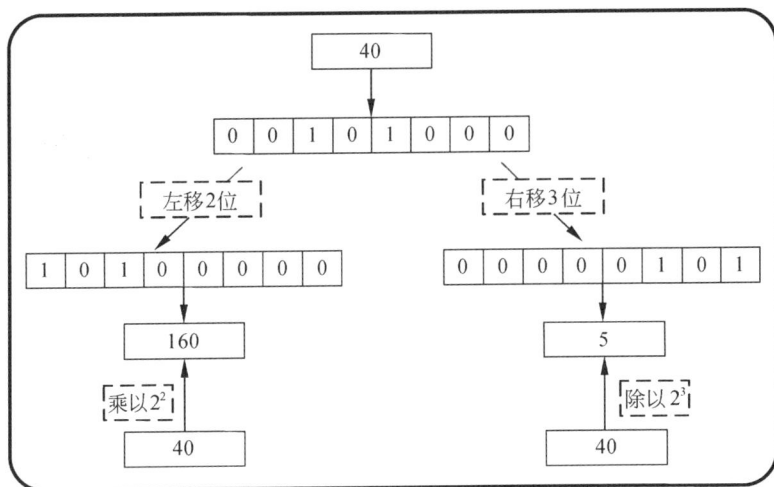

图 14-69　二进制数移位

💡提示：对于一个二进制数，左移就相当于乘以 2，右移就相当于除以 2。但是前提是——不能有数据为 1 的二进制位被移除。

"移位"运算符可以用于"组合"两个 4 位的二进制数为 8 位。

【示例 14-20】　下面的程序，将两个 8 位的二进制数组合成了一个 8 位的二进制数。

```
01   #include <stdio.h>
02
03   int main(int argc, char* argv[])
04   {
05       char c1 = (char)6;
06       char c2 = (char)9;
07       c1 = c1 << 4;
08       char c3 = c1 + c2;
09       printf("c3 = %d\n\n",c3);
10       return 0;
11   }
```

示例 14-20 源码

字符变量 c1 和 c2 指代的数据的二进制形式分别为：$(00000110)_2$ 和 $(00001001)_2$。c1 指代的数据发生了左移，变为了 $(01100000)_2$，再和 c2 指代的数据求和，即组合而成的二进制数为 $(01101001)_2$，就是十进制的 105。程序的运行效果如图 14-70 所示。

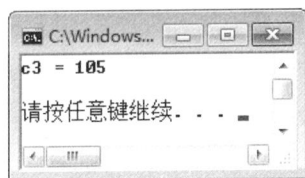

图 14-70　"组合"两个二进制数

2. 按位"与"和"或"运算符

位运算中的"与"和"或"运算，与逻辑运算中的"与"和"或"运算的运算机理相同，但操作的数据对象不同、运算符不同，如表 14.3 所示。

表 14.3　位运算中的"与"和"或"VS 逻辑运算中的"与"和"或"

	位运算		逻辑运算	
	与	或	与	或
运算符	&	|	&&	||

续表

操作对象	位运算		逻辑运算	
	二进制数的一个位		逻辑条件的"真"与"假"	
运算规则	两个位都是 1 结果才是 1 否则都是 0	两个位都是 0 结果才是 0 否则都是 1	两个条件都是"真" 结果才是"真" 否则都是"假"	两个条件都是"假" 结果才是"假" 否则都是"真"

按位"与"和"或"都是双目运算符，使用形式如下：

a | b　或　a & b

其中，a 和 b 是要进行位"或"和"与"运算的两个数。例如：

65 | 92　或　65 & 92

表示 65 和 92 要进行位"或"和"与"运算，如图 14-71 所示。

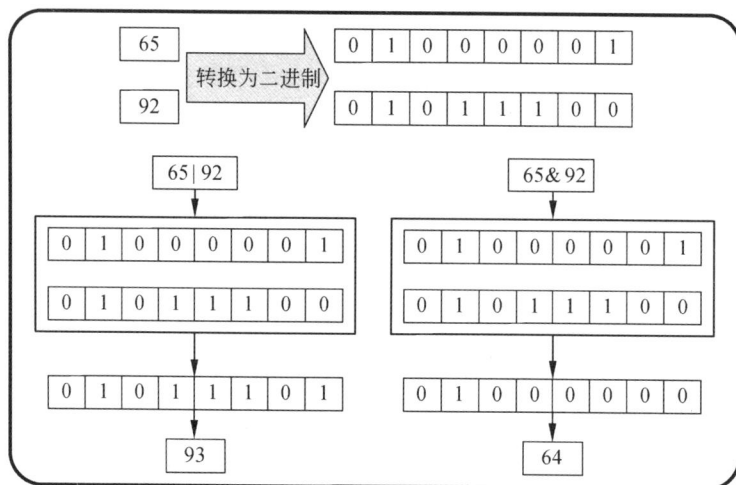

图 14-71　按位"或"和"与"运算

【示例 14-21】　下面的程序，在代码中进行了两个字符的"位或"和"位与"运算，为了探究上面的讲解是否正确。

```
01    #include <stdio.h>
02
03    int main(int argc, char* argv[])
04    {
05        char c1,c2,c3;
06        c1 = 'A';
07        c2 = '\\';
08        printf("c1 = %d,c2 = %d\n\n",c1,c2);
09        c3 = c1|c2;                    //"位或"运算
10        puts("c3 = c1|c2");
11        printf("c3 = %d\n\n",c3);
12        c3 = c1&c2;                    //"位与"运算
13        puts("c3 = c1&c2");
14        printf("c3 = %d\n\n",c3);
15        return 0;
16    }
```

示例 14-21 源码

要进行"位或"和"位与"的是两个字符型变量 c1 和 c2 指代的数据，它们的位运算结果先后赋予了字符型变量 c3。程序的运行结果如图 14-72 所示。可知前面的讲解没有问题。

位运算中的"与"和"或"的运算规则已经知道了，现在说明它们的主要作用：可以探寻指定的位是 1 还是 0。例如，要探寻 8 个二进制位的数据中，右起第 4 个位是 1 还是 0。

图 14-72　数据按位"或"和"与"的运行结果

- ❏ 如果使用"位与"运算，可以让这个数与 $(00000100)_2$ 进行位与运算，结果是 $(00000100)_2$ 的话，原来的位置是 1；结果是 $(00000000)_2$ 的话，原来的位置是 0。

- ❏ 如果使用"位或"运算，可以让这个数与 $(11111011)_2$ 进行位或运算，结果是 $(11111111)_2$ 的话，原来的位置是 1；结果是 $(11111011)_2$ 的话，原来的位置是 0。

【示例 14-22】　下面的程序打算判断一个 8 位二进制数，它的右起第 4 位是 1 还是 0。程序中分别使用了"位与"和"位或"这两种方法。

```
01   #include <stdio.h>
02
03   int main(int argc, char* argv[])
04   {
05       char c = 'U';
06       int i_and = 8;
07       int i_or = 247;
08       unsigned result_num;
09       result_num = c & i_and;              //使用"位与"来判断
10       puts("使用按位与判断");
11       if(result_num == 8)
12           puts("右起第 4 个位是 1");
13       else
14           puts("右起第 4 个位是 0");
15       printf("\n");
16       result_num = c | i_or;               //使用"位或"来判断
17       puts("使用按位或判断");
18       if(result_num == 247)
19           puts("右起第 4 个位是 0");
20       else
21           puts("右起第 4 个位是 1");
22       printf("\n");
23       return 0;
24   }
```

示例 14-22 源码

程序要判断的 8 位二进制数是字符 U 对应的二进制数。U 的 ASCII 码值为 85，写成二进制形式就是 $(01010101)_2$，可知其右起第 4 个位是 0。那么运行程序，看看使用"位与"和"位或"判断的是否准确，程序的运行结果如图 14-73 所示。

3. 按位"异或"运算符

"异或"运算符是双目运算符，用"^"表示，使用方法如下：

```
a ^ b
```

a 和 b 是两个要进行位操作的数据。这个运算符的运算规则是：数据对应的两个二进制位相同，运算结果为 0；否则，运算结果为 1。例如：

```
65^92
```

运算过程如图 14-74 所示。

图 14-73　使用"位与"和"位或"
判断二进制数的特定位

【示例 14-23】　下面的程序，是对两个数据按位"异或"运算规则的一个验证。

```c
01   #include <stdio.h>
02
03   int main(int argc, char* argv[])
04   {
05       char c1,c2,c3;
06       c1 = 'A';
07       c2 = '\\';
08       printf("c1 = %d,c2 = %d\n\n",c1,c2);
09       c3 = c1 ^ c2;                //两个数据按位"异或"
10       puts("c3 = c1 ^ c2");
11       printf("c3 = %d\n\n",c3);
12       return 0;
13   }
```

示例 14-23 源码

按位"异或"运算的结果由字符变量 c3 指代。程序的运行结果如图 14-75 所示。可知前面的讲解没有问题。

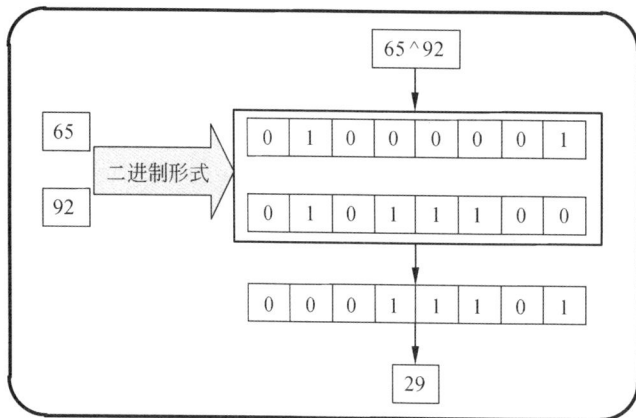

图 14-74　两个数据按位"异或"

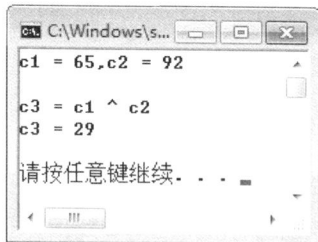

图 14-75　使用程序验证"异或"运算

依据按位"异或"运算的特性，它常被用于：反转特定的多个位，即使在并不知道原来的位是 1 还是 0 的情况下。例如，要将 54 的二进制位右起 5 个位反转。反转过程如图 14-76 所示。

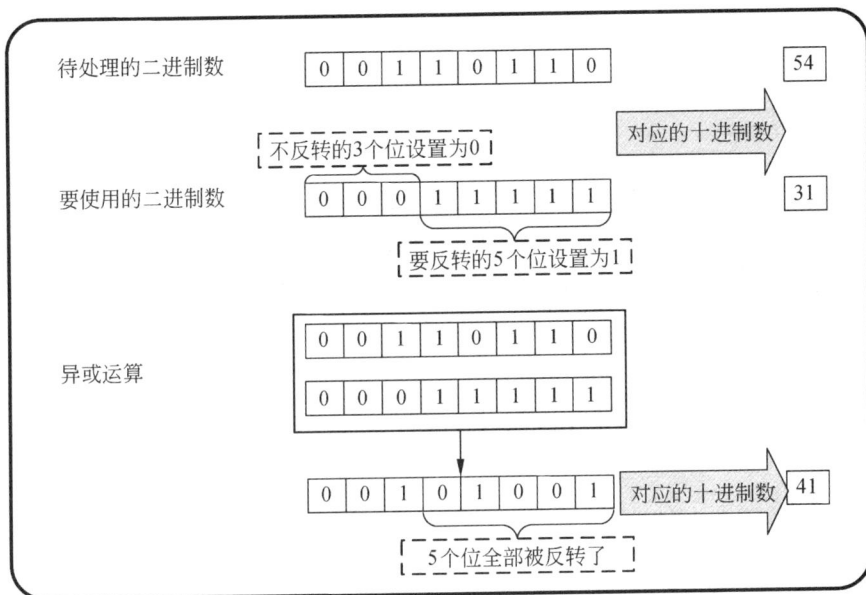

图 14-76　使用位"异或"反转特定的多个位

【**示例 14-24**】　下面的程序，是上面二进制位反转过程的实现代码，阅读下面的程序，
运行这个程序，看看是否反转了特定的多个位。

示例 14-24 源码

```
01   #include <stdio.h>
02
03   int main(int argc, char* argv[])
04   {
05       char c1 = (char)54;
06       char c2 = (char)31;
07       printf("c1 = %d,c2 = %d\n\n",c1,c2);
08       char c3 = c1 ^ c2;              //反转过程所必需的按位"异或"运算
09       puts("c3 = c1 ^ c2");
10       printf("c3 = %d\n\n",c3);
11       return 0;
12   }
```

程序的运行效果如图 14-77 所示。

4. 按位"求反"运算符

"求反"运算符是单目运算符，也就是说只需要一个
操作数，使用方法如下：

`~x`

x 是要进行位操作的数据。这个运算符的运算规则是：取反这个二进制数上的每一位
数。如果二进制位上的数是 0，就变为 1；如果是 1，就变为 0。例如：

`~65`

运算过程如图 14-78 所示。

【**示例 14-25**】　下面的程序，输出了 ~65 的结果，用来验证上面的按位"求反"的运算
过程。

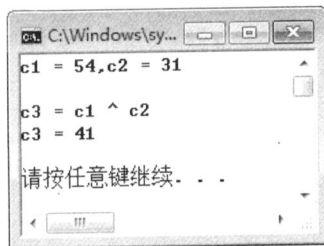

图 14-77　使用按位"异或"运算，
反转二进制数据多个特定的位

```
01   #include <stdio.h>
02
03   int main(int argc, char* argv[])
04   {
05       char c1 = 'A';
06       printf("c1 = %d\n\n",c1);
07       char c2;
08       c2 = ~c1;                         //按位"求反"运算
09       puts("c2 = ~c1\n");
10       printf("c2 = %d\n\n",c2);
11       return 0;
12   }
```

示例 14-25 源码

程序的运行效果如图 14-79 所示。

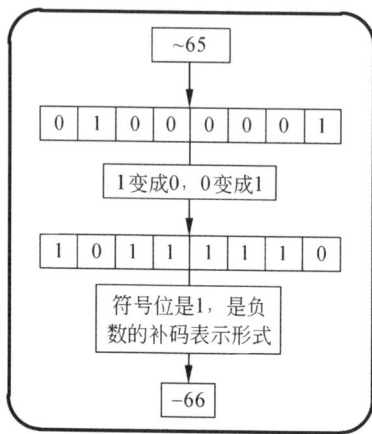

图 14-78　按位"求反"的过程

图 14-79　验证"求反"过程的程序

14.6.4　位操作实现

通过本节前面对"位操作符"的讲解，相信读者现在已经知道了：如何使用位操作符来实现位操作。那么，从现在开始就来解决前面提出的一系列位操作的需求。

1. 存储数据到4个二进制位

假设有 4 个二进制位的数据有两个，分别是（1010）$_2$ 和（0110）$_2$。它们表示两个文件的操作权限是：可写不可读可删不可复制、不可读可写可删除不可复制。

【示例 14-26】　下面的程序，使用有 8 个二进制位的字符型数据，存储了需要 4 个二进制位的数据。

```
01   #include <stdio.h>
02
03   void pr_bin(char);
04   int main(int argc, char* argv[])
05   {
06
07       char f1,f2;
08       f1 = (char)10;                    //存储数据 1
09       f2 = (char)6;                     //存储数据 2
```

```
10        printf("f1 = ");
11        pr_bin(f1);
12        printf("f2 = ");
13        pr_bin(f2);
14        return 0;
15    }
16    void pr_bin(char c)                          //输出数据的 8 位二进制数
17    {
18        unsigned int temp = 1;
19        temp = temp << 7;
20        for(int i=1;i<=8;i++)
21        {
22            if(temp&c)
23                putchar('1');
24            else
25                putchar('0');
26            temp = temp >> 1;
27        }
28        printf("\n");
29    }
```

因为 $(1010)_2 = (10)_{10}$、$(0110)_2 = (6)_{10}$，所以使用了 08、09 行的赋值方式，为了能让读者看到数据的二进制表示形式，程序中自定义了函数 pr_bin()，专用于输出 8 位的二进制数据，便于我们核对存入的数据是否正确。程序的运行效果如图 14-80 所示。

🔔提示：自定义函数 pr_bin() 的实现，使用到了"移位"运算符和按位"与"操作运算符。

图 14-80　将 4 位的数据存储到 8 位的空间中

2. 存储位数据到文件

如果都用 8 位二进制数据存储只需 4 位的二进制数据，那么就不用讲解"位运算符"了。因为使用字符型数据存储对资源是一种浪费，所以现在打算使用位操作，将两个数据进行一个合并，结果应该是：字符数据的 8 位中，低 4 位用于存储第一个文件的操作属性，高 4 位存储第二个文件的操作属性。然后再将这个"组合"的数据，以二进制的形式存储到文件。

【示例 14-27】　下面的程序将两个数据组合成一个有 8 个二进制位的数据以后，将这个数据存储到了文件中。为了查看数据是否被正确存储，程序最后又从文件中读取了这个有 8 个二进制位的数据。

```
01    #include <stdio.h>
02
03    void pr_bin(char);
04    int main(int argc, char* argv[])
05    {
06
07        char f1,f2;
08        f1 = (char)10;
09        f2 = (char)6;
10        f2 = f2 << 4;
11        char f3;
12        f3 = f1 + f2;                            //组合而成的数据
```

示例 14-27 源码

• 479 •

```
13        puts("组合后的数据为：");
14        pr_bin(f3);
15        FILE *fp;
16        fp = fopen("fileinfo","wb");
17        fwrite(&f3,1,1,fp);                    //以二进制形式写入文件
18        fclose(fp);
19        char f4;
20        fp = fopen("fileinfo","rb");           //以二进制形式从文件中读取
21        fread(&f4,1,1,fp);
22        fclose(fp);
23        puts("\n 从文件中读取到的数据为：");
24        pr_bin(f4);
25        printf("\n");
26        return 0;
27   }
28   void pr_bin(char c)
29   {
30        unsigned int temp = 1;
31        temp = temp << 7;
32        for(int i=1;i<=8;i++)
33        {
34            if(temp&c)
35                putchar('1');
36            else
37                putchar('0');
38            temp = temp >> 1;
39        }
40        printf("\n");
41   }
```

图 14-81　存储位数据到文件

合并数据时，使用了"移位"操作符。程序先后两次输出了这个数据，为的是校验数据是否被正确存储。程序的运行结果如图 14-81 所示。

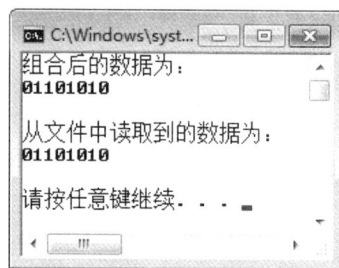

3. 读取未知数据，分析文件操作属性

对于存储了多个文件操作属性的文件，我们可以以二进制形式读取此文件的数据，然后在分析完这个数据以后，得知此数据对应的文件的操作属性。

【示例 14-28】 下面的程序，读取了文件中的数据，然后通过分析此数据二进制形式的每一个位，得到了文件的操作属性。

```
01   #include <stdio.h>
02
03   void pr_bin(char);
04   void file_pro(char);
05   int main(int argc, char* argv[])
06   {
07        char c3;
08        FILE *fp = fopen("fileinfo","r");
09        fread(&c3,1,1,fp);                     //读取文件中的数据
10        fclose(fp);
11        puts("读取到的 2 个文件操作信息：");
12        pr_bin(c3);
13        char c1,c2;
14        c1 = c3 & 15;                          //得到 file1 的操作属性数据
15        puts("\n 提取到的 file1 的文件操作信息：");
16        pr_bin(c1);
```

示例 14-28 源码

```
17        c2 = c3 >> 4;                           //得到 file2 的操作属性数据
18        puts("提取到的 file2 的文件操作信息：");
19        pr_bin(c2);
20        puts("\n 解析得到 file1 的文件操作信息：");
21        file_pro(c1);                           //解析数据
22        puts("解析得到 file2 的文件操作信息：");
23        file_pro(c2);                           //解析数据
24        printf("\n");
25        return 0;
26    }
27    void pr_bin(char c)
28    {
29        unsigned int temp = 1;
30        temp = temp << 7;
31        for(int i=1;i<=8;i++)
32        {
33            if(temp&c)
34                putchar('1');
35            else
36                putchar('0');
37            temp = temp >> 1;
38        }
39        printf("\n");
40    }
41    void file_pro(char c)
42    {
43        if(c & 8)
44            printf("可读");
45        else
46            printf("不可读");
47        if(c & 4)
48            printf("可写");
49        else
50            printf("不可写");
51        if(c & 2)
52            printf("可删");
53        else
54            printf("不可删");
55        if(c & 1)
56            printf("可复制");
57        else
58            printf("不可复制");
59        printf("\n");
60    }
```

　　程序以二进制方式读取到的是 8 位的二进制数据，包含了两个文件的操作属性数据，因此程序将读到的数据进行了拆分。程序还自定义了函数 file_pro()，用于解析二进制的数据为字符信息，使得文件的操作属性更加的直观。程序的运行效果如图 14-82 所示。

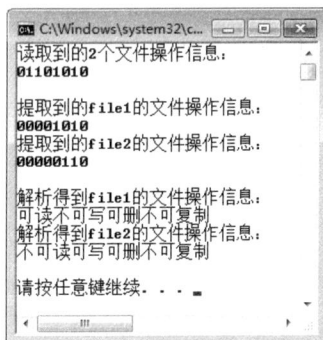

图 14-82　在程序中解析二进制数据得到了字符信息

⚲提示：自定义函数 file_pro()解析数据时，使用到的机制是按位"与"操作。

4. 改变二进制数据的个别位

当文件的操作属性发生改变的时候，就需要修改相应的二进制数据。即 3 步操作：读取数据、修改数据和写入数据。要修改二进制数据中的个别位，而又不影响其他位，可以考虑使用位运算中的按位"异或"操作。

【示例 14-29】 下面的程序，修改了记录在文件中的操作属性数据，对于 file1 赋予了文件可写的属性，对于 file2 赋予了文件可读的属性，取消了文件可写的属性。

示例 14-29 源码

```
01   #include <stdio.h>
02
03   void pr_bin(char);
04   void file_pro(char);
05   int main(int argc, char* argv[])
06   {
07       char c3;
08       FILE *fp = fopen("fileinfo","r+");
09       fread(&c3,1,1,fp);                      //读取数据
10       puts("原来的文件操作属性：");
11       pr_bin(c3);
12       printf("file1:");
13       file_pro(c3 & 15);
14       printf("file2:");
15       file_pro(c3 >> 4);
16       char c1 = (char)4;
17       char c2 = (char)12;
18       c2 = c2 << 4;
19       c3 = c3 ^ (c1 + c2);                    //修改数据
20       puts("\n 现在的文件操作属性：");
21       pr_bin(c3);
22       printf("file1:");
23       file_pro(c3 & 15);
24       printf("file2:");
25       file_pro(c3 >> 4);
26       rewind(fp);
27       fwrite(&c3,1,1,fp);                     //写入数据
28       fclose(fp);
29       printf("\n");
30       return 0;
31   }
32   void pr_bin(char c)
33   {
34       unsigned int temp = 1;
35       temp = temp << 7;
36       for(int i=1;i<=8;i++)
37       {
38           if(temp&c)
39               putchar('1');
40           else
41               putchar('0');
42           temp = temp >> 1;
43       }
44       printf("\n");
45   }
46   void file_pro(char c)
47   {
48       if(c & 8)
49           printf("可读");
```

```
50      else
51          printf("不可读");
52      if(c & 4)
53          printf("可写");
54      else
55          printf("不可写");
56      if(c & 2)
57          printf("可删");
58      else
59          printf("不可删");
60      if(c & 1)
61          printf("可复制");
62      else
63          printf("不可复制");
64      printf("\n");
65  }
```

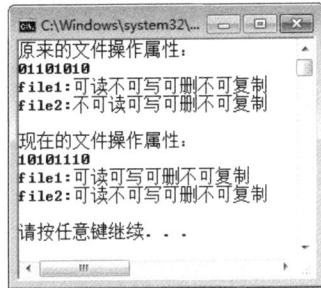

在前面学习按位"异或"操作的时候，知道"异或"操作可以取反任意个数的二进制位。本示例就是利用了"异或"操作符的这一特性，修改了原来文件中记录的数据。程序的运行结果如图 14-83 所示。

图 14-83　读取并修改二进制数据的个别二进制位

14.6.5　练习

1. 下面的程序对两个整数进行了移位操作，阅读程序，写出程序的运行结果。

```
01  #include <stdio.h>
02
03  int main(int argc, char* argv[])
04  {
05      int i1,i2;
06      i1 = 184;
07      i2 = 28;
08      printf("i1 = %d,i2 = %d\n\n",i1,i2);
09      i1 = i1 >> 2;
10      puts("i1 右移 2 位后");
11      printf("i1 = %d\n\n",i1);
12      i2 = i2 << 3;
13      puts("i2 左移 3 位后");
14      printf("i2 = %d\n\n",i2);
15      return 0;
16  }
```

练习 1 答案

程序的输出为：

_____

i1 右移 2 位后：

_____

i2 左移 3 位后：

_____

2. 编写程序。判断一个二进制数的指定位是 0 还是 1。部分代码已给出。

```
01  #include <stdio.h>
02
03  int main(int argc, char* argv[])
04  {
05      char c = (char)27;
06      int i_and = ____;
07      int i_or = ____;
08      unsigned result_num;
09      result_num = c & i_and;
10      puts("使用按位与判断");
11      if(_____)          //使用"位与"判断
12          puts("左起第 4 个位是 1");
13      else
14          puts("左起第 4 个为是 0");
15      printf("\n");
16      result_num = c | i_or;
17      puts("使用按位或判断");
18      if(_____)          //使用"位或"判断
19          puts("左起第 4 个为是 0");
20      else
21          puts("左起第 4 个位是 1");
22      printf("\n");
23      return 0;
24  }
```

练习 2 答案

3. 编写程序。反转 85 这个数据的二进制形式中右起 3 个二进制位。部分代码已给出，请将代码补充完整。

```
01  #include <stdio.h>
02
03  int main(int argc, char* argv[])
04  {
05      char c1 = (char)85;
06      char c2 = _____;   //辅助二进制位反转的数
07      printf("c1 = %d,c2 = %d\n\n",c1,c2);
08      char c3 = _____;    //反转后的二进制数由变量 c3 指代
09      printf("c3 = %d\n\n",c3);
10      return 0;
11  }
```

练习 3 答案

4. 本节的示例中，有个自定义的函数 pr_bin()，用于输出一个数的二进制表示形式，这个函数的定义如下：

```
01  void pr_bin(char c)
02  {
03      unsigned int temp = 1;
04      temp = temp << 7;
05      for(int i=1;i<=8;i++)
06      {
07          if(temp&c)
08              putchar('1');
09          else
10              putchar('0');
11          temp = temp >> 1;
12      }
13      printf("\n");
14  }
```

从定义中可以看出：这个函数只能输出有 8 个位的数据的二进制形式；函数是使用按

位"与"依次获得数据中的每一个二进制位的。现在，将这个函数做两个修改：

（1）使得函数可以输出 unsigned int 型数据的二进制形式。

（2）使用按位"或"依次获得数据中的每一个二进制位。

部分代码如下，请将它补充完整：

```
01  void pr_bin(unsigned int a)
02  {
03      unsigned int t;
04      unsigned int temp = 1;
05      temp = temp << 31;
06      for(int i=1;i<=32;i++)
07      {
08          t = a;
09          t = temp & t;
10          if(0 | t)
11              _____        //输出一个二进制位
12          else
13              _____        //输出一个二进制位
14          temp = temp >> 1;
15      }
16      printf("\n");
17  }
```

练习 4 答案

将其应用在 main()中，如下：

```
01  #include <stdio.h>
02
03  void pr_bin(unsigned int);
04  int main(int argc, char* argv[])
05  {
06      unsigned int i = 84976523;
07      pr_bin(i);
08      return 0;
09  }
10  void pr_bin(unsigned int)
11  {
12      …//函数的定义部分
13  }
```

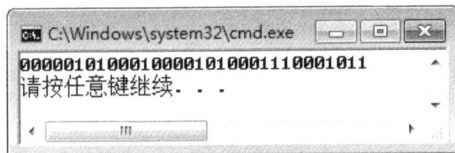

程序的输出结果如图 14-84 所示。

图 14-84　输出一个 int 型数的二进制形式

14.7　小　　结

本章主要讲解了一个实用程序的基础功能——读写文件。内容包括程序读写文件时需要了解的基本概念，如文件结构、文件指针、文件位置指针；程序读写文件的两种形式：字符形式和二进制形式；程序读写数据时使用的库函数；程序读写文件时需要用到的辅助功能的函数。

14.8　习　　题

1. 下面的程序要从一个文本文件 text1.txt 中读取内容，然后记录到另一个文本文件

text2.txt 中。代码的框架部分已经完成了,现在考虑使用什么方式读取和写入文件数据。

```
01  #include <stdio.h>
02  #include <stdlib.h>
03
04  int main(int argc, char* argv[])
05  {
06      FILE *fp_r,*fp_w;                       //1--打开文件
07      fp_r = fopen("text1.txt","r");
08      fp_w = fopen("text2.txt","w");
09      if(fp_r == NULL)
10      {
11          puts("文件 text1.txt 打开失败! \n");
12          exit(0);
13      }
14      if(fp_w == NULL)
15      {
16          puts("文件 text2.txt 打开失败! \n");
17          exit(0);
18      }
19      puts("两个文件打开成功! \n");
20      …                                //2--这里要添加读取和写入文件数据的代码
21      int return_value = fclose(fp_r);     //3--关闭文件
22      if(return_value != 0)
23      {
24          puts("文件 text1.txt 关闭失败! \n");
25          exit(0);
26      }
27      return_value = fclose(fp_w);
28      if(return_value != 0)
29      {
30          puts("文件 text2.txt 关闭失败! \n");
31          exit(0);
32      }
33      puts("两个文件成功关闭! \n");
34      return 0;
35  }
```

(1)如果要以字符的形式读取和写入数据到文件,请在下面写下要添入第 20 行的代码。期望达到的效果如图 14-85 所示。

习题 1-(1)代码

图 14-85　程序的界面和文件数据的记录效果 1

（2）如果要以格式化的方式读取和写入数据到文件，请在下面写下要添入第 20 行的代码。期望达到的效果如图 14-86 所示。

习题 1-(2)代码

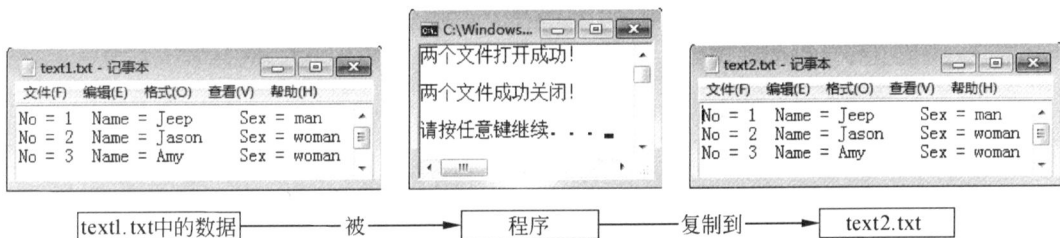

图 14-86　程序的界面和文件数据的记录效果 2

（3）如果要以字符串的方式读取和写入数据到文件，请在下面写下要添入第 20 行的代码。期望达到的效果如图 14-87 所示。

习题 1-(3)代码

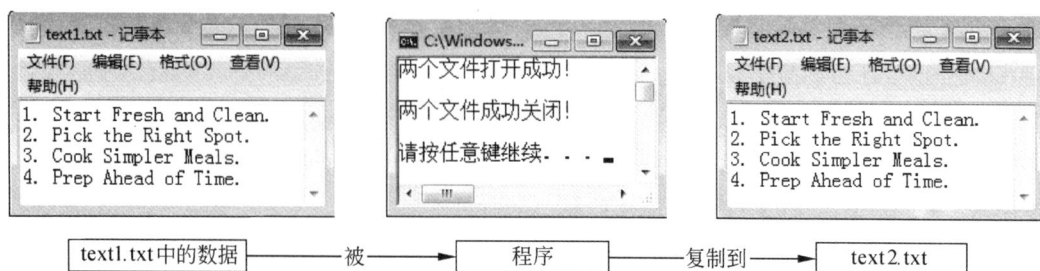

图 14-87　程序的界面和文件数据的记录效果 3

（4）如果要以二进制的方式读取和写入数据到文件，请在下面写下要添入第 20 行的代码。期望达到的效果如图 14-88 所示。

习题 1-(4)代码

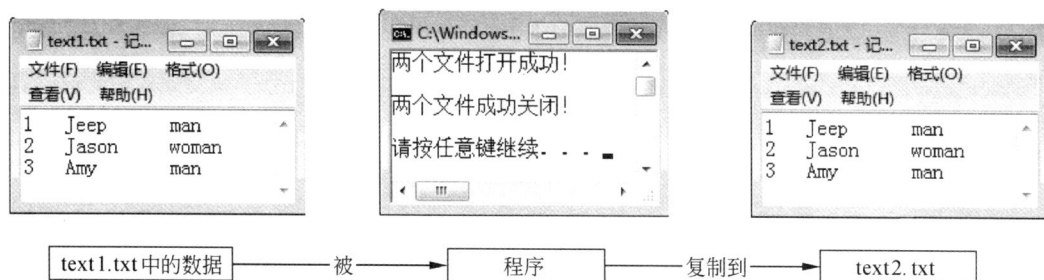

图 14-88　程序的界面和文件数据的记录效果 4

2. 下面的程序要与文件 text.txt 建立关联，然后操作这个文件。这个文件的内容如图 14-89 所示。

下面的程序完成了对这个文件的 3 次操作，代码如下：

```
01   #include <stdio.h>
02   #include <stdlib.h>
03
04   int main(int argc, char* argv[])
05   {
06       FILE *fp;
07       fp = fopen("text.txt","r+");
08       if(fp == NULL)
09       {
10           puts("文件打开失败! \n");
11           exit(0);
12       }
13       puts("文件打开成功! \n");
14       //第一次操作
```

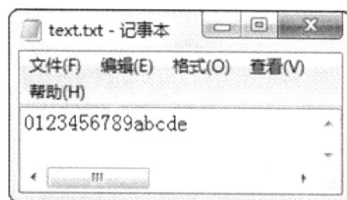

图 14-89　文件 text.txt 中的内容

```
15      fseek(fp,9,0);
16      char ch = fgetc(fp);
17      printf("获取位置指针指向的字符：%c\n\n",ch);
18      //第二次操作
19      int i = ftell(fp);
20      printf("文件位置指针当前的位置为：%d\n\n",i);
21      //第三次操作
22      rewind(fp);
23      fputc('2',fp);
24      int return_value = fclose(fp);
25      if(return_value != 0)
26      {
27          puts("文件关闭失败！\n");
28          exit(0);
29      }
30      puts("文件成功关闭！\n");
31      return 0;
32  }
```

程序对文件的 3 次操作是：使用 fseek()函数移动位置指针、使用函数 ftell()得到位置指针的位置值、使用函数 rewind()将位置指针的指向修改为 0。那么此程序的运行效果会是：

文件打开成功！

获取位置指针指向的字符：9

习题 2 答案

文件成功关闭！

第 15 章　预　编　译

在第 1 章我们说过，一段代码需要经过编译、链接后才能生成可执行的应用程序。现在需要补充一点：在程序被编译前，实际上还要经过一个被称为"预编译"的过程。也正是因为"预编译"这个过程，程序的通用性、可读性、可修改性才会被大大提升，使得我们编写和维护程序变得更加容易。

15.1　概　　述

"预编译"发生在程序被"编译"之前，是编译器按照"预编译指令"修改程序的过程。所谓的修改程序就意味着：编译器依据"预编译指令"，改变了我们的程序代码。然后这个被改动的代码会进入到接下来的程序生成流程中。

15.1.1　预编译指令

编译器要"预编译"程序，就一定要依据"预编译指令"操作。"预编译指令"有多个，如果按照功能划分，可以分为 3 类：宏、条件编译和文件包含指令，如表 15.1 所示。

表 15.1　预编译指令

宏	条 件 编 译	文 件 包 含
#define #undef	#ifdef #ifndef #if #else #endif	#include

预编译指令有如下几个特点：

❑ 它是"指令"，而非语句，所以在指令结尾是不需要加"分号"的。相对的是，指令需要以"#"开头。

❑ 预编译指令可以书写在程序中任何一行的开头。

15.1.2　练习

1."预编译"发生在什么时候？

_____

2."预编译指令"是语句吗？它们有什么简单的区别？

练习 2 答案

3."预编译指令"按照功能可以划分为几类？分别是什么？

15.2　宏

练习 3 答案

宏，需要由预编译指令"#define"来定义。它是一种机制，可以让任何数据替换程序代码中的"宏名"（即宏的名字）。宏的本质就是一种替换，即在程序被编译之前，代码中的"宏名"发生替换的一种现象。

15.2.1　为什么需要宏

举个简单的例子：一个数字 5，它可以作为正方形的边长，也可以作为圆的半径，而被直接应用于程序之中。代码如下：

```
01  #include <stdio.h>
02
03  int main(int argc, char* argv[])
04  {
05      const float pi = 3.1415;
06      int squ_peri,squ_area;
07      int cir_peri,cir_area;
08      squ_peri = 4 * 5;
09      cir_peri = 2 * pi * 5;
10      printf("正方形的边长是：%d\n 圆的周长是：%d\n\n",squ_peri,cir_peri);
11      squ_area = 5 * 5;
12      cir_area = pi * 5 * 5;
13      printf("正方形的面积是：%d\n 圆的面积是：%d\n\n",squ_area,cir_area);
14      return 0;
15  }
```

在程序中，先后计算了正方形的边长总和，及其面积，还有圆的周长和面积。程序也可以很好地运行，这没有什么问题。

如果现在突然被告知：圆的半径需要修改成 10。就需要将程序中圆的半径从 5 修改成 10。但使用 5 的不光有圆的半径，还有正方形的边长。所以修改圆半径的时候，就一定要避免修改正方形的边长。程序短了还好说，如果程序很长很长的话，这个修改就会变得很麻烦了。

要解决这类问题有两个方法。方法一：使用变量或者常量指代这个数据。如下：

```
01  #include <stdio.h>
02
03  int main(int argc, char* argv[])
04  {
05      const float pi = 3.1415;
06      int squ_side = 5;           //使用整型变量指代正方形的边长
07      int cir_radius = 5;          //使用整型变量指定圆的半径
08      int squ_peri,squ_area;
```

```
09        int cir_peri,cir_area;
10        squ_peri = 4 * squ_side;
11        cir_peri = 2 * pi * cir_radius;
12        printf("正方形的边长是：%d\n 圆的周长是：%d\n\n",squ_peri,cir_peri);
13        squ_area = squ_side * squ_side;
14        cir_area = pi * cir_radius * cir_radius;
15        printf("正方形的面积是：%d\n 圆的面积是：%d\n\n",squ_area,cir_area);
16        return 0;
17    }
```

程序代码中使用的方法是：使用两个变量分别指代正方形的边长和圆的半径，然后使用变量于后面的计算。使用变量，使得 5 被赋予了不同的意义。现在如果要修改圆的半径为 10 的话，只需要修改 07 行的代码为：

```
int cir_radius = 10;
```

很方便。当然，这是一种方法。还有一种方法就是使用宏。这两种方法各有优缺，简单来看就是：前者会增加程序被"编译"的时间，后者会增加程序被"预编译"的时间。接下来，先学习宏的使用方法，然后再来探讨如何解决这类问题。

15.2.2　不带参数的宏

使用"#define"指令可以定义两种宏：带参数的宏和不带参数的宏。本小节先讲解最简单的"不带参数的宏"。

1. 定义宏

它的定义方式是：

```
#define 宏名 表达式
```

❑ 宏名属于标识符，所以遵守标识符的命名规则。但为了在程序中区分变量名和宏名，习惯上宏名中使用的都是大写字母。
❑ 表达式中可以是任意的表达式。但通常情况下是数据和运算符组成的表达式，表达式中也可以使用其他的宏名。

在本节的最开始就说明了：宏的本质就是一种替换规则。在程序中，可以把"宏名"当作"变量名"来使用。

2. 使用宏

【示例 15-1】　下面的程序，使用宏解决了前面"修改圆半径的问题"。

```
01  #include <stdio.h>
02  #define SIDE 5            //宏名指代正方形的边长 5
03  #define RADIU 5           //宏名指代圆的半径 5
04
05  int main(int argc, char* argv[])
06  {
07      const float pi = 3.1415;
08      int squ_peri,squ_area;
09      int cir_peri,cir_area;
10      squ_peri = 4 * SIDE;
```

示例 15-1 源码

```
11       cir_peri = 2 * pi * RADIU;
12       printf("正方形的边长是：%d\n 圆的周长是：%d\n\n",squ_peri,cir_peri);
13       squ_area = SIDE * SIDE;
14       cir_area = pi * RADIU * RADIU;
15       printf("正方形的面积是：%d\n 圆的面积是：%d\n\n",squ_area,cir_area);
16       return 0;
17   }
```

程序的 02、03 行代码分别定义了宏：SIDE 和 RADIU。然后在程序中完全把"宏名"当作了"变量名"来使用，即程序的 10、11、13、14 行。程序的运行效果如图 15-1 所示。可知，计算没有问题。

如果要修改圆的半径为 10，只需要修改程序的 03 行为：

```
03  #define RADIU 10
```

程序的运行效果如图 15-2 所示。也是十分容易就做到了，计算也没有任何问题。

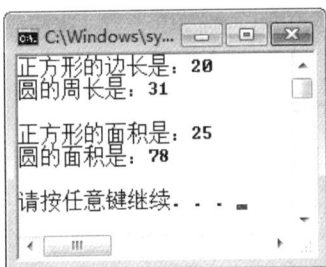

图 15-1　使用宏解决"修改圆半径的问题"1　　　图 15-2　使用宏解决"修改圆半径的问题"2

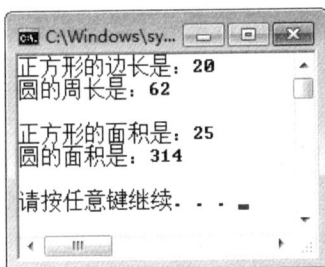

> 注意：因为从这段代码来看，"宏名"和"变量名"在使用方法上没有区别，所以为了避免将"宏名"和"变量名"混淆，"宏名"一般使用大写字母。

3. 宏和变量的比较

尽管使用的方法相同，但"宏名"的作用机理不同于"变量名"。前面使用宏的代码，在经过"预编译"这个过程以后，代码中使用宏的部分会被修改，代码变成了：

```
01  #include <stdio.h>
02
03  int main(int argc, char* argv[])
04  {
05      const float pi = 3.1415;
06      int squ_peri,squ_area;
07      int cir_peri,cir_area;
08      squ_peri = 4 * 5;
09      cir_peri = 2 * pi * 5;
10      printf("正方形的边长是：%d\n 圆的周长是：%d\n\n",squ_peri,cir_peri);
11      squ_area = 5 * 5;
12      cir_area = pi * 5 * 5;
13      printf("正方形的面积是：%d\n 圆的面积是：%d\n\n",squ_area,cir_area);
14      return 0;
15  }
```

"宏名"消失了，取而代之的是 5。使用 5 取代宏名，是因为定义宏的两个指令：

```
#define SIDE 5
#define RADIU 10
```

会在"预编译"时解释为：将代码中所有使用到 SIDE 的地方，使用 5 替换；所有使用到 RADIU 的地方，使用 5 替换。宏不同于变量，表现在以下两个方面。

❑ 站在空间分配的角度：宏只是一个替换的标识，尽管可以用于指代后面的表达式，但系统并不会为宏分配存储空间。而变量不同，系统会在变量被定义时为变量分配存储空间，然后变量指代的数据会被存储到这个空间中。

❑ 站在数据类型的角度：宏不是一种类型，没有类型可言。变量是有类型的，系统会依据变量的类型来检查变量所指代的数据，当类型不匹配的时候会发生"类型转换"。

4. 使用示例一

除了具体的数据，宏还可以被表达式替换，但使用的时候要谨慎一些，否则会发生一些意料之外的事情。

【示例 15-2】　下面的程序，依次计算了两个整数的和、和的平方以及和的立方。

```
01   #include <stdio.h>
02
03   int main(int argc, char* argv[])
04   {
05       int x,y;
06       x = 1;
07       y = 6;
08       printf("x+y = %d\n",x+y);
09       printf("(x+y)*(x+y) = %d\n",(x+y)*(x+y));
10       printf("(x+y)的 3 次方 = %d\n",(x+y)*(x+y)*(x+y));
11       printf("\n");
12       return 0;
13   }
```

示例 15-2 源码

这个程序的运行结果如图 15-3 所示。

能否使用宏指代表达式 x+y，就像下面这个样子。

```
01   #include <stdio.h>
02   #define XY x+y                //宏指代一个表达式
03
04   int main(int argc, char* argv[])
05   {
06       int x,y;
07       x = 1;
08       y = 6;
09       printf("x+y = %d\n",XY);
10       printf("(x+y)*(x+y) = %d\n",XY*XY);
11       printf("(x+y)的 3 次方 = %d\n",XY*XY*XY);
12       printf("\n");
13       return 0;
14   }
```

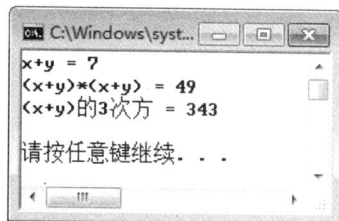

图 15-3　未使用宏的程序

这个程序编译起来没有错误，但执行起来就不符合预期了，程序的运行结果如图 15-4 所示。显然平方和立方的计算结果是不对的。为什么会出现这样的结果呢？可以从"宏的替换"机制考虑，宏的定义是：

```
#define XY x+y
```

程序中使用宏的部分代码是：

```
XY
XY*XY
XY*XY*XY
```

依据"宏的替换"机制，程序中使用宏的代码，会被"预编译"过程修改为：

```
x+y
x+y*x+y
x+y*x+y*x+y
```

至此，真相就大白了——宏被替换以后，表达式的运算顺序与我们设想的不一致了，所以计算的结果才和预想的不一样。为了保护表达式的运算顺序不发生改变，可以将宏的定义部分修改为：

```
#define XY (x+y)
```

程序的运行结果就不会有意外了，如图 15-5 所示。

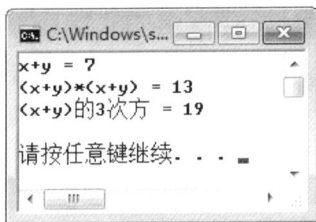

图 15-4　使用了宏的程序

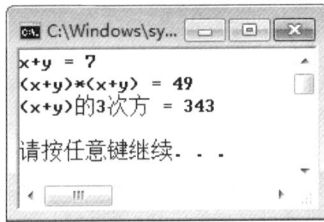

图 15-5　使用了修改后的宏

从这一示例中，我们学到了：如果宏要替换的是一个表达式，而这个表达式会在程序中参与其他的运算，为了预防运算顺序发生改变，定义宏的时候，要给表达式加上括号"( )"。

5. 使用示例二

宏可以嵌套使用，即后面定义的宏可以使用前面的宏。

【示例 15-3】　下面的程序一共定义了 5 个宏，其中有两个宏调用了其他的宏。

```
01  #include <stdio.h>
02  #define HIGH 12
03  #define R    4
04  #define PI   3.1415926
05  #define C    2*PI*R
06  #define S    PI*R*R
07
08  int main(int argc, char* argv[])
09  {
10      puts("有个圆柱体，已知：");
11      printf("圆的半径是%d\n",R);
12      printf("圆的高是%d\n\n",HIGH);
13      puts("由此可知：");
14      printf("这个圆柱体的表面积是：%lf\n",2*S+C*HIGH);
15      printf("这个圆柱体的体积值：%lf\n\n",S*HIGH);
16      return 0;
17  }
```

示例 15-3 源码

　　两个嵌套定义的宏分别位于程序的 05 和 06 行。程序的运行效果如图 15-6 所示。

　　宏可以嵌套调用，但是顺序并不是随意的，也就是说：只能让定义在后面的宏去调用定义在前面的宏。

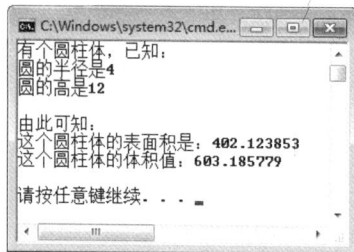

图 15-6　嵌套使用宏的程序示例

15.2.3　带参数的宏

　　如题，宏居然可以像函数一样，拥有参数！是的，宏可以有参数，这是 C 语言为了增加程序的灵活性而做出的努力。

1. 定义宏

　　定义带参数的宏的方式为：

```
#define 标识符(参数1,参数2…) 表达式
```

💬注意：标识符和括号间一定不要有空格，否则会被系统认为这是一个不带参数的宏。

　　【示例 15-4】　下面的程序，定义了一个带参数的宏，以及一个函数，并在程序中为它们传入了同样的参数。

```
01  #include <stdio.h>
02
03  #define ADD(a,b)  (a + b)              //定义带参数的宏
04  int add(int,int);
05  int main(int argc, char* argv[])
06  {
07      printf("ADD(34,51) = %d\n",ADD(34,51));
08      printf("add(34,51) = %d\n",add(34,51));
09      printf("\n");
10      return 0;
11  }
12  int add(int a,int b)
13  {
14      return a+b;
15  }
```

示例 15-4 源码

　　从表面上看，宏 ADD 和函数 add()实现的是同样的功能，那运行效果如何呢？如图 15-7 所示。

图 15-7　比较带参数的宏和函数

2. 与函数的比较一

　　从上一个示例的功能效果来看，带参数的宏和带参数的函数有异曲同工之妙。但是它们毕竟还是有着本质的不同。函数对参数有类型的要求，类型不一致的时候需要发生"类型转换"，而宏只是对参数做了一个替换，没有对类型的要求。

　　【示例 15-5】　还是使用刚才的那个宏和函数，但是为它们传入 double 型的数据。

```
01  #include <stdio.h>
02
03  #define ADD(a,b) (a + b)
04  int add(int,int);
```

```
05  int main(int argc, char* argv[])
06  {
07      printf("ADD(34.5,51.7) = %lf\n",ADD(34.5,51.7));
08      printf("add(34.5,51.7) = %d\n",add(34.5,51.7));
09      printf("\n");
10      return 0;
11  }
12  int add(int a,int b)
13  {
14      return a+b;
15  }
```

这段程序被编译的时候，编译器会给出如图 15-8 所示的编译警告信息。

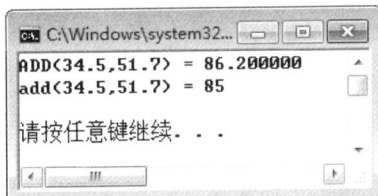

```
e:\c program\new\new\new.cpp(8): warning C4244: "参数": 从"double"转换到"int"，可能丢失数据
e:\c program\new\new\new.cpp(8): warning C4244: "参数": 从"double"转换到"int"，可能丢失数据
```

图 15-8　编译时的警告信息

因为函数 add()要求传入的参数是 int 型，而 34.5 和 51.7 都是浮点型的，因此会发生"类型转换"导致数据丢失。而宏 ADD 对参数没有任何要求，所以没有警告信息。运行这个程序，得到图 15-9 所示的结果。从计算的结果来看，使用带参数的宏得到了正确的结果。

图 15-9　为宏和函数传入浮点型数据

如果要让函数可以接收浮点型的数据作为参数，就不得不再定义一个函数。总之，只要参数的类型稍有不同，就不得不再定义一个新的函数。倒是宏没这么多的事儿，所以给程序带来了灵活性。

【示例 15-6】 同样是计算两个数的和，下面依次是使用了函数的代码，和使用了宏的代码。从中体会由宏而带来的程序灵活性。

方法一：使用函数计算两个数的和。

示例 15-6 源码

```
01  #include <stdio.h>
02
03  int add_int_int(int a,int b);
04  float add_float_float(float a,float b);
05  float add_int_float(int a,float b);
06  float add_float_int(float a,int b);
07  int main(int argc, char* argv[])
08  {
09      printf("add_int_int(10,20) = %d\n",add_int_int(10,20));
10      printf("add_float_float(10.7,20.8) = %lf\n",add_float_float(10.7,20.8));
11      printf("add_float_int(10.7,20) = %lf\n",add_float_int(10.7,20));
12      printf("add_int_float(10,20.8) = %lf\n",add_int_float(10,20.8));
13      printf("\n");
14      return 0;
15  }
16  int add_int_int(int a,int b)
17  {
18      return a+b;
19  }
20  float add_float_float(float a,float b)
21  {
22      return a+b;
23  }
```

```
24  float add_int_float(int a,float b)
25  {
26      return a+b;
27  }
28  float add_float_int(float a,int b)
29  {
30      return a+b;
31  }
```

程序的运行结果如图 15-10 所示。函数为了应对传入的不同参数，不得不定义了 4 个函数。

方法二：使用宏计算两个数的和。

```
01  #include <stdio.h>
02
03  #define ADD(a,b)  (a + b)
04  int main(int argc, char* argv[])
05  {
06      printf("ADD(10,20) = %d\n",ADD(10,20));
07      printf("ADD(10.7,20.8) = %lf\n",ADD(10.7,20.8));
08      printf("ADD(10.7,20) = %lf\n",ADD(10.7,20));
09      printf("ADD(10,20.8) = %lf\n",ADD(10,20.8));
10      printf("\n");
11      return 0;
12  }
```

宏对传入的参数没有任何要求，所以可以应对任何类型的两个数。程序的运行结果如图 15-11 所示。

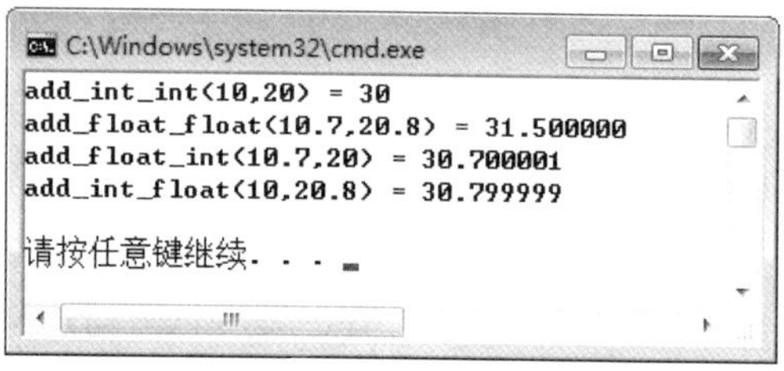

图 15-10　使用函数计算两个数的和

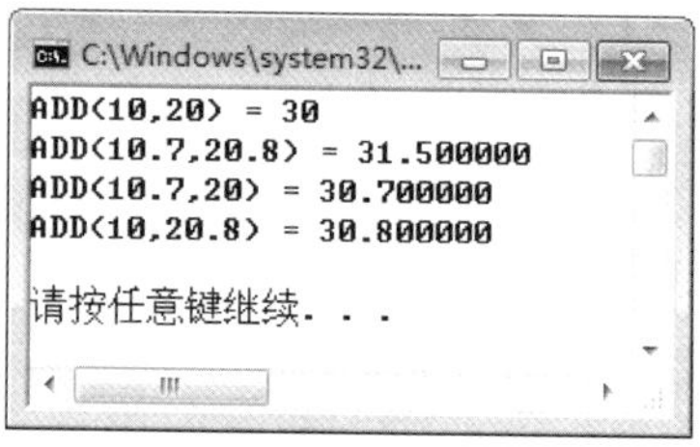

图 15-11　使用宏计算两个数的和

3. 与函数的比较二

无论如何，函数的返回值只可能有一个，而宏就不一定了。

【示例 15-7】　下面的程序，验证了"宏的返回值不止一个"。

```
01  #include <stdio.h>
02
03  #define PRINT(x,y)  x+y,x-y
04  int main(int argc, char* argv[])
05  {
06      printf("34+12 = %d,34-12 = %d\n",PRINT(34,12));
07      printf("\n");
08      return 0;
09  }
```

示例 15-7 源码

归根结底，宏的机制只是一种替换而已，写在程序中的宏可以被任何表达式、甚至是程序语句替换。此程序的运行结果如图 15-12 所示。

注意：如果对宏的把握不够准确，最好不要过于频繁地使
用宏，否则极其容易导致意想不到的结果。

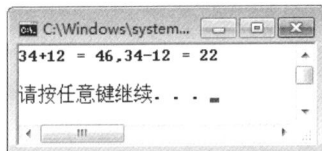

图 15-12　返回多个值的宏

15.2.4　取消宏

宏和变量一样，是有作用范围的。例如，定义在函数里的变量，就不能在函数外使用。
正常情况下，宏的作用范围是从定义宏的位置开始，一直到文件结束。如果有需要的话，
也可以提前结束宏的作用范围，使用的指令是#undef，方式如下：

#undef 标识符

【示例 15-8】　下面的程序，使用#undef 指令限制了一个宏的作用范围，在这之后还是
使用了这个宏，想看看作用范围是否真的在文件结束前提前终止了。

```
01   #include <stdio.h>
02
03   #define PI 3.1415                 //宏 PI 作用范围的起始端
04   int main(int argc, char* argv[])
05   {
06       printf("π = %lf\n",PI);
07   #undef PI                         //宏 PI 作用范围的终止端
08       printf("π = %lf\n",PI);       //在宏 PI 的作用范围之外使用它
09       printf("\n");
10       return 0;
11   }
```

示例 15-8 源码

编译这个程序，得到了如图 15-13 所示的编译错误。编译器给出的错误信息是：第 8
行的 PI 是未声明的标识符，由此证明了，宏 PI 的作用范围提前终止了。

```
e:\c program\new\new\new.cpp(8): error C2065: "PI": 未声明的标识符

生成失败。

已用时间 00:00:01.34
========== 生成: 成功 0 个, 失败 1 个, 最新 0 个, 跳过 0 个 ==========
```

图 15-13　编译器给出的错误信息

15.2.5　标准宏对象

标准宏对象，就是 C 语言自己定义的一些宏。它们的"宏名"是以两个下划线"__"
开始和结束的，中间是大写的字母。表 15.2 列出了 4 个常用的宏，及其指代的数据。

表 15.2　标准宏对象

宏　　名	指代的数据
__LINE__	使用此宏的语句是在代码文件中的第几行。值是十进制
__FILE__	当前代码文件所在的路径和文件名。值是字符串
__DATA__	程序被编译时的日期。值是字符串，格式是：mm,dd,yyyy
__TIME__	程序被编译时的时间。值是字符串，格式是：hh:mm:ss

【**示例 15-9**】　下面的程序，使用了本小节所讲解的 4 个标准宏对象。

```
01   #include <stdio.h>
02
03   void func();
04   int main(int argc, char* argv[])
05   {
06       printf( "The file is %s\n", __FILE__ );
07       printf( "The date is %s\n", __DATE__ );
08       printf( "The time is %s\n", __TIME__ );
09       printf( "This is line %d\n", __LINE__ );
10       func();
11       return 0;
12   }
13   void func()
14   {
15       printf( "This is line %d\n\n", __LINE__ );
16   }
```

示例 15-9 源码

这个程序的运行效果如图 15-14 所示。

```
C:\Windows\system32\cmd.exe
The file is e:\c program\new\new\new.cpp
The date is Apr 24 2014
The time is 17:05:13
This is line 9
This is line 15

请按任意键继续. . .
```

图 15-14　输出标准宏对象所指代的数据

15.2.6　练习

1. 阅读下面的程序，然后按照后面各小题的要求修改这个程序。

```
01   #include <stdio.h>
02
03   int main(int argc, char* argv[])
04   {
05       int r = 6;
06       printf("圆的半径 r = %d\n",r);
07       printf("圆的周长是：%lf\n",2*3.141592*r);
08       printf("圆的面积是：%lf\n",3.141592*r*r);
09       printf("\n");
10       return 0;
11   }
```

（1）代码中两次使用一个常量值：3.141592。这个数字是比较复杂的，写的时候如果不注意就容易写错，于是可以选择使用一个简单的变量指代这个数据。如下：

```
double pi = 3.141592;
```

程序中所有使用 3.141592 的地方，都可以用 pi 代替。为了防止 pi 被修改，可以将它定义成一个常量，如下：

const double pi = 3.141592;

请按照这一思路修改程序中的代码：

在程序 02 行添加变量 pi 的定义：const double pi = 3.141592;。

修改程序 07 行的代码为：printf("圆的周长是：%lf\n",2*pi*r);。

修改程序 08 行的代码为：_____

（2）如果要使用宏 PI 来指代常量值：3.141592，要如何修改程序？

在程序 02 行添加定义 PI 的宏：#define PI 3.141592。

修改程序 07 行的代码为：printf("圆的周长是：%lf\n",2*PI*r);。

修改程序 08 行的代码为：_____

2. 下面的程序，为有相同功能的宏和函数传入了同样的参数。

练习 1-(1)答案

练习 1-(2)答案

```
01  #include <stdio.h>
02
03  #define MUL(a,b)  (a * b)
04  int mul(int,int);
05  int main(int argc, char* argv[])
06  {
07      printf("MUL(3,5) = %d\n",MUL(3,5));
08      printf("mul(3,5) = %d\n",mul(3,5));
09      printf("MUL(3+6,5-2) = %d\n",MUL(3+6,5-2));
10      printf("mul(3+6,5-2) = %d\n",mul(3+6,5-2));
11      printf("\n");
12      return 0;
13  }
14  int mul(int a,int b)
15  {
16      return a*b;
17  }
```

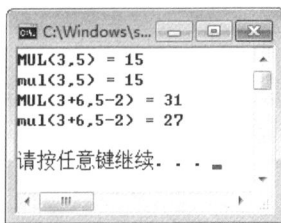

图 15-15　程序的运行结果

这个程序的运行结果如图 15-15 所示。传入的第一组参数，在宏和函数中得到的结果是一样的，但传入第二组参数后结果就不一样了。请解释原因，并据此修改程序中的代码。

宏还是函数计算错误？

答：宏。

为什么会发生这样的错误？

答：宏直接替换导致。

要如何修改程序？

将程序 03 行修改为：_____

3. 应用本节学习到的"标准宏对象"的知识，回答下面的问题。

（1）如果想知道当前代码文件的文件名和所在路径，要使用哪个宏？

_____

这个宏所指代的数据是什么类型？

_____

（2）如果想知道一行代码处于当前代码文件的第几行，要使用哪

练习 2 答案

练习 3-(1)答案

个宏？

练习 3-(2)答案

这个宏所指代的数据是什么类型？

15.3   条 件 编 译

在一般情况下，我们编写的程序代码会全部被编译器编译。但是，如果想让编译器有选择性地编译程序的部分代码，就需要使用下面将要讲解的"条件编译"来实现。"条件编译"主要用到的指令有 3 个：#ifdef、#ifndef 和#if 指令。

15.3.1   为什么需要条件编译

简单来说，条件编译是为了让程序在各种不同的软硬件环境下都可以运行。即，提高了程序的可移植性和灵活性。

例如，一个商业性的软件，所面向的用户群有着：不同的软件系统（有的是 Windows XP 系统，有的是 Window 7 系统）、不同的硬件系统（有的是 Inter 的处理器，有的是 AMD 的处理器），而这会导致同一段程序代码在不同用户的电脑上产生不同的运行效果（有的流畅、有的卡顿、有的甚至无法运行），如图 15-16 所示。

解决这类问题可以有两种方法。方法一：针对不同的环境编写不同的代码，如图 15-17 所示。方法二：同一段代码，针对不同的环境，预编译成不同代码，从而使得生成的程序最大程度上适应用户的软硬件环境，如图 15-18 所示。

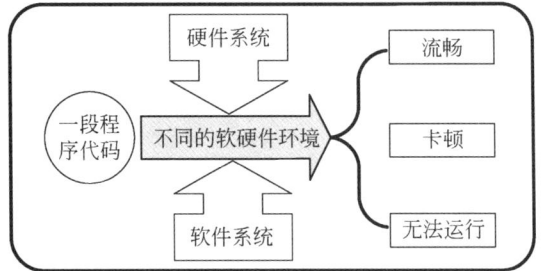

图 15-16   运行于不同软硬件平台上的同一段程序代码

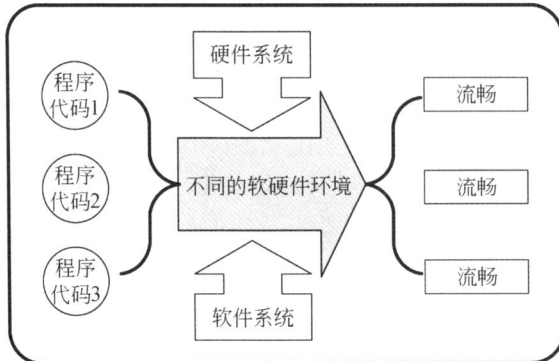

图 15-17   方法一：针对不同的环境编写不同的代码

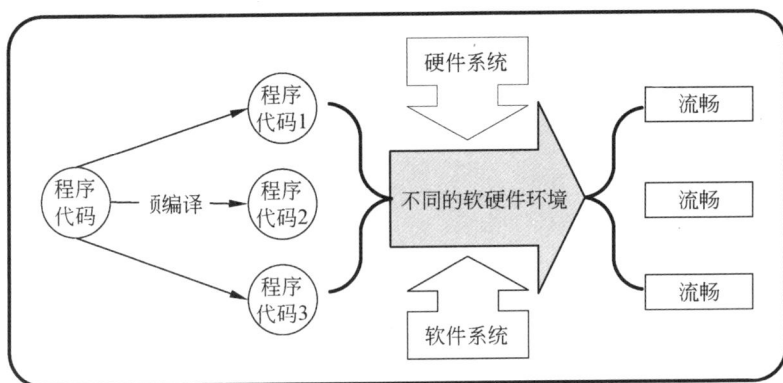

图 15-18　方法二：同一段代码，针对不同的环境预编译成不同代码

注意：两个方法，从图上看是类似的，也确实是这样，实际上将 3 个不同的程序，让相同的代码合并，不同的代码保留，就成了一个程序。但这种合并需要"条件编译"指令才能办到。

15.3.2　#if 指令

实现"条件编译"的第一种方法是使用#if 指令，它的使用方式为：

```
#if 表达式
    程序段 1
#else
    程序段 2
#endif
```

#if 指令依据表达式的值，来决定是该编译程序段 1，还是该编译程序段 2。表达式的值为真（值为非 0 的数），编译程序段 1；表达式的值为假（值为 0），编译程序段 2。

提示：#else 并不是必须的，它和"程序段 2"可以没有。

【示例 15-10】　下面的程序演示了一个使用#if 指令的简单的例子。

```
01  #include <stdio.h>
02
03  int main(int argc, char* argv[])
04  {
05  #if  3>2                        //依据表达式的值判断应该编译哪一段代码
06      printf("true\n");
07  #else
08      printf("false!\n");
09  #endif
10      printf("\n");
11      return 0;
12  }
```

显然#if 指令后面的表达式的值为"真"，所以应该只编译 06 行的程序语句，程序的运行结果如图 15-19 所示。

这个程序乍一看，发现#if 指令的使用方式与 if 语句几乎一模一样，如下：

```
01  #include <stdio.h>
02
03  int main(int argc, char* argv[])
04  {
05      if(3>2)
06          printf("true\n");
07      else
08          printf("false!\n");
09      printf("\n");
10      return 0;
11  }
```

这个程序只是做了非常简单的改变，即把#if 指令替换成了 if 语句。程序的运行效果如图 15-20 所示。虽然它们有很多相似之处，但是在本质上是不同的。

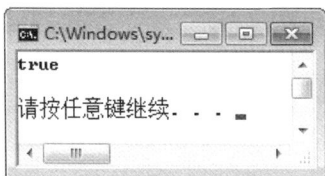

图 15-19　使用#if 指令的程序示例　　　　图 15-20　使用 if 语句的程序示例

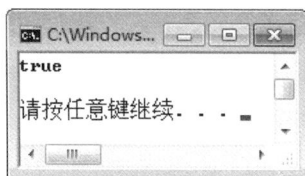

❑ #if 是预编译的指令，而 if 是 C 语句的一种语句结构，前者是指令，后者是语句结构。

❑ #if 会导致代码的改变，即被编译的代码会减少，而 if 结构中的语句会全部被编译。前面使用#if 指令的程序会被系统预编译为：

```
01  #include <stdio.h>
02
03  int main(int argc, char* argv[])
04  {
05      printf("true\n");
06      printf("\n");
07      return 0;
08  }
```

这就成了一个没有条件分支的、顺序执行的程序了。

15.3.3　#ifdef 指令

实现"条件编译"的第二种方法是使用#ifdef 指令，它的使用方式为：

```
#ifdef 宏名
    程序段 1
#else
    程序段 2
#endif
```

如果#ifdef 后面的宏被#define 定义过，那么就编译程序段 1，否则就编译程序段 2。

💬提示：#else 并不是必须的，它和"程序段 2"可以没有。

【**示例 15-11**】　下面的程序演示了一个使用#ifdef 指令的简单的例子。

```
01  #include <stdio.h>
02
03  #define WIN32
04  int main(int argc, char* argv[])
05  {
06  #ifdef WIN32                //依据是否定义宏名 WIN32 来决定是否编译 07 行的语句
07      printf("当前的系统是 Window 32 位环境\n");
08  #endif
09      printf("\n");
10      return 0;
11  }
```

代码演示的是一种十分简单的情况：因为代码运行在 Windows 32 环境下，所以宏 WIN32 就被预先定义了，#ifdef 又依据这个宏，判定当前处于 Window 32 位环境下，所以编译了 07 行的语句。

15.3.4　#ifndef 指令

实现"条件编译"的第三种方法是使用#ifndef 指令，它的使用方式为：

```
#ifndef 宏名
    程序段 1
#else
    程序段 2
#endif
```

如果#ifndef 后面的宏没有被#define 定义过，那么就编译程序段 1，否则就编译程序段 2。使用方法和#ifdef 类似，就不再赘述。

💡提示：#else 并不是必须的，它和"程序段 2"可以没有。

15.3.5　练习

1. 仔细阅读下面的程序，然后回答后面的问题。

```
01  #include <stdio.h>
02  #define LETTER 1
03
04  int main(int argc, char* argv[])
05  {
06      char ch[] = "Welcome To Computer Science!";
07      int i = 0;
08      while(ch[i]!='\0')
09      {
10  #if LETTER
11          if(ch[i] >= 'a' && ch[i] <= 'z')
12              ch[i] -= 32;
13  #else
14          if(ch[i] >= 'A' && ch[i] <= 'Z')
15              ch[i] += 32;
16  #endif
```

```
17          printf("%c",ch[i]);
18          i++;
19      }
20      printf("\n\n");
21      return 0;
22  }
```

这个程序的运行结果如图 15-21 所示。

练习 1-(1)答案

图 15-21　程序的运行结果

练习 1-(2)答案

（1）如果只修改 02 行的宏，要怎样修改，程序才会输出小写字母？

_____

练习 1-(3)答案

（2）程序 10 行使用的是#if 指令，如果要使用#ifdef 指令代替的话，要怎么修改？

_____

（3）如果要使用#ifndef 指令代替 10 行的#if 指令，要做什么修改？
删除 02 行的宏定义，10 行改为：_____

15.4　文件包含

"文件包含"是一种代码插入的机制，就是将一个文件中的代码，全部插入到另一个文件中。实现"文件包含"这个功能的预编译指令是#include，我们在第 8 章学习函数的时候接触过，这节会对#include 做更加深入的探讨。

15.4.1　概述

在第 8 章学习函数的时候，接触到了#include 指令，是因为我们的程序需要调用库函数，而库函数是声明在其他的头文件里的，所以我们才使用#include 包含了库函数对应的头文件，然后才能正常地使用库函数。

【示例 15-12】　从下面的程序中体会我们为什么要使用#include 指令。

```
01  #include <stdio.h>
02
03  int main(int argc, char* argv[])
04  {
05      printf("Hello!");
06      return 0;
07  }
```

在程序的 05 行，我们习惯性地使用了有输出功能的函数 printf()，这个函数不是我们定义的，而且在这个文件中也没有声明这个函数，但是我们却可以使用这个函数，程序也可以正常编译。原因就在于程序 01 行的#include 指令。是它将 stdio.h 这个文件中的代码插入到我们的代码文件中的，当然，插入的代码也包括 printf()的声明语句：

```
_Check_return_opt_  _CRTIMP  int  __cdecl printf(_In_z_  _Printf_format_
string_ const char * _Format, ...);
```

这个声明语句的细节我们无需了解，只需要知道：因为这个声明语句，以及其他被引入到了我们文件中的代码语句，我们才得以使用库函数 printf()。

【示例 15-13】 下面的程序，用更加简单的方式演示了#include 指令的作用。

在项目文件中新建一个名为 head.h 的头文件，里面只有一行代码：

```
int a = 10;
```

然后，再在项目的源文件 new.cpp 中写下下面的代码：

```
01  #include <stdio.h>
02  #include "head.h"                        //使用#include 指令
03
04  int main(int argc, char* argv[])
05  {
06      printf("a = %d\n\n",a);
07      return 0;
08  }
```

程序 02 行，使用#include 指令的作用是：将 head.h 文件中的代码插入到源文件中。运行这个程序，得到如图 15-22 所示的结果。

程序可以输出正确的值，是因为这个程序在预编译阶段会被修改为：

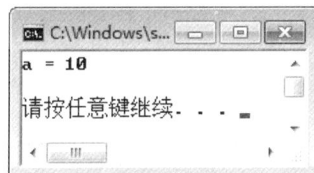

图 15-22 #include 指令程序示例

```
01  #include <stdio.h>
02  int a = 10;                        //插入的来自于 head.h 文件里的代码
03
04  int main(int argc, char* argv[])
05  {
06      printf("a = %d\n\n",a);
07      return 0;
08  }
```

因此程序才能正常运行。

注意：head.h 和 new.cpp 一定是在同一目录下的。

15.4.2 定义自己的库函数

定义为库函数的函数，通常有着很多程序都需要的功能。或者说，因为很多程序都需要这种功能，所以才把有这种功能的函数"收录"在函数库中。其实，除了系统提供的库函数外，我们自己也可以定义库函数，因为有时我们程序中频繁使用的功能，函数库里没有。

1. 缘由

【示例 15-14】 早期，很多运行在 DOS 里的程序，在被打开的时候都喜欢在前面输出一些文字性质的信息，如版权所有人、公司名以及日期等等。下面的程序模仿这一行为，自定义了一个函数实现类似的输出。

```
01  #include <stdio.h>
02
03  void print_note();
04  int main(int argc, char* argv[])
05  {
06      print_note();                       //自定义的功能函数
07      printf("\n");
08      return 0;
09  }
10  void print_note()
11  {
12      puts("//////////////////////////////////");
13      printf("//\tCoder:\tTim Smith\n");
14      printf("//\tDATE:\t%s\n",__DATE__);
15      printf("//\tTIME:\t%s\n",__TIME__);
16      puts("//////////////////////////////////");
17  }
```

程序的运行效果如图 15-23 所示。

如果其他的代码文件也想用这个函数，要怎么办？方法一：复制这个函数的定义部分到各自的文件中。方法二：把这个函数定义为库函数，然后供其他程序引用。

图 15-23　程序的最开始输出了文字性质的信息

2. 在多个程序中定义同一个函数

多个程序中都要定义有着同样功能的函数，会造成重复性的劳动，即使是简单的复制代码，也会使得代码文件中代码量的增多。

【示例 15-15】 下面是两个程序，它们为了实现同样的功能，于是定义了同样功能的函数。

在 file1.cpp 中：

```
01  #include <stdio.h>
02
03  void print_note();
04  int main(int argc, char* argv[])
05  {
06      print_note();
07      printf("\n\tprogram 1\n\n");
08      return 0;
09  }
10  void print_note()
11  {
12      puts("//////////////////////////////////");
13      printf("//\tCoder:\tTim Smith\n");
14      printf("//\tDATE:\t%s\n",__DATE__);
15      printf("//\tTIME:\t%s\n",__TIME__);
16      puts("//////////////////////////////////");
```

```
17  }
```

在 file2.cpp 中:

```
01  #include <stdio.h>
02
03  void print_note();
04  int main(int argc, char* argv[])
05  {
06      print_note();
07      printf("\n\tprogram 2\n\n");
08      return 0;
09  }
10  void print_note()
11  {
12      puts("/////////////////////////////////");
13      printf("//\tCoder:\tTim Smith\n");
14      printf("//\tDATE:\t%s\n",__DATE__);
15      printf("//\tTIME:\t%s\n",__TIME__);
16      puts("/////////////////////////////////");
17  }
```

两个程序的运行效果如图 15-24 所示。

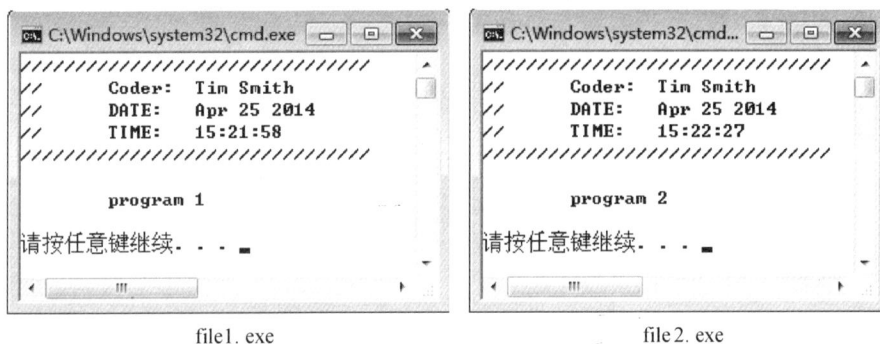

图 15-24 两个程序的运行结果 1

3. 把函数定义在头文件中

如果把函数定义在头文件中,然后等到程序需要使用这个函数时,再使用#include 指令将这个函数所在的头文件引入到源文件中,就可以使用这个函数了。

【示例 15-16】 下面的两个程序,引用了同一个头文件中的同一个函数。

在头文件 head.h 中:

```
01  void print_note()
02  {
03      puts("/////////////////////////////////");
04      printf("//\tCoder:\tTim Smith\n");
05      printf("//\tDATE:\t%s\n",__DATE__);
06      printf("//\tTIME:\t%s\n",__TIME__);
07      puts("/////////////////////////////////");
08  }
```

在 file1.cpp 中:

```
01  #include <stdio.h>
```

```
02  #include "head.h"                        //使用#include 指令引入头文件中的代码
03
04  int main(int argc, char* argv[])
05  {
06      print_note();
07      printf("\n\tprogram 1\n\n");
08      return 0;
09  }
```

在 file2.cpp 中:

```
01  #include <stdio.h>
02  #include "head.h"                        //使用#include 指令引入头文件中的代码
03
04  int main(int argc, char* argv[])
05  {
06      print_note();
07      printf("\n\tprogram 2\n\n");
08      return 0;
09  }
```

两个程序的运行效果如图 15-25 所示。

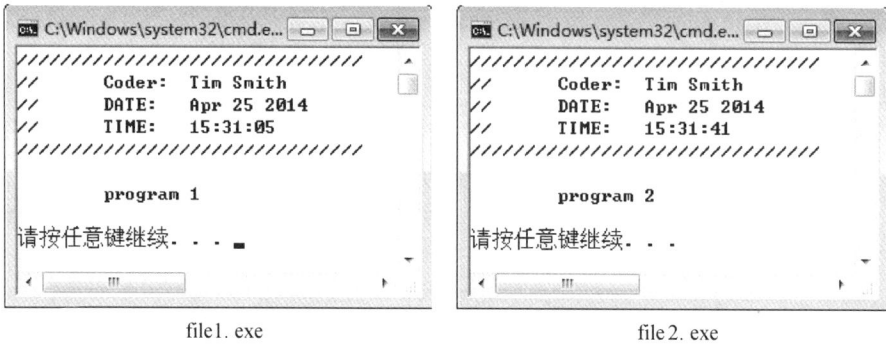

file1. exe　　　　　　　　　　　　　file2. exe

图 15-25　两个程序的运行效果 2

很显然，使用这种方式，可以更容易更便捷地在多个程序中使用这个函数，但是现在这个头文件 head.h 编写得还不够完善。

4. 完善头文件中函数的定义

一个头文件不可避免地会被各种程序，以及各种头文件引用，所以有时就会不可避免地在一个文件中，间接地引入了两个相同的头文件，如果不把头文件中的内容完善一下的话，编译器就会提示"函数重复定义"。

【示例 15-17】　下面的这个程序，为了实现两个不同的功能，而引入了两个不同的头文件，结果编译时发生了错误。

在 head.h 中:

```
01  void print_note()
02  {
03      puts("//////////////////////////////");
04      printf("//\tCoder:\tTim Smith\n");
05      printf("//\tDATE:\t%s\n",__DATE__);
06      printf("//\tTIME:\t%s\n",__TIME__);
```

```
07        puts("////////////////////////////////");
08    }
```

在 head2.h 中：

```
01    #include "head.h"
02
03    void compare_two_num(int a,int b)
04    {
05        print_note();
06        if(a > b)
07            printf("%d > %d\n",a,b);
08        else
09            printf("%d < %d\n",a,b);
10    }
```

因为 head2.h 中，也要用到定义在 head.h 中的 print_note()函数，所以需要使用#include 指令引入头文件 head.h。在 new.cpp 中：

```
01    #include <stdio.h>
02    #include "head.h"
03    #include "head2.h"
04
05    int main(int argc, char* argv[])
06    {
07        print_note();
08        compare_two_num(34,23);
09        printf("\n\tprogram 1\n\n");
10        return 0;
11    }
```

因为 file1.cpp 中要用到两个头文件中的函数，所以使用#include 指令引入了这两个头文件。却忽视了 head2.h 这个头文件中已经引入过了 head.h，所以会导致编译器提示错误，如图 15-26 所示。

```
e:\c program\new\new\head.h(2): error C2084: 函数 "void print_note(void)" 已有主体
        e:\c program\new\new\head.h(1): 参见 "print_note" 的前一个定义
e:\c program\new\new\head2.h(5): error C3861: "print_note": 找不到标识符
e:\c program\new\new\new.cpp(7): error C3861: "print_note": 找不到标识符

生成失败。

已用时间 00:00:00.23
========== 生成: 成功 0 个，失败 1 个，最新 0 个，跳过 0 个 ==========
```

图 15-26　编译器提示的错误

导致这些错误的根本原因是：同一个函数被直接和间接引入到程序两次，函数重复定义了。解决这个问题可以参考本章前面学习的"宏"和"条件编译"的知识。然后将 head.h 文件修改为：

```
01    #ifndef __HEAD_H__
02    #define __HEAD_H__
03    void print_note()
04    {
05        puts("////////////////////////////////");
06        printf("//\tCoder:\tTim Smith\n");
07        printf("//\tDATE:\t%s\n",__DATE__);
08        printf("//\tTIME:\t%s\n",__TIME__);
09        puts("////////////////////////////////");
```

```
10  }
11  #endif
```

当 head.h 第一次被引入时，宏__HEAD_H__
还没有定义，所以程序的 03~10 行在预编译时留
下了；当第二次引入 head.h 时，宏__HEAD_H__
已经被定义了，预编译时会把 03~10 行的内容去
掉。这样的话，同样的函数定义，只有在第一次
才会被引入。然后再次运行程序就不会有问题了，
如图 15-27 所示。

15.4.3　总结

#include 指令的本质就是将头文件中的代码
全部引入到另一个文件中，虽然这么说起来是很简单的，但是还是有一些事项需要注意：

图 15-27　重复引入同一个头文件的程序示例

- ❑　一条#include 指令一次只能引入一个头文件，所以要引入多个头文件时，就需要多次使用#include 指令。
- ❑　一般情况下，引入 C 语言提供的头文件时，#include 指令后面的文件名要使用尖括号 "<>" 括住，引入我们自己写的头文件时，要使用双引号 """" 括住。

15.5　小　　结

本章重点讲解了程序被编译之前的一个重要过程——预编译。预编译是按照预编译指令处理程序的过程。本章详细讲解了 3 类预编译指令：宏、条件编译和文件包含。学习"预编译"的重要性在于：可以提高程序的通用性、可读性和可修改性。

15.6　习　　题

1. 阅读下面的程序，然后回答后面的问题。

```
01  #include <stdio.h>
02  #define NUM 50;
03
04  int main(int argc, char* argv[])
05  {
06      char ch[NUM] = "How are ";
07      strcat(ch,"you?");
08      puts(ch);
09      return 0;
10  }
```

这个程序一共有两处错误，请找出并修改它们。

错误一："#define"是指令，不是语句，所以要将 02 行修改为：

```
#define NUM 50
```

错误二：编译器提示找不到"strcat"这个标识符，是怎么回事？要
如何修改？

习题 1 答案

原因是：未引入声明这个函数的头文件。

修改：在程序 03 行加入指令：＿＿＿＿＿＿＿＿＿＿＿＿＿＿＿

将错误全部修改后，程序的运行结果如图 15-28 所示。

2. 下面的程序定义了一个带参数的宏 MIN，它的作用是找出两个参
数中较小的数。

```
01  #include <stdio.h>
02  #define MIN(x,y)  x < y? x : y
03
04  int main(int argc, char* argv[])
05  {
06      int i = MIN(5,3);
07      printf("i = %d\n\n",i);
08      return 0;
09  }
```

这个程序可以正确运行，如图 15-29 所示。

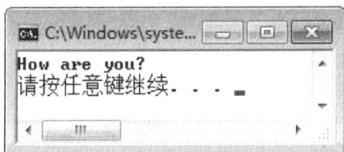

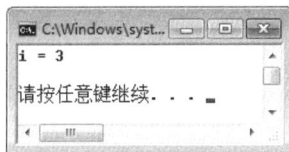

图 15-28　没有错误的程序的运行结果　　　图 15-29　使用了带参数的宏的程序

（1）虽说程序使用宏 MIN 得到了期望中的结果，但是不能说宏的定义没有问题，显然
它不够严谨，例如，修改 06 行的程序为：

```
06      int i = -6+MIN(5,3);
```

按理说，i 最后指代的数据应是-3，可是程序的运行结果如图 15-30
所示。

习题 2-(1)答案

请修改程序中 MIN 的定义：

修改为：＿＿＿＿＿＿＿＿＿＿＿＿＿＿＿＿＿＿＿＿＿

修改后程序的运行效果如图 15-31 所示。

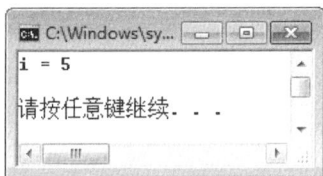

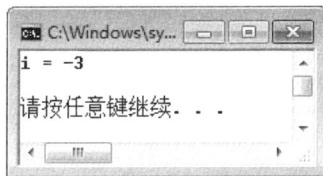

图 15-30　程序给出了预期之外的结果　　　图 15-31　修改宏定义后，程序的运行结果

（2）编写一个有同样功能的函数 min()，代码如下：

```
01  int min(int a,int b)
02  {
```

```
03      return a < b? a : b ;
04   }
```

显然，这个函数是很常用的，所以打算把它定义在头文件 min.h 中，方便以后我们编写其他程序时引用这个函数。把它定义在头文件中时，还需要使用"预编译"中的宏和条件编译指令，为了防止不小心重复引用这个头文件时，编译器报错，要如何添加这个指令？请添加在下面的代码中。

习题 2-(2)答案

```
int min(int a,int b)
{
    return a < b? a : b ;
}
```